Advanced Algebra

高等代数

（第二版）

安　军　编著

北京大学出版社
PEKING UNIVERSITY PRESS

图书在版编目 (CIP) 数据

高等代数 / 安军编著 . —2 版 . —北京：北京大学出版社，2022.6
ISBN 978-7-301-33040-1

Ⅰ . ①高… Ⅱ . ①安… Ⅲ . ①高等代数－高等学校－教材 Ⅳ . ① O15

中国版本图书馆 CIP 数据核字 (2022) 第 086072 号

书　　名 高等代数（第二版）
GAODENG DAISHU (DI–ER BAN)
著作责任者 安军 编著
责 任 编 辑 尹照原
标 准 书 号 ISBN 978-7-301-33040-1
出 版 发 行 北京大学出版社
地　　址 北京市海淀区成府路 205 号　100871
网　　址 http://www.pup.cn　新浪微博：@ 北京大学出版社
电 子 信 箱 zpup@pup.cn
电　　话 邮购部 010-62752015　发行部 010-62750672
编辑部 010-62752021
印 刷 者 北京溢漾印刷有限公司
经 销 者 新华书店
787 毫米 ×1092 毫米　16 开本　24 印张　603 千字
2016 年 5 月第 1 版
2022 年 6 月第 2 版　2023 年 6 月第 2 次印刷
定　　价 62.00 元

内容提要

全书共分九章, 内容包括行列式、矩阵、线性方程组、多项式、线性空间、线性变换、矩阵相似标准形、欧氏空间和二次型. 为了与现行高中数学内容衔接, 将数学归纳法、复数及其运算放在书后作为附录.

作者根据多年从事高等代数及线性代数教学的经验, 精心选择教学内容, 合理安排结构体系, 充分照顾大多数高等院校相关专业大一学生的认知能力及教学需求, 注重理论发展线索的描述和概念的自然引入, 激发学生的学习兴趣. 在叙述数学命题时, 尽可能将数学语言转化为中文语言, 便于理解和记忆. 语言精练、文笔流畅、由浅入深地向读者传授高等代数基础知识和基本方法, 注重知识前后联系, 培养学生能力. 各章安排了丰富的例题和习题, 每章结束都有补充例题和补充习题. 本书前九章共有例题 255 道, 习题 428 道, 部分题目的设计源于近年考研原题, 有的给出了多种解法. 除了少数容易的证明题外, 绝大多数习题都有答案或提示附于书后.

本书可作为高等学校数学类、统计学类、经济学类、金融学类以及其他理工科专业的教材或教学参考书, 尤其对有考研志向的青年学生, 本书将是合适的入门教材和复习参考书.

第二版前言

党的二十大报告明确提出科教兴国的战略, 并对强化现代化建设人才培养做出了重大部署. 高校教师要勇担 "为党育人, 为国育才, 全面提高人才自主培养质量, 着力造就拔尖创新人才" 的重任, 青年学生更要努力学习, 立志做有理想、敢担当、能吃苦、肯奋斗的新时代好青年. 我们所编著的教材、教辅及配套资源能够为培养新时代社会主义建设者和接班人做出贡献, 将是作者心中的最高荣誉。

本书第二版修订了原书的错误或不妥之处, 除此以外, 主要涉及如下改动: 在 "4.6.1 复数域上的多项式" 这一小节中增加了 "一元 n 次多项式根与系数的关系" 的介绍, 以适应师范院校对多项式理论的教学要求. 在 §6.4 "特征值与特征向量" 一节中增加了定理 6.10 至定理 6.13, 以确保理论叙述更加严谨. 在第七章中增加了 §7.7 "再论线性空间的直和分解" 一节, 讲解循环子空间、根子空间等概念, 并研究一般数域上线性空间的直和分解, 以及复数域上根子空间的直和分解. 在课时充足的前提下, 教师可以酌情选讲. 在 §8.2 "标准正交基" 一节中, 对定理 8.4"施密特正交化方法" 给出了几何解释, 以强化 "投影" 概念的运用. 本书在原有 3 幅插图的基础上再添 6 幅插图, 更好地体现了教学的直观性原则. 同时将第一版中 "第十章 MATLAB 应用简介" 经过修订扩充后移至本书的姊妹篇《高等代数学习指导及专题讲座》[1]中. 此外, 我们将原书的三个记号修改了, 即基本矩阵 $\boldsymbol{I}_{ij}$ 改为 $\boldsymbol{E}_{ij}$, 线性变换 σ 的值域 $\sigma(V)$ 及核 $\sigma^{-1}(\mathbf{0})$ 分别改为 $\mathrm{Im}\sigma$ 和 $\ker\sigma$, 使本书的记号与更多同类书籍保持一致. 再则, 书中每一个 "证明" 最后的方框 "□" 为结束符, 即 "证毕" 的意思.

本次修订的另一个重点是对各章的补充例题和习题进行调整和充实, 在 "补充习题" 中新加了若干近年考研试题, 使本书的灵活性和新颖性特色进一步增强. 改版后前九章共有例题 255 道, 习题 428 道.

作者编写的配套教辅书《高等代数学习指导及专题讲座》可以满足教师教学以及学生考研复习的需求. 该书包括两部分, 即 "学习指导"(第一至九章) 和 "专题讲座"(第十至二十章). 前一部分内容涵盖各章的知识要点、学习指导、问题思考、习题选解. 其中, "学习指导" 对教材内容进行了深入的剖析; "问题思考" 选编了一定数量的练习题以强化基础和训练能力, 部分题目源自近年名校或全国统考的考研试题, 随后附有提示或详细答案; "习题选解" 针对教材上全部证明题及部分较难的计算题给出了详细解答. 第二部分 "专题讲座", 其中, 前十个专题是为考研复习进行知识和能力拓展而设计的, 最后一个专题介绍 MATLAB 软件在高等代数中的应用.

此外, 作者编写了本书的教学 PPT, 有需要的读者可通过邮件向作者索取 (电子邮箱: 1227212031@qq.com).

感谢曲阜师范大学张彬副教授对原版第六章和第七章的个别问题提出质疑, 启发了作者对相关疏漏进行修订. 感谢邹黎敏副教授、廖书教授、胡洵博士在作者修订教材及编写配套教辅书中所赐予的支持和帮助, 感谢我的学生王灵栖等同学认真学习手稿, 并校正了诸多打印错误. 本书的出版获得了重庆市教委高等教育教学改革研究项目 (编号: 213203)、重庆工商大学科研重点平台开放项目 (编号: KFJJ2018099) 及重庆工商大学自编教材项目的资助. 尽管作者一直在努力改进, 终因能力和水平有限, 书中的错误与疏漏难以避免, 恳请读者和同行专家批评指正.

安 军

2023 年 6 月修订

第一版前言

“高等代数” 是数学类各专业的一门重要基础课. 作者在多年的教学工作中深深地感到, 对于刚从高中跨入大学校门的年轻人来说, 不宜过多地向他们介绍抽象概念和严格定理证明, 应该在讲清理论发展线索的同时, 列举适当例子教会学生运用这些理论和方法解决实际问题. 基于这个想法, 作者认真研究了同类教材先进经验, 教学中不断探索和总结, 在保证教材科学性前提下, 精心选择知识点, 合理安排内容体系, 写成了这本高等代数教材. 为达到 “学生自学容易, 教师备课轻松” 之目的, 本书突出了以下特点:

第一, 选择知识点略小于北京大学数学系几何与代数教研室前代数小组编的《高等代数》[2] 所覆盖的范围, 与国内大多数高校数学专业研究生入学考试大纲相当;

第二, 安排了丰富的例题和习题, 注重知识前后联系, 强调培养学生运用知识解决问题的能力, 照顾理论课与习题课合二为一教学班级的实际需求;

第三, 做到语言精炼、文笔流畅、由浅入深地向读者传授高等代数基本知识和基本方法, 在教会学生理解抽象数学概念、用中文语言表达数学命题方面深下功夫.

具体到细节的处理上, 本书与传统教材相比亦有诸多不同.

在 “矩阵” 一章, 突出了矩阵与单位列向量相乘 (或单位行向量与矩阵相乘)、矩阵分块初等变换的地位和作用; 在 “线性方程组” 一章, 从分析例题入手探讨线性方程组有解的条件, 强化了用中文语言表述向量组线性相关性命题, 便于学生理解和记忆; 在 “多项式” 一章, 加强了综合除法与因式分解的运用; 在 “线性变换” 一章, 突出了同构映射的地位和作用, 将 “不变子空间” 放在最后一节, 便于教学取舍; 在 “矩阵相似标准形” 一章, 突出了行列式因子、不变因子和初等因子的相互关系及运用, 强调了最小多项式是最后一个不变因子, 强化了对 “最小多项式” 的理解及应用; 在 “二次型” 一章, 强调了矩阵的等价、相似与合同的区别与联系, 突出了合同的判别条件及应用, 加强了正定 (半正定) 二次型的等价刻画及应用.

从 “第五章线性空间” 开始, 抽象性进一步增强, 难度增加, 各章节加强了概念的自然引入和知识发展线索的介绍, 激发学生的求知欲望和学习兴趣. 除最后一章外, 其余每章末都有 “补充例题” 和 “补充习题”. 本书前九章共有例题 252 道, 习题 388 道, 部分题目选自近年考研原题. 不少例题或定理证明使用了多种方法, 目的是培养学生灵活运用知识的能力. 除少数较容易的证明题外, 绝大部分习题均有答案或提示附于书后.

考虑到高等代数与现代应用数学相结合, 减轻读者计算负担, 本书专门安排了第十章介绍 MATLAB 软件及其在《高等代数》中的应用. 读者学完第二章后可以自学第十章, 在课时充足的情况下也可以由教师讲授. 读者通过本章的学习, 能应用 MATLAB 软件快速准确地完成复杂的运算以验证手工计算的正确性, 将更多精力用于理解运算逻辑, 拓宽应用数学知识面, 提高学习兴趣.

在教学中, 略去 “§1.5: 拉普拉斯展开定理、§7.5: 有理标准形、第十章: MATLAB 应用简介”, 以及部分定理的证明 (已加 * 号标明) 与部分例题或习题不在课堂讲授 (留给学生课外自学), 其余内容能在 128 课时左右完成.

在写作过程中, 作者充分汲取同类教材的优点, 特别值得一提的是: 北京大学数学系几何与代数教研室前代数小组编的《高等代数》[2]、张禾瑞等编的《高等代数》[3]、屠伯埙等编的《高等代数》[4]、张志让等编的《高等代数》[5]、西北工业大学编的《高等代数》[6]、熊全淹等编的《线性代数》[7]、杨子胥编的《高等代数》[8], 这些经典书籍对作者启发很深, 受益匪浅.

感谢武汉大学邹新堤教授对作者编写本书的支持和帮助, 邹老师仔细审阅了本书初稿, 提出许多宝贵的修改意见和建议, 使本书增色不少. 感谢钟润华讲师参与了第一章和第二章部分修订工作. 感谢罗家贵教授、丁宣浩教授、陈义安教授、袁德美教授、李勇副教授、廖书副教授、吴明忠副教授、曾小林副教授、黄应全讲师对作者编写本书的关心和支持. 感谢重庆市教委自然科学基金项目 (编号: KJ130705、KJ120732) 和国家自然科学基金项目 (编号: 11301568) 的支持. 最后, 要特别感谢北京大学出版社尹照原编辑, 正是由于他认真负责和高效率辛勤的工作, 本书方能及早面世, 各位亦能及时分享到作者的心得和体会.

本书写成后历经数学专业、金融数学专业本科教学试用和反复多次修改校正. 尽管作者一直追求尽善尽美, 但因水平所限, 书中的问题和错误实在难免, 恳请同行专家和广大读者提出宝贵的批评意见和建议, 邮件请发至: scottan@sohu.com.

安 军

2016 年 5 月

目　录

第一章　行列式 ········ 1

§1.1　二阶与三阶行列式 ········ 1

1.1.1　二阶行列式 ········ 1

1.1.2　三阶行列式 ········ 2

习题 1.1 ········ 4

§1.2　n 阶行列式 ········ 4

1.2.1　全排列及其奇偶性 ········ 4

1.2.2　n 阶行列式的定义 ········ 5

习题 1.2 ········ 8

§1.3　行列式的性质 ········ 8

习题 1.3 ········ 12

§1.4　行列式按行 (列) 展开 ········ 13

1.4.1　行列式按行 (列) 展开定理 ········ 13

1.4.2　计算行列式举例 ········ 18

习题 1.4 ········ 23

*§1.5　拉普拉斯展开定理 ········ 25

习题 1.5 ········ 30

§1.6　克拉默法则 ········ 30

习题 1.6 ········ 33

第一章补充例题 ········ 33

第一章补充习题 ········ 36

第二章　矩阵 ········ 38

§2.1　矩阵及其运算 ········ 38

2.1.1　矩阵的概念 ········ 38

2.1.2　矩阵的线性运算 ········ 40

2.1.3　矩阵的乘法 ········ 41

2.1.4　矩阵的乘方 ········ 45

2.1.5　矩阵的转置 ········ 46

2.1.6　对称矩阵、反对称矩阵与正交矩阵 ········ 48

习题 2.1 ········ 49

§2.2　分块矩阵 ········ 50

2.2.1　分块矩阵的概念 ········ 50

2.2.2　分块矩阵的运算 ········ 52

习题 2.2 ········ 56

§2.3 方阵的行列式与逆矩阵 ···· 58
2.3.1 方阵的行列式 ···· 58
2.3.2 伴随矩阵 ···· 59
2.3.3 逆矩阵 ···· 60
习题 2.3 ···· 64
§2.4 初等变换与初等矩阵 ···· 65
2.4.1 矩阵的初等变换 ···· 65
2.4.2 初等矩阵 ···· 67
2.4.3 用初等变换求逆矩阵 ···· 70
2.4.4 分块初等变换与分块初等矩阵 ···· 73
习题 2.4 ···· 74
§2.5 矩阵的秩 ···· 76
2.5.1 矩阵秩的概念 ···· 76
2.5.2 矩阵秩的计算 ···· 77
2.5.3 矩阵秩的性质 ···· 79
习题 2.5 ···· 82
第二章补充例题 ···· 83
第二章补充习题 ···· 86

第三章 线性方程组 ···· 89
§3.1 线性方程组的解 ···· 89
习题 3.1 ···· 95
§3.2 n 维向量空间 ···· 96
3.2.1 数域 ···· 96
3.2.2 n 维向量空间 ···· 97
3.2.3 子空间 ···· 98
习题 3.2 ···· 99
§3.3 向量组的线性相关性 ···· 99
3.3.1 向量的线性表示 ···· 99
3.3.2 向量组的线性相关性 ···· 102
习题 3.3 ···· 106
§3.4 向量组的秩 ···· 107
3.4.1 极大无关组与向量组的秩 ···· 107
3.4.2 基、维数与坐标 ···· 111
习题 3.4 ···· 112
§3.5 线性方程组解的结构 ···· 112
3.5.1 齐次方程组解的结构 ···· 112
3.5.2 非齐次方程组解的结构 ···· 115
习题 3.5 ···· 117
第三章补充例题 ···· 117
第三章补充习题 ···· 121

第四章　多项式 …… 124
§4.1　一元多项式 …… 124
4.1.1　一元多项式的概念 …… 124
4.1.2　多项式的运算 …… 124
习题 4.1 …… 125
§4.2　多项式的整除性 …… 125
4.2.1　带余除法 …… 125
4.2.2　多项式的整除性 …… 128
习题 4.2 …… 131
§4.3　最大公因式 …… 131
4.3.1　最大公因式 …… 131
4.3.2　多项式互素 …… 134
习题 4.3 …… 137
§4.4　因式分解定理 …… 137
4.4.1　不可约多项式 …… 137
4.4.2　因式分解定理 …… 138
习题 4.4 …… 141
§4.5　重因式 …… 141
4.5.1　重因式 …… 141
4.5.2　多项式函数 …… 143
习题 4.5 …… 146
§4.6　复数域和实数域上的多项式 …… 146
4.6.1　复数域上的多项式 …… 146
4.6.2　实数域上的多项式 …… 148
习题 4.6 …… 149
§4.7　有理数域上的多项式 …… 150
习题 4.7 …… 154
第四章补充例题 …… 154
第四章补充习题 …… 157

第五章　线性空间 …… 159
§5.1　线性空间 …… 159
5.1.1　线性空间的定义 …… 159
5.1.2　线性空间的简单性质 …… 160
习题 5.1 …… 160
§5.2　基、维数和坐标 …… 161
5.2.1　基与维数 …… 161
5.2.2　向量的坐标 …… 163
5.2.3　基变换与坐标变换 …… 163
习题 5.2 …… 166

§5.3 线性子空间 …… 167
5.3.1 线性子空间的定义 …… 167
5.3.2 子空间的和与交 …… 170
5.3.3 子空间的直和 …… 172
习题 5.3 …… 175
§5.4 线性空间的同构 …… 176
5.4.1 集合的映射 …… 176
5.4.2 同构映射 …… 177
习题 5.4 …… 180
第五章补充例题 …… 181
第五章补充习题 …… 184

第六章 线性变换 …… 186
§6.1 线性变换 …… 186
6.1.1 线性变换的定义 …… 186
6.1.2 线性变换的性质 …… 187
习题 6.1 …… 188
§6.2 线性变换的运算 …… 189
6.2.1 线性变换的加法与数量乘法 …… 189
6.2.2 线性变换的乘法 …… 190
6.2.3 线性变换的幂与多项式 …… 190
6.2.4 线性变换的逆 …… 192
习题 6.2 …… 193
§6.3 线性变换的矩阵 …… 193
6.3.1 线性变换的矩阵 …… 193
6.3.2 线性变换空间与矩阵空间同构 …… 195
6.3.3 线性变换在两个基下的矩阵 …… 198
习题 6.3 …… 200
§6.4 特征值与特征向量 …… 201
6.4.1 特征值与特征向量的概念 …… 202
6.4.2 特征值与特征向量的求法 …… 202
6.4.3 特征多项式的性质 …… 208
习题 6.4 …… 211
§6.5 矩阵的相似对角化 …… 211
6.5.1 相似矩阵的性质 …… 211
6.5.2 矩阵的相似对角化 …… 213
习题 6.5 …… 218
§6.6 线性变换的值域与核 …… 219
习题 6.6 …… 222

§6.7 不变子空间 ······ 223
6.7.1 不变子空间的概念 ······ 223
6.7.2 不变子空间的性质 ······ 224
习题 6.7 ······ 226
第六章补充例题 ······ 227
第六章补充习题 ······ 231

第七章 矩阵相似标准形 ······ 234
§7.1 λ 矩阵 ······ 234
7.1.1 λ 矩阵 ······ 234
7.1.2 λ 矩阵的初等变换 ······ 235
7.1.3 行列式因子 ······ 236
7.1.4 λ 矩阵的标准形 ······ 237
习题 7.1 ······ 240
§7.2 不变因子和初等因子 ······ 240
7.2.1 不变因子 ······ 240
7.2.2 初等因子 ······ 242
习题 7.2 ······ 247
§7.3 矩阵相似的条件 ······ 247
习题 7.3 ······ 251
§7.4 若尔当标准形 ······ 251
习题 7.4 ······ 255
§7.5 有理标准形 ······ 255
习题 7.5 ······ 258
§7.6 最小多项式 ······ 258
习题 7.6 ······ 265
*§7.7 再论线性空间的直和分解 ······ 266
7.7.1 数域 $\mathbb{P}$ 上线性空间的直和分解 ······ 266
7.7.2 复数域上的根子空间直和分解 ······ 268
习题 7.7 ······ 271
第七章补充例题 ······ 271
第七章补充习题 ······ 275

第八章 欧氏空间 ······ 277
§8.1 欧氏空间的概念 ······ 277
8.1.1 内积与欧氏空间 ······ 277
8.1.2 度量矩阵与同构映射 ······ 281
习题 8.1 ······ 281

§8.2 标准正交基 …… 282
8.2.1 正交向量组 …… 283
8.2.2 标准正交基 …… 286
习题 8.2 …… 288
§8.3 正交矩阵与正交变换 …… 288
8.3.1 正交矩阵 …… 289
8.3.2 正交变换 …… 291
习题 8.3 …… 293
§8.4 对称变换与实对称矩阵 …… 294
8.4.1 对称变换 …… 294
8.4.2 实对称矩阵的正交对角化 …… 295
习题 8.4 …… 298
§8.5 子空间的正交性 …… 299
8.5.1 子空间的正交性 …… 299
8.5.2 最小二乘法 …… 302
习题 8.5 …… 304
第八章补充例题 …… 304
第八章补充习题 …… 308

第九章 二次型 …… 310
§9.1 二次型与矩阵的合同 …… 310
9.1.1 二次型的概念 …… 310
9.1.2 线性变换与矩阵合同 …… 311
习题 9.1 …… 315
§9.2 二次型的标准形 …… 316
9.2.1 用初等合同变换法化二次型为标准形 …… 317
9.2.2 用配方法化二次型为标准形 …… 317
9.2.3 用正交变换法化二次型为标准形 …… 320
9.2.4 二次曲面 (线) 方程的化简 …… 321
习题 9.2 …… 323
§9.3 正定二次型 …… 323
9.3.1 二次型的规范形 …… 323
9.3.2 正定二次型 …… 325
习题 9.3 …… 333
第九章补充例题 …… 333
第九章补充习题 …… 336

附录 A 数学归纳法 …… 338
习题 A …… 341

附录 B 复数及其运算 …… 342
习题 B …… 346

附录 C 数学家人名对照 …… 347

附录 D 希腊字母读音表 …… 348

习题答案或提示 …… 349

参考文献 …… 368

第一章 行 列 式

行列式起源于研究线性方程组是否有唯一解, 其思想和方法早在公元前三世纪我国历史上第一部数学教科书《九章算术》就有记载. 1683 年日本数学家关孝和在一部讨论建立并求解方程的著作中引进了行列式. 在欧洲, 德国数学家莱布尼茨是第一个提出行列式概念的人, 1693 年莱布尼茨在写给数学家洛必达的一封信中使用了行列式, 并给出线性方程组系数行列式为零的条件. 时至今日, 行列式的理论和方法已非常成熟, 它不仅应用于数学的各个分支, 在物理学、化学、生命科学、经济管理和工程技术等领域中都有广泛的应用. 本章主要介绍行列式的基本概念、性质与计算方法, 然后介绍 n 元线性方程组的克拉默法则.

§1.1 二阶与三阶行列式

1.1.1 二阶行列式

定义 1.1 设 $a_{11}, a_{12}, a_{21}, a_{22}$ 为 4 个数, 称

$$\begin{vmatrix} a_{11} & a_{12} \\ a_{21} & a_{22} \end{vmatrix} = a_{11}a_{22} - a_{12}a_{21}$$

为一个**二阶行列式**, 其中每一个数 a_{ij} 称为**元素**. 元素 a_{ij} 的第一个下标 i 称为**行标**, 表明该元素位于第 i 行, 第二个下标 j 称为**列标**, 表明该元素位于第 j 列. a_{11}, a_{22} 称为**主对角线元素**, a_{12}, a_{21} 称为**副对角线元素**.

二阶行列式等于主对角线元素之积减去副对角线元素之积, 这就是二阶行列式的**对角线法则**.

考察二元线性方程组

$$\begin{cases} a_{11}x_1 + a_{12}x_2 = b_1, \\ a_{21}x_1 + a_{22}x_2 = b_2. \end{cases} \tag{1.1}$$

当 $a_{11}a_{22} - a_{12}a_{21} \neq 0$ 时, 用消元法解得

$$x_1 = \frac{b_1a_{22} - a_{12}b_2}{a_{11}a_{22} - a_{12}a_{21}} = \frac{\begin{vmatrix} b_1 & a_{12} \\ b_2 & a_{22} \end{vmatrix}}{\begin{vmatrix} a_{11} & a_{12} \\ a_{21} & a_{22} \end{vmatrix}},$$

$$x_2 = \frac{a_{11}b_2 - b_1a_{21}}{a_{11}a_{22} - a_{12}a_{21}} = \frac{\begin{vmatrix} a_{11} & b_1 \\ a_{21} & b_2 \end{vmatrix}}{\begin{vmatrix} a_{11} & a_{12} \\ a_{21} & a_{22} \end{vmatrix}}.$$

记

$$D=\begin{vmatrix} a_{11} & a_{12} \\ a_{21} & a_{22} \end{vmatrix},\quad D_1=\begin{vmatrix} b_1 & a_{12} \\ b_2 & a_{22} \end{vmatrix},\quad D_2=\begin{vmatrix} a_{11} & b_1 \\ a_{21} & b_2 \end{vmatrix},$$

其中 D_1, D_2 分别是常数项替换 D 的第 1 列和第 2 列得到的二阶行列式. 当 $D \neq 0$ 时, 二元线性方程组有唯一解:

$$x_1=\frac{D_1}{D},\quad x_2=\frac{D_2}{D}. \tag{1.2}$$

例 1.1 求解二元线性方程组

$$\begin{cases} 3x_1-2x_2=12, \\ 2x_1+\ \ x_2=1. \end{cases}$$

解 由于

$$D=\begin{vmatrix} 3 & -2 \\ 2 & 1 \end{vmatrix}=3-(-4)=7\neq 0,$$

$$D_1=\begin{vmatrix} 12 & -2 \\ 1 & 1 \end{vmatrix}=12-(-2)=14,\quad D_2=\begin{vmatrix} 3 & 12 \\ 2 & 1 \end{vmatrix}=3-24=-21,$$

因此,

$$x_1=\frac{D_1}{D}=\frac{14}{7}=2,\quad x_2=\frac{D_2}{D}=\frac{-21}{7}=-3.$$

1.1.2 三阶行列式

定义 1.2 设 $a_{ij}\,(i,j=1,2,3)$ 是 9 个数, 称

$$\begin{vmatrix} a_{11} & a_{12} & a_{13} \\ a_{21} & a_{22} & a_{23} \\ a_{31} & a_{32} & a_{33} \end{vmatrix} = a_{11}a_{22}a_{33}+a_{12}a_{23}a_{31}+a_{13}a_{21}a_{32} \\ -a_{11}a_{23}a_{32}-a_{12}a_{21}a_{33}-a_{13}a_{22}a_{31}$$

为一个**三阶行列式**, 其展开式 6 项的正负符号由下图给出:

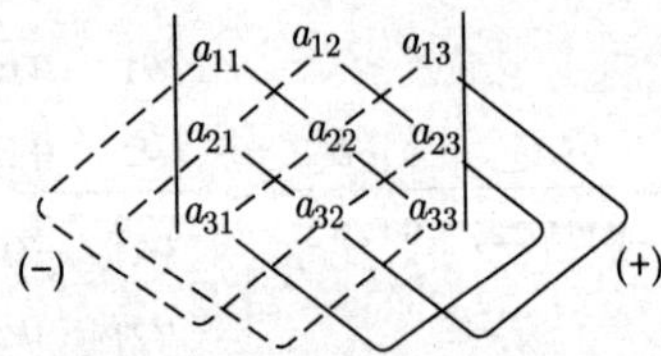

连在实线上的 3 个数相乘为正, 连在虚线上的 3 个数相乘为负, 这就是三阶行列式的**对角线法则**.

例 1.2 计算三阶行列式

$$D=\begin{vmatrix}1 & 2 & -4\\ -2 & 2 & 1\\ -3 & 4 & -2\end{vmatrix}.$$

解 由对角线法则得

$$\begin{aligned}D&=1\times 2\times(-2)+(-2)\times 4\times(-4)+2\times 1\times(-3)\\&\quad-(-4)\times 2\times(-3)-2\times(-2)\times(-2)-1\times 4\times 1\\&=-14.\end{aligned}$$

例 1.3 求解方程

$$\begin{vmatrix}1 & 1 & 1\\ 2 & 3 & x\\ 4 & 9 & x^2\end{vmatrix}=0.$$

解 方程左边的三阶行列式

$$D=3x^2+4x+18-9x-2x^2-12=x^2-5x+6=0,$$

解得 $x=2$ 或 $x=3$.

与二元线性方程组相似, 对三元线性方程组

$$\begin{cases}a_{11}x_1+a_{12}x_2+a_{13}x_3=b_1,\\ a_{21}x_1+a_{22}x_2+a_{23}x_3=b_2,\\ a_{31}x_1+a_{32}x_2+a_{33}x_3=b_3,\end{cases}\tag{1.3}$$

当系数行列式 (即未知量的系数按原来的顺序排成的行列式)

$$D=\begin{vmatrix}a_{11} & a_{12} & a_{13}\\ a_{21} & a_{22} & a_{23}\\ a_{31} & a_{32} & a_{33}\end{vmatrix}\neq 0$$

时, 有唯一解

$$x_1=\frac{D_1}{D},\quad x_2=\frac{D_2}{D},\quad x_3=\frac{D_3}{D},\tag{1.4}$$

其中 D_1,D_2,D_3 是常数项分别替换 D 的第 1、第 2、第 3 列得到的三阶行列式:

$$D_1=\begin{vmatrix}b_1 & a_{12} & a_{13}\\ b_2 & a_{22} & a_{23}\\ b_3 & a_{32} & a_{33}\end{vmatrix},\quad D_2=\begin{vmatrix}a_{11} & b_1 & a_{13}\\ a_{21} & b_2 & a_{23}\\ a_{31} & b_3 & a_{33}\end{vmatrix},\quad D_3=\begin{vmatrix}a_{11} & a_{12} & b_1\\ a_{21} & a_{22} & b_2\\ a_{31} & a_{32} & b_3\end{vmatrix}.$$

例 1.4 解线性方程组

$$\begin{cases}-x_1+2x_2-x_3=2,\\ 2x_1+x_2-3x_3=1,\\ x_1-x_2+x_3=0.\end{cases}$$

解 由于系数行列式

$$D=\begin{vmatrix}-1 & 2 & -1\\ 2 & 1 & -3\\ 1 & -1 & 1\end{vmatrix}=-1+2-6+1+3-4=-5\neq 0,$$

因此, 原方程组有唯一解. 由

$$D_1=\begin{vmatrix}2 & 2 & -1\\ 1 & 1 & -3\\ 0 & -1 & 1\end{vmatrix}=-5,\quad D_2=\begin{vmatrix}-1 & 2 & -1\\ 2 & 1 & -3\\ 1 & 0 & 1\end{vmatrix}=-10,\quad D_3=\begin{vmatrix}-1 & 2 & 2\\ 2 & 1 & 1\\ 1 & -1 & 0\end{vmatrix}=-5,$$

代入 (1.4) 式得

$$x_1=1,\quad x_2=2,\quad x_3=1.$$

习题 1.1

1.1 计算下列二阶行列式:

(1) $\begin{vmatrix}4 & -2\\ 3 & 4\end{vmatrix}$; (2) $\begin{vmatrix}x+y & y\\ x & x-y\end{vmatrix}$.

1.2 计算下列三阶行列式:

(1) $\begin{vmatrix}2 & 0 & 1\\ 1 & -4 & -1\\ -1 & 8 & 3\end{vmatrix}$; (2) $\begin{vmatrix}a & b & c\\ b & c & a\\ c & a & b\end{vmatrix}$;

(3) $\begin{vmatrix}1 & 1 & 1\\ a & b & c\\ a^2 & b^2 & c^2\end{vmatrix}$; (4) $\begin{vmatrix}x & y & x+y\\ y & x+y & x\\ x+y & x & y\end{vmatrix}$.

1.3 利用 (1.2) 式或 (1.4) 式解下列线性方程组:

(1) $\begin{cases}3x+2y=7,\\ 2x-3y=-4;\end{cases}$ (2) $\begin{cases}x_1-3x_2=-5,\\ 4x_1+3x_2=-5;\end{cases}$

(3) $\begin{cases}2x_1-x_2+3x_3=13,\\ x_1+2x_2-x_3=-6,\\ 3x_1+x_2-2x_3=-5;\end{cases}$ (4) $\begin{cases}x+2y-3z=-6,\\ 3x-y+z=9,\\ 2x+2y-z=0.\end{cases}$

§1.2 n 阶行列式

1.2.1 全排列及其奇偶性

定义 1.3 将 $1,2,\cdots,n$ 组成的一个有序数组称为一个 n 阶**排列**. 按自然增长顺序的排列 $12\cdots n$ 称为 n 阶**标准排列**. 在一个 n 阶排列中, 如果某两个数的前后位置是 “先大后小”

的顺序, 则称这两个数构成一个**逆序**, 所有逆序的总和称为这个排列的**逆序数**, 逆序数为奇 (偶) 数的排列叫作**奇 (偶) 排列**.

例如, 42351 是一个 5 阶排列, 其中 $(4,2), (4,3), (4,1), (2,1), (3,1), (5,1)$ 构成 6 个逆序, 逆序数为 6, 是偶排列. 又如 3614572 是一个 7 阶排列, 其中 $(3,1), (3,2), (6,1), (6,4), (6,5), (6,2), (4,2), (5,2), (7,2)$ 构成 9 个逆序, 逆序数为 9, 是奇排列. 再如, n 阶标准排列的逆序数为 0, 是偶排列. $n(n-1)\cdots21$ 也是 n 阶排列, 其逆序数为

$$(n-1)+(n-2)+\cdots+2+1=\frac{1}{2}n(n-1).$$

为叙述方便, 今后用 $\tau(\cdot)$ 表示逆序数, 如 $\tau(41352)=5$. 显然, n 阶排列总共有 $n!$ 个. 将排列中某两个元素的位置对调，而其余元素不动，得到一个新排列，这个过程称为**对换**. 相邻两个元素对换叫作**相邻对换**.

一次相邻对换使排列的逆序数增加1或减少1, 因此, 一次相邻对换改变排列的奇偶性. 例如, 7 阶排列 4613527 的逆序数为 9, 是奇排列. 将元素 6, 1 作相邻对换得到新排列 4163527, 逆序数变为 8, 是偶排列; 将元素 4, 6 作相邻对换得到新排列 6413527, 逆序数变为 10, 是偶排列. 由于任意对换可以通过奇数次相邻对换来实现, 例如, 若两个不相邻的元素中间有 k 个元素，则这两个元素的对换可以通过 $2k+1$ 次相邻对换来实现. 如5阶排列 42351 将元素 2, 1 对换得到新排列 41352, 等价于作 5 次相邻对换得到: 42351→42315→42135→41235→41325→41352; 或者: 42351→43251→43521→43512→43152→41352. 排列 42351 的逆序数为 6, 新排列 41352 的逆序数为 5, 排列的奇偶性发生了改变. 排列的 "奇偶性" 改变奇数次后发生改变, 于是得到如下结论:

定理 1.1 一次对换改变排列的奇偶性.

推论 1.1 奇 (偶) 排列可以经过奇 (偶) 数次对换变成标准排列.

证明 由于标准排列的逆序数为 0, 它是偶排列, 因此, 奇（偶）排列可以经过奇（偶）数次对换变成标准排列. □

例如, $\tau(3241)=4$, 偶排列 3241 对换 2 次: $(3,1)$ 和 $(4,3)$ 变成标准排列 1234. 又如, $\tau(25431)=7$, 奇排列 25431 对换 3 次: $(2,1)$、$(5,2)$、$(4,3)$ 变成标准排列 12345.

定理 1.2 在全部 $n!$ 个 n 阶排列中, 奇、偶排列的个数相等, 都是 $\frac{n!}{2}$ 个.

***证明** 假设在全部 n 阶排列中有 s 个奇排列和 t 个偶排列, 下面证明 $s=t$.

事实上, 将所有 s 个奇排列的前两个数字对换, 即将全体奇排列由 $a_1a_2\cdots a_n$ 变成 $a_2a_1\cdots a_n$, 由定理 1.1 知得到 s 个偶排列, 并且这 s 个偶排列各不相同. 这就是说, 所有的奇排列都只需对换前面两个数字就变成不同的偶排列, 因此, 奇排列的个数不会比偶排列多, 即 $s\leqslant t$. 同理, 将 t 个偶排列的头两个数字对换, 得到 t 个不同的奇排列, 因此 $t\leqslant s$, 故 $s=t$. 因为这两种排列一共有 $n!$ 个, 所以它们各有 $\frac{n!}{2}$ 个. □

1.2.2 n 阶行列式的定义

定义 1.4 设 $a_{ij}\,(i,j=1,2,\cdots,n)$ 是 n^2 个数, 称

$$D=\begin{vmatrix} a_{11} & a_{12} & \cdots & a_{1n} \\ a_{21} & a_{22} & \cdots & a_{2n} \\ \vdots & \vdots & & \vdots \\ a_{n1} & a_{n2} & \cdots & a_{nn} \end{vmatrix} = \sum_{j_1,j_2,\cdots,j_n} (-1)^{\tau(j_1j_2\cdots j_n)} a_{1j_1}a_{2j_2}\cdots a_{nj_n}$$

为一个 n **阶行列式**, 它是取自不同行、不同列的 n 个数的乘积 $a_{1j_1}a_{2j_2}\cdots a_{nj_n}$ 的代数和 (共 $n!$ 项), 各项的符号为 $(-1)^{\tau(j_1j_2\cdots j_n)}$, 其中 $\tau(j_1j_2\cdots j_n)$ 代表排列 $j_1j_2\cdots j_n$ 的逆序数.

由定理 1.2 可知, 在 n 阶行列式的展开式中, 符号 $(-1)^{\tau(j_1j_2\cdots j_n)}$ 为正或负的项数相等, 即各有 $\dfrac{n!}{2}$ 项. 下面我们用定义 1.4 来验证三阶行列式的定义 1.2, 以此说明这两个定义是吻合的. 由于 $3!=6$, 因此, 三阶行列式展开式共有 6 项:

$$a_{11}a_{22}a_{33},\quad a_{12}a_{23}a_{31},\quad a_{13}a_{21}a_{32},\quad -a_{11}a_{23}a_{32},\quad -a_{12}a_{21}a_{33},\quad -a_{13}a_{22}a_{31},$$

其中正、负各 3 项, 每一项都是取自行列式不同行、不同列的 3 个数的乘积, 各项的行标都按 123 标准排列, 列标排列的奇偶性决定该项的符号. 比如, 在 $a_{13}a_{21}a_{32}$ 这一项中, 列标的逆序数 $\tau(312)=2$, $(-1)^2=1$, 所以这项的符号为正; 又如, 在 $-a_{12}a_{21}a_{33}$ 这一项中, 列标的逆序数 $\tau(213)=1$, $(-1)^1=-1$, 所以这项的符号为负; 再如, 在 $-a_{13}a_{22}a_{31}$ 这项中, 列标的逆序数 $\tau(321)=3$, $(-1)^3=-1$, 所以这项的符号为负.

类似地, 读者可以用定义 1.4 验证二阶行列式的定义 1.1.

注意, 在高于三阶的行列式中, 对角线法则不再适用. 比如 4 阶行列式

$$D_4=\begin{vmatrix} a_{11} & a_{12} & a_{13} & a_{14} \\ a_{21} & a_{22} & a_{23} & a_{24} \\ a_{31} & a_{32} & a_{33} & a_{34} \\ a_{41} & a_{42} & a_{43} & a_{44} \end{vmatrix}.$$

列举一个与主对角线平行的 4 个元素相乘得到的项 $a_{12}a_{23}a_{34}a_{41}$, 列标的逆序数 $\tau(2341)=3$ 是奇数, 按定义 1.4, 这项的符号为负 (与对角线法则不符). 类似地, 考察与副对角线平行的 4 个元素相乘的项 $a_{11}a_{24}a_{33}a_{42}$, 由于 $\tau(1432)=3$, 这项的符号也为负, 再考察与副对角线平行的 4 个元素相乘的项 $a_{12}a_{21}a_{34}a_{43}$, 由于 $\tau(2143)=2$, 而这项的符号为正 (与对角线法则不符). 因此, 对角线法则仅适用于二阶和三阶行列式.

在 n 阶行列式的定义中, 对每一项 $a_{1j_1}a_{2j_2}\cdots a_{nj_n}$ 交换各乘积因子的顺序, 使得列标由 $j_1j_2\cdots j_n$ 变为标准排列 $12\cdots n$(偶排列), 行标原来是标准排列 $12\cdots n$(偶排列) 也相应地发生了改变, 设行标变成了排列 $i_1i_2\cdots i_n$, 即 $a_{1j_1}a_{2j_2}\cdots a_{nj_n}$ 交换乘积因子后变成了 $a_{i_11}a_{i_22}\cdots a_{i_nn}$. 由推论 1.1 知, $\tau(j_1j_2\cdots j_n)$, $\tau(i_1i_2\cdots i_n)$ 两者的奇偶性相同, 这一项的符号不改变. 比如, $(-1)^{\tau(3241)}a_{13}a_{22}a_{34}a_{41}=(-1)^{\tau(4213)}a_{41}a_{22}a_{13}a_{34}$. 故 n 阶行列式的定义也可以写成:

定义 1.4′ 设 $a_{ij}\,(i,j=1,2,\cdots,n)$ 是 n^2 个数, 称

$$D=\begin{vmatrix} a_{11} & a_{12} & \cdots & a_{1n} \\ a_{21} & a_{22} & \cdots & a_{2n} \\ \vdots & \vdots & & \vdots \\ a_{n1} & a_{n2} & \cdots & a_{nn} \end{vmatrix} = \sum_{i_1,i_2,\cdots,i_n} (-1)^{\tau(i_1i_2\cdots i_n)} a_{i_11}a_{i_22}\cdots a_{i_nn}$$

为一个 n **阶行列式**, 它是取自不同行、不同列的 n 个数的乘积 $a_{i_11}a_{i_22}\cdots a_{i_nn}$ 的代数和 (共 $n!$ 项), 各项的符号为 $(-1)^{\tau(i_1i_2\cdots i_n)}$, 其中 $\tau(i_1i_2\cdots i_n)$ 代表排列 $i_1i_2\cdots i_n$ 的逆序数.

例 1.5　计算对角形行列式 (注: 未写出的元素都是零, 以后不重复声明)

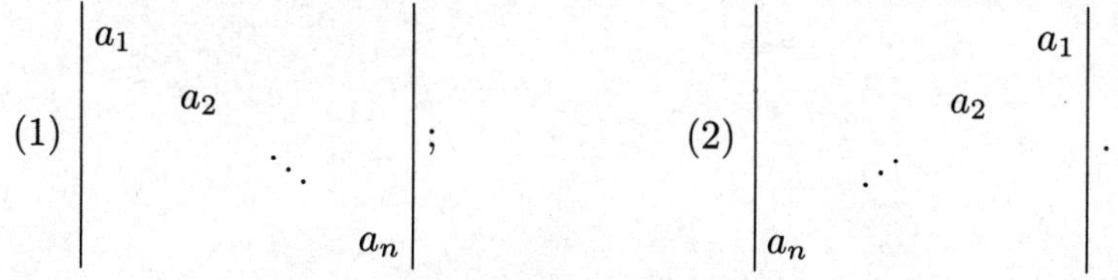

解　(1) 由定义知, n 阶行列式每一项是

$$(-1)^{\tau(j_1j_2\cdots j_n)}a_{1j_1}a_{2j_2}\cdots a_{nj_n}.$$

显然, 必须有 $j_1=1$, 否则那一项为零, 求和时可以不考虑; 同样, 必须为 $j_2=2$, 否则那一项为零; 一直这样推理下去, $j_{n-1}=n-1$, 剩下则必须有 $j_n=n$. 这相当于, 在这个 n 阶行列式中只有一项可能不是零, 即

$$(-1)^{\tau(12\cdots n)}a_{11}a_{22}\cdots a_{nn}.$$

故

$$\begin{vmatrix} a_1 & & & \\ & a_2 & & \\ & & \ddots & \\ & & & a_n \end{vmatrix} = a_1a_2\cdots a_n.$$

(2) 与上面相同的推理方法, 本题的 n 阶行列式中只有一项可能不是零

$$(-1)^{\tau(n,n-1,\cdots,1)}a_{1n}a_{2,n-1}\cdots a_{n1}.$$

故

$$\begin{vmatrix} & & & a_1 \\ & & a_2 & \\ & \iddots & & \\ a_n & & & \end{vmatrix} = (-1)^{\frac{n(n-1)}{2}}a_1a_2\cdots a_n.$$

同理可得, 下三角行列式

$$\begin{vmatrix} a_{11} & & & \\ a_{21} & a_{22} & & \\ \vdots & \vdots & \ddots & \\ a_{n1} & a_{n2} & \cdots & a_{nn} \end{vmatrix} = a_{11}a_{22}\cdots a_{nn};$$

由定义 1.4′ 可得, 上三角行列式

$$\begin{vmatrix} a_{11} & a_{12} & \cdots & a_{1n} \\ & a_{22} & \cdots & a_{2n} \\ & & \ddots & \vdots \\ & & & a_{nn} \end{vmatrix} = a_{11}a_{22}\cdots a_{nn}.$$

习题 1.2

1.4 求下列排列的逆序数, 并决定它们的奇偶性:

(1) 4132; (2) 3421;

(3) $13\cdots(2n-1)(2n)(2n-2)\cdots2$; (4) $13\cdots(2n-1)24\cdots(2n)$.

1.5 写出 4 阶行列式中含有因子 $a_{11}a_{22}$ 的项.

1.6 由定义计算下列行列式:

(1) $D_4 = \begin{vmatrix} 2 & 3 & 4 & 1 \\ 3 & 4 & 2 & 0 \\ 1 & 3 & 0 & 0 \\ 4 & 0 & 0 & 0 \end{vmatrix}$; (2) $D_4 = \begin{vmatrix} a_1 & 0 & b_1 & 0 \\ 0 & c_1 & 0 & d_1 \\ a_2 & 0 & b_2 & 0 \\ 0 & c_2 & 0 & d_2 \end{vmatrix}$;

(3) $D_n = \begin{vmatrix} 0 & 1 & 0 & \cdots & 0 \\ 0 & 0 & 2 & \cdots & 0 \\ \vdots & \vdots & \vdots & & \vdots \\ 0 & 0 & 0 & \cdots & n-1 \\ n & 0 & 0 & \cdots & 0 \end{vmatrix}$.

1.7 由行列式定义, 证明:

$$D_5 = \begin{vmatrix} a_1 & a_2 & a_3 & a_4 & a_5 \\ b_1 & b_2 & b_3 & b_4 & b_5 \\ c_1 & c_2 & 0 & 0 & 0 \\ d_1 & d_2 & 0 & 0 & 0 \\ e_1 & e_2 & 0 & 0 & 0 \end{vmatrix} = 0.$$

§1.3 行列式的性质

如果按定义计算 n 阶行列式, 则需计算 $n!$ 项, 每一项都是 n 个元素的乘积, 并且还要计算足标的逆序数, 对高阶行列式而言, 显然计算量偏大. 因此, 有必要进一步研究行列式的性质, 为计算行列式找到切实可行的简便方法.

定义 1.5 将行列式 D 的行换为同序数的列, 得到的新行列式称为 D 的**转置行列式**, 记

为 D^{T}. 即若

$$D=\begin{vmatrix} a_{11} & a_{12} & \cdots & a_{1n} \\ a_{21} & a_{22} & \cdots & a_{2n} \\ \vdots & \vdots & & \vdots \\ a_{n1} & a_{n2} & \cdots & a_{nn} \end{vmatrix},$$

则

$$D^{\mathrm{T}}=\begin{vmatrix} a_{11} & a_{21} & \cdots & a_{n1} \\ a_{12} & a_{22} & \cdots & a_{n2} \\ \vdots & \vdots & & \vdots \\ a_{1n} & a_{2n} & \cdots & a_{nn} \end{vmatrix}.$$

这相当于对原来的行列式关于主对角线做一个对称翻转, 即各 a_{ij} 元与 a_{ji} 元位置互换.

性质 1 行列式与其转置行列式相等, 即 $D=D^{\mathrm{T}}$.

证明 因为 D 中的每一个元素 a_{ij} 都是 D^{T} 的 (j,i) 元, 所以, 在 D 的展开式中的每一项

$$(-1)^{\tau(j_1j_2\cdots j_n)}a_{1j_1}a_{2j_2}\cdots a_{nj_n}$$

都是 D^{T} 展开式的项, 且符号相同, 故 $D=D^{\mathrm{T}}$. □

性质 2 交换行列式的某两行 (列), 行列式的值反号.

证明 交换第 i_1,i_2 行 (第 j_1,j_2 列) 等于是在定义 1.4′(或定义 1.4) 中, 将行 (列) 足标排列中的 $i_1,i_2(j_1,j_2)$ 两个元素交换位置, 由定理 1.1 知, 行列式值反号. □

性质 3 若行列式中有两行 (列) 的对应元素相等, 则行列式的值为零.

证明 设行列式 D 中第 i_1,i_2 行 (第 j_1,j_2 列) 相等, 交换这两行 (列), 得到的行列式与原行列式相同, 按性质 2, $D=-D$, 因此, $D=0$. □

性质 4 行列式中某一行 (列) 的所有元素的公因数可以提到行列式的外面. 或者说, 以数 k 乘以行列式等于用数 k 乘以行列式的某一行或某一列, 即

$$\begin{vmatrix} a_{11} & a_{12} & \cdots & a_{1n} \\ \vdots & \vdots & & \vdots \\ ka_{i1} & ka_{i2} & \cdots & ka_{in} \\ \vdots & \vdots & & \vdots \\ a_{n1} & a_{n2} & \cdots & a_{nn} \end{vmatrix}=k\begin{vmatrix} a_{11} & a_{12} & \cdots & a_{1n} \\ \vdots & \vdots & & \vdots \\ a_{i1} & a_{i2} & \cdots & a_{in} \\ \vdots & \vdots & & \vdots \\ a_{n1} & a_{n2} & \cdots & a_{nn} \end{vmatrix}.$$

证明 由定义 1.4 或定义 1.4′ 即知, 结论成立. □

性质 5 若行列式中某行 (列) 的元素全为零, 则行列式的值为零.

证明 这是性质 4 的推论. □

性质 6 若行列式中某两行 (列) 对应元素成比例, 则行列式的值为零.

证明 这是性质 3 和性质 4 的推论. □

性质 7 若行列式的某一行 (列) 的元素是两数之和, 则行列式等于两个行列式之和, 且这两个行列式的这一行 (列) 分别是第一组数和第二组数, 其余各行 (列) 的元素不变. 例如, 第 i 行的元素是两数之和:

$$D=\begin{vmatrix} a_{11} & a_{12} & \cdots & a_{1n} \\ \vdots & \vdots & & \vdots \\ a_{i1}+a'_{i1} & a_{i2}+a'_{i2} & \cdots & a_{in}+a'_{in} \\ \vdots & \vdots & & \vdots \\ a_{n1} & a_{n2} & \cdots & a_{nn} \end{vmatrix},$$

则 D 等于如下两个行列式之和:

$$D=\begin{vmatrix} a_{11} & a_{12} & \cdots & a_{1n} \\ \vdots & \vdots & & \vdots \\ a_{i1} & a_{i2} & \cdots & a_{in} \\ \vdots & \vdots & & \vdots \\ a_{n1} & a_{n2} & \cdots & a_{nn} \end{vmatrix}+\begin{vmatrix} a_{11} & a_{12} & \cdots & a_{1n} \\ \vdots & \vdots & & \vdots \\ a'_{i1} & a'_{i2} & \cdots & a'_{in} \\ \vdots & \vdots & & \vdots \\ a_{n1} & a_{n2} & \cdots & a_{nn} \end{vmatrix}.$$

证明 由定义 1.4 得

$$\begin{aligned} D &= \sum_{j_1,j_2,\cdots,j_n} (-1)^{\tau(j_1\cdots j_i\cdots j_n)} a_{1j_1}\cdots(a_{i,j_i}+a'_{i,j_i})\cdots a_{nj_n} \\ &= \sum_{j_1,j_2,\cdots,j_n} (-1)^{\tau(j_1\cdots j_i\cdots j_n)} a_{1j_1}\cdots a_{i,j_i}\cdots a_{nj_n} \\ &\quad + \sum_{j_1,j_2,\cdots,j_n} (-1)^{\tau(j_1\cdots j_i\cdots j_n)} a_{1j_1}\cdots a'_{i,j_i}\cdots a_{nj_n} \\ &= \text{右边}. \end{aligned}$$ □

性质 8 行列式中某一行 (列) 各元素的 k 倍加到另一行 (列) 的对应元素上, 行列式的值不变.

证明 由性质 7, 将加完后得到的行列式分成两个行列式, 其中一个行列式等于原来的行列式, 另一个行列式由性质 6 可知等于零. □

为了将行列式的计算过程表达更清楚, 我们引进如下记号:

(1) 交换行列式的第 i,j 两行 (列), 记作 $r_i \leftrightarrow r_j(c_i \leftrightarrow c_j)$;

(2) 第 i 行 (列) 提出公因子 k, 记作 $r_i \div k(c_i \div k)$;

(3) 以数 k 乘第 j 行 (列) 加到第 i 行 (列) 上, 记作 $r_i + kr_j(c_i + kc_j)$.

例 1.6 计算行列式

$$D=\begin{vmatrix} 3 & 1 & -1 & 2 \\ -5 & 1 & 3 & -4 \\ 2 & 0 & 1 & -1 \\ 1 & -5 & 3 & -3 \end{vmatrix}.$$

解 用行列式的性质将它化成一个上三角形行列式, 这是计算行列式常用的方法.

$$D \xlongequal{c_1 \leftrightarrow c_2} -\begin{vmatrix} 1 & 3 & -1 & 2 \\ 1 & -5 & 3 & -4 \\ 0 & 2 & 1 & -1 \\ -5 & 1 & 3 & -3 \end{vmatrix} \xlongequal[r_4+5r_1]{r_2-r_1} -\begin{vmatrix} 1 & 3 & -1 & 2 \\ 0 & -8 & 4 & -6 \\ 0 & 2 & 1 & -1 \\ 0 & 16 & -2 & 7 \end{vmatrix}$$

$$\xlongequal{r_2 \leftrightarrow r_3} \begin{vmatrix} 1 & 3 & -1 & 2 \\ 0 & 2 & 1 & -1 \\ 0 & -8 & 4 & -6 \\ 0 & 16 & -2 & 7 \end{vmatrix} \xlongequal[r_4-8r_2]{r_3+4r_2} \begin{vmatrix} 1 & 3 & -1 & 2 \\ 0 & 2 & 1 & -1 \\ 0 & 0 & 8 & -10 \\ 0 & 0 & -10 & 15 \end{vmatrix}$$

$$= 10\begin{vmatrix} 1 & 3 & -1 & 2 \\ 0 & 2 & 1 & -1 \\ 0 & 0 & 4 & -5 \\ 0 & 0 & -2 & 3 \end{vmatrix} \xlongequal{r_3 \leftrightarrow r_4} -10\begin{vmatrix} 1 & 3 & -1 & 2 \\ 0 & 2 & 1 & -1 \\ 0 & 0 & -2 & 3 \\ 0 & 0 & 4 & -5 \end{vmatrix}$$

$$\xlongequal{r_4+2r_3} -10\begin{vmatrix} 1 & 3 & -1 & 2 \\ 0 & 2 & 1 & -1 \\ 0 & 0 & -2 & 3 \\ 0 & 0 & 0 & 1 \end{vmatrix} = 40.$$

例 1.7 计算 4 阶行列式

$$D = \begin{vmatrix} a & -a & a & x-a \\ a & -a & x+a & -a \\ a & x-a & a & -a \\ x+a & -a & a & -a \end{vmatrix}.$$

解 将第 2,3,4 列分别加到第 1 列, 得到

$$D = \begin{vmatrix} x & -a & a & x-a \\ x & -a & x+a & -a \\ x & x-a & a & -a \\ x & -a & a & -a \end{vmatrix} = x\begin{vmatrix} 1 & -a & a & x-a \\ 1 & -a & x+a & -a \\ 1 & x-a & a & -a \\ 1 & -a & a & -a \end{vmatrix}$$

$$\xlongequal[i=2,3,4]{r_i-r_1} x\begin{vmatrix} 1 & -a & a & x-a \\ 0 & 0 & x & -x \\ 0 & x & 0 & -x \\ 0 & 0 & 0 & -x \end{vmatrix} \xlongequal{r_2 \leftrightarrow r_3} -x\begin{vmatrix} 1 & -a & a & x-a \\ 0 & x & 0 & -x \\ 0 & 0 & x & -x \\ 0 & 0 & 0 & -x \end{vmatrix} = x^4.$$

例 1.8 证明:

$$\begin{vmatrix} a+b & b+c & c+a \\ m+n & n+k & k+m \\ x+y & y+z & z+x \end{vmatrix} = 2\begin{vmatrix} a & b & c \\ m & n & k \\ x & y & z \end{vmatrix}.$$

证法 1

$$
\text{左边} \xlongequal[c_1+c_3]{c_1+c_2} \begin{vmatrix} 2(a+b+c) & b+c & c+a \\ 2(m+n+k) & n+k & k+m \\ 2(x+y+z) & y+z & z+x \end{vmatrix} = 2\begin{vmatrix} a+b+c & b+c & c+a \\ m+n+k & n+k & k+m \\ x+y+z & y+z & z+x \end{vmatrix}
$$

$$
\xlongequal{c_1-c_2} 2\begin{vmatrix} a & b+c & c+a \\ m & n+k & k+m \\ x & y+z & z+x \end{vmatrix} \xlongequal{c_3-c_1} 2\begin{vmatrix} a & b+c & c \\ m & n+k & k \\ x & y+z & z \end{vmatrix}
$$

$$
\xlongequal{c_2-c_3} 2\begin{vmatrix} a & b & c \\ m & n & k \\ x & y & z \end{vmatrix} = \text{右边}. \quad \square
$$

证法 2

$$
\begin{aligned}
\text{左边} &= \begin{vmatrix} a & b+c & c+a \\ m & n+k & k+m \\ x & y+z & z+x \end{vmatrix} + \begin{vmatrix} b & b+c & c+a \\ n & n+k & k+m \\ y & y+z & z+x \end{vmatrix} \\
&= \begin{vmatrix} a & b+c & c \\ m & n+k & k \\ x & y+z & z \end{vmatrix} + \begin{vmatrix} b & c & c+a \\ n & k & k+m \\ y & z & z+x \end{vmatrix} \\
&= \begin{vmatrix} a & b & c \\ m & n & k \\ x & y & z \end{vmatrix} + \begin{vmatrix} b & c & a \\ n & k & m \\ y & z & x \end{vmatrix} \\
&= \begin{vmatrix} a & b & c \\ m & n & k \\ x & y & z \end{vmatrix} - \begin{vmatrix} a & c & b \\ m & k & n \\ x & z & y \end{vmatrix} \\
&= 2\begin{vmatrix} a & b & c \\ m & n & k \\ x & y & z \end{vmatrix} = \text{右边}. \quad \square
\end{aligned}
$$

注 证法 2 是将一个行列式分离成两个行列式相加, 称为**分离法**.

习题 1.3

1.8 计算下列行列式:

(1) $D = \begin{vmatrix} 1 & 1 & -1 & 3 \\ -1 & -1 & 2 & 1 \\ 2 & 5 & 2 & 4 \\ 1/2 & 1 & 3/2 & 1 \end{vmatrix}$; (2) $D = \begin{vmatrix} 2 & -1 & -3 & 4 \\ 1 & 3 & 2 & -1 \\ 0 & 4 & 3 & -3 \\ 3 & -2 & 1 & 5 \end{vmatrix}$;

(3) $D=\begin{vmatrix} 5 & 4 & 2 & 1 \\ 2 & 3 & 1 & -2 \\ -5 & -7 & -3 & 9 \\ 1 & -2 & -1 & 4 \end{vmatrix}$;　　(4) $D=\begin{vmatrix} 1 & 1 & 2 & 1 \\ 2 & 1 & 2 & 0 \\ 2 & 3 & 2 & 2 \\ 1 & 0 & 3 & 3 \end{vmatrix}$;

(5) $D=\begin{vmatrix} 3 & 1 & 1 & 1 \\ 1 & 3 & 1 & 1 \\ 1 & 1 & 3 & 1 \\ 1 & 1 & 1 & 3 \end{vmatrix}$;　　(6) $D=\begin{vmatrix} a^2+1 & ab & ac \\ ab & b^2+1 & bc \\ ac & bc & c^2+1 \end{vmatrix}$.

1.9 证明:

$$D=\begin{vmatrix} a & b & c & d \\ a & a+b & a+b+c & a+b+c+d \\ a & 2a+b & 3a+2b+c & 4a+3b+2c+d \\ a & 3a+b & 6a+3b+c & 10a+6b+3c+d \end{vmatrix}=a^4.$$

§1.4 行列式按行 (列) 展开

本节将进一步研究行列式的性质, 得到按行 (列) 展开定理, 与上一节的行列式性质相结合, 得到更为简便的计算行列式的方法.

1.4.1 行列式按行 (列) 展开定理

定义 1.6 在 n 阶行列式

$$D=\begin{vmatrix} a_{11} & a_{12} & \cdots & a_{1n} \\ a_{21} & a_{22} & \cdots & a_{2n} \\ \vdots & \vdots & & \vdots \\ a_{n1} & a_{n2} & \cdots & a_{nn} \end{vmatrix}$$

中, 去掉元素 a_{ij} 所在的第 i 行和第 j 列, 余下的元素按原来的次序构成的 $n-1$ 阶行列式, 称为元素 a_{ij} 的**余子式**, 记作 M_{ij}, 即

$$M_{ij}=\begin{vmatrix} a_{11} & \cdots & a_{1,j-1} & a_{1,j+1} & \cdots & a_{1n} \\ \vdots & & \vdots & \vdots & & \vdots \\ a_{i-1,1} & \cdots & a_{i-1,j-1} & a_{i-1,j+1} & \cdots & a_{i-1,n} \\ a_{i+1,1} & \cdots & a_{i+1,j-1} & a_{i+1,j+1} & \cdots & a_{i+1,n} \\ \vdots & & \vdots & \vdots & & \vdots \\ a_{n1} & \cdots & a_{n,j-1} & a_{n,j+1} & \cdots & a_{nn} \end{vmatrix}.$$

称 $A_{ij}=(-1)^{i+j}M_{ij}$ 为元素 a_{ij} 的**代数余子式**.

例如, 在行列式

$$\begin{vmatrix} 1 & -2 & 3 \\ 4 & 5 & -3 \\ 6 & 2 & 7 \end{vmatrix}$$

中, 元素 a_{11}, a_{21}, a_{31} 的余子式分别为

$$M_{11} = \begin{vmatrix} 5 & -3 \\ 2 & 7 \end{vmatrix}, \quad M_{21} = \begin{vmatrix} -2 & 3 \\ 2 & 7 \end{vmatrix}, \quad M_{31} = \begin{vmatrix} -2 & 3 \\ 5 & -3 \end{vmatrix},$$

代数余子式分别为

$$A_{11} = (-1)^{1+1} M_{11} = \begin{vmatrix} 5 & -3 \\ 2 & 7 \end{vmatrix}, \quad A_{21} = (-1)^{2+1} M_{21} = -\begin{vmatrix} -2 & 3 \\ 2 & 7 \end{vmatrix},$$

$$A_{31} = (-1)^{3+1} M_{31} = \begin{vmatrix} -2 & 3 \\ 5 & -3 \end{vmatrix}.$$

定理 1.3 设 n 阶行列式 D 的某一行 (列) 元素除 a_{ij} 外, 其余元素全为零, 则该行列式的值等于 a_{ij} 与其代数余子式 A_{ij} 的乘积, 即 $D = a_{ij}A_{ij}$.

***证明** 若 $i = j = 1$, 由定义 1.4 得

$$\begin{aligned} D = \begin{vmatrix} a_{11} & 0 & \cdots & 0 \\ a_{21} & a_{22} & \cdots & a_{2n} \\ \vdots & \vdots & & \vdots \\ a_{n1} & a_{n2} & \cdots & a_{nn} \end{vmatrix} &= \sum_{j_2, \cdots, j_n} (-1)^{\tau(1 j_2 \cdots j_n)} a_{11} a_{2j_2} \cdots a_{nj_n} \\ &= a_{11} \sum_{j_2, j_3, \cdots, j_n} (-1)^{\tau(j_2 \cdots j_n)} a_{2j_2} \cdots a_{nj_n} \\ &= a_{11} M_{11} = a_{11} A_{11}. \end{aligned}$$

若 $i \neq 1$ 或 $j \neq 1$, 将行列式的第 i 行依次与第 $i-1$ 行, 第 $i-2$ 行, $\cdots$, 第 1 行交换, 交换 $i-1$ 次. 然后将第 j 列依次与第 $j-1$ 列, 第 $j-2$ 列, $\cdots$, 第 1 列交换, 交换 $j-1$ 次. 所得行列式 (记为 D_1) 的第 1 行 (列) 只有第 $(1,1)$ 元是 a_{ij}, 其余元都是零. 将 D_1 的第 1 行和第 1 列划去, 相当于在 D 中划去第 i 行和第 j 列, 剩下的元素按原来的次序排列的行列式正好是 M_{ij}. 因此,

$$D = (-1)^{(i-1)+(j-1)} D_1 = (-1)^{i+j} D_1 = (-1)^{i+j} a_{ij} M_{ij} = a_{ij} A_{ij}. \quad \square$$

把三阶行列式展开的 6 项重新组合, 得到

$$
\begin{aligned}
&\begin{vmatrix} a_{11} & a_{12} & a_{13} \\ a_{21} & a_{22} & a_{23} \\ a_{31} & a_{32} & a_{33} \end{vmatrix} \\
&= a_{11}a_{22}a_{33} + a_{12}a_{23}a_{31} + a_{13}a_{21}a_{32} - a_{11}a_{23}a_{32} - a_{12}a_{21}a_{33} - a_{13}a_{22}a_{31} \\
&= a_{11}(a_{22}a_{33} - a_{23}a_{32}) - a_{12}(a_{21}a_{33} - a_{23}a_{31}) + a_{13}(a_{21}a_{32} - a_{22}a_{31}) \\
&= a_{11}\begin{vmatrix} a_{22} & a_{23} \\ a_{32} & a_{33} \end{vmatrix} - a_{12}\begin{vmatrix} a_{21} & a_{23} \\ a_{31} & a_{33} \end{vmatrix} + a_{13}\begin{vmatrix} a_{21} & a_{22} \\ a_{31} & a_{32} \end{vmatrix} \\
&= a_{11}(-1)^{1+1}\begin{vmatrix} a_{22} & a_{23} \\ a_{32} & a_{33} \end{vmatrix} + a_{12}(-1)^{1+2}\begin{vmatrix} a_{21} & a_{23} \\ a_{31} & a_{33} \end{vmatrix} + a_{13}(-1)^{1+3}\begin{vmatrix} a_{21} & a_{22} \\ a_{31} & a_{32} \end{vmatrix} \\
&= a_{11}A_{11} + a_{12}A_{12} + a_{13}A_{13},
\end{aligned}
$$

即三阶行列式等于第 1 行的元素与它对应的代数余子式的乘积之和. 类似地, 又可得到

$$
\begin{aligned}
&\begin{vmatrix} a_{11} & a_{12} & a_{13} \\ a_{21} & a_{22} & a_{23} \\ a_{31} & a_{32} & a_{33} \end{vmatrix} \\
&= a_{11}(-1)^{1+1}\begin{vmatrix} a_{22} & a_{23} \\ a_{32} & a_{33} \end{vmatrix} + a_{21}(-1)^{2+1}\begin{vmatrix} a_{12} & a_{13} \\ a_{32} & a_{33} \end{vmatrix} + a_{31}(-1)^{3+1}\begin{vmatrix} a_{12} & a_{13} \\ a_{22} & a_{23} \end{vmatrix} \\
&= a_{11}A_{11} + a_{21}A_{21} + a_{31}A_{31},
\end{aligned}
$$

即三阶行列式等于第 1 列的元素与它对应的代数余子式的乘积之和. 将这个结论推广得到如下行列式按行 (列) 的展开定理.

定理 1.4 行列式等于任一行 (列) 的各元素与其对应的代数余子式的乘积之和, 即

$$
D = a_{i1}A_{i1} + a_{i2}A_{i2} + \cdots + a_{in}A_{in} = \sum_{k=1}^{n} a_{ik}A_{ik} \quad (i = 1, 2, \cdots, n),
$$

或

$$
D = a_{1j}A_{1j} + a_{2j}A_{2j} + \cdots + a_{nj}A_{nj} = \sum_{k=1}^{n} a_{kj}A_{kj} \quad (j = 1, 2, \cdots, n).
$$

证明 将 n 阶行列式 D 的第 i 行写成

$$
D = \begin{vmatrix} a_{11} & a_{12} & \cdots & a_{1n} \\ \vdots & \vdots & & \vdots \\ a_{i1} + 0 + \cdots + 0 & 0 + a_{i2} + \cdots + 0 & \cdots & 0 + \cdots + 0 + a_{in} \\ \vdots & \vdots & & \vdots \\ a_{n1} & a_{n2} & \cdots & a_{nn} \end{vmatrix}
$$

$$
= \begin{vmatrix} a_{11} & a_{12} & \cdots & a_{1n} \\ \vdots & \vdots & & \vdots \\ a_{i1} & 0 & \cdots & 0 \\ \vdots & \vdots & & \vdots \\ a_{n1} & a_{n2} & \cdots & a_{nn} \end{vmatrix} + \begin{vmatrix} a_{11} & a_{12} & \cdots & a_{1n} \\ \vdots & \vdots & & \vdots \\ 0 & a_{i2} & \cdots & 0 \\ \vdots & \vdots & & \vdots \\ a_{n1} & a_{n2} & \cdots & a_{nn} \end{vmatrix} + \cdots + \begin{vmatrix} a_{11} & a_{12} & \cdots & a_{1n} \\ \vdots & \vdots & & \vdots \\ 0 & 0 & \cdots & a_{in} \\ \vdots & \vdots & & \vdots \\ a_{n1} & a_{n2} & \cdots & a_{nn} \end{vmatrix}
$$

$$
= a_{i1}A_{i1} + a_{i2}A_{i2} + \cdots + a_{in}A_{in}.
$$

此即行列式按第 i 行展开的公式, 类似可证按第 j 列展开的公式. □

注意到行列式 D 第 i 行各元素 a_{ik} 的值的大小与其代数余子式 A_{ik} 无关 $(k=1,2,\cdots,n)$, 由公式

$$
\sum_{k=1}^{n} a_{ik}A_{ik} = a_{i1}A_{i1} + a_{i2}A_{i2} + \cdots + a_{in}A_{in} = D
$$

知, 如果将各 a_{ik} 分别换成 b_k, 则得到

$$
\sum_{k=1}^{n} b_k A_{ik} = b_1 A_{i1} + b_2 A_{i2} + \cdots + b_n A_{in} = \begin{vmatrix} a_{11} & a_{12} & \cdots & a_{1n} \\ \vdots & \vdots & & \vdots \\ a_{i-1,1} & a_{i-1,2} & \cdots & a_{i-1,n} \\ b_1 & b_2 & \cdots & b_n \\ a_{i+1,1} & a_{i+1,2} & \cdots & a_{i+1,n} \\ \vdots & \vdots & & \vdots \\ a_{n1} & a_{n2} & \cdots & a_{nn} \end{vmatrix} \text{第 } i \text{ 行}, \tag{1.5}
$$

这仅仅是将 D 的第 i 行各元素分别换成 $b_1, b_2, \cdots, b_n$, 而其余元素不变的行列式.

如果将 $a_{i1}, a_{i2}, \cdots, a_{in}$ 换成 $a_{j1}, a_{j2}, \cdots, a_{jn}\ (i \neq j)$, 则得到的行列式中第 i 行与第 j 行的元素相同, 由 (1.5) 式及行列式的性质 3 知

$$
a_{j1}A_{i1} + a_{j2}A_{i2} + \cdots + a_{jn}A_{in} = \sum_{k=1}^{n} a_{jk}A_{ik} = 0 \quad (i \neq j).
$$

于是得到如下结论:

定理 1.5 行列式任一行 (列) 的各元素与另一行 (列) 对应元素的代数余子式的乘积之和等于零, 即

$$
a_{j1}A_{i1} + a_{j2}A_{i2} + \cdots + a_{jn}A_{in} = \sum_{k=1}^{n} a_{jk}A_{ik} = 0 \quad (i \neq j)
$$

或

$$
a_{1j}A_{1i} + a_{2j}A_{2i} + \cdots + a_{nj}A_{ni} = \sum_{k=1}^{n} a_{kj}A_{ki} = 0 \quad (i \neq j).
$$

综合定理 1.4 和定理 1.5 可以得到如下推论:

推论 1.2 对任一 n 阶行列式 D, 有如下展开公式:

$$a_{i1}A_{j1}+a_{i2}A_{j2}+\cdots+a_{in}A_{jn}=\sum_{k=1}^{n}a_{ik}A_{jk}=D\delta_{ij},$$

$$a_{1i}A_{1j}+a_{2i}A_{2j}+\cdots+a_{ni}A_{nj}=\sum_{k=1}^{n}a_{ki}A_{kj}=D\delta_{ij},$$

其中

$$\delta_{ij}=\begin{cases}1, & i=j,\\ 0, & i\neq j\end{cases}$$

称为**克罗内克符号**.

例 1.9 设

$$D=\begin{vmatrix}1 & 1 & 2 & -1\\ -2 & 3 & 4 & 1\\ 3 & 4 & 1 & 2\\ -4 & 2 & 0 & 6\end{vmatrix},$$

求:

(1) $A_{12}-2A_{22}+3A_{32}-4A_{42}$;

(2) $A_{31}+2A_{32}+A_{34}$;

(3) $M_{41}+M_{42}+M_{43}+M_{44}$.

解 (1) $A_{12}-2A_{22}+3A_{32}-4A_{42}=a_{11}A_{12}+a_{21}A_{22}+a_{31}A_{32}+a_{41}A_{42}=0$.

(2) 将 D 中第 3 行的各元素分别替换为 $1,2,0,1$, 得到

$$A_{31}+2A_{32}+A_{34}=\begin{vmatrix}1 & 1 & 2 & -1\\ -2 & 3 & 4 & 1\\ 1 & 2 & 0 & 1\\ -4 & 2 & 0 & 6\end{vmatrix}=\begin{vmatrix}1 & 1 & 2 & -1\\ -4 & 1 & 0 & 3\\ 1 & 2 & 0 & 1\\ -4 & 2 & 0 & 6\end{vmatrix}$$

$$=2\begin{vmatrix}-4 & 1 & 3\\ 1 & 2 & 1\\ -4 & 2 & 6\end{vmatrix}=-40.$$

(3)

$$M_{41}+M_{42}+M_{43}+M_{44}=-A_{41}+A_{42}-A_{43}+A_{44}$$

$$=\begin{vmatrix}1 & 1 & 2 & -1\\ -2 & 3 & 4 & 1\\ 3 & 4 & 1 & 2\\ -1 & 1 & -1 & 1\end{vmatrix}\xlongequal[c_4+c_1]{c_2+c_1,c_3-c_1}\begin{vmatrix}1 & 2 & 1 & 0\\ -2 & 1 & 6 & -1\\ 3 & 7 & -2 & 5\\ -1 & 0 & 0 & 0\end{vmatrix}$$

$$=-1\times(-1)^{4+1}\begin{vmatrix}2 & 1 & 0\\ 1 & 6 & -1\\ 7 & -2 & 5\end{vmatrix}\xlongequal{c_1-2c_2}\begin{vmatrix}0 & 1 & 0\\ -11 & 6 & -1\\ 11 & -2 & 5\end{vmatrix}$$

$$= (-1)^{1+2}\begin{vmatrix} -11 & -1 \\ 11 & 5 \end{vmatrix} = 44.$$

1.4.2 计算行列式举例

例 1.10 计算 4 阶行列式

$$D = \begin{vmatrix} 1 & -2 & 0 & 2 \\ -3 & 1 & -4 & -1 \\ 4 & 2 & -5 & 3 \\ 3 & -4 & 3 & 5 \end{vmatrix}.$$

解 由行列式按行 (列) 展开定理逐渐降阶得

$$D = \begin{vmatrix} 1 & -2 & 0 & 2 \\ -3 & 1 & -4 & -1 \\ 4 & 2 & -5 & 3 \\ 3 & -4 & 3 & 5 \end{vmatrix} \xlongequal[c_2+2c_1]{c_4+c_2} \begin{vmatrix} 1 & 0 & 0 & 0 \\ -3 & -5 & -4 & 0 \\ 4 & 10 & -5 & 5 \\ 3 & 2 & 3 & 1 \end{vmatrix}$$

$$= \begin{vmatrix} -5 & -4 & 0 \\ 10 & -5 & 5 \\ 2 & 3 & 1 \end{vmatrix} \xlongequal{r_2-5r_3} \begin{vmatrix} -5 & -4 & 0 \\ 0 & -20 & 0 \\ 2 & 3 & 1 \end{vmatrix} = \begin{vmatrix} -5 & -4 \\ 0 & -20 \end{vmatrix} = 100.$$

例 1.11 证明:

$$D = \begin{vmatrix} a_{11} & a_{12} & 0 & 0 \\ a_{21} & a_{22} & 0 & 0 \\ c_{11} & c_{12} & b_{11} & b_{12} \\ c_{21} & c_{22} & b_{21} & b_{22} \end{vmatrix} = \begin{vmatrix} a_{11} & a_{12} \\ a_{21} & a_{22} \end{vmatrix} \cdot \begin{vmatrix} b_{11} & b_{12} \\ b_{21} & b_{22} \end{vmatrix}.$$

证明 将行列式 D 按第一行展开, 得

$$D = a_{11}\begin{vmatrix} a_{22} & 0 & 0 \\ c_{12} & b_{11} & b_{12} \\ c_{22} & b_{21} & b_{22} \end{vmatrix} - a_{12}\begin{vmatrix} a_{21} & 0 & 0 \\ c_{11} & b_{11} & b_{12} \\ c_{21} & b_{21} & b_{22} \end{vmatrix}$$

$$= a_{11}a_{22}\begin{vmatrix} b_{11} & b_{12} \\ b_{21} & b_{22} \end{vmatrix} - a_{12}a_{21}\begin{vmatrix} b_{11} & b_{12} \\ b_{21} & b_{22} \end{vmatrix}$$

$$= (a_{11}a_{22} - a_{12}a_{21})\begin{vmatrix} b_{11} & b_{12} \\ b_{21} & b_{22} \end{vmatrix}$$

$$= \begin{vmatrix} a_{11} & a_{12} \\ a_{21} & a_{22} \end{vmatrix} \cdot \begin{vmatrix} b_{11} & b_{12} \\ b_{21} & b_{22} \end{vmatrix}. \quad \square$$

将这个结论推广为

$$\begin{vmatrix} a_{11} & \cdots & a_{1k} & 0 & \cdots & 0 \\ \vdots & & \vdots & \vdots & & \vdots \\ a_{k1} & \cdots & a_{kk} & 0 & \cdots & 0 \\ c_{11} & \cdots & c_{1k} & b_{11} & \cdots & b_{1s} \\ \vdots & & \vdots & \vdots & & \vdots \\ c_{s1} & \cdots & c_{sk} & b_{s1} & \cdots & b_{ss} \end{vmatrix} = \begin{vmatrix} a_{11} & \cdots & a_{1k} \\ \vdots & & \vdots \\ a_{k1} & \cdots & a_{kk} \end{vmatrix} \cdot \begin{vmatrix} b_{11} & \cdots & b_{1s} \\ \vdots & & \vdots \\ b_{s1} & \cdots & b_{ss} \end{vmatrix}.$$

例 1.12 计算行列式

$$D = \begin{vmatrix} 2+x & 2 & 2 & 2 \\ 2 & 2-x & 2 & 2 \\ 2 & 2 & 2+y & 2 \\ 2 & 2 & 2 & 2-y \end{vmatrix}.$$

解法 1 先用分离法把它拆成两个行列式之和, 再用行列式的性质和展开定理得到

$$\begin{aligned} D &= \begin{vmatrix} 2 & 2 & 2 & 2 \\ 2 & 2-x & 2 & 2 \\ 2 & 2 & 2+y & 2 \\ 2 & 2 & 2 & 2-y \end{vmatrix} + \begin{vmatrix} x & 2 & 2 & 2 \\ 0 & 2-x & 2 & 2 \\ 0 & 2 & 2+y & 2 \\ 0 & 2 & 2 & 2-y \end{vmatrix} \\ &= \begin{vmatrix} 2 & 2 & 2 & 2 \\ 0 & -x & 0 & 0 \\ 0 & 0 & y & 0 \\ 0 & 0 & 0 & -y \end{vmatrix} + x\begin{vmatrix} 2-x & 2 & 2 \\ 2 & 2+y & 2 \\ 2 & 2 & 2-y \end{vmatrix} \\ &= 2xy^2 + x\begin{vmatrix} 2 & 2 & 2 \\ 2 & 2+y & 2 \\ 2 & 2 & 2-y \end{vmatrix} + x\begin{vmatrix} -x & 2 & 2 \\ 0 & 2+y & 2 \\ 0 & 2 & 2-y \end{vmatrix} \\ &= 2xy^2 + x\begin{vmatrix} 2 & 2 & 2 \\ 0 & y & 0 \\ 0 & 0 & -y \end{vmatrix} - x^2\begin{vmatrix} 2+y & 2 \\ 2 & 2-y \end{vmatrix} \\ &= 2xy^2 - 2xy^2 - x^2(4-y^2-4) = x^2y^2. \end{aligned}$$

解法 2 根据此行列式的特点, 下面采用 "加边法" 计算

$$D = \begin{vmatrix} 1 & 2 & 2 & 2 & 2 \\ 0 & 2+x & 2 & 2 & 2 \\ 0 & 2 & 2-x & 2 & 2 \\ 0 & 2 & 2 & 2+y & 2 \\ 0 & 2 & 2 & 2 & 2-y \end{vmatrix} = \begin{vmatrix} 1 & 2 & 2 & 2 & 2 \\ -1 & x & 0 & 0 & 0 \\ -1 & 0 & -x & 0 & 0 \\ -1 & 0 & 0 & y & 0 \\ -1 & 0 & 0 & 0 & -y \end{vmatrix},$$

其中后一个行列式是将前一个行列式的第 2~5 行分别减去第 1 行得到的. 如果 x 或 y 等于 0, 则 $D=0$. 否则将第 2,3,4,5 列分别除以 $x,-x,y,-y$, 再加到第 1 列上得

$$D=\begin{vmatrix}1&2&2&2&2\\0&x&0&0&0\\0&0&-x&0&0\\0&0&0&y&0\\0&0&0&0&-y\end{vmatrix}=x^2y^2.$$

注 形如 "解法 2" 中第二个等号右边的行列式通常称为一个 "爪形行列式". 对例 1.12, 若不用加边法而直接把第 2,3,4 行分别减去第 1 行, 同样也可得到爪形行列式. 爪形行列式的计算方法是相同的, 即用列变换把第 1 列下方的元素变成 0. 习题中多次遇到, 请读者多加留意. 对于各行 (列) 有相同字母或数字的行列式, 用加边法比较有效. 比如, 例 1.7、例 1.14 都可以用加边法处理.

例 1.13 计算 n 阶行列式

$$D=\begin{vmatrix}a&&&b\\&a&&\\&&\ddots&\\b&&&a\end{vmatrix}.$$

解 按第 1 行展开, 再将所得两个行列式的第二个行列式按第 1 列展开得

$$\begin{aligned}D&=a\begin{vmatrix}a&&&\\&a&&\\&&\ddots&\\&&&a\end{vmatrix}+(-1)^{n+1}b\begin{vmatrix}0&a&&\\&0&\ddots&\\&&\ddots&a\\b&&&0\end{vmatrix}\\&=a^n+(-1)^{n+1}(-1)^{(n-1)+1}b^2\begin{vmatrix}a&&&\\&a&&\\&&\ddots&\\&&&a\end{vmatrix}\\&=a^{n-2}(a^2-b^2).\end{aligned}$$

例 1.14 计算 n 阶行列式

$$D_n=\begin{vmatrix}b&a&\cdots&a\\a&b&\cdots&a\\\vdots&\vdots&&\vdots\\a&a&\cdots&b\end{vmatrix}.$$

解 将第 $2,3,\cdots,n$ 列加到第 1 列上, 然后再将第 $2,3,\cdots,n$ 行都减去第 1 行得

$$D_n \xlongequal[i=2,3,\cdots,n]{c_1+c_i} \begin{vmatrix} b+(n-1)a & a & \cdots & a \\ b+(n-1)a & b & \cdots & a \\ \vdots & \vdots & & \vdots \\ b+(n-1)a & a & \cdots & b \end{vmatrix}$$

$$\xlongequal[i=2,3,\cdots,n]{r_i-r_1} \begin{vmatrix} b+(n-1)a & a & \cdots & a \\ 0 & b-a & \cdots & 0 \\ \vdots & \vdots & & \vdots \\ 0 & 0 & \cdots & b-a \end{vmatrix}$$

$$= [b+(n-1)a](b-a)^{n-1}.$$

注 本题也可以用加边法或直接将第 $2,3,\cdots,n$ 行分别减去第 1 行都比较简单, 请读者自己完成.

例 1.15 计算 $2n$ 阶行列式

$$D_{2n} = \begin{vmatrix} a & & & & & b \\ & \ddots & & & \iddots & \\ & & a & b & & \\ & & c & d & & \\ & \iddots & & & \ddots & \\ c & & & & & d \end{vmatrix}.$$

解 依第 1 行展开

$$D_{2n} = a \begin{vmatrix} a & & & & & b & 0 \\ & \ddots & & & \iddots & & \\ & & a & b & & & \\ & & c & d & & & \\ & \iddots & & & \ddots & & \\ c & & & & & d & 0 \\ 0 & & & & & 0 & d \end{vmatrix} + b(-1)^{1+2n} \begin{vmatrix} 0 & a & & & & & b \\ & & \ddots & & & \iddots & \\ & & & a & b & & \\ & & & c & d & & \\ & & \iddots & & & \ddots & \\ 0 & c & & & & & d \\ c & 0 & & & & & 0 \end{vmatrix}$$

$$= adD_{2(n-1)} - bc(-1)^{2n-1+1}D_{2(n-1)}$$

$$= (ad-bc)D_{2(n-1)}$$

$$= (ad-bc)^2D_{2(n-2)} \quad (\text{递推})$$

$$= (ad-bc)^{n-1}D_2$$

$$= (ad-bc)^{n-1}\begin{vmatrix} a & b \\ c & d \end{vmatrix}$$

$$= (ad-bc)^n.$$

为了应用方便, 我们引进符号 "$\prod$" 表示连乘, 如

$$\prod_{i=1}^{n} a_i = a_1 a_2 \cdots a_n.$$

例 1.16 证明: n **阶范德蒙德行列式**

$$V_n = \begin{vmatrix} 1 & 1 & \cdots & 1 \\ x_1 & x_2 & \cdots & x_n \\ x_1^2 & x_2^2 & \cdots & x_n^2 \\ \vdots & \vdots & & \vdots \\ x_1^{n-1} & x_2^{n-1} & \cdots & x_n^{n-1} \end{vmatrix} = \prod_{1 \leqslant j < i \leqslant n} (x_i - x_j).$$

证明 用数学归纳法. 当 $n=2$ 时,

$$V_2 = \begin{vmatrix} 1 & 1 \\ x_1 & x_2 \end{vmatrix} = x_2 - x_1,$$

结论正确.

假设结论对 $n-1$ 阶范德蒙德行列式成立, 现考虑 n 阶情形:

$$V_n \xlongequal[i=n,n-1,\cdots,2]{r_i - x_1 r_{i-1}} \begin{vmatrix} 1 & 1 & 1 & \cdots & 1 \\ 0 & x_2 - x_1 & x_3 - x_1 & \cdots & x_n - x_1 \\ 0 & x_2(x_2 - x_1) & x_3(x_3 - x_1) & \cdots & x_n(x_n - x_1) \\ \vdots & \vdots & \vdots & & \vdots \\ 0 & x_2^{n-2}(x_2 - x_1) & x_3^{n-2}(x_3 - x_1) & \cdots & x_n^{n-2}(x_n - x_1) \end{vmatrix}$$

$$\xlongequal[\text{提取公因子}]{\text{按第 1 列展开}} \prod_{i=2}^{n}(x_i - x_1) \begin{vmatrix} 1 & 1 & \cdots & 1 \\ x_2 & x_3 & \cdots & x_n \\ \vdots & \vdots & & \vdots \\ x_2^{n-2} & x_3^{n-2} & \cdots & x_n^{n-2} \end{vmatrix} = \prod_{1 \leqslant j < i \leqslant n} (x_i - x_j).$$

因此, 结论对 n 阶范德蒙德行列式也成立. 由数学归纳法原理知结论成立. □

例 1.17 求 n 阶行列式

$$D_n = \begin{vmatrix} x_1^{n-1} & x_2^{n-1} & \cdots & x_n^{n-1} \\ x_1^{n-2} & x_2^{n-2} & \cdots & x_n^{n-2} \\ \vdots & \vdots & & \vdots \\ x_1 & x_2 & \cdots & x_n \\ 1 & 1 & \cdots & 1 \end{vmatrix}.$$

解 将 D_n 的第 n 行与第 $n-1$ 行交换, 再将第 $n-1$ 行与第 $n-2$ 行交换 …… 最后将第 2 行与第 1 行交换, 这样共交换了 $n-1$ 次, 得到的行列式是把 D_n 最后一行的 n 个 1 换到第 1 行, 而其余各行依次向下退了一行.

继续将得到的行列式的最后一行依次与上一行逐行交换, 共交换 $n-2$ 次, 得到的行列式是 n 个 1 在第 1 行, $x_1, x_2, \cdots, x_n$ 在第 2 行, 其余各行是 D_n 的前面 $n-2$ 行分别退至第 3 至 n 行而得到.

继续上面的做法, 把所得行列式的各行依次与上一行逐行交换, 直到把 D_n 变成标准范德蒙德行列式, 一共交换了

$$(n-1)+(n-2)+\cdots+2+1=\frac{n(n-1)}{2}$$

次. 所以

$$D_n=(-1)^{\frac{n(n-1)}{2}}\begin{vmatrix} 1 & 1 & \cdots & 1 \\ x_1 & x_2 & \cdots & x_n \\ x_1^2 & x_2^2 & \cdots & x_n^2 \\ \vdots & \vdots & & \vdots \\ x_1^{n-1} & x_2^{n-1} & \cdots & x_n^{n-1} \end{vmatrix}=(-1)^{\frac{n(n-1)}{2}}\prod_{1\leqslant j<i\leqslant n}(x_i-x_j).$$

习题 1.4

1.10 计算下列行列式:

(1) $\begin{vmatrix} 246 & 427 & 327 \\ 1014 & 543 & 443 \\ -342 & 721 & 621 \end{vmatrix}$;

(2) $\begin{vmatrix} 1 & 2 & -2 & 3 \\ 2 & -1 & 3 & -2 \\ -1 & 3 & -3 & 4 \\ 1 & 0 & -4 & 4 \end{vmatrix}$;

(3) $\begin{vmatrix} 2 & 1 & 4 & 1 \\ 3 & -1 & 2 & 1 \\ 1 & 2 & 3 & 2 \\ 5 & 0 & 6 & 2 \end{vmatrix}$;

(4) $\begin{vmatrix} 5 & 2 & -6 & -3 \\ -4 & 7 & -2 & 4 \\ -2 & 3 & 4 & 1 \\ 7 & -8 & -10 & -5 \end{vmatrix}$;

(5) $\begin{vmatrix} a & 1 & 0 & 0 \\ -1 & a & 1 & 0 \\ 0 & -1 & a & 1 \\ 0 & 0 & -1 & a \end{vmatrix}$;

(6) $\begin{vmatrix} a_1+x & a_2 & a_3 & a_4 \\ -x & x & 0 & 0 \\ 0 & -x & x & 0 \\ 0 & 0 & -x & x \end{vmatrix}$.

1.11 计算下列行列式:

(1) $D_n=\begin{vmatrix} 2 & & & & 2 \\ -1 & 2 & & & 2 \\ & -1 & \ddots & & \vdots \\ & & \ddots & 2 & 2 \\ & & & -1 & 2 \end{vmatrix}$;

(2) $D_n = \begin{vmatrix} x & y & 0 & \cdots & 0 & 0 \\ 0 & x & y & \cdots & 0 & 0 \\ \vdots & \vdots & \vdots & & \vdots & \vdots \\ 0 & 0 & 0 & \cdots & x & y \\ y & 0 & 0 & \cdots & 0 & x \end{vmatrix}$;

(3) $D_n = \begin{vmatrix} 2 & -1 & & \\ -1 & 2 & \ddots & \\ & \ddots & \ddots & -1 \\ & & -1 & 2 \end{vmatrix}$;

(4) $D_{n+1} = \begin{vmatrix} a^n & (a-1)^n & \cdots & (a-n)^n \\ a^{n-1} & (a-1)^{n-1} & \cdots & (a-n)^{n-1} \\ \vdots & \vdots & & \vdots \\ a & a-1 & \cdots & a-n \\ 1 & 1 & \cdots & 1 \end{vmatrix}$.

1.12 已知 $a_0, a_1, \cdots, a_n$ 都是不等于零的数, 证明:

(1) $\begin{vmatrix} a_0 & 1 & 1 & \cdots & 1 \\ 1 & a_1 & 0 & \cdots & 0 \\ 1 & 0 & a_2 & \cdots & 0 \\ \vdots & \vdots & \vdots & & \vdots \\ 1 & 0 & 0 & \cdots & a_n \end{vmatrix} = a_1 a_2 \cdots a_n \left(a_0 - \sum_{i=1}^{n} \frac{1}{a_i} \right)$;

(2) $\begin{vmatrix} 1+a_1 & 1 & \cdots & 1 \\ 1 & 1+a_2 & \cdots & 1 \\ \vdots & \vdots & & \vdots \\ 1 & 1 & \cdots & 1+a_n \end{vmatrix} = a_1 a_2 \cdots a_n \left(1 + \sum_{i=1}^{n} \frac{1}{a_i} \right)$;

(3) $\begin{vmatrix} x_1^2+1 & x_1x_2 & \cdots & x_1x_n \\ x_2x_1 & x_2^2+1 & \cdots & x_2x_n \\ \vdots & \vdots & & \vdots \\ x_nx_1 & x_nx_2 & \cdots & x_n^2+1 \end{vmatrix} = 1 + \sum_{i=1}^{n} x_i^2$.

1.13 设

$$D = \begin{vmatrix} 3 & 0 & 1 & 0 \\ 2 & 2 & 2 & 2 \\ 0 & -2 & 0 & 0 \\ 1 & 2 & 0 & -1 \end{vmatrix},$$

M_{ij}, A_{ij} 分别表示元素 a_{ij} 的余子式和代数余子式, 试求:

(1) $A_{41} + A_{42} + A_{43} + A_{44}$;

(2) $M_{41}+M_{42}+M_{43}+M_{44}$;

(3) $3M_{13}+2A_{23}-M_{43}$.

1.14 设

$$D=\begin{vmatrix} 2 & -3 & 1 & 0 \\ -1 & 4 & 2 & -1 \\ 2 & 0 & -1 & 2 \\ -3 & 2 & 0 & 1 \end{vmatrix},$$

M_{ij}, A_{ij} 分别表示元素 a_{ij} 的余子式和代数余子式, 试求:

(1) $A_{12}+2A_{22}+3A_{32}-4A_{42}$;

(2) $M_{31}-2M_{32}-3M_{34}$.

*§1.5 拉普拉斯展开定理

由定理 1.3 可知, 行列式等于任意一行 (列) 的元素与自身的代数余子式乘积的代数和. 本节将这一结果推广, 得到行列式的拉普拉斯展开定理.

定义 1.7 在 n 阶行列式 D 中, 任意选定 k 行 (比如第 $i_1, i_2, \cdots, i_k$ 行) 和 k 列 (比如第 $j_1, j_2, \cdots, j_k$ 列) $(k \leqslant n)$, 位于这些行和列的交点上的 k^2 个元素按照原来的位置组成一个 k 阶行列式, 称为行列式 D 的一个 **k 阶子式**, 记作 $\left|\boldsymbol{M}\begin{pmatrix} i_1, i_2, \cdots, i_k \\ j_1, j_2, \cdots, j_k \end{pmatrix}\right|$. 划去 $i_1, i_2, \cdots, i_k$ 行和 $j_1, j_2, \cdots, j_k$ 列后余下的元素按照原来的位置组成的 $n-k$ 阶行列式, 称为 k 阶子式 $\left|\boldsymbol{M}\begin{pmatrix} i_1, i_2, \cdots, i_k \\ j_1, j_2, \cdots, j_k \end{pmatrix}\right|$ 的**余子式**, 记作 $\left|\boldsymbol{M}^c\begin{pmatrix} i_1, i_2, \cdots, i_k \\ j_1, j_2, \cdots, j_k \end{pmatrix}\right|$. 在余子式前面加上符号 $(-1)^{(i_1+\cdots+i_k)+(j_1+\cdots+j_k)}$ 后称为 $\left|\boldsymbol{M}\begin{pmatrix} i_1, i_2, \cdots, i_k \\ j_1, j_2, \cdots, j_k \end{pmatrix}\right|$ 的**代数余子式**, 记作

$$\left|\boldsymbol{A}\begin{pmatrix} i_1, i_2, \cdots, i_k \\ j_1, j_2, \cdots, j_k \end{pmatrix}\right| = (-1)^{s+t}\left|\boldsymbol{M}^c\begin{pmatrix} i_1, i_2, \cdots, i_k \\ j_1, j_2, \cdots, j_k \end{pmatrix}\right|,$$

其中 $s=i_1+i_2+\cdots+i_k$, $t=j_1+j_2+\cdots+j_k$.

定理 1.6 (拉普拉斯展开定理) 在 n 阶行列式 D 中, 任意选定 k 行 $1 \leqslant i_1 < i_2 < \cdots < i_k \leqslant n$, 则

$$D=\sum_{1 \leqslant j_1 < j_2 < \cdots < j_k \leqslant n}\left|\boldsymbol{M}\begin{pmatrix} i_1, i_2, \cdots, i_k \\ j_1, j_2, \cdots, j_k \end{pmatrix}\right| \cdot \left|\boldsymbol{A}\begin{pmatrix} i_1, i_2, \cdots, i_k \\ j_1, j_2, \cdots, j_k \end{pmatrix}\right|.$$

类似地, 任意选定 k 列 $1 \leqslant j_1 < j_2 < \cdots < j_k \leqslant n$, 则

$$D=\sum_{1 \leqslant i_1 < i_2 < \cdots < i_k \leqslant n}\left|\boldsymbol{M}\begin{pmatrix} i_1, i_2, \cdots, i_k \\ j_1, j_2, \cdots, j_k \end{pmatrix}\right| \cdot \left|\boldsymbol{A}\begin{pmatrix} i_1, i_2, \cdots, i_k \\ j_1, j_2, \cdots, j_k \end{pmatrix}\right|.$$

引理 1.1 行列式 D 的任一子式 M 与它的代数余子式 A 的乘积中的每一项都是行列式 D 的展开式中的一项, 而且符号也一致.

证明 首先讨论 M 位于行列式 D 的左上方的情形:

$$D=\left|\begin{array}{ccc:ccc} a_{11} & \cdots & a_{1k} & a_{1,k+1} & \cdots & a_{1n} \\ \vdots & M & \vdots & \vdots & & \vdots \\ a_{k1} & \cdots & a_{kk} & a_{k,k+1} & \cdots & a_{kn} \\ \hdashline a_{k+1,1} & \cdots & a_{k+1,k} & a_{k+1,k+1} & \cdots & a_{k+1,n} \\ \vdots & & \vdots & \vdots & M^c & \vdots \\ a_{n1} & \cdots & a_{nk} & a_{n,k+1} & \cdots & a_{nn} \end{array}\right|.$$

此时 M 的代数余子式 A 为

$$A=(-1)^{(1+2+\cdots+k)+(1+2+\cdots+k)}M^c=M^c.$$

M 的每一项都可写作

$$a_{1i_1}a_{2i_2}\cdots a_{ki_k},$$

其中 $i_1,i_2,\cdots,i_k$ 是 $1,2,\cdots,k$ 的一个排列, 所以这一项前面所带的符号为

$$(-1)^{\tau(i_1,i_2,\cdots,i_k)}.$$

M^c 中的每一项都可写作

$$a_{k+1,j_{k+1}}a_{k+2,j_{k+2}}\cdots a_{n,j_n},$$

其中 $j_{k+1},j_{k+2},\cdots,j_n$ 是 $k+1,k+2,\cdots,n$ 的一个排列, 这一项在 M^c 中前面所带的符号是

$$(-1)^{\tau(j_{k+1}-k,j_{k+2}-k,\cdots,j_n-k)},$$

这二项的乘积是

$$a_{1i_1}a_{2i_2}\cdots a_{ki_k}a_{k+1,j_{k+1}}\cdots a_{n,j_n},$$

前面的符号是

$$(-1)^{\tau(i_1,i_2,\cdots,i_k)+\tau(j_{k+1}-k,j_{k+2}-k,\cdots,j_n-k)}.$$

因为每个 j 比每个 i 都大, 所以上述符号等于

$$(-1)^{\tau(i_1,i_2,\cdots,i_k,j_{k+1},\cdots,j_n)},$$

因此这个乘积是行列式 D 中的一项而且符号相同.

下面来证明一般情形. 设子式 M 位于 D 的第 $i_1,i_2,\cdots,i_k$ 行, 第 $j_1,j_2,\cdots,j_k$ 列, 这里

$$i_1<i_2<\cdots<i_k,\quad j_1<j_2<\cdots<j_k.$$

变动 D 中行列的次序使 M 位于 D 的左上角. 为此, 先把第 i_1 行依次与第 $i_1-1, i_1-2, \cdots, 2, 1$ 行对换. 这样经过了 i_1-1 次对换而将第 i_1 行换到第一行. 再将 i_2 行依次与第 $i_2-1, i_2-2, \cdots, 2$ 行对换而换到第二行, 一共经过了 i_2-2 次对换. 如此继续进行. 一共经过了

$$(i_1-1)+(i_2-2)+\cdots+(i_k-k)=(i_1+i_2+\cdots+i_k)-(1+2+\cdots+k)$$

次行对换而把第 $i_1, i_2, \cdots, i_k$ 行依次换到第 $1, 2, \cdots, k$ 行.

利用类似的列变换, 可以将 M 的列换到第 $1, 2, \cdots, k$ 列. 一共做了

$$(j_1-1)+(j_2-2)+\cdots+(j_k-k)=(j_1+j_2+\cdots+j_k)-(1+2+\cdots+k)$$

次列变换.

用 D_1 表示这样变换后所得的新行列式, 那么

$$\begin{aligned} D_1 &= (-1)^{(i_1+i_2+\cdots+i_k)-(1+2+\cdots+k)+(j_1+j_2+\cdots+j_k)-(1+2+\cdots+k)}D \\ &= (-1)^{i_1+i_2+\cdots+i_k+j_1+j_2+\cdots+j_k}D. \end{aligned}$$

由此看出, D_1 和 D 的展开式中出现的项是一样的, 只是每一项都差符号 $(-1)^{i_1+\cdots+i_k+j_1+\cdots+j_k}$.

现在 M 位于 D_1 的左上角, 所以 $M\cdot M^c$ 中每一项都是 D_1 中的一项而且符号一致, 但是

$$MA=(-1)^{i_1+\cdots+i_k+j_1+\cdots+j_k}M\cdot M^c.$$

所以, MA 中每一项都与 D 中的一项相等而且符号一致. □

定理 1.6 的证明 为了简化记号, 设 D 中取定 k 行后得到的子式为 $M_1, M_2, \cdots, M_t$, 它们的代数余子式分别为 $A_1, A_2, \cdots, A_t$, 定理要求证明

$$D=M_1A_1+M_2A_2+\cdots+M_tA_t.$$

根据引理 1.1, M_iA_i 中每一项都是 D 中一项而且符号相同. 而且 M_iA_i 和 $M_jA_j\ (i\neq j)$ 无公共项. 因此, 为了证明定理 1.6, 只需证明等式两边项数相等就可以了. 显然, 等式左边共有 $n!$ 项, 为了计算右边的项数, 首先来求出 t. 根据子式的取法知道

$$t=\mathrm{C}_n^k=\frac{n!}{k!(n-k)!},$$

因为 M_i 中共有 $k!$ 项, A_i 中共有 $(n-k)!$ 项, 所以右边共有 $t\cdot k!(n-k)!=n!$ 项. □

例 1.18 在行列式

$$D=\begin{vmatrix} 1 & 2 & 1 & 4 \\ 0 & -1 & 2 & 1 \\ 1 & 0 & 1 & 3 \\ 0 & 1 & 3 & 1 \end{vmatrix}$$

中取定 1, 2 行, 得到 6 个子式

$$\left|\boldsymbol{M}\begin{pmatrix}1,2\\1,2\end{pmatrix}\right|=\begin{vmatrix}1 & 2\\0 & -1\end{vmatrix}=-1,\quad \left|\boldsymbol{M}\begin{pmatrix}1,2\\1,3\end{pmatrix}\right|=\begin{vmatrix}1 & 1\\0 & 2\end{vmatrix}=2,\quad \left|\boldsymbol{M}\begin{pmatrix}1,2\\1,4\end{pmatrix}\right|=\begin{vmatrix}1 & 4\\0 & 1\end{vmatrix}=1,$$

$$\left|M\begin{pmatrix}1,2\\2,3\end{pmatrix}\right|=\begin{vmatrix}2&1\\-1&2\end{vmatrix}=5,\quad \left|M\begin{pmatrix}1,2\\2,4\end{pmatrix}\right|=\begin{vmatrix}2&4\\-1&1\end{vmatrix}=6,\quad \left|M\begin{pmatrix}1,2\\3,4\end{pmatrix}\right|=\begin{vmatrix}1&4\\2&1\end{vmatrix}=-7.$$

对应的代数余子式分别是

$$\left|A\begin{pmatrix}1,2\\1,2\end{pmatrix}\right|=(-1)^{(1+2)+(1+2)}\begin{vmatrix}1&3\\3&1\end{vmatrix}=-8,\quad \left|A\begin{pmatrix}1,2\\1,3\end{pmatrix}\right|=(-1)^{(1+2)+(1+3)}\begin{vmatrix}0&3\\1&1\end{vmatrix}=3,$$

$$\left|A\begin{pmatrix}1,2\\1,4\end{pmatrix}\right|=(-1)^{(1+2)+(1+4)}\begin{vmatrix}0&1\\1&3\end{vmatrix}=-1,\quad \left|A\begin{pmatrix}1,2\\2,3\end{pmatrix}\right|=(-1)^{(1+2)+(2+3)}\begin{vmatrix}1&3\\0&1\end{vmatrix}=1,$$

$$\left|A\begin{pmatrix}1,2\\2,4\end{pmatrix}\right|=(-1)^{(1+2)+(2+4)}\begin{vmatrix}1&1\\0&3\end{vmatrix}=-3,\quad \left|A\begin{pmatrix}1,2\\3,4\end{pmatrix}\right|=(-1)^{(1+2)+(3+4)}\begin{vmatrix}1&0\\0&1\end{vmatrix}=1.$$

由拉普拉斯展开定理得

$$D=(-1)\times(-8)+2\times 3+1\times(-1)+5\times 1+6\times(-3)+(-7)\times 1=-7.$$

例 1.19 利用拉普拉斯展开定理计算行列式

$$D=\begin{vmatrix}2&3&0&1&0\\3&-1&0&0&0\\0&3&1&4&5\\0&0&2&3&2\\0&0&3&-1&1\end{vmatrix}.$$

解 选定第 1, 2 两行只有如下三个二阶子式不为零:

$$\left|M\begin{pmatrix}1,2\\1,2\end{pmatrix}\right|=\begin{vmatrix}2&3\\3&-1\end{vmatrix}=-11,\quad \left|M\begin{pmatrix}1,2\\1,4\end{pmatrix}\right|=\begin{vmatrix}2&1\\3&0\end{vmatrix}=-3,\quad \left|M\begin{pmatrix}1,2\\2,4\end{pmatrix}\right|=\begin{vmatrix}3&1\\-1&0\end{vmatrix}=1.$$

相应的三个代数余子式为:

$$\left|A\begin{pmatrix}1,2\\1,2\end{pmatrix}\right|=(-1)^{6}\begin{vmatrix}1&4&5\\2&3&2\\3&-1&1\end{vmatrix}=-34,\quad \left|A\begin{pmatrix}1,2\\1,4\end{pmatrix}\right|=(-1)^{8}\begin{vmatrix}3&1&5\\0&2&2\\0&3&1\end{vmatrix}=-12,$$

$$\left|A\begin{pmatrix}1,2\\2,4\end{pmatrix}\right|=(-1)^{9}\begin{vmatrix}0&1&5\\0&2&2\\0&3&1\end{vmatrix}=0.$$

由拉普拉斯展开定理得

$$D=(-11)\times(-34)+(-3)\times(-12)+1\times 0=410.$$

例 1.20 证明:

$$\begin{vmatrix} a_{11} & \cdots & a_{1k} & 0 & \cdots & 0 \\ \vdots & & \vdots & \vdots & & \vdots \\ a_{k1} & \cdots & a_{kk} & 0 & \cdots & 0 \\ c_{11} & \cdots & c_{1k} & b_{11} & \cdots & b_{1r} \\ \vdots & & \vdots & \vdots & & \vdots \\ c_{r1} & \cdots & c_{rk} & b_{r1} & \cdots & b_{rr} \end{vmatrix} = \begin{vmatrix} a_{11} & \cdots & a_{1k} \\ \vdots & & \vdots \\ a_{k1} & \cdots & a_{kk} \end{vmatrix} \cdot \begin{vmatrix} b_{11} & \cdots & b_{1r} \\ \vdots & & \vdots \\ b_{r1} & \cdots & b_{rr} \end{vmatrix}.$$

证明 选定第 $1,2,\cdots,k$ 行, 由拉普拉斯定理展开得

$$\begin{aligned} D &= \sum_{1\leqslant j_1<j_2<\cdots<j_k\leqslant n} \left|\boldsymbol{M}\begin{pmatrix} 1,2,\cdots,k \\ j_1,j_2,\cdots,j_k \end{pmatrix}\right| \cdot \left|\boldsymbol{A}\begin{pmatrix} 1,2,\cdots,k \\ j_1,j_2,\cdots,j_k \end{pmatrix}\right| \\ &= \left|\boldsymbol{M}\begin{pmatrix} 1,2,\cdots,k \\ 1,2,\cdots,k \end{pmatrix}\right| \cdot \left|\boldsymbol{A}\begin{pmatrix} 1,2,\cdots,k \\ 1,2,\cdots,k \end{pmatrix}\right| \\ &= \begin{vmatrix} a_{11} & \cdots & a_{1k} \\ \vdots & & \vdots \\ a_{k1} & \cdots & a_{kk} \end{vmatrix} \cdot (-1)^{(1+2+\cdots+k)+(1+2+\cdots+k)} \begin{vmatrix} b_{11} & \cdots & b_{1r} \\ \vdots & & \vdots \\ b_{r1} & \cdots & b_{rr} \end{vmatrix} \\ &= \begin{vmatrix} a_{11} & \cdots & a_{1k} \\ \vdots & & \vdots \\ a_{k1} & \cdots & a_{kk} \end{vmatrix} \cdot \begin{vmatrix} b_{11} & \cdots & b_{1r} \\ \vdots & & \vdots \\ b_{r1} & \cdots & b_{rr} \end{vmatrix}. \quad \square \end{aligned}$$

例 1.20 的结论简记为

$$\begin{vmatrix} \boldsymbol{A} & \boldsymbol{O} \\ \boldsymbol{C} & \boldsymbol{B} \end{vmatrix} = |\boldsymbol{A}| \cdot |\boldsymbol{B}|. \tag{1.6}$$

例 1.21 对例 1.15 用拉普拉斯展开定理计算.

解 选定第 1 行和第 $2n$ 行, 利用拉普拉斯展开定理得

$$\begin{aligned} D &= \sum_{1\leqslant j_1<j_2\leqslant 2n} \left|\boldsymbol{M}\begin{pmatrix} 1,2n \\ j_1,j_2 \end{pmatrix}\right| \cdot \left|\boldsymbol{A}\begin{pmatrix} 1,2n \\ j_1,j_2 \end{pmatrix}\right| \\ &= \left|\boldsymbol{M}\begin{pmatrix} 1,2n \\ 1,2n \end{pmatrix}\right| \cdot \left|\boldsymbol{A}\begin{pmatrix} 1,2n \\ 1,2n \end{pmatrix}\right| \\ &= \begin{vmatrix} a & b \\ c & d \end{vmatrix} \cdot (-1)^{(1+2n)+(1+2n)} D_{2(n-1)} \\ &= (ad-bc)\cdot D_{2(n-1)} \\ &= \cdots = (ad-bc)^{n-1} \begin{vmatrix} a & b \\ c & d \end{vmatrix} \\ &= (ad-bc)^n. \end{aligned}$$

习题 1.5

1.15 用拉普拉斯展开定理证明习题第 1.7 题.

1.16 用拉普拉斯展开定理解例 1.13.

1.17 设 $|\boldsymbol{A}|$,$|\boldsymbol{B}|$ 分别是 m,n 阶行列式, 证明: $m+n$ 阶行列式

$$\begin{vmatrix} \boldsymbol{O} & \boldsymbol{A} \\ \boldsymbol{B} & \boldsymbol{C} \end{vmatrix} = (-1)^{mn}|\boldsymbol{A}||\boldsymbol{B}|.$$

§1.6 克拉默法则

在 §1.1 中我们讲了用二阶行列式和三阶行列式解二元线性方程组和三元线性方程组, 其实, 这种方法可以推广到 n 元线性方程组的情形. 对于方程个数与未知量个数相等的线性方程组, 1750 年瑞士数学家克拉默在他的《线性代数分析导论》中提出了求解方程组的定理, 称为克拉默法则. 本节将介绍这一重要定理, 并得到齐次线性方程组有非零解的充要条件.

定理 1.7 (克拉默法则) 对于含有 n 个未知量 n 个方程的线性方程组

$$\begin{cases} a_{11}x_1 + a_{12}x_2 + \cdots + a_{1n}x_n = b_1, \\ a_{21}x_1 + a_{22}x_2 + \cdots + a_{2n}x_n = b_2, \\ \cdots\cdots\cdots\cdots\cdots\cdots\cdots\cdots \\ a_{n1}x_1 + a_{n2}x_2 + \cdots + a_{nn}x_n = b_n, \end{cases} \tag{1.7}$$

如果系数行列式

$$D = \begin{vmatrix} a_{11} & a_{12} & \cdots & a_{1n} \\ a_{21} & a_{22} & \cdots & a_{2n} \\ \vdots & \vdots & & \vdots \\ a_{n1} & a_{n2} & \cdots & a_{nn} \end{vmatrix} \neq 0,$$

则此方程组有唯一解

$$x_1 = \frac{D_1}{D}, \quad x_2 = \frac{D_2}{D}, \quad \cdots, \quad x_n = \frac{D_n}{D}, \tag{1.8}$$

其中 D_j 是系数行列式的第 j 列用常数项代替得到的行列式, 即

$$D_j = \begin{vmatrix} a_{11} & \cdots & a_{1,j-1} & b_1 & a_{1,j+1} & \cdots & a_{1n} \\ a_{21} & \cdots & a_{2,j-1} & b_2 & a_{2,j+1} & \cdots & a_{2n} \\ \vdots & & \vdots & \vdots & \vdots & & \vdots \\ a_{n1} & \cdots & a_{n,j-1} & b_n & a_{n,j+1} & \cdots & a_{nn} \end{vmatrix} \quad (j = 1, 2, \cdots, n).$$

证明 先证解的唯一性. 若方程组 (1.7) 有解 $x_1, x_2, \cdots, x_n$, 则

$$x_1D=\begin{vmatrix} a_{11}x_1 & a_{12} & \cdots & a_{1n}\\ a_{21}x_1 & a_{22} & \cdots & a_{2n}\\ \vdots & \vdots & & \vdots\\ a_{n1}x_1 & a_{n2} & \cdots & a_{nn}\end{vmatrix}$$

$$\xlongequal[i=2,\cdots,n]{c_1+x_ic_i}\begin{vmatrix} a_{11}x_1+a_{12}x_2+\cdots+a_{1n}x_n & a_{12} & \cdots & a_{1n}\\ a_{21}x_1+a_{22}x_2+\cdots+a_{2n}x_n & a_{22} & \cdots & a_{2n}\\ \vdots & \vdots & & \vdots\\ a_{n1}x_1+a_{n2}x_2+\cdots+a_{nn}x_n & a_{n2} & \cdots & a_{nn}\end{vmatrix}$$

$$=\begin{vmatrix} b_1 & a_{12} & \cdots & a_{1n}\\ b_2 & a_{22} & \cdots & a_{2n}\\ \vdots & \vdots & & \vdots\\ b_n & a_{n2} & \cdots & a_{nn}\end{vmatrix}=D_1.$$

同理可证 $x_2D=D_2,\cdots,x_nD=D_n$, 又 $D\neq 0$, 所以

$$x_1=\frac{D_1}{D},\quad x_2=\frac{D_2}{D},\quad \cdots,\quad x_n=\frac{D_n}{D}.$$

即方程组 (1.7) 若有解, 则解是唯一的.

下证 (1.8) 式是方程组 (1.7) 的解.

$$b_iD=\begin{vmatrix} b_i & 0 & 0 & \cdots & 0\\ b_1 & a_{11} & a_{12} & \cdots & a_{1n}\\ \vdots & \vdots & \vdots & & \vdots\\ b_n & a_{n1} & a_{n2} & \cdots & a_{nn}\end{vmatrix}\xlongequal{r_1-r_{i+1}}\begin{vmatrix} 0 & -a_{i1} & -a_{i2} & \cdots & -a_{in}\\ b_1 & a_{11} & a_{12} & \cdots & a_{1n}\\ \vdots & \vdots & \vdots & & \vdots\\ b_n & a_{n1} & a_{n2} & \cdots & a_{nn}\end{vmatrix},$$

将等式右边行列式按第 1 行展开, 并适当交换列, 整理得

$$b_iD=a_{i1}D_1+a_{i2}D_2+\cdots+a_{in}D_n.$$

又 $D\neq 0$, 所以

$$a_{i1}\frac{D_1}{D}+a_{i2}\frac{D_2}{D}+\cdots+a_{in}\frac{D_n}{D}=b_i\quad (i=1,2,\cdots,n).$$

故 (1.8) 式是方程组 (1.7) 的解. □

由定理 1.7 的证明过程可以得到如下推论:

推论 1.3 如果 $D=D_1=D_2=\cdots=D_n=0$, 则线性方程组 (1.7) 有无穷多解; 如果系数行列式 $D=0$, 且至少有一个 $D_i\neq 0$, 则线性方程组 (1.7) 无解.

例 1.22 解线性方程组

$$\begin{cases} x_1-x_2+x_3+2x_4=1,\\ x_1+x_2-2x_3+x_4=1,\\ x_1+x_2+x_4=2,\\ x_1+x_3-x_4=1.\end{cases}$$

解

$$D=\begin{vmatrix}1&-1&1&2\\1&1&-2&1\\1&1&0&1\\1&0&1&-1\end{vmatrix}=-10\neq 0,\quad D_1=\begin{vmatrix}1&-1&1&2\\1&1&-2&1\\2&1&0&1\\1&0&1&-1\end{vmatrix}=-8,$$

$$D_2=\begin{vmatrix}1&1&1&2\\1&1&-2&1\\1&2&0&1\\1&1&1&-1\end{vmatrix}=-9,\ D_3=\begin{vmatrix}1&-1&1&2\\1&1&1&1\\1&1&2&1\\1&0&1&-1\end{vmatrix}=-5,\ D_4=\begin{vmatrix}1&-1&1&1\\1&1&-2&1\\1&1&0&2\\1&0&1&1\end{vmatrix}=-3.$$

所以方程组有唯一解

$$x_1=\frac{D_1}{D}=\frac{4}{5},\quad x_2=\frac{D_2}{D}=\frac{9}{10},\quad x_3=\frac{D_3}{D}=\frac{1}{2},\quad x_4=\frac{D_4}{D}=\frac{3}{10}.$$

在方程组 (1.7) 中如果常数项 $b_1,b_2,\cdots,b_n$ 全为零, 则称这个线性方程组为**齐次线性方程组**, 简称**齐次方程组**. 显然, $x_1=x_2=\cdots=x_n=0$ 是齐次方程组的解, 称为**零解**, 如果齐次方程组的解中至少有一个不为零, 则称这个解为**非零解**. 对于方程组个数与未知量个数相同的齐次方程组, 应用克拉默法则, 有如下结论:

定理 1.8 齐次方程组

$$\begin{cases}a_{11}x_1+a_{12}x_2+\cdots+a_{1n}x_n=0,\\a_{21}x_1+a_{22}x_2+\cdots+a_{2n}x_n=0,\\\cdots\cdots\cdots\cdots\cdots\cdots\cdots\cdots\cdots\cdots\\a_{n1}x_1+a_{n2}x_2+\cdots+a_{nn}x_n=0\end{cases}\tag{1.9}$$

只有零解的充要条件是系数行列式 $D\neq 0$. 或者说, 齐次方程组 (1.9) 有非零解的充要条件是系数行列式 $D=0$.

证明 由于 $D\neq 0$, 由克拉默法则知, 齐次方程组 (1.9) 有唯一解. 又因为每一个 D_i 的第 i 列是常数项全为零, 因此每一个 $D_i=0$, 故

$$x_1=x_2=\cdots=x_n=0,$$

即齐次方程组 (1.9) 只有零解. □

例 1.23 问 λ 取何值时, 齐次方程组

$$\begin{cases}(5-\lambda)x+2y+2z=0,\\2x+(6-\lambda)y=0,\\2x+(4-\lambda)z=0.\end{cases}$$

有非零解?

解 系数行列式

$$D=\begin{vmatrix}5-\lambda & 2 & 2\\ 2 & 6-\lambda & 0\\ 2 & 0 & 4-\lambda\end{vmatrix}=-(\lambda^3-15\lambda^2+66\lambda-80)$$

$$=-(\lambda-2)(\lambda-5)(\lambda-8).$$

故当 $\lambda=2$, 或 5, 或 8 时, $D=0$, 原方程组有非零解.

习题 1.6

1.18 用克拉默法则解下列方程组:

(1) $\begin{cases}2x_1+x_2-x_3=1,\\ 2x_1+x_2=-1,\\ x_1-x_2+x_3=3;\end{cases}$ (2) $\begin{cases}x_1-x_2-x_3-2x_4=-1,\\ x_1+x_2-2x_3+x_4=1,\\ x_1+x_2+x_4=2,\\ x_2+x_3-x_4=1.\end{cases}$

1.19 当 λ 取何值时, 齐次方程组

$$\begin{cases}(1-\lambda)x_1-2x_2+4x_3=0,\\ 2x_1+(3-\lambda)x_2+x_3=0,\\ x_1+x_2+(1-\lambda)x_3=0\end{cases}$$

有非零解?

1.20 当 λ 取何值时, 齐次方程组

$$\begin{cases}\lambda x_1+x_2-x_3=0,\\ x_1+\lambda x_2-x_3=0,\\ 2x_1-x_2+x_3=0\end{cases}$$

只有零解?

第一章补充例题

计算行列式常用的方法总结如下:

(1) 化三角形法: 用行列式的性质化为上 (下) 三角形行列式;

(2) 降阶法: 用依行 (列) 展开定理或拉普拉斯展开定理降阶;

(3) 加边法: 加边的目的是能用化三角形法或降阶法处理;

(4) 分离法: 把一个行列式分离成两个行列式之和;

(5) 递推公式法: 转化成求一个递推数列的通项公式;

(6) 数学归纳法: 先用不完全归纳法推测结果, 再用数学归纳法证明.

例 1.24 计算行列式

$$\triangle_n = \begin{vmatrix} x & 0 & 0 & \cdots & 0 & a_n \\ -1 & x & 0 & \cdots & 0 & a_{n-1} \\ 0 & -1 & x & \cdots & 0 & a_{n-2} \\ \vdots & \vdots & \vdots & & \vdots & \vdots \\ 0 & 0 & 0 & \cdots & x & a_2 \\ 0 & 0 & 0 & \cdots & -1 & x+a_1 \end{vmatrix}.$$

解 按第一行展开,

$$\triangle_n = x\begin{vmatrix} x & 0 & 0 & \cdots & 0 & a_{n-1} \\ -1 & x & 0 & \cdots & 0 & a_{n-2} \\ \vdots & \vdots & \vdots & & \vdots & \vdots \\ 0 & 0 & 0 & \cdots & x & a_2 \\ 0 & 0 & 0 & \cdots & -1 & x+a_1 \end{vmatrix} + (-1)^{n+1}a_n\begin{vmatrix} -1 & x & 0 & \cdots & 0 \\ 0 & -1 & x & \cdots & 0 \\ \vdots & \vdots & \vdots & & \vdots \\ 0 & 0 & 0 & \cdots & x \\ 0 & 0 & 0 & \cdots & -1 \end{vmatrix}$$

$$\begin{aligned} &= x\triangle_{n-1} + a_n \\ &= x(x\triangle_{n-2} + a_{n-1}) + a_n \\ &= x^2\triangle_{n-2} + a_{n-1}x + a_n \\ &= \cdots \\ &= x^{n-1}\triangle_1 + a_2x^{n-2} + \cdots + a_{n-1}x + a_n. \end{aligned}$$

又因为 $\triangle_1 = x + a_1$, 所以

$$\triangle_n = x^n + a_1x^{n-1} + \cdots + a_n.$$

例 1.25 已知 $\alpha \neq \beta$, 计算 n 阶行列式

$$D_n = \begin{vmatrix} \alpha+\beta & \alpha\beta & 0 & \cdots & 0 & 0 \\ 1 & \alpha+\beta & \alpha\beta & \cdots & 0 & 0 \\ 0 & 1 & \alpha+\beta & \cdots & 0 & 0 \\ \vdots & \vdots & \vdots & & \vdots & \vdots \\ 0 & 0 & 0 & \cdots & 1 & \alpha+\beta \end{vmatrix}.$$

解法 1 分离法. 按第一列把行列式拆成二个行列式之和

$$D_n = \begin{vmatrix} \alpha & \alpha\beta & 0 & \cdots & 0 & 0 \\ 0 & \alpha+\beta & \alpha\beta & \cdots & 0 & 0 \\ 0 & 1 & \alpha+\beta & \cdots & 0 & 0 \\ \vdots & \vdots & \vdots & & \vdots & \vdots \\ 0 & 0 & 0 & \cdots & 1 & \alpha+\beta \end{vmatrix} + \begin{vmatrix} \beta & \alpha\beta & 0 & \cdots & 0 & 0 \\ 1 & \alpha+\beta & \alpha\beta & \cdots & 0 & 0 \\ 0 & 1 & \alpha+\beta & \cdots & 0 & 0 \\ \vdots & \vdots & \vdots & & \vdots & \vdots \\ 0 & 0 & 0 & \cdots & 1 & \alpha+\beta \end{vmatrix}$$

$$
\begin{aligned}
&= \alpha D_{n-1} + \beta \begin{vmatrix} 1 & \alpha & 0 & \cdots & 0 & 0 \\ 1 & \alpha+\beta & \alpha\beta & \cdots & 0 & 0 \\ 0 & 1 & \alpha+\beta & \cdots & 0 & 0 \\ \vdots & \vdots & \vdots & & \vdots & \vdots \\ 0 & 0 & 0 & \cdots & 1 & \alpha+\beta \end{vmatrix} \\
&= \alpha D_{n-1} + \beta \begin{vmatrix} 1 & \alpha & 0 & \cdots & 0 & 0 \\ 0 & \beta & \alpha\beta & \cdots & 0 & 0 \\ 0 & 1 & \alpha+\beta & \cdots & 0 & 0 \\ \vdots & \vdots & \vdots & & \vdots & \vdots \\ 0 & 0 & 0 & \cdots & 1 & \alpha+\beta \end{vmatrix} \\
&= \alpha D_{n-1} + \beta^2 \begin{vmatrix} 1 & \alpha & 0 & \cdots & 0 & 0 \\ 1 & \alpha+\beta & \alpha\beta & \cdots & 0 & 0 \\ 0 & 1 & \alpha+\beta & \cdots & 0 & 0 \\ \vdots & \vdots & \vdots & & \vdots & \vdots \\ 0 & 0 & 0 & \cdots & 1 & \alpha+\beta \end{vmatrix}_{n-1\text{ 阶}} \\
&= \cdots = \alpha D_{n-1} + \beta^{n-1} \begin{vmatrix} 1 & \alpha \\ 1 & \alpha+\beta \end{vmatrix} \\
&= \alpha D_{n-1} + \beta^n,
\end{aligned}
$$

即

$$D_n = \alpha D_{n-1} + \beta^n. \tag{1.10}$$

由 α, β 的对称性可得

$$D_n = \beta D_{n-1} + \alpha^n. \tag{1.11}$$

由 (1.11)$\times\alpha-$(1.10)$\times\beta$ 得

$$D_n = \frac{\alpha^{n+1} - \beta^{n+1}}{\alpha - \beta}.$$

解法 2 行列式 D_n 按第一列展开得

$$D_n = (\alpha+\beta)D_{n-1} - \alpha\beta D_{n-2},$$

即

$$D_n - \alpha D_{n-1} = \beta(D_{n-1} - \alpha D_{n-2}).$$

因此 $\{D_n - \alpha D_{n-1}\}$ 是公比为 β 的等比数列.

$$
\begin{aligned}
D_n - \alpha D_{n-1} &= \beta^{n-2}(D_2 - \alpha D_1) \\
&= \beta^{n-2}\left[(\alpha+\beta)^2 - \alpha\beta - \alpha(\alpha+\beta)\right] = \beta^n.
\end{aligned}
$$

由 α, β 的对称性可得

$$D_n - \beta D_{n-1} = \alpha^n.$$

故

$$D_n = \frac{\alpha^{n+1} - \beta^{n+1}}{\alpha - \beta}.$$

解法 3 先用不完全归纳法猜测结果, 再用数学归纳法证明.

当 $n = 1$ 时,

$$D_1 = \alpha + \beta = \frac{\alpha^2 - \beta^2}{\alpha - \beta}.$$

当 $n = 2$ 时,

$$D_2 = \begin{vmatrix} \alpha+\beta & \alpha\beta \\ 1 & \alpha+\beta \end{vmatrix} = \alpha^2 + \alpha\beta + \beta^2 = \frac{\alpha^3 - \beta^3}{\alpha - \beta}.$$

当 $n = 3$ 时,

$$\begin{aligned} D_3 = \begin{vmatrix} \alpha+\beta & \alpha\beta & 0 \\ 1 & \alpha+\beta & \alpha\beta \\ 0 & 1 & \alpha+\beta \end{vmatrix} &= (\alpha+\beta)D_2 - \begin{vmatrix} \alpha\beta & 0 \\ 1 & \alpha+\beta \end{vmatrix} \\ &= \alpha^3 + \alpha^2\beta + \alpha\beta^2 + \beta^3 = \frac{\alpha^4 - \beta^4}{\alpha - \beta}. \end{aligned}$$

猜测

$$D_n = \frac{\alpha^{n+1} - \beta^{n+1}}{\alpha - \beta}.$$

下面用第二数学归纳法证明.

当 $n = 1$ 和 $n = 2$ 时结论已经成立. 假设当 $n \leqslant k - 1$ 时结论成立 $(k \geqslant 3)$. 行列式 D_n 按第一列展开得

$$D_n = (\alpha + \beta)D_{n-1} - \alpha\beta D_{n-2},$$

则当 $n = k$ 时, 由归纳假设得

$$D_k = (\alpha+\beta)\frac{\alpha^k - \beta^k}{\alpha - \beta} - \alpha\beta\frac{\alpha^{k-1} - \beta^{k-1}}{\alpha - \beta} = \frac{\alpha^{k+1} - \beta^{k+1}}{\alpha - \beta}.$$

由数学归纳法原理可知结论成立.

第一章补充习题

1.21 计算行列式

(1) $D = \begin{vmatrix} 1 & 2 & 3 & 4 & 5 \\ 2 & 3 & 4 & 5 & 1 \\ 3 & 4 & 5 & 1 & 2 \\ 4 & 5 & 1 & 2 & 3 \\ 5 & 1 & 2 & 3 & 4 \end{vmatrix}$; (2) $D = \begin{vmatrix} a^2 & b^2 & c^2 & d^2 \\ (a+1)^2 & (b+1)^2 & (c+1)^2 & (d+1)^2 \\ (a+2)^2 & (b+2)^2 & (c+2)^2 & (d+2)^2 \\ (a+3)^2 & (b+3)^2 & (c+3)^2 & (d+3)^2 \end{vmatrix}$.

1.22 计算 n 阶行列式

(1) $D_n=\begin{vmatrix} 2a & a^2 & & \\ 1 & 2a & \ddots & \\ & \ddots & \ddots & a^2 \\ & & 1 & 2a \end{vmatrix}$; (2) $D_n=\begin{vmatrix} a+x_1 & a+x_2 & \cdots & a+x_n \\ a+x_1^2 & a+x_2^2 & \cdots & a+x_n^2 \\ \vdots & \vdots & & \vdots \\ a+x_1^n & a+x_2^n & \cdots & a+x_n^n \end{vmatrix}$;

1.23 设

$$D=\begin{vmatrix} a_{11} & a_{12} & \cdots & a_{1n} \\ a_{21} & a_{22} & \cdots & a_{2n} \\ \vdots & \vdots & & \vdots \\ a_{n1} & a_{n2} & \cdots & a_{nn} \end{vmatrix},$$

A_{ij} 表示 a_{ij} 的代数余子式, 证明:

$$\begin{vmatrix} a_{11}+x & a_{12}+x & \cdots & a_{1n}+x \\ a_{21}+x & a_{22}+x & \cdots & a_{2n}+x \\ \vdots & \vdots & & \vdots \\ a_{n1}+x & a_{n2}+x & \cdots & a_{nn}+x \end{vmatrix}=D+x\sum_{i=1}^{n}\sum_{j=1}^{n}A_{ij}.$$

1.24 设多项式

$$f(x)=a_0+a_1x+a_2x^2+\cdots+a_nx^n$$

有 $n+1$ 个不同的实数根, 证明: $f(x)$ 是零多项式, 即 $f(x)=0$.

1.25 计算 n 阶行列式

$$D_n=\begin{vmatrix} a & b & b & \cdots & b \\ c & a & b & \cdots & b \\ c & c & a & \cdots & b \\ \vdots & \vdots & \vdots & & \vdots \\ c & c & c & \cdots & a \end{vmatrix}.$$

第二章 矩阵

矩阵是高等代数的重要工具,也是高等代数的研究对象之一. 矩阵的思想可以追溯到汉代中国学者在解线性方程时的应用. 1850 年英国数学家西尔维斯特创造了 "矩阵" 一词来表示 "由行、列元素组成的矩形排列", 但是他没有用这个术语. 他的朋友凯莱在 1855 年和 1857 年的论文中用到了该词, 并给出了矩阵的运算规则. 因此, 凯莱是被公认的矩阵论的奠基人. 目前, 矩阵理论和方法在数学的各个分支都起着重要作用, 在自然科学各个方向、工程技术以及经济管理等领域也有广泛的应用. 本章主要介绍矩阵的概念及其运算、矩阵初等变换、方阵的行列式、逆矩阵以及矩阵的秩等.

§2.1 矩阵及其运算

2.1.1 矩阵的概念

定义 2.1 $m\times n$ 个数 $a_{ij}\,(i=1,2,\cdots,m;\,j=1,2,\cdots,n)$ 排成的 m 行 n 列的数表

$$\boldsymbol{A}=\begin{pmatrix} a_{11} & a_{12} & \cdots & a_{1n} \\ a_{21} & a_{22} & \cdots & a_{2n} \\ \vdots & \vdots & & \vdots \\ a_{m1} & a_{m2} & \cdots & a_{mn} \end{pmatrix}$$

称为 $m\times n$ **矩阵**, 记作 $(a_{ij})_{m\times n}$ 或 $\boldsymbol{A}_{m\times n}$, 每个 a_{ij} 统称为**元素**. 元素全为零的矩阵称为**零矩阵**, 记作 $\boldsymbol{O}$ 或 $\boldsymbol{O}_{m\times n}$. 元素是实数的矩阵称为**实矩阵**; 元素是复数的矩阵称为**复矩阵**. 除非有特别声明, 本书讨论的矩阵都是实矩阵.

当 $m=n$ 时, 称 $\boldsymbol{A}$ 为 n **阶矩阵**或 n **阶方阵**. $1\times n$ 矩阵 $(a_1,a_2,\cdots,a_n)$(加逗号是为了区分各元素) 称为 n**维行向量**; $n\times 1$ 矩阵

$$\begin{pmatrix} a_1 \\ a_2 \\ \vdots \\ a_n \end{pmatrix}$$

称为 n **维列向量**. n 维行 (列) 向量中的每个元素称为一个**分量**. 各个分量都是零的向量称为**零向量**, 零向量用 $\mathbf{0}$ 表示.

行数与列数分别相等的两个矩阵称为**同型矩阵**. 例如, 矩阵

$$\boldsymbol{A}=\begin{pmatrix} 0 & 1 \\ -2 & 3 \\ -3 & 5 \end{pmatrix},\quad \boldsymbol{B}=\begin{pmatrix} 4 & -5 \\ 0 & 2 \\ -1 & -3 \end{pmatrix}$$

都是 3×2 矩阵, 因而是同型矩阵. 如果两个同型矩阵 $\boldsymbol{A}=(a_{ij})_{m\times n}$ 与 $\boldsymbol{B}=(b_{ij})_{m\times n}$ 的对应元素相等, 即

$$a_{ij}=b_{ij}\quad (i=1,2,\cdots,m;\ j=1,2,\cdots,n),$$

则称矩阵 $\boldsymbol{A}$ 与 $\boldsymbol{B}$ **相等**, 记作 $\boldsymbol{A}=\boldsymbol{B}$.

n 阶矩阵

$$\begin{pmatrix} a_{11} & a_{12} & \cdots & a_{1n} \\ & a_{22} & \cdots & a_{2n} \\ & & \ddots & \vdots \\ & & & a_{nn} \end{pmatrix}$$

称为**上三角矩阵**, 简称**上三角阵**(未写出的元素均为零, 以下不重复声明). 同样地,

$$\begin{pmatrix} a_{11} & & & \\ a_{21} & a_{22} & & \\ \vdots & \vdots & \ddots & \\ a_{n1} & a_{n2} & \cdots & a_{nn} \end{pmatrix}$$

称为**下三角矩阵**, 简称**下三角阵**.

n 阶矩阵

$$\boldsymbol{A}=\begin{pmatrix} a_1 & & & \\ & a_2 & & \\ & & \ddots & \\ & & & a_n \end{pmatrix}$$

称为**对角矩阵**, 简称**对角阵**. 有时将对角矩阵简记为

$$\boldsymbol{A}=\operatorname{diag}(a_1,a_2,\cdots,a_n).$$

主对角线元素相同的对角矩阵

$$\begin{pmatrix} a & & & \\ & a & & \\ & & \ddots & \\ & & & a \end{pmatrix}$$

称为**数量矩阵**(或**纯量矩阵**). 特别地, 主对角线上的元素全为 1 的 n 阶对角矩阵

$$\begin{pmatrix} 1 & & & \\ & 1 & & \\ & & \ddots & \\ & & & 1 \end{pmatrix}$$

称为 n 阶**单位矩阵**, 记作 $\boldsymbol{I}_n$(或 $\boldsymbol{E}_n$), 如果不引起混淆, 简记为 $\boldsymbol{I}$(或 $\boldsymbol{E}$).

2.1.2 矩阵的线性运算

定义 2.2 设 $\boldsymbol{A}=(a_{ij})_{m\times n}$ 与 $\boldsymbol{B}=(b_{ij})_{m\times n}$ 是两个同型矩阵, 称

$$\boldsymbol{A}+\boldsymbol{B}=(a_{ij}+b_{ij})_{m\times n}$$

为矩阵 $\boldsymbol{A}$ 与 $\boldsymbol{B}$ 的**和**, 称 $-\boldsymbol{A}=(-a_{ij})_{m\times n}$ 为矩阵 $\boldsymbol{A}$ 的**负矩阵**.

显然

$$\boldsymbol{A}+(-\boldsymbol{A})=(-\boldsymbol{A})+\boldsymbol{A}=\boldsymbol{O}.$$

规定矩阵 $\boldsymbol{A}$ 与 $\boldsymbol{B}$ 的**差**为

$$\boldsymbol{A}-\boldsymbol{B}=\boldsymbol{A}+(-\boldsymbol{B})=(a_{ij}-b_{ij})_{m\times n}.$$

例 2.1

$$\begin{pmatrix}-1 & 2 & 0\\ 0 & -3 & 1\end{pmatrix}+\begin{pmatrix}2 & -2 & 4\\ -1 & 0 & 3\end{pmatrix}=\begin{pmatrix}1 & 0 & 4\\ -1 & -3 & 4\end{pmatrix}.$$

定义 2.3 称矩阵 $\lambda\boldsymbol{A}=(\lambda a_{ij})_{m\times n}$ 是数 λ 与矩阵 $\boldsymbol{A}=(a_{ij})_{m\times n}$ 的**乘积**. 即数 λ 乘矩阵 $\boldsymbol{A}$ 等于用数 λ 乘以矩阵 $\boldsymbol{A}$ 的每一个元素.

矩阵的加法运算和数乘矩阵运算统称为矩阵的**线性运算**. 容易验证矩阵的线性运算满足如下八条运算律 (设 $\boldsymbol{A}, \boldsymbol{B}, \boldsymbol{C}, \boldsymbol{O}$ 都是同型矩阵, λ, μ 为数):

(1) $\boldsymbol{A}+\boldsymbol{B}=\boldsymbol{B}+\boldsymbol{A}$;

(2) $\boldsymbol{A}+(\boldsymbol{B}+\boldsymbol{C})=(\boldsymbol{A}+\boldsymbol{B})+\boldsymbol{C}$;

(3) $\boldsymbol{A}+\boldsymbol{O}=\boldsymbol{A}$;

(4) $\boldsymbol{A}+(-\boldsymbol{A})=\boldsymbol{O}$;

(5) $1\boldsymbol{A}=\boldsymbol{A}$;

(6) $\lambda(\mu\boldsymbol{A})=(\lambda\mu)\boldsymbol{A}$;

(7) $(\lambda+\mu)\boldsymbol{A}=\lambda\boldsymbol{A}+\mu\boldsymbol{A}$;

(8) $\lambda(\boldsymbol{A}+\boldsymbol{B})=\lambda\boldsymbol{A}+\lambda\boldsymbol{B}$.

例 2.2 求 $\lambda\boldsymbol{I}-\boldsymbol{A}$, 其中矩阵

$$\boldsymbol{A}=\begin{pmatrix}-1 & 2 & -2\\ -3 & 2 & 0\\ 1 & 3 & -4\end{pmatrix}.$$

解

$$\lambda\boldsymbol{I}-\boldsymbol{A}=\lambda\begin{pmatrix}1 & 0 & 0\\ 0 & 1 & 0\\ 0 & 0 & 1\end{pmatrix}-\begin{pmatrix}-1 & 2 & -2\\ -3 & 2 & 0\\ 1 & 3 & -4\end{pmatrix}=\begin{pmatrix}\lambda+1 & -2 & 2\\ 3 & \lambda-2 & 0\\ -1 & -3 & \lambda+4\end{pmatrix}.$$

2.1.3 矩阵的乘法

定义 2.4 设 $\boldsymbol{A}=(a_{ij})_{m\times s}$ 是 $m\times s$ 矩阵, $\boldsymbol{B}=(b_{ij})_{s\times n}$ 是 $s\times n$ 矩阵, 规定 $\boldsymbol{A}$ 与 $\boldsymbol{B}$ 的乘积为

$$\boldsymbol{C}=\boldsymbol{AB}=(c_{ij})_{m\times n},$$

其中

$$c_{ij}=a_{i1}b_{1j}+a_{i2}b_{2j}+\cdots+a_{is}b_{sj}=\sum_{k=1}^{s}a_{ik}b_{kj}\quad (i=1,2,\cdots,m;\ j=1,2,\cdots,n),$$

即 c_{ij} 等于矩阵 $\boldsymbol{A}$ 的第 i 行元素与矩阵 $\boldsymbol{B}$ 的第 j 列对应元素的乘积之和.

注意, 当两个矩阵相乘时, 前一个矩阵的列数等于后一个矩阵的行数, 否则矩阵乘法没有意义.

例 2.3 求 $\boldsymbol{AB}$ 与 $\boldsymbol{BA}$, 其中

$$\boldsymbol{A}=\begin{pmatrix}-1 & 3\\ 1 & -2\end{pmatrix},\quad \boldsymbol{B}=\begin{pmatrix}2 & 1\\ -1 & 2\end{pmatrix}.$$

解

$$\begin{aligned}\boldsymbol{AB}&=\begin{pmatrix}-1 & 3\\ 1 & -2\end{pmatrix}\begin{pmatrix}2 & 1\\ -1 & 2\end{pmatrix}=\begin{pmatrix}-1\times 2+3\times(-1) & -1\times 1+3\times 2\\ 1\times 2+(-2)\times(-1) & 1\times 1+(-2)\times 2\end{pmatrix}\\ &=\begin{pmatrix}-5 & 5\\ 4 & -3\end{pmatrix},\end{aligned}$$

$$\begin{aligned}\boldsymbol{BA}&=\begin{pmatrix}2 & 1\\ -1 & 2\end{pmatrix}\begin{pmatrix}-1 & 3\\ 1 & -2\end{pmatrix}=\begin{pmatrix}2\times(-1)+1\times 1 & 2\times 3+1\times(-2)\\ (-1)\times(-1)+2\times 1 & (-1)\times 3+2\times(-2)\end{pmatrix}\\ &=\begin{pmatrix}-1 & 4\\ 3 & -7\end{pmatrix}.\end{aligned}$$

例 2.4 设

$$\boldsymbol{A}=\begin{pmatrix}2 & 4\\ -3 & -6\end{pmatrix},\quad \boldsymbol{B}=\begin{pmatrix}-1 & 4\\ 2 & -1\end{pmatrix},\quad \boldsymbol{C}=\begin{pmatrix}1 & 0\\ 1 & 1\end{pmatrix},$$

证明: $\boldsymbol{AB}=\boldsymbol{AC}$.

证明

$$\boldsymbol{AB}=\begin{pmatrix}2 & 4\\ -3 & -6\end{pmatrix}\begin{pmatrix}-1 & 4\\ 2 & -1\end{pmatrix}=\begin{pmatrix}6 & 4\\ -9 & -6\end{pmatrix},$$

$$\boldsymbol{AC}=\begin{pmatrix}2 & 4\\ -3 & -6\end{pmatrix}\begin{pmatrix}1 & 0\\ 1 & 1\end{pmatrix}=\begin{pmatrix}6 & 4\\ -9 & -6\end{pmatrix},$$

所以 $\boldsymbol{AB}=\boldsymbol{AC}$ 成立. □

例 2.5 求 $\boldsymbol{AB}$, 其中

$$\boldsymbol{A}=\begin{pmatrix}1&0&-1\\-1&0&1\end{pmatrix},\quad \boldsymbol{B}=\begin{pmatrix}0&1&0\\0&-2&1\\0&1&0\end{pmatrix}.$$

解

$$\boldsymbol{AB}=\begin{pmatrix}1&0&-1\\-1&0&1\end{pmatrix}\begin{pmatrix}0&1&0\\0&-2&1\\0&1&0\end{pmatrix}=\begin{pmatrix}0&0&0\\0&0&0\end{pmatrix}=\boldsymbol{O}.$$

从例 2.3、例 2.4 和例 2.5 可以看到, 矩阵乘法与数的乘法有很多不同之处, 一般来说,

(1) 矩阵乘法不满足交换律, 即 $\boldsymbol{AB}=\boldsymbol{BA}$ 不一定成立;

(2) 矩阵乘法不满足消去律, 从 $\boldsymbol{AB}=\boldsymbol{AC}$ 不能得到 $\boldsymbol{B}=\boldsymbol{C}$.

(3) 由 $\boldsymbol{AB}=\boldsymbol{O}$ 不能得到 $\boldsymbol{A}=\boldsymbol{O}$ 或 $\boldsymbol{B}=\boldsymbol{O}$;

对于两个同阶方阵 $\boldsymbol{A},\boldsymbol{B}$, 如果 $\boldsymbol{AB}=\boldsymbol{BA}$, 则称矩阵 $\boldsymbol{A}$ 与 $\boldsymbol{B}$ **可交换**. 我们经常将 $\boldsymbol{AB}$ 称为矩阵 $\boldsymbol{A}$ **左乘**矩阵 $\boldsymbol{B}$, 或矩阵 $\boldsymbol{B}$ **右乘**矩阵 $\boldsymbol{A}$.

矩阵乘法有以下运算律 (假定各运算都有意义):

(1) $(\boldsymbol{AB})\boldsymbol{C}=\boldsymbol{A}(\boldsymbol{BC})$;

(2) $\boldsymbol{A}(\boldsymbol{B}+\boldsymbol{C})=\boldsymbol{AB}+\boldsymbol{AC}$, $(\boldsymbol{B}+\boldsymbol{C})\boldsymbol{A}=\boldsymbol{BA}+\boldsymbol{CA}$;

(3) $\lambda(\boldsymbol{AB})=(\lambda\boldsymbol{A})\boldsymbol{B}=\boldsymbol{A}(\lambda\boldsymbol{B})$;

(4) $\boldsymbol{A}_{m\times n}\boldsymbol{I}_n=\boldsymbol{I}_m\boldsymbol{A}_{m\times n}=\boldsymbol{A}_{m\times n}$.

证明 下面只证 (1), 其余各条由读者自己给出证明.

事实上, 设 $\boldsymbol{A}=(a_{ij})_{m\times p}$, $\boldsymbol{B}=(b_{ij})_{p\times q}$, $\boldsymbol{C}=(c_{ij})_{q\times n}$, 则 $\boldsymbol{AB}$ 是 $m\times q$ 矩阵, $\boldsymbol{BC}$ 是 $p\times n$ 矩阵, $(\boldsymbol{AB})\boldsymbol{C}$ 与 $\boldsymbol{A}(\boldsymbol{BC})$ 都是 $m\times n$ 矩阵. 由于矩阵 $\boldsymbol{AB}$ 的第 i 行是

$$\left(\sum_{k=1}^{p}a_{ik}b_{k1},\sum_{k=1}^{p}a_{ik}b_{k2},\cdots,\sum_{k=1}^{p}a_{ik}b_{kq}\right),$$

因此, 矩阵 $(\boldsymbol{AB})\boldsymbol{C}$ 的第 (i,j) 元素是

$$\sum_{l=1}^{q}\left(\sum_{k=1}^{p}a_{ik}b_{kl}\right)c_{lj}=\sum_{l=1}^{q}\sum_{k=1}^{p}a_{ik}b_{kl}c_{lj}.$$

矩阵 $\boldsymbol{BC}$ 的第 j 列的各元素分别是

$$\sum_{l=1}^{q}b_{1l}c_{lj},\quad \sum_{l=1}^{q}b_{2l}c_{lj},\quad \cdots,\quad \sum_{l=1}^{q}b_{pl}c_{lj},$$

因此, $\boldsymbol{A}(\boldsymbol{BC})$ 的第 (i,j) 元素是

$$\sum_{k=1}^{p}a_{ik}\left(\sum_{l=1}^{q}b_{kl}c_{lj}\right)=\sum_{k=1}^{p}a_{ik}\sum_{l=1}^{q}b_{kl}c_{lj}=\sum_{l=1}^{q}\sum_{k=1}^{p}a_{ik}b_{kl}c_{lj},$$

故 $(\boldsymbol{AB})\boldsymbol{C} = \boldsymbol{A}(\boldsymbol{BC})$. □

例 2.6 已知矩阵

$$\boldsymbol{A} = \begin{pmatrix} 1 & 0 & 0 \\ 0 & 1 & -1 \\ 0 & -1 & 1 \end{pmatrix},$$

求所有与 $\boldsymbol{A}$ 可交换的三阶矩阵.

解法 1 设

$$\boldsymbol{B} = \begin{pmatrix} x_{11} & x_{12} & x_{13} \\ x_{21} & x_{22} & x_{23} \\ x_{31} & x_{32} & x_{33} \end{pmatrix}$$

与矩阵 $\boldsymbol{A}$ 可交换. 由

$$\boldsymbol{BA} = \begin{pmatrix} x_{11} & x_{12} & x_{13} \\ x_{21} & x_{22} & x_{23} \\ x_{31} & x_{32} & x_{33} \end{pmatrix}\begin{pmatrix} 1 & 0 & 0 \\ 0 & 1 & -1 \\ 0 & -1 & 1 \end{pmatrix} = \begin{pmatrix} x_{11} & x_{12} - x_{13} & -x_{12} + x_{13} \\ x_{21} & x_{22} - x_{23} & -x_{22} + x_{23} \\ x_{31} & x_{32} - x_{33} & -x_{32} + x_{33} \end{pmatrix},$$

$$\boldsymbol{AB} = \begin{pmatrix} 1 & 0 & 0 \\ 0 & 1 & -1 \\ 0 & -1 & 1 \end{pmatrix}\begin{pmatrix} x_{11} & x_{12} & x_{13} \\ x_{21} & x_{22} & x_{23} \\ x_{31} & x_{32} & x_{33} \end{pmatrix} = \begin{pmatrix} x_{11} & x_{12} & x_{13} \\ x_{21} - x_{31} & x_{22} - x_{32} & x_{23} - x_{33} \\ -x_{21} + x_{31} & -x_{22} + x_{32} & -x_{23} + x_{33} \end{pmatrix},$$

及 $\boldsymbol{AB}=\boldsymbol{BA}$ 可知, 各对应元素相等, 因而得到

$$x_{12} = x_{21} = x_{13} = x_{31} = 0, \quad x_{22} = x_{33}, \quad x_{23} = x_{32}.$$

令 $x_{11} = a$, $x_{22} = x_{33} = b$, $x_{23} = x_{32} = c$, 可得

$$\boldsymbol{B} = \begin{pmatrix} a & 0 & 0 \\ 0 & b & c \\ 0 & c & b \end{pmatrix}.$$

解法 2 显然, $\boldsymbol{A} = \boldsymbol{I} - \boldsymbol{N}$, 其中

$$\boldsymbol{N} = \begin{pmatrix} 0 & 0 & 0 \\ 0 & 0 & 1 \\ 0 & 1 & 0 \end{pmatrix}.$$

由 $\boldsymbol{AB} = \boldsymbol{B} - \boldsymbol{NB}$, $\boldsymbol{BA} = \boldsymbol{B} - \boldsymbol{BN}$ 及 $\boldsymbol{AB} = \boldsymbol{BA}$ 可知, $\boldsymbol{NB} = \boldsymbol{BN}$. 余下的过程按解法 1 写出, 请读者自己完成.

例 2.7 对于线性方程组

$$\begin{cases} a_{11}x_1 + a_{12}x_2 + \cdots + a_{1n}x_n = b_1, \\ a_{21}x_1 + a_{22}x_2 + \cdots + a_{2n}x_n = b_2, \\ \cdots\cdots\cdots\cdots\cdots\cdots\cdots\cdots\cdots\cdots \\ a_{m1}x_1 + a_{m2}x_2 + \cdots + a_{mn}x_n = b_m. \end{cases} \tag{2.1}$$

如果令

$$A=\begin{pmatrix}a_{11} & a_{12} & \cdots & a_{1n}\\ a_{21} & a_{22} & \cdots & a_{2n}\\ \vdots & \vdots & & \vdots\\ a_{m1} & a_{m2} & \cdots & a_{mn}\end{pmatrix},\quad x=\begin{pmatrix}x_1\\ x_2\\ \vdots\\ x_n\end{pmatrix},\quad b=\begin{pmatrix}b_1\\ b_2\\ \vdots\\ b_m\end{pmatrix}$$

分别表示系数矩阵、未知量列向量和常数项列向量, 则线性方程组 (2.1) 可以简洁地表示成

$$\boldsymbol{Ax}=\boldsymbol{b},$$

也可以写成

$$x_1\begin{pmatrix}a_{11}\\ a_{21}\\ \vdots\\ a_{m1}\end{pmatrix}+x_2\begin{pmatrix}a_{12}\\ a_{22}\\ \vdots\\ a_{m2}\end{pmatrix}+\cdots+x_n\begin{pmatrix}a_{1n}\\ a_{2n}\\ \vdots\\ a_{mn}\end{pmatrix}=\begin{pmatrix}b_1\\ b_2\\ \vdots\\ b_m\end{pmatrix}.$$

初学者应记住下列特殊矩阵相乘的结果:

(1) $(a_1,a_2,\cdots,a_n)\begin{pmatrix}b_1\\ b_2\\ \vdots\\ b_n\end{pmatrix}=\sum\limits_{i=1}^{n}a_ib_i$ (数);

(2) $\begin{pmatrix}a_1\\ a_2\\ \vdots\\ a_m\end{pmatrix}(b_1,b_2,\cdots,b_n)=\begin{pmatrix}a_1b_1 & a_1b_2 & \cdots & a_1b_n\\ a_2b_1 & a_2b_2 & \cdots & a_2b_n\\ \vdots & \vdots & & \vdots\\ a_mb_1 & a_mb_2 & \cdots & a_mb_n\end{pmatrix}$;

(3)

$$(x_1,x_2,\cdots,x_n)\begin{pmatrix}a_{11} & a_{12} & \cdots & a_{1m}\\ a_{21} & a_{22} & \cdots & a_{2m}\\ \vdots & \vdots & & \vdots\\ a_{n1} & a_{n2} & \cdots & a_{nm}\end{pmatrix}=\left(\sum_{i=1}^{n}x_ia_{i1},\sum_{i=1}^{n}x_ia_{i2},\cdots,\sum_{i=1}^{n}x_ia_{im}\right);$$

(4) $\begin{pmatrix}a_{11} & a_{12} & \cdots & a_{1n}\\ a_{21} & a_{22} & \cdots & a_{2n}\\ \vdots & \vdots & & \vdots\\ a_{m1} & a_{m2} & \cdots & a_{mn}\end{pmatrix}\begin{pmatrix}x_1\\ x_2\\ \vdots\\ x_n\end{pmatrix}=\begin{pmatrix}\sum\limits_{i=1}^{n}a_{1i}x_i\\ \sum\limits_{i=1}^{n}a_{2i}x_i\\ \vdots\\ \sum\limits_{i=1}^{n}a_{mi}x_i\end{pmatrix}$;

(5) $(x_1,x_2,\cdots,x_n)\begin{pmatrix}a_{11} & a_{12} & \cdots & a_{1n}\\ a_{21} & a_{22} & \cdots & a_{2n}\\ \vdots & \vdots & & \vdots\\ a_{n1} & a_{n2} & \cdots & a_{nn}\end{pmatrix}\begin{pmatrix}y_1\\ y_2\\ \vdots\\ y_n\end{pmatrix}=\sum_{i=1}^{n}\sum_{j=1}^{n}a_{ij}x_iy_j$ (数);

(6) $$\begin{pmatrix}a_1 & a_{12} & \cdots & a_{1n}\\ & a_2 & \cdots & a_{2n}\\ & & \ddots & \vdots\\ & & & a_n\end{pmatrix}\begin{pmatrix}b_1 & b_{12} & \cdots & b_{1n}\\ & b_2 & \cdots & b_{2n}\\ & & \ddots & \vdots\\ & & & b_n\end{pmatrix}=\begin{pmatrix}a_1b_1 & c_{12} & \cdots & c_{1n}\\ & a_2b_2 & \cdots & c_{2n}\\ & & \ddots & \vdots\\ & & & a_nb_n\end{pmatrix},$$

其中 (6) 式最后一个矩阵的 c_{ij} 由矩阵乘法得出. 若将 (6) 中的上三角矩阵都改成下三角矩阵, 或都改为对角矩阵, 结论仍然成立.

2.1.4 矩阵的乘方

定义 2.5 设 $\boldsymbol{A}$ 是 n 阶矩阵, k 是正整数, 定义 $\boldsymbol{A}$ 的 k 次幂为

$$\boldsymbol{A}^k=\underbrace{\boldsymbol{A}\boldsymbol{A}\cdots\boldsymbol{A}}_{k\text{ 个}}.$$

规定 $\boldsymbol{A}^0=\boldsymbol{I}$. 显然对任意非负整数 k,s 有

$$\boldsymbol{A}^{k+s}=\boldsymbol{A}^k\boldsymbol{A}^s=\boldsymbol{A}^s\boldsymbol{A}^k,\quad \boldsymbol{A}^{ks}=(\boldsymbol{A}^k)^s.$$

一般地,

$$(\boldsymbol{AB})^k\neq\boldsymbol{A}^k\boldsymbol{B}^k,$$
$$(\boldsymbol{A}+\boldsymbol{B})(\boldsymbol{A}-\boldsymbol{B})\neq\boldsymbol{A}^2-\boldsymbol{B}^2,$$
$$(\boldsymbol{A}+\boldsymbol{B})^2\neq\boldsymbol{A}^2+2\boldsymbol{AB}+\boldsymbol{B}^2.$$

但是, 当 $\boldsymbol{A}$ 与 $\boldsymbol{B}$ 可交换, 即当 $\boldsymbol{AB}=\boldsymbol{BA}$ 时,

$$(\boldsymbol{AB})^k=\boldsymbol{A}^k\boldsymbol{B}^k,$$
$$(\boldsymbol{A}+\boldsymbol{B})(\boldsymbol{A}-\boldsymbol{B})=\boldsymbol{A}^2-\boldsymbol{B}^2,$$
$$(\boldsymbol{A}+\boldsymbol{B})^2=\boldsymbol{A}^2+2\boldsymbol{AB}+\boldsymbol{B}^2$$

都成立. 特别地, 当 $\boldsymbol{B}=\boldsymbol{I}$ 时, 以上等式都成立.

设 $\boldsymbol{A}$ 是 n 阶矩阵, $f(x)=a_mx^m+a_{m-1}x^{m-1}+\cdots+a_1x+a_0$ 是 x 的 m 次多项式, 称

$$f(\boldsymbol{A})=a_m\boldsymbol{A}^m+a_{m-1}\boldsymbol{A}^{m-1}+\cdots+a_1\boldsymbol{A}+a_0\boldsymbol{I}$$

为**矩阵 $\boldsymbol{A}$ 的 m 次多项式**. 对于 n 阶矩阵 $\boldsymbol{A}$ 的任意两个多项式 $f(\boldsymbol{A})$ 和 $g(\boldsymbol{A})$, 显然

$$f(\boldsymbol{A})g(\boldsymbol{A})=g(\boldsymbol{A})f(\boldsymbol{A}),$$

即 n 阶矩阵的任意两个多项式相乘可交换. 例如,

$$(2\boldsymbol{A}^2+\boldsymbol{A}-3\boldsymbol{I})(\boldsymbol{A}+2\boldsymbol{I})=(\boldsymbol{A}+2\boldsymbol{I})(2\boldsymbol{A}^2+\boldsymbol{A}-3\boldsymbol{I})=2\boldsymbol{A}^3+5\boldsymbol{A}^2-\boldsymbol{A}-6\boldsymbol{I}.$$

例 2.8 求 $\boldsymbol{A}^n(n\geqslant 2$ 是正整数), 其中

$$\boldsymbol{A}=\begin{pmatrix}\lambda & 1 & 0\\ 0 & \lambda & 1\\ 0 & 0 & \lambda\end{pmatrix}.$$

解 令

$$\boldsymbol{N}=\begin{pmatrix}0 & 1 & 0\\ 0 & 0 & 1\\ 0 & 0 & 0\end{pmatrix},$$

则

$$\boldsymbol{N}^2=\begin{pmatrix}0 & 0 & 1\\ 0 & 0 & 0\\ 0 & 0 & 0\end{pmatrix},\quad \boldsymbol{N}^n=\boldsymbol{O}\quad(n\geqslant 3).$$

由二项式定理得

$$\begin{aligned}\boldsymbol{A}^n&=(\lambda\boldsymbol{I}+\boldsymbol{N})^n=\lambda^n\boldsymbol{I}+\mathrm{C}_n^1\lambda^{n-1}\boldsymbol{N}+\mathrm{C}_n^2\lambda^{n-2}\boldsymbol{N}^2+\mathrm{C}_n^3\lambda^{n-3}\boldsymbol{N}^3+\cdots+\boldsymbol{N}^n\\&=\lambda^n\boldsymbol{I}+\mathrm{C}_n^1\lambda^{n-1}\boldsymbol{N}+\mathrm{C}_n^2\lambda^{n-2}\boldsymbol{N}^2\\&=\begin{pmatrix}\lambda^n & \mathrm{C}_n^1\lambda^{n-1} & \mathrm{C}_n^2\lambda^{n-2}\\ 0 & \lambda^n & \mathrm{C}_n^1\lambda^{n-1}\\ 0 & 0 & \lambda^n\end{pmatrix}.\end{aligned}$$

2.1.5 矩阵的转置

定义 2.6 将矩阵 $\boldsymbol{A}$ 的各行变成同序号的列, 得到的矩阵称为 $\boldsymbol{A}$ 的**转置矩阵**, 记为 $\boldsymbol{A}^{\mathrm{T}}$ (或 $\boldsymbol{A}'$).

例如矩阵

$$\boldsymbol{A}=\begin{pmatrix}1 & 0 & 2\\ -2 & 3 & -1\end{pmatrix}$$

的转置矩阵为

$$\boldsymbol{A}^{\mathrm{T}}=\begin{pmatrix}1 & -2\\ 0 & 3\\ 2 & -1\end{pmatrix}.$$

n 维行向量的转置是 n 维列向量, 即

$$(a_1, a_2, \cdots, a_n) = \begin{pmatrix} a_1 \\ a_2 \\ \vdots \\ a_n \end{pmatrix}^{\mathrm{T}}.$$

以后我们经常把一个行向量写成一个列向量的转置. 矩阵转置有如下性质 (只要运算有意义):

(1) $(\boldsymbol{A}^{\mathrm{T}})^{\mathrm{T}} = \boldsymbol{A}$;

(2) $(\boldsymbol{A}+\boldsymbol{B})^{\mathrm{T}} = \boldsymbol{A}^{\mathrm{T}} + \boldsymbol{B}^{\mathrm{T}}$;

(3) $(\lambda\boldsymbol{A})^{\mathrm{T}} = \lambda\boldsymbol{A}^{\mathrm{T}}$;

(4) $(\boldsymbol{A}\boldsymbol{B})^{\mathrm{T}} = \boldsymbol{B}^{\mathrm{T}}\boldsymbol{A}^{\mathrm{T}}$;

证明 下面仅证 (4), 其余各条由读者自己证明.

设 $\boldsymbol{A} = (a_{ij})_{m\times s}$, $\boldsymbol{B} = (b_{ij})_{s\times n}$, 则 $\boldsymbol{AB}$ 是 $m\times n$ 矩阵, 其 (j,i) 元是 $\sum\limits_{k=1}^{s} a_{jk}b_{ki}$, 因此, $(\boldsymbol{AB})^{\mathrm{T}}$ 是 $n\times m$ 矩阵, 其 (i,j) 元就是 $\boldsymbol{AB}$ 的 (j,i) 元, 即 $\sum\limits_{k=1}^{s} a_{jk}b_{ki}$. 注意到 $\boldsymbol{B}^{\mathrm{T}}$ 的第 i 行是 $(b_{1i}, b_{2i}, \cdots, b_{si})$, $\boldsymbol{A}^{\mathrm{T}}$ 的第 j 列是

$$(a_{j1}, a_{j2}, \cdots, a_{js})^{\mathrm{T}}.$$

因此, $\boldsymbol{B}^{\mathrm{T}}\boldsymbol{A}^{\mathrm{T}}$ 是 $n\times m$ 矩阵, 其 (i,j) 元是 $\sum\limits_{k=1}^{s} a_{jk}b_{ki}$, 故 $(\boldsymbol{AB})^{\mathrm{T}} = \boldsymbol{B}^{\mathrm{T}}\boldsymbol{A}^{\mathrm{T}}$. □

性质 (4) 可以推广如下 (只要运算有意义):

$$(\boldsymbol{A}_1\boldsymbol{A}_2\cdots\boldsymbol{A}_m)^{\mathrm{T}} = \boldsymbol{A}_m^{\mathrm{T}}\cdots\boldsymbol{A}_2^{\mathrm{T}}\boldsymbol{A}_1^{\mathrm{T}}.$$

例 2.9 设 $\boldsymbol{\alpha} = (a_1, a_2, \cdots, a_n)^{\mathrm{T}}$, $\boldsymbol{\beta} = (b_1, b_2, \cdots, b_n)^{\mathrm{T}}$ 是两个列向量, 求 $\boldsymbol{\alpha}^{\mathrm{T}}\boldsymbol{\beta}$, $\boldsymbol{\alpha}\boldsymbol{\beta}^{\mathrm{T}}$, 以及 $(\boldsymbol{\alpha}\boldsymbol{\beta}^{T})^k$(其中 k 是正整数).

解

$$\boldsymbol{\alpha}^{\mathrm{T}}\boldsymbol{\beta} = (a_1, a_2, \cdots, a_n)\begin{pmatrix} b_1 \\ b_2 \\ \vdots \\ b_n \end{pmatrix} = \sum_{i=1}^{n} a_ib_i.$$

$$\boldsymbol{\alpha}\boldsymbol{\beta}^{\mathrm{T}} = \begin{pmatrix} a_1 \\ a_2 \\ \vdots \\ a_n \end{pmatrix}(b_1, b_2, \cdots, b_n) = \begin{pmatrix} a_1b_1 & a_1b_2 & \cdots & a_1b_n \\ a_2b_1 & a_2b_2 & \cdots & a_2b_n \\ \vdots & \vdots & & \vdots \\ a_nb_1 & a_nb_2 & \cdots & a_nb_n \end{pmatrix}.$$

注意到 $\boldsymbol{\beta}^{\mathrm{T}}\boldsymbol{\alpha} = \boldsymbol{\alpha}^{\mathrm{T}}\boldsymbol{\beta} = \sum\limits_{i=1}^{n} a_ib_i$, 因此,

$$(\boldsymbol{\alpha}\boldsymbol{\beta}^{\mathrm{T}})^k = \underbrace{(\boldsymbol{\alpha}\boldsymbol{\beta}^{\mathrm{T}})(\boldsymbol{\alpha}\boldsymbol{\beta}^{\mathrm{T}})\cdots(\boldsymbol{\alpha}\boldsymbol{\beta}^{\mathrm{T}})}_{k\text{个}} = \boldsymbol{\alpha}\underbrace{(\boldsymbol{\beta}^{\mathrm{T}}\boldsymbol{\alpha})(\boldsymbol{\beta}^{\mathrm{T}}\boldsymbol{\alpha})\cdots(\boldsymbol{\beta}^{\mathrm{T}}\boldsymbol{\alpha})}_{k-1\text{个}}\boldsymbol{\beta}^{\mathrm{T}}$$

$$= \left(\sum_{i=1}^{n} a_i b_i\right)^{k-1}\begin{pmatrix} a_1b_1 & a_1b_2 & \cdots & a_1b_n \\ a_2b_1 & a_2b_2 & \cdots & a_2b_n \\ \vdots & \vdots & & \vdots \\ a_nb_1 & a_nb_2 & \cdots & a_nb_n \end{pmatrix}.$$

2.1.6 对称矩阵、反对称矩阵与正交矩阵

定义 2.7 设 n 阶矩阵 $\boldsymbol{A}$ 满足 $a_{ij} = a_{ji}\,(i,j=1,2,\cdots,n)$, 即 $\boldsymbol{A}^{\mathrm{T}}=\boldsymbol{A}$, 则称 $\boldsymbol{A}$ 是 n 阶**对称矩阵**. 如果 $a_{ij} = -a_{ji}\,(i,j=1,2,\cdots,n)$, 即 $\boldsymbol{A}^{\mathrm{T}}=-\boldsymbol{A}$, 则称 $\boldsymbol{A}$ 是 n 阶**反对称矩阵**.

在反对称矩阵中, 由 $a_{ii} = -a_{ii}$ 可知, $a_{ii} = 0\,(i=1,2,\cdots,n)$, 即主对角线元素全为 0. 因此, 定义 2.7 可以这样说: 所谓对称矩阵就是关于主对角线对称的元素相等的方阵; 所谓反对称矩阵就是主对角线元素全为 0, 且关于主对角线对称的元素互为相反数的方阵. 例如, 以下两个三阶矩阵

$$\begin{pmatrix} 1 & 5 & 2 \\ 5 & 0 & -3 \\ 2 & -3 & 4 \end{pmatrix}, \quad \begin{pmatrix} 0 & -2 & 3 \\ 2 & 0 & -3 \\ -3 & 3 & 0 \end{pmatrix}$$

分别是对称矩阵和反对称矩阵.

定义 2.8 设 $\boldsymbol{A}$ 是 n 阶实矩阵, 如果 $\boldsymbol{A}\boldsymbol{A}^{\mathrm{T}} = \boldsymbol{A}^{\mathrm{T}}\boldsymbol{A} = \boldsymbol{I}$, 则称 $\boldsymbol{A}$ 是 n 阶**正交矩阵**.

例如, 下列矩阵都是正交矩阵:

$$\begin{pmatrix} \cos\theta & -\sin\theta \\ \sin\theta & \cos\theta \end{pmatrix}, \quad \begin{pmatrix} \dfrac{1}{\sqrt{2}} & \dfrac{1}{\sqrt{3}} & -\dfrac{1}{\sqrt{6}} \\ -\dfrac{1}{\sqrt{2}} & \dfrac{1}{\sqrt{3}} & -\dfrac{1}{\sqrt{6}} \\ 0 & \dfrac{1}{\sqrt{3}} & \dfrac{2}{\sqrt{6}} \end{pmatrix}.$$

例 2.10 证明: 任一 n 阶矩阵都可以表示成一个对称矩阵与一个反对称矩阵之和.

证明 设 $\boldsymbol{A}$ 是 n 阶矩阵, 令

$$\boldsymbol{B} = \frac{1}{2}(\boldsymbol{A}+\boldsymbol{A}^{\mathrm{T}}), \quad \boldsymbol{C} = \frac{1}{2}(\boldsymbol{A}-\boldsymbol{A}^{\mathrm{T}}),$$

则 $\boldsymbol{B}, \boldsymbol{C}$ 分别是对称矩阵和反对称矩阵, 且 $\boldsymbol{A} = \boldsymbol{B}+\boldsymbol{C}$. □

例 2.11 设列向量 $\boldsymbol{\alpha} = (a_1, a_2, \cdots, a_n)^{\mathrm{T}}$ 满足 $\boldsymbol{\alpha}^{\mathrm{T}}\boldsymbol{\alpha} = 1$, $\boldsymbol{H} = \boldsymbol{I}_n - 2\boldsymbol{\alpha}\boldsymbol{\alpha}^{\mathrm{T}}$, 证明: $\boldsymbol{H}$ 既是对称矩阵又是正交矩阵.

证明 首先,

$$\boldsymbol{H}^{\mathrm{T}} = (\boldsymbol{I}_n - 2\boldsymbol{\alpha}\boldsymbol{\alpha}^{\mathrm{T}})^{\mathrm{T}} = \boldsymbol{I}_n - 2(\boldsymbol{\alpha}\boldsymbol{\alpha}^{\mathrm{T}})^{\mathrm{T}} = \boldsymbol{I}_n - 2\boldsymbol{\alpha}\boldsymbol{\alpha}^{\mathrm{T}} = \boldsymbol{H},$$

因此 $\boldsymbol{H}$ 是对称矩阵. 其次,

$$\begin{aligned}\boldsymbol{H}\boldsymbol{H}^{\mathrm{T}} &= (\boldsymbol{I}_n - 2\boldsymbol{\alpha}\boldsymbol{\alpha}^{\mathrm{T}})^2 = \boldsymbol{I}_n - 4\boldsymbol{\alpha}\boldsymbol{\alpha}^{\mathrm{T}} + 4(\boldsymbol{\alpha}\boldsymbol{\alpha}^{\mathrm{T}})(\boldsymbol{\alpha}\boldsymbol{\alpha}^{\mathrm{T}}) \\ &= \boldsymbol{I}_n - 4\boldsymbol{\alpha}\boldsymbol{\alpha}^{\mathrm{T}} + 4\boldsymbol{\alpha}\boldsymbol{\alpha}^{\mathrm{T}} = \boldsymbol{I}_n,\end{aligned}$$

故 $\boldsymbol{H}$ 是正交矩阵. □

习题 2.1

2.1 设矩阵

$$\boldsymbol{A} = \begin{pmatrix} 1 & 2 & 3 \\ 0 & 1 & -1 \\ 2 & 1 & 0 \end{pmatrix}, \quad \boldsymbol{B} = \begin{pmatrix} 3 & 0 & 4 \\ 0 & 1 & 0 \\ 2 & -1 & 3 \end{pmatrix},$$

求 $3\boldsymbol{A} - 2\boldsymbol{B}$ 及 $\boldsymbol{A}^3$.

2.2 计算下列矩阵乘积:

(1) $\begin{pmatrix} 4 & 3 & 1 \\ 1 & -2 & 3 \end{pmatrix}\begin{pmatrix} 7 & 1 \\ 2 & 0 \\ 1 & -1 \end{pmatrix}$;　　(2) $(1,2,3)\begin{pmatrix} 3 \\ 2 \\ 1 \end{pmatrix}$;

(3) $\begin{pmatrix} 2 \\ 1 \\ 3 \end{pmatrix}(1,-1)$;　　(4) $\begin{pmatrix} 2 & 1 & 4 & 0 \\ 1 & -1 & 3 & 4 \end{pmatrix}\begin{pmatrix} 1 & 3 \\ 0 & -1 \\ 1 & -3 \\ 4 & 0 \end{pmatrix}$;

(5) $(x_1, x_2, x_3)\begin{pmatrix} 2 & 1 & 2 \\ 1 & -1 & -1 \\ 2 & -1 & 3 \end{pmatrix}\begin{pmatrix} x_1 \\ x_2 \\ x_3 \end{pmatrix}$.

2.3 (1) 分别求 $\boldsymbol{A}^2$, $\boldsymbol{A}^3$, $\boldsymbol{A}^4$, 其中

$$\boldsymbol{A} = \begin{pmatrix} 0 & a_1 & a_2 & a_3 \\ 0 & 0 & a_4 & a_5 \\ 0 & 0 & 0 & a_6 \\ 0 & 0 & 0 & 0 \end{pmatrix}.$$

(2) 设

$$\boldsymbol{A} = \begin{pmatrix} 2 & 1 & 2 \\ 0 & -1 & 3 \\ 0 & 0 & -2 \end{pmatrix},$$

分别求 $\boldsymbol{A}^2$, $\boldsymbol{A}^3$, $2\boldsymbol{A}^3 - \boldsymbol{A}^2 + 3\boldsymbol{A} - 2\boldsymbol{I}$.

2.4 求所有与 $\boldsymbol{A}$ 可交换的矩阵, 其中

(1) $\boldsymbol{A}=\begin{pmatrix}1 & 1\\ 0 & 1\end{pmatrix}$; (2) $\boldsymbol{A}=\begin{pmatrix}0 & 0 & 0\\ 1 & 0 & 0\\ 0 & 1 & 0\end{pmatrix}$.

2.5 如果 $\boldsymbol{A}=\mathrm{diag}(a_1,a_2,\cdots,a_n)$ 是 n 阶对角矩阵, 当 $i\neq j$ 时 $a_i\neq a_j$, 其中 $i,j=1,2,\cdots,n$. 证明: 与 $\boldsymbol{A}$ 可交换的矩阵只能是对角矩阵.

2.6 设 $\boldsymbol{\alpha}=(1,-1,1)^{\mathrm{T}}$, $\boldsymbol{A}=\boldsymbol{\alpha}\boldsymbol{\alpha}^{\mathrm{T}}$, n 是正整数, 求 $\boldsymbol{A}^n$.

2.7 求 $\boldsymbol{A}^n$, 其中 n 是正整数,

$$\boldsymbol{A}=\begin{pmatrix}1 & -1 & 2\\ 2 & -2 & 4\\ -1 & 1 & -2\end{pmatrix}.$$

2.8 设 $\boldsymbol{A}=\dfrac{1}{2}(\boldsymbol{B}+\boldsymbol{I})$, 证明: $\boldsymbol{A}^2=\boldsymbol{A}$ 当且仅当 $\boldsymbol{B}^2=\boldsymbol{I}$.

2.9 证明: 若 $\boldsymbol{A}$ 是 n 阶实对称矩阵, 且 $\boldsymbol{A}^2=\boldsymbol{O}$, 则 $\boldsymbol{A}=\boldsymbol{O}$.

2.10 设 $\boldsymbol{A},\boldsymbol{B}$ 为 n 阶矩阵, 且 $\boldsymbol{A}$ 为对称矩阵, 证明: $\boldsymbol{B}^{\mathrm{T}}\boldsymbol{A}\boldsymbol{B}$ 也是对称矩阵.

2.11 设 $\boldsymbol{A},\boldsymbol{B}$ 为 n 阶对称矩阵, 证明: $\boldsymbol{A}\boldsymbol{B}$ 是对称矩阵的充要条件是 $\boldsymbol{A}\boldsymbol{B}=\boldsymbol{B}\boldsymbol{A}$.

2.12 试将矩阵 $\boldsymbol{A}$ 表示为一个对称矩阵与一个反对称矩阵之和, 其中

$$\boldsymbol{A}=\begin{pmatrix}1 & 3 & 4\\ 2 & 5 & -1\\ 7 & -6 & 5\end{pmatrix}.$$

§2.2 分块矩阵

2.2.1 分块矩阵的概念

将矩阵 $\boldsymbol{A}$ 用若干横线和竖线分成多个小矩阵, 每个小矩阵称为 $\boldsymbol{A}$ 的**子块**, 以子块为元素的形式上的矩阵称为 $\boldsymbol{A}$ 的**分块矩阵**. 例如, 对一个 3×4 的矩阵进行如下分块

$$\boldsymbol{A}=\left(\begin{array}{ccc:c}a_{11} & a_{12} & a_{13} & a_{14}\\ a_{21} & a_{22} & a_{23} & a_{24}\\ \hdashline a_{31} & a_{32} & a_{33} & a_{34}\end{array}\right)=\begin{pmatrix}\boldsymbol{A}_{11} & \boldsymbol{A}_{12}\\ \boldsymbol{A}_{21} & \boldsymbol{A}_{22}\end{pmatrix},$$

其中, 每一个子块

$$\boldsymbol{A}_{11}=\begin{pmatrix}a_{11} & a_{12} & a_{13}\\ a_{21} & a_{22} & a_{23}\end{pmatrix},\quad \boldsymbol{A}_{12}=\begin{pmatrix}a_{14}\\ a_{24}\end{pmatrix},\quad \boldsymbol{A}_{21}=(a_{31},a_{32},a_{33}),\quad \boldsymbol{A}_{22}=a_{34}.$$

根据问题的需要, 可以对矩阵进行不同的分块, 例如

$$\left(\begin{array}{cc:cc}a_{11} & a_{12} & a_{13} & a_{14}\\ \hdashline a_{21} & a_{22} & a_{23} & a_{24}\\ a_{31} & a_{32} & a_{33} & a_{34}\end{array}\right),\quad \left(\begin{array}{c:cc:c}a_{11} & a_{12} & a_{13} & a_{14}\\ a_{21} & a_{22} & a_{23} & a_{24}\\ \hdashline a_{31} & a_{32} & a_{33} & a_{34}\end{array}\right)$$

等等. 在矩阵 $\boldsymbol{A}=(a_{ij})_{m\times n}$ 中, 以它的行作为子块, 可得到行分块矩阵

$$\boldsymbol{A}=\begin{pmatrix} a_{11} & a_{12} & \cdots & a_{1n} \\ \hdashline a_{21} & a_{22} & \cdots & a_{2n} \\ \hdashline \vdots & \vdots & & \vdots \\ \hdashline a_{m1} & a_{m2} & \cdots & a_{mn} \end{pmatrix}=\begin{pmatrix} \boldsymbol{\alpha}_1^{\mathrm{T}} \\ \boldsymbol{\alpha}_2^{\mathrm{T}} \\ \vdots \\ \boldsymbol{\alpha}_m^{\mathrm{T}} \end{pmatrix},$$

其中

$$\boldsymbol{\alpha}_i^{\mathrm{T}}=(a_{i1},a_{i2},\cdots,a_{in}) \quad (i=1,2,\cdots,m)$$

是矩阵 $\boldsymbol{A}$ 的各个行向量, $\boldsymbol{\alpha}_i$ 是以第 i 行元素为列的列向量. 如果以它的列作为子块, 得到列分块矩阵

$$\boldsymbol{A}=\left(\begin{array}{c:c:c:c} a_{11} & a_{12} & \cdots & a_{1n} \\ a_{21} & a_{22} & \cdots & a_{2n} \\ \vdots & \vdots & & \vdots \\ a_{m1} & a_{m2} & \cdots & a_{mn} \end{array}\right)=(\boldsymbol{\beta}_1,\boldsymbol{\beta}_2,\cdots,\boldsymbol{\beta}_n),$$

其中

$$\boldsymbol{\beta}_j=(a_{1j},a_{2j},\cdots,a_{mj})^{\mathrm{T}} \quad (j=1,2,\cdots,n)$$

是矩阵 $\boldsymbol{A}$ 的各个列向量.

将 n 阶单位矩阵 $\boldsymbol{I}$ 按列分块, 得到的 n 个列向量 $\boldsymbol{e}_1,\boldsymbol{e}_2,\cdots,\boldsymbol{e}_n$, 称为 n 维**单位列向量**, 其中, 第 i 个单位列向量

$$\boldsymbol{e}_i=(0,\cdots,0,1,0,\cdots,0)^{\mathrm{T}}$$

的第 i 个分量为 1, 其余分量为 0 $(i=1,2,\cdots,n)$. 通常情况下, 我们说单位列向量而不指明维数, 其维数可以根据上下文判断. 显然, 对两个 n 维单位列向量 $\boldsymbol{e}_i,\boldsymbol{e}_j$,

$$\boldsymbol{e}_i^{\mathrm{T}}\boldsymbol{e}_j=\delta_{ij},$$

其中 δ_{ij} 是克罗内克符号 (见 §1.4). 而 $\boldsymbol{e}_i\boldsymbol{e}_j^{\mathrm{T}}$ 是第 (i,j) 元为 1, 其余元为 0 的 n 阶矩阵, 称为 n **阶基本矩阵**, 记作 $\boldsymbol{E}_{ij}$, 即

$$\boldsymbol{e}_i\boldsymbol{e}_j^{\mathrm{T}}=\boldsymbol{E}_{ij}.$$

如果 $\boldsymbol{e}_i$ 是第 i 个 m 维单位列向量, $\boldsymbol{e}_j^{\mathrm{T}}$ 是第 j 个 n 维单位行向量, 则 $\boldsymbol{e}_i\boldsymbol{e}_j^{\mathrm{T}}=\boldsymbol{E}_{ij}$ 是第 (i,j) 元为 1, 其余元为 0 的 $m\times n$ 矩阵, 称为 $m\times n$ **基本矩阵**. 通常地, 若未指明 $\boldsymbol{E}_{ij}$ 是哪种类型的基本矩阵, 可根据上下文判断.

定理 2.1 设矩阵 $\boldsymbol{A}=(a_{ij})_{m\times n}$, $\boldsymbol{\alpha}_i^{\mathrm{T}}$ 是 $\boldsymbol{A}$ 的第 i 个行向量 $(i=1,2,\cdots,m)$, $\boldsymbol{\beta}_j$ 是 $\boldsymbol{A}$ 的第 j 个列向量 $(j=1,2,\cdots,n)$, $\boldsymbol{e}_i^{\mathrm{T}}$ 是第 i 个 m 维单位行向量, $\boldsymbol{e}_j$ 是第 j 个 n 维单位列向量, $\boldsymbol{E}_{ij}$ 是 $m\times n$ 基本矩阵, 则

$$\boldsymbol{e}_i^{\mathrm{T}}\boldsymbol{A}=\boldsymbol{\alpha}_i^{\mathrm{T}}, \quad \boldsymbol{A}\boldsymbol{e}_j=\boldsymbol{\beta}_j, \quad \boldsymbol{e}_i^{\mathrm{T}}\boldsymbol{A}\boldsymbol{e}_j=a_{ij}, \tag{2.2}$$

$$\boldsymbol{A}=\sum_{i=1}^{m}\sum_{j=1}^{n}a_{ij}\boldsymbol{E}_{ij}. \tag{2.3}$$

证明 根据矩阵乘法的定义计算即得. □

定理 2.1 说明, 任一 $m\times n$ 矩阵 $\boldsymbol{A}$ 的各行、各列, 以及各元素都可以由 $\boldsymbol{A}$ 及单位行向量或单位列向量来表示, 矩阵 $\boldsymbol{A}$ 本身也可以表示成 $m\times n$ 基本矩阵的线性组合.

为了理解 (2.3) 式, 我们举个例子. 假设 $m=n=2$, 则

$$\begin{pmatrix} a_{11} & a_{12} \\ a_{21} & a_{22} \end{pmatrix} = a_{11}\begin{pmatrix} 1 & 0 \\ 0 & 0 \end{pmatrix} + a_{12}\begin{pmatrix} 0 & 1 \\ 0 & 0 \end{pmatrix} + a_{21}\begin{pmatrix} 0 & 0 \\ 1 & 0 \end{pmatrix} + a_{22}\begin{pmatrix} 0 & 0 \\ 0 & 1 \end{pmatrix},$$

这就是

$$\boldsymbol{A} = a_{11}\boldsymbol{E}_{11} + a_{12}\boldsymbol{E}_{12} + a_{21}\boldsymbol{E}_{21} + a_{22}\boldsymbol{E}_{22}.$$

2.2.2 分块矩阵的运算

分块矩阵的运算规则与普通矩阵的运算规则相似. 下面对分块矩阵的线性运算、乘法运算和转置运算分别进行解释.

(1) 线性运算. 设同型矩阵 $\boldsymbol{A},\boldsymbol{B}$ 有相同的分块方式, 即

$$\boldsymbol{A} = \begin{pmatrix} \boldsymbol{A}_{11} & \cdots & \boldsymbol{A}_{1s} \\ \vdots & & \vdots \\ \boldsymbol{A}_{r1} & \cdots & \boldsymbol{A}_{rs} \end{pmatrix}, \quad \boldsymbol{B} = \begin{pmatrix} \boldsymbol{B}_{11} & \cdots & \boldsymbol{B}_{1s} \\ \vdots & & \vdots \\ \boldsymbol{B}_{r1} & \cdots & \boldsymbol{B}_{rs} \end{pmatrix},$$

其中 $\boldsymbol{A}_{ij},\boldsymbol{B}_{ij}\ (i=1,2,\cdots,r;\ j=1,2,\cdots,s)$ 都是同型矩阵, 设 k 是数, 则有

$$\boldsymbol{A}\pm\boldsymbol{B} = \begin{pmatrix} \boldsymbol{A}_{11}\pm\boldsymbol{B}_{11} & \cdots & \boldsymbol{A}_{1s}\pm\boldsymbol{B}_{1s} \\ \vdots & & \vdots \\ \boldsymbol{A}_{r1}\pm\boldsymbol{B}_{r1} & \cdots & \boldsymbol{A}_{rs}\pm\boldsymbol{B}_{rs} \end{pmatrix}, \quad k\boldsymbol{A} = \begin{pmatrix} k\boldsymbol{A}_{11} & \cdots & k\boldsymbol{A}_{1s} \\ \vdots & & \vdots \\ k\boldsymbol{A}_{r1} & \cdots & k\boldsymbol{A}_{rs} \end{pmatrix}.$$

(2) 乘法运算. 设 $\boldsymbol{A}$ 是 $m\times l$ 矩阵, $\boldsymbol{B}$ 是 $l\times n$ 矩阵, 分块成

$$\boldsymbol{A} = \begin{pmatrix} \boldsymbol{A}_{11} & \boldsymbol{A}_{12} & \cdots & \boldsymbol{A}_{1t} \\ \boldsymbol{A}_{21} & \boldsymbol{A}_{22} & \cdots & \boldsymbol{A}_{2t} \\ \vdots & \vdots & & \vdots \\ \boldsymbol{A}_{s1} & \boldsymbol{A}_{s2} & \cdots & \boldsymbol{A}_{st} \end{pmatrix}, \quad \boldsymbol{B} = \begin{pmatrix} \boldsymbol{B}_{11} & \boldsymbol{B}_{12} & \cdots & \boldsymbol{B}_{1r} \\ \boldsymbol{B}_{21} & \boldsymbol{B}_{22} & \cdots & \boldsymbol{B}_{2r} \\ \vdots & \vdots & & \vdots \\ \boldsymbol{B}_{t1} & \boldsymbol{B}_{t2} & \cdots & \boldsymbol{B}_{tr} \end{pmatrix},$$

其中 $\boldsymbol{A}_{i1},\boldsymbol{A}_{i2},\cdots,\boldsymbol{A}_{it}$ 的列数分别等于 $\boldsymbol{B}_{1j},\boldsymbol{B}_{2j},\cdots,\boldsymbol{B}_{tj}$ 的行数, 则

$$\boldsymbol{AB} = \begin{pmatrix} \boldsymbol{C}_{11} & \boldsymbol{C}_{12} & \cdots & \boldsymbol{C}_{1r} \\ \boldsymbol{C}_{21} & \boldsymbol{C}_{22} & \cdots & \boldsymbol{C}_{2r} \\ \vdots & \vdots & & \vdots \\ \boldsymbol{C}_{s1} & \boldsymbol{C}_{s2} & \cdots & \boldsymbol{C}_{sr} \end{pmatrix},$$

其中

$$\boldsymbol{C}_{ij} = \sum_{k=1}^{t}\boldsymbol{A}_{ik}\boldsymbol{B}_{kj} \quad (i=1,2,\cdots,s;\ j=1,2,\cdots,r).$$

(3) 转置运算. 设

$$\boldsymbol{A}=\begin{pmatrix}\boldsymbol{A}_{11} & \boldsymbol{A}_{12} & \cdots & \boldsymbol{A}_{1t}\\ \boldsymbol{A}_{21} & \boldsymbol{A}_{22} & \cdots & \boldsymbol{A}_{2t}\\ \vdots & \vdots & & \vdots\\ \boldsymbol{A}_{s1} & \boldsymbol{A}_{s2} & \cdots & \boldsymbol{A}_{st}\end{pmatrix},$$

则

$$\boldsymbol{A}^{\mathrm{T}}=\begin{pmatrix}\boldsymbol{A}_{11}^{\mathrm{T}} & \boldsymbol{A}_{21}^{\mathrm{T}} & \cdots & \boldsymbol{A}_{s1}^{\mathrm{T}}\\ \boldsymbol{A}_{12}^{\mathrm{T}} & \boldsymbol{A}_{22}^{\mathrm{T}} & \cdots & \boldsymbol{A}_{s2}^{\mathrm{T}}\\ \vdots & \vdots & & \vdots\\ \boldsymbol{A}_{1t}^{\mathrm{T}} & \boldsymbol{A}_{2t}^{\mathrm{T}} & \cdots & \boldsymbol{A}_{st}^{\mathrm{T}}\end{pmatrix}.$$

例 2.12 已知

$$\boldsymbol{A}=\begin{pmatrix}1 & 0 & 0 & 0\\ 0 & 1 & 0 & 0\\ -1 & 2 & 1 & 0\\ 1 & 1 & 0 & 1\end{pmatrix},\quad \boldsymbol{B}=\begin{pmatrix}1 & 0 & 0\\ -1 & 2 & 0\\ 1 & 0 & 1\\ -1 & -1 & 1\end{pmatrix},$$

求 $\boldsymbol{AB}+\boldsymbol{B}$.

解 把 $\boldsymbol{A},\boldsymbol{B}$ 分块成

$$\boldsymbol{A}=\left(\begin{array}{cc:cc}1 & 0 & 0 & 0\\ 0 & 1 & 0 & 0\\ \hdashline -1 & 2 & 1 & 0\\ 1 & 1 & 0 & 1\end{array}\right)=\begin{pmatrix}\boldsymbol{I} & \boldsymbol{O}\\ \boldsymbol{A}_1 & \boldsymbol{I}\end{pmatrix},$$

$$\boldsymbol{B}=\left(\begin{array}{cc:c}1 & 0 & 0\\ -1 & 2 & 0\\ \hdashline 1 & 0 & 1\\ -1 & -1 & 1\end{array}\right)=\begin{pmatrix}\boldsymbol{B}_1 & \boldsymbol{O}\\ \boldsymbol{B}_2 & \boldsymbol{B}_3\end{pmatrix},$$

因此,

$$\boldsymbol{AB}=\begin{pmatrix}\boldsymbol{I} & \boldsymbol{O}\\ \boldsymbol{A}_1 & \boldsymbol{I}\end{pmatrix}\begin{pmatrix}\boldsymbol{B}_1 & \boldsymbol{O}\\ \boldsymbol{B}_2 & \boldsymbol{B}_3\end{pmatrix}=\begin{pmatrix}\boldsymbol{B}_1 & \boldsymbol{O}\\ \boldsymbol{A}_1\boldsymbol{B}_1+\boldsymbol{B}_2 & \boldsymbol{B}_3\end{pmatrix},$$

$$\boldsymbol{AB}+\boldsymbol{B}=\begin{pmatrix}\boldsymbol{B}_1 & \boldsymbol{O}\\ \boldsymbol{A}_1\boldsymbol{B}_1+\boldsymbol{B}_2 & \boldsymbol{B}_3\end{pmatrix}+\begin{pmatrix}\boldsymbol{B}_1 & \boldsymbol{O}\\ \boldsymbol{B}_2 & \boldsymbol{B}_3\end{pmatrix}=\begin{pmatrix}2\boldsymbol{B}_1 & \boldsymbol{O}\\ \boldsymbol{A}_1\boldsymbol{B}_1+2\boldsymbol{B}_2 & 2\boldsymbol{B}_3\end{pmatrix}.$$

由于

$$\boldsymbol{A}_1\boldsymbol{B}_1+2\boldsymbol{B}_2=\begin{pmatrix}-1 & 2\\ 1 & 1\end{pmatrix}\begin{pmatrix}1 & 0\\ -1 & 2\end{pmatrix}+2\begin{pmatrix}1 & 0\\ -1 & -1\end{pmatrix}=\begin{pmatrix}-1 & 4\\ -2 & 0\end{pmatrix},$$

所以

$$\boldsymbol{AB}+\boldsymbol{B}=\left(\begin{array}{cc:c} 2 & 0 & 0 \\ -2 & 4 & 0 \\ \hdashline -1 & 4 & 2 \\ -2 & 0 & 2 \end{array}\right).$$

例 2.13 设矩阵 $\boldsymbol{A}$ 按列分块成 $\boldsymbol{A}=(\boldsymbol{\beta}_1,\boldsymbol{\beta}_2,\cdots,\boldsymbol{\beta}_n)$, 或者按行分块成

$$\boldsymbol{A}=\begin{pmatrix} \boldsymbol{\alpha}_1^{\mathrm{T}} \\ \boldsymbol{\alpha}_2^{\mathrm{T}} \\ \vdots \\ \boldsymbol{\alpha}_m^{\mathrm{T}} \end{pmatrix}.$$

(1) 如果 $\boldsymbol{BA}$ 运算有意义, 则

$$\boldsymbol{BA}=\boldsymbol{B}(\boldsymbol{\beta}_1,\boldsymbol{\beta}_2,\cdots,\boldsymbol{\beta}_n)=(\boldsymbol{B\beta}_1,\boldsymbol{B\beta}_2,\cdots,\boldsymbol{B\beta}_n).$$

(2) 如果 $\boldsymbol{AB}$ 运算有意义, 则

$$\boldsymbol{AB}=\begin{pmatrix} \boldsymbol{\alpha}_1^{\mathrm{T}} \\ \boldsymbol{\alpha}_2^{\mathrm{T}} \\ \vdots \\ \boldsymbol{\alpha}_m^{\mathrm{T}} \end{pmatrix}\boldsymbol{B}=\begin{pmatrix} \boldsymbol{\alpha}_1^{\mathrm{T}}\boldsymbol{B} \\ \boldsymbol{\alpha}_2^{\mathrm{T}}\boldsymbol{B} \\ \vdots \\ \boldsymbol{\alpha}_m^{\mathrm{T}}\boldsymbol{B} \end{pmatrix}.$$

(3) 以对角矩阵 $\boldsymbol{\Lambda}_m=\mathrm{diag}(\lambda_1,\lambda_2,\cdots,\lambda_m)$ 左乘矩阵 $\boldsymbol{A}_{m\times n}$ 时, 把 $\boldsymbol{A}$ 按行分块, 得到

$$\boldsymbol{\Lambda}_m\boldsymbol{A}_{m\times n}=\begin{pmatrix} \lambda_1 & & & \\ & \lambda_2 & & \\ & & \ddots & \\ & & & \lambda_m \end{pmatrix}\begin{pmatrix} \boldsymbol{\alpha}_1^{\mathrm{T}} \\ \boldsymbol{\alpha}_2^{\mathrm{T}} \\ \vdots \\ \boldsymbol{\alpha}_m^{\mathrm{T}} \end{pmatrix}=\begin{pmatrix} \lambda_1\boldsymbol{\alpha}_1^{\mathrm{T}} \\ \lambda_2\boldsymbol{\alpha}_2^{\mathrm{T}} \\ \vdots \\ \lambda_m\boldsymbol{\alpha}_m^{\mathrm{T}} \end{pmatrix}.$$

以对角矩阵 $\boldsymbol{\Lambda}_n=\mathrm{diag}(\lambda_1,\lambda_2,\cdots,\lambda_n)$ 右乘矩阵 $\boldsymbol{A}_{m\times n}$ 时, 把 $\boldsymbol{A}$ 按列分块, 得到

$$\boldsymbol{A}_{m\times n}\boldsymbol{\Lambda}_n=(\boldsymbol{\beta}_1,\boldsymbol{\beta}_2,\cdots,\boldsymbol{\beta}_n)\begin{pmatrix} \lambda_1 & & & \\ & \lambda_2 & & \\ & & \ddots & \\ & & & \lambda_n \end{pmatrix}=(\lambda_1\boldsymbol{\beta}_1,\lambda_2\boldsymbol{\beta}_2,\cdots,\lambda_n\boldsymbol{\beta}_n).$$

(4) 分块对角矩阵又叫**准对角矩阵**, 两个分块对角矩阵相乘 (只要运算有意义):

$$\begin{pmatrix} \boldsymbol{A}_1 & & & \\ & \boldsymbol{A}_2 & & \\ & & \ddots & \\ & & & \boldsymbol{A}_s \end{pmatrix}\begin{pmatrix} \boldsymbol{B}_1 & & & \\ & \boldsymbol{B}_2 & & \\ & & \ddots & \\ & & & \boldsymbol{B}_s \end{pmatrix}=\begin{pmatrix} \boldsymbol{A}_1\boldsymbol{B}_1 & & & \\ & \boldsymbol{A}_2\boldsymbol{B}_2 & & \\ & & \ddots & \\ & & & \boldsymbol{A}_s\boldsymbol{B}_s \end{pmatrix}.$$

证明 下面只证 (3), 其他几个结论是显然的. 事实上, 由定理 2.1 得

$$\boldsymbol{\Lambda}_m \boldsymbol{A}_{m\times n} = \begin{pmatrix} \lambda_1 & & & \\ & \lambda_2 & & \\ & & \ddots & \\ & & & \lambda_m \end{pmatrix} \boldsymbol{A} = \begin{pmatrix} \lambda_1 \boldsymbol{e}_1^{\mathrm{T}} \\ \lambda_2 \boldsymbol{e}_2^{\mathrm{T}} \\ \vdots \\ \lambda_m \boldsymbol{e}_m^{\mathrm{T}} \end{pmatrix} \boldsymbol{A}$$

$$= \begin{pmatrix} \lambda_1 \boldsymbol{e}_1^{\mathrm{T}} \boldsymbol{A} \\ \lambda_2 \boldsymbol{e}_2^{\mathrm{T}} \boldsymbol{A} \\ \vdots \\ \lambda_m \boldsymbol{e}_m^{\mathrm{T}} \boldsymbol{A} \end{pmatrix} = \begin{pmatrix} \lambda_1 \boldsymbol{\alpha}_1^{\mathrm{T}} \\ \lambda_2 \boldsymbol{\alpha}_2^{\mathrm{T}} \\ \vdots \\ \lambda_m \boldsymbol{\alpha}_m^{\mathrm{T}} \end{pmatrix};$$

$$\boldsymbol{A}_{m\times n} \boldsymbol{\Lambda}_n = \boldsymbol{A} \begin{pmatrix} \lambda_1 & & & \\ & \lambda_2 & & \\ & & \ddots & \\ & & & \lambda_n \end{pmatrix} = \boldsymbol{A}(\lambda_1 \boldsymbol{e}_1, \lambda_2 \boldsymbol{e}_2, \cdots, \lambda_n \boldsymbol{e}_n)$$

$$= (\lambda_1 \boldsymbol{A}\boldsymbol{e}_1, \lambda_2 \boldsymbol{A}\boldsymbol{e}_2, \cdots, \lambda_n \boldsymbol{A}\boldsymbol{e}_n) = (\lambda_1 \boldsymbol{\beta}_1, \lambda_2 \boldsymbol{\beta}_2, \cdots, \lambda_n \boldsymbol{\beta}_n). \quad \square$$

例 2.14 已知

$$\boldsymbol{A} = \begin{pmatrix} 0 & 1 & 0 & 0 \\ 0 & 0 & 1 & 0 \\ 0 & 0 & 0 & 1 \\ 0 & 0 & 0 & 0 \end{pmatrix},$$

求 $\boldsymbol{A}^2, \boldsymbol{A}^3, \boldsymbol{A}^4$.

解 做列分块 $\boldsymbol{A} = (\boldsymbol{0}, \boldsymbol{e}_1, \boldsymbol{e}_2, \boldsymbol{e}_3)$, 由定理 2.1 得

$$\boldsymbol{A}^2 = \boldsymbol{A}(\boldsymbol{0}, \boldsymbol{e}_1, \boldsymbol{e}_2, \boldsymbol{e}_3) = (\boldsymbol{A}\boldsymbol{0}, \boldsymbol{A}\boldsymbol{e}_1, \boldsymbol{A}\boldsymbol{e}_2, \boldsymbol{A}\boldsymbol{e}_3)$$

$$= (\boldsymbol{0}, \boldsymbol{0}, \boldsymbol{e}_1, \boldsymbol{e}_2) = \begin{pmatrix} 0 & 0 & 1 & 0 \\ 0 & 0 & 0 & 1 \\ 0 & 0 & 0 & 0 \\ 0 & 0 & 0 & 0 \end{pmatrix},$$

$$\boldsymbol{A}^3 = \boldsymbol{A}\boldsymbol{A}^2 = \boldsymbol{A}(\boldsymbol{0}, \boldsymbol{0}, \boldsymbol{e}_1, \boldsymbol{e}_2) = (\boldsymbol{A}\boldsymbol{0}, \boldsymbol{A}\boldsymbol{0}, \boldsymbol{A}\boldsymbol{e}_1, \boldsymbol{A}\boldsymbol{e}_2)$$

$$= (\boldsymbol{0}, \boldsymbol{0}, \boldsymbol{0}, \boldsymbol{e}_1) = \begin{pmatrix} 0 & 0 & 0 & 1 \\ 0 & 0 & 0 & 0 \\ 0 & 0 & 0 & 0 \\ 0 & 0 & 0 & 0 \end{pmatrix},$$

$$\boldsymbol{A}^4 = \boldsymbol{A}\boldsymbol{A}^3 = \boldsymbol{A}(\boldsymbol{0}, \boldsymbol{0}, \boldsymbol{0}, \boldsymbol{e}_1) = (\boldsymbol{0}, \boldsymbol{0}, \boldsymbol{0}, \boldsymbol{0}) = \boldsymbol{O}.$$

例 2.15 求 $\boldsymbol{A}^{100}$, 其中

$$\boldsymbol{A}=\begin{pmatrix}2&0&&&\\&3&0&&\\&&-1&1&\\&&&-1&1\\&&&&-1\end{pmatrix}.$$

解 将矩阵 $\boldsymbol{A}$ 做如下分块:

$$\boldsymbol{A}=\left(\begin{array}{cc|ccc}2&&&&\\&3&&&\\\hline&&-1&1&\\&&&-1&1\\&&&&-1\end{array}\right)=\begin{pmatrix}\boldsymbol{A}_1&\boldsymbol{O}\\\boldsymbol{O}&\boldsymbol{A}_2\end{pmatrix},$$

这是准对角矩阵.

$$\boldsymbol{A}_1^{100}=\begin{pmatrix}2^{100}&\\&3^{100}\end{pmatrix},$$

由例 2.8 得

$$\boldsymbol{A}_2^{100}=\begin{pmatrix}-1&1&0\\&-1&1\\&&-1\end{pmatrix}^{100}=\begin{pmatrix}1&-100&4950\\&1&-100\\&&1\end{pmatrix}.$$

因此,

$$\boldsymbol{A}^{100}=\begin{pmatrix}\boldsymbol{A}_1^{100}&\\&\boldsymbol{A}_2^{100}\end{pmatrix}=\left(\begin{array}{cc|ccc}2^{100}&&&&\\&3^{100}&&&\\\hline&&1&-100&4950\\&&&1&-100\\&&&&1\end{array}\right).$$

习题 2.2

2.13 利用分块矩阵乘法求下列矩阵的乘积:

(1) $\begin{pmatrix}2&0&0\\0&3&2\\0&1&1\end{pmatrix}\begin{pmatrix}5&0&0\\0&1&1\\0&-1&0\end{pmatrix}$; (2) $\begin{pmatrix}1&2&1&0\\0&1&0&1\\0&0&2&1\\0&0&0&3\end{pmatrix}\begin{pmatrix}1&0&3&1\\0&1&2&-1\\0&0&-2&3\\0&0&0&-3\end{pmatrix}$.

2.14 对下列矩阵 $\boldsymbol{A}$, 求 $\boldsymbol{A}^n$:

(1) $\boldsymbol{A}=\begin{pmatrix}1&0\\2&1\end{pmatrix}$; (2) $\boldsymbol{A}=\begin{pmatrix}1&3&0\\0&1&0\\0&0&2\end{pmatrix}$; (3) $\boldsymbol{A}=\begin{pmatrix}1&1&0\\0&1&1\\0&0&1\end{pmatrix}$.

2.15 设 $\boldsymbol{A}$ 是 $m\times n$ 矩阵, 证明: 如果对任一 n 维列向量 $\boldsymbol{x}$, 恒有 $\boldsymbol{Ax}=\boldsymbol{0}$, 则 $\boldsymbol{A}$ 是零矩阵, 即 $\boldsymbol{A}=\boldsymbol{O}$.

2.16 称 n 阶矩阵

$$\boldsymbol{P}_n=\begin{pmatrix} & & & 1\\ & & 1 & \\ & \cdot^{\cdot^{\cdot}} & & \\ 1 & & & \end{pmatrix}$$

为 n 阶**排列矩阵**.

(1) 证明: n 阶排列阵 $\boldsymbol{P}_n$ 既是对称矩阵又是正交矩阵, 即 $\boldsymbol{P}_n^{\mathrm{T}}=\boldsymbol{P}_n,\boldsymbol{P}_n^{\mathrm{T}}\boldsymbol{P}_n=\boldsymbol{I}$;

(2) 证明: 设 $\boldsymbol{A}$ 是任一 n 阶矩阵, 以 n 阶排列矩阵 $\boldsymbol{P}_n$ 左 (右) 乘矩阵 $\boldsymbol{A}$, 等于将 $\boldsymbol{A}$ 的第 i 行 (列) 与第 $n-i+1$ 行 (列) 交换 $(i=1,2,\cdots,n)$ 而得到的矩阵. 或者说, 等于将 $\boldsymbol{A}$ 的第 1 行 (列) 与最后一行 (列) 交换, 再将 $\boldsymbol{A}$ 的第 2 行 (列) 与倒数第 2 行 (列) 交换, 再将 $\boldsymbol{A}$ 的第 3 行 (列) 与倒数第 3 行 (列) 交换 $\cdots\cdots$ 全部交换完而得到的矩阵.

(3) 设 $\boldsymbol{A}=(a_{ij})_{3\times 3}$, 试分别计算 $\boldsymbol{P}_3\boldsymbol{A}$, $\boldsymbol{AP}_3$ 和 $\boldsymbol{P}_3\boldsymbol{AP}_3$.

2.17 称

$$\boldsymbol{U}_n=\begin{pmatrix} 0 & 1 & 0 & \cdots & 0 & 0\\ 0 & 0 & 1 & \cdots & 0 & 0\\ \vdots & \vdots & \vdots & & \vdots & \vdots\\ 0 & 0 & 0 & \cdots & 0 & 1\\ 1 & 0 & 0 & \cdots & 0 & 0 \end{pmatrix}_{n\times n}$$

为 n 阶**基本循环矩阵**.

(1) 证明:

$$\boldsymbol{U}_n^k=\begin{pmatrix} \boldsymbol{O} & \boldsymbol{I}_{n-k}\\ \boldsymbol{I}_k & \boldsymbol{O} \end{pmatrix}\quad (k=1,2,\cdots,n-1),\quad \boldsymbol{U}_n^n=\boldsymbol{I}_n.$$

(2) 称

$$\boldsymbol{A}=\begin{pmatrix} a_0 & a_1 & a_2\\ a_2 & a_0 & a_1\\ a_1 & a_2 & a_0 \end{pmatrix}$$

为一个**三阶循环矩阵**. 证明: $\boldsymbol{A}$ 可以表示成三阶基本循环矩阵 $\boldsymbol{U}_3$ 的一个多项式

$$\boldsymbol{A}=a_0\boldsymbol{I}_3+a_1\boldsymbol{U}_3+a_2\boldsymbol{U}_3^2.$$

2.18 (1) 设 $\boldsymbol{e}_i$ 是第 i 个 n 维单位列向量, $i_1,i_2,\cdots,i_n$ 是 $1,2,\cdots,n$ 的一个排列. 证明: $\boldsymbol{A}=(\boldsymbol{e}_{i_1},\boldsymbol{e}_{i_2},\cdots,\boldsymbol{e}_{i_n})$ 是 n 阶正交矩阵.

(2) 设 $\boldsymbol{E}_{ks},\boldsymbol{E}_{ij}$ 都是 n 阶基本矩阵, δ_{ij} 是克罗内克符号. 证明:

$$\boldsymbol{E}_{ks}\boldsymbol{E}_{ij}=\delta_{si}\boldsymbol{E}_{kj},\quad \boldsymbol{E}_{ij}^2=\delta_{ij}\boldsymbol{E}_{ij}.$$

§2.3 方阵的行列式与逆矩阵

从前面两节可以看到, 矩阵与行列式是两个完全不同的概念, 前者是一个数表, 行数与列数可以不等, 也可以相等 (方阵); 后者是行数与列数相等的数表按一定运算规则所确定的一个数值. 本节将讨论方阵的行列式、伴随矩阵、逆矩阵等概念及性质.

2.3.1 方阵的行列式

定义 2.9 由 n 阶矩阵 $\boldsymbol{A}$ 的元素按原来的位置构成的行列式, 称为**方阵 $\boldsymbol{A}$ 的行列式**, 记为 $|\boldsymbol{A}|$ 或 $\det\boldsymbol{A}$.

性质 设 $\boldsymbol{A},\boldsymbol{B}$ 是 n 阶矩阵, λ 是数, m 是正整数, 则

(1) $|\boldsymbol{A}^{\mathrm{T}}|=|\boldsymbol{A}|$;

(2) $|\lambda\boldsymbol{A}|=\lambda^n|\boldsymbol{A}|$;

(3) $|\boldsymbol{A}\boldsymbol{B}|=|\boldsymbol{A}||\boldsymbol{B}|$;

(4) $|\boldsymbol{A}^m|=|\boldsymbol{A}|^m$.

证明 仅证 (3). 设 $\boldsymbol{A}=(a_{ij})_{n\times n}$, $\boldsymbol{B}=(b_{ij})_{n\times n}$. 构造如下 $2n$ 阶行列式

$$D=\begin{vmatrix} a_{11} & \cdots & a_{1n} & & & \\ \vdots & & \vdots & & \boldsymbol{O} & \\ a_{n1} & \cdots & a_{nn} & & & \\ -1 & & & b_{11} & \cdots & b_{1n} \\ & \ddots & & \vdots & & \vdots \\ & & -1 & b_{n1} & \cdots & b_{nn} \end{vmatrix}=\begin{vmatrix} \boldsymbol{A} & \boldsymbol{O} \\ -\boldsymbol{I} & \boldsymbol{B} \end{vmatrix}=|\boldsymbol{A}||\boldsymbol{B}|,$$

在 D 中以 b_{1j} 乘第 1 列, b_{2j} 乘第 2 列, $\cdots$, b_{nj} 乘第 n 列, 然后都加到第 $n+j$ 列上 ($j=1,2,\cdots,n$), 有

$$D=\begin{vmatrix} \boldsymbol{A} & \boldsymbol{C} \\ -\boldsymbol{I} & \boldsymbol{O} \end{vmatrix},$$

其中 $\boldsymbol{C}=(c_{ij})_{n\times n}$, $c_{ij}=a_{i1}b_{1j}+a_{i2}b_{2j}+\cdots+a_{in}b_{nj}$, 故 $\boldsymbol{C}=\boldsymbol{A}\boldsymbol{B}$. 再交换 D 的行 $r_i\leftrightarrow r_{n+i}$ ($i=1,2,\cdots,n$) 得

$$D=(-1)^n\begin{vmatrix} -\boldsymbol{I} & \boldsymbol{O} \\ \boldsymbol{A} & \boldsymbol{C} \end{vmatrix}=(-1)^n|-\boldsymbol{I}||\boldsymbol{C}|=|\boldsymbol{C}|=|\boldsymbol{A}\boldsymbol{B}|. \tag{2.4}$$

故 $|\boldsymbol{A}\boldsymbol{B}|=|\boldsymbol{A}||\boldsymbol{B}|$. □

显然, 等式 (2.4) 可直接由习题第 1.17 题得到. 性质 (3) 可以推广: 对任意 n 阶矩阵 $\boldsymbol{A}_i(i=1,2,\cdots,s)$ 都有

$$|\boldsymbol{A}_1\boldsymbol{A}_2\cdots\boldsymbol{A}_s|=|\boldsymbol{A}_1||\boldsymbol{A}_2|\cdots|\boldsymbol{A}_s|.$$

注意, 对任意 n 阶矩阵 $\boldsymbol{A},\boldsymbol{B}$, 尽管 $\boldsymbol{A}\boldsymbol{B}\neq\boldsymbol{B}\boldsymbol{A}$, 但是 $|\boldsymbol{A}\boldsymbol{B}|=|\boldsymbol{B}\boldsymbol{A}|$ 却成立. 把性质 (3) 写成

$$|\boldsymbol{A}||\boldsymbol{B}|=|\boldsymbol{A}\boldsymbol{B}|,$$

这就是两个 n 阶**行列式的乘法公式**.

例 2.16 设 $\boldsymbol{\alpha}=(1,0,-1)^{\mathrm{T}}$, 矩阵 $\boldsymbol{A}=\boldsymbol{\alpha}\boldsymbol{\alpha}^{\mathrm{T}}$, n 为正整数, 求 $|\lambda \boldsymbol{I}-\boldsymbol{A}^n|$.

解 注意到 $\boldsymbol{\alpha}^{\mathrm{T}}\boldsymbol{\alpha}=2$, 由例 2.9 知

$$\boldsymbol{A}^n=2^{n-1}\boldsymbol{\alpha}\boldsymbol{\alpha}^{\mathrm{T}}=2^{n-1}\begin{pmatrix}1&0&-1\\0&0&0\\-1&0&1\end{pmatrix}.$$

因此,

$$|\lambda \boldsymbol{I}-\boldsymbol{A}^n|=\begin{vmatrix}\lambda-2^{n-1}&0&2^{n-1}\\0&\lambda&0\\2^{n-1}&0&\lambda-2^{n-1}\end{vmatrix}=\lambda^2(\lambda-2^n).$$

2.3.2 伴随矩阵

定义 2.10 设 $\boldsymbol{A}$ 是 n 阶矩阵, 由元素 a_{ij} 的代数余子式 $A_{ij}(i,j=1,2,\cdots,n)$ 所构成的矩阵

$$\boldsymbol{A}^*=\begin{pmatrix}A_{11}&A_{21}&\cdots&A_{n1}\\A_{12}&A_{22}&\cdots&A_{n2}\\\vdots&\vdots&&\vdots\\A_{1n}&A_{2n}&\cdots&A_{nn}\end{pmatrix},$$

称为矩阵 $\boldsymbol{A}$ 的**伴随矩阵**.

例 2.17 求矩阵

$$\boldsymbol{A}=\begin{pmatrix}2&3&1\\1&-4&-1\\1&5&3\end{pmatrix}$$

的伴随矩阵 $\boldsymbol{A}^*$.

解 先求各元素的代数余子式

$$A_{11}=\begin{vmatrix}-4&-1\\5&3\end{vmatrix}=-7,\quad A_{21}=-\begin{vmatrix}3&1\\5&3\end{vmatrix}=-4,\quad A_{31}=\begin{vmatrix}3&1\\-4&-1\end{vmatrix}=1,$$

$$A_{12}=-\begin{vmatrix}1&-1\\1&3\end{vmatrix}=-4,\quad A_{22}=\begin{vmatrix}2&1\\1&3\end{vmatrix}=5,\quad A_{32}=-\begin{vmatrix}2&1\\1&-1\end{vmatrix}=3,$$

$$A_{13}=\begin{vmatrix}1&-4\\1&5\end{vmatrix}=9,\quad A_{23}=-\begin{vmatrix}2&3\\1&5\end{vmatrix}=-7,\quad A_{33}=\begin{vmatrix}2&3\\1&-4\end{vmatrix}=-11.$$

因此, 矩阵 $\boldsymbol{A}$ 的伴随矩阵为

$$\boldsymbol{A}^*=\begin{pmatrix}-7&-4&1\\-4&5&3\\9&-7&-11\end{pmatrix}.$$

定理 2.2 设 $\boldsymbol{A}^*$ 是 n 阶矩阵 $\boldsymbol{A}$ 的伴随矩阵, 则

$$\boldsymbol{A}^*\boldsymbol{A} = \boldsymbol{A}\boldsymbol{A}^* = |\boldsymbol{A}|\boldsymbol{I}.$$

证明 记 $\boldsymbol{A} = (a_{ij})_{n\times n}$, $\boldsymbol{A}\boldsymbol{A}^* = (b_{ij})_{n\times n}$, 则

$$b_{ij} = a_{i1}\boldsymbol{A}_{j1} + a_{i2}\boldsymbol{A}_{j2} + \cdots + a_{in}\boldsymbol{A}_{jn} = |\boldsymbol{A}|\delta_{ij},$$

故

$$\boldsymbol{A}\boldsymbol{A}^* = (|\boldsymbol{A}|\delta_{ij})_{n\times n} = |\boldsymbol{A}|(\delta_{ij})_{n\times n} = |\boldsymbol{A}|\boldsymbol{I}.$$

同理可得 $\boldsymbol{A}^*\boldsymbol{A} = |\boldsymbol{A}|\boldsymbol{I}$. □

2.3.3 逆矩阵

定义 2.11 设 $\boldsymbol{A}$ 是 n 阶矩阵, 如果存在 n 阶矩阵 $\boldsymbol{B}$, 使得

$$\boldsymbol{A}\boldsymbol{B} = \boldsymbol{B}\boldsymbol{A} = \boldsymbol{I},$$

则称 $\boldsymbol{A}$ 是**可逆矩阵**, 称 $\boldsymbol{B}$ 为 $\boldsymbol{A}$ 的**逆矩阵**.

若矩阵 $\boldsymbol{A}$ 可逆, 则 $\boldsymbol{A}$ 的逆矩阵是唯一的. 事实上, 设 $\boldsymbol{B}, \boldsymbol{C}$ 都是 $\boldsymbol{A}$ 的逆矩阵, 则有

$$\boldsymbol{B} = \boldsymbol{B}\boldsymbol{I} = \boldsymbol{B}(\boldsymbol{A}\boldsymbol{C}) = (\boldsymbol{B}\boldsymbol{A})\boldsymbol{C} = \boldsymbol{I}\boldsymbol{C} = \boldsymbol{C},$$

所以 $\boldsymbol{A}$ 的逆矩阵是唯一的. $\boldsymbol{A}$ 的逆矩阵记作 $\boldsymbol{A}^{-1}$, 即若 $\boldsymbol{A}\boldsymbol{B} = \boldsymbol{B}\boldsymbol{A} = \boldsymbol{I}$, 则 $\boldsymbol{B} = \boldsymbol{A}^{-1}$.

定理 2.3 n 阶矩阵 $\boldsymbol{A}$ 可逆的充要条件是 $|\boldsymbol{A}| \neq 0$, 且当 $\boldsymbol{A}$ 可逆时

$$\boldsymbol{A}^{-1} = \frac{1}{|\boldsymbol{A}|}\boldsymbol{A}^*.$$

证明 如果 $\boldsymbol{A}$ 可逆, 由 $\boldsymbol{A}\boldsymbol{A}^{-1} = \boldsymbol{I}$ 知, $|\boldsymbol{A}||\boldsymbol{A}^{-1}| = |\boldsymbol{A}\boldsymbol{A}^{-1}| = |\boldsymbol{I}| = 1$, 故 $|\boldsymbol{A}| \neq 0$. 反之, 如果 $|\boldsymbol{A}| \neq 0$, 由定理 2.2 知, $\boldsymbol{A}^*\boldsymbol{A} = \boldsymbol{A}\boldsymbol{A}^* = |\boldsymbol{A}|\boldsymbol{I}$, 即

$$\left(\frac{1}{|\boldsymbol{A}|}\boldsymbol{A}^*\right)\boldsymbol{A} = \boldsymbol{A}\left(\frac{1}{|\boldsymbol{A}|}\boldsymbol{A}^*\right) = \boldsymbol{I},$$

因此 $\boldsymbol{A}$ 可逆, 且

$$\boldsymbol{A}^{-1} = \frac{1}{|\boldsymbol{A}|}\boldsymbol{A}^*. \quad \square$$

例 2.18 设 $ad - bc \neq 0$, 求二阶矩阵 $\boldsymbol{A} = \begin{pmatrix} a & b \\ c & d \end{pmatrix}$ 的逆矩阵.

解 $|\boldsymbol{A}| = ad - bc \neq 0$, 因此, $\boldsymbol{A}$ 可逆. 由于 $\boldsymbol{A}^* = \begin{pmatrix} d & -b \\ -c & a \end{pmatrix}$, 故

$$\boldsymbol{A}^{-1} = \frac{1}{|\boldsymbol{A}|}\boldsymbol{A}^* = \frac{1}{ad - bc}\begin{pmatrix} d & -b \\ -c & a \end{pmatrix}.$$

例 2.19 求矩阵 $\boldsymbol{A}$ 的逆矩阵, 其中

$$\boldsymbol{A}=\begin{pmatrix}1&2&3\\1&3&4\\1&4&4\end{pmatrix}.$$

解 由于

$$|\boldsymbol{A}|=\begin{vmatrix}1&2&3\\1&3&4\\1&4&4\end{vmatrix}=\begin{vmatrix}1&2&3\\0&1&1\\0&2&1\end{vmatrix}=-1\neq 0,$$

故 $\boldsymbol{A}$ 可逆. 又

$$A_{11}=\begin{vmatrix}3&4\\4&4\end{vmatrix}=-4,\qquad A_{21}=-\begin{vmatrix}2&3\\4&4\end{vmatrix}=4,\qquad A_{31}=\begin{vmatrix}2&3\\3&4\end{vmatrix}=-1,$$
$$A_{12}=-\begin{vmatrix}1&4\\1&4\end{vmatrix}=0,\qquad A_{22}=\begin{vmatrix}1&3\\1&4\end{vmatrix}=1,\qquad A_{32}=-\begin{vmatrix}1&3\\1&4\end{vmatrix}=-1,$$
$$A_{13}=\begin{vmatrix}1&3\\1&4\end{vmatrix}=1,\qquad A_{23}=-\begin{vmatrix}1&2\\1&4\end{vmatrix}=-2,\qquad A_{33}=\begin{vmatrix}1&2\\1&3\end{vmatrix}=1.$$

所以

$$\boldsymbol{A}^*=\begin{pmatrix}-4&4&-1\\0&1&-1\\1&-2&1\end{pmatrix}.$$

$\boldsymbol{A}$ 的逆矩阵为

$$\boldsymbol{A}^{-1}=\frac{1}{|\boldsymbol{A}|}\boldsymbol{A}^*=\begin{pmatrix}4&-4&1\\0&-1&1\\-1&2&-1\end{pmatrix}.$$

推论 2.1 设 $\boldsymbol{A}$ 是 n 阶矩阵, 若存在 n 阶矩阵 $\boldsymbol{B}$, 使得 $\boldsymbol{AB}=\boldsymbol{I}$(或 $\boldsymbol{BA}=\boldsymbol{I}$), 则 $\boldsymbol{A}$ 可逆, 且 $\boldsymbol{B}=\boldsymbol{A}^{-1}$.

证明 $|\boldsymbol{AB}|=|\boldsymbol{A}||\boldsymbol{B}|=|\boldsymbol{I}|=1$, 故 $|\boldsymbol{A}|\neq 0$, 因而 $\boldsymbol{A}$ 可逆, 于是

$$\boldsymbol{B}=\boldsymbol{IB}=(\boldsymbol{A}^{-1}\boldsymbol{A})\boldsymbol{B}=\boldsymbol{A}^{-1}(\boldsymbol{AB})=\boldsymbol{A}^{-1}\boldsymbol{I}=\boldsymbol{A}^{-1}.\quad\square$$

由定理 2.3 可知, n 阶矩阵可逆的充要条件是它的行列式不等于零, 因此, 可逆矩阵又称为**非奇异矩阵**, 不可逆矩阵又称为**奇异矩阵**. 可逆矩阵有如下性质:

性质 设 $\boldsymbol{A}$ 是 n 阶可逆矩阵, 则以下结论成立:

(1) $\boldsymbol{A}^{\mathrm{T}}$ 为可逆矩阵, 且 $(\boldsymbol{A}^{\mathrm{T}})^{-1}=(\boldsymbol{A}^{-1})^{\mathrm{T}}$;

(2) $\boldsymbol{A}^{-1}$ 也是可逆矩阵, 且 $(\boldsymbol{A}^{-1})^{-1}=\boldsymbol{A}$;

(3) 当 $\lambda\neq 0$ 时, $\lambda\boldsymbol{A}$ 是可逆矩阵, 且 $(\lambda\boldsymbol{A})^{-1}=\dfrac{1}{\lambda}\boldsymbol{A}^{-1}$;

(4) 若 $\boldsymbol{B}$ 也是 n 阶可逆矩阵, 则 $\boldsymbol{AB}$ 仍为可逆矩阵, 且 $(\boldsymbol{AB})^{-1}=\boldsymbol{B}^{-1}\boldsymbol{A}^{-1}$;

(5) $\boldsymbol{A}^m$ 仍为可逆矩阵, 且 $(\boldsymbol{A}^m)^{-1}=(\boldsymbol{A}^{-1})^m$;

(6) $|\boldsymbol{A}^{-1}|=|\boldsymbol{A}|^{-1}$;

(7) 若 $\boldsymbol{AB}=\boldsymbol{AC}$, 则 $\boldsymbol{B}=\boldsymbol{C}$; 若 $\boldsymbol{BA}=\boldsymbol{CA}$, 则 $\boldsymbol{B}=\boldsymbol{C}$.

证明 先证 (1). 由于 $\boldsymbol{A}$ 是 n 阶可逆矩阵, 有 $\boldsymbol{AA}^{-1}=\boldsymbol{A}^{-1}\boldsymbol{A}=\boldsymbol{I}$, 因此,

$$(\boldsymbol{A}^{-1})^{\mathrm{T}}\boldsymbol{A}^{\mathrm{T}}=(\boldsymbol{AA}^{-1})^{\mathrm{T}}=\boldsymbol{I}.$$

故 $\boldsymbol{A}^{\mathrm{T}}$ 可逆, 且 $(\boldsymbol{A}^{\mathrm{T}})^{-1}=(\boldsymbol{A}^{-1})^{\mathrm{T}}$.

(2) 和 (3) 的证明留给读者.

(4) 注意到

$$(\boldsymbol{AB})(\boldsymbol{B}^{-1}\boldsymbol{A}^{-1})=\boldsymbol{A}(\boldsymbol{BB}^{-1})\boldsymbol{A}^{-1}=\boldsymbol{AA}^{-1}=\boldsymbol{I},$$

所以 $\boldsymbol{AB}$ 可逆, 且 $(\boldsymbol{AB})^{-1}=\boldsymbol{B}^{-1}\boldsymbol{A}^{-1}$.

(5) 和 (6) 的证明留给读者.

(7) 若 $\boldsymbol{AB}=\boldsymbol{AC}$, 则

$$\boldsymbol{A}^{-1}\cdot\boldsymbol{AB}=\boldsymbol{A}^{-1}\cdot\boldsymbol{AC},$$

由矩阵乘法的结合律知 $\boldsymbol{B}=\boldsymbol{C}$. 同理可证最后一个结论也成立. □

性质 (4) 可以推广为: 若 n 阶矩阵 $\boldsymbol{A}_1,\boldsymbol{A}_2,\cdots,\boldsymbol{A}_m$ 都可逆, 则 $\boldsymbol{A}_1\boldsymbol{A}_2\cdots\boldsymbol{A}_m$ 也可逆, 且

$$(\boldsymbol{A}_1\boldsymbol{A}_2\cdots\boldsymbol{A}_m)^{-1}=\boldsymbol{A}_m^{-1}\boldsymbol{A}_{m-1}^{-1}\cdots\boldsymbol{A}_1^{-1}.$$

例 2.20 已知方阵 $\boldsymbol{A}$ 满足 $\boldsymbol{A}^2-\boldsymbol{A}-2\boldsymbol{I}=\boldsymbol{O}$, 试证 $\boldsymbol{A}$ 及 $\boldsymbol{A}+2\boldsymbol{I}$ 都可逆, 并求 $\boldsymbol{A}^{-1}$ 及 $(\boldsymbol{A}+2\boldsymbol{I})^{-1}$.

证明 由 $\boldsymbol{A}^2-\boldsymbol{A}-2\boldsymbol{I}=\boldsymbol{O}$ 知 $\boldsymbol{A}^2-\boldsymbol{A}=2\boldsymbol{I}$, 即

$$\boldsymbol{A}(\boldsymbol{A}-\boldsymbol{I})=2\boldsymbol{I}.$$

故 $\boldsymbol{A}$ 可逆, 且 $\boldsymbol{A}^{-1}=\dfrac{1}{2}(\boldsymbol{A}-\boldsymbol{I})$.

其次, 由 $\boldsymbol{A}^2-\boldsymbol{A}-2\boldsymbol{I}=\boldsymbol{O}$ 得

$$(\boldsymbol{A}+2\boldsymbol{I})(\boldsymbol{A}-3\boldsymbol{I})=-4\boldsymbol{I}.$$

故 $\boldsymbol{A}+2\boldsymbol{I}$ 可逆, 且 $(\boldsymbol{A}+2\boldsymbol{I})^{-1}=\dfrac{1}{4}(3\boldsymbol{I}-\boldsymbol{A})$. □

例 2.21 设 $\boldsymbol{A}$ 是三阶矩阵, 且 $|\boldsymbol{A}|=\dfrac{1}{2}$, 求 $|(2\boldsymbol{A})^{-1}-5\boldsymbol{A}^*|$.

解 由 $\boldsymbol{A}^*\boldsymbol{A}=|\boldsymbol{A}|\boldsymbol{I}$ 知, $\boldsymbol{A}^*=|\boldsymbol{A}|\boldsymbol{A}^{-1}=\dfrac{1}{2}\boldsymbol{A}^{-1}$, 因此,

$$\begin{aligned}|(2\boldsymbol{A})^{-1}-5\boldsymbol{A}^*|&=\left|\frac{1}{2}\boldsymbol{A}^{-1}-5\times\frac{1}{2}\boldsymbol{A}^{-1}\right|\\&=|-2\boldsymbol{A}^{-1}|=(-2)^3|\boldsymbol{A}^{-1}|\\&=-8|\boldsymbol{A}|^{-1}=-16.\end{aligned}$$

例 2.22 设 $\boldsymbol{A}, \boldsymbol{B}$ 分别是 m, n 阶可逆矩阵, 证明: $\boldsymbol{D} = \begin{pmatrix} \boldsymbol{A} & \boldsymbol{O} \\ \boldsymbol{C} & \boldsymbol{B} \end{pmatrix}$ 是可逆矩阵, 并求 $\boldsymbol{D}^{-1}$.

证明 设 $\boldsymbol{X} = \begin{pmatrix} \boldsymbol{X}_{11} & \boldsymbol{X}_{12} \\ \boldsymbol{X}_{21} & \boldsymbol{X}_{22} \end{pmatrix}$, 且 $\boldsymbol{DX} = \boldsymbol{I}_{m+n}$, 即

$$\begin{pmatrix} \boldsymbol{A} & \boldsymbol{O} \\ \boldsymbol{C} & \boldsymbol{B} \end{pmatrix} \begin{pmatrix} \boldsymbol{X}_{11} & \boldsymbol{X}_{12} \\ \boldsymbol{X}_{21} & \boldsymbol{X}_{22} \end{pmatrix} = \begin{pmatrix} \boldsymbol{I}_m & \boldsymbol{O} \\ \boldsymbol{O} & \boldsymbol{I}_n \end{pmatrix}.$$

由分块矩阵的乘法, 比较等式两端得

$$\begin{cases} \boldsymbol{AX}_{11} = \boldsymbol{I}_m, \\ \boldsymbol{AX}_{12} = \boldsymbol{O}, \\ \boldsymbol{CX}_{11} + \boldsymbol{BX}_{21} = \boldsymbol{O}, \\ \boldsymbol{CX}_{12} + \boldsymbol{BX}_{22} = \boldsymbol{I}_n. \end{cases}$$

于是,

$$\boldsymbol{X}_{11} = \boldsymbol{A}^{-1}, \quad \boldsymbol{X}_{12} = \boldsymbol{O}, \quad \boldsymbol{X}_{21} = -\boldsymbol{B}^{-1}\boldsymbol{CA}^{-1}, \quad \boldsymbol{X}_{22} = \boldsymbol{B}^{-1},$$

故矩阵 $\boldsymbol{D} = \begin{pmatrix} \boldsymbol{A} & \boldsymbol{O} \\ \boldsymbol{C} & \boldsymbol{B} \end{pmatrix}$ 可逆, 且

$$\boldsymbol{D}^{-1} = \begin{pmatrix} \boldsymbol{A}^{-1} & \boldsymbol{O} \\ -\boldsymbol{B}^{-1}\boldsymbol{CA}^{-1} & \boldsymbol{B}^{-1} \end{pmatrix}. \quad \square$$

注 在例 2.22 中, $\boldsymbol{D}$ 的可逆性也可由 $|\boldsymbol{D}| = |\boldsymbol{A}||\boldsymbol{B}| \neq 0$ 得到.

例 2.23 利用逆矩阵的方法证明线性方程组的克拉默法则 (§1.6 定理 1.7).

证明 设线性方程组 (1.7) 可以简单表示成

$$\boldsymbol{Ax} = \boldsymbol{b},$$

其中 $\boldsymbol{A}, \boldsymbol{x}, \boldsymbol{b}$ 分别表示系数矩阵、未知量列向量和常数项列向量. 由系数行列式 $D = |\boldsymbol{A}| \neq 0$ 得知 n 阶矩阵 $\boldsymbol{A}$ 可逆, 因此,

$$\boldsymbol{A}^{-1} \cdot \boldsymbol{Ax} = \boldsymbol{A}^{-1} \cdot \boldsymbol{b},$$

由矩阵乘法的结合律及定理 2.3 得

$$\begin{pmatrix} x_1 \\ x_2 \\ \vdots \\ x_n \end{pmatrix} = \boldsymbol{x} = \boldsymbol{A}^{-1}\boldsymbol{b} = \frac{1}{D}\boldsymbol{A}^*\boldsymbol{b} = \frac{1}{D}\begin{pmatrix} A_{11} & A_{21} & \cdots & A_{n1} \\ A_{12} & A_{22} & \cdots & A_{n2} \\ \vdots & \vdots & & \vdots \\ A_{1n} & A_{2n} & \cdots & A_{nn} \end{pmatrix}\begin{pmatrix} b_1 \\ b_2 \\ \vdots \\ b_n \end{pmatrix}.$$

比较等式两边对应元素, 再由定理 1.4 可得

$$x_j = \frac{1}{D}(b_1A_{1j} + b_2A_{2j} + \cdots + b_nA_{nj}) = \frac{D_j}{D} \quad (j = 1, 2, \cdots, n).$$

因此, 线性方程组 (1.7) 有唯一解 (1.8). $\square$

习题 2.3

2.19 利用伴随矩阵求下列矩阵的逆矩阵:

(1) $\begin{pmatrix} 2 & -3 \\ -2 & 5 \end{pmatrix}$; (2) $\begin{pmatrix} 1 & -1 & 1 \\ 1 & 1 & 0 \\ 2 & 1 & 1 \end{pmatrix}$;

(3) $\begin{pmatrix} 1 & -1 & 2 \\ 0 & 2 & 4 \\ 0 & 0 & -1 \end{pmatrix}$; (4) $\begin{pmatrix} 1 & 0 & 0 \\ 2 & 2 & 0 \\ 3 & 2 & -3 \end{pmatrix}$.

2.20 设矩阵

$$\boldsymbol{A} = \begin{pmatrix} 2 & 5 \\ 1 & 3 \end{pmatrix}, \quad \boldsymbol{B} = \begin{pmatrix} 4 & -6 \\ 2 & 1 \end{pmatrix},$$

分别求 $|\boldsymbol{AB}|, |\boldsymbol{A}^{-1}|, |\boldsymbol{B}^{-1}|$.

2.21 (1) 设 $\boldsymbol{A}$ 是 n 阶矩阵, k 是非零常数, 证明:

(i) $(\boldsymbol{A}^{\mathrm{T}})^* = (\boldsymbol{A}^*)^{\mathrm{T}}$; (ii) $(k\boldsymbol{A})^* = k^{n-1}\boldsymbol{A}^*$.

(2) 设 $\boldsymbol{A}$ 是 n 阶可逆矩阵, 证明:

(i) $\boldsymbol{A}^* = |\boldsymbol{A}|\boldsymbol{A}^{-1}$; (ii) $|\boldsymbol{A}^*| = |\boldsymbol{A}|^{n-1}$;

(iii) $(\boldsymbol{A}^*)^* = |\boldsymbol{A}|^{n-2}\boldsymbol{A}$; (iv) $(\boldsymbol{A}^*)^{-1} = (\boldsymbol{A}^{-1})^* = |\boldsymbol{A}|^{-1}\boldsymbol{A}$.

2.22 求 $(\boldsymbol{A}^*)^{-1}$, 其中矩阵

$$\boldsymbol{A} = \begin{pmatrix} 1 & 1 & 1 \\ 1 & 2 & 1 \\ 1 & 1 & 3 \end{pmatrix}.$$

2.23 设 $\boldsymbol{A}, \boldsymbol{B}$ 都是 n 阶矩阵, 且 $|\boldsymbol{A}| = 2, |\boldsymbol{B}| = -3$, 求 $|3\boldsymbol{A}^*\boldsymbol{B}^{-1}|$.

2.24 设 n 阶矩阵 $\boldsymbol{A}$ 满足 $\boldsymbol{A}^2 + 3\boldsymbol{A} - 2\boldsymbol{I} = \boldsymbol{O}$, 证明: $\boldsymbol{A}$ 及 $\boldsymbol{A} + \boldsymbol{I}$ 都可逆, 并求 $\boldsymbol{A}^{-1}$ 与 $(\boldsymbol{A} + \boldsymbol{I})^{-1}$.

2.25 设 n 阶矩阵 $\boldsymbol{A}$ 满足 $\boldsymbol{A}^k = \boldsymbol{O}\,(k \in \mathbb{N})$, 证明: 矩阵 $\boldsymbol{I} - \boldsymbol{A}$ 可逆, 且

$$(\boldsymbol{I} - \boldsymbol{A})^{-1} = \boldsymbol{I} + \boldsymbol{A} + \boldsymbol{A}^2 + \cdots + \boldsymbol{A}^{k-1}.$$

2.26 求下列矩阵的逆矩阵:

(1) $\boldsymbol{A} = \begin{pmatrix} 1 & 1 & 0 & 0 \\ 3 & 4 & 0 & 0 \\ 0 & 0 & 5 & 2 \\ 0 & 0 & 2 & 1 \end{pmatrix}$; (2) $\boldsymbol{A} = \begin{pmatrix} 2 & 1 & 0 & 0 \\ 3 & 2 & 0 & 0 \\ 5 & 7 & 1 & 8 \\ -1 & -3 & -1 & -6 \end{pmatrix}$.

2.27 已知矩阵 $\boldsymbol{A}$ 的伴随矩阵

$$\boldsymbol{A}^* = \begin{pmatrix} 1 & 0 & 0 & 0 \\ 0 & 1 & 0 & 0 \\ 1 & 0 & 1 & 0 \\ 0 & -3 & 0 & 8 \end{pmatrix},$$

且 $\boldsymbol{ABA}^{-1} = \boldsymbol{BA}^{-1} + 3\boldsymbol{I}$, 求矩阵 $\boldsymbol{B}$.

2.28 已知 $\boldsymbol{A}$ 是 m 阶可逆矩阵, $\boldsymbol{C}$ 是 n 阶可逆矩阵, 证明: $\boldsymbol{X} = \begin{pmatrix} \boldsymbol{O} & \boldsymbol{A} \\ \boldsymbol{C} & \boldsymbol{O} \end{pmatrix}$ 是可逆矩阵, 并求 $\boldsymbol{X}^{-1}$.

2.29 设 $\boldsymbol{A}, \boldsymbol{B}$ 都是 n 阶可逆矩阵, 证明: $\boldsymbol{D} = \begin{pmatrix} \boldsymbol{A} & \boldsymbol{A} \\ \boldsymbol{C}-\boldsymbol{B} & \boldsymbol{C} \end{pmatrix}$ 是可逆矩阵, 并求 $\boldsymbol{D}^{-1}$.

2.30 已知 $a_i \neq 0\,(i-1, 2, \cdots, n)$, 求 $\boldsymbol{X}^{-1}$ 及 $\boldsymbol{X}^*$, 其中

$$\boldsymbol{X} = \begin{pmatrix} 0 & a_1 & 0 & \cdots & 0 & 0 \\ 0 & 0 & a_2 & \cdots & 0 & 0 \\ \vdots & \vdots & \vdots & & \vdots & \vdots \\ 0 & 0 & 0 & \cdots & 0 & a_{n-1} \\ a_n & 0 & 0 & \cdots & 0 & 0 \end{pmatrix}.$$

2.31 若 $\boldsymbol{A} = \mathrm{diag}(\boldsymbol{A}_1, \boldsymbol{A}_2, \cdots, \boldsymbol{A}_n)$ 是分块对角矩阵, 且每一个子块 $\boldsymbol{A}_i\,(i = 1, 2, \cdots, n)$ 都是可逆矩阵, 证明: $\boldsymbol{A}$ 可逆, 且

$$\boldsymbol{A}^{-1} = \mathrm{diag}(\boldsymbol{A}_1^{-1}, \boldsymbol{A}_2^{-1}, \cdots, \boldsymbol{A}_n^{-1}).$$

特别地, 若 $\boldsymbol{\Lambda} = \mathrm{diag}(\lambda_1, \lambda_2, \cdots, \lambda_n)$ 是对角矩阵, $\lambda_i \neq 0\,(i = 1, 2, \cdots, n)$, 则 $\boldsymbol{\Lambda}$ 可逆, 且

$$\boldsymbol{\Lambda}^{-1} = \mathrm{diag}(\lambda_1^{-1}, \lambda_2^{-1}, \cdots, \lambda_n^{-1}).$$

2.32 证明: 若 $\boldsymbol{P}$ 是可逆矩阵, $\boldsymbol{A} = \boldsymbol{P\Lambda P}^{-1}$, 则 $\boldsymbol{A}^n = \boldsymbol{P\Lambda}^n\boldsymbol{P}^{-1}$.

2.33 设 $\boldsymbol{P} = \begin{pmatrix} 1 & 2 \\ 1 & 4 \end{pmatrix}$, $\boldsymbol{\Lambda} = \begin{pmatrix} 1 & 0 \\ 0 & 2 \end{pmatrix}$, $\boldsymbol{AP} = \boldsymbol{P\Lambda}$, 求 $\boldsymbol{A}^n$.

§2.4 初等变换与初等矩阵

从 §2.3 看到, 对任意 n 阶可逆矩阵 $\boldsymbol{A}$, 如果要求它的逆矩阵 $\boldsymbol{A}^{-1}$, 首先要计算 $\boldsymbol{A}$ 的行列式 $|\boldsymbol{A}|$, 其次要计算 n^2 个 $n-1$ 阶子式, 得到伴随矩阵 $\boldsymbol{A}^*$, 最后由定理 2.3 得到逆矩阵 $\boldsymbol{A}^{-1} = |\boldsymbol{A}|^{-1}\boldsymbol{A}^*$. 对高阶矩阵而言, 这样做无疑计算量很大, 所以, 必须找到求逆矩阵的简便方法. 本节首先介绍矩阵的初等变换和初等矩阵, 然后介绍用矩阵的初等变换法求逆矩阵, 最后介绍分块初等矩阵的概念及性质.

2.4.1 矩阵的初等变换

定义 2.12 下列三种变换称为矩阵的**初等行 (列) 变换**:

(1) 交换第 i, j 两行 (列), 记作 $r_i \leftrightarrow r_j\,(c_i \leftrightarrow c_j)$;

(2) 以数 $k \neq 0$ 乘以第 i 行 (列) 中的所有元素, 记作 $r_i \times k\,(c_i \times k)$;

(3) 把第 j 行 (列) 的元素 k 倍加到第 i 行 (列) 对应的元素上去, 记作 $r_i + kr_j\,(c_i + kc_j)$.

矩阵的初等行变换与初等列变换统称为矩阵的**初等变换**.

定义 2.13 设 $\boldsymbol{A},\boldsymbol{B}$ 都是 $m\times n$ 矩阵, 若 $\boldsymbol{A}$ 经过有限次初等行 (列) 变换得到矩阵 $\boldsymbol{B}$, 则称矩阵 $\boldsymbol{A}$ 与 $\boldsymbol{B}$ **行 (列) 等价**, 记作 $\boldsymbol{A}\overset{r}{\sim}\boldsymbol{B}\,(\boldsymbol{A}\overset{c}{\sim}\boldsymbol{B})$. 若 $\boldsymbol{A}$ 经过有限次初等变换得到矩阵 $\boldsymbol{B}$, 则称矩阵 $\boldsymbol{A}$ 与 $\boldsymbol{B}$ **等价**, 记作 $\boldsymbol{A}\sim\boldsymbol{B}$.

显然, 矩阵的等价关系有如下性质:

(1) **反身性**: $\boldsymbol{A}\sim\boldsymbol{A}$;

(2) **对称性**: 若 $\boldsymbol{A}\sim\boldsymbol{B}$, 则 $\boldsymbol{B}\sim\boldsymbol{A}$;

(3) **传递性**: 若 $\boldsymbol{A}\sim\boldsymbol{B}$, $\boldsymbol{B}\sim\boldsymbol{C}$, 则 $\boldsymbol{A}\sim\boldsymbol{C}$.

例 2.24 对矩阵

$$\boldsymbol{A}=\begin{pmatrix}2&0&2&-2&4\\1&1&2&-1&3\\2&-3&0&3&-2\\3&-2&2&2&1\end{pmatrix}$$

施行初等行变换, 得到

$$\boldsymbol{A}=\begin{pmatrix}2&0&2&-2&4\\1&1&2&-1&3\\2&-3&0&3&-2\\3&-2&2&2&1\end{pmatrix}\xrightarrow[r_4-r_3,r_2-r_1,r_3-2r_1]{r_1\times\frac{1}{2},r_4-r_2}\begin{pmatrix}1&0&1&-1&2\\0&1&1&0&1\\0&-3&-2&5&-6\\0&0&0&0&0\end{pmatrix}$$

$$\xrightarrow{r_3+3r_2}\begin{pmatrix}1&0&1&-1&2\\0&1&1&0&1\\0&0&1&5&-3\\0&0&0&0&0\end{pmatrix}=\boldsymbol{B}_1.$$

称矩阵 $\boldsymbol{B}_1$ 为一个**行阶梯形矩阵**, 其特点是:

(1) 所有的非零行在上方, 所有零行在下方;

(2) 每个非零行从左至右的第一个非零元 (称为**首非零元**) 总是在上一行首非零元的右边. 对矩阵 $\boldsymbol{B}_1$ 进一步施行初等行变换, 得到

$$\boldsymbol{B}_1=\begin{pmatrix}1&0&1&-1&2\\0&1&1&0&1\\0&0&1&5&-3\\0&0&0&0&0\end{pmatrix}\xrightarrow[r_2-r_3]{r_1-r_3}\begin{pmatrix}1&0&0&-6&5\\0&1&0&-5&4\\0&0&1&5&-3\\0&0&0&0&0\end{pmatrix}=\boldsymbol{B}.$$

矩阵 $\boldsymbol{B}$ 称为一个**行最简形矩阵**, 其特点是: 首先, 它是行阶梯形矩阵; 其次, 每一行的首非零元为 1, 且这一列的其余元都是零, 即这一列是单位列向量.

例如, 下列矩阵

$$\boldsymbol{C}_1=\begin{pmatrix}2&1&-3&4\\0&3&2&-1\\0&0&0&0\\0&0&0&0\end{pmatrix},\quad \boldsymbol{C}_2=\begin{pmatrix}4&1&-2&3\\0&2&0&-1\\0&0&0&3\\0&0&0&0\end{pmatrix},\quad \boldsymbol{C}_3=\begin{pmatrix}1&0&1&3\\0&1&2&-2\\0&0&0&0\end{pmatrix},$$

前面两个是行阶梯形矩阵 (但不是行最简形), 最后一个是行最简形矩阵. 对行阶梯形矩阵 $\boldsymbol{C}_1$ 进一步施行初等列变换得到

$$\boldsymbol{C}_1=\begin{pmatrix}2&1&-3&4\\0&3&2&-1\\0&0&0&0\\0&0&0&0\end{pmatrix}\xrightarrow[c_3+3c_1,c_4-4c_1]{c_1\times\frac{1}{2},c_2-c_1}\begin{pmatrix}1&0&0&0\\0&3&2&-1\\0&0&0&0\\0&0&0&0\end{pmatrix}$$

$$\xrightarrow[c_3-2c_2,c_4+c_2]{c_2\times\frac{1}{3}}\left(\begin{array}{cc:cc}1&0&0&0\\0&1&0&0\\\hdashline 0&0&0&0\\0&0&0&0\end{array}\right)=\begin{pmatrix}\boldsymbol{I}_2&\boldsymbol{O}\\\boldsymbol{O}&\boldsymbol{O}\end{pmatrix},$$

最后一个分块矩阵称为矩阵 $\boldsymbol{C}_1$ 的**等价标准形矩阵**. 分块矩阵的左上角的单位阵的阶数恰好等于行阶梯形 (或行最简形) 矩阵中非零行的行数 (2 行). 显然, 矩阵 $\boldsymbol{C}_2$ 和 $\boldsymbol{C}_3$ 的等价标准形分别是 $\operatorname{diag}(\boldsymbol{I}_3,\boldsymbol{O})$ 和 $\operatorname{diag}(\boldsymbol{I}_2,\boldsymbol{O})$.

定理 2.4 任一 $m\times n$ 矩阵 $\boldsymbol{A}$ 总可以通过初等变换 (初等行变换或初等列变换) 化成如下等价标准形矩阵:

$$\begin{pmatrix}\boldsymbol{I}_r&\boldsymbol{O}\\\boldsymbol{O}&\boldsymbol{O}\end{pmatrix},$$

其中 r 是 $\boldsymbol{A}$ 的行阶梯形矩阵中非零行的行数.

证明 如果 $\boldsymbol{A}=\boldsymbol{O}$, 那么它已经是标准形了. 以下不妨假定 $\boldsymbol{A}\neq\boldsymbol{O}$, 必要时适当交换行 (列) 一定可以变成左上角元素不为零的矩阵.

当 $a_{11}\neq 0$ 时, 把其余各行减去第 1 行的 $a_{11}^{-1}a_{i1}\,(i=1,2,\cdots,m)$ 倍, 其余各列减去第 1 列的 $a_{11}^{-1}a_{1j}\,(j=1,2,\cdots,n)$ 倍. 然后, 用 a_{11}^{-1} 乘以第 1 行, $\boldsymbol{A}$ 就变成

$$\left(\begin{array}{c:ccc}1&0&\cdots&0\\\hdashline 0&&&\\\vdots&&\boldsymbol{A}_1&\\0&&&\end{array}\right),$$

$\boldsymbol{A}_1$ 就是一个 $(m-1)\times(n-1)$ 矩阵, 对 $\boldsymbol{A}_1$ 重复以上步骤, 这样下去就得到所要的等价标准形. □

2.4.2 初等矩阵

定义 2.14 由单位矩阵经过一次初等变换得到的矩阵称为**初等矩阵**.

(1) 由单位矩阵交换两行 (列) 得到初等矩阵

$$
\boldsymbol{E}(i,j)=\begin{pmatrix}
1 & & & & & & & & & \\
& \ddots & & & & & & & & \\
& & 1 & & & & & & & \\
& & & 0 & \cdots & \cdots & \cdots & 1 & & \\
& & & \vdots & 1 & & & \vdots & & \\
& & & \vdots & & \ddots & & \vdots & & \\
& & & \vdots & & & 1 & \vdots & & \\
& & & 1 & \cdots & \cdots & \cdots & 0 & & \\
& & & & & & & & 1 & \\
& & & & & & & & & \ddots \\
& & & & & & & & & & 1
\end{pmatrix}
\begin{matrix} \\ \\ \\ \text{第 } i \text{ 行} \\ \\ \\ \\ \text{第 } j \text{ 行} \\ \\ \\ \\ \end{matrix}.
$$

（第 i 列，第 j 列）

(2) 以非零数 k 乘单位矩阵的某一行 (列) 得到初等矩阵

$$
\boldsymbol{E}(i(k))=\begin{pmatrix}
1 & & & & & & \\
& \ddots & & & & & \\
& & 1 & & & & \\
& & & k & & & \\
& & & & 1 & & \\
& & & & & \ddots & \\
& & & & & & 1
\end{pmatrix}
\begin{matrix} \\ \\ \\ \text{第 } i \text{ 行} \\ \\ \\ \\ \end{matrix}\quad (k\neq 0).
$$

（第 i 列）

(3) 把单位矩阵的某一行 (列) 的 k 倍加到另一行 (列) 上得到初等矩阵

$$
\boldsymbol{E}(i,j(k))=\begin{pmatrix}
1 & & & & & \\
& \ddots & & & & \\
& & 1 & \cdots & k & & \\
& & & \ddots & \vdots & & \\
& & & & 1 & & \\
& & & & & \ddots & \\
& & & & & & 1
\end{pmatrix}
\begin{matrix} \\ \\ \text{第 } i \text{ 行} \\ \\ \text{第 } j \text{ 行} \\ \\ \\ \end{matrix}.
$$

（第 i 列，第 j 列）

显然, 初等矩阵的转置仍为初等矩阵:

$$
\boldsymbol{E}(i,j)^{\mathrm{T}}=\boldsymbol{E}(i,j),\quad \boldsymbol{E}(i(k))^{\mathrm{T}}=\boldsymbol{E}(i(k)),\quad \boldsymbol{E}(i,j(k))^{\mathrm{T}}=\boldsymbol{E}(j,i(k)).
$$

由于

$$
|\boldsymbol{E}(i,j)|=-1,\quad |\boldsymbol{E}(i(k))|=k\neq 0,\quad |\boldsymbol{E}(i,j(k))|=1,
$$

因此, 初等矩阵都是可逆矩阵, 其逆矩阵也是初等矩阵, 即

$$\boldsymbol{E}(i,j)^{-1}=\boldsymbol{E}(i,j),\quad \boldsymbol{E}(i(k))^{-1}=\boldsymbol{E}\left(i\left(\frac{1}{k}\right)\right),\quad \boldsymbol{E}(i,j(k))^{-1}=\boldsymbol{E}(i,j(-k)).$$

关于初等矩阵的作用, 有如下重要定理 (简称**左行右列定理**):

定理 2.5 设 $\boldsymbol{A}$ 是 $m\times n$ 矩阵, 用 m 阶初等矩阵左乘 $\boldsymbol{A}$ 相当于对 $\boldsymbol{A}$ 施行一次相应的初等行变换; 用 n 阶初等矩阵右乘 $\boldsymbol{A}$ 相当于对 $\boldsymbol{A}$ 施行一次相应的初等列变换, 即:

(1) $\boldsymbol{E}(i,j)\boldsymbol{A}$: 交换 $\boldsymbol{A}$ 的第 i,j 两行; $\boldsymbol{AE}(i,j)$: 交换 $\boldsymbol{A}$ 的第 i,j 两列;

(2) $\boldsymbol{E}(i(k))\boldsymbol{A}$: 用数 $k(\neq 0)$ 乘 $\boldsymbol{A}$ 的第 i 行; $\boldsymbol{AE}(i(k))$: 用数 $k(\neq 0)$ 乘 $\boldsymbol{A}$ 的第 i 列;

(3) $\boldsymbol{E}(i,j(k))\boldsymbol{A}$: 将 $\boldsymbol{A}$ 的第 j 行的 $k(\neq 0)$ 倍加到第 i 行上去; $\boldsymbol{AE}(i,j(k))$: 将 $\boldsymbol{A}$ 的第 i 列的 $k(\neq 0)$ 倍加到第 j 列上去. 或表示为

$$\boldsymbol{A}\xrightarrow{r_i+kr_j}\boldsymbol{E}(i,j(k))\boldsymbol{A};\quad \boldsymbol{A}\xrightarrow{c_j+kc_i}\boldsymbol{AE}(i,j(k)).$$

通过简单验算即可得到定理 2.5 的证明, 由读者自己完成.

推论 2.2 两个 $m\times n$ 矩阵 $\boldsymbol{A},\boldsymbol{B}$ 等价的充要条件是存在 m 阶初等矩阵 $\boldsymbol{P}_1,\boldsymbol{P}_2,\cdots,\boldsymbol{P}_l$ 和 n 阶初等矩阵 $\boldsymbol{Q}_1,\boldsymbol{Q}_2,\cdots,\boldsymbol{Q}_s$, 使得

$$\boldsymbol{P}_l\cdots\boldsymbol{P}_2\boldsymbol{P}_1\boldsymbol{A}\boldsymbol{Q}_1\boldsymbol{Q}_2\cdots\boldsymbol{Q}_s=\boldsymbol{B}.$$

注意到初等矩阵都是可逆矩阵, 而可逆矩阵之积仍为可逆矩阵, 所以又有如下推论:

推论 2.3 两个 $m\times n$ 矩阵 $\boldsymbol{A},\boldsymbol{B}$ 等价的充要条件是存在 m 阶可逆矩阵 $\boldsymbol{P}$ 和 n 阶可逆矩阵 $\boldsymbol{Q}$, 使得 $\boldsymbol{PAQ}=\boldsymbol{B}$.

由推论 2.3, 可以将定理 2.4 叙述成:

定理 2.6 (等价标准化定理) 对任意 $m\times n$ 矩阵 $\boldsymbol{A}$, 总存在 m 阶可逆矩阵 $\boldsymbol{P}$ 和 n 阶可逆矩阵 $\boldsymbol{Q}$, 使得

$$\boldsymbol{PAQ}=\begin{pmatrix}\boldsymbol{I}_r & \boldsymbol{O}\\ \boldsymbol{O} & \boldsymbol{O}\end{pmatrix}.$$

注意到可逆矩阵之逆矩阵仍为可逆矩阵, 所以, 定理 2.6 又可以叙述成:

定理 2.7 (等价标准形分解定理) 对任意 $m\times n$ 矩阵 $\boldsymbol{A}$, 总存在 m 阶可逆矩阵 $\boldsymbol{P}$ 和 n 阶可逆矩阵 $\boldsymbol{Q}$, 使得

$$\boldsymbol{A}=\boldsymbol{P}\begin{pmatrix}\boldsymbol{I}_r & \boldsymbol{O}\\ \boldsymbol{O} & \boldsymbol{O}\end{pmatrix}\boldsymbol{Q}.$$

注意, 定理 2.4、定理 2.6、定理 2.7 这三个定理本质上是一回事, 它们是矩阵论中最重要的定理之一. 前一个定理主要用于处理数字矩阵的计算问题, 后面两个定理主要用于理论推导证明, 特别是在处理矩阵的秩的问题中有十分重要的应用 (见 §2.5).

推论 2.4 n 阶矩阵 $\boldsymbol{A}$ 可逆的充要条件是 $\boldsymbol{A}$ 等价于单位矩阵 $\boldsymbol{I}$.

证明 充分性. 由推论 2.3 得, 存在 n 阶可逆矩阵 $\boldsymbol{P},\boldsymbol{Q}$, 使得 $\boldsymbol{A}=\boldsymbol{PIQ}=\boldsymbol{PQ}$, 因而 $\boldsymbol{A}$ 是可逆矩阵.

必要性. 若 $\boldsymbol{A}$ 是可逆矩阵, 由 $\boldsymbol{A}=\boldsymbol{A}\cdot\boldsymbol{I}\cdot\boldsymbol{I}$ 知, $\boldsymbol{A}$ 等价于单位矩阵 $\boldsymbol{I}$. □

由推论 2.4 和推论 2.2 可以得到:

推论 2.5 n 阶矩阵 $\boldsymbol{A}$ 可逆的充要条件是 $\boldsymbol{A}$ 可以表示成若干个 n 阶初等矩阵的乘积, 即存在 n 阶初等矩阵 $\boldsymbol{P}_1, \boldsymbol{P}_2, \cdots, \boldsymbol{P}_s$, 使得

$$\boldsymbol{A} = \boldsymbol{P}_1\boldsymbol{P}_2\cdots\boldsymbol{P}_s.$$

推论 2.5 告诉我们, 一个可逆矩阵左 (右) 乘矩阵 $\boldsymbol{A}$, 相当于对矩阵 $\boldsymbol{A}$ 施行若干次初等行 (列) 变换.

例 2.25 设矩阵

$$\boldsymbol{A} = \begin{pmatrix} 1 & 1 & 0 \\ 2 & 3 & 1 \\ -1 & 2 & 3 \end{pmatrix},$$

试将 $\boldsymbol{A}$ 表示成若干个初等矩阵与其等价标准形矩阵的乘积.

解 对 $\boldsymbol{A}$ 做如下初等变换, 使它化为等价标准形矩阵:

$$\boldsymbol{A} = \begin{pmatrix} 1 & 1 & 0 \\ 2 & 3 & 1 \\ -1 & 2 & 3 \end{pmatrix} \xrightarrow[r_3+r_1]{r_2-2r_1} \begin{pmatrix} 1 & 1 & 0 \\ 0 & 1 & 1 \\ 0 & 3 & 3 \end{pmatrix} \xrightarrow[c_2-c_1, c_3-c_2]{r_3-3r_2} \left(\begin{array}{cc:c} 1 & 0 & 0 \\ 0 & 1 & 0 \\ \hdashline 0 & 0 & 0 \end{array}\right).$$

利用初等矩阵与初等变换的对应关系, 可得

$$\boldsymbol{E}(3,2(-3))\boldsymbol{E}(3,1(1))\boldsymbol{E}(2,1(-2))\boldsymbol{A}\boldsymbol{E}(1,2(-1))\boldsymbol{E}(2,3(-1)) = \begin{pmatrix} \boldsymbol{I}_2 & \boldsymbol{0} \\ \boldsymbol{0} & 0 \end{pmatrix},$$

因此,

$$\boldsymbol{A} = \boldsymbol{E}(2,1(-2))^{-1}\boldsymbol{E}(3,1(1))^{-1}\boldsymbol{E}(3,2(-3))^{-1}\begin{pmatrix} \boldsymbol{I}_2 & \boldsymbol{0} \\ \boldsymbol{0} & 0 \end{pmatrix}\boldsymbol{E}(2,3(-1))^{-1}\boldsymbol{E}(1,2(-1))^{-1},$$

即

$$\boldsymbol{A} = \boldsymbol{E}(2,1(2))\boldsymbol{E}(3,1(-1))\boldsymbol{E}(3,2(3))\begin{pmatrix} \boldsymbol{I}_2 & \boldsymbol{0} \\ \boldsymbol{0} & 0 \end{pmatrix}\boldsymbol{E}(2,3(1))\boldsymbol{E}(1,2(1)).$$

从而写成

$$\boldsymbol{A} = \begin{pmatrix} 1 & 0 & 0 \\ 2 & 1 & 0 \\ 0 & 0 & 1 \end{pmatrix}\begin{pmatrix} 1 & 0 & 0 \\ 0 & 1 & 0 \\ -1 & 0 & 1 \end{pmatrix}\begin{pmatrix} 1 & 0 & 0 \\ 0 & 1 & 0 \\ 0 & 3 & 1 \end{pmatrix}\left(\begin{array}{cc:c} 1 & 0 & 0 \\ 0 & 1 & 0 \\ \hdashline 0 & 0 & 0 \end{array}\right)\begin{pmatrix} 1 & 0 & 0 \\ 0 & 1 & 1 \\ 0 & 0 & 1 \end{pmatrix}\begin{pmatrix} 1 & 1 & 0 \\ 0 & 1 & 0 \\ 0 & 0 & 1 \end{pmatrix}.$$

注 矩阵的这种表示法不是唯一的, 请读者自己举例验证.

2.4.3 用初等变换求逆矩阵

如果矩阵 $\boldsymbol{A}$ 可逆, 由分块矩阵的乘法可知

$$\boldsymbol{A}^{-1}(\boldsymbol{A}, \boldsymbol{I}) = (\boldsymbol{I}, \boldsymbol{A}^{-1}).$$

这说明, 把矩阵 $\boldsymbol{A}$ 和单位矩阵 $\boldsymbol{I}$ 左右拼在一起, 构成分块矩阵 $(\boldsymbol{A},\boldsymbol{I})$, 对它施行初等行变换 (由推论 2.5 知, 左乘可逆矩阵相当于施行若干次初等行变换), 把 $\boldsymbol{A}$ 变成单位矩阵, 则 $\boldsymbol{I}$ 就变成了 $\boldsymbol{A}^{-1}$. 同理, 由

$$\begin{pmatrix}\boldsymbol{A}\\\boldsymbol{I}\end{pmatrix}\boldsymbol{A}^{-1}=\begin{pmatrix}\boldsymbol{I}\\\boldsymbol{A}^{-1}\end{pmatrix}$$

知, 把矩阵 $\boldsymbol{A}$ 和单位矩阵 $\boldsymbol{I}$ 上下拼在一起, 构成分块矩阵 $\begin{pmatrix}\boldsymbol{A}\\\boldsymbol{I}\end{pmatrix}$, 对它施行初等列变换 (由推论 2.5 知, 右乘可逆矩阵相当于施行若干次初等列变换), 把 $\boldsymbol{A}$ 变成单位矩阵, 则 $\boldsymbol{I}$ 就变成了 $\boldsymbol{A}^{-1}$.

如果矩阵 $\boldsymbol{A}$ 不是可逆矩阵, 对分块矩阵 $(\boldsymbol{A},\boldsymbol{I})$ $\left(\text{分块矩阵 }\begin{pmatrix}\boldsymbol{A}\\\boldsymbol{I}\end{pmatrix}\right)$ 施行初等行 (列) 变换, 则前面部分 (上面部分) 不能变成单位矩阵, 这样做没有意义.

例 2.26 利用矩阵的初等行变换求如下矩阵的逆矩阵:

$$\boldsymbol{A}=\begin{pmatrix}1&2&-1\\3&1&0\\-1&0&-2\end{pmatrix}.$$

解 计算得 $|\boldsymbol{A}|=9\neq 0$, 矩阵 $\boldsymbol{A}$ 可逆.

$$(\boldsymbol{A},\boldsymbol{I})=\left(\begin{array}{ccc:ccc}1&2&-1&1&0&0\\3&1&0&0&1&0\\-1&0&-2&0&0&1\end{array}\right)\xrightarrow[r_3+r_1]{r_2-3r_1}\left(\begin{array}{ccc:ccc}1&2&-1&1&0&0\\0&-5&3&-3&1&0\\0&2&-3&1&0&1\end{array}\right)$$

$$\xrightarrow[r_1-r_3]{r_2+3r_3}\left(\begin{array}{ccc:ccc}1&0&2&0&0&-1\\0&1&-6&0&1&3\\0&2&-3&1&0&1\end{array}\right)\xrightarrow{r_3-2r_2}\left(\begin{array}{ccc:ccc}1&0&2&0&0&-1\\0&1&-6&0&1&3\\0&0&9&1&-2&-5\end{array}\right)$$

$$\xrightarrow[r_2+6r_3,r_1-2r_3]{r_3\times 1/9}\left(\begin{array}{ccc:ccc}1&0&0&-2/9&4/9&1/9\\0&1&0&2/3&-1/3&-1/3\\0&0&1&1/9&-2/9&-5/9\end{array}\right).$$

故 $\boldsymbol{A}$ 的逆矩阵为

$$\boldsymbol{A}^{-1}=\frac{1}{9}\begin{pmatrix}-2&4&1\\6&-3&-3\\1&-2&-5\end{pmatrix}.$$

注 计算中应尽量避免过早出现分数增加计算难度. 比如在例 2.26 计算第 2 步中, 用第 3 行乘以 3 加到第 2 行上, 把 -5 变成 1, 而不是直接将第 2 行除以 -5. 直到最后一步, 将第 3 行除以 9, 这时才出现分数.

如果 $\boldsymbol{A}$ 是可逆矩阵, 我们可以用初等行变换的方法求 $\boldsymbol{A}^{-1}\boldsymbol{B}$:

$$\boldsymbol{A}^{-1}(\boldsymbol{A},\boldsymbol{B})=(\boldsymbol{I},\boldsymbol{A}^{-1}\boldsymbol{B}),$$

或用初等列变换的方法求 $\boldsymbol{BA}^{-1}$:

$$\begin{pmatrix}\boldsymbol{A}\\ \boldsymbol{B}\end{pmatrix}\boldsymbol{A}^{-1}=\begin{pmatrix}\boldsymbol{I}\\ \boldsymbol{BA}^{-1}\end{pmatrix}.$$

例 2.27 求矩阵 $\boldsymbol{X}$, 使 $\boldsymbol{AX}=\boldsymbol{B}$, 其中

$$\boldsymbol{A}=\begin{pmatrix}1&2&3\\2&2&1\\3&4&3\end{pmatrix},\quad \boldsymbol{B}=\begin{pmatrix}2&5\\3&1\\4&3\end{pmatrix}.$$

解 对分块矩阵 $(\boldsymbol{A},\boldsymbol{B})$ 施行初等行变换:

$$(\boldsymbol{A},\boldsymbol{B})=\left(\begin{array}{ccc:cc}1&2&3&2&5\\2&2&1&3&1\\3&4&3&4&3\end{array}\right)\xrightarrow[r_3-3r_1]{r_2-2r_1}\left(\begin{array}{ccc:cc}1&2&3&2&5\\0&-2&-5&-1&-9\\0&-2&-6&-2&-12\end{array}\right)$$

$$\xrightarrow[r_1+r_2]{r_3-r_2}\left(\begin{array}{ccc:cc}1&0&-2&1&-4\\0&-2&-5&-1&-9\\0&0&-1&-1&-3\end{array}\right)$$

$$\xrightarrow[r_3\times(-1),r_2\times(-1/2)]{r_2-5r_3,r_1-2r_3}\left(\begin{array}{ccc:cc}1&0&0&3&2\\0&1&0&-2&-3\\0&0&1&1&3\end{array}\right),$$

所以

$$\boldsymbol{X}=\boldsymbol{A}^{-1}\boldsymbol{B}=\begin{pmatrix}3&2\\-2&-3\\1&3\end{pmatrix}.$$

设线性方程组

$$\boldsymbol{Ax}=\boldsymbol{b},$$

其中 $\boldsymbol{A}$ 是系数矩阵, $\boldsymbol{x}$ 是未知量列向量, $\boldsymbol{b}$ 是常数项列向量, 称 $(\boldsymbol{A},\boldsymbol{b})$ 为**增广矩阵**. 对于未知量个数等于方程个数的线性方程组 (这时系数矩阵是方阵), 如果系数矩阵 $\boldsymbol{A}$ 可逆, 则方程组有唯一解

$$\boldsymbol{x}=\boldsymbol{A}^{-1}\boldsymbol{b}.$$

这时, 将增广矩阵施行初等行变换可以求得它的解.

例 2.28 利用矩阵的初等行变换求解线性方程组

$$\begin{cases}x_1+3x_2+x_3=7,\\2x_1+x_2+x_3=6,\\x_1+x_2+2x_3=8.\end{cases}$$

解 对增广矩阵施行初等行变换

$$(\boldsymbol{A},\boldsymbol{b})=\left(\begin{array}{ccc:c}1&3&1&7\\2&1&1&6\\1&1&2&8\end{array}\right)\xrightarrow[r_3-r_1]{r_2-2r_1}\left(\begin{array}{ccc:c}1&3&1&7\\0&-5&-1&-8\\0&-2&1&1\end{array}\right)$$

$$\xrightarrow{r_2-3r_3}\left(\begin{array}{ccc:c}1&3&1&7\\0&1&-4&-11\\0&-2&1&1\end{array}\right)\xrightarrow[r_1-3r_2]{r_3+2r_2}\left(\begin{array}{ccc:c}1&0&13&40\\0&1&-4&-11\\0&0&-7&-21\end{array}\right)$$

$$\xrightarrow[r_2+4r_3,r_1-13r_3]{r_3\times(-1/7)}\left(\begin{array}{ccc:c}1&0&0&1\\0&1&0&1\\0&0&1&3\end{array}\right).$$

得到原方程组的解为 $x_1=1,x_2=1,x_3=3$.

2.4.4 分块初等变换与分块初等矩阵

定义 2.15 对分块矩阵施行如下三种变换称为**分块初等变换**:

(1) 交换其中两行 (列);

(2) 用一个可逆方阵左 (右) 乘某一行 (列);

(3) 用一个矩阵左 (右) 乘某一行 (列) 后加到另一行 (列) 上去.

类似地定义分块初等矩阵如下:

定义 2.16 对单位矩阵进行分块, 然后施行一次分块初等变换得到的分块矩阵称为**分块初等矩阵**.

显然, 分块初等矩阵都是可逆矩阵. 左行右列定理对分块矩阵也成立: 分块矩阵左 (右) 乘一个分块初等矩阵, 相当于对这个分块矩阵施行一次分块初等行 (列) 变换. 对一个方阵施行第三种 (分块) 初等变换不改变其行列式的值. 下面举例说明分块初等变换和分块初等矩阵的应用.

例 2.29 设 $\boldsymbol{A},\boldsymbol{B}$ 都是 n 阶矩阵, 证明: $|\boldsymbol{AB}|=|\boldsymbol{A}||\boldsymbol{B}|$.

证明 注意到

$$\begin{pmatrix}\boldsymbol{I}_n&\boldsymbol{A}\\\boldsymbol{O}&\boldsymbol{I}_n\end{pmatrix}\begin{pmatrix}\boldsymbol{A}&\boldsymbol{O}\\-\boldsymbol{I}_n&\boldsymbol{B}\end{pmatrix}=\begin{pmatrix}\boldsymbol{O}&\boldsymbol{AB}\\-\boldsymbol{I}_n&\boldsymbol{B}\end{pmatrix},$$

由行列式的性质可知

$$\left|\begin{pmatrix}\boldsymbol{I}_n&\boldsymbol{A}\\\boldsymbol{O}&\boldsymbol{I}_n\end{pmatrix}\begin{pmatrix}\boldsymbol{A}&\boldsymbol{O}\\-\boldsymbol{I}_n&\boldsymbol{B}\end{pmatrix}\right|=\begin{vmatrix}\boldsymbol{A}&\boldsymbol{O}\\-\boldsymbol{I}_n&\boldsymbol{B}\end{vmatrix}=|\boldsymbol{A}||\boldsymbol{B}|,$$

$$\begin{vmatrix}\boldsymbol{O}&\boldsymbol{AB}\\-\boldsymbol{I}_n&\boldsymbol{B}\end{vmatrix}=(-1)^n\begin{vmatrix}-\boldsymbol{I}_n&\boldsymbol{B}\\\boldsymbol{O}&\boldsymbol{AB}\end{vmatrix}=(-1)^n|-\boldsymbol{I}_n||\boldsymbol{AB}|=|\boldsymbol{AB}|.$$

所以, $|\boldsymbol{AB}|=|\boldsymbol{A}||\boldsymbol{B}|$. □

例 2.30 用分块初等变换和分块初等矩阵证明例 2.22.

证明 由于

$$\begin{pmatrix} \boldsymbol{A}^{-1} & \boldsymbol{O} \\ \boldsymbol{O} & \boldsymbol{B}^{-1} \end{pmatrix}\begin{pmatrix} \boldsymbol{I}_m & \boldsymbol{O} \\ -\boldsymbol{C}\boldsymbol{A}^{-1} & \boldsymbol{I}_n \end{pmatrix}\begin{pmatrix} \boldsymbol{A} & \boldsymbol{O} \\ \boldsymbol{C} & \boldsymbol{B} \end{pmatrix}=\begin{pmatrix} \boldsymbol{I}_m & \boldsymbol{O} \\ \boldsymbol{O} & \boldsymbol{I}_n \end{pmatrix}=\boldsymbol{I}_{m+n},$$

因此 $\boldsymbol{D}$ 是可逆矩阵, 其逆矩阵为

$$\boldsymbol{D}^{-1}=\begin{pmatrix} \boldsymbol{A}^{-1} & \boldsymbol{O} \\ \boldsymbol{O} & \boldsymbol{B}^{-1} \end{pmatrix}\begin{pmatrix} \boldsymbol{I}_m & \boldsymbol{O} \\ -\boldsymbol{C}\boldsymbol{A}^{-1} & \boldsymbol{I}_n \end{pmatrix}=\begin{pmatrix} \boldsymbol{A}^{-1} & \boldsymbol{O} \\ -\boldsymbol{B}^{-1}\boldsymbol{C}\boldsymbol{A}^{-1} & \boldsymbol{B}^{-1} \end{pmatrix}. \quad \square$$

注 对分块矩阵求逆矩阵, 也可以用类似例 2.26 或例 2.27 的写法: 将它与单位分块矩阵 (左右) 拼在一起, 然后施行分块初等行变换. 比如, 对例 2.30, 可以按如下的过程写出来:

$$\left(\begin{array}{cc:cc} \boldsymbol{A} & \boldsymbol{O} & \boldsymbol{I}_m & \boldsymbol{O} \\ \boldsymbol{C} & \boldsymbol{B} & \boldsymbol{O} & \boldsymbol{I}_n \end{array}\right) \xrightarrow{r_2-\boldsymbol{C}\boldsymbol{A}^{-1}\cdot r_1} \left(\begin{array}{cc:cc} \boldsymbol{A} & \boldsymbol{O} & \boldsymbol{I}_m & \boldsymbol{O} \\ \boldsymbol{O} & \boldsymbol{B} & -\boldsymbol{C}\boldsymbol{A}^{-1} & \boldsymbol{I}_n \end{array}\right)$$

$$\xrightarrow[\boldsymbol{B}^{-1}\cdot r_2]{\boldsymbol{A}^{-1}\cdot r_1} \left(\begin{array}{cc:cc} \boldsymbol{I}_m & \boldsymbol{O} & \boldsymbol{A}^{-1} & \boldsymbol{O} \\ \boldsymbol{O} & \boldsymbol{I}_n & -\boldsymbol{B}^{-1}\boldsymbol{C}\boldsymbol{A}^{-1} & \boldsymbol{B}^{-1} \end{array}\right).$$

也可以用分块初等列变换的方法进行:

$$\left(\begin{array}{cc} \boldsymbol{A} & \boldsymbol{O} \\ \boldsymbol{C} & \boldsymbol{B} \\ \hdashline \boldsymbol{I}_m & \boldsymbol{O} \\ \boldsymbol{O} & \boldsymbol{I}_n \end{array}\right) \xrightarrow{c_1-c_2\cdot\boldsymbol{B}^{-1}\boldsymbol{C}} \left(\begin{array}{cc} \boldsymbol{A} & \boldsymbol{O} \\ \boldsymbol{O} & \boldsymbol{B} \\ \hdashline \boldsymbol{I}_m & \boldsymbol{O} \\ -\boldsymbol{B}^{-1}\boldsymbol{C} & \boldsymbol{I}_n \end{array}\right) \xrightarrow[c_2\cdot\boldsymbol{B}^{-1}]{c_1\cdot\boldsymbol{A}^{-1}} \left(\begin{array}{cc} \boldsymbol{I}_m & \boldsymbol{O} \\ \boldsymbol{O} & \boldsymbol{I}_n \\ \hdashline \boldsymbol{A}^{-1} & \boldsymbol{O} \\ -\boldsymbol{B}^{-1}\boldsymbol{C}\boldsymbol{A}^{-1} & \boldsymbol{B}^{-1} \end{array}\right).$$

注 请留意分块初等矩阵 "左行右列" 的相乘规则, 不可随意交换.

习题 2.4

2.34 设 $\boldsymbol{A}$ 是三阶矩阵, 将 $\boldsymbol{A}$ 的第 2 行加到第 1 行得矩阵 $\boldsymbol{B}$, 再将 $\boldsymbol{B}$ 的第 1 列的 -1 倍加到第 2 列得到矩阵 $\boldsymbol{C}$, 记

$$\boldsymbol{P}=\begin{pmatrix} 1 & 1 & 0 \\ 0 & 1 & 0 \\ 0 & 0 & 1 \end{pmatrix},$$

则下列各式成立的是 (   ).

(A) $\boldsymbol{C}=\boldsymbol{P}^{-1}\boldsymbol{A}\boldsymbol{P}$ (B) $\boldsymbol{C}=\boldsymbol{P}\boldsymbol{A}\boldsymbol{P}^{-1}$ (C) $\boldsymbol{C}=\boldsymbol{P}^{\mathrm{T}}\boldsymbol{A}\boldsymbol{P}$ (D) $\boldsymbol{C}=\boldsymbol{P}\boldsymbol{A}\boldsymbol{P}^{\mathrm{T}}$

2.35 设 $\boldsymbol{A}$ 是三阶矩阵, 将 $\boldsymbol{A}$ 的第 1 列与第 2 列交换得 $\boldsymbol{B}$, 再将 $\boldsymbol{B}$ 的第 2 列加到第 3 列得 $\boldsymbol{C}$, 则满足 $\boldsymbol{A}\boldsymbol{Q}=\boldsymbol{C}$ 的可逆矩阵 $\boldsymbol{Q}$ 为 (   ).

(A) $\begin{pmatrix} 0 & 1 & 0 \\ 1 & 0 & 0 \\ 1 & 0 & 1 \end{pmatrix}$ (B) $\begin{pmatrix} 0 & 1 & 0 \\ 1 & 0 & 1 \\ 0 & 0 & 1 \end{pmatrix}$ (C) $\begin{pmatrix} 0 & 1 & 0 \\ 1 & 0 & 0 \\ 0 & 1 & 1 \end{pmatrix}$ (D) $\begin{pmatrix} 0 & 1 & 1 \\ 1 & 0 & 0 \\ 0 & 0 & 1 \end{pmatrix}$

2.36 试将 $\boldsymbol{A}$ 表示成若干个初等矩阵与其等价标准形矩阵的乘积, 设

(1) $\boldsymbol{A}=\begin{pmatrix}1&2&2\\2&5&3\end{pmatrix}$; (2) $\boldsymbol{A}=\begin{pmatrix}2&3\\1&1\end{pmatrix}$;

2.37 利用矩阵的初等变换, 求下列矩阵的逆矩阵:

(1) $\begin{pmatrix}2&-1&1\\-1&1&0\\2&-1&2\end{pmatrix}$; (2) $\begin{pmatrix}0&2&-1\\1&1&2\\-1&-1&-1\end{pmatrix}$; (3) $\begin{pmatrix}1&2&-1&-2\\0&-1&2&1\\0&0&1&2\\0&0&0&-1\end{pmatrix}$.

2.38 求矩阵 $\boldsymbol{X}$ 使 $\boldsymbol{AX}=\boldsymbol{B}$:

(1) $\boldsymbol{A}=\begin{pmatrix}1&-1&1\\1&1&0\\2&1&1\end{pmatrix}$, $\boldsymbol{B}=\begin{pmatrix}2&-1&1\\1&0&2\\-1&1&1\end{pmatrix}$;

(2) $\boldsymbol{A}=\begin{pmatrix}4&1&-2\\-1&0&1\\1&-1&0\end{pmatrix}$, $\boldsymbol{B}=\begin{pmatrix}1&-3\\2&2\\3&-1\end{pmatrix}$.

2.39 求矩阵 $\boldsymbol{X}$ 使 $\boldsymbol{XA}=\boldsymbol{B}$:

(1) $\boldsymbol{A}=\begin{pmatrix}1&1&-1\\0&2&2\\1&-1&0\end{pmatrix}$, $\boldsymbol{B}=\begin{pmatrix}1&-1&1\\1&1&0\end{pmatrix}$;

(2) $\boldsymbol{A}=\begin{pmatrix}0&2&1\\2&-1&3\\-3&3&-4\end{pmatrix}$, $\boldsymbol{B}=\begin{pmatrix}1&2&3\\2&-3&1\end{pmatrix}$.

2.40 已知 $\boldsymbol{AX}=2\boldsymbol{X}+\boldsymbol{A}$, 求 $\boldsymbol{X}$, 其中

$$\boldsymbol{A}=\begin{pmatrix}1&-1&0\\0&1&-1\\-1&0&1\end{pmatrix}.$$

2.41 对增广矩阵施行初等行变换求解下列线性方程组:

(1) $\begin{cases}2x_1-x_2-x_3=4,\\3x_1+4x_2-2x_3=11,\\3x_1-2x_2+4x_3=11,\end{cases}$

(2) $\begin{cases}2x_1-5x_2+x_3+x_4=1,\\x_1+x_2+3x_3-x_4=2,\\3x_2+2x_3+2x_4=-2,\\2x_1-x_2+4x_3+2x_4=0.\end{cases}$

2.42 用例 2.30 的两种方法做习题第 2.29 题.

2.43 用两种方法求

$$A=\left(\begin{array}{cc:cc}1 & 1 & 1 & 1\\ 1 & -1 & 1 & -1\\ \hdashline 1 & 1 & -1 & -1\\ 1 & -1 & -1 & 1\end{array}\right)$$

的逆矩阵:

(1) 用矩阵的初等变换法;

(2) 按 $\boldsymbol{A}$ 中的分块法, 利用分块矩阵的初等行变换.

2.44 设 $\boldsymbol{A}$ 是 n 阶非奇异矩阵, $\boldsymbol{\alpha}$ 是 n 维列向量, b 是常数. 证明: 矩阵

$$\boldsymbol{Q}=\begin{pmatrix}\boldsymbol{A} & \boldsymbol{\alpha}\\ \boldsymbol{\alpha}^{\mathrm{T}} & b\end{pmatrix}$$

可逆的充要条件是 $\boldsymbol{\alpha}^{\mathrm{T}}\boldsymbol{A}^{-1}\boldsymbol{\alpha}\neq b$.

2.45 设 $\boldsymbol{A},\boldsymbol{B}$ 分别是 $n\times m$ 与 $m\times n$ 矩阵, 证明:

$$\begin{vmatrix}\boldsymbol{I}_m & \boldsymbol{B}\\ \boldsymbol{A} & \boldsymbol{I}_n\end{vmatrix}=|\boldsymbol{I}_n-\boldsymbol{AB}|=|\boldsymbol{I}_m-\boldsymbol{BA}|.$$

2.46 设 $\boldsymbol{A},\boldsymbol{B}$ 分别是 $n\times m$ 与 $m\times n$ 矩阵, $\lambda\neq 0$, 证明:

$$|\lambda\boldsymbol{I}_n-\boldsymbol{AB}|=\lambda^{n-m}|\lambda\boldsymbol{I}_m-\boldsymbol{BA}|.$$

§2.5 矩阵的秩

秩是矩阵的重要数字特征, 也是矩阵在初等变换下的不变量, 它在线性代数理论中有非常重要的作用.

2.5.1 矩阵秩的概念

在矩阵中, 任取 k 行 k 列, 位于这些行列交叉处的 k^2 个元素, 按原来的位置顺序构成的 k 阶行列式, 称为该矩阵的一个 **k阶子式**.

显然, 任一 $m\times n$ 矩阵的 k 阶子式共有 $\mathrm{C}_m^k\cdot\mathrm{C}_n^k$ 个 $(k\leqslant m,k\leqslant n)$. 矩阵的 k 阶子式与行列式中的 k 阶子式的概念没有什么区别, 这里就不详细解释了.

定义 2.17 在矩阵 $\boldsymbol{A}$ 中, 若存在一个 r 阶子式不等于零, 且所有 $r+1$ 阶子式 (如果存在的话) 全等于零, 则称 r 为矩阵 $\boldsymbol{A}$ 的**秩**, 记作 $\mathrm{R}(\boldsymbol{A})$. 规定零矩阵的秩等于零.

如果矩阵的所有 $r+1$ 阶子式都等于零, 由行列式按行 (列) 展开定理可知, 任一 $r+2$ 阶子式 (如果存在的话) 都可以用 $r+1$ 阶子式来表示, 因而, 所有的 $r+2$ 阶子式也全等于零. 所以, 矩阵的秩就是矩阵中最高阶非零子式的阶数.

例如, 矩阵

$$\boldsymbol{A}=\begin{pmatrix}1 & 2 & 3\\ 2 & 3 & -5\\ 4 & 7 & 1\end{pmatrix},$$

有一个二阶子式 $\begin{vmatrix} 1 & 2 \\ 2 & 3 \end{vmatrix} = -1 \neq 0$, 而三阶子式 $|\boldsymbol{A}| = 0$, 因此 $\mathrm{R}(\boldsymbol{A}) = 2$. 矩阵

$$\boldsymbol{B} = \begin{pmatrix} 2 & -1 & 0 & 3 & -2 \\ 0 & 3 & 1 & -2 & 5 \\ 0 & 0 & 0 & 4 & 3 \\ 0 & 0 & 0 & 0 & 0 \end{pmatrix},$$

有一个三阶子式

$$\begin{vmatrix} 2 & -1 & 3 \\ 0 & 3 & -2 \\ 0 & 0 & 4 \end{vmatrix} = 24 \neq 0,$$

而全体 4 阶子式都等于零, 故 $\mathrm{R}(\boldsymbol{B}) = 3$.

设 $\boldsymbol{A}$ 是 $m \times n$ 矩阵, 显然, $\mathrm{R}(\boldsymbol{A}) = \mathrm{R}(\boldsymbol{A}^{\mathrm{T}})$, $\mathrm{R}(\boldsymbol{A}) \leqslant \min\{m, n\}$. 若 $\mathrm{R}(\boldsymbol{A})$ 等于 (小于)$\boldsymbol{A}$ 的行数, 则称 $\boldsymbol{A}$ 是**行满 (降) 秩矩阵**; 若 $\mathrm{R}(\boldsymbol{A})$ 等于 (小于)$\boldsymbol{A}$ 的列数, 则称 $\boldsymbol{A}$ 是**列满 (降) 秩矩阵**. 可逆矩阵是行满秩矩阵也是列满秩矩阵, 因而可逆矩阵又称为**满秩矩阵**.

2.5.2 矩阵秩的计算

定理 2.8 初等变换不改变矩阵的秩.

***证明** 只就初等行变换的情形加以证明, 至于初等列变换的情形类似可证.

假设使用第一种或第二种初等行变换把矩阵 $\boldsymbol{A}$ 化为矩阵 $\boldsymbol{B}$, 则 $\boldsymbol{B}$ 的子式与 $\boldsymbol{A}$ 的子式的对应关系有下列三种情形: $\boldsymbol{B}$ 的子式即为 $\boldsymbol{A}$ 的某个子式; $\boldsymbol{B}$ 的子式为 $\boldsymbol{A}$ 的某一个子式交换行的位置得到; $\boldsymbol{B}$ 的子式由 $\boldsymbol{A}$ 的某一个子式的某一行乘以非零数 k 得到. 因此 $\boldsymbol{A}$ 与 $\boldsymbol{B}$ 对应的子式或者同时为零, 或者同时不为零. 所以 $\mathrm{R}(\boldsymbol{A}) = \mathrm{R}(\boldsymbol{B})$.

假设使用第三种初等行变换把矩阵 $\boldsymbol{A}$ 化为矩阵 $\boldsymbol{B}$ (比如 $r_i + kr_j$) 时, 考虑 $\boldsymbol{B}$ 的任意一个 $r+1$ 阶子式 B_{r+1}. 分三种情形讨论: B_{r+1} 不含第 i 行元素; B_{r+1} 同时含第 i 行和第 j 行元素; B_{r+1} 含第 i 行但不含第 j 行元素. 在前两种情形, 由行列式的性质, 对于 $\boldsymbol{A}$ 中与 B_{r+1} 对应的子式 A_{r+1}, 有 $B_{r+1} = A_{r+1}$, 故 $B_{r+1} = 0$; 对第三种情形, 有

$$B_{r+1} = \begin{vmatrix} \vdots \\ r_i + kr_j \\ \vdots \end{vmatrix} = \begin{vmatrix} \vdots \\ r_i \\ \vdots \end{vmatrix} + k \begin{vmatrix} \vdots \\ r_j \\ \vdots \end{vmatrix},$$

以上等式右端第一个行列式为 $\boldsymbol{A}$ 的 $r+1$ 阶子式, 而第二个行列式可由 $\boldsymbol{A}$ 的一个 $r+1$ 阶子式交换两行的位置得到, 故它们均等于零, 从而 $B_{r+1} = 0$.

以上证明了: $\boldsymbol{A}$ 经过一次第三种初等行变换化为 $\boldsymbol{B}$, 那么 $\boldsymbol{B}$ 的任意 $r+1$ 阶子式都等于零, 由矩阵秩的定义, $\mathrm{R}(\boldsymbol{B}) \leqslant r \leqslant \mathrm{R}(\boldsymbol{A})$. 由于 $\boldsymbol{B}$ 也可经过一次第三种初等行变换化为 $\boldsymbol{A}$, 故也有 $\mathrm{R}(\boldsymbol{A}) \leqslant \mathrm{R}(\boldsymbol{B})$, 从而 $\mathrm{R}(\boldsymbol{A}) = \mathrm{R}(\boldsymbol{B})$. □

根据定理 2.8, 将矩阵 $\boldsymbol{A}$ 施行初等行变换化成行阶梯形矩阵, 则行阶梯形矩阵中非零行的行数就是矩阵 $\boldsymbol{A}$ 的秩.

例 2.31 设矩阵

$$\boldsymbol{A}=\begin{pmatrix}2&-1&-1&1&2\\1&1&-2&1&4\\4&-6&2&-2&4\\3&6&-9&7&9\end{pmatrix},$$

求 $\boldsymbol{A}$ 的秩, 并求它的一个最高阶非零子式.

解 对矩阵 $\boldsymbol{A}$ 施行初等行变换

$$\boldsymbol{A}=\begin{pmatrix}2&-1&-1&1&2\\1&1&-2&1&4\\4&-6&2&-2&4\\3&6&-9&7&9\end{pmatrix}\xrightarrow[r_4-3r_1,r_2-2r_1]{r_1\leftrightarrow r_2,r_3-4r_1}\begin{pmatrix}1&1&-2&1&4\\0&-3&3&-1&-6\\0&-10&10&-6&-12\\0&3&-3&4&-3\end{pmatrix}$$

$$\xrightarrow[r_3-\frac{10}{3}r_2]{r_4+r_2}\begin{pmatrix}1&1&-2&1&4\\0&-3&3&-1&-6\\0&0&0&-8/3&8\\0&0&0&3&-9\end{pmatrix}\xrightarrow[r_4-3r_3]{r_3\times(-\frac{3}{8})}\begin{pmatrix}1&1&-2&1&4\\0&-3&3&-1&-6\\0&0&0&1&-3\\0&0&0&0&0\end{pmatrix}=\boldsymbol{B},$$

矩阵 $\boldsymbol{B}$ 的非零行有 3 行, 因此, 矩阵 $\boldsymbol{A}$ 的秩 $\mathrm{R}(\boldsymbol{A})=3$. 在矩阵 $\boldsymbol{B}$ 的非零行中, 首非零元在第 1,2,4 列, 因此, 在矩阵 $\boldsymbol{A}$ 中取第 1,2,3 行和第 1,2,4 列, 则得到矩阵 $\boldsymbol{A}$ 的一个最高阶非零子式

$$\begin{vmatrix}2&-1&1\\1&1&1\\4&-6&-2\end{vmatrix}=-8\neq 0.$$

显然, 矩阵 $\boldsymbol{A}$ 的等价标准形是

$$\left(\begin{array}{ccc:cc}1&0&0&0&0\\0&1&0&0&0\\0&0&1&0&0\\\hdashline 0&0&0&0&0\end{array}\right)=\begin{pmatrix}\boldsymbol{I}_3&\boldsymbol{O}\\\boldsymbol{O}&\boldsymbol{O}\end{pmatrix}.$$

类似定理 2.8, 对分块矩阵也有相应的结论: 分块初等变换不改变分块矩阵的秩.

由定理 2.4 可知, 任一 $m\times n$ 矩阵 $\boldsymbol{A}$ 总可以通过初等变换化成它的等价标准形矩阵

$$\begin{pmatrix}\boldsymbol{I}_r&\boldsymbol{O}\\\boldsymbol{O}&\boldsymbol{O}\end{pmatrix},$$

这个 r 就是矩阵 $\boldsymbol{A}$ 的秩. 现在我们把关于 n 阶矩阵可逆的等价说法总结如下:

n 阶矩阵$\boldsymbol{A}$可逆 $\Leftrightarrow |\boldsymbol{A}|\neq 0$ ($\boldsymbol{A}$是非奇异矩阵);

$\Leftrightarrow \mathrm{R}(\boldsymbol{A})=n$ ($\boldsymbol{A}$是满秩矩阵);

$\Leftrightarrow$ $\boldsymbol{A}$可以通过有限次初等行 (列) 变换化为单位矩阵$\boldsymbol{I}_n$ ($\boldsymbol{A}$与单位矩阵等价);

$\Leftrightarrow$ $\boldsymbol{A}$可以表示成有限个初等矩阵的乘积;

$\Leftrightarrow$ 齐次方程组$\boldsymbol{Ax}=\boldsymbol{0}$只有零解.

2.5.3 矩阵秩的性质

性质 1 设 $\boldsymbol{A}$ 是 $m\times n$ 矩阵, $\boldsymbol{P},\boldsymbol{Q}$ 分别是 m,n 阶可逆矩阵, 则 $\mathrm{R}(\boldsymbol{PAQ})=\mathrm{R}(\boldsymbol{A})$.

证明 由于可逆矩阵可以表示成若干个初等矩阵的乘积, 因此, 矩阵 $\boldsymbol{A}$ 的左边乘以可逆矩阵 $\boldsymbol{P}$ 和右边乘以可逆矩阵 $\boldsymbol{Q}$, 相当于对矩阵 $\boldsymbol{A}$ 施行若干次初等行变换和若干次初等列变换, 而初等变换不改变矩阵的秩, 故 $\mathrm{R}(\boldsymbol{PAQ})=\mathrm{R}(\boldsymbol{A})$. □

性质 2 设 $\boldsymbol{A},\boldsymbol{B}$ 分别是 $m\times s$ 和 $s\times n$ 矩阵, 则 $\mathrm{R}(\boldsymbol{AB})\leqslant\min\{\mathrm{R}(\boldsymbol{A}),\mathrm{R}(\boldsymbol{B})\}$.

证明 设 $\mathrm{R}(\boldsymbol{A})=r_1$, $\mathrm{R}(\boldsymbol{B})=r_2$, 由矩阵的等价标准形分解定理知, 存在 m 阶可逆矩阵 $\boldsymbol{P}_1$ 和 s 阶可逆矩阵 $\boldsymbol{Q}_1$, 以及 s 阶可逆矩阵 $\boldsymbol{P}_2$ 和 n 阶可逆矩阵 $\boldsymbol{Q}_2$, 使得

$$\boldsymbol{A}=\boldsymbol{P}_1\begin{pmatrix}\boldsymbol{I}_{r_1}&\boldsymbol{O}\\\boldsymbol{O}&\boldsymbol{O}\end{pmatrix}\boldsymbol{Q}_1,\quad \boldsymbol{B}=\boldsymbol{P}_2\begin{pmatrix}\boldsymbol{I}_{r_2}&\boldsymbol{O}\\\boldsymbol{O}&\boldsymbol{O}\end{pmatrix}\boldsymbol{Q}_2.$$

因此,

$$\boldsymbol{AB}=\boldsymbol{P}_1\begin{pmatrix}\boldsymbol{I}_{r_1}&\boldsymbol{O}\\\boldsymbol{O}&\boldsymbol{O}\end{pmatrix}\boldsymbol{Q}_1\boldsymbol{P}_2\begin{pmatrix}\boldsymbol{I}_{r_2}&\boldsymbol{O}\\\boldsymbol{O}&\boldsymbol{O}\end{pmatrix}\boldsymbol{Q}_2=\boldsymbol{P}_1\begin{pmatrix}\boldsymbol{M}&\boldsymbol{O}\\\boldsymbol{O}&\boldsymbol{O}\end{pmatrix}\boldsymbol{Q}_2,$$

其中 $\boldsymbol{M}$ 是可逆矩阵 $\boldsymbol{Q}_1\boldsymbol{P}_2$ 的左上角的 $r_1\times r_2$ 矩阵子块. 因此

$$\mathrm{R}(\boldsymbol{AB})=\mathrm{R}(\boldsymbol{M})\leqslant\min\{r_1,r_2\}.\quad\square$$

性质 3 设 $\boldsymbol{A},\boldsymbol{B}$ 是任意两个矩阵, 则

$$\mathrm{R}(\boldsymbol{A})+\mathrm{R}(\boldsymbol{B})=\mathrm{R}\begin{pmatrix}\boldsymbol{A}&\boldsymbol{O}\\\boldsymbol{O}&\boldsymbol{B}\end{pmatrix}\leqslant\mathrm{R}\begin{pmatrix}\boldsymbol{A}&\boldsymbol{C}\\\boldsymbol{O}&\boldsymbol{B}\end{pmatrix},$$

当 $\boldsymbol{A}$ 或 $\boldsymbol{B}$ 是可逆矩阵时, "$\leqslant$" 号取为 "$=$" 号.

证明 设 $\mathrm{R}(\boldsymbol{A})=r$, $\mathrm{R}(\boldsymbol{B})=s$, 则存在可逆矩阵 $\boldsymbol{P}_1,\boldsymbol{Q}_1,\boldsymbol{P}_2,\boldsymbol{Q}_2$, 使得

$$\boldsymbol{P}_1\boldsymbol{AQ}_1=\boldsymbol{\Lambda}_1,\quad \boldsymbol{P}_2\boldsymbol{BQ}_2=\boldsymbol{\Lambda}_2.$$

其中 $\boldsymbol{\Lambda}_1=\mathrm{diag}(\boldsymbol{I}_r,\boldsymbol{O})$, $\boldsymbol{\Lambda}_2=\mathrm{diag}(\boldsymbol{I}_s,\boldsymbol{O})$. 显然, $\mathrm{diag}(\boldsymbol{P}_1,\boldsymbol{P}_2)$, $\mathrm{diag}(\boldsymbol{Q}_1,\boldsymbol{Q}_2)$ 都是可逆矩阵, 且

$$\begin{pmatrix}\boldsymbol{P}_1&\boldsymbol{O}\\\boldsymbol{O}&\boldsymbol{P}_2\end{pmatrix}\begin{pmatrix}\boldsymbol{A}&\boldsymbol{O}\\\boldsymbol{O}&\boldsymbol{B}\end{pmatrix}\begin{pmatrix}\boldsymbol{Q}_1&\boldsymbol{O}\\\boldsymbol{O}&\boldsymbol{Q}_2\end{pmatrix}=\begin{pmatrix}\boldsymbol{P}_1\boldsymbol{AQ}_1&\boldsymbol{O}\\\boldsymbol{O}&\boldsymbol{P}_2\boldsymbol{BQ}_2\end{pmatrix}=\begin{pmatrix}\boldsymbol{\Lambda}_1&\boldsymbol{O}\\\boldsymbol{O}&\boldsymbol{\Lambda}_2\end{pmatrix}.$$

以上最后一个矩阵可以适当交换行列得到秩为 $r+s$ 的矩阵 $\mathrm{diag}(\boldsymbol{I}_{r+s},\boldsymbol{O})$, 故

$$\mathrm{R}\begin{pmatrix}\boldsymbol{A}&\boldsymbol{O}\\\boldsymbol{O}&\boldsymbol{B}\end{pmatrix}=r+s.$$

其次, 矩阵 $\boldsymbol{A}$ 中有一个 r 阶子矩阵 $\boldsymbol{A}_1$ 的行列式 $|\boldsymbol{A}_1|\neq0$, 矩阵 $\boldsymbol{B}$ 中有一个 s 阶子矩阵 $\boldsymbol{B}_1$ 的行列式 $|\boldsymbol{B}_1|\neq0$. 因此, 矩阵

$$\begin{pmatrix}\boldsymbol{A}&\boldsymbol{C}\\\boldsymbol{O}&\boldsymbol{B}\end{pmatrix}$$

中有一个 $r+s$ 阶子式

$$\begin{vmatrix} \boldsymbol{A}_1 & \boldsymbol{C}_1 \\ \boldsymbol{O} & \boldsymbol{B}_1 \end{vmatrix} = |\boldsymbol{A}_1||\boldsymbol{B}_1| \neq 0,$$

故

$$\mathrm{R}\begin{pmatrix} \boldsymbol{A} & \boldsymbol{C} \\ \boldsymbol{O} & \boldsymbol{B} \end{pmatrix} \geqslant r+s.$$

当 $\boldsymbol{A}$ 是可逆矩阵时, 施行分块初等列变换

$$\begin{pmatrix} \boldsymbol{A} & \boldsymbol{C} \\ \boldsymbol{O} & \boldsymbol{B} \end{pmatrix} \xrightarrow{c_2 - c_1 \cdot \boldsymbol{A}^{-1}\boldsymbol{C}} \begin{pmatrix} \boldsymbol{A} & \boldsymbol{O} \\ \boldsymbol{O} & \boldsymbol{B} \end{pmatrix}.$$

由于分块初等变换不改变矩阵的秩, 故 “$\leqslant$” 取为 “$=$” 成立. 当 $\boldsymbol{B}$ 是可逆矩阵时, 类似施行分块初等行变换可得. □

注 特别地, 当 $\boldsymbol{C}=\boldsymbol{A}$(或 $\boldsymbol{C}=\boldsymbol{B}$) 时, 性质 3 的等号成立, 即

$$\mathrm{R}(\boldsymbol{A})+\mathrm{R}(\boldsymbol{B}) = \mathrm{R}\begin{pmatrix} \boldsymbol{A} & \boldsymbol{O} \\ \boldsymbol{O} & \boldsymbol{B} \end{pmatrix} = \mathrm{R}\begin{pmatrix} \boldsymbol{A} & \boldsymbol{A} \\ \boldsymbol{O} & \boldsymbol{B} \end{pmatrix} = \mathrm{R}\begin{pmatrix} \boldsymbol{A} & \boldsymbol{B} \\ \boldsymbol{O} & \boldsymbol{B} \end{pmatrix}.$$

性质 4 设 $\boldsymbol{A}$ 是 $m \times s$ 矩阵, $\boldsymbol{B}$ 是 $m \times t$ 矩阵, 则

$$\max\{\mathrm{R}(\boldsymbol{A}), \mathrm{R}(\boldsymbol{B})\} \leqslant \mathrm{R}(\boldsymbol{A}, \boldsymbol{B}) \leqslant \mathrm{R}(\boldsymbol{A})+\mathrm{R}(\boldsymbol{B}).$$

证法 1 前一个不等式是显然的, 现证第二个不等式. 设 $\mathrm{R}(\boldsymbol{A})=r_1, \mathrm{R}(\boldsymbol{B})=r_2$. 由定理 2.7 可知, 存在 m 阶可逆矩阵 $\boldsymbol{P}_1, \boldsymbol{P}_2$, s 阶可逆矩阵 $\boldsymbol{Q}_1$ 和 t 阶可逆矩阵 $\boldsymbol{Q}_2$, 使得 $\boldsymbol{A}=\boldsymbol{P}_1\boldsymbol{\Lambda}_1\boldsymbol{Q}_1$, $\boldsymbol{B}=\boldsymbol{P}_2\boldsymbol{\Lambda}_2\boldsymbol{Q}_2$, 其中 $\boldsymbol{\Lambda}_1=\mathrm{diag}(\boldsymbol{I}_{r_1}, \boldsymbol{O})$, $\boldsymbol{\Lambda}_2=\mathrm{diag}(\boldsymbol{I}_{r_2}, \boldsymbol{O})$. 因此,

$$(\boldsymbol{A}, \boldsymbol{B}) = (\boldsymbol{P}_1, \boldsymbol{P}_2)\begin{pmatrix} \boldsymbol{\Lambda}_1 & \boldsymbol{O} \\ \boldsymbol{O} & \boldsymbol{\Lambda}_2 \end{pmatrix}\begin{pmatrix} \boldsymbol{Q}_1 & \boldsymbol{O} \\ \boldsymbol{O} & \boldsymbol{Q}_2 \end{pmatrix} = \boldsymbol{P}\boldsymbol{\Lambda}\boldsymbol{Q},$$

其中 $\boldsymbol{P}=(\boldsymbol{P}_1, \boldsymbol{P}_2)$ 是 $m\times(s+t)$ 行满秩矩阵, $\boldsymbol{Q}=\mathrm{diag}(\boldsymbol{Q}_1, \boldsymbol{Q}_2)$ 是 $s+t$ 阶可逆矩阵, $\boldsymbol{\Lambda}=\mathrm{diag}(\boldsymbol{\Lambda}_1, \boldsymbol{\Lambda}_2)$ 的秩为 r_1+r_2. 由性质 2 可知, $\mathrm{R}(\boldsymbol{A}, \boldsymbol{B}) \leqslant r_1+r_2$. □

证法 2 只证右边部分. 由

$$(\boldsymbol{A}, \boldsymbol{B}) = (\boldsymbol{I}_m, \boldsymbol{I}_m)\begin{pmatrix} \boldsymbol{A} & \boldsymbol{O} \\ \boldsymbol{O} & \boldsymbol{B} \end{pmatrix}$$

及性质 2 和性质 3 可知,

$$\mathrm{R}(\boldsymbol{A}, \boldsymbol{B}) \leqslant \mathrm{R}\begin{pmatrix} \boldsymbol{A} & \boldsymbol{O} \\ \boldsymbol{O} & \boldsymbol{B} \end{pmatrix} = \mathrm{R}(\boldsymbol{A})+\mathrm{R}(\boldsymbol{B}). \quad \square$$

设 $\boldsymbol{A}, \boldsymbol{B}$ 分别是 $m\times n, s\times n$ 矩阵, 则分块矩阵 $\begin{pmatrix} \boldsymbol{A} \\ \boldsymbol{B} \end{pmatrix}$ 的秩仍满足上述不等式, 请读者自己证明.

性质 5 设 $\boldsymbol{A},\boldsymbol{B}$ 分别是 $m\times s$ 和 $s\times n$ 矩阵, 若 $\boldsymbol{AB}=\boldsymbol{O}$, 则

$$\mathrm{R}(\boldsymbol{A})+\mathrm{R}(\boldsymbol{B})\leqslant s.$$

证法 1 设 $\mathrm{R}(\boldsymbol{A})=r$, 因而存在 m 阶和 s 阶可逆矩阵 $\boldsymbol{P},\boldsymbol{Q}$, 使得

$$\boldsymbol{A}=\boldsymbol{P}\begin{pmatrix}\boldsymbol{I}_r & \boldsymbol{O}\\ \boldsymbol{O} & \boldsymbol{O}\end{pmatrix}\boldsymbol{Q}.$$

因此,

$$\boldsymbol{AB}=\boldsymbol{P}\begin{pmatrix}\boldsymbol{I}_r & \boldsymbol{O}\\ \boldsymbol{O} & \boldsymbol{O}\end{pmatrix}\boldsymbol{QB}=\boldsymbol{O}.$$

由于 $\boldsymbol{P}$ 是可逆矩阵, 所以

$$\begin{pmatrix}\boldsymbol{I}_r & \boldsymbol{O}\\ \boldsymbol{O} & \boldsymbol{O}\end{pmatrix}\boldsymbol{QB}=\boldsymbol{O}.$$

令 $\boldsymbol{QB}=\begin{pmatrix}\boldsymbol{B}_1\\ \boldsymbol{B}_2\end{pmatrix}$, 其中 $\boldsymbol{B}_1$ 是 $r\times n$ 矩阵, $\boldsymbol{B}_2$ 是 $(s-r)\times n$ 矩阵, 因此,

$$\begin{pmatrix}\boldsymbol{I}_r & \boldsymbol{O}\\ \boldsymbol{O} & \boldsymbol{O}\end{pmatrix}\begin{pmatrix}\boldsymbol{B}_1\\ \boldsymbol{B}_2\end{pmatrix}=\begin{pmatrix}\boldsymbol{B}_1\\ \boldsymbol{O}\end{pmatrix}=\boldsymbol{O}.$$

从而 $\boldsymbol{B}_1=\boldsymbol{O}$, $\boldsymbol{QB}=\begin{pmatrix}\boldsymbol{O}\\ \boldsymbol{B}_2\end{pmatrix}$, 所以

$$\mathrm{R}(\boldsymbol{B})=\mathrm{R}(\boldsymbol{QB})=\mathrm{R}\begin{pmatrix}\boldsymbol{O}\\ \boldsymbol{B}_2\end{pmatrix}\leqslant s-r,$$

故 $\mathrm{R}(\boldsymbol{A})+\mathrm{R}(\boldsymbol{B})\leqslant s$. □

证法 2 注意到 $\boldsymbol{AB}=\boldsymbol{O}$, 由矩阵的分块初等变换得

$$\begin{pmatrix}\boldsymbol{A} & \boldsymbol{O}\\ \boldsymbol{I}_s & \boldsymbol{B}\end{pmatrix}\xrightarrow{c_2-c_1\cdot\boldsymbol{B}}\begin{pmatrix}\boldsymbol{A} & -\boldsymbol{AB}\\ \boldsymbol{I}_s & \boldsymbol{O}\end{pmatrix}=\begin{pmatrix}\boldsymbol{A} & \boldsymbol{O}\\ \boldsymbol{I}_s & \boldsymbol{O}\end{pmatrix}\xrightarrow{r_1-\boldsymbol{A}\cdot r_2}\begin{pmatrix}\boldsymbol{O} & \boldsymbol{O}\\ \boldsymbol{I}_s & \boldsymbol{O}\end{pmatrix}.$$

故

$$\mathrm{R}(\boldsymbol{A})+\mathrm{R}(\boldsymbol{B})=\mathrm{R}\begin{pmatrix}\boldsymbol{A} & \boldsymbol{O}\\ \boldsymbol{O} & \boldsymbol{B}\end{pmatrix}\leqslant\mathrm{R}\begin{pmatrix}\boldsymbol{A} & \boldsymbol{O}\\ \boldsymbol{I}_s & \boldsymbol{B}\end{pmatrix}=\mathrm{R}\begin{pmatrix}\boldsymbol{O} & \boldsymbol{O}\\ \boldsymbol{I}_s & \boldsymbol{O}\end{pmatrix}=s.\quad\square$$

性质 6 设 $\boldsymbol{A},\boldsymbol{B}$ 都是 $m\times n$ 矩阵, 则 $\mathrm{R}(\boldsymbol{A}\pm\boldsymbol{B})\leqslant\mathrm{R}(\boldsymbol{A})+\mathrm{R}(\boldsymbol{B})$.

证明 由矩阵的满秩分解定理 (见习题第 2.52 题) 可设矩阵 $\boldsymbol{A},\boldsymbol{B}$ 分别有如下满秩分解

$$\boldsymbol{A}=\boldsymbol{H}_1\boldsymbol{L}_1,\quad\boldsymbol{B}=\boldsymbol{H}_2\boldsymbol{L}_2,$$

其中 $\boldsymbol{H}_1,\boldsymbol{H}_2$ 分别是列满秩矩阵, $\boldsymbol{L}_1,\boldsymbol{L}_2$ 分别是行满秩矩阵, 则

$$\boldsymbol{A}\pm\boldsymbol{B}=(\boldsymbol{H}_1,\boldsymbol{H}_2)\begin{pmatrix}\boldsymbol{L}_1\\ \pm\boldsymbol{L}_2\end{pmatrix}.$$

注意到分块矩阵 $(\boldsymbol{H}_1,\boldsymbol{H}_2)$ 的列数刚好等于 $\mathrm{R}(\boldsymbol{A})+\mathrm{R}(\boldsymbol{B})$, 由性质 2 和性质 4 可知

$$\mathrm{R}(\boldsymbol{A}\pm\boldsymbol{B})\leqslant\mathrm{R}(\boldsymbol{H}_1,\boldsymbol{H}_2)\leqslant\mathrm{R}(\boldsymbol{A})+\mathrm{R}(\boldsymbol{B}).\quad\square$$

性质 7 设 $\boldsymbol{A}$ 为 n 阶矩阵, $\boldsymbol{A}^*$ 是它的伴随矩阵, 则

$$\mathrm{R}(\boldsymbol{A}^*)=\begin{cases}n, & 若\ \mathrm{R}(\boldsymbol{A})=n,\\ 1, & 若\ \mathrm{R}(\boldsymbol{A})=n-1,\\ 0, & 若\ \mathrm{R}(\boldsymbol{A})<n-1.\end{cases}$$

证明 若 $\mathrm{R}(\boldsymbol{A})=n$, 则 $|\boldsymbol{A}|\neq 0$. 由伴随矩阵的性质知, $\boldsymbol{A}^*\boldsymbol{A}=|\boldsymbol{A}|\boldsymbol{I}$. 因此

$$|\boldsymbol{A}^*||\boldsymbol{A}|=|\boldsymbol{A}|^n,$$

所以 $|\boldsymbol{A}^*|=|\boldsymbol{A}|^{n-1}\neq 0$, 即 $\mathrm{R}(\boldsymbol{A}^*)=n$.

若 $\mathrm{R}(\boldsymbol{A})=n-1$, 则 $|\boldsymbol{A}|=0$, 且 $|\boldsymbol{A}|$ 中至少有一个代数余子式 $A_{ij}\neq 0$, 即 $\boldsymbol{A}^*\neq\boldsymbol{O}$. 又 $\boldsymbol{A}^*\boldsymbol{A}=|\boldsymbol{A}|\boldsymbol{I}=\boldsymbol{O}$. 由性质 5 得

$$\mathrm{R}(\boldsymbol{A})+\mathrm{R}(\boldsymbol{A}^*)\leqslant n.$$

所以, $\mathrm{R}(\boldsymbol{A}^*)\leqslant 1$, 但 $\boldsymbol{A}^*\neq\boldsymbol{O}$, 故 $\mathrm{R}(\boldsymbol{A}^*)=1$.

若 $\mathrm{R}(\boldsymbol{A})<n-1$, 则 $\boldsymbol{A}$ 的任一代数余子式 $A_{ij}=0$, 因此 $\boldsymbol{A}^*=\boldsymbol{O}$, 故 $\mathrm{R}(\boldsymbol{A}^*)=0$. $\square$

习题 2.5

2.47 求下列矩阵的秩并求一个最高阶非零子式:

(1) $\begin{pmatrix}1 & 2 & -1 & 2\\ 2 & -1 & 3 & -6\\ -1 & 1 & -2 & 4\\ 2 & 1 & 1 & -2\end{pmatrix}$; (2) $\begin{pmatrix}1 & -1 & 2 & 1\\ 2 & 1 & -1 & -1\\ 3 & 2 & -1 & 2\\ 1 & 1 & 0 & 3\end{pmatrix}$; (3) $\begin{pmatrix}1 & 2 & -1 & 1 & -4\\ 1 & -1 & 1 & -3 & 5\\ -1 & 1 & 1 & 5 & 1\\ 2 & 1 & 0 & -2 & 1\end{pmatrix}$.

2.48 设

$$\boldsymbol{A}=\begin{pmatrix}1 & -2 & 3k\\ -1 & 2k & -3\\ k & -2 & 3\end{pmatrix},$$

问 k 为何值时, 矩阵 $\boldsymbol{A}$ 的秩分别是:

(1) $\mathrm{R}(\boldsymbol{A})=1$; (2) $\mathrm{R}(\boldsymbol{A})=2$; (3) $\mathrm{R}(\boldsymbol{A})=3$.

2.49 设 $\mathrm{R}(\boldsymbol{A})=3$, 求 k, 其中

$$\boldsymbol{A}=\begin{pmatrix}k & 1 & 1 & 1\\ 1 & k & 1 & 1\\ 1 & 1 & k & 1\\ 1 & 1 & 1 & k\end{pmatrix}.$$

2.50 证明: 任何秩为 r 的矩阵都可以表示成 r 个秩为 1 的矩阵之和.

2.51 设 $\boldsymbol{A}$ 是 $m\times n$ 矩阵, 证明: $\mathrm{R}(\boldsymbol{A})=1$ 的充要条件是存在 m 维非零列向量 $\boldsymbol{\alpha}$ 和 n 维非零列向量 $\boldsymbol{\beta}$, 使得 $\boldsymbol{A}=\boldsymbol{\alpha}\boldsymbol{\beta}^{\mathrm{T}}$.

2.52 证明矩阵的**满秩分解定理**: 设 $m\times n$ 矩阵 $\boldsymbol{A}$ 的秩为 r, 则必存在列满秩矩阵 $\boldsymbol{H}_{m\times r}$ 和行满秩矩阵 $\boldsymbol{L}_{r\times n}$, 使得 $\boldsymbol{A}=\boldsymbol{H}\boldsymbol{L}$.

2.53 利用矩阵的满秩分解定理证明矩阵秩的性质 4.

2.54 证明: 设 $\boldsymbol{A},\boldsymbol{B}$ 分别是 $m\times n,n\times s$ 矩阵, 若 $\boldsymbol{A}$ 是列满秩矩阵, 则 $\mathrm{R}(\boldsymbol{AB})=\mathrm{R}(\boldsymbol{B})$; 若 $\boldsymbol{B}$ 是行满秩矩阵, 则 $\mathrm{R}(\boldsymbol{AB})=\mathrm{R}(\boldsymbol{A})$.

2.55 设 $\boldsymbol{A}$ 是 n 阶**幂等矩阵**, 即 $\boldsymbol{A}^2=\boldsymbol{A}$, 证明: $\mathrm{R}(\boldsymbol{A})+\mathrm{R}(\boldsymbol{A}-\boldsymbol{I})=n$.

2.56 设 $\boldsymbol{A}$ 是 n 阶**对合矩阵**, 即 $\boldsymbol{A}^2=\boldsymbol{I}$, 证明: $\mathrm{R}(\boldsymbol{A}+\boldsymbol{I})+\mathrm{R}(\boldsymbol{A}-\boldsymbol{I})=n$.

第二章补充例题

例 2.32 证明: 与任意 n 阶矩阵可交换的 n 阶矩阵只能是数量矩阵.

证明 设 $\boldsymbol{A}=(a_{ij})_{n\times n}$ 与任意 n 阶矩阵可交换, 下证 $\boldsymbol{A}$ 是数量矩阵.
事实上, 设 $\boldsymbol{E}_{ij}$ 是 (i,j) 元为 1, 其余元为零的 n 阶基本矩阵, 则

$$\boldsymbol{E}_{ij}=\boldsymbol{e}_i\boldsymbol{e}_j^{\mathrm{T}},$$

其中 $\boldsymbol{e}_i,\boldsymbol{e}_j$ 是 n 维单位列向量. 注意到

$$\boldsymbol{E}_{ij}\boldsymbol{A}=\boldsymbol{e}_i(\boldsymbol{e}_j^{\mathrm{T}}\boldsymbol{A})=\begin{pmatrix}0\\ \vdots\\ 0\\ 1\\ 0\\ \vdots\\ 0\end{pmatrix}(a_{j1},a_{j2},\cdots,a_{jn})=\begin{pmatrix}0&0&\cdots&0\\ \vdots&\vdots&&\vdots\\ 0&0&\cdots&0\\ a_{j1}&a_{j2}&\cdots&a_{jn}\\ 0&0&\cdots&0\\ \vdots&\vdots&&\vdots\\ 0&0&0&0\end{pmatrix}\text{第 } i \text{ 行},$$

$$\boldsymbol{A}\boldsymbol{E}_{ij}=(\boldsymbol{A}\boldsymbol{e}_i)\boldsymbol{e}_j^{\mathrm{T}}=\begin{pmatrix}a_{1i}\\ a_{2i}\\ \vdots\\ a_{ni}\end{pmatrix}(0,\cdots,0,1,0,\cdots,0)=\begin{pmatrix}0&\cdots&0&a_{1i}&0&\cdots&0\\ 0&\cdots&0&a_{2i}&0&\cdots&0\\ \vdots&&\vdots&\vdots&\vdots&&\vdots\\ 0&\cdots&0&a_{ni}&0&\cdots&0\end{pmatrix}.$$

（第 j 列）

而 $\boldsymbol{E}_{ij}\boldsymbol{A}=\boldsymbol{A}\boldsymbol{E}_{ij}$, 所以,

$$a_{jj}=a_{ii},\quad \text{且}\quad a_{jk}=0\quad (k\neq j).$$

即 $\boldsymbol{A}$ 的主对角元素相等, 而其余元素为零. 令 $a_{ii}=a\,(i=1,2,\cdots,n)$, 则 $\boldsymbol{A}=a\boldsymbol{I}_n$, 即 $\boldsymbol{A}$ 是数量矩阵. □

注 记 $\boldsymbol{A}=\sum_{i=1}^{n}\sum_{j=1}^{n}\boldsymbol{a}_{ij}\boldsymbol{E}_{ij}$, 由习题第 2.18 题 (2) 的结论, 可以更简洁地写出例 2.32 的证明 (请读者自己完成).

例 2.33 称 n 阶阵

$$\boldsymbol{F}=\begin{pmatrix}0 & 0 & \cdots & 0 & -a_n\\ 1 & 0 & \cdots & 0 & -a_{n-1}\\ \vdots & \vdots & \cdots & \vdots & \vdots\\ 0 & 0 & \cdots & 1 & -a_1\end{pmatrix}$$

为**弗罗贝尼乌斯矩阵**. 证明: 对任一组不全为零的数 $b_0,b_1,\cdots,b_s\,(1\leqslant s<n)$, 必有

$$b_s\boldsymbol{F}^s+b_{s-1}\boldsymbol{F}^{s-1}+\cdots+b_1\boldsymbol{F}+b_0\boldsymbol{I}\neq\boldsymbol{O}.$$

证明 记

$$\boldsymbol{A}=b_s\boldsymbol{F}^s+b_{s-1}\boldsymbol{F}^{s-1}+\cdots+b_1\boldsymbol{F}+b_0\boldsymbol{I},$$

下面证明 $\boldsymbol{A}$ 中至少有一列非零. 令 $\boldsymbol{\alpha}^{\mathrm{T}}=(-a_n,-a_{n-1},\cdots,-a_1)$, 则

$$\boldsymbol{F}=(\boldsymbol{e}_2,\boldsymbol{e}_3,\cdots,\boldsymbol{e}_n,\boldsymbol{\alpha}).$$

由定理 2.1, $\boldsymbol{A}$ 的第 1 列可表示为 $\boldsymbol{A}\boldsymbol{e}_1$, 而

$$\boldsymbol{A}\boldsymbol{e}_1=b_s\boldsymbol{F}^s\boldsymbol{e}_1+b_{s-1}\boldsymbol{F}^{s-1}\boldsymbol{e}_1+\cdots+b_1\boldsymbol{F}\boldsymbol{e}_1+b_0\boldsymbol{e}_1,$$

再由定理 2.1 得

$$\boldsymbol{F}\boldsymbol{e}_1=\boldsymbol{e}_2,\quad \boldsymbol{F}^2\boldsymbol{e}_1=\boldsymbol{F}\boldsymbol{e}_2=\boldsymbol{e}_3,\quad \cdots,\quad \boldsymbol{F}^s\boldsymbol{e}_1=\boldsymbol{e}_{s+1}\quad (s+1\leqslant n),$$

因此,

$$\boldsymbol{A}\boldsymbol{e}_1=b_s\boldsymbol{e}_{s+1}+b_{s-1}\boldsymbol{e}_s+\cdots+b_1\boldsymbol{e}_2+b_0\boldsymbol{e}_1=(b_0,b_1,\cdots,b_s,0,\cdots,0)^{\mathrm{T}}.$$

又 $b_0,b_1,\cdots,b_s$ 不全为零, 故 $\boldsymbol{A}\boldsymbol{e}_1$ (即 $\boldsymbol{A}$ 的第 1 列) 非零, 于是 $\boldsymbol{A}\neq\boldsymbol{O}$. □

例 2.34 证明**行列式降阶定理**: 设

$$\boldsymbol{M}=\begin{pmatrix}\boldsymbol{A} & \boldsymbol{B}\\ \boldsymbol{C} & \boldsymbol{D}\end{pmatrix}$$

是方阵, 若 $\boldsymbol{A}$ 是非奇异矩阵, 则

$$|\boldsymbol{M}|=\begin{vmatrix}\boldsymbol{A} & \boldsymbol{B}\\ \boldsymbol{C} & \boldsymbol{D}\end{vmatrix}=|\boldsymbol{A}|\cdot|\boldsymbol{D}-\boldsymbol{C}\boldsymbol{A}^{-1}\boldsymbol{B}|;$$

若 $\boldsymbol{D}$ 是非奇异矩阵, 则

$$|\boldsymbol{M}|=\begin{vmatrix}\boldsymbol{A} & \boldsymbol{B}\\ \boldsymbol{C} & \boldsymbol{D}\end{vmatrix}=|\boldsymbol{D}|\cdot|\boldsymbol{A}-\boldsymbol{B}\boldsymbol{D}^{-1}\boldsymbol{C}|.$$

证明 若 $\boldsymbol{A}$ 是非奇异矩阵, 对分块矩阵 $\boldsymbol{M}$ 施行第三种分块初等行变换得

$$\begin{pmatrix} \boldsymbol{I} & \boldsymbol{O} \\ -\boldsymbol{C}\boldsymbol{A}^{-1} & \boldsymbol{I} \end{pmatrix}\begin{pmatrix} \boldsymbol{A} & \boldsymbol{B} \\ \boldsymbol{C} & \boldsymbol{D} \end{pmatrix} = \begin{pmatrix} \boldsymbol{A} & \boldsymbol{B} \\ \boldsymbol{O} & \boldsymbol{D}-\boldsymbol{C}\boldsymbol{A}^{-1}\boldsymbol{B} \end{pmatrix}$$

因此,

$$\left|\begin{pmatrix} \boldsymbol{I} & \boldsymbol{O} \\ -\boldsymbol{C}\boldsymbol{A}^{-1} & \boldsymbol{I} \end{pmatrix}\begin{pmatrix} \boldsymbol{A} & \boldsymbol{B} \\ \boldsymbol{C} & \boldsymbol{D} \end{pmatrix}\right| = \left|\begin{pmatrix} \boldsymbol{A} & \boldsymbol{B} \\ \boldsymbol{O} & \boldsymbol{D}-\boldsymbol{C}\boldsymbol{A}^{-1}\boldsymbol{B} \end{pmatrix}\right|,$$

注意到第三种 (分块) 初等变换不改变行列式的值, 即

$$\begin{vmatrix} \boldsymbol{A} & \boldsymbol{B} \\ \boldsymbol{C} & \boldsymbol{D} \end{vmatrix} = \begin{vmatrix} \boldsymbol{A} & \boldsymbol{B} \\ \boldsymbol{O} & \boldsymbol{D}-\boldsymbol{C}\boldsymbol{A}^{-1}\boldsymbol{B} \end{vmatrix} = |\boldsymbol{A}||\boldsymbol{D}-\boldsymbol{C}\boldsymbol{A}^{-1}\boldsymbol{B}|.$$

用相同的方法可证明另一个结论. □

注 有关 "行列式降阶定理及应用" 的深入讨论请阅读文献 [1].

例 2.35 (矩阵秩的降阶定理) 设 $\boldsymbol{A}$ 是非奇异矩阵, 则

$$\mathrm{R}\begin{pmatrix} \boldsymbol{A} & \boldsymbol{B} \\ \boldsymbol{C} & \boldsymbol{D} \end{pmatrix} = \mathrm{R}(\boldsymbol{A}) + \mathrm{R}(\boldsymbol{D}-\boldsymbol{C}\boldsymbol{A}^{-1}\boldsymbol{B}).$$

证明 由矩阵的分块初等变换得

$$\begin{pmatrix} \boldsymbol{A} & \boldsymbol{B} \\ \boldsymbol{C} & \boldsymbol{D} \end{pmatrix} \xrightarrow{r_2-\boldsymbol{C}\boldsymbol{A}^{-1}\cdot r_1} \begin{pmatrix} \boldsymbol{A} & \boldsymbol{B} \\ \boldsymbol{O} & \boldsymbol{D}-\boldsymbol{C}\boldsymbol{A}^{-1}\boldsymbol{B} \end{pmatrix} \xrightarrow{c_2-c_1\cdot\boldsymbol{A}^{-1}\boldsymbol{B}} \begin{pmatrix} \boldsymbol{A} & \boldsymbol{O} \\ \boldsymbol{O} & \boldsymbol{D}-\boldsymbol{C}\boldsymbol{A}^{-1}\boldsymbol{B} \end{pmatrix}.$$

而分块初等变换不改变分块矩阵的秩, 由性质 3 即知结论成立. □

注 在例 2.35 中, 若 $\boldsymbol{D}$ 也是可逆矩阵, 则

$$\mathrm{R}(\boldsymbol{A}) + \mathrm{R}(\boldsymbol{D}-\boldsymbol{C}\boldsymbol{A}^{-1}\boldsymbol{B}) = \mathrm{R}(\boldsymbol{D}) + \mathrm{R}(\boldsymbol{A}-\boldsymbol{B}\boldsymbol{D}^{-1}\boldsymbol{C}).$$

例 2.36 设 $\boldsymbol{A}$ 是 $m\times n$ 矩阵, $\boldsymbol{B}$ 是 $n\times l$ 矩阵, 证明:

$$\mathrm{R}(\boldsymbol{A}\boldsymbol{B}) \geqslant \mathrm{R}(\boldsymbol{A}) + \mathrm{R}(\boldsymbol{B}) - n$$

证法 1 由矩阵的分块初等变换得

$$\begin{pmatrix} \boldsymbol{I}_n & \boldsymbol{B} \\ \boldsymbol{A} & \boldsymbol{O} \end{pmatrix} \xrightarrow{c_2-c_1\cdot\boldsymbol{B}} \begin{pmatrix} \boldsymbol{I}_n & \boldsymbol{O} \\ \boldsymbol{A} & -\boldsymbol{A}\boldsymbol{B} \end{pmatrix} \xrightarrow{r_2-\boldsymbol{A}\cdot r_1} \begin{pmatrix} \boldsymbol{I}_n & \boldsymbol{O} \\ \boldsymbol{O} & -\boldsymbol{A}\boldsymbol{B} \end{pmatrix}.$$

因此,

$$\mathrm{R}\begin{pmatrix} \boldsymbol{I}_n & \boldsymbol{B} \\ \boldsymbol{A} & \boldsymbol{O} \end{pmatrix} = \mathrm{R}(\boldsymbol{A}\boldsymbol{B}) + \mathrm{R}(\boldsymbol{I}_n) = \mathrm{R}(\boldsymbol{A}\boldsymbol{B}) + n,$$

再性质 3 得

$$\mathrm{R}\begin{pmatrix} \boldsymbol{I}_n & \boldsymbol{B} \\ \boldsymbol{A} & \boldsymbol{O} \end{pmatrix} = \mathrm{R}\begin{pmatrix} \boldsymbol{B} & \boldsymbol{I}_n \\ \boldsymbol{O} & \boldsymbol{A} \end{pmatrix} \geqslant \mathrm{R}(\boldsymbol{A}) + \mathrm{R}(\boldsymbol{B}).$$

故

$$\mathrm{R}(\boldsymbol{AB})+n\geqslant \mathrm{R}(\boldsymbol{A})+\mathrm{R}(\boldsymbol{B}),$$

结论成立. □

证法 2 若 $\mathrm{R}(\boldsymbol{A})=0$, 则结论显然成立. 现在假设 $\mathrm{R}(\boldsymbol{A})=r>0$. 由等价标准形分解定理可知, 存在 m 阶和 n 阶可逆矩阵 $\boldsymbol{P},\boldsymbol{Q}$, 使得

$$\boldsymbol{PAQ}=\mathrm{diag}(\boldsymbol{I}_r,\boldsymbol{O})=\boldsymbol{\Lambda}.$$

因此,

$$\mathrm{R}(\boldsymbol{AB})=\mathrm{R}(\boldsymbol{PAQ}\cdot\boldsymbol{Q}^{-1}\boldsymbol{B})=\mathrm{R}(\boldsymbol{\Lambda D}),$$

其中 $\boldsymbol{D}=\boldsymbol{Q}^{-1}\boldsymbol{B}$, 有 $\mathrm{R}(\boldsymbol{D})=\mathrm{R}(\boldsymbol{B})$. 注意到 $\boldsymbol{\Lambda D}$ 的前 r 行与 $\boldsymbol{D}$ 的前 r 行相同而后 $n-r$ 全部为零向量, 所以,

$$\mathrm{R}(\boldsymbol{AB})=\mathrm{R}(\boldsymbol{\Lambda D})\geqslant \mathrm{R}(\boldsymbol{D})-(n-r)=\mathrm{R}(\boldsymbol{B})-n+\mathrm{R}(\boldsymbol{A}),$$

移项即得所要的结论. 其中利用了不等式: 若 $\boldsymbol{A}_1,\boldsymbol{A}_2$ 分别是 $r\times n$ 和 $(n-r)\times n$ 矩阵, 由性质 6 可得

$$\mathrm{R}\begin{pmatrix}\boldsymbol{A}_1\\ \boldsymbol{A}_2\end{pmatrix}\leqslant \mathrm{R}\begin{pmatrix}\boldsymbol{A}_1\\ \boldsymbol{O}\end{pmatrix}+\mathrm{R}\begin{pmatrix}\boldsymbol{O}\\ \boldsymbol{A}_2\end{pmatrix}\leqslant \mathrm{R}\begin{pmatrix}\boldsymbol{A}_1\\ \boldsymbol{O}\end{pmatrix}+n-r. \qquad \square$$

注 设 $\boldsymbol{A},\boldsymbol{B}$ 都是 n 阶矩阵, 则

$$\mathrm{R}(\boldsymbol{A})+\mathrm{R}(\boldsymbol{B})-n\leqslant \mathrm{R}(\boldsymbol{AB})\leqslant \min\{\mathrm{R}(\boldsymbol{A}),\mathrm{R}(\boldsymbol{B})\}. \tag{2.5}$$

称 (2.5) 式为**西尔维斯特不等式**. 矩阵秩的性质 5 是西尔维斯特不等式左边部分的推论, 且 (2.5) 式左边不等式又是弗罗贝尼乌斯不等式 (见习题第 2.71 题) 的推论.

第二章补充习题

2.57 设 $n\geqslant 2$, 三阶矩阵

$$\boldsymbol{A}=\begin{pmatrix}1&0&1\\0&2&0\\1&0&1\end{pmatrix},\quad \boldsymbol{B}=\begin{pmatrix}5&1&0\\0&5&2\\0&0&5\end{pmatrix},$$

分别求 $\boldsymbol{A}^n-2\boldsymbol{A}^{n-1}$ 与 $\boldsymbol{B}^n$.

2.58 设三阶可逆矩阵 $\boldsymbol{A}$ 的逆矩阵为

$$\boldsymbol{A}^{-1}=\begin{pmatrix}1&1&1\\1&2&1\\1&1&3\end{pmatrix},$$

分别求 $(\boldsymbol{A}^{-1})^*,(\boldsymbol{A}^*)^*$.

2.59 已知 $\boldsymbol{A}^3=\boldsymbol{O}$, 其中

$$\boldsymbol{A}=\begin{pmatrix} a & 1 & 0 \\ 1 & a & -1 \\ 0 & 1 & a \end{pmatrix},$$

(1) 求 a 的值;

(2) 若矩阵 $\boldsymbol{X}$ 满足 $\boldsymbol{X}-\boldsymbol{X}\boldsymbol{A}^2-\boldsymbol{A}\boldsymbol{X}+\boldsymbol{A}\boldsymbol{X}\boldsymbol{A}^2=\boldsymbol{I}$, 求 $\boldsymbol{X}$.

2.60 设 $\boldsymbol{A}$ 是 n 阶方阵, $|\boldsymbol{A}|=a, \boldsymbol{B}$ 为 m 阶方阵, $|\boldsymbol{B}|=b$, 则 $\begin{vmatrix} \boldsymbol{O} & 2\boldsymbol{A} \\ 3\boldsymbol{B} & \boldsymbol{O} \end{vmatrix}=(\quad)$.

(A) $-6ab$ (B) -2^n3^mab (C) $(-1)^{mn}2^n3^mab$ (D) $(-1)^{m+n}2^n3^mab$

2.61 设 $\boldsymbol{A},\boldsymbol{B},\boldsymbol{C},\boldsymbol{D}$ 都是 n 阶矩阵, 且 $|\boldsymbol{A}|\neq 0, \boldsymbol{AC}=\boldsymbol{CA}$. 证明:

$$\begin{vmatrix} \boldsymbol{A} & \boldsymbol{B} \\ \boldsymbol{C} & \boldsymbol{D} \end{vmatrix}=|\boldsymbol{AD}-\boldsymbol{CB}|.$$

2.62 已知 n 阶矩阵

$$\boldsymbol{A}=\left(\begin{array}{c|cccc} & 1 & & & \\ & & \frac{1}{2} & & \\ & & & \ddots & \\ & & & & \frac{1}{n-1} \\ \hline \frac{1}{n} & & & & \end{array}\right),$$

求 $\sum\limits_{i=1}^{n}\sum\limits_{j=1}^{n}A_{ij}$ 的值, 其中 $A_{ij}\quad(i,j=1,2,\cdots,n)$ 是行列式 $|\boldsymbol{A}|$ 中元素 a_{ij} 的代数余子式.

2.63 已知 n 阶矩阵

$$\boldsymbol{A}=\begin{pmatrix} 1+\frac{1}{n} & \frac{1}{n} & \cdots & \frac{1}{n} \\ \frac{1}{n} & 1+\frac{1}{n} & \cdots & \frac{1}{n} \\ \vdots & \vdots & & \vdots \\ \frac{1}{n} & \frac{1}{n} & \cdots & 1+\frac{1}{n} \end{pmatrix},$$

证明: 矩阵 $\boldsymbol{A}$ 可逆, 并求阵 $\boldsymbol{A}^{-1}$.

2.64 设 $s_k=x_1^k+x_2^k+\cdots+x_n^k(k=0,1,2,\cdots)$, 证明:

$$\boldsymbol{A}=\begin{vmatrix} s_0 & s_1 & \cdots & s_{n-1} \\ s_1 & s_2 & \cdots & s_n \\ \vdots & \vdots & & \vdots \\ s_{n-1} & s_n & \cdots & s_{2n-2} \end{vmatrix}=\prod_{1\leqslant j<i\leqslant n}(x_i-x_j)^2.$$

2.65 设

$$D_n = \begin{vmatrix} 1+x_1y_1 & 1+x_1y_2 & \cdots & 1+x_1y_n \\ 1+x_2y_1 & 1+x_2y_2 & \cdots & 1+x_2y_n \\ \vdots & \vdots & & \vdots \\ 1+x_ny_1 & 1+x_ny_2 & \cdots & 1+x_ny_n \end{vmatrix},$$

证明:

$$D_1 = 1+x_1y_1, \quad D_2 = (x_1-x_2)(y_1-y_2), \quad D_n = 0 \quad (n \geqslant 3).$$

2.66 设 $\boldsymbol{A}$ 是 $n\times(n+1)$ 矩阵, 证明: 存在 $(n+1)\times n$ 矩阵 $\boldsymbol{B}$, 使得 $\boldsymbol{AB}=\boldsymbol{I}$ 的充要条件是设 $\boldsymbol{A}$ 是行满秩矩阵, 即 $\mathrm{R}(\boldsymbol{A})=n$.

2.67 设 n 阶矩阵 $\boldsymbol{A}$ 的秩为 r, 证明: 必存在 n 阶可逆矩阵 $\boldsymbol{P}$, 使得

$$\boldsymbol{P}^{-1}\boldsymbol{AP} = \begin{pmatrix} \boldsymbol{B} \\ \boldsymbol{O} \end{pmatrix},$$

其中 $\boldsymbol{B}$ 是 $r\times n$ 行满秩矩阵.

2.68 证明: 任一 n 阶矩阵 $\boldsymbol{A}$ 与它的转置矩阵 $\boldsymbol{A}^{\mathrm{T}}$ 等价.

2.69 证明: 任一 n 阶矩阵 $\boldsymbol{A}$ 都可以表示成一个可逆矩阵 $\boldsymbol{P}$ 与一个幂等矩阵 $\boldsymbol{B}$(即 $\boldsymbol{B}^2=\boldsymbol{B}$) 的乘积 $\boldsymbol{A}=\boldsymbol{PB}$.

2.70 设 $\boldsymbol{A}$ 是秩为 r 的幂等矩阵, 即 $\boldsymbol{A}^2=\boldsymbol{A}$, 证明: 必存在可逆矩阵 $\boldsymbol{P}$, 使得

$$\boldsymbol{P}^{-1}\boldsymbol{AP} = \begin{pmatrix} \boldsymbol{I}_r & \boldsymbol{O} \\ \boldsymbol{O} & \boldsymbol{O} \end{pmatrix}.$$

2.71 设 $\boldsymbol{A},\boldsymbol{B},\boldsymbol{C}$ 分别是 $m\times s, s\times l, l\times n$ 矩阵, 证明:

$$\mathrm{R}(\boldsymbol{ABC}) \geqslant \mathrm{R}(\boldsymbol{AB}) + \mathrm{R}(\boldsymbol{BC}) - \mathrm{R}(\boldsymbol{B}).$$

这个结果称为**弗罗贝尼乌斯不等式**, 它是西尔维斯特不等式的推广.

2.72 设 $\boldsymbol{A}$ 是 n 阶矩阵, 证明:

$$\mathrm{R}(\boldsymbol{A}^3) + \mathrm{R}(\boldsymbol{A}) \geqslant 2\mathrm{R}(\boldsymbol{A}^2).$$

2.73 设 $m\times n$ 矩阵 $\boldsymbol{A}$ 的秩为 $r>0$, 从 $\boldsymbol{A}$ 中任意划去 $m-s$ 行和 $n-t$ 列, 余下的元素按原来的位置构成矩阵 $\boldsymbol{B}$. 证明:

$$\mathrm{R}(\boldsymbol{B}) \geqslant r+s+t-m-n.$$

2.74 设 $\boldsymbol{A}=(a_{ij})_{n\times n}$ 是奇异对称矩阵, A_{ij} 是 a_{ij} 的代数余子式, 证明:

$$A_{ij}^2 = A_{ii}A_{jj} \quad (i,j=1,2,\cdots,n).$$

第三章　线性方程组

在第一章中我们知道, 用克拉默法则解线性方程组最大的缺点是要求方程个数与未知量个数必须相等, 且系数行列式的值不为零. 然而, 诸多实际问题所涉及的线性方程组并非如此, 有时方程个数与未知量个数不等, 有时方程个数与未知量个数相等, 但系数行列式的值却等于零. 为此, 我们必须研究一般线性方程组的解法. 本章首先寻求一般线性方程组有解的条件, 以及有解时如何求其全部解; 然后, 讨论向量组的线性相关性、极大无关组、向量组的秩以及向量空间的概念; 最后借助向量空间的理论研究线性方程组解的结构.

§3.1　线性方程组的解

对一般的线性方程组

$$\begin{cases} a_{11}x_1 + a_{12}x_2 + \cdots + a_{1n}x_n = b_1, \\ a_{21}x_1 + a_{22}x_2 + \cdots + a_{2n}x_n = b_2, \\ \cdots\cdots\cdots\cdots\cdots\cdots\cdots\cdots\cdots \\ a_{m1}x_1 + a_{m2}x_2 + \cdots + a_{mn}x_n = b_m, \end{cases} \tag{3.1}$$

记

$$\boldsymbol{A} = \begin{pmatrix} a_{11} & a_{12} & \cdots & a_{1n} \\ a_{21} & a_{22} & \cdots & a_{2n} \\ \vdots & \vdots & & \vdots \\ a_{m1} & a_{m2} & \cdots & a_{mn} \end{pmatrix}, \quad x = \begin{pmatrix} x_1 \\ x_2 \\ \vdots \\ x_n \end{pmatrix}, \quad b = \begin{pmatrix} b_1 \\ b_2 \\ \vdots \\ b_m \end{pmatrix},$$

分别表示系数矩阵、未知数列向量和常数项列向量, 则方程组 (3.1) 可简记为

$$\boldsymbol{Ax} = \boldsymbol{b}. \tag{3.2}$$

分块矩阵 $(\boldsymbol{A}, \boldsymbol{b})$ 是线性方程组 (3.1) 的增广矩阵.

回忆一下在中学里学过的高斯消元法解线性方程组, 那里用到了三种重要的同解变形 (或称方程组的等价变形):

(1) 交换其中两个方程的位置;

(2) 将某个方程两边同乘一个非零数;

(3) 将某个方程两边同乘一个数分别加到另一个方程的两边.

这些过程其实就是对增广矩阵施行初等行变换. 因此, 可以对增广矩阵施行初等行变换, 化成行最简形矩阵解线性方程组.

例 3.1　用矩阵的初等行变换解线性方程组

$$\begin{cases}2x_1+5x_2-3x_3=3,\\3x_1+6x_2-2x_3=1,\\2x_1+4x_2-3x_3=4.\end{cases}$$

解 将增广矩阵施行初等行变换化成行最简形矩阵

$$\left(\begin{array}{ccc:c}2&5&-3&3\\3&6&-2&1\\2&4&-3&4\end{array}\right)\xrightarrow[r_2-r_1]{r_3-r_1}\left(\begin{array}{ccc:c}2&5&-3&3\\1&1&1&-2\\0&-1&0&1\end{array}\right)$$

$$\xrightarrow[r_1\leftrightarrow r_2,r_3\times(-1)]{r_1-2r_2}\left(\begin{array}{ccc:c}1&1&1&-2\\0&3&-5&7\\0&1&0&-1\end{array}\right)\xrightarrow[r_3\leftrightarrow r_2]{r_1-r_3,r_2-3r_3}\left(\begin{array}{ccc:c}1&0&1&-1\\0&1&0&-1\\0&0&-5&10\end{array}\right)$$

$$\xrightarrow[r_1-r_3]{r_3\times(-\frac{1}{5})}\left(\begin{array}{ccc:c}1&0&0&1\\0&1&0&-1\\0&0&1&-2\end{array}\right),$$

从而得到原方程组的解: $(1,-1,-2)^{\mathrm{T}}$.

例 3.2 用矩阵的初等行变换解线性方程组

$$\begin{cases}-4x_1+2x_2-2x_3+x_4=2,\\2x_1-x_2+x_3+3x_4=-8,\\6x_1-3x_2+3x_3+2x_4=-10.\end{cases}$$

解 将增广矩阵施行初等行变换得

$$\left(\begin{array}{cccc:c}-4&2&-2&1&2\\2&-1&1&3&-8\\6&-3&3&2&-10\end{array}\right)\xrightarrow[r_3-r_2]{r_3+r_1}\left(\begin{array}{cccc:c}-4&2&-2&1&2\\2&-1&1&3&-8\\0&0&0&0&0\end{array}\right)$$

$$\xrightarrow[r_1\times\frac{1}{7}]{r_1+2r_2}\left(\begin{array}{cccc:c}0&0&0&1&-2\\2&-1&1&3&-8\\0&0&0&0&0\end{array}\right)\xrightarrow[r_1-3r_2]{r_1\leftrightarrow r_2}\left(\begin{array}{cccc:c}2&-1&1&0&-2\\0&0&0&1&-2\\0&0&0&0&0\end{array}\right).$$

因而原方程组可化为

$$\begin{cases}x_3=-2x_1+x_2-2,\\x_4=\qquad\qquad\ \ -2,\end{cases}$$

这里 x_1,x_2 可取任意值 (称为**自由未知量**). 分别令 $x_1=k_1, x_2=k_2$ 得到原方程组的全部解 (称为**通解**):

$$\begin{pmatrix}x_1\\x_2\\x_3\\x_4\end{pmatrix}=\begin{pmatrix}k_1\\k_2\\-2k_1+k_2-2\\-2\end{pmatrix}=k_1\begin{pmatrix}1\\0\\-2\\0\end{pmatrix}+k_2\begin{pmatrix}0\\1\\1\\0\end{pmatrix}+\begin{pmatrix}0\\0\\-2\\-2\end{pmatrix},$$

其中 k_1, k_2 为任意数.

注 通解的表达形式不是唯一的. 比如, 对例 3.2 的增广矩阵进一步化成行最简形 (最后一个矩阵的第 1 行除以 2) 得

$$\left(\begin{array}{cccc|c} 1 & -1/2 & 1/2 & 0 & -1 \\ 0 & 0 & 0 & 1 & -2 \\ 0 & 0 & 0 & 0 & 0 \end{array}\right).$$

这时原方程组又可化为

$$\begin{cases} x_1 = \dfrac{1}{2}x_2 - \dfrac{1}{2}x_3 - 1, \\ x_4 = \qquad\qquad\quad -2. \end{cases}$$

分别令 $x_2 = 2k_1$, $x_3 = 2k_2$, 得到原方程组的另一个通解表达式为

$$\begin{pmatrix} x_1 \\ x_2 \\ x_3 \\ x_4 \end{pmatrix} = k_1 \begin{pmatrix} 1 \\ 2 \\ 0 \\ 0 \end{pmatrix} + k_2 \begin{pmatrix} -1 \\ 0 \\ 2 \\ 0 \end{pmatrix} + \begin{pmatrix} -1 \\ 0 \\ 0 \\ -2 \end{pmatrix},$$

其中 k_1, k_2 为任意数. 可以验证这两种通解表达式等价 (请阅读文献 [1]).

例 3.3 用矩阵的初等行变换解线性方程组

$$\begin{cases} x_1 - 2x_2 + 3x_3 - x_4 + 2x_5 = 2, \\ 2x_1 + x_2 + 2x_3 - 2x_4 - x_5 = 8, \\ 3x_1 - x_2 + 5x_3 - 3x_4 + x_5 = 6. \end{cases}$$

解 将增广矩阵施行初等行变换化成行阶梯形矩阵

$$\left(\begin{array}{ccccc|c} 1 & -2 & 3 & -1 & 2 & 2 \\ 0 & 5 & -4 & 0 & -5 & 4 \\ 0 & 0 & 0 & 0 & 0 & -4 \end{array}\right).$$

可以发现, 第 3 个方程化成了 "$0 = -4$", 这是不可能的, 故原方程组无解.

总结上面三个例题: 例 3.1 中系数矩阵的秩与增广矩阵的秩相等, 且等于未知量个数 (未知量个数等于系数矩阵的列数), 方程组有唯一解; 例 3.2 中系数矩阵的秩等于增广矩阵的秩, 且小于未知量的个数, 方程组有无穷多解; 例 3.3 中系数矩阵的秩小于增广矩阵的秩, 方程组无解. 于是得到如下定理:

定理 3.1 对于 n 元线性方程组 $\boldsymbol{Ax} = \boldsymbol{b}$,

(1) 有唯一解的充要条件是 $\mathrm{R}(\boldsymbol{A}) = \mathrm{R}(\boldsymbol{A}, \boldsymbol{b}) = n$;

(2) 有无穷多解的充要条件是 $\mathrm{R}(\boldsymbol{A}) = \mathrm{R}(\boldsymbol{A}, \boldsymbol{b}) < n$;

(3) 无解的充要条件是 $\mathrm{R}(\boldsymbol{A}) < \mathrm{R}(\boldsymbol{A}, \boldsymbol{b})$.

*证明 不妨假设线性方程组 (3.1) 的增广矩阵可通过初等行变换化为行阶梯形矩阵:

$$
(\boldsymbol{A},\boldsymbol{b}) \to \left(\begin{array}{cccccccc|c}
1 & 0 & \cdots & 0 & c_{1,r+1} & \cdots & c_{1n} & & d_1 \\
0 & 1 & \cdots & 0 & c_{2,r+1} & \cdots & c_{2n} & & d_2 \\
\vdots & \vdots & & \vdots & \vdots & & \vdots & & \vdots \\
0 & 0 & \cdots & 1 & c_{r,r+1} & \cdots & c_{rn} & & d_r \\
0 & 0 & \cdots & 0 & 0 & \cdots & 0 & & d_{r+1} \\
0 & 0 & \cdots & 0 & 0 & \cdots & 0 & & 0 \\
\vdots & \vdots & & \vdots & \vdots & & \vdots & & \vdots \\
0 & 0 & \cdots & 0 & 0 & \cdots & 0 & & 0
\end{array}\right).
$$

由于初等行变换不改变矩阵的秩, 线性方程组 (3.1) 的系数矩阵 $\boldsymbol{A}$ 与增广矩阵 $(\boldsymbol{A},\boldsymbol{b})$ 的秩分别为

$$
\mathrm{R}(\boldsymbol{A}) = r, \quad \mathrm{R}(\boldsymbol{A},\boldsymbol{b}) = \begin{cases} r, & \text{当 } d_{r+1} = 0 \text{ 时}, \\ r+1, & \text{当 } d_{r+1} \neq 0 \text{ 时}. \end{cases}
$$

并且线性方程组 (3.1) 与阶梯形方程组

$$
\begin{cases}
x_1 + c_{1,r+1}x_{r+1} + \cdots + c_{1n}x_n = d_1, \\
x_2 + c_{2,r+1}x_{r+1} + \cdots + c_{2n}x_n = d_2, \\
\cdots\cdots\cdots\cdots\cdots\cdots\cdots\cdots\cdots\cdots \\
x_r + c_{r,r+1}x_{r+1} + \cdots + c_{rn}x_n = d_r, \\
\qquad\qquad\qquad\qquad\qquad 0 = d_{r+1}
\end{cases}
$$

同解, 其解有三种情形:

(1) 当 $d_{r+1} \neq 0$, 即 $\mathrm{R}(\boldsymbol{A}) \neq \mathrm{R}(\boldsymbol{A},\boldsymbol{b})$ 时, 方程组 (3.1) 无解.

(2) 当 $d_{r+1} = 0$, $r = n$, 即 $\mathrm{R}(\boldsymbol{A}) = \mathrm{R}(\boldsymbol{A},\boldsymbol{b}) = r = n$ 时, 方程组 (3.1) 有唯一解

$$
x = (d_1, d_2, \cdots, d_n)^{\mathrm{T}}.
$$

(3) 当 $d_{r+1} = 0$, $r < n$, 即 $\mathrm{R}(\boldsymbol{A}) = \mathrm{R}(\boldsymbol{A},\boldsymbol{b}) = r < n$ 时, 可得

$$
\begin{cases}
x_1 = d_1 - c_{1,r+1}x_{r+1} - \cdots - c_{1n}x_n, \\
x_2 = d_2 - c_{2,r+1}x_{r+1} - \cdots - c_{2n}x_n, \\
\cdots\cdots\cdots\cdots\cdots\cdots\cdots\cdots\cdots\cdots \\
x_r = d_r - c_{r,r+1}x_{r+1} - \cdots - c_{rn}x_n,
\end{cases}
$$

其中自由未知量 $x_{r+1}, x_{r+2}, \cdots, x_n$ 可取任意值. 对自由未知量的任一组值:

$$
x_{r+1} = k_1, \quad x_{r+2} = k_2, \quad \cdots, \quad x_n = k_{n-r},
$$

代入上面的方程组中, 可求得 $x_1, x_2, \cdots, x_r$ 的相应值, 把这两组数合并起来就得到方程组 (3.1) 的一个解, 此时方程组 (3.1) 的通解为

$$\begin{cases} x_1 = d_1 - c_{1,r+1}x_{r+1} - \cdots - c_{1n}x_n, \\ x_2 = d_2 - c_{2,r+1}x_{r+1} - \cdots - c_{2n}x_n, \\ \cdots\cdots\cdots\cdots\cdots\cdots\cdots\cdots\cdots \\ x_r = d_r - c_{r,r+1}x_{r+1} - \cdots - c_{rn}x_n, \end{cases}$$

其中 $x_{r+1}, x_{r+2}, \cdots, x_n$ 为自由未知量, 将它写成

$$\begin{cases} x_1 = d_1 - c_{1,r+1}k_1 - \cdots - c_{1n}k_{n-r}, \\ \cdots\cdots\cdots\cdots\cdots\cdots\cdots\cdots\cdots \\ x_r = d_r - c_{r,r+1}k_1 - \cdots - c_{rn}k_{n-r}, \\ x_{r+1} = \qquad\quad k_1, \\ \cdots\cdots\cdots\cdots\cdots\cdots\cdots\cdots\cdots \\ x_n = \qquad\qquad\qquad k_{n-r}, \end{cases}$$

其中 $k_1, \cdots, k_{n-r}$ 为任意数. □

例 3.4 λ 取何值时线性方程组

$$\begin{cases} (1+\lambda)x_1 + x_2 + x_3 = 0, \\ x_1 + (1+\lambda)x_2 + x_3 = 3, \\ x_1 + x_2 + (1+\lambda)x_3 = \lambda: \end{cases}$$

(1) 有唯一解; (2) 无解; (3) 有无穷多解? 并在有无穷多解时求出其通解.

解法 1 对增广矩阵 $(\boldsymbol{A}, \boldsymbol{b})$ 施行初等行变换化成行阶梯形矩阵, 有

$$(\boldsymbol{A}, \boldsymbol{b}) = \left(\begin{array}{ccc:c} 1+\lambda & 1 & 1 & 0 \\ 1 & 1+\lambda & 1 & 3 \\ 1 & 1 & 1+\lambda & \lambda \end{array}\right)$$

$$\rightarrow \left(\begin{array}{ccc:c} 1 & 1 & 1+\lambda & \lambda \\ 0 & \lambda & -\lambda & 3-\lambda \\ 0 & 0 & -\lambda(3+\lambda) & (1-\lambda)(3+\lambda) \end{array}\right).$$

(1) 当 $\lambda \neq 0$ 且 $\lambda \neq -3$ 时, $\mathrm{R}(\boldsymbol{A}) = \mathrm{R}(\boldsymbol{A}, \boldsymbol{b}) = 3$, 方程组有唯一解;

(2) 当 $\lambda = 0$ 时, $\mathrm{R}(\boldsymbol{A}) = 1$, $\mathrm{R}(\boldsymbol{A}, \boldsymbol{b}) = 2$, 方程组无解;

(3) 当 $\lambda = -3$ 时, $\mathrm{R}(\boldsymbol{A}) = \mathrm{R}(\boldsymbol{A}, \boldsymbol{b}) = 2$, 方程组有无穷多解.

这时,

$$(\boldsymbol{A}, \boldsymbol{b}) = \left(\begin{array}{ccc:c} -2 & 1 & 1 & 0 \\ 1 & -2 & 1 & 3 \\ 1 & 1 & -2 & -3 \end{array}\right) \rightarrow \left(\begin{array}{ccc:c} 1 & 0 & -1 & -1 \\ 0 & 1 & -1 & -2 \\ 0 & 0 & 0 & 0 \end{array}\right).$$

于是, 原方程组等价于

$$\begin{cases} x_1 = x_3 - 1, \\ x_2 = x_3 - 2. \end{cases}$$

令自由未知量 $x_3 = k$, 得到原方程的通解为

$$\boldsymbol{x} = k\begin{pmatrix}1\\1\\1\end{pmatrix} + \begin{pmatrix}-1\\-2\\0\end{pmatrix} \quad (k\text{为任意数}).$$

解法 2 因系数矩阵 $\boldsymbol{A}$ 为方阵, 故方程组有唯一解的充要条件是系数行列式 $|\boldsymbol{A}| \neq 0$. 而

$$|\boldsymbol{A}| = \begin{vmatrix} 1+\lambda & 1 & 1 \\ 1 & 1+\lambda & 1 \\ 1 & 1 & 1+\lambda \end{vmatrix} = \lambda^2(\lambda+3),$$

因此, 当 $\lambda \neq 0$ 且 $\lambda \neq -3$ 时, 方程组有唯一解.

当 $\lambda = 0$ 时,

$$(\boldsymbol{A}, \boldsymbol{b}) = \left(\begin{array}{ccc:c} 1 & 1 & 1 & 0 \\ 1 & 1 & 1 & 3 \\ 1 & 1 & 1 & 0 \end{array}\right) \to \left(\begin{array}{ccc:c} 1 & 1 & 1 & 0 \\ 0 & 0 & 0 & 1 \\ 0 & 0 & 0 & 0 \end{array}\right).$$

因此, $\mathrm{R}(\boldsymbol{A}) = 1$, $\mathrm{R}(\boldsymbol{A}, \boldsymbol{b}) = 2$, 方程组无解.

当 $\lambda = -3$ 时,

$$(\boldsymbol{A}, \boldsymbol{b}) = \left(\begin{array}{ccc:c} -2 & 1 & 1 & 0 \\ 1 & -2 & 1 & 3 \\ 1 & 1 & -2 & -3 \end{array}\right) \to \left(\begin{array}{ccc:c} 1 & 0 & -1 & -1 \\ 0 & 1 & -1 & -2 \\ 0 & 0 & 0 & 0 \end{array}\right).$$

因此, $\mathrm{R}(\boldsymbol{A}) = \mathrm{R}(\boldsymbol{A}, \boldsymbol{b}) = 2$, 方程组有无穷多解, 其通解为

$$\boldsymbol{x} = k\begin{pmatrix}1\\1\\1\end{pmatrix} + \begin{pmatrix}-1\\-2\\0\end{pmatrix} \quad (k \text{ 为任意数}).$$

由定理 3.1 很容易得到如下齐次方程组有解的条件:

定理 3.2 对于 n 元齐次方程组 $\boldsymbol{A}\boldsymbol{x} = \boldsymbol{0}$,

(1) 只有零解的充要条件是 $\mathrm{R}(\boldsymbol{A}) = n$, 即 $\boldsymbol{A}$ 是列满秩矩阵;

(2) 有非零解的充要条件是 $\mathrm{R}(\boldsymbol{A}) < n$, 即 $\boldsymbol{A}$ 是列降秩矩阵.

例 3.5 求齐次方程组的通解

$$\begin{cases} 2x_1 + 4x_2 - x_3 + x_4 = 0, \\ x_1 - 3x_2 + 2x_3 + 3x_4 = 0, \\ 3x_1 + x_2 + x_3 + 4x_4 = 0. \end{cases}$$

解 对系数矩阵施行初等行变换化成行最简形矩阵

$$\begin{pmatrix}2 & 4 & -1 & 1\\ 1 & -3 & 2 & 3\\ 3 & 1 & 1 & 4\end{pmatrix}\xrightarrow[r_2-2r_1,r_3-3r_1]{r_1\leftrightarrow r_2}\begin{pmatrix}1 & -3 & 2 & 3\\ 0 & 10 & -5 & -5\\ 0 & 10 & -5 & -5\end{pmatrix}$$

$$\xrightarrow[r_2\times\frac{1}{10},r_1+3r_2]{r_3-r_2}\begin{pmatrix}1 & 0 & 1/2 & 3/2\\ 0 & 1 & -1/2 & -1/2\\ 0 & 0 & 0 & 0\end{pmatrix}.$$

于是原方程组可化简为

$$\begin{cases}x_1=-\dfrac{1}{2}x_3-\dfrac{3}{2}x_4,\\ x_2=\ \ \dfrac{1}{2}x_3+\dfrac{1}{2}x_4.\end{cases}$$

分别令自由未知量 $x_3=2k_1, x_4=2k_2$, 则得到原方程组的通解

$$\boldsymbol{x}=k_1\begin{pmatrix}-1\\1\\2\\0\end{pmatrix}+k_2\begin{pmatrix}-3\\1\\0\\2\end{pmatrix},$$

其中 k_1,k_2 为任意数.

习题 3.1

3.1 用矩阵的初等行变换解下列线性方程组:

(1) $\begin{cases}x_1+\ x_2+\ x_3=3,\\ x_1-3x_2-2x_3=5,\\ x_1+4x_2+3x_3=1;\end{cases}$　　(2) $\begin{cases}x_1-2x_2-\ 3x_3=2,\\ x_1-4x_2-13x_3=14,\\ -3x_1+5x_2+\ 4x_3=2;\end{cases}$

(3) $\begin{cases}x_1+2x_2-3x_3=2,\\ x_1+7x_2-4x_3=3,\\ 2x_1-\ x_2-5x_3=3;\end{cases}$　　(4) $\begin{cases}x_1-x_2+\ x_3-\ x_4=1,\\ 2x_1-x_2-\ x_3+\ x_4=1,\\ x_1\qquad\ -2x_3+2x_4=0.\end{cases}$

3.2 λ 取何值时线性方程组

$$\begin{cases}x_1+\ x_2-\ x_3=1,\\ 2x_1+3x_2+\lambda x_3=3,\\ x_1+\lambda x_2+3x_3=2\end{cases}$$

无解? 有唯一解? 有无穷多解? 并在有解时求其全部解.

3.3 求下列齐次方程组的全部解:

(1) $\begin{cases}x_1+2x_2-\ x_3-2x_4=0,\\ 2x_1-\ x_2-\ x_3+\ x_4=0,\\ 3x_1+\ x_2-2x_3-\ x_4=0;\end{cases}$　　(2) $\begin{cases}x_1+\ 2x_2+x_3-\ x_4=0,\\ 3x_1+\ 6x_2-x_3-3x_4=0,\\ 5x_1+10x_2+x_3-5x_4=0.\end{cases}$

3.4 λ 取何值时齐次方程组

$$\begin{cases} 2x_1 - \ \ x_2 + 3x_3 = 0, \\ 3x_1 - 4x_2 + 7x_3 = 0, \\ -x_1 + 2x_2 + \lambda x_3 = 0 \end{cases}$$

有非零解? 并求此非零解.

3.5 设 $x_1 - x_2 = a_1, x_2 - x_3 = a_2, \cdots, x_{n-1} - x_n = a_{n-1}, x_n - x_1 = a_n$, 证明: 此方程组有解的充要条件是 $\sum\limits_{i=1}^{n} a_i = 0$.

3.6 已知行列式

$$\begin{vmatrix} a_1 & b_1 & c_1 \\ a_2 & b_2 & c_2 \\ a_3 & b_3 & c_3 \end{vmatrix} \neq 0,$$

证明: 线性方程组

$$\begin{cases} a_1x + b_1y = c_1, \\ a_2x + b_2y = c_2, \\ a_3x + b_3y = c_3 \end{cases}$$

无解.

§3.2 n 维向量空间

3.2.1 数域

在高等代数中, 我们经常把所讨论的数界定在某一范围, 比如在复数范围、实数范围或有理数范围等等, 数域这一概念就是为了界定数的范围而提出来的.

假设 P 是一个非空数集, 如果 P 中的任意两个数做某种运算结果还在数集 P 中, 则称数集 P 对这种运算**封闭**.

定义 3.1 设 $\mathbb{P}$ 是包含 0 和 1 的复数集 $\mathbb{C}$ 的子集, 并且对加、减、乘、除 (除数不为零) 四则运算封闭, 则称 $\mathbb{P}$ 为一个**数域**.

比如有理数集 $\mathbb{Q}$, 实数集 $\mathbb{R}$, 复数集 $\mathbb{C}$ 都是数域, 而整数集 $\mathbb{Z}$ 不是数域.

例 3.6 证明数集 $\mathbb{Q}(\sqrt{2}) = \{a + b\sqrt{2} | a, b \in \mathbb{Q}\}$ 是数域.

证明 显然 $\mathbb{Q}(\sqrt{2})$ 包含 $0, 1$, 并且对加、减、乘运算都是封闭的. 下证它对除法运算封闭.

事实上, 对 $\mathbb{Q}(\sqrt{2})$ 中的任意两个数 $a+b\sqrt{2}$, $c+d\sqrt{2}$, $c \neq 0$, $d \neq 0$, $a, b, c.d \in \mathbb{Q}$, 则 $c-d\sqrt{2} \neq 0$, 由分母有理化得

$$\frac{a + b\sqrt{2}}{c + d\sqrt{2}} = \frac{(ac - 2bd) + (bc - ad)\sqrt{2}}{c^2 - 2d^2} = \frac{ac - 2bd}{c^2 - 2d^2} + \frac{bc - ad}{c^2 - 2d^2}\sqrt{2}.$$

注意到 $\dfrac{ac - 2bd}{c^2 - 2d^2}, \dfrac{bc - ad}{c^2 - 2d^2}$ 都是有理数, 故 $\mathbb{Q}(\sqrt{2})$ 对除法运算封闭. □

由于数域包含 0,1 且对加法和减法运算封闭, 因此, 数域包含全体整数. 同时, 由于数域对除法运算封闭, 因此, 数域包含全体形如 $\dfrac{q}{p}$ (其中 p,q 都是整数, 且 $p\neq 0$) 的数. 从而可知, 任何数域都包含了有理数域 $\mathbb{Q}$, 有理数域是最小的数域. 于是, 例 3.6 中的 $\mathbb{Q}(\sqrt{2})$ 是包含 $\sqrt{2}$ 的最小数域. 事实上, 前面已证 $\mathbb{Q}(\sqrt{2})$ 是数域, 假设 $\mathbb{P}$ 是包含 $\sqrt{2}$ 的任一数域, 则 $\mathbb{Q}\subset\mathbb{P}$. 对任意 $a+b\sqrt{2}\in\mathbb{Q}(\sqrt{2})$, 有 $a,b\in\mathbb{Q}$, 从而 $a,b\in\mathbb{P}$, $a+b\sqrt{2}\in\mathbb{P}$. 故 $\mathbb{Q}(\sqrt{2})\subset\mathbb{P}$, $\mathbb{Q}(\sqrt{2})$ 是包含 $\sqrt{2}$ 的最小数域.

3.2.2 n 维向量空间

定义 3.2 数域 $\mathbb{P}$ 上的 n **维向量**是指 n 维向量的每个分量都是数域 $\mathbb{P}$ 的数. 通常地, n 维向量可以写成一列

$$\begin{pmatrix} a_1 \\ a_2 \\ \vdots \\ a_n \end{pmatrix},$$

称为 n **维列向量**, 用 $\boldsymbol{\alpha},\boldsymbol{\beta},\boldsymbol{\gamma},\cdots$ 表示. 也可以写成一行

$$(a_1,a_2,\cdots,a_n),$$

称为 n **维行向量**. 今后, 如无特别声明, 所提到的 n 维向量都是指 n 维列向量, 因此, 行向量常用 $\boldsymbol{\alpha}^{\mathrm{T}},\boldsymbol{\beta}^{\mathrm{T}},\boldsymbol{\gamma}^{\mathrm{T}},\cdots$ 表示. 如果两个 n 维向量

$$\boldsymbol{\alpha}=(a_1,a_2,\cdots,a_n)^{\mathrm{T}},\quad \boldsymbol{\beta}=(b_1,b_2,\cdots,b_n)^{\mathrm{T}}$$

对应分量相等, 即

$$a_i=b_i\quad (i=1,2,\cdots,n),$$

则称为这两个向量**相等**, 记作 $\boldsymbol{\alpha}=\boldsymbol{\beta}$.

定义零向量 $\mathbf{0}=(0,0,\cdots,0)^{\mathrm{T}}$, 负向量 $-\boldsymbol{\alpha}=(-a_1,-a_2,\cdots,-a_n)^{\mathrm{T}}$.

设 $\mathbb{P}$ 是一个数域, 用 $\mathbb{P}^n$ 表示数域 $\mathbb{P}$ 上全体 n 维向量组成的集合. 在 $\mathbb{P}^n$ 中定义如下**向量加法**和**数量乘法** (统称为向量的**线性运算**): 对任意 $\lambda\in\mathbb{P}$, $\boldsymbol{\alpha}=(a_1,a_2,\cdots,a_n)^{\mathrm{T}}$, $\boldsymbol{\beta}=(b_1,b_2,\cdots,b_n)^{\mathrm{T}}\in\mathbb{P}^n$,

$$\boldsymbol{\alpha}+\boldsymbol{\beta}=(a_1,a_2,\cdots,a_n)^{\mathrm{T}}+(b_1,b_2,\cdots,b_n)^{\mathrm{T}}=(a_1+b_1,a_2+b_2,\cdots,a_n+b_n)^{\mathrm{T}},$$

$$\lambda\boldsymbol{\alpha}=\lambda(a_1,a_2,\cdots,a_n)^{\mathrm{T}}=(\lambda a_1,\lambda a_2,\cdots,\lambda a_n)^{\mathrm{T}}.$$

这样定义的向量的线性运算满足八条运算律 ($\lambda,\mu\in\mathbb{P},\boldsymbol{\alpha},\boldsymbol{\beta},\boldsymbol{\gamma}\in\mathbb{P}^n$):

(1) $\boldsymbol{\alpha}+\boldsymbol{\beta}=\boldsymbol{\beta}+\boldsymbol{\alpha}$;

(2) $\boldsymbol{\alpha}+(\boldsymbol{\beta}+\boldsymbol{\gamma})=(\boldsymbol{\alpha}+\boldsymbol{\beta})+\boldsymbol{\gamma}$;

(3) $\boldsymbol{\alpha}+\mathbf{0}=\boldsymbol{\alpha}$;

(4) $\boldsymbol{\alpha}+(-\boldsymbol{\alpha})=\mathbf{0}$;

(5) $1\boldsymbol{\alpha}=\boldsymbol{\alpha}$;

(6) $\lambda(\mu\boldsymbol{\alpha}) = (\lambda\mu)\boldsymbol{\alpha}$;

(7) $(\lambda+\mu)\boldsymbol{\alpha} = \lambda\boldsymbol{\alpha}+\mu\boldsymbol{\alpha}$;

(8) $\lambda(\boldsymbol{\alpha}+\boldsymbol{\beta}) = \lambda\boldsymbol{\alpha}+\lambda\boldsymbol{\beta}$.

定义 3.3 在 $\mathbb{P}^n$ 中定义如上向量加法和数量乘法, 且满足以上八条运算律, 称 $\mathbb{P}^n$ 是数域 $\mathbb{P}$ 上的 n **维向量空间**.

特别地, 取 $\mathbb{P}=\mathbb{R}$, 则 $\mathbb{R}^n$ 是实数域上的 n 维向量空间; $\mathbb{R}^3$ 是通常的三维向量空间, 其每一个向量就是空间直角坐标系中以原点为起点的有向线段; $\mathbb{R}^2$ 是平面向量空间, 其每一个向量就是平面直角坐标系中以原点为起点的有向线段; $\mathbb{R}$ 是数轴上以原点为起点的有向线段的全体.

3.2.3 子空间

定义 3.4 设 V 是向量空间 $\mathbb{P}^n$ 的非空子集, 如果 V 对于向量加法和数量乘法两种运算封闭, 那么集合 V 对于向量空间 $\mathbb{P}^n$ 的向量加法和数乘向量也构成一个向量空间 (满足八条运算律), 称为 $\mathbb{P}^n$ 的**子空间**. 只含零向量的集合 $\{\mathbf{0}\}$ 构成 $\mathbb{P}^n$ 的一个子空间, 称为**零空间**. 显然 $\{\mathbf{0}\}$ 和 $\mathbb{P}^n$ 都是 $\mathbb{P}^n$ 的子空间, 称为 $\mathbb{P}^n$ 的**平凡子空间**.

例 3.7 集合

$$V=\{x=(0,x_2,\cdots,x_n)^{\mathrm{T}}|x_2,\cdots,x_n\in\mathbb{P}\}$$

是向量空间 $\mathbb{P}^n$ 的子空间.

事实上, 若 $\boldsymbol{\alpha}=(0,a_2,\cdots,a_n)^{\mathrm{T}}\in V$, $\boldsymbol{\beta}=(0,b_2,\cdots,b_n)^{\mathrm{T}}\in V$, 则

$$\boldsymbol{\alpha}+\boldsymbol{\beta}=(0,a_2+b_2,\cdots,a_n+b_n)^{\mathrm{T}}\in V,\quad \lambda\boldsymbol{\alpha}=(0,\lambda a_2,\cdots,\lambda a_n)^{\mathrm{T}}\in V.$$

因此, V 对向量加法和数量乘法封闭, 故 V 是 $\mathbb{P}^n$ 的子空间.

例 3.8 集合 $V=\{x=(1,x_2,\cdots,x_n)^{\mathrm{T}}|x_2,\cdots,x_n\in\mathbb{P}\}$ 不是 $\mathbb{P}^n$ 的子空间.

事实上, 若 $\boldsymbol{\alpha}=(1,a_2,\cdots,a_n)^{\mathrm{T}}\in V$, $\boldsymbol{\beta}=(1,b_2,\cdots,b_n)^{\mathrm{T}}\in V$ 则

$$\boldsymbol{\alpha}+\boldsymbol{\beta}=(2,a_2+b_2,\cdots,a_n+b_n)^{T}\notin V.$$

所以 V 不是向量空间, 因而不是 $\mathbb{P}^n$ 的子空间.

例 3.9 设 $\boldsymbol{\alpha},\boldsymbol{\beta}\in\mathbb{P}^n$, 称 $k_1\boldsymbol{\alpha}+k_2\boldsymbol{\beta}\,(k_1,k_2\in\mathbb{P})$ 为向量 $\boldsymbol{\alpha},\boldsymbol{\beta}$ 的一个**线性组合**, 由向量 $\boldsymbol{\alpha},\boldsymbol{\beta}$ 的全体线性组合构成的集合

$$L(\boldsymbol{\alpha},\boldsymbol{\beta})=\{k_1\boldsymbol{\alpha}+k_2\boldsymbol{\beta}|k_1,k_2\in\mathbb{P}\}$$

是一个向量空间, 称为由向量 $\boldsymbol{\alpha},\boldsymbol{\beta}$**生成的向量空间**. 显然 $L(\boldsymbol{\alpha},\boldsymbol{\beta})$ 是 $\mathbb{P}^n$ 的子空间.

一般地, 由 $\boldsymbol{\alpha}_1,\boldsymbol{\alpha}_2,\cdots,\boldsymbol{\alpha}_s$ 的全体线性组合构成的向量空间, 称为由 $\boldsymbol{\alpha}_1,\boldsymbol{\alpha}_2,\cdots,\boldsymbol{\alpha}_s$**生成的向量空间**

$$L(\boldsymbol{\alpha}_1,\boldsymbol{\alpha}_2,\cdots,\boldsymbol{\alpha}_s)=\{k_1\boldsymbol{\alpha}_1+k_2\boldsymbol{\alpha}_2+\cdots+k_s\boldsymbol{\alpha}_s|k_1,k_2,\cdots,k_s\in\mathbb{P}\}.$$

习题 3.2

3.7 计算:

(1) $\frac{1}{3}(2,0,-1)^{\mathrm{T}}+(0,-1,2)^{\mathrm{T}}+\frac{1}{3}(1,3,4)^{\mathrm{T}}$;

(2) $5(0,1,-1)^{\mathrm{T}}-3\left(1,\frac{1}{3},2\right)^{\mathrm{T}}+(1,-3,1)^{\mathrm{T}}$.

3.8 判断下列集合是否为向量空间 $\mathbb{R}^n$ 的子空间, 说明理由:

(1) $V_1=\left\{x=(x_1,x_2,\cdots,x_n)^{\mathrm{T}}\,\middle|\,x_1,x_2,\cdots,x_n\in\mathbb{R},\ \sum_{i=1}^{n}x_i=0\right\}$;

(2) $V_2=\left\{x=(x_1,x_2,\cdots,x_n)^{\mathrm{T}}\,\middle|\,x_1,x_2,\cdots,x_n\in\mathbb{R},\ \sum_{i=1}^{n}x_i=1\right\}$.

§3.3 向量组的线性相关性

3.3.1 向量的线性表示

以下我们总是固定在 n 维向量空间 $\mathbb{P}^n$ 上讨论, 不再每次声明.

定义 3.5 对于向量 $\boldsymbol{\beta}$ 和向量组 $\boldsymbol{\alpha}_1,\boldsymbol{\alpha}_2,\cdots,\boldsymbol{\alpha}_s$, 如果存在一组数 $k_1,k_2,\cdots,k_s$, 使得

$$\boldsymbol{\beta}=k_1\boldsymbol{\alpha}_1+k_2\boldsymbol{\alpha}_2+\cdots+k_s\boldsymbol{\alpha}_s,$$

则称向量 $\boldsymbol{\beta}$ 是向量组 $\boldsymbol{\alpha}_1,\boldsymbol{\alpha}_2,\cdots,\boldsymbol{\alpha}_s$ 的一个**线性组合**, 或称向量 $\boldsymbol{\beta}$ 可由向量组 $\boldsymbol{\alpha}_1,\boldsymbol{\alpha}_2,\cdots,\boldsymbol{\alpha}_s$ **线性表示**, 称 $k_1,k_2,\cdots,k_s$ 为**组合系数** (或**表示系数**).

例如, 向量组

$$\boldsymbol{\alpha}_1=(2,-1,3,1)^{\mathrm{T}},\quad \boldsymbol{\alpha}_2=(4,-2,5,4)^{\mathrm{T}},\quad \boldsymbol{\alpha}_3=(2,-1,4,-1)^{\mathrm{T}}$$

满足 $\boldsymbol{\alpha}_3=3\boldsymbol{\alpha}_1-\boldsymbol{\alpha}_2$. 因此, $\boldsymbol{\alpha}_3$ 是 $\boldsymbol{\alpha}_1$, $\boldsymbol{\alpha}_2$ 的一个线性组合, 其组合系数为 3, −1.

又如, 任一 n 维向量 $\boldsymbol{\alpha}=(a_1,a_2,\cdots,a_n)^{\mathrm{T}}$ 都是 n 维单位向量组

$$\boldsymbol{e}_1=\begin{pmatrix}1\\0\\\vdots\\0\end{pmatrix},\quad \boldsymbol{e}_2=\begin{pmatrix}0\\1\\\vdots\\0\end{pmatrix},\quad \cdots,\quad \boldsymbol{e}_n=\begin{pmatrix}0\\0\\\vdots\\1\end{pmatrix}$$

的线性组合:

$$\boldsymbol{\alpha}=a_1\boldsymbol{e}_1+a_2\boldsymbol{e}_2+\cdots+a_n\boldsymbol{e}_n,$$

其组合系数为 $a_1,a_2,\cdots,a_n$.

由定义可知, 向量 $\boldsymbol{\beta}$ 可由向量组 $\boldsymbol{\alpha}_1,\boldsymbol{\alpha}_2,\cdots,\boldsymbol{\alpha}_s$ 线性表示的充要条件是线性方程组

$$x_1\boldsymbol{\alpha}_1+x_2\boldsymbol{\alpha}_2+\cdots+x_s\boldsymbol{\alpha}_s=\boldsymbol{\beta}$$

有解, 或者说

$$\mathrm{R}(\boldsymbol{A})=\mathrm{R}(\boldsymbol{A},\boldsymbol{\beta}),$$

其中 $\boldsymbol{A}=(\boldsymbol{\alpha}_1,\boldsymbol{\alpha}_2,\cdots,\boldsymbol{\alpha}_s)$ 是系数矩阵.

例 3.10 证明: 向量 $\boldsymbol{\beta}=(-1,1,5)^{\mathrm{T}}$ 是向量组 $\boldsymbol{\alpha}_1=(1,2,3)^{\mathrm{T}}$, $\boldsymbol{\alpha}_2=(0,1,4)^{\mathrm{T}}$, $\boldsymbol{\alpha}_3=(2,3,6)^{\mathrm{T}}$ 的线性组合, 并求出相应的组合系数.

证明 设

$$x_1\boldsymbol{\alpha}_1+x_2\boldsymbol{\alpha}_2+x_3\boldsymbol{\alpha}_3=\boldsymbol{\beta}. \tag{3.3}$$

将增广矩阵施行初等行变换得

$$\left(\begin{array}{ccc:c}1&0&2&-1\\2&1&3&1\\3&4&6&5\end{array}\right)\xrightarrow[r_3-3r_1,r_3\times\frac{1}{4}]{r_2-2r_1}\left(\begin{array}{ccc:c}1&0&2&-1\\0&1&-1&3\\0&1&0&2\end{array}\right)$$

$$\xrightarrow[r_1+2r_3,r_3\times(-1)]{r_2\leftrightarrow r_3,r_3-r_2}\left(\begin{array}{ccc:c}1&0&0&1\\0&1&0&2\\0&0&1&-1\end{array}\right),$$

知线性方程组 (3.3) 有唯一解, 所以, 向量 $\boldsymbol{\beta}$ 是向量组 $\boldsymbol{\alpha}_1,\boldsymbol{\alpha}_2,\boldsymbol{\alpha}_3$ 的线性组合:

$$\boldsymbol{\beta}=\boldsymbol{\alpha}_1+2\boldsymbol{\alpha}_2-\boldsymbol{\alpha}_3,$$

相应的组合系数为 $1,2,-1$. □

定义 3.6 若向量组 $\boldsymbol{A}:\boldsymbol{\alpha}_1,\boldsymbol{\alpha}_2,\cdots,\boldsymbol{\alpha}_s$ 的每一个向量都可由向量组 $\boldsymbol{B}:\boldsymbol{\beta}_1,\boldsymbol{\beta}_2,\cdots,\boldsymbol{\beta}_t$ 线性表示, 则称向量组 $\boldsymbol{A}$ 可由向量组 $\boldsymbol{B}$ **线性表示**. 如果两个向量组可以相互线性表示, 则称这两个**向量组等价**.

向量组等价有以下的性质:

(1) **反身性**: 每一个向量组都与它自身等价;

(2) **对称性**: 若向量组 $\boldsymbol{A}$ 与向量组 $\boldsymbol{B}$ 等价, 则向量组 $\boldsymbol{B}$ 与向量组 $\boldsymbol{A}$ 也等价;

(3) **传递性**: 若向量组 $\boldsymbol{A}$ 与向量组 $\boldsymbol{B}$ 等价, 向量组 $\boldsymbol{B}$ 与向量组 $\boldsymbol{C}$ 等价, 则向量组 $\boldsymbol{A}$ 与向量组 $\boldsymbol{C}$ 等价.

定理 3.3 向量组 $\boldsymbol{A}:\boldsymbol{\alpha}_1,\boldsymbol{\alpha}_2,\cdots,\boldsymbol{\alpha}_s$ 可由向量组 $\boldsymbol{B}:\boldsymbol{\beta}_1,\boldsymbol{\beta}_2,\cdots,\boldsymbol{\beta}_t$ 线性表示的充要条件是存在矩阵 $\boldsymbol{K}=(k_{ij})_{t\times s}$, 使得

$$(\boldsymbol{\alpha}_1,\boldsymbol{\alpha}_2,\cdots,\boldsymbol{\alpha}_s)=(\boldsymbol{\beta}_1,\boldsymbol{\beta}_2,\cdots,\boldsymbol{\beta}_t)\begin{pmatrix}k_{11}&k_{12}&\cdots&k_{1s}\\k_{21}&k_{22}&\cdots&k_{2s}\\\vdots&\vdots&&\vdots\\k_{t1}&k_{t2}&\cdots&k_{ts}\end{pmatrix}. \tag{3.4}$$

证明 (3.4) 式等价于

$$\boldsymbol{\alpha}_j=\sum_{i=1}^{t}k_{ij}\boldsymbol{\beta}_i\quad(j=1,2,\cdots,s),$$

这就是说向量组 $\boldsymbol{A}$ 可由向量组 $\boldsymbol{B}$ 线性表示. □

推论 3.1 矩阵 $\boldsymbol{A}=(\boldsymbol{\alpha}_1,\boldsymbol{\alpha}_2,\cdots,\boldsymbol{\alpha}_s)$ 的列向量组可由矩阵 $\boldsymbol{B}=(\boldsymbol{\beta}_1,\boldsymbol{\beta}_2,\cdots,\boldsymbol{\beta}_t)$ 的列向量组线性表示 $\Leftrightarrow$ 存在矩阵 $\boldsymbol{K}_{t\times s}$ 使得 $\boldsymbol{A}=\boldsymbol{BK}\Leftrightarrow \mathrm{R}(\boldsymbol{B})=\mathrm{R}(\boldsymbol{A},\boldsymbol{B})$.

定理 3.4 矩阵 $\boldsymbol{A}=(\boldsymbol{\alpha}_1,\boldsymbol{\alpha}_2,\cdots,\boldsymbol{\alpha}_s)$ 的列向量组与矩阵 $\boldsymbol{B}=(\boldsymbol{\beta}_1,\boldsymbol{\beta}_2,\cdots,\boldsymbol{\beta}_t)$ 的列向量组等价的充要条件是

$$\mathrm{R}(\boldsymbol{A})=\mathrm{R}(\boldsymbol{B})=\mathrm{R}(\boldsymbol{A},\boldsymbol{B}).$$

证明 $\mathrm{R}(\boldsymbol{A})=\mathrm{R}(\boldsymbol{A},\boldsymbol{B})\Leftrightarrow$ 线性方程组 $\boldsymbol{Ax}=\boldsymbol{\beta}_i\,(i=1,2,\cdots,t)$ 有解 $\Leftrightarrow$ 矩阵 $\boldsymbol{B}$ 的列向量组可由矩阵 $\boldsymbol{A}$ 的列向量组线性表示.

$\mathrm{R}(\boldsymbol{B})=\mathrm{R}(\boldsymbol{A},\boldsymbol{B})=\mathrm{R}(\boldsymbol{B},\boldsymbol{A})\Leftrightarrow$ 线性方程组 $\boldsymbol{Bx}=\boldsymbol{\alpha}_i\,(i=1,2,\cdots,s)$ 有解 $\Leftrightarrow$ 矩阵 $\boldsymbol{A}$ 的列向量组可由矩阵 $\boldsymbol{B}$ 的列向量组线性表示. □

相应地, 设 $\boldsymbol{A},\boldsymbol{B}$ 分别是 $m\times n$ 和 $s\times n$ 矩阵, 则 $\boldsymbol{A}$ 的行向量组可由 $\boldsymbol{B}$ 的行向量组线性表示 $\Leftrightarrow$ 存在矩阵 $\boldsymbol{K}_{m\times s}$ 使得 $\boldsymbol{A}=\boldsymbol{KB}\Leftrightarrow \mathrm{R}(\boldsymbol{B})=\mathrm{R}\begin{pmatrix}\boldsymbol{A}\\ \boldsymbol{B}\end{pmatrix}$.

思考: 设 $\boldsymbol{A},\boldsymbol{B}$ 分别是 $m\times n$ 和 $s\times n$ 矩阵, 则 $\boldsymbol{A},\boldsymbol{B}$ 的行向量组等价的条件是什么? (请阅读文献 [1])

例 3.11 证明: 向量组 $\boldsymbol{A}:\boldsymbol{\alpha}_1=(1,1,1)^{\mathrm{T}}$, $\boldsymbol{\alpha}_2=(1,2,0)^{\mathrm{T}}$ 与向量组 $\boldsymbol{B}:\boldsymbol{\beta}_1=(1,0,2)^{\mathrm{T}}$, $\boldsymbol{\beta}_2=(0,1,-1)^{\mathrm{T}}$ 等价.

证法 1 对矩阵 $(\boldsymbol{A},\boldsymbol{B})$ 施行初等行变换得

$$(\boldsymbol{A},\boldsymbol{B})=\left(\begin{array}{cc:cc}1&1&1&0\\1&2&0&1\\1&0&2&-1\end{array}\right)\to\left(\begin{array}{cc:cc}1&1&1&0\\0&1&-1&1\\0&-1&1&-1\end{array}\right)\to\left(\begin{array}{cc:cc}1&0&2&-1\\0&1&-1&1\\0&0&0&0\end{array}\right),$$

可知, $\mathrm{R}(\boldsymbol{A})=\mathrm{R}(\boldsymbol{B})=\mathrm{R}(\boldsymbol{A},\boldsymbol{B})=2$. 故向量组 $\boldsymbol{A}$ 与向量组 $\boldsymbol{B}$ 等价. □

证法 2 由证法 1 知,

$$\boldsymbol{\beta}_1=2\boldsymbol{\alpha}_1-\boldsymbol{\alpha}_2,\quad \boldsymbol{\beta}_2=-\boldsymbol{\alpha}_1+\boldsymbol{\alpha}_2,$$

即

$$(\boldsymbol{\beta}_1,\boldsymbol{\beta}_2)=(\boldsymbol{\alpha}_1,\boldsymbol{\alpha}_2)\begin{pmatrix}2&-1\\-1&1\end{pmatrix},$$

显然 $\begin{vmatrix}2&-1\\-1&1\end{vmatrix}=1\neq 0$, 即 $\begin{pmatrix}2&-1\\-1&1\end{pmatrix}$ 是可逆矩阵, 且

$$\begin{pmatrix}2&-1\\-1&1\end{pmatrix}^{-1}=\begin{pmatrix}1&1\\1&2\end{pmatrix}.$$

因此,

$$(\boldsymbol{\alpha}_1,\boldsymbol{\alpha}_2)=(\boldsymbol{\beta}_1,\boldsymbol{\beta}_2)\begin{pmatrix}1&1\\1&2\end{pmatrix},$$

即 $\boldsymbol{\alpha}_1=\boldsymbol{\beta}_1+\boldsymbol{\beta}_2$, $\boldsymbol{\alpha}_2=\boldsymbol{\beta}_1+2\boldsymbol{\beta}_2$, 故向量组 $\boldsymbol{A}$ 与向量组 $\boldsymbol{B}$ 等价. □

3.3.2 向量组的线性相关性

定义 3.7 对向量组 $\boldsymbol{\alpha}_1,\boldsymbol{\alpha}_2,\cdots,\boldsymbol{\alpha}_s$, 如果存在一组不全为零的数 $k_1,k_2,\cdots,k_s$, 使得

$$k_1\boldsymbol{\alpha}_1+k_2\boldsymbol{\alpha}_2+\cdots+k_s\boldsymbol{\alpha}_s=\mathbf{0}, \tag{3.5}$$

则称向量组 $\boldsymbol{\alpha}_1,\boldsymbol{\alpha}_2,\cdots,\boldsymbol{\alpha}_s$**线性相关**, 否则称向量组 $\boldsymbol{\alpha}_1,\boldsymbol{\alpha}_2,\cdots,\boldsymbol{\alpha}_s$ **线性无关**. 即是说, 若 (3.5) 式成立, 必有组合系数 $k_1=k_2=\cdots=k_s=0$, 则称向量组 $\boldsymbol{\alpha}_1,\boldsymbol{\alpha}_2,\cdots,\boldsymbol{\alpha}_s$ 线性无关.

在例 3.11 中, 由 $2\boldsymbol{\alpha}_1-\boldsymbol{\alpha}_2-\boldsymbol{\beta}_1=\mathbf{0}$, $\boldsymbol{\alpha}_1-\boldsymbol{\alpha}_2+\boldsymbol{\beta}_2=\mathbf{0}$ 知, 向量组 $\boldsymbol{\alpha}_1,\boldsymbol{\alpha}_2,\boldsymbol{\beta}_1$ 线性相关, 向量组 $\boldsymbol{\alpha}_1,\boldsymbol{\alpha}_2,\boldsymbol{\beta}_2$ 也线性相关, 向量组 $\boldsymbol{\alpha}_1,\boldsymbol{\alpha}_2$ 线性无关. 事实上, 若 $k_1\boldsymbol{\alpha}_1+k_2\boldsymbol{\alpha}_2=0$, 系数矩阵 $(\boldsymbol{\alpha}_1,\boldsymbol{\alpha}_2)$ 是列满秩的, 因而齐次方程组

$$(\boldsymbol{\alpha}_1,\boldsymbol{\alpha}_2)\begin{pmatrix}x_1\\x_2\end{pmatrix}=\mathbf{0}$$

只有零解, 即 $k_1=k_2=0$. 同理可得向量组 $\boldsymbol{\beta}_1,\boldsymbol{\beta}_2$ 也是线性无关的.

例 3.12 n 维单位向量组 $\boldsymbol{e}_1,\boldsymbol{e}_2,\cdots,\boldsymbol{e}_n$ 线性无关. 事实上, 令

$$k_1\boldsymbol{e}_1+k_2\boldsymbol{e}_2+\cdots+k_n\boldsymbol{e}_n=\mathbf{0},$$

即

$$\begin{aligned}&k_1(1,0,\cdots,0)^{\mathrm{T}}+k_2(0,1,\cdots,0)^{\mathrm{T}}+\cdots+k_n(0,0,\cdots,1)^{\mathrm{T}}\\=&(k_1,k_2,\cdots,k_n)^{\mathrm{T}}=(0,0,\cdots,0)^{\mathrm{T}},\end{aligned}$$

得到 $k_1=k_2=\cdots=k_n=0$, 故 $\boldsymbol{e}_1,\boldsymbol{e}_2,\cdots,\boldsymbol{e}_n$ 线性无关.

显然, 单独一个零向量线性相关; 单独一个非零向量线性无关; 任一包含零向量的向量组线性相关; 两个向量线性相关的充要条件是对应分量成比例, 其几何意义是这两个向量共线 (即 $\boldsymbol{\alpha}_1=k\boldsymbol{\alpha}_2$); 三个向量线性相关的几何意义是这三个向量共面.

设 $\boldsymbol{\alpha}_1,\boldsymbol{\alpha}_2,\cdots,\boldsymbol{\alpha}_s$ 是 n 维向量组, 令 $\boldsymbol{A}=(\boldsymbol{\alpha}_1,\boldsymbol{\alpha}_2,\cdots,\boldsymbol{\alpha}_s)$, 则向量组 $\boldsymbol{\alpha}_1,\boldsymbol{\alpha}_2,\cdots,\boldsymbol{\alpha}_s$ 线性相关的充要条件是齐次方程组 $\boldsymbol{Ax}=\mathbf{0}$(即方程组 (3.5)) 有非零解, 或者说, $\boldsymbol{A}$ 是列降秩矩阵, $\mathrm{R}(\boldsymbol{A})<s$.

等价地, 向量组 $\boldsymbol{\alpha}_1,\boldsymbol{\alpha}_2,\cdots,\boldsymbol{\alpha}_s$ 线性无关的充要条件是齐次方程组 $\boldsymbol{Ax}=\mathbf{0}$ 只有零解, 或者说, $\boldsymbol{A}$ 是列满秩矩阵, $\mathrm{R}(\boldsymbol{A})=s$.

$n+1$ 个 n 维向量一定线性相关, 这是因为 $n\times(n+1)$ 矩阵一定是列降秩矩阵. 例如, 4 个三维向量的向量组

$$\begin{pmatrix}1\\2\\-1\end{pmatrix},\quad\begin{pmatrix}-2\\3\\1\end{pmatrix},\quad\begin{pmatrix}2\\4\\-5\end{pmatrix},\quad\begin{pmatrix}3\\-2\\3\end{pmatrix}$$

必然是线性相关的. 事实上, 任一向量个数多于向量维数的向量组必定线性相关.

例 3.13 讨论向量组 $\boldsymbol{\alpha}_1=(2,-1,3)^{\mathrm{T}}$, $\boldsymbol{\alpha}_2=(1,4,6)^{\mathrm{T}}$, $\boldsymbol{\alpha}_3=(3,-6,0)^{\mathrm{T}}$ 的线性相关性.

解 施行初等行变换

$$(\boldsymbol{\alpha}_1,\boldsymbol{\alpha}_2,\boldsymbol{\alpha}_3)=\begin{pmatrix}2&1&3\\-1&4&-6\\3&6&0\end{pmatrix}\to\begin{pmatrix}2&1&3\\-1&4&-6\\0&0&0\end{pmatrix}\to\begin{pmatrix}1&0&2\\0&1&-1\\0&0&0\end{pmatrix},$$

可知 $(\boldsymbol{\alpha}_1,\boldsymbol{\alpha}_2,\boldsymbol{\alpha}_3)$ 的秩为 2, 是列降秩矩阵, 故 $\boldsymbol{\alpha}_1,\boldsymbol{\alpha}_2,\boldsymbol{\alpha}_3$ 线性相关.

例 3.14 已知向量组 $\boldsymbol{\alpha}_1,\boldsymbol{\alpha}_2,\boldsymbol{\alpha}_3$ 线性无关, $\boldsymbol{\beta}_1=2\boldsymbol{\alpha}_1+3\boldsymbol{\alpha}_2$, $\boldsymbol{\beta}_2=\boldsymbol{\alpha}_2-\boldsymbol{\alpha}_3$, $\boldsymbol{\beta}_3=\boldsymbol{\alpha}_1+\boldsymbol{\alpha}_2+\boldsymbol{\alpha}_3$. 证明: 向量组 $\boldsymbol{\beta}_1,\boldsymbol{\beta}_2,\boldsymbol{\beta}_3$ 线性无关.

证明 由已知得

$$(\boldsymbol{\beta}_1,\boldsymbol{\beta}_2,\boldsymbol{\beta}_3)=(\boldsymbol{\alpha}_1,\boldsymbol{\alpha}_2,\boldsymbol{\alpha}_3)\begin{pmatrix}2&0&1\\3&1&1\\0&-1&1\end{pmatrix}.$$

令

$$\boldsymbol{\beta}_1x_1+\boldsymbol{\beta}_2x_2+\boldsymbol{\beta}_3x_3=(\boldsymbol{\beta}_1,\boldsymbol{\beta}_2,\boldsymbol{\beta}_3)\begin{pmatrix}x_1\\x_2\\x_3\end{pmatrix}=\mathbf{0},$$

则有

$$(\boldsymbol{\alpha}_1,\boldsymbol{\alpha}_2,\boldsymbol{\alpha}_3)\begin{pmatrix}2&0&1\\3&1&1\\0&-1&1\end{pmatrix}\begin{pmatrix}x_1\\x_2\\x_3\end{pmatrix}=\mathbf{0}.$$

而 $\boldsymbol{\alpha}_1,\boldsymbol{\alpha}_2,\boldsymbol{\alpha}_3$ 线性无关, 所以

$$\begin{pmatrix}2&0&1\\3&1&1\\0&-1&1\end{pmatrix}\begin{pmatrix}x_1\\x_2\\x_3\end{pmatrix}=\mathbf{0}.$$

对系数矩阵施行初等行变换可以得到

$$\begin{pmatrix}2&0&1\\3&1&1\\0&-1&1\end{pmatrix}\to\begin{pmatrix}1&1&0\\0&1&-2\\0&0&1\end{pmatrix},$$

即系数矩阵是列满秩矩阵, 有 $x_1=x_2=x_3=0$, 故 $\boldsymbol{\beta}_1,\boldsymbol{\beta}_2,\boldsymbol{\beta}_3$ 线性无关. □

定理 3.5 向量组线性相关的充要条件是其中至少有一个向量可以由其余向量线性表示. 或者说, 向量组线性无关的充要条件是其中任一向量都不能由其余向量线性表示.

证明 向量组 $\boldsymbol{\alpha}_1,\boldsymbol{\alpha}_2,\cdots,\boldsymbol{\alpha}_s$ 线性相关 $\Leftrightarrow$ 存在一组不全为零的数 $k_1,k_2,\cdots,k_s$, 使得

$$k_1\boldsymbol{\alpha}_1+k_2\boldsymbol{\alpha}_2+\cdots+k_s\boldsymbol{\alpha}_s=\mathbf{0},$$

不妨假定 $k_1\neq 0$, 则上式又等价于

$$\boldsymbol{\alpha}_1=-\frac{1}{k_1}(k_2\boldsymbol{\alpha}_2+\cdots+k_s\boldsymbol{\alpha}_s).\quad \square$$

定理 3.6 若向量组的某个部分向量组线性相关, 则这个向量组线性相关; 反之, 若向量组线性无关, 则它的任一部分向量组也线性无关. 简单地说, 部分相关 ⇒ 整体相关 (向量个数增加); 整体无关 ⇒ 部分无关 (向量个数减少).

证明 设向量组 $\boldsymbol{\alpha}_1, \boldsymbol{\alpha}_2, \cdots, \boldsymbol{\alpha}_t$ 的某个部分向量组线性相关, 不妨假定 $\boldsymbol{\alpha}_1, \boldsymbol{\alpha}_2, \cdots, \boldsymbol{\alpha}_s$ $(0 < s < t)$ 线性相关, 则存在不全为零的数 $k_1, k_2, \cdots, k_s$, 使得

$$k_1\boldsymbol{\alpha}_1 + k_2\boldsymbol{\alpha}_2 + \cdots + k_s\boldsymbol{\alpha}_s = \mathbf{0}.$$

因此,

$$k_1\boldsymbol{\alpha}_1 + k_2\boldsymbol{\alpha}_2 + \cdots + k_s\boldsymbol{\alpha}_s + 0\boldsymbol{\alpha}_{s+1} + \cdots + 0\boldsymbol{\alpha}_t = \mathbf{0},$$

显然 $k_1, k_2, \cdots, k_s, 0, \cdots, 0$ 仍是不全为零的数, 故 $\boldsymbol{\alpha}_1, \boldsymbol{\alpha}_2, \cdots, \boldsymbol{\alpha}_t$ 线性相关. 定理的后一部分是前面部分的逆否命题. □

定理 3.7 如果某个向量组线性无关, 添加一个向量后线性相关, 则添加的向量可以由原来的向量组线性表示, 且表示法是唯一的.

证明 设向量组 $\boldsymbol{\alpha}_1, \boldsymbol{\alpha}_2, \cdots, \boldsymbol{\alpha}_s$ 线性无关, 添加向量 $\boldsymbol{\beta}$ 后, $\boldsymbol{\alpha}_1, \boldsymbol{\alpha}_2, \cdots, \boldsymbol{\alpha}_s, \boldsymbol{\beta}$ 线性相关, 下证 $\boldsymbol{\beta}$ 可由 $\boldsymbol{\alpha}_1, \boldsymbol{\alpha}_2, \cdots, \boldsymbol{\alpha}_s$ 线性表示, 且表示法是唯一的.

事实上, 由 $\boldsymbol{\alpha}_1, \boldsymbol{\alpha}_2, \cdots, \boldsymbol{\alpha}_s, \boldsymbol{\beta}$ 线性相关知, 存在不全为零的数 $k_1, k_2, \cdots, k_s, k$, 使得

$$k_1\boldsymbol{\alpha}_1 + k_2\boldsymbol{\alpha}_2 + \cdots + k_s\boldsymbol{\alpha}_s + k\boldsymbol{\beta} = \mathbf{0}.$$

若 $k = 0$, 则 $k_1, k_2, \cdots, k_s$ 不全为零, 且

$$k_1\boldsymbol{\alpha}_1 + k_2\boldsymbol{\alpha}_2 + \cdots + k_s\boldsymbol{\alpha}_s = \mathbf{0},$$

这与 $\boldsymbol{\alpha}_1, \boldsymbol{\alpha}_2, \cdots, \boldsymbol{\alpha}_s$ 线性无关矛盾. 因此, $k \neq 0$, 故 $\boldsymbol{\beta}$ 可由 $\boldsymbol{\alpha}_1, \boldsymbol{\alpha}_2, \cdots, \boldsymbol{\alpha}_s$ 线性表示:

$$\boldsymbol{\beta} = -\frac{k_1}{k}\boldsymbol{\alpha}_1 - \frac{k_2}{k}\boldsymbol{\alpha}_2 - \cdots - \frac{k_s}{k}\boldsymbol{\alpha}_s.$$

假设另有一种表示法

$$\boldsymbol{\beta} = \lambda_1\boldsymbol{\alpha}_1 + \lambda_2\boldsymbol{\alpha}_2 + \cdots + \lambda_s\boldsymbol{\alpha}_s,$$

则

$$\lambda_1\boldsymbol{\alpha}_1 + \lambda_2\boldsymbol{\alpha}_2 + \cdots + \lambda_s\boldsymbol{\alpha}_s = -\frac{k_1}{k}\boldsymbol{\alpha}_1 - \frac{k_2}{k}\boldsymbol{\alpha}_2 - \cdots - \frac{k_s}{k}\boldsymbol{\alpha}_s,$$

移项整理得

$$\left(\lambda_1 + \frac{k_1}{k}\right)\boldsymbol{\alpha}_1 + \left(\lambda_2 + \frac{k_2}{k}\right)\boldsymbol{\alpha}_2 + \cdots + \left(\lambda_s + \frac{k_s}{k}\right)\boldsymbol{\alpha}_s = \mathbf{0}.$$

由 $\boldsymbol{\alpha}_1, \boldsymbol{\alpha}_2, \cdots, \boldsymbol{\alpha}_s$ 线性无关可知

$$\lambda_1 + \frac{k_1}{k} = \lambda_2 + \frac{k_2}{k} = \cdots = \lambda_s + \frac{k_s}{k} = 0,$$

故

$$\lambda_1 = -\frac{k_1}{k}, \quad \lambda_2 = -\frac{k_2}{k}, \quad \cdots, \quad \lambda_s = -\frac{k_s}{k}. \quad \square$$

定理 3.8 若向量组

$$\boldsymbol{\alpha}_1=\begin{pmatrix}a_{11}\\a_{21}\\\vdots\\a_{n1}\end{pmatrix},\quad \boldsymbol{\alpha}_2=\begin{pmatrix}a_{12}\\a_{22}\\\vdots\\a_{n2}\end{pmatrix},\quad \cdots,\quad \boldsymbol{\alpha}_s=\begin{pmatrix}a_{1s}\\a_{2s}\\\vdots\\a_{ns}\end{pmatrix}$$

线性无关, 则各向量添加一个分量得到向量组

$$\boldsymbol{\beta}_1=\begin{pmatrix}a_{11}\\a_{21}\\\vdots\\a_{n1}\\a_{n+1,1}\end{pmatrix},\quad \boldsymbol{\beta}_2=\begin{pmatrix}a_{12}\\a_{22}\\\vdots\\a_{n2}\\a_{n+1,2}\end{pmatrix},\quad \cdots,\quad \boldsymbol{\beta}_s=\begin{pmatrix}a_{1s}\\a_{2s}\\\vdots\\a_{ns}\\a_{n+1,s}\end{pmatrix}$$

也线性无关; 反之, 若向量组 $\boldsymbol{\beta}_1,\boldsymbol{\beta}_2,\cdots,\boldsymbol{\beta}_s$ 线性相关, 则向量组 $\boldsymbol{\alpha}_1,\boldsymbol{\alpha}_2,\cdots,\boldsymbol{\alpha}_s$ 线性相关.

把后一个向量组叫作前一个向量组的加长组, 前一个向量组叫作后一个向量组的截断组, 这个定理可以简单地说成: 截断组无关 $\Rightarrow$ 加长组无关 (向量维数增加); 加长组相关 $\Rightarrow$ 截断组相关 (向量维数减少).

证明 令

$$\boldsymbol{A}=(\boldsymbol{\alpha}_1,\boldsymbol{\alpha}_2,\cdots,\boldsymbol{\alpha}_s),\quad \boldsymbol{B}=(\boldsymbol{\beta}_1,\boldsymbol{\beta}_2,\cdots,\boldsymbol{\beta}_s).$$

由 $\boldsymbol{\alpha}_1,\boldsymbol{\alpha}_2,\cdots,\boldsymbol{\alpha}_s$ 线性无关知, $\boldsymbol{A}$ 是列满秩矩阵, 即 $\mathrm{R}(\boldsymbol{A})=s$. 注意到 $\boldsymbol{A}$ 是 $n\times s$ 矩阵, $\boldsymbol{B}=\begin{pmatrix}\boldsymbol{A}\\\boldsymbol{\alpha}^{\mathrm{T}}\end{pmatrix}$ 是 $(n+1)\times s$ 矩阵, 其中 $\boldsymbol{\alpha}^{\mathrm{T}}=(a_{n+1,1},a_{n+1,2},\cdots,a_{n+1,s})$, 因此,

$$s=\mathrm{R}(\boldsymbol{A})\leqslant\mathrm{R}(\boldsymbol{B})\leqslant s.$$

故 $\mathrm{R}(\boldsymbol{B})=s$, 即 $\boldsymbol{B}$ 也是列满秩矩阵, 向量组 $\boldsymbol{\beta}_1,\boldsymbol{\beta}_2,\cdots,\boldsymbol{\beta}_s$ 线性无关. □

例 3.15 设向量组 $\boldsymbol{\alpha}_1,\boldsymbol{\alpha}_2,\boldsymbol{\alpha}_3$ 线性相关, 向量组 $\boldsymbol{\alpha}_2,\boldsymbol{\alpha}_3,\boldsymbol{\alpha}_4$ 线性无关, 问:

(1) $\boldsymbol{\alpha}_1$ 能否由 $\boldsymbol{\alpha}_2,\boldsymbol{\alpha}_3$ 线性表示? 说明理由;

(2) $\boldsymbol{\alpha}_4$ 能否由 $\boldsymbol{\alpha}_1,\boldsymbol{\alpha}_2,\boldsymbol{\alpha}_3$ 线性表示? 说明理由.

解 (1) 向量 $\boldsymbol{\alpha}_1$ 能由 $\boldsymbol{\alpha}_2,\boldsymbol{\alpha}_3$ 线性表示. 事实上, 向量组 $\boldsymbol{\alpha}_2,\boldsymbol{\alpha}_3,\boldsymbol{\alpha}_4$ 线性无关, 因此部分组 $\boldsymbol{\alpha}_2,\boldsymbol{\alpha}_3$ 也线性无关. 而向量组 $\boldsymbol{\alpha}_1,\boldsymbol{\alpha}_2,\boldsymbol{\alpha}_3$ 线性相关, 所以, 向量 $\boldsymbol{\alpha}_1$ 能由 $\boldsymbol{\alpha}_2,\boldsymbol{\alpha}_3$ 线性表示 (由定理 3.7 知).

(2) $\boldsymbol{\alpha}_4$ 不能由 $\boldsymbol{\alpha}_1,\boldsymbol{\alpha}_2,\boldsymbol{\alpha}_3$ 线性表示. 事实上, 如果 $\boldsymbol{\alpha}_4$ 能够由 $\boldsymbol{\alpha}_1,\boldsymbol{\alpha}_2,\boldsymbol{\alpha}_3$ 线性表示, 由 (1) 知, $\boldsymbol{\alpha}_1$ 能由 $\boldsymbol{\alpha}_2,\boldsymbol{\alpha}_3$ 线性表示, 则 $\boldsymbol{\alpha}_4$ 就能够由 $\boldsymbol{\alpha}_2,\boldsymbol{\alpha}_3$ 线性表示, 这与已知向量组 $\boldsymbol{\alpha}_2,\boldsymbol{\alpha}_3,\boldsymbol{\alpha}_4$ 线性无关矛盾.

定理 3.9 如果向量组 $\boldsymbol{\alpha}_1,\boldsymbol{\alpha}_2,\cdots,\boldsymbol{\alpha}_s$ 可由向量组 $\boldsymbol{\beta}_1,\boldsymbol{\beta}_2,\cdots,\boldsymbol{\beta}_t$ 线性表示, 且 $s>t$, 那么向量组 $\boldsymbol{\alpha}_1,\boldsymbol{\alpha}_2,\cdots,\boldsymbol{\alpha}_s$ 一定线性相关.

这个定理可以叙述成: 如果一个较多的向量组可以由另一个较少的向量组线性表示, 则较多向量组一定线性相关.

证明　事实上, 由定理 3.3 可知, 存在矩阵 $\boldsymbol{K}_{t\times s}$, 使得

$$(\boldsymbol{\alpha}_1,\boldsymbol{\alpha}_2,\cdots,\boldsymbol{\alpha}_s)=(\boldsymbol{\beta}_1,\boldsymbol{\beta}_2,\cdots,\boldsymbol{\beta}_t)\boldsymbol{K}_{t\times s}.$$

而 $\mathrm{R}(\boldsymbol{K})\leqslant\min\{s,t\}=t<s$, 即 $\boldsymbol{K}_{t\times s}$ 是列降秩矩阵, 所以, 齐次方程组 $\boldsymbol{Kx}=\boldsymbol{0}$ 有非零解 $\boldsymbol{x}=(x_1,x_2,\cdots,x_s)^{\mathrm{T}}$, 此时,

$$(\boldsymbol{\alpha}_1,\boldsymbol{\alpha}_2,\cdots,\boldsymbol{\alpha}_s)\begin{pmatrix}x_1\\x_2\\\vdots\\x_s\end{pmatrix}=(\boldsymbol{\beta}_1,\boldsymbol{\beta}_2,\cdots,\boldsymbol{\beta}_t)\boldsymbol{K}\begin{pmatrix}x_1\\x_2\\\vdots\\x_s\end{pmatrix}=\boldsymbol{0},$$

即

$$x_1\boldsymbol{\alpha}_1+x_2\boldsymbol{\alpha}_2+\cdots+x_s\boldsymbol{\alpha}_s=\boldsymbol{0},$$

且 $\boldsymbol{x}=(x_1,x_2,\cdots,x_s)^{\mathrm{T}}\neq\boldsymbol{0}$, 故向量组 $\boldsymbol{\alpha}_1,\boldsymbol{\alpha}_2,\cdots,\boldsymbol{\alpha}_s$ 线性相关. □

定理 3.9 的逆否命题是: 如果向量组 $\boldsymbol{\alpha}_1,\boldsymbol{\alpha}_2,\cdots,\boldsymbol{\alpha}_s$ 可以由向量组 $\boldsymbol{\beta}_1,\boldsymbol{\beta}_2,\cdots,\boldsymbol{\beta}_t$ 线性表示, 且 $\boldsymbol{\alpha}_1,\boldsymbol{\alpha}_2,\cdots,\boldsymbol{\alpha}_s$ 线性无关, 那么 $s\leqslant t$.

逆否命题可以说成: 如果一个线性无关向量组可由另一个向量组线性表示, 则无关向量组的向量个数不会多.

推论 3.2　两个等价的线性无关向量组必有相同的向量个数.

请读者自己完成证明.

习题 3.3

3.9　证明: 向量 $\boldsymbol{\beta}=(3,3,6)^{\mathrm{T}}$ 可由向量组 $\boldsymbol{\alpha}_1=(1,3,2)^{\mathrm{T}}$, $\boldsymbol{\alpha}_2=(3,2,1)^{\mathrm{T}}$, $\boldsymbol{\alpha}_3=(-2,-5,1)^{\mathrm{T}}$ 线性表示, 并求出表示系数.

3.10　判断下列向量组线性相关还是线性无关:

(1) $\boldsymbol{\alpha}_1=(1,-1,1)^{\mathrm{T}}$, $\boldsymbol{\alpha}_2=(-1,0,1)^{\mathrm{T}}$, $\boldsymbol{\alpha}_3=(1,3,-2)^{\mathrm{T}}$;

(2) $\boldsymbol{\alpha}_1=(1,2,0,1)^{\mathrm{T}}$, $\boldsymbol{\alpha}_2=(1,3,0,1)^{\mathrm{T}}$, $\boldsymbol{\alpha}_3=(1,1,-1,0)^{\mathrm{T}}$;

(3) $\boldsymbol{\alpha}_1=(1,0,-1,2)^{\mathrm{T}}$, $\boldsymbol{\alpha}_2=(-1,-1,2,-4)^{\mathrm{T}}$, $\boldsymbol{\alpha}_3=(2,3,-5,10)^{\mathrm{T}}$;

(4) $\boldsymbol{\alpha}_1=(1,2,1)^{\mathrm{T}}$, $\boldsymbol{\alpha}_2=(1,3,2)^{\mathrm{T}}$, $\boldsymbol{\alpha}_3=(-1,2,0)^{\mathrm{T}}$, $\boldsymbol{\alpha}_4=(3,2,1)^{\mathrm{T}}$.

3.11　设向量组: $\boldsymbol{\alpha}_1=(1,1,1)^{\mathrm{T}}$, $\boldsymbol{\alpha}_2=(1,2,3)^{\mathrm{T}}$, $\boldsymbol{\alpha}_3=(1,3,t)^{\mathrm{T}}$, $\boldsymbol{\alpha}_4=(3,4,5)^{\mathrm{T}}$.

(1) 问 t 为何值时, 向量组 $\boldsymbol{\alpha}_1,\boldsymbol{\alpha}_2,\boldsymbol{\alpha}_3$ 线性相关? 线性无关?

(2) 问 t 为何值时, 向量组 $\boldsymbol{\alpha}_1,\boldsymbol{\alpha}_2,\boldsymbol{\alpha}_3,\boldsymbol{\alpha}_4$ 线性相关? 线性无关?

3.12　证明: 如果向量组 $\boldsymbol{\alpha}_1,\boldsymbol{\alpha}_2,\boldsymbol{\alpha}_3$ 线性无关, 则下列向量组分别线性无关:

(1) $\boldsymbol{\beta}_1=\boldsymbol{\alpha}_1+2\boldsymbol{\alpha}_2$, $\boldsymbol{\beta}_2=2\boldsymbol{\alpha}_2+3\boldsymbol{\alpha}_3$, $\boldsymbol{\beta}_3=3\boldsymbol{\alpha}_3+\boldsymbol{\alpha}_1$;

(2) $\boldsymbol{\beta}_1=2\boldsymbol{\alpha}_1+3\boldsymbol{\alpha}_2$, $\boldsymbol{\beta}_2=3\boldsymbol{\alpha}_1+4\boldsymbol{\alpha}_2+2\boldsymbol{\alpha}_3$, $\boldsymbol{\beta}_3=\boldsymbol{\alpha}_1+\boldsymbol{\alpha}_2+\boldsymbol{\alpha}_3$.

3.13 已知向量 $\boldsymbol{\alpha}_1=(1,1,1)^{\mathrm{T}}$, $\boldsymbol{\alpha}_2=(0,2,5)^{\mathrm{T}}$, $\boldsymbol{\alpha}_3=(2,4,7)^{\mathrm{T}}$,

(1) 讨论向量组 $\boldsymbol{\alpha}_1,\boldsymbol{\alpha}_2,\boldsymbol{\alpha}_3$ 及向量组 $\boldsymbol{\alpha}_1,\boldsymbol{\alpha}_2$ 的线性相关性;

(2) 向量 $\boldsymbol{\alpha}_3$ 能否由向量组 $\boldsymbol{\alpha}_1,\boldsymbol{\alpha}_2$ 线性表示? 如果能, 求其组合系数.

3.14 设向量组 $\boldsymbol{\alpha}_1,\boldsymbol{\alpha}_2,\cdots,\boldsymbol{\alpha}_n$ 线性无关, n 阶矩阵 $\boldsymbol{A}=(a_{ij})_{n\times n}$,

$$(\boldsymbol{\beta}_1,\boldsymbol{\beta}_2,\cdots,\boldsymbol{\beta}_n)=(\boldsymbol{\alpha}_1,\boldsymbol{\alpha}_2,\cdots,\boldsymbol{\alpha}_n)\boldsymbol{A}.$$

证明: 向量组 $\boldsymbol{\beta}_1,\boldsymbol{\beta}_2,\cdots,\boldsymbol{\beta}_n$ 线性无关的充要条件是 $|\boldsymbol{A}|\neq 0$.

3.15 证明下面的向量组 $\boldsymbol{A},\boldsymbol{B}$ 等价:

(1) $\boldsymbol{A}:\boldsymbol{\alpha}_1=(0,1,1)^{\mathrm{T}}$, $\boldsymbol{\alpha}_2=(1,1,0)^{\mathrm{T}}$,

$\boldsymbol{B}:\boldsymbol{\beta}_1=(-1,0,1)^{\mathrm{T}}$, $\boldsymbol{\beta}_2=(1,2,1)^{\mathrm{T}}$, $\boldsymbol{\beta}_3=(3,2,-1)^{\mathrm{T}}$.

(2) $\boldsymbol{A}:\boldsymbol{\alpha}_1=(1,-1,1,-1)^{\mathrm{T}}$, $\boldsymbol{\alpha}_2=(3,1,1,3)^{\mathrm{T}}$,

$\boldsymbol{B}:\boldsymbol{\beta}_1=(2,0,1,1)^{\mathrm{T}}$, $\boldsymbol{\beta}_2=(1,1,0,2)^{\mathrm{T}}$, $\boldsymbol{\beta}_3=(3,-1,2,0)^{\mathrm{T}}$.

§3.4 向量组的秩

3.4.1 极大无关组与向量组的秩

定义 3.8 向量组的一个部分组 (即其中一部分) 称为这个向量组的一个**极大线性无关组**, 简称**极大无关组**, 如果这个部分组线性无关, 且从这个向量组中任意添加一个向量后 (如果还有的话) 线性相关.

例如, n 维单位向量组 $\boldsymbol{e}_1,\boldsymbol{e}_2,\cdots,\boldsymbol{e}_n$ 线性无关, 且 $\mathbb{R}^n$ 中的任一向量都可由它线性表示, 因此, $\boldsymbol{e}_1,\boldsymbol{e}_2,\cdots,\boldsymbol{e}_n$ 是 $\mathbb{R}^n$ 的一个极大无关组. 又如, 在例 3.13 中, $\boldsymbol{\alpha}_1,\boldsymbol{\alpha}_2$ 线性无关, 且 $\boldsymbol{\alpha}_3=2\boldsymbol{\alpha}_1-\boldsymbol{\alpha}_2$, 因此, $\boldsymbol{\alpha}_1,\boldsymbol{\alpha}_2$ 是向量组 $\boldsymbol{\alpha}_1,\boldsymbol{\alpha}_2,\boldsymbol{\alpha}_3$ 的一个极大无关组; $\boldsymbol{\alpha}_1,\boldsymbol{\alpha}_3$ 也线性无关, 且 $\boldsymbol{\alpha}_2=2\boldsymbol{\alpha}_1-\boldsymbol{\alpha}_3$, 因此, $\boldsymbol{\alpha}_1,\boldsymbol{\alpha}_3$ 也是它的一个极大无关组. 所以, 向量组的极大无关组一般并不唯一, 除非这个向量组本身就线性无关.

显然, 任一向量组与它的极大无关组等价, 向量组的任意两个极大无关组可以相互线性表示, 因而向量组的任意两个极大无关组是等价的. 由推论 3.2 可知, 两个等价的线性无关向量组有相同的向量个数, 所以, 向量组的极大无关组所含向量的个数是一定的.

定义 3.9 向量组的极大无关组所包含的向量个数称为这个**向量组的秩**. 向量组 $\boldsymbol{\alpha}_1,\boldsymbol{\alpha}_2,\cdots,\boldsymbol{\alpha}_s$ 的秩记为 $\mathrm{R}(\boldsymbol{\alpha}_1,\boldsymbol{\alpha}_2,\cdots,\boldsymbol{\alpha}_s)$. 规定单独一个零向量其秩为零. 若向量组的秩等于 (小于) 此向量组的向量个数, 则称这个向量组是**满秩的**(**降秩的**).

由定理 3.9 可以得到:

推论 3.3 如果向量组 $\boldsymbol{A}$ 可由向量组 $\boldsymbol{B}$ 线性表示, 那么 $\mathrm{R}(\boldsymbol{A})\leqslant\mathrm{R}(\boldsymbol{B})$.

证明 设 $\boldsymbol{A}_1:\boldsymbol{\alpha}_1,\boldsymbol{\alpha}_2,\cdots,\boldsymbol{\alpha}_s$ 是向量组 $\boldsymbol{A}$ 的一个极大无关组, $\boldsymbol{B}_1:\boldsymbol{\beta}_1,\boldsymbol{\beta}_2,\cdots,\boldsymbol{\beta}_t$ 是向量组 $\boldsymbol{B}$ 的一个极大无关组, 因此, 向量组 $\boldsymbol{A}_1$ 可由 $\boldsymbol{A}$ 线性表示. 而向量组 $\boldsymbol{A}$ 可由 $\boldsymbol{B}$ 线性表示, $\boldsymbol{B}$ 可由 $\boldsymbol{B}_1$ 线性表示, 所以, 向量组 $\boldsymbol{A}_1$ 可由 $\boldsymbol{B}_1$ 线性表示. 注意到向量组 $\boldsymbol{A}_1$ 是线性无关的, 由定理 3.9 的逆否命题可知 $s\leqslant t$. □

如果向量组 $\boldsymbol{A}$ 是向量组 $\boldsymbol{B}$ 的部分组, 显然 $\boldsymbol{A}$ 可由 $\boldsymbol{B}$ 线性表示, 因而 $\mathrm{R}(\boldsymbol{A})\leqslant\mathrm{R}(\boldsymbol{B})$.

推论 3.4 设向量组 $\boldsymbol{A}$ 的秩为 r, 则向量组 $\boldsymbol{A}$ 中任意 $r+1$ 个向量 (如果存在的话) 一定线性相关.

证明　设 $\boldsymbol{A}_1$ 是向量组 $\boldsymbol{A}$ 的一个极大无关组, 则 $\boldsymbol{A}_1$ 包含 r 个向量. 对向量组 $\boldsymbol{A}$ 中任意 $r+1$ 个向量构成的向量组, 记为 $\boldsymbol{A}_2$, 则 $\boldsymbol{A}_2$ 可由 $\boldsymbol{A}_1$ 线性表示, 注意到 $\boldsymbol{A}_2$ 的向量个数多于 $\boldsymbol{A}_1$ 的向量个数, 由定理 3.9 知, 向量组 $\boldsymbol{A}_2$ 线性相关. □

由推论 3.4 得到极大无关组的如下等价定义:

定义 3.8′　如果向量组中有一个包含 r 个向量的线性无关的部分组, 且这个向量组的任意 $r+1$ 个向量 (如果存在的话) 线性相关, 就称这个部分组为这个向量组的一个**极大无关组**. 简言之, 极大无关组就是包含向量个数最多的线性无关的部分组.

把矩阵的列向量组的秩叫作**矩阵的列秩**, 行向量组的秩叫作**矩阵的行秩**. 矩阵的列秩、行秩与矩阵的秩之间有如下关系:

定理 3.10　矩阵的秩等于矩阵的列秩, 也等于它的行秩.

证明　设矩阵 $\boldsymbol{A}=(\boldsymbol{\alpha}_1,\boldsymbol{\alpha}_2,\cdots,\boldsymbol{\alpha}_s)$, $\mathrm{R}(\boldsymbol{A})=r$, 则 $\boldsymbol{A}$ 中存在一个 r 阶子式 $D_r\neq \boldsymbol{0}$, 因此, D_r 的列向量线性无关. 由定理 3.8 知, 截断组线性无关推出加长组线性无关, 因此, D_r 所在的矩阵 $\boldsymbol{A}$ 的 r 个列向量线性无关.

其次, 设矩阵 $\boldsymbol{A}$ 中任意 $r+1$ 个列构成的矩阵为 $\boldsymbol{B}$, 则 $\mathrm{R}(\boldsymbol{B})\leqslant \mathrm{R}(\boldsymbol{A})=r$. 因此, $\boldsymbol{B}$ 是列降秩矩阵, $\boldsymbol{B}$ 的列向量线性相关. 所以, 矩阵 $\boldsymbol{A}$ 的列向量组中线性无关的部分组最多只含 r 个向量, 故 $\boldsymbol{A}$ 的列秩等于 r. 同理可证, $\boldsymbol{A}$ 的行秩也等于 r. □

显然, 向量组线性无关 (相关) 等价于此向量组是满 (降) 秩的, 因此得到如下定理:

定理 3.11　矩阵的初等行 (列) 变换不改变列 (行) 向量组的线性关系.

证明　设 $n\times s$ 矩阵 $\boldsymbol{A}$ 经过若干次初等行变换后得到 $n\times s$ 矩阵 $\boldsymbol{B}$, 即存在 n 阶可逆矩阵 $\boldsymbol{Q}_1$, 使得 $\boldsymbol{Q}_1\boldsymbol{A}=\boldsymbol{B}$, 故 $\mathrm{R}(\boldsymbol{A})=\mathrm{R}(\boldsymbol{B})$. $\boldsymbol{A}$ 的列向量组线性相关 (无关)$\Leftrightarrow\boldsymbol{A}$ 列降 (满) 秩 $\Leftrightarrow\boldsymbol{B}$ 列降 (满) 秩 $\Leftrightarrow\boldsymbol{B}$ 的列向量组线性相关 (无关). 故初等行变换不改变矩阵的列向量组的线性关系.

设 $m\times p$ 矩阵 $\boldsymbol{C}$ 经过若干次初等列变换后得到 $m\times p$ 矩阵 $\boldsymbol{D}$, 即存在 p 阶可逆矩阵 $\boldsymbol{Q}_2$, 使得 $\boldsymbol{C}\boldsymbol{Q}_2=\boldsymbol{D}$, 故 $\mathrm{R}(\boldsymbol{C})=\mathrm{R}(\boldsymbol{D})$. $\boldsymbol{C}$ 的行向量组线性相关 (无关) $\Leftrightarrow\boldsymbol{C}$ 行降 (满) 秩 $\Leftrightarrow\boldsymbol{D}$ 行降 (满) 秩 $\Leftrightarrow\boldsymbol{D}$ 的行向量组线性相关 (无关). 故初等列变换不改变矩阵的行向量组的线性关系. □

由定理 3.11 可知, 要研究一个列向量组的线性关系, 可以将这个列向量组并成一个矩阵, 然后对它施行初等行变换, 化成行最简形来讨论就可以了.

例 3.16　设向量组 $\boldsymbol{A}$:

$$\boldsymbol{\alpha}_1=\begin{pmatrix}2\\1\\4\\3\end{pmatrix},\quad \boldsymbol{\alpha}_2=\begin{pmatrix}-1\\1\\-6\\6\end{pmatrix},\quad \boldsymbol{\alpha}_3=\begin{pmatrix}-1\\-2\\2\\-9\end{pmatrix},\quad \boldsymbol{\alpha}_4=\begin{pmatrix}1\\1\\-2\\7\end{pmatrix},\quad \boldsymbol{\alpha}_5=\begin{pmatrix}2\\4\\4\\9\end{pmatrix}.$$

求 $\boldsymbol{A}$ 的一个极大无关组, 并把其余向量用这个极大无关组线性表示.

解　将这个列向量组并成的矩阵仍记为 $\boldsymbol{A}$, 施行初等行变换化成行最简形矩阵得到

$$A=\begin{pmatrix}2&-1&-1&1&2\\1&1&-2&1&4\\4&-6&2&-2&4\\3&6&-9&7&9\end{pmatrix}\to\begin{pmatrix}1&0&-1&0&4\\0&1&-1&0&3\\0&0&0&1&-3\\0&0&0&0&0\end{pmatrix}.$$

可以看到, 在行最简形矩阵中, 第 1,2,4 列是一个极大无关组, 因此, $\boldsymbol{\alpha}_1,\boldsymbol{\alpha}_2,\boldsymbol{\alpha}_4$ 是向量组 $\boldsymbol{A}$ 的一个极大无关组, 向量组 $\boldsymbol{A}$ 的秩是 3, 且

$$\boldsymbol{\alpha}_3=-\boldsymbol{\alpha}_1-\boldsymbol{\alpha}_2,\quad \boldsymbol{\alpha}_5=4\boldsymbol{\alpha}_1+3\boldsymbol{\alpha}_2-3\boldsymbol{\alpha}_4.$$

例 3.17 设 $\boldsymbol{C}_{m\times n}=\boldsymbol{A}_{m\times s}\boldsymbol{B}_{s\times n}$, 证明:

$$\mathrm{R}(\boldsymbol{C})\leqslant \mathrm{R}(\boldsymbol{A}),\quad \mathrm{R}(\boldsymbol{C})\leqslant \mathrm{R}(\boldsymbol{B}).$$

证明 由 $\boldsymbol{C}=\boldsymbol{AB}$ 知, $\boldsymbol{C}$ 的列向量组可由 $\boldsymbol{A}$ 的列向量组线性表示. 由推论 3.3 得, $\boldsymbol{C}$ 的列秩不超过 $\boldsymbol{A}$ 的列秩, 因此, $\mathrm{R}(\boldsymbol{C})\leqslant \mathrm{R}(\boldsymbol{A})$.

又由 $\boldsymbol{C}^{\mathrm{T}}=\boldsymbol{B}^{\mathrm{T}}\boldsymbol{A}^{\mathrm{T}}$ 可知, $\boldsymbol{C}^{\mathrm{T}}$ 的列秩不超过 $\boldsymbol{B}^{\mathrm{T}}$ 的列秩, 即 $\boldsymbol{C}$ 的行秩不超过 $\boldsymbol{B}$ 的行秩, 故 $\mathrm{R}(\boldsymbol{C})\leqslant \mathrm{R}(\boldsymbol{B})$. □

例 3.18 设 $\boldsymbol{A}$ 是 $m\times n$ 矩阵, $\boldsymbol{B}$ 是 $m\times k$ 矩阵, 则

$$\max\{\mathrm{R}(\boldsymbol{A}),\mathrm{R}(\boldsymbol{B})\}\leqslant \mathrm{R}(\boldsymbol{A},\boldsymbol{B})\leqslant \mathrm{R}(\boldsymbol{A})+\mathrm{R}(\boldsymbol{B}).$$

证明 设 $\mathrm{R}(\boldsymbol{A})=s$, $\mathrm{R}(\boldsymbol{B})=t$, 矩阵 $\boldsymbol{A},\boldsymbol{B}$ 的列向量组的极大无关组分别是 $\boldsymbol{\alpha}_1,\boldsymbol{\alpha}_2,\cdots,\boldsymbol{\alpha}_s$ 和 $\boldsymbol{\beta}_1,\boldsymbol{\beta}_2,\cdots,\boldsymbol{\beta}_t$. 于是 $(\boldsymbol{A},\boldsymbol{B})$ 的全体列向量一定可以由向量组 $\boldsymbol{\alpha}_1,\boldsymbol{\alpha}_2,\cdots,\boldsymbol{\alpha}_s,\boldsymbol{\beta}_1,\boldsymbol{\beta}_2,\cdots,\boldsymbol{\beta}_t$ 线性表示, 即 $\mathrm{R}(\boldsymbol{A},\boldsymbol{B})\leqslant \mathrm{R}(\boldsymbol{A})+\mathrm{R}(\boldsymbol{B})$.

另一方面, $\boldsymbol{A}$ 的列向量个数小于 $(\boldsymbol{A},\boldsymbol{B})$ 的列向量个数, 因而 $\mathrm{R}(\boldsymbol{A})\leqslant \mathrm{R}(\boldsymbol{A},\boldsymbol{B})$; 同时 $\mathrm{R}(\boldsymbol{B})\leqslant \mathrm{R}(\boldsymbol{A},\boldsymbol{B})$. 因而, $\max\{\mathrm{R}(\boldsymbol{A}),\mathrm{R}(\boldsymbol{B})\}\leqslant \mathrm{R}(\boldsymbol{A},\boldsymbol{B})$. □

例 3.19 设 $\boldsymbol{A}=(a_{ij})_{m\times n}$, 证明: $\mathrm{R}(\boldsymbol{A})=1$ 的充要条件是存在非零列向量 $\boldsymbol{\alpha}$ 及非零行向量 $\boldsymbol{\beta}^{\mathrm{T}}$, 使得 $\boldsymbol{A}=\boldsymbol{\alpha}\boldsymbol{\beta}^{\mathrm{T}}$.

证法 1 必要性. 设矩阵 $\boldsymbol{A}=(\boldsymbol{\alpha}_1,\boldsymbol{\alpha}_2,\cdots,\boldsymbol{\alpha}_n)$, 由于 $\mathrm{R}(\boldsymbol{A})=1$, 所以, 列向量组 $\boldsymbol{\alpha}_1,\boldsymbol{\alpha}_2,\cdots,\boldsymbol{\alpha}_n$ 的极大无关组只含一个向量, 不妨假定 $\boldsymbol{\alpha}_1$ 是它的一个极大无关组. 设

$$\boldsymbol{\alpha}_2=k_2\boldsymbol{\alpha}_1,\cdots,\boldsymbol{\alpha}_n=k_n\boldsymbol{\alpha}_1,$$

再令 $\boldsymbol{\alpha}=\boldsymbol{\alpha}_1$, $\boldsymbol{\beta}=(1,k_2,\cdots,k_n)^{\mathrm{T}}$, 则

$$\boldsymbol{A}=(\boldsymbol{\alpha}_1,k_2\boldsymbol{\alpha}_1\cdots,k_n\boldsymbol{\alpha}_1)=\boldsymbol{\alpha}_1(1,k_2,\cdots,k_n)=\boldsymbol{\alpha}\boldsymbol{\beta}^{\mathrm{T}}.$$

充分性. 由 $\boldsymbol{A}=\boldsymbol{\alpha}\boldsymbol{\beta}^{\mathrm{T}}$ 知, $\mathrm{R}(\boldsymbol{A})\leqslant 1$. 其次, 由于 $\boldsymbol{\alpha}$ 和 $\boldsymbol{\beta}^{\mathrm{T}}$ 都是非零向量, 有 $\boldsymbol{A}\neq\boldsymbol{O}$, 因此 $\mathrm{R}(\boldsymbol{A})\geqslant 1$, 故 $\mathrm{R}(\boldsymbol{A})=1$. □

证法 2 $\mathrm{R}(\boldsymbol{A})=1$ 等价于存在 m 阶可逆矩阵 $\boldsymbol{P}$ 和 n 阶可逆矩阵 $\boldsymbol{Q}$, 使得

$$\boldsymbol{A}=\boldsymbol{P}\boldsymbol{E}_{11}\boldsymbol{Q}=\boldsymbol{P}\boldsymbol{e}_1\boldsymbol{e}_1^{\mathrm{T}}\boldsymbol{Q}.$$

分别令 $\boldsymbol{\alpha}=\boldsymbol{P}\boldsymbol{e}_1, \boldsymbol{\beta}^{\mathrm{T}}=\boldsymbol{e}_1^{\mathrm{T}}\boldsymbol{Q}$, 显然 $\boldsymbol{\alpha}$ 与 $\boldsymbol{\beta}^{\mathrm{T}}$ 都是非零向量, 故 $\mathrm{R}(\boldsymbol{A})=1 \Leftrightarrow \boldsymbol{A}=\boldsymbol{\alpha}\boldsymbol{\beta}^{\mathrm{T}}$. □

例 3.20 设 $\boldsymbol{A}=(a_{ij})_{m\times s}$ 是列满秩矩阵 $(s\leqslant m)$, $\boldsymbol{B}=(b_{ij})_{s\times n}$. 证明: $\mathrm{R}(\boldsymbol{AB})=\mathrm{R}(\boldsymbol{B})$.

证法 1 设 $\mathrm{R}(\boldsymbol{B})=r$, 对矩阵 $\boldsymbol{B}$ 进行列分块 $\boldsymbol{B}=(\boldsymbol{\beta}_1,\boldsymbol{\beta}_2,\cdots,\boldsymbol{\beta}_n)$, 不妨假定 $\boldsymbol{B}$ 的前 r 列 $\boldsymbol{\beta}_1,\boldsymbol{\beta}_2,\cdots,\boldsymbol{\beta}_r$ 是 $\boldsymbol{\beta}_1,\boldsymbol{\beta}_2,\cdots,\boldsymbol{\beta}_n$ 的极大无关组. 下证 $\boldsymbol{A\beta}_1,\boldsymbol{A\beta}_2,\cdots,\boldsymbol{A\beta}_r$ 是列向量组 $\boldsymbol{A\beta}_1,\boldsymbol{A\beta}_2,\cdots,\boldsymbol{A\beta}_n$ 的极大无关组.

事实上, 设

$$\boldsymbol{A\beta}_1x_1+\boldsymbol{A\beta}_2x_2+\cdots+\boldsymbol{A\beta}_rx_r=\mathbf{0},$$

即

$$\boldsymbol{A}(\boldsymbol{\beta}_1x_1+\boldsymbol{\beta}_2x_2+\cdots+\boldsymbol{\beta}_rx_r)=\mathbf{0}.$$

注意到 $\boldsymbol{A}$ 是列满秩矩阵, 齐次方程组 $\boldsymbol{Ax}=\mathbf{0}$ 只有零解, 所以,

$$\boldsymbol{\beta}_1x_1+\boldsymbol{\beta}_2x_2+\cdots+\boldsymbol{\beta}_rx_r=\mathbf{0}.$$

由 $\boldsymbol{\beta}_1,\boldsymbol{\beta}_2,\cdots,\boldsymbol{\beta}_r$ 线性无关可知, $x_1=x_2=\cdots=x_r=0$, 即 $\boldsymbol{A\beta}_1,\boldsymbol{A\beta}_2,\cdots,\boldsymbol{A\beta}_r$ 线性无关. 其次, 对任意 $\boldsymbol{\beta}_j\,(j=1,2,\cdots,n)$ 都可以表示成

$$k_{j1}\boldsymbol{\beta}_1+k_{j2}\boldsymbol{\beta}_2+\cdots+k_{jr}\boldsymbol{\beta}_r=\boldsymbol{\beta}_j.$$

因此,

$$\boldsymbol{A}(k_{j1}\boldsymbol{\beta}_1+k_{j2}\boldsymbol{\beta}_2+\cdots+k_{jr}\boldsymbol{\beta}_r)=\boldsymbol{A\beta}_j,$$

即

$$k_{j1}\boldsymbol{A\beta}_1+k_{j2}\boldsymbol{A\beta}_2+\cdots+k_{jr}\boldsymbol{A\beta}_r=\boldsymbol{A\beta}_j,$$

这说明, 任意向量 $\boldsymbol{A\beta}_j\,(j=1,2,\cdots,n)$ 都可由 $\boldsymbol{A\beta}_1,\boldsymbol{A\beta}_2,\cdots,\boldsymbol{A\beta}_r$ 线性表示, 故 $\boldsymbol{A\beta}_1,\boldsymbol{A\beta}_2,\cdots,\boldsymbol{A\beta}_r$ 是 $\boldsymbol{A\beta}_1,\boldsymbol{A\beta}_2,\cdots,\boldsymbol{A\beta}_n$ 的极大无关组, 因而矩阵 $\boldsymbol{AB}$ 的列秩仍为 r. □

证法 2 由于 $\mathrm{R}(\boldsymbol{A})=s$, 则存在 m 阶可逆矩阵 $\boldsymbol{P}$ 和 s 阶可逆矩阵 $\boldsymbol{Q}$, 使得

$$\boldsymbol{A}=\boldsymbol{P}\begin{pmatrix}\boldsymbol{I}_s\\ \boldsymbol{O}\end{pmatrix}\boldsymbol{Q},$$

其中, 分块零矩阵是 $(m-s)\times s$ 矩阵, 所以,

$$\boldsymbol{AB}=\boldsymbol{P}\begin{pmatrix}\boldsymbol{I}_s\\ \boldsymbol{O}\end{pmatrix}\boldsymbol{QB}=\boldsymbol{P}\begin{pmatrix}\boldsymbol{QB}\\ \boldsymbol{O}\end{pmatrix}.$$

注意到 $\boldsymbol{P}$ 是可逆矩阵, 故

$$\mathrm{R}(\boldsymbol{AB})=\mathrm{R}\begin{pmatrix}\boldsymbol{QB}\\ \boldsymbol{O}\end{pmatrix}=\mathrm{R}(\boldsymbol{QB})=\mathrm{R}(\boldsymbol{B}).\ \square$$

3.4.2 基、维数与坐标

定义 3.10 设 V 是数域 $\mathbb{P}$ 上的向量空间, 如果 V 中的向量组 $\boldsymbol{\alpha}_1,\boldsymbol{\alpha}_2,\cdots,\boldsymbol{\alpha}_s$ 满足:

(1) $\boldsymbol{\alpha}_1,\boldsymbol{\alpha}_2,\cdots,\boldsymbol{\alpha}_s$ 线性无关;

(2) V 中的任一向量都能由向量组 $\boldsymbol{\alpha}_1,\boldsymbol{\alpha}_2,\cdots,\boldsymbol{\alpha}_s$ 线性表示,

则称向量组 $\boldsymbol{\alpha}_1,\boldsymbol{\alpha}_2,\cdots,\boldsymbol{\alpha}_s$ 是向量空间 V 的一个**基**, 称 s 是向量空间 V 的**维数**, 记作 $\dim V=s$, 并称 V 是 s 维向量空间. 规定零空间的维数为零.

设 $\boldsymbol{\alpha}_1,\boldsymbol{\alpha}_2,\cdots,\boldsymbol{\alpha}_s$ 是向量空间 V 的基, 则 V 的任一向量 $\boldsymbol{\alpha}$ 都可以由这个基线性表示, 而且表示法是唯一的. 令

$$\boldsymbol{\alpha}=x_1\boldsymbol{\alpha}_1+x_2\boldsymbol{\alpha}_2+\cdots+x_s\boldsymbol{\alpha}_s,$$

称 $(x_1,x_2,\cdots,x_s)^{\mathrm{T}}$ 为向量 $\boldsymbol{\alpha}$ 在基 $\boldsymbol{\alpha}_1,\boldsymbol{\alpha}_2,\cdots,\boldsymbol{\alpha}_s$ 下的**坐标**.

如果把向量空间看作一个向量组, 那么它的基就是一个极大无关组, 它的维数就是这个向量组的秩. 设向量组 $\boldsymbol{\alpha}_1,\boldsymbol{\alpha}_2,\cdots,\boldsymbol{\alpha}_m$ 的秩是 s, $\boldsymbol{\alpha}_1,\boldsymbol{\alpha}_2,\cdots,\boldsymbol{\alpha}_s$ 是它的一个极大无关组, 则由向量组 $\boldsymbol{\alpha}_1,\boldsymbol{\alpha}_2,\cdots,\boldsymbol{\alpha}_m$ 生成的向量空间

$$L(\boldsymbol{\alpha}_1,\boldsymbol{\alpha}_2,\cdots,\boldsymbol{\alpha}_m)=\{k_1\boldsymbol{\alpha}_1+k_2\boldsymbol{\alpha}_2+\cdots+k_m\boldsymbol{\alpha}_m|k_1,k_2,\cdots,k_m\in\mathbb{P}\}$$

的维数是 s, $\boldsymbol{\alpha}_1,\boldsymbol{\alpha}_2,\cdots,\boldsymbol{\alpha}_s$ 就是它的一个基, 并且

$$L(\boldsymbol{\alpha}_1,\boldsymbol{\alpha}_2,\cdots,\boldsymbol{\alpha}_m)=L(\boldsymbol{\alpha}_1,\boldsymbol{\alpha}_2,\cdots,\boldsymbol{\alpha}_s).$$

例 3.21 设向量组

$$\boldsymbol{\alpha}_1=\begin{pmatrix}1\\-1\\1\\-1\end{pmatrix},\quad \boldsymbol{\alpha}_2=\begin{pmatrix}1\\1\\0\\2\end{pmatrix},\quad \boldsymbol{\alpha}_3=\begin{pmatrix}3\\1\\1\\3\end{pmatrix},\boldsymbol{\alpha}_4=\begin{pmatrix}3\\-1\\2\\0\end{pmatrix},$$

令 $V=L(\boldsymbol{\alpha}_1,\boldsymbol{\alpha}_2,\boldsymbol{\alpha}_3,\boldsymbol{\alpha}_4)$. 证明: $\dim V=2$, $\boldsymbol{\alpha}_1,\boldsymbol{\alpha}_2$ 是 V 的一个基, 并求 $\boldsymbol{\alpha}_3,\boldsymbol{\alpha}_4$ 在这个基下的坐标.

证明 对矩阵 $\boldsymbol{A}=(\boldsymbol{\alpha}_1,\boldsymbol{\alpha}_2,\boldsymbol{\alpha}_3,\boldsymbol{\alpha}_4)$ 施行初等行变换化成行最简形矩阵:

$$\boldsymbol{A}=\begin{pmatrix}1&1&3&3\\-1&1&1&-1\\1&0&1&2\\-1&2&3&0\end{pmatrix}\to\begin{pmatrix}1&1&3&3\\0&1&2&1\\0&0&0&0\\0&0&0&0\end{pmatrix}\to\begin{pmatrix}1&0&1&2\\0&1&2&1\\0&0&0&0\\0&0&0&0\end{pmatrix}.$$

可知, $\boldsymbol{\alpha}_1,\boldsymbol{\alpha}_2$ 是 $\boldsymbol{\alpha}_1,\boldsymbol{\alpha}_2,\boldsymbol{\alpha}_3,\boldsymbol{\alpha}_4$ 的一个极大无关组, 因而是 V 的一个基. 由

$$\boldsymbol{\alpha}_3=\boldsymbol{\alpha}_1+2\boldsymbol{\alpha}_2,\quad \boldsymbol{\alpha}_4=2\boldsymbol{\alpha}_1+\boldsymbol{\alpha}_2$$

知, $\boldsymbol{\alpha}_3,\boldsymbol{\alpha}_4$ 在基 $\boldsymbol{\alpha}_1,\boldsymbol{\alpha}_2$ 下的坐标分别是 $(1,2)^{\mathrm{T}}$ 及 $(2,1)^{\mathrm{T}}$, $\dim V=2$, $V=L(\boldsymbol{\alpha}_1,\boldsymbol{\alpha}_2)$. □

习题 3.4

3.16 求下列向量组的秩和一个极大无关组, 并把其余向量用这个极大无关组线性表示:

(1) $\boldsymbol{\alpha}_1=(1,-1,2,0)^{\mathrm{T}}$, $\boldsymbol{\alpha}_2=(1,-1,2,4)^{\mathrm{T}}$, $\boldsymbol{\alpha}_3=(0,3,1,2)^{\mathrm{T}}$, $\boldsymbol{\alpha}_4=(2,1,5,6)^{\mathrm{T}}$;

(2) $\boldsymbol{\alpha}_1=(1,3,5,-1)^{\mathrm{T}}$, $\boldsymbol{\alpha}_2=(2,-1,-3,4)^{\mathrm{T}}$, $\boldsymbol{\alpha}_3=(5,1,-1,7)^{\mathrm{T}}$, $\boldsymbol{\alpha}_4=(7,7,9,1)^{\mathrm{T}}$.

3.17 设 $\boldsymbol{\alpha}_1=(1,1,0,0)^{\mathrm{T}},\boldsymbol{\alpha}_2=(1,0,1,1)^{\mathrm{T}},\boldsymbol{\beta}_1=(2,-1,3,3)^{\mathrm{T}},\boldsymbol{\beta}_2=(0,1,-1,-1)^{\mathrm{T}}$, 证明: $L(\boldsymbol{\alpha}_1,\boldsymbol{\alpha}_2)=L(\boldsymbol{\beta}_1,\boldsymbol{\beta}_2)$.

3.18 设向量 $\boldsymbol{\alpha}_1=(1,-1,0)^{\mathrm{T}}$, $\boldsymbol{\alpha}_2=(2,1,3)^{\mathrm{T}}$, $\boldsymbol{\alpha}_3=(3,1,2)^{\mathrm{T}}$, $\boldsymbol{\beta}_1=(5,0,7)^{\mathrm{T}}$, $\boldsymbol{\beta}_2=(-9,-8,-13)^{\mathrm{T}}$, 验证向量 $\boldsymbol{\alpha}_1,\boldsymbol{\alpha}_2,\boldsymbol{\alpha}_3$ 是 $\mathbb{R}^3$ 的一个基, 并求 $\boldsymbol{\beta}_1,\boldsymbol{\beta}_2$ 在这个基下的坐标.

3.19 求向量空间 $V=\{\boldsymbol{x}=(0,x_2,\cdots,x_n)^{\mathrm{T}}|x_2,\cdots,x_n\in\mathbb{R}\}$ 的维数和一个基.

3.20 设 $\boldsymbol{\beta}$ 可由向量组 $\boldsymbol{\alpha}_1,\boldsymbol{\alpha}_2,\cdots,\boldsymbol{\alpha}_s$ 线性表示, 但不能由 $\boldsymbol{\alpha}_1,\boldsymbol{\alpha}_2,\cdots,\boldsymbol{\alpha}_{s-1}$ 线性表示, 证明: 向量组 $\boldsymbol{\alpha}_1,\boldsymbol{\alpha}_2,\cdots,\boldsymbol{\alpha}_{s-1},\boldsymbol{\alpha}_s$ 与向量组 $\boldsymbol{\alpha}_1,\boldsymbol{\alpha}_2,\cdots,\boldsymbol{\alpha}_{s-1},\boldsymbol{\beta}$ 等价.

3.21 设 $\boldsymbol{A},\boldsymbol{B}$ 都是 $m\times n$ 矩阵, 证明: $\mathrm{R}(\boldsymbol{A}\pm\boldsymbol{B})\leqslant\mathrm{R}(\boldsymbol{A})+\mathrm{R}(\boldsymbol{B})$.

3.22 设 $\boldsymbol{\alpha}_1,\boldsymbol{\alpha}_2,\cdots,\boldsymbol{\alpha}_n$ 是一组 n 维向量, 如果 n 维单位坐标向量 $\boldsymbol{e}_1,\boldsymbol{e}_2,\cdots,\boldsymbol{e}_n$ 能够由它线性表示, 证明: $\boldsymbol{\alpha}_1,\boldsymbol{\alpha}_2,\cdots,\boldsymbol{\alpha}_n$ 线性无关.

3.23 设 $\boldsymbol{A}$ 是 $n\times m$ 矩阵, $\boldsymbol{B}$ 是 $m\times n$ 矩阵, 其中 $n<m$, 且 $\boldsymbol{AB}=\boldsymbol{I}_n$, 证明: $\boldsymbol{B}$ 的列向量组线性无关 (即 $\boldsymbol{B}$ 是列满秩矩阵).

3.24 已知向量组 (I): $\boldsymbol{\alpha}_1,\boldsymbol{\alpha}_2,\boldsymbol{\alpha}_3$; (II): $\boldsymbol{\alpha}_1,\boldsymbol{\alpha}_2,\boldsymbol{\alpha}_3,\boldsymbol{\alpha}_4$; (III): $\boldsymbol{\alpha}_1,\boldsymbol{\alpha}_2,\boldsymbol{\alpha}_3,\boldsymbol{\alpha}_5$. 如果各向量组的秩分别为 $\mathrm{R(I)}=\mathrm{R(II)}=3,\mathrm{R(III)}=4$, 证明: 向量组 $\boldsymbol{\alpha}_1,\boldsymbol{\alpha}_2,\boldsymbol{\alpha}_3;\boldsymbol{\alpha}_5-\boldsymbol{\alpha}_4$ 的秩为 4.

§3.5 线性方程组解的结构

在 §3.1 中我们知道, 对非齐次方程组 $\boldsymbol{Ax}=\boldsymbol{b}$, 如果系数矩阵的秩小于增广矩阵的秩, 则无解; 如果系数矩阵的秩等于增广矩阵的秩, 且等于未知量的个数, 则有唯一解; 如果系数矩阵的秩等于增广矩阵的秩, 且小于未知量的个数, 则有无穷多解. 对齐线性次方程组 $\boldsymbol{Ax}=\boldsymbol{0}$, 如果系数矩阵的秩等于未知量的个数 (即 $\boldsymbol{A}$ 是列满秩矩阵), 则只有零解 (唯一解); 如果系数矩阵的秩小于未知量的个数 (即 $\boldsymbol{A}$ 是列降秩矩阵), 则有非零解 (无穷多解).

本节的目的是要用向量空间的观点来进一步探讨线性方程组解的结构.

3.5.1 齐次方程组解的结构

设齐次方程组

$$\begin{cases}a_{11}x_1+a_{12}x_2+\cdots+a_{1n}x_n=0,\\a_{21}x_1+a_{22}x_2+\cdots+a_{2n}x_n=0,\\\cdots\cdots\cdots\cdots\cdots\cdots\cdots\cdots\cdots\\a_{m1}x_1+a_{m2}x_2+\cdots+a_{mn}x_n=0.\end{cases}\tag{3.6}$$

令

$$\boldsymbol{A}=(a_{ij})_{m\times n},\quad \boldsymbol{x}=(x_1,x_2,\cdots,x_n)^{\mathrm{T}},$$

则方程组 (3.6) 可简写为

$$\boldsymbol{A}\boldsymbol{x} = \boldsymbol{0}. \tag{3.7}$$

下面讨论方程组 (3.7) 的解的性质.

性质 1 若 $\boldsymbol{\alpha}_1, \boldsymbol{\alpha}_2$ 是方程组 (3.7) 的解, 则 $\boldsymbol{\alpha}_1 + \boldsymbol{\alpha}_2$ 也是方程组 (3.7) 的解.

证明 由 $\boldsymbol{\alpha}_1, \boldsymbol{\alpha}_2$ 是方程组 (3.7) 的解知 $\boldsymbol{A}\boldsymbol{\alpha}_1 = \boldsymbol{0}$, $\boldsymbol{A}\boldsymbol{\alpha}_2 = \boldsymbol{0}$. 所以,

$$\boldsymbol{A}(\boldsymbol{\alpha}_1 + \boldsymbol{\alpha}_2) = \boldsymbol{A}\boldsymbol{\alpha}_1 + \boldsymbol{A}\boldsymbol{\alpha}_2 = \boldsymbol{0},$$

即 $\boldsymbol{\alpha}_1 + \boldsymbol{\alpha}_2$ 也是方程组 (3.7) 的解. □

性质 2 若 $\boldsymbol{\alpha}$ 是方程组 (3.7) 的解, 则对任一数 k, $k\boldsymbol{\alpha}$ 也是方程组 (3.7) 的解.

证明 由 $\boldsymbol{\alpha}$ 是方程组 (3.7) 的解知, $\boldsymbol{A}\boldsymbol{\alpha} = \boldsymbol{0}$, 因此,

$$\boldsymbol{A}(k\boldsymbol{\alpha}) = k(\boldsymbol{A}\boldsymbol{\alpha}) = \boldsymbol{0},$$

即 $k\boldsymbol{\alpha}$ 也是方程组 (3.7) 的解. □

设 S 是方程组 (3.7) 的全体解向量构成的集合, 性质 1 和性质 2 说明, S 对向量加法和数量乘法是封闭的, 因此, S 是 $\mathbb{P}^n$ 的子空间, 称为齐次方程组 $\boldsymbol{A}\boldsymbol{x} = \boldsymbol{0}$ 的**解空间**.

设系数矩阵 $\boldsymbol{A}$ 的秩为 r, 即 $\mathrm{R}(\boldsymbol{A}) = r$. 在定理 3.1 的证明中, 去掉增广矩阵的最后一列看, 取自由未知量的任意一组值:

$$x_{r+1} = k_1, \quad x_{r+2} = k_2, \quad \cdots, \quad x_n = k_{n-r},$$

得到齐次方程组 (3.7) 的任一解可表示为

$$\begin{cases} x_1 = -c_{1,r+1}k_1 - \cdots - c_{1n}k_{n-r}, \\ \cdots\cdots\cdots\cdots\cdots\cdots\cdots\cdots\cdots \\ x_r = -c_{r,r+1}k_1 - \cdots - c_{rn}k_{n-r}, \\ x_{r+1} = \qquad k_1, \\ \cdots\cdots\cdots\cdots\cdots\cdots\cdots\cdots\cdots \\ x_n = \qquad\qquad\qquad k_{n-r}. \end{cases}$$

或写成

$$\begin{pmatrix} x_1 \\ x_2 \\ \vdots \\ x_r \\ x_{r+1} \\ x_{r+2} \\ \vdots \\ x_n \end{pmatrix} = k_1 \begin{pmatrix} -c_{1,r+1} \\ -c_{2,r+1} \\ \vdots \\ -c_{r,r+1} \\ 1 \\ 0 \\ \vdots \\ 0 \end{pmatrix} + k_2 \begin{pmatrix} -c_{1,r+2} \\ -c_{2,r+2} \\ \vdots \\ -c_{r,r+2} \\ 0 \\ 1 \\ \vdots \\ 0 \end{pmatrix} + \cdots + k_{n-r} \begin{pmatrix} -c_{1n} \\ -c_{2n} \\ \vdots \\ -c_{rn} \\ 0 \\ 0 \\ \vdots \\ 1 \end{pmatrix}.$$

记

$$\boldsymbol{\alpha}_1=\begin{pmatrix}-c_{1,r+1}\\-c_{2,r+1}\\\vdots\\-c_{r,r+1}\\1\\0\\\vdots\\0\end{pmatrix},\quad \boldsymbol{\alpha}_2=\begin{pmatrix}-c_{1,r+2}\\-c_{2,r+2}\\\vdots\\-c_{r,r+2}\\0\\1\\\vdots\\0\end{pmatrix},\quad\cdots,\quad \boldsymbol{\alpha}_{n-r}=\begin{pmatrix}-c_{1n}\\-c_{2n}\\\vdots\\-c_{rn}\\0\\0\\\vdots\\1\end{pmatrix},$$

显然, $\boldsymbol{\alpha}_1,\boldsymbol{\alpha}_2,\cdots,\boldsymbol{\alpha}_{n-r}$ 线性无关, 并且齐次方程组 (3.7) 的任一解可由它线性表示:

$$\boldsymbol{x}=k_1\boldsymbol{\alpha}_1+k_2\boldsymbol{\alpha}_2+\cdots+k_{n-r}\boldsymbol{\alpha}_{n-r}, \tag{3.8}$$

其中 $k_1,k_2,\cdots,k_{n-r}$ 为任意数. 这说明 $\boldsymbol{\alpha}_1,\boldsymbol{\alpha}_2,\cdots,\boldsymbol{\alpha}_{n-r}$ 是解空间 S 的一个基, 称为齐次方程组 (3.7) 的一个**基础解系**, 且 $\dim S=n-r$, (3.8) 式称为齐次方程组 (3.7) 的**通解**.

定理 3.12 设 $\boldsymbol{A}$ 是 $m\times n$ 矩阵, 齐次方程组 $\boldsymbol{Ax}=\boldsymbol{0}$ 的全体解构成的集合 S 是一个向量空间, 当系数矩阵 $\boldsymbol{A}$ 的秩 $\mathrm{R}(\boldsymbol{A})=r$ 时, 解空间 S 的维数是 $n-r$, 它的基础解系包含 $n-r$ 个解.

例 3.22 解齐次方程组

$$\begin{cases}x_1-x_2+x_3+2x_4=0,\\3x_1+x_2-x_3+2x_4=0,\\5x_1-x_2+x_3+6x_4=0.\end{cases}$$

解 对齐次方程组的系数矩阵 $\boldsymbol{A}$ 施行初等行变换, 化成行最简形矩阵:

$$\boldsymbol{A}=\begin{pmatrix}1&-1&1&2\\3&1&-1&2\\5&-1&1&6\end{pmatrix}\xrightarrow[r_3-5r_1]{r_2-3r_1}\begin{pmatrix}1&-1&1&2\\0&4&-4&-4\\0&4&-4&-4\end{pmatrix}$$

$$\xrightarrow[r_2\times 1/4]{r_3-r_2}\begin{pmatrix}1&-1&1&2\\0&1&-1&-1\\0&0&0&0\end{pmatrix}\xrightarrow{r_1+r_2}\begin{pmatrix}1&0&0&1\\0&1&-1&-1\\0&0&0&0\end{pmatrix}.$$

因此, 原方程组可化为

$$\begin{cases}x_1=\quad -x_4,\\x_2=x_3+x_4.\end{cases}$$

取 x_3,x_4 作为自由未知量, 分别令 $\begin{pmatrix}x_3\\x_4\end{pmatrix}=\begin{pmatrix}1\\0\end{pmatrix},\begin{pmatrix}0\\1\end{pmatrix}$, 得到原方程组的一个基础解系

$$\boldsymbol{\alpha}_1=(0,1,1,0)^{\mathrm{T}},\quad \boldsymbol{\alpha}_2=(-1,1,0,1)^{\mathrm{T}}.$$

原方程组的通解为

$$\boldsymbol{x}=k_1\boldsymbol{\alpha}_1+k_2\boldsymbol{\alpha}_2\quad(k_1,k_2\text{为任意数}).$$

3.5.2 非齐次方程组解的结构

把非齐次方程组

$$\begin{cases} a_{11}x_1 + a_{12}x_2 + \cdots + a_{1n}x_n = b_1, \\ a_{21}x_1 + a_{22}x_2 + \cdots + a_{2n}x_n = b_2, \\ \cdots\cdots\cdots\cdots\cdots\cdots\cdots\cdots\cdots\cdots \\ a_{m1}x_1 + a_{m2}x_2 + \cdots + a_{mn}x_n = b_m \end{cases} \tag{3.9}$$

简记为

$$\boldsymbol{A}\boldsymbol{x} = \boldsymbol{b}, \tag{3.10}$$

其中 $\boldsymbol{A}$ 是系数矩阵, $\boldsymbol{x}$ 是未知量列向量, $\boldsymbol{b} = (b_1, b_2, \cdots, b_m)^{\mathrm{T}} \neq \boldsymbol{0}$ 是常数项列向量. 如果将常数项换成 $\boldsymbol{0}$, 则得到齐次方程组 $\boldsymbol{A}\boldsymbol{x} = \boldsymbol{0}$, 称为非齐次方程组 (3.9) 的**导出组**.

下面研究非齐次方程组解的结构.

性质 3 设 $\boldsymbol{\beta}_1, \boldsymbol{\beta}_2$ 是非齐次方程组 (3.9) 的任意两个解, 则 $\boldsymbol{\beta}_1 - \boldsymbol{\beta}_2$ 是导出组的解.

证明 由 $\boldsymbol{\beta}_1, \boldsymbol{\beta}_2$ 是非齐次方程组 (3.9) 的解可知 $\boldsymbol{A}\boldsymbol{\beta}_1 = \boldsymbol{b}$, $\boldsymbol{A}\boldsymbol{\beta}_2 = \boldsymbol{b}$, 因此,

$$\boldsymbol{A}(\boldsymbol{\beta}_1 - \boldsymbol{\beta}_2) = \boldsymbol{A}\boldsymbol{\beta}_1 - \boldsymbol{A}\boldsymbol{\beta}_2 = \boldsymbol{0},$$

即 $\boldsymbol{\beta}_1 - \boldsymbol{\beta}_2$ 是导出组的解. □

性质 4 设 $\boldsymbol{\beta}^*$ 是非齐次方程组 (3.9) 的解, $\boldsymbol{\beta}$ 是其导出组的解, 则 $\boldsymbol{\beta} + \boldsymbol{\beta}^*$ 是非齐次方程组 (3.9) 的解.

证明 由已知 $\boldsymbol{A}\boldsymbol{\beta}^* = \boldsymbol{b}$, $\boldsymbol{A}\boldsymbol{\beta} = \boldsymbol{0}$, 得到

$$\boldsymbol{A}(\boldsymbol{\beta} + \boldsymbol{\beta}^*) = \boldsymbol{A}\boldsymbol{\beta} + \boldsymbol{A}\boldsymbol{\beta}^* = \boldsymbol{b},$$

即 $\boldsymbol{\beta} + \boldsymbol{\beta}^*$ 是 (3.9) 的解. □

性质 4 告诉我们, 为了求非齐次方程组的任意解 (称为非齐次方程组的**通解**), 只要找到它的一个特解及导出组的通解就行了. 如果 $\boldsymbol{\beta}^*$ 是方程组 (3.9) 的一个特解,$\boldsymbol{\alpha}_1, \boldsymbol{\alpha}_2, \cdots, \boldsymbol{\alpha}_{n-r}$ 是导出组的一个基础解系, 那么非齐次方程组 (3.9) 的通解可以写成

$$\boldsymbol{x} = k_1\boldsymbol{\alpha}_1 + k_2\boldsymbol{\alpha}_2 + \cdots + k_{n-r}\boldsymbol{\alpha}_{n-r} + \boldsymbol{\beta}^*,$$

其中 $k_1, k_2, \cdots, k_{n-r}$ 为任意数.

注意, 非齐次方程组的解集不能构成数域 $\mathbb{P}$ 上的向量空间, 因为它对向量加法和数量乘法都不封闭.

例 3.23 解非齐次方程组

$$\begin{cases} x_1 - x_2 - x_3 + x_4 = 0, \\ x_1 - x_2 + x_3 - 3x_4 = 1, \\ x_1 - x_2 - 2x_3 + 3x_4 = -\dfrac{1}{2}. \end{cases}$$

解 对增广矩阵 $(\boldsymbol{A},\boldsymbol{b})$ 施行初等行变换化成行最简形矩阵:

$$(\boldsymbol{A},\boldsymbol{b})=\begin{pmatrix}1&-1&-1&1&0\\1&-1&1&-3&1\\1&-1&-2&3&-1/2\end{pmatrix}\to\begin{pmatrix}1&-1&0&-1&1/2\\0&0&1&-2&1/2\\0&0&0&0&0\end{pmatrix}.$$

可见, $\mathrm{R}(\boldsymbol{A})=\mathrm{R}(\boldsymbol{A},\boldsymbol{b})=2<4$, 方程组有无穷多解, 并且

$$\begin{cases}x_1=x_2+\ \ x_4+\dfrac{1}{2},\\ x_3=\qquad\ \ 2x_4+\dfrac{1}{2}.\end{cases}$$

令 $x_2=x_4=0$, 则得到原方程组的一个特解

$$\boldsymbol{\beta}^*=\frac{1}{2}(1,0,1,0)^{\mathrm{T}}.$$

在其导出组中, 分别令 $\begin{pmatrix}x_2\\x_4\end{pmatrix}=\begin{pmatrix}1\\0\end{pmatrix},\begin{pmatrix}0\\1\end{pmatrix}$ 得导出组的一个基础解系

$$\boldsymbol{\alpha}_1=(1,1,0,0)^{\mathrm{T}},\quad \boldsymbol{\alpha}_2=(1,0,2,1)^{\mathrm{T}}.$$

故所求方程组的通解为

$$\boldsymbol{x}=k_1\boldsymbol{\alpha}_1+k_2\boldsymbol{\alpha}_2+\boldsymbol{\beta}^*,$$

其中 k_1,k_2 为任意数.

例 3.24 设 $\boldsymbol{A}$ 是 $m\times n$ 矩阵, $\boldsymbol{B}$ 是 $n\times s$ 矩阵, 且 $\boldsymbol{AB}=\boldsymbol{O}$. 证明:

$$\mathrm{R}(\boldsymbol{A})+\mathrm{R}(\boldsymbol{B})\leqslant n.$$

证明 设 $\boldsymbol{B}=(\boldsymbol{\beta}_1,\boldsymbol{\beta}_2,\cdots,\boldsymbol{\beta}_s)$ 是列分块矩阵, 由

$$\boldsymbol{AB}=\boldsymbol{A}(\boldsymbol{\beta}_1,\boldsymbol{\beta}_2,\cdots,\boldsymbol{\beta}_s)=(\boldsymbol{A\beta}_1,\boldsymbol{A\beta}_2,\cdots,\boldsymbol{A\beta}_s)=\boldsymbol{O}$$

可知 $\boldsymbol{A\beta}_i=\boldsymbol{0}\,(i=1,2,\cdots,s)$, 即 $\boldsymbol{\beta}_1,\boldsymbol{\beta}_2,\cdots,\boldsymbol{\beta}_s$ 都是齐次方程组 $\boldsymbol{Ax}=\boldsymbol{0}$ 的解. 注意到 $\boldsymbol{Ax}=\boldsymbol{0}$ 的解空间的维数是 $n-\mathrm{R}(\boldsymbol{A})$, 所以,

$$\mathrm{R}(\boldsymbol{B})=\mathrm{R}(\boldsymbol{\beta}_1,\boldsymbol{\beta}_2,\cdots,\boldsymbol{\beta}_s)\leqslant n-\mathrm{R}(\boldsymbol{A}),$$

即

$$\mathrm{R}(\boldsymbol{A})+\mathrm{R}(\boldsymbol{B})\leqslant n.\quad\square$$

例 3.25 设 $\boldsymbol{A}$ 是 $m\times n$ 实矩阵, 证明: $\mathrm{R}(\boldsymbol{A}^{\mathrm{T}}\boldsymbol{A})=\mathrm{R}(\boldsymbol{A})$.

证明 设实向量 $\boldsymbol{x}$ 满足 $\boldsymbol{Ax}=\boldsymbol{0}$, 则 $\boldsymbol{A}^{\mathrm{T}}\boldsymbol{Ax}=\boldsymbol{0}$. 反之, 如果实向量 $\boldsymbol{x}$ 满足 $\boldsymbol{A}^{\mathrm{T}}\boldsymbol{Ax}=\boldsymbol{0}$, 则 $\boldsymbol{x}^{\mathrm{T}}\boldsymbol{A}^{\mathrm{T}}\boldsymbol{Ax}=\boldsymbol{0}$. 因此, $(\boldsymbol{Ax})^{\mathrm{T}}\boldsymbol{Ax}=\boldsymbol{0}$, 故 $\boldsymbol{Ax}=\boldsymbol{0}$. 所以, 齐次方程组 $\boldsymbol{Ax}=\boldsymbol{0}$ 与 $\boldsymbol{A}^{\mathrm{T}}\boldsymbol{Ax}=\boldsymbol{0}$ 同解. 因而它们的解空间的维数相等, 即

$$n-\mathrm{R}(\boldsymbol{A})=n-\mathrm{R}(\boldsymbol{A}^{\mathrm{T}}\boldsymbol{A}),$$

故结论成立. □

现在我们把证明矩阵秩的等式或不等式的常用方法归纳如下:

(1) 利用等价标准化定理或等价标准形分解定理;

(2) 利用满秩分解定理;

(3) 构造分块矩阵并施行分块初等变换;

(4) 利用向量组的秩与极大无关组;

(5) 利用齐次方程组解空间的维数 (基础解系所包含的向量个数).

关于 “矩阵秩不等式的五种证法” 的深入讨论请阅读文献 [1].

习题 3.5

3.25 求下列齐次方程组的一个基础解系和通解:

(1) $\begin{cases} x_1+x_2-3x_3=0, \\ x_1-x_2-x_3=0, \\ 2x_1+x_2-5x_3=0; \end{cases}$　(2) $\begin{cases} x_1+2x_2+x_3+2x_4=0, \\ 2x_1+x_2-2x_3-2x_4=0, \\ x_1-x_2+2x_3-4x_4=0; \end{cases}$

(3) $\begin{cases} x_1+x_2-x_3+x_4=0, \\ x_1-x_2+2x_3-x_4=0, \\ 3x_1+x_2+x_4=0; \end{cases}$　(4) $\begin{cases} x_1+x_2+x_3+x_4=0, \\ 3x_1+2x_2+x_3+x_4=0, \\ 5x_1+4x_2+3x_3+3x_4=0. \end{cases}$

3.26 求下列非齐次方程组的通解, 并用其导出组的基础解系表示:

(1) $\begin{cases} x_1-x_2-x_3+2x_4=1, \\ 2x_1-2x_2+x_3+x_4=5, \\ x_1-x_2+2x_3-x_4=4; \end{cases}$　(2) $\begin{cases} x_1+x_2+x_3+3x_4=2, \\ 4x_1+2x_2+x_3+2x_4=3, \\ 2x_1+x_2-x_3-2x_4=3. \end{cases}$

3.27 设 $\boldsymbol{\alpha}_1,\boldsymbol{\alpha}_2,\cdots,\boldsymbol{\alpha}_k$ 是齐次方程组 $\boldsymbol{A}\boldsymbol{x}=\boldsymbol{0}$ 的一个基础解系, 向量 $\boldsymbol{\beta}$ 满足 $\boldsymbol{A}\boldsymbol{\beta}=\boldsymbol{b}\neq\boldsymbol{0}$, 证明:

(1) 向量组 $\boldsymbol{\beta},\boldsymbol{\alpha}_1,\boldsymbol{\alpha}_2,\cdots,\boldsymbol{\alpha}_k$ 线性无关;

(2) 向量组 $\boldsymbol{\beta},\boldsymbol{\alpha}_1+\boldsymbol{\beta},\boldsymbol{\alpha}_2+\boldsymbol{\beta},\cdots,\boldsymbol{\alpha}_k+\boldsymbol{\beta}$ 也线性无关.

第三章补充例题

例 3.26 设向量组 $\boldsymbol{\alpha}_1=(a,2,10)^{\mathrm{T}}$, $\boldsymbol{\alpha}_2=(-2,1,5)^{\mathrm{T}}$, $\boldsymbol{\alpha}_3=(-1,1,4)^{\mathrm{T}}$, $\boldsymbol{\beta}=(1,b,c)^{\mathrm{T}}$. 试问. 当 a,b,c 满足什么条件时,

(1) $\boldsymbol{\beta}$ 可由 $\boldsymbol{\alpha}_1,\boldsymbol{\alpha}_2,\boldsymbol{\alpha}_3$ 线性表示, 且表示法唯一?

(2) $\boldsymbol{\beta}$ 不能由 $\boldsymbol{\alpha}_1,\boldsymbol{\alpha}_2,\boldsymbol{\alpha}_3$ 线性表示?

(3) $\boldsymbol{\beta}$ 可由 $\boldsymbol{\alpha}_1,\boldsymbol{\alpha}_2,\boldsymbol{\alpha}_3$ 线性表示, 但表示法不唯一? 并求出一般表达式.

解 设

$$x_1\boldsymbol{\alpha}_1+x_2\boldsymbol{\alpha}_2+x_3\boldsymbol{\alpha}_3=\boldsymbol{\beta},$$

系数行列式

$$|\boldsymbol{A}| = \begin{vmatrix} a & -2 & -1 \\ 2 & 1 & 1 \\ 10 & 5 & 4 \end{vmatrix} = -a-4.$$

(1) 当 $a \neq -4$ 时, $|\boldsymbol{A}| \neq 0$, 方程组有唯一解, 即 $\boldsymbol{\beta}$ 可由 $\boldsymbol{\alpha}_1, \boldsymbol{\alpha}_2, \boldsymbol{\alpha}_3$ 线性表示, 且表示法唯一.

(2) 当 $a=-4$ 时, 对增广矩阵 $\overline{\boldsymbol{A}}$ 做初等行变换, 有

$$\overline{\boldsymbol{A}} = \left(\begin{array}{ccc:c} -4 & -2 & -1 & 1 \\ 2 & 1 & 1 & b \\ 10 & 5 & 4 & c \end{array}\right) \to \left(\begin{array}{ccc:c} 2 & 1 & 1 & b \\ 0 & 0 & 1 & 2b+1 \\ 0 & 0 & -1 & -5b+c \end{array}\right)$$

$$\to \left(\begin{array}{ccc:c} 2 & 1 & 1 & b \\ 0 & 0 & 1 & 2b+1 \\ 0 & 0 & 0 & 3b-c-1 \end{array}\right).$$

故当 $3b-c \neq 1$ 时, $\mathrm{R}(\boldsymbol{A})=2$, $\mathrm{R}(\overline{\boldsymbol{A}})=3$, 方程组无解, 即 $\boldsymbol{\beta}$ 不能由 $\boldsymbol{\alpha}_1, \boldsymbol{\alpha}_2, \boldsymbol{\alpha}_3$ 线性表示.

(3) 若 $a=-4$, 且 $3b-c=1$, 有 $\mathrm{R}(\boldsymbol{A}) = \mathrm{R}(\overline{\boldsymbol{A}}) = 2 < 3$, 方程组有无穷多组解, 即 $\boldsymbol{\beta}$ 可由 $\boldsymbol{\alpha}_1, \boldsymbol{\alpha}_2, \boldsymbol{\alpha}_3$ 线性表示, 且表示法不唯一. 此时, 增广矩阵化简为

$$\overline{\boldsymbol{A}} \to \left(\begin{array}{ccc:c} 2 & 1 & 0 & -b-1 \\ 0 & 0 & 1 & 2b+1 \\ 0 & 0 & 0 & 0 \end{array}\right).$$

取 x_1 为自由变量, 解出 $x_1 = k$, $x_2 = -2k-b-1$, $x_3 = 2b+1$, 即

$$\boldsymbol{\beta} = k\boldsymbol{\alpha}_1 - (2k+b+1)\boldsymbol{\alpha}_2 + (2b+1)\boldsymbol{\alpha}_3,$$

其中 k 为任意数.

例 3.27 已知三阶矩阵 $\boldsymbol{A}$ 与三维列向量 $\boldsymbol{x}$ 满足 $\boldsymbol{A}^3\boldsymbol{x} = 3\boldsymbol{A}\boldsymbol{x} - 2\boldsymbol{A}^2\boldsymbol{x}$, 且向量 $\boldsymbol{x}, \boldsymbol{A}\boldsymbol{x}, \boldsymbol{A}^2\boldsymbol{x}$ 线性无关.

(1) 记 $\boldsymbol{P} = (\boldsymbol{x}, \boldsymbol{A}\boldsymbol{x}, \boldsymbol{A}^2\boldsymbol{x})$, 求三阶矩阵 $\boldsymbol{B}$, 使 $\boldsymbol{AP} = \boldsymbol{PB}$;

(2) 求 $|\boldsymbol{A}+\boldsymbol{I}|$.

解 (1) 由于

$$\begin{aligned} \boldsymbol{AP} &= \boldsymbol{A}(\boldsymbol{x}, \boldsymbol{A}\boldsymbol{x}, \boldsymbol{A}^2\boldsymbol{x}) = (\boldsymbol{A}\boldsymbol{x}, \boldsymbol{A}^2\boldsymbol{x}, \boldsymbol{A}^3\boldsymbol{x}) \\ &= (\boldsymbol{A}\boldsymbol{x}, \boldsymbol{A}^2\boldsymbol{x}, 3\boldsymbol{A}\boldsymbol{x} - 2\boldsymbol{A}^2\boldsymbol{x}) \\ &= (\boldsymbol{x}, \boldsymbol{A}\boldsymbol{x}, \boldsymbol{A}^2\boldsymbol{x}) \begin{pmatrix} 0 & 0 & 0 \\ 1 & 0 & 3 \\ 0 & 1 & -2 \end{pmatrix} = \boldsymbol{P} \begin{pmatrix} 0 & 0 & 0 \\ 1 & 0 & 3 \\ 0 & 1 & -2 \end{pmatrix}, \end{aligned}$$

因此,

$$\boldsymbol{B} = \begin{pmatrix} 0 & 0 & 0 \\ 1 & 0 & 3 \\ 0 & 1 & -2 \end{pmatrix}.$$

(2) 由 $\boldsymbol{A}=\boldsymbol{P}\boldsymbol{B}\boldsymbol{P}^{-1}$ 及 (1) 得

$$|\boldsymbol{A}+\boldsymbol{I}|=|\boldsymbol{P}\boldsymbol{B}\boldsymbol{P}^{-1}+\boldsymbol{I}|=|\boldsymbol{P}||\boldsymbol{B}+\boldsymbol{I}||\boldsymbol{P}^{-1}|=|\boldsymbol{B}+\boldsymbol{I}|$$

$$=\begin{vmatrix}1 & 0 & 0\\ 1 & 1 & 3\\ 0 & 1 & -1\end{vmatrix}=-4.$$

例 3.28 设 $\boldsymbol{\alpha}_1,\boldsymbol{\alpha}_2,\boldsymbol{\beta}_1,\boldsymbol{\beta}_2$ 都是三维列向量, 且 $\boldsymbol{\alpha}_1,\boldsymbol{\alpha}_2$ 线性无关, $\boldsymbol{\beta}_1,\boldsymbol{\beta}_2$ 线性无关.

(1) 证明: 存在非零向量 $\boldsymbol{\gamma}$ 既可以由 $\boldsymbol{\alpha}_1,\boldsymbol{\alpha}_2$ 线性表示, 也可以由 $\boldsymbol{\beta}_1,\boldsymbol{\beta}_2$ 线性表示.

(2) 当 $\boldsymbol{\alpha}_1=\begin{pmatrix}1\\2\\1\end{pmatrix},\boldsymbol{\alpha}_2=\begin{pmatrix}2\\5\\3\end{pmatrix},\boldsymbol{\beta}_1=\begin{pmatrix}2\\3\\-1\end{pmatrix},\boldsymbol{\beta}_2=\begin{pmatrix}-1\\0\\3\end{pmatrix}$ 时, 求出所有的向量 $\boldsymbol{\gamma}$.

解 (1) 向量组 $\boldsymbol{\alpha}_1,\boldsymbol{\alpha}_2,\boldsymbol{\beta}_1,\boldsymbol{\beta}_2$ 必线性相关, 故存在不全为零的数 k_1,k_2,l_1,l_2, 使得

$$k_1\boldsymbol{\alpha}_1+k_2\boldsymbol{\alpha}_2+l_1\boldsymbol{\beta}_1+l_2\boldsymbol{\beta}_2=\mathbf{0}$$

成立, 于是

$$k_1\boldsymbol{\alpha}_1+k_2\boldsymbol{\alpha}_2=-l_1\boldsymbol{\beta}_1-l_2\boldsymbol{\beta}_2,$$

其中 k_1,k_2 不全为零, 否则会有

$$-l_1\boldsymbol{\beta}_1-l_2\boldsymbol{\beta}_2=\mathbf{0}.$$

而 $\boldsymbol{\beta}_1,\boldsymbol{\beta}_2$ 线性无关, 因此 $l_1=l_2=0$, 这与 k_1,k_2,l_1,l_2 不全为零矛盾. 同理 l_1,l_2 也不能全为零. 令

$$\boldsymbol{\gamma}=k_1\boldsymbol{\alpha}_1+k_2\boldsymbol{\alpha}_2=-l_1\boldsymbol{\beta}_1-l_2\boldsymbol{\beta}_2,$$

则 $\boldsymbol{\gamma}\neq\mathbf{0}$, $\boldsymbol{\gamma}$ 既可由向量 $\boldsymbol{\alpha}_1,\boldsymbol{\alpha}_2$ 线性表示又可由向量 $\boldsymbol{\beta}_1,\boldsymbol{\beta}_2$ 线性表示.

(2) 对 $(\boldsymbol{\alpha}_1,\boldsymbol{\alpha}_2,\boldsymbol{\beta}_1,\boldsymbol{\beta}_2)$ 作初等行变换化成行最简形矩阵

$$(\boldsymbol{\alpha}_1,\boldsymbol{\alpha}_2,\boldsymbol{\beta}_1,\boldsymbol{\beta}_2)=\begin{pmatrix}1 & 2 & 2 & -1\\ 2 & 5 & 3 & 0\\ 1 & 3 & -1 & 3\end{pmatrix}\to\begin{pmatrix}1 & 0 & 0 & -1\\ 0 & 1 & 0 & 1\\ 0 & 0 & 1 & -1\end{pmatrix}.$$

从而得到 $\boldsymbol{\beta}_2=-\boldsymbol{\alpha}_1+\boldsymbol{\alpha}_2-\boldsymbol{\beta}_1$, 即

$$-\boldsymbol{\alpha}_1+\boldsymbol{\alpha}_2=\boldsymbol{\beta}_1+\boldsymbol{\beta}_2.$$

故

$$\boldsymbol{\gamma}=k(\boldsymbol{\beta}_1+\boldsymbol{\beta}_2)=k\begin{pmatrix}1\\3\\2\end{pmatrix}\quad(k\in\mathbb{R})$$

是既可由向量 $\boldsymbol{\alpha}_1,\boldsymbol{\alpha}_2$ 线性表示又可由向量 $\boldsymbol{\beta}_1,\boldsymbol{\beta}_2$ 线性表示的全部向量.

例 3.29 设齐次方程组

$$\begin{cases} a_{11}x_1 + a_{12}x_2 + \cdots + a_{1n}x_n = 0, \\ a_{21}x_1 + a_{22}x_2 + \cdots + a_{2n}x_n = 0, \\ \cdots\cdots\cdots\cdots\cdots\cdots\cdots\cdots\cdots\cdots \\ a_{n1}x_1 + a_{n2}x_2 + \cdots + a_{nn}x_n = 0 \end{cases}$$

的系数矩阵 $\boldsymbol{A} = (a_{ij})_{n\times n}$ 的秩为 $n-1$. 证明: 此方程组的全部解为

$$\boldsymbol{\eta} = k(A_{i1}, A_{i2}, \cdots, A_{in})^{\mathrm{T}},$$

其中 k 为任意常数, A_{ij} 是元素 a_{ij} 的代数余子式, 且至少有一个 $A_{ij} \neq 0$.

证明 由于系数矩阵的秩 $\mathrm{R}(\boldsymbol{A}) = n-1$, 因此, $|\boldsymbol{A}| = 0$, 且至少有一个 $A_{ij} \neq 0$. 由行列式按行 (列) 展开定理可知

$$\sum_{k=1}^{n} a_{lk}A_{ik} = 0$$

对一切 $l = 1, 2, \cdots, n$ 成立. 因此, $(A_{i1}, A_{i2}, \cdots, A_{in})^{\mathrm{T}}$ 是齐次方程组 $\boldsymbol{A}\boldsymbol{x} = \boldsymbol{0}$ 的一个基础解系, 故此方程组的全部解为

$$\eta = k(A_{i1}, A_{i2}, \cdots, A_{in})^{\mathrm{T}} \quad (k \text{ 是任意常数}). \quad \square$$

例 3.30 (替换定理) 设向量组 (I): $\boldsymbol{\alpha}_1, \boldsymbol{\alpha}_2, \cdots, \boldsymbol{\alpha}_s$ 线性无关, 并可由向量组 (II): $\boldsymbol{\beta}_1, \boldsymbol{\beta}_2, \cdots, \boldsymbol{\beta}_t$ 线性表示, $s \leqslant t$. 证明: 在向量组 (II) 中一定存在 s 个向量 $\boldsymbol{\beta}_{i_1}, \boldsymbol{\beta}_{i_2}, \cdots, \boldsymbol{\beta}_{i_s}$, 用向量组 (I) 替换后, 所得向量组 (III): $\boldsymbol{\alpha}_1, \cdots, \boldsymbol{\alpha}_s, \boldsymbol{\beta}_{i_{s+1}}, \cdots, \boldsymbol{\beta}_{i_t}$ 与向量组 (II) 等价.

证明 显然向量组 (III) 可由向量组 (II) 线性表示, 下证向量组 (II) 可由 (III) 线性表示. 对向量个数 $s(1 \leqslant s \leqslant t)$ 用数学归纳法.

当 $s = 1$ 时, $\boldsymbol{\alpha}_1$ 可由 (II) 线性表示. 不妨假设

$$\boldsymbol{\alpha}_1 = k_1\boldsymbol{\beta}_1 + k_2\boldsymbol{\beta}_2 + \cdots + k_t\boldsymbol{\beta}_t.$$

由 $\boldsymbol{\alpha}_1 \neq \boldsymbol{0}$ 知, 至少存在一个 $k_i \neq 0$, 假定 $k_1 \neq 0$, 则

$$\boldsymbol{\beta}_1 = \frac{1}{k_1}(-\boldsymbol{\alpha}_1 + k_2\boldsymbol{\beta}_2 + \cdots + k_t\boldsymbol{\beta}_t).$$

因此, 向量组 $\boldsymbol{\beta}_1, \boldsymbol{\beta}_2, \cdots, \boldsymbol{\beta}_t$ 可由 (III) 线性表示.

假定结论对 $s(1 \leqslant s < t)$ 已经成立, 即向量组 (II) 可由 (III) 线性表示, 下证结论对 $s+1$ 也成立. 事实上, 由假设 $\boldsymbol{\alpha}_{s+1}$ 可由 (II) 线性表示, 因而可由 (III) 线性表示. 假定

$$\boldsymbol{\alpha}_{s+1} = \lambda_1\boldsymbol{\alpha}_1 + \cdots + \lambda_s\boldsymbol{\alpha}_s + \lambda_{i_{s+1}}\boldsymbol{\beta}_{i_{s+1}} + \cdots + \lambda_{i_t}\boldsymbol{\beta}_{i_t},$$

所以, 后面 $t-s$ 项系数中至少有一个不等于零, 否则 $\boldsymbol{\alpha}_1, \cdots, \boldsymbol{\alpha}_s, \boldsymbol{\alpha}_{s+1}$ 线性相关, 与已知矛盾. 不妨假设 $\lambda_{i_{s+1}} \neq 0$, 于是 $\boldsymbol{\beta}_{i_{s+1}}$ 可由向量组 (IV): $\boldsymbol{\alpha}_1, \cdots, \boldsymbol{\alpha}_s, \boldsymbol{\alpha}_{s+1}, \boldsymbol{\beta}_{i_{s+2}}, \cdots, \boldsymbol{\beta}_{i_t}$ 线性表示, 所以 (III) 可由 (IV) 线性表示. 而归纳假设 (II) 可由 (III) 线性表示, 由线性表示的传递性知, (II) 可由向量组 (IV) 线性表示, 即结论对 $s+1$ 也成立.

由数学归纳法原理知, 结论对任意 $s(1 \leqslant s < t)$ 都成立. $\square$

注 关于 "替换定理" 的另一种证法 (不用数学归纳法) 请阅读文献 [1].

第三章补充习题

3.28 已知三阶矩阵 $\boldsymbol{B} \neq \boldsymbol{O}$, 且 $\boldsymbol{B}$ 的每一个列向量都是齐次方程组

$$\begin{cases} x_1 + 2x_2 - 2x_3 = 0, \\ 2x_1 - x_2 + \lambda x_3 = 0, \\ 3x_1 + x_2 - x_3 = 0 \end{cases}$$

的解, (1) 求 λ; (2) 证明: $|\boldsymbol{B}| = 0$.

3.29 已知 $\boldsymbol{A} = (\boldsymbol{\alpha}_1, \boldsymbol{\alpha}_2, \boldsymbol{\alpha}_3, \boldsymbol{\alpha}_4)$ 是 4 阶矩阵, $\boldsymbol{\alpha}_1, \boldsymbol{\alpha}_2, \boldsymbol{\alpha}_3, \boldsymbol{\alpha}_4$ 是 4 维列向量, 方程组 $\boldsymbol{Ax} = \boldsymbol{\beta}$ 的通解为

$$k(1, -2, 4, 0)^{\mathrm{T}} + (1, 2, 2, 1)^{\mathrm{T}}.$$

令 $\boldsymbol{B} = (\boldsymbol{\alpha}_3, \boldsymbol{\alpha}_2, \boldsymbol{\alpha}_1, \boldsymbol{\beta} - \boldsymbol{\alpha}_4)$, 求线性方程组 $\boldsymbol{Bx} = \boldsymbol{\alpha}_1 - \boldsymbol{\alpha}_2$ 的通解.

3.30 对于非齐次方程组 $\boldsymbol{Ax} = \boldsymbol{b}$, 如果对任意数 k 都有

$$\mathrm{R}\begin{pmatrix} \boldsymbol{A} & \boldsymbol{b} \\ \boldsymbol{b}^{\mathrm{T}} & k \end{pmatrix} = \mathrm{R}(\boldsymbol{A}),$$

证明: 此方程组一定有解.

3.31 已知 n 阶矩阵

$$\boldsymbol{A} = \begin{pmatrix} 2a & 1 & & \\ a^2 & 2a & \ddots & \\ & \ddots & \ddots & 1 \\ & & a^2 & 2a \end{pmatrix}$$

满足方程组 $\boldsymbol{Ax} = \boldsymbol{\beta}$, 其中 $\boldsymbol{x} = (x_1, x_2, \cdots, x_n)^{\mathrm{T}}, \boldsymbol{\beta} = (1, 0, \cdots, 0)^{\mathrm{T}}$.

(1) 证明: $|\boldsymbol{A}| = (n+1)a^n$;

(2) a 为何值时方程组有唯一解? 并求 x_1;

(3) a 为何值时方程组有无穷多解? 并求通解.

3.32 设 $\boldsymbol{\alpha}_1, \boldsymbol{\alpha}_2$ 是非齐次方程组 $\boldsymbol{Ax} = \boldsymbol{b}$ 的两个不同解, $\boldsymbol{A}$ 是 $m \times n$ 矩阵, $\boldsymbol{\beta}$ 是其导出组 $\boldsymbol{Ax} = \boldsymbol{0}$ 的一个非零解. 证明:

(1) 向量组 $\boldsymbol{\alpha}_1, \boldsymbol{\alpha}_2 - \boldsymbol{\alpha}_1$ 线性无关;

(2) 若 $\mathrm{R}(\boldsymbol{A}) = n - 1$, 则向量组 $\boldsymbol{\beta}, \boldsymbol{\alpha}_1, \boldsymbol{\alpha}_2$ 线性相关.

3.33 设 $\boldsymbol{A}$ 是 $m \times n$ 矩阵, 它的 m 个行向量是 n 元齐次方程组 $\boldsymbol{Kx} = \boldsymbol{0}$ 的一个基础解系, 又 $\boldsymbol{B}$ 是 m 阶可逆矩阵. 证明: $\boldsymbol{BA}$ 的行向量也是 $\boldsymbol{Kx} = \boldsymbol{0}$ 的一个基础解系.

3.34 设 $\boldsymbol{A}$ 是 $m \times n$ 矩阵, $\boldsymbol{B}$ 是 $s \times n$ 矩阵, 证明: 齐次方程组 $\boldsymbol{Ax} = \boldsymbol{0}$ 与 $\boldsymbol{Bx} = \boldsymbol{0}$ 同解的充要条件是矩阵 $\boldsymbol{A}$ 的行向量组与 $\boldsymbol{B}$ 的行向量组等价, 即存在 $m \times s$ 矩阵 $\boldsymbol{C}$ 及 $s \times m$ 矩阵 $\boldsymbol{D}$, 使得 $\boldsymbol{A} = \boldsymbol{CB}, \boldsymbol{B} = \boldsymbol{DA}$.

3.35 设 $\boldsymbol{A}, \boldsymbol{B}$ 都是 n 阶矩阵, 齐次方程组 $\boldsymbol{Ax} = \boldsymbol{0}$ 与 $\boldsymbol{Bx} = \boldsymbol{0}$ 同解, 且每一个方程组的基础解系都包含 m 个线性无关的解. 证明: $\mathrm{R}(\boldsymbol{A} - \boldsymbol{B}) \leqslant n - m$.

3.36 已知齐次方程组

$$
(\mathrm{I}):\begin{cases}a_{11}x_1+a_{12}x_2+\cdots+a_{1,2n}x_{2n}=0,\\ a_{21}x_1+a_{22}x_2+\cdots+a_{2,2n}x_{2n}=0,\\ \cdots\cdots\cdots\cdots\cdots\cdots\cdots\cdots\cdots\cdots\cdots\\ a_{n1}x_1+a_{n2}x_2+\cdots+a_{n,2n}x_{2n}=0\end{cases}
$$

的一个基础解系为

$$
(b_{11},b_{12},\cdots,b_{1,2n})^{\mathrm{T}},\quad (b_{21},b_{22},\cdots,b_{2,2n})^{\mathrm{T}},\quad \cdots,\quad (b_{n1},b_{n2},\cdots,b_{n,2n})^{\mathrm{T}}.
$$

试写出齐次方程组

$$
(\mathrm{II}):\begin{cases}b_{11}y_1+b_{12}y_2+\cdots+b_{1,2n}y_{2n}=0,\\ b_{21}y_1+b_{22}y_2+\cdots+b_{2,2n}y_{2n}=0,\\ \cdots\cdots\cdots\cdots\cdots\cdots\cdots\cdots\cdots\cdots\cdots\\ b_{n1}y_1+b_{n2}y_2+\cdots+b_{n,2n}y_{2n}=0\end{cases}
$$

的通解, 并说明理由.

3.37 设齐次方程组

$$
\begin{cases}a_{11}x_1+a_{12}x_2+\cdots+a_{1n}x_n=0,\\ a_{21}x_1+a_{22}x_2+\cdots+a_{2n}x_n=0,\\ \cdots\cdots\cdots\cdots\cdots\cdots\cdots\cdots\cdots\cdots\\ a_{n-1,1}x_1+a_{n-1,2}x_2+\cdots+a_{n-1,n}x_n=0\end{cases}
$$

的系数矩阵为 $\boldsymbol{A}$, 将 $\boldsymbol{A}$ 的第 i 列划去后剩下的 $n-1$ 阶矩阵的行列式记为 $M_i\ (i=1,2,\cdots,n)$. 证明:

(1) $(M_1,-M_2,\cdots,(-1)^{n-1}M_n)^{\mathrm{T}}$ 是方程组的一个解;

(2) 如果 $\mathrm{R}(\boldsymbol{A})=n-1$, 则 $(M_1,-M_2,\cdots,(-1)^{n-1}M_n)^{\mathrm{T}}$ 是方程组的一个基础解系.

3.38 设 $\boldsymbol{A}$ 是 n 阶矩阵, k 是正整数, 且设 $\boldsymbol{A}^k\boldsymbol{\alpha}=\boldsymbol{0}$, 但 $\boldsymbol{A}^{k-1}\boldsymbol{\alpha}\neq\boldsymbol{0}$. 证明: 向量组 $\boldsymbol{\alpha},\boldsymbol{A}\boldsymbol{\alpha},\cdots,\boldsymbol{A}^{k-1}\boldsymbol{\alpha}$ 线性无关.

3.39 设向量组 $\boldsymbol{\beta}_1,\boldsymbol{\beta}_2,\cdots,\boldsymbol{\beta}_m$ 线性无关, 且可由向量组 $\boldsymbol{\alpha}_1,\boldsymbol{\alpha}_2,\cdots,\boldsymbol{\alpha}_s$ 线性表示. 证明: 存在向量 $\boldsymbol{\alpha}_k(1\leqslant k\leqslant s)$ 使得向量组 $\boldsymbol{\alpha}_k,\boldsymbol{\beta}_2,\cdots,\boldsymbol{\beta}_m$ 线性无关.

3.40 在向量组 $\boldsymbol{\alpha}_1,\boldsymbol{\alpha}_2,\cdots,\boldsymbol{\alpha}_m$ 中, $\boldsymbol{\alpha}_1\neq\boldsymbol{0}$, 从第二个向量起, 每一个向量 $\boldsymbol{\alpha}_i$ 都不是它前面 $i-1$ 个向量的线性组合. 证明: 向量组 $\boldsymbol{\alpha}_1,\boldsymbol{\alpha}_2,\cdots,\boldsymbol{\alpha}_m$ 的秩为 m.

3.41 设向量组 (I): $\boldsymbol{\alpha}_1,\boldsymbol{\alpha}_2,\cdots,\boldsymbol{\alpha}_s$ 中的秩为 r, 从中任取 m 个向量得到向量组 (II): $\boldsymbol{\alpha}_{i_1},\boldsymbol{\alpha}_{i_2},\cdots,\boldsymbol{\alpha}_{i_m}$. 证明: $\mathrm{R(II)}\geqslant r+m-s$.

3.42 设 $\boldsymbol{A}$ 是 n 阶矩阵, 证明: $\mathrm{R}(\boldsymbol{A}^n)=\mathrm{R}(\boldsymbol{A}^{n+1})=\mathrm{R}(\boldsymbol{A}^{n+2})=\cdots$.

3.43 设 $\boldsymbol{A}=(a_{ij})_{n\times n}$ 是 n 阶矩阵, 证明:

(1) 如果 $|a_{ii}|>\sum\limits_{j\neq i}|a_{ij}|\,(i=1,2,\cdots,n)$, 那么 $|\boldsymbol{A}|\neq 0$;

(2) 如果 $\boldsymbol{A}$ 是 n 阶实矩阵, 且 $a_{ii} > \sum\limits_{j \neq i} |a_{ij}| (i = 1, 2, \cdots, n)$, 那么 $|\boldsymbol{A}| > 0$.

注 满足条件 (1) 的矩阵 $\boldsymbol{A}$ 称为**严格对角占优矩阵**或**阿达马矩阵**, 因此, 阿达马矩阵是非奇异矩阵.

第四章　多　项　式

多项式理论是高等代数的重要组成部分, 是进一步学习代数学和其他数学分支的工具之一. 中学代数所接触的多项式知识侧重于计算, 高等代数侧重于研究多项式的一般规律和理论. 本章主要介绍多项式的整除性、最大公因式、因式分解定理及应用等基本理论和方法. 提醒读者在学习多项式理论时, 注意把整数理论结合起来对照研究 (请阅读文献 [1]).

§4.1　一元多项式

4.1.1　一元多项式的概念

定义 4.1　设 $\mathbb{P}$ 是数域, x 是符号 (文字), $a_0, a_1, \cdots, a_n$ 是数域 $\mathbb{P}$ 中的一组数, 称表达式

$$a_nx^n + a_{n-1}x^{n-1} + \cdots + a_1x + a_0$$

为数域 $\mathbb{P}$ 上的**一元多项式**.

一元多项式常用符号 $f(x), g(x), h(x), \cdots$ 表示, 在不引起混淆的情况下, 也简记为 $f, g, h, \cdots$. 其中 a_0 叫做**零次项**或**常数项**, a_ix^i 叫做 i **次项**, a_i 叫做 i 次项的**系数**. 若 $a_n \neq 0$, 称 a_nx^n 为**首项** (**最高次项**), a_n 为**首项系数**, 称 n 为该多项式的**次数**, 用 $\partial(f(x))$ (或 $\partial f(x)$) 表示, 也可以记作 $\deg f(x)$. 首项系数为 1 的多项式简称**首 1 多项式**. 非零常数叫作**零次多项式**. 各项系数都是 0 的多项式叫作**零多项式**, 零多项式是唯一不规定次数的多项式.

定义 4.2　若数域 $\mathbb{P}$ 上的两个一元多项式 $f(x), g(x)$ 对应项的系数相等, 则称 $f(x)$ 和 $g(x)$ **相等**, 记作 $f(x) = g(x)$.

例如, $0x^4 + x^3 + 5x^2 + 0x + 1 = x^3 + 5x^2 + 1$; $2x^2 + x + 3 \neq x^2 + x + 3$.

4.1.2　多项式的运算

设

$$f(x) = a_nx^n + a_{n-1}x^{n-1} + \cdots + a_1x + a_0 = \sum_{i=0}^{n} a_ix^i,$$

$$g(x) = b_mx^m + b_{m-1}x^{m-1} + \cdots + b_1x + b_0 = \sum_{i=0}^{m} b_ix^i$$

是数域 $\mathbb{P}$ 上的两个多项式. 不妨假定 $m \leqslant n$, 令 $b_{m+1} = b_{m+2} = \cdots = b_n = 0$. 定义多项式 $f(x), g(x)$ 的和 (差) 为

$$f(x) \pm g(x) = \sum_{i=0}^{n} (a_i \pm b_i)x^i.$$

定义多项式 $f(x), g(x)$ 的乘积为

$$f(x)g(x) = \sum_{i=0}^{m+n} c_ix^i,$$

其中

$$c_i = a_0b_i + a_1b_{i-1} + \cdots + a_ib_0 = \sum_{k+l=i} a_kb_l \quad (i = 0, 1, \cdots, m+n).$$

显然, 数域 $\mathbb{P}$ 上的两个多项式经过加、减、乘运算后, 结果仍为数域 $\mathbb{P}$ 上的多项式. 多项式的加法和乘法满足以下运算规则:

(1) 加法交换律: $f(x) + g(x) = g(x) + f(x)$;

(2) 加法结合律: $(f(x) + g(x)) + h(x) = f(x) + (g(x) + h(x))$;

(3) 乘法交换律: $g(x)f(x) = f(x)g(x)$;

(4) 乘法结合律: $(f(x)g(x))h(x) = f(x)(g(x)h(x))$;

(5) 乘法对加法的分配律: $(f(x) + g(x))h(x) = f(x)h(x) + g(x)h(x)$;

(6) 乘法消去律: 若 $f(x)g(x) = f(x)h(x)$ 且 $f(x) \neq 0$, 则 $g(x) = h(x)$;

(7) $f(x)g(x) = 0 \Leftrightarrow f(x) = 0$ 或 $g(x) = 0$.

对于如上定义的多项式的加法与乘法, 数域 $\mathbb{P}$ 上的全体多项式的集合, 称为数域 $\mathbb{P}$ 上的**一元多项式环**, 记作 $\mathbb{P}[x]$. 关于多项式的次数, 有如下定理:

定理 4.1 设 $f(x), g(x) \in \mathbb{P}[x]$ 是两个非零多项式, 则

(1) 当 $f(x) + g(x) \neq 0$ 时, $\partial(f(x) + g(x)) \leqslant \max\{\partial f(x), \partial g(x)\}$;

(2) $\partial(f(x)g(x)) = \partial f(x) + \partial g(x)$.

定理 4.1 的证明是很容易的, 请读者自已完成.

习题 4.1

4.1 计算: $(x^3 + ax - b)(x^2 - 1) + (x^3 - ax + b)(x^2 - 1)$.

4.2 求 k, l, m 使

$$(2x^2 + lx - 1)(x^2 - kx + 1) = 2x^4 + 5x^3 + mx^2 - x - 1.$$

4.3 设 $f(x), g(x), h(x)$ 是实数域上的多项式. 证明: 如果 $f^2(x) = xg^2(x) + xh^2(x)$, 则

$$f(x) = g(x) = h(x) = 0.$$

§4.2 多项式的整除性

我们知道, 数域 $\mathbb{P}$ 上任意两个多项式相加、相减、相乘之后仍为数域 $\mathbb{P}$ 上的多项式, 或者说, 一元多项式环 $\mathbb{P}[x]$ 对于加法、减法和乘法是封闭的. 但是, 除法的情况并不一样, 对于 $\mathbb{P}[x]$ 中的两个多项式相除 (分母不为零) 并不封闭, 因此, 关于多项式整除性的研究就显得非常重要了. 本节先介绍带余除法, 然后介绍多项式的整除性概念及性质. 这里研究的多项式都是固定在某个数域 $\mathbb{P}$ 上的一元多项式环 $\mathbb{P}[x]$ 中进行的, 以后不再重复声明.

4.2.1 带余除法

在中学里我们知道, 用一个多项式去除另一个多项式, 可以求得商式和余式.

例 4.1 求 $g(x) = x^2 - 2x + 3$ 除 $f(x) = 2x^4 - 3x^2 + x - 5$ 的商式和余式.

解 用如下算式计算:

$$
\begin{array}{r|rrrrr}
 & 2x^2 & +\ 4x & -\ 1 & & \\
\cline{2-6}
x^2-2x+3 & 2x^4 & +\ 0 & -\ 3x^2 & +\ x & -\ 5 \\
 & 2x^4 & -\ 4x^3 & +\ 6x^2 & & \\
\cline{2-6}
 & & 4x^3 & -\ 9x^2 & +\ x & \\
 & & 4x^3 & -\ 8x^2 & +\ 12x & \\
\cline{3-6}
 & & & -\ x^2 & -\ 11x & -\ 5 \\
 & & & -\ x^2 & +\ 2x & -\ 3 \\
\cline{4-6}
 & & & & -\ 13x & -\ 2
\end{array}
$$

得到商式 $q(x)=2x^2+4x-1$, 余式 $r(x)=-13x-2$. 所得结果写成

$$2x^4-3x^2+x-5=(2x^2+4x-1)(x^2-2x+3)-13x-2.$$

这种方法称为**带余除法** (或**综合除法**). 读者注意, 在列除法算式时, 缺项的位置用 "+0" 占位, 以免发生在合并同类项时出现错误. 下面证明: 在如上的带余除法中, 任意两个多项式相除 (除式不为零), 其商式和余式是唯一存在的.

定理 4.2 (**带余除法**) 对任意 $f(x),g(x)\in\mathbb{P}[x], g(x)\neq 0$, 存在唯一的 $q(x),r(x)\in\mathbb{P}[x]$, 使得

$$f(x)=q(x)g(x)+r(x),$$

其中 $\partial r(x)<\partial g(x)$ 或 $r(x)=0$.

****证明** 存在性. 若 $f(x)=0$, 或 $f(x)\neq 0$ 且 $\partial f(x)<\partial g(x)$, 则取 $q(x)=0, r(x)=f(x)$ 即可, 存在性已成立.

现在考虑 $f(x)\neq 0$ 且 $\partial f(x)\geqslant \partial g(x)$ 的情形. 设 $\partial f(x)=n, \partial g(x)=m\,(n\geqslant m)$, 对 $f(x)$ 的次数 n 用第二数学归纳法.

假设当 $\partial f(x)<n$ 时, $q(x),r(x)$ 的存在性已成立, 现在考虑 $\partial f(x)=n$ 的情形.

设 ax^n, bx^m 分别是 $f(x),g(x)$ 的首项, 容易知道 $b^{-1}ax^{n-m}g(x)$ 与 $f(x)$ 有相同的首项. 令多项式

$$f_1(x)=f(x)-b^{-1}ax^{n-m}g(x),$$

则有 $\partial f_1(x)<n$, 或者 $f_1(x)=0$.

若 $f_1(x)=0$, 则取 $q(x)=b^{-1}ax^{n-m}, r(x)=0$, 存在性已成立.

若 $f_1(x)\neq 0$, 则 $\partial f_1(x)<n$. 由归纳假设, 对多项式 $f_1(x),g(x)$, 存在多项式 $q_1(x),r_1(x)$, 使得

$$f_1(x)=q_1(x)g(x)+r_1(x)$$

成立, 其中 $\partial r_1(x)<\partial g(x)$ 或 $r_1(x)=0$. 于是

$$f(x)=(q_1(x)+b^{-1}ax^{n-m})g(x)+r_1(x),$$

取 $q(x)=q_1(x)+b^{-1}ax^{n-m}, r(x)=r_1(x)$, 则有

$$f(x)=q(x)g(x)+r(x)$$

成立. 由数学归纳法原理, 对任意的 $f(x), g(x) \neq 0$ 定理 4.2 中的 $q(x), r(x)$ 都存在.

唯一性. 设另有多项式 $q_1(x), r_1(x)$, 使得

$$f(x) = q_1(x)g(x) + r_1(x),$$

其中 $\partial r_1(x) < \partial g(x)$ 或 $r_1(x) = 0$. 于是

$$q(x)g(x) + r(x) = q_1(x)g(x) + r_1(x),$$

移项整理得

$$(q(x) - q_1(x))g(x) = r_1(x) - r(x).$$

若 $q(x) \neq q_1(x)$, 由 $g(x) \neq 0$ 知, $r_1(x) - r(x) \neq 0$, 因此,

$$\partial(q(x) - q_1(x)) + \partial g(x) = \partial(r_1(x) - r(x)),$$

然而右端 $< \partial g(x)$, 左端 $\geqslant \partial g(x)$, 等式不成立, 所以

$$q(x) = q_1(x), \quad r(x) = r_1(x). \quad \square$$

设

$$f(x) = a_n x^n + a_{n-1}x^{n-1} + \cdots + a_1 x + a_0 = \sum_{i=0}^{n} a_i x^i, \quad g(x) = x - c$$

分别是 n 次多项式和一次多项式, 则商式

$$q(x) = b_{n-1}x^{n-1} + b_{n-2}x^{n-2} + \cdots + b_1 x + b_0 = \sum_{i=0}^{n-1} b_i x^i$$

是 $n-1$ 次多项式, 余式是一个数 $r \in \mathbb{P}$, 称为**余数**. 由定理 4.2 得

$$b_{n-1} = a_n, \quad b_i = a_{i+1} + cb_{i+1}\,(i < n-1), \quad r = a_0 + cb_0.$$

定理 4.3 (**余数定理**) 一次多项式 $x - c$ 除多项式 $f(x)$ 的余式是一个数 r, 且

$$r = f(c) = \sum_{i=0}^{n} a_i c^i$$

证明 由定理 4.2, 令 $x = c$ 即得. $\square$

将 $x - c$ 除 $f(x)$ 求商式的系数和余式的过程列成如下**综合除法**算式:

$$\begin{array}{c|ccccc}
 & a_n & a_{n-1} & \cdots & a_1 & a_0 \\
c & +) & cb_{n-1} & \cdots & cb_1 & cb_0 \\
\hline
 & b_{n-1} = a_n & b_{n-2} & \cdots & b_0 & r
\end{array}$$

例 4.2 求 $x + 2$ 除 $x^4 + 2x^3 + 3x^2 - 2x + 6$ 所得的商式及余数.

解 做综合除法计算如下:

$$\begin{array}{r|rrrrr} & 1 & 2 & 3 & -2 & 6 \\ -2 & +) & -2 & 0 & -6 & 16 \\ \hline & 1 & 0 & 3 & -8 & 22 \end{array}$$

所以, 商式 $q(x)=x^3+3x-8$, 余数为 22.

例 4.3 将多项式 $f(x)=2x^4-3x^3+3x^2-4x+5$ 表示成 $x-2$ 的方幂和, 即表示成

$$f(x)=c_0+c_1(x-2)+c_2(x-2)^2+\cdots$$

的形式.

解 设

$$\begin{aligned} f(x) &= 2(x-2)^4+c_3(x-2)^3+c_2(x-2)^2+c_1(x-2)+c_0 \\ &= [2(x-2)^3+c_3(x-2)^2+c_2(x-2)+c_1](x-2)+c_0 \\ &= \{[2(x-2)^2+c_3(x-2)+c_2](x-2)+c_1\}(x-2)+c_0 \\ &= \cdots . \end{aligned}$$

由此看到, 反复利用综合除法, 可求得方幂和的各项系数: 先用 $x-2$ 除 $f(x)$ 得到余数 c_0, 设商式为 $q_0(x)$; 再用 $x-2$ 除 $q_0(x)$ 得到余数 c_1, 设商式为 $q_1(x)$; 再用 $x-2$ 除 $q_1(x)$ 得到余数 c_2, 设商式为 $q_2(x)\cdots\cdots$ 一直除到剩下 2 个数为止, 这 2 个数就分别是最后两项的系数.

$$\begin{array}{r|lllll} & 2 & -3 & 3 & -4 & 5 \\ 2 & +) & 4 & 2 & 10 & 12 \\ \hline & 2 & 1 & 5 & 6 & 17=c_0 \\ 2 & +) & 4 & 10 & 30 & \\ \hline & 2 & 5 & 15 & 36=c_1 & \\ 2 & +) & 4 & 18 & & \\ \hline & 2 & 9 & 33=c_2 & & \\ 2 & +) & 4 & & & \\ \hline & 2=c_4 & 13=c_3 & & & \end{array}$$

故

$$f(x)=2(x-2)^4+13(x-2)^3+33(x-2)^2+36(x-2)+17.$$

4.2.2 多项式的整除性

定义 4.3 设 $f(x),g(x)\in\mathbb{P}[x]$, 若存在 $h(x)\in\mathbb{P}[x]$, 使得

$$f(x)=g(x)h(x),$$

则称 $g(x)$ **整除** $f(x)$(或 $f(x)$ 能被 $g(x)$ 整除), 记作 $g(x)|f(x)$. 否则称 $g(x)$ 不能整除 $f(x)$, 记作 $g(x)\nmid f(x)$. 当 $g(x)|f(x)$ 时, 称 $g(x)$ 是 $f(x)$ 的**因式**, $f(x)$ 是 $g(x)$ 的**倍式**.

显然, 任意多项式能整除它自身, 即 $f(x)|f(x)$; 任意多项式 $f(x)$ 能整除零多项式, 即 $f(x)|0$; 任一零次多项式 (即非零常数) 能整除任意多项式, 即 $c|f(x)\,(c\neq 0)$.

定理 4.4 对任意 $f(x),g(x)\in\mathbb{P}[x]$, 且 $g(x)\neq 0$, $g(x)|f(x)$ 的充要条件是 $g(x)$ 除 $f(x)$ 的余式为 0.

证明 必要性. 由定义 4.3 知, 存在 $h(x)\in\mathbb{P}[x]$, 使得

$$f(x)=g(x)h(x).$$

此即 $g(x)$ 除 $f(x)$ 的商式为 $h(x)$, 余式为 0.

充分性. 由定理 4.2 可知, 存在唯一多项式 $q(x),r(x)\in\mathbb{P}[x]$, 使得

$$f(x)=q(x)g(x)+r(x).$$

而余式 $r(x)=0$, 所以

$$f(x)=q(x)g(x).$$

由定义 4.3 知 $g(x)|f(x)$. □

例 4.4 设 $f(x)=x^3+px+q$, $g(x)=x^2+mx+1$, 当 p,q,m 满足什么条件时, $g(x)|f(x)$?

解 由带余除法得

$$x^3+px+q=(x^2+mx+1)(x-m)+(p+m^2-1)x+(q+m).$$

因此, 当 $(p+m^2-1)x+(q+m)=0$, 即当 $p+m^2-1=q+m=0$ 时, $g(x)|f(x)$.

定理 4.5 设 $f(x),g(x)\in\mathbb{P}[x]$, 则 $f(x)|g(x)$ 且 $g(x)|f(x)$ 的充要条件是存在非零常数 c, 使得

$$f(x)=cg(x).$$

证明 必要性. 设 $f(x)|g(x)$, $g(x)|f(x)$, 因此, 存在 $h_1(x),h_2(x)\in\mathbb{P}[x]$, 使得

$$f(x)=h_1(x)g(x),\quad g(x)=h_2(x)f(x).$$

于是

$$f(x)=h_1(x)(h_2(x)f(x))=(h_1(x)h_2(x))f(x).$$

若 $f(x)=0$, 则 $g(x)=0$, 结论显然成立. 若 $f(x)\neq 0$, 得

$$h_2(x)h_1(x)=1,$$

因此, $h_1(x),h_2(x)$ 都是非零常数, 取 $h_1(x)=c\neq 0$, 必要性得证.

充分性. 设 $f(x)=cg(x)$, 其中 c 为非零常数, 显然 $g(x)|f(x)$. 而 $g(x)=c^{-1}f(x)$ 可知 $f(x)|g(x)$. □

推论 4.1 设 $f(x),g(x)$ 都是首 1 多项式, 则 $f(x)|g(x)$ 且 $g(x)|f(x)$ 的充要条件是 $f(x)=g(x)$.

证明 由定理 4.5 即得. □

定理 4.6 设 $f(x),g(x),h(x)\in\mathbb{P}[x]$, 若 $f(x)|g(x),g(x)|h(x)$, 则 $f(x)|h(x)$, 即整除具有传递性.

证明 由已知, 存在 $q_1(x),q_2(x)\in\mathbb{P}[x]$, 使得

$$g(x)=q_1(x)f(x),\quad h(x)=q_2(x)g(x).$$

因此,

$$h(x)=q_2(x)(q_1(x)f(x))=(q_1(x)q_2(x))f(x),$$

从而 $f(x)|h(x)$. □

定理 4.7 设 $f(x)$ 与 $g_i(x)\,(i=1,2,\cdots,s)$ 是 $\mathbb{P}[x]$ 的多项式, 如果

$$f(x)|g_i(x)\quad(i=1,2,\cdots,s),$$

那么

$$f(x)|u_1(x)g_1(x)+u_2(x)g_2(x)+\cdots+u_s(x)g_s(x),$$

其中 $u_i(x)$ 是 $\mathbb{P}[x]$ 中的任意多项式.

证明 由已知, 存在 $h_i(x)\in\mathbb{P}[x]\,(i=1,2,\cdots,s)$, 使得

$$g_i(x)=h_i(x)f(x).$$

从而

$$\begin{aligned}&u_1(x)g_1(x)+u_2(x)g_2(x)+\cdots+u_s(x)g_s(x)\\=&\left[u_1(x)h_1(x)+u_2(x)h_2(x)+\cdots+u_s(x)h_s(x)\right]f(x),\end{aligned}$$

即得

$$f(x)|\left[u_1(x)g_1(x)+u_2(x)g_2(x)+\cdots+u_s(x)g_s(x)\right].\quad\square$$

例 4.5 设 d,n 都是非负整数, 证明: $(x^d-1)|(x^n-1)$ 的充要条件是 $d|n$.

证明 充分性. 若 $d|n$, 不妨假设 $n=dq$, 则

$$x^n-1=(x^d)^q-1=(x^d-1)(x^{d(q-1)}+x^{d(q-2)}+\cdots+x^d+1),$$

因此, $(x^d-1)|(x^n-1)$.

必要性. 若 $(x^d-1)|(x^n-1)$, 不妨假定 $n=dq+r$, $0\leqslant r<d$.

如果 $0<r<d$, 则

$$x^n-1=x^r(x^{dq}-1)+(x^r-1).$$

由已证的结论可知, $(x^d-1)|(x^{dq}-1)$, 因此, $(x^d-1)|(x^r-1)$, 这与 $0<r<d$ 矛盾, 所以 $r=0$, 即 $d|n$. □

习题 4.2

4.4 求 $g(x)$ 除 $f(x)$ 所得的商式 $q(x)$ 及余式 $r(x)$:

(1) $f(x)=2x^4-3x^3+4x^2-5x+6$, $g(x)=x^2-3x+1$;

(2) $f(x)=x^4-2x+5$, $g(x)=x^2-x+2$.

4.5 求一次多项式 $g(x)$ 除 $f(x)$ 所得的余数 r:

(1) $f(x)=x^3-3x^2+4x-1$, $g(x)=x+2$;

(2) $f(x)=2x^3-x^2+3x-1$, $g(x)=x-1$.

4.6 求 l,m 使下列整除关系成立:

(1) $(x^3-x+1)|(x^5+3x^4-3x^3+lx^2+5x+m)$;

(2) $(x^2+mx+1)|(x^3+lx^2+5x+2)$;

(3) $(x-3)|(x^4-5x^3+5x^2+mx+3)$.

4.7 将多项式 $f(x)$ 表示成 $g(x)$ 的方幂和:

(1) $f(x)=x^3+3x^2+2x+1$, $g(x)=x+1$;

(2) $f(x)=5x^4-6x^3-x^2+4$, $g(x)=x-2$;

(3) $f(x)=x^4-3x^3+2x^2+x-5$, $g(x)=x-1$.

4.8 已知多项式 $f(x)$ 分别除以 $x+1$, $x-1$ 的余数分别是 1,3, 求 $f(x)$ 除以 x^2-1 的余式.

4.9 已知多项式 $f(x)$ 分别除以 $x-1$, $x-2$ 的余数分别是 2,5, 求 $f(x)$ 除以 $(x-1)(x-2)$ 的余式.

4.10 证明: $(x-a)|(x^n-a^n)$, 其中 n 是正整数.

4.11 证明: $x|f^k(x)$ 的充要条件是 $x|f(x)$, 这里 k 是正整数.

4.12 设 f,g_1,g_2,h_1,h_2 都是数域 $\mathbb{P}$ 上的多项式, 且 $f|(g_1-g_2)$, $f|(h_1-h_2)$. 证明:

$$f|(g_1h_1-g_2h_2).$$

§4.3 最大公因式

4.3.1 最大公因式

定义 4.4 设 $f(x),g(x)\in\mathbb{P}[x]$, 若 $d(x)$ 是它们的公因式, 即 $d(x)|f(x)$, $d(x)|g(x)$, 且 $f(x)$, $g(x)$ 的任一公因式能整除 $d(x)$, 则称 $d(x)$ 为 $f(x),g(x)$ 的**最大公因式**.

显然, $f(x)$ 与零多项式的最大公因式就是 $f(x)$; 两个零多项式的最大公因式是 0; 若 $f(x)|g(x)$, 则 $f(x)$ 就是 $f(x),g(x)$ 的一个最大公因式. 最大公因式, 就是次数最高的公因式. 如果 $d_1(x),d_2(x)$ 都是多项式 $f(x),g(x)$ 的最大公因式, 由定义知, $d_1(x)|d_2(x)$, 且 $d_2(x)|d_1(x)$, 因此, $d_1(x)=cd_2(x)$, 即两个最大公因式至多相差一个常数因子. 用 $(f(x),g(x))$ 表示首项系数为 1 的最大公因式, 称为**首 1 最大公因式**, 则任意两个多项式的首 1 最大公因式是唯一的.

下面的定理证明了任意两个多项式总存在最大公因式, 并且提供了求最大公因式的方法, 称为**辗转相除法**.

定理 4.8 对 $\mathbb{P}[x]$ 中的任意两个多项式 $f(x),g(x)$ 总存在最大公因式 $d(x)$, 且 $d(x)$ 可以表示成 $f(x),g(x)$ 的一个组合, 即存在 $u(x),v(x)\in\mathbb{P}[x]$, 使得

$$d(x)=u(x)f(x)+v(x)g(x).$$

证明 设 $f(x),g(x)$ 中至少有一个为零, 不妨设 $g(x)=0$, 则 $f(x)$ 就是 $f(x)$ 与 $g(x)$ 的一个最大公因式, 并且

$$f(x)=1\cdot f(x)+1\cdot 0.$$

下面考虑 $f(x),g(x)$ 都不为零的情形. 按带余除法, 用 $g(x)$ 除 $f(x)$ 得到商式 $q_1(x)$, 余式 $r_1(x)$. 若 $r_1(x)=0$, 则 $g(x)$ 就是 $f(x),g(x)$ 的最大公因式, 取 $u(x)=0$, $v(x)=1$, 结论已成立. 若 $r_1(x)\neq 0$, 就用 $r_1(x)$ 除 $g(x)$, 得到商式 $q_2(x)$, 余式 $r_2(x)$. 若 $r_2(x)=0$, 则 $r_1(x)$ 是 $f(x),g(x)$ 的最大公因式. 事实上,

$$f(x)=q_1(x)g(x)+r_1(x),\quad g(x)=q_2(x)r_1(x).$$

由后一个等式知, $r_1(x)|g(x)$, 再由前一个等式知, $r_1(x)|f(x)$. 再由前一个等式知, $f(x),g(x)$ 的任一公因式一定能整除 $r_1(x)$, 因此, $r_1(x)$ 是 $f(x),g(x)$ 的最大公因式. 取 $u(x)=1$, $v(x)=-q_1(x)$, 结论即得证.

如果 $r_2(x)\neq 0$, 继续用 $r_2(x)$ 除 $r_1(x)$, 得到商式 $q_3(x)$, 余式 $r_3(x)$; 如果余式 $r_3(x)=0$, 则由

$$\begin{aligned}
f(x)&=q_1(x)g(x)+r_1(x),\\
g(x)&=q_2(x)r_1(x)+r_2(x),\\
r_1(x)&=q_3(x)r_2(x)
\end{aligned}$$

可知, $r_2(x)$ 能整除 $r_1(x)$, 也能整除 $g(x)$, 进而能整除 $f(x)$. 所以, $r_2(x)$ 是 $f(x),g(x)$ 的公因式, 同时 $f(x),g(x)$ 的任一公因式能整除 $r_1(x)$, 也能整除 $r_2(x)$. 故 $r_2(x)$ 是 $f(x),g(x)$ 的最大公因式. 由于

$$\begin{aligned}
r_2(x)&=g(x)-q_2(x)r_1(x)\\
&=g(x)-q_2(x)[f(x)-q_1(x)g(x)]\\
&=-q_2(x)f(x)+[1+q_1(x)q_2(x)]g(x).
\end{aligned}$$

取 $u(x)=-q_2(x)$, $v(x)=1+q_1(x)q_2(x)$, 得知结论成立.

如果 $r_3(x)\neq 0$, 继续用 $r_3(x)$ 除 $r_2(x)$, $\cdots$, 如此继续辗转相除下去. 在这个过程中所得余式的次数逐次降低, 即有

$$\partial g(x)>\partial r_1(x)>\partial r_2(x)>\cdots.$$

由于 $\partial g(x)$ 是正整数, 这个过程不会无限地进行下去, 因此, 在做有限次带余除法后, 一定会出现余式为零的情况. 将上述带余除法等式写出来:

$$
\begin{aligned}
f(x) &= q_1(x)g(x) + r_1(x),\\
g(x) &= q_2(x)r_1(x) + r_2(x),\\
r_1(x) &= q_3(x)r_2(x) + r_3(x),\\
&\cdots\cdots\cdots\cdots\cdots\cdots\\
r_{s-3}(x) &= q_{s-1}(x)r_{s-2}(x) + r_{s-1}(x),\\
r_{s-2}(x) &= q_s(x)r_{s-1}(x) + r_s(x),\\
r_{s-1}(x) &= q_{s+1}(x)r_s(x),
\end{aligned}
$$

其中 s 是使上述带余除法中余式为 0 的最小正整数. 由前面的证明可知 $r_s(x)$ 就是 $f(x)$ 和 $g(x)$ 最大公因式.

为了求得 $u(x), v(x)$, 将上面第一个等式移项得到 $r_1(x)$, 代入第二个等式, 再移项得到 $r_2(x)$, 再代入第三个等式, 这样一直下去, 由倒数第二个等式即可求得 $r_s(x)$ 关于 $f(x)$ 和 $g(x)$ 的组合, 从而求得 $u(x), v(x)$. □

注意, 在对 $f(x), g(x)$ 进行辗转相除法时, 为避免分数系数带来计算困难, 可以在各步先用不为零的数乘以除式或被除式, 再做带余除法, 不影响 $(f(x), g(x))$ 的结果, 但对 $u(x), v(x)$ 有影响.

例 4.6 设 $f(x) = x^4 + 3x^3 - x^2 - 4x - 3$, $g(x) = 3x^3 + 10x^2 + 2x - 3$, 求 $(f(x), g(x))$ 和多项式 $u(x), v(x)$, 使得

$$(f(x), g(x)) = u(x)f(x) + v(x)g(x).$$

解 利用辗转相除法, 有

$$
\begin{array}{c|rrrr|rrrrr|c}
 & g(x) & & & & & & 3f(x) & & & \\
3x-5 & 3x^3 & +10x^2 & +2x & -3 & 3x^4 & +9x^3 & -3x^2 & -12x & -9 & x-\frac{1}{3} \\
=q_2(x) & 3x^3 & +15x^2 & +18x & & 3x^4 & +10x^3 & +2x^2 & -3x & & =q_1(x) \\
\hline
 & & -5x^2 & -16x & -3 & & -x^3 & -5x^2 & -9x & -9 & \\
 & & -5x^2 & -25x & -30 & & -x^3 & -\frac{10}{3}x^2 & -\frac{2}{3}x & +1 & \\
\cline{2-10}
 & r_2(x) & =9x & +27 & & & r_1(x)= & -\frac{5}{3}x^2 & -\frac{25}{3}x & -10 & \\
 & \frac{1}{9}r_2(x) & =x & +3 & & & -\frac{3}{5}r_1(x)= & x^2 & +5x & +6 & x+2 \\
 & & & & & & & x^2 & +3x & & =q_3(x) \\
\cline{8-10}
 & & & & & & & & 2x & +6 & \\
 & & & & & & & & 2x & +6 & \\
\cline{9-10}
 & & & & & & & & & 0 &
\end{array}
$$

得 $d = (f, g) = x + 3$. 注意到 $r_2 = 9d$, 由上面的计算过程得到

$$3f = \left(x - \frac{1}{3}\right)g + r_1, \quad g = -\frac{3}{5}(3x-5)r_1 + 9d.$$

解出前一等式的 r_1 再代入后一等式, 整理得

$$d=\left(\frac{3}{5}x-1\right)f+\left(-\frac{1}{5}x^2+\frac{2}{5}x\right)g.$$

故 $u(x)=\frac{3}{5}x-1$, $v(x)=-\frac{1}{5}x^2+\frac{2}{5}x$, $d(x)=x+3$, 且满足

$$u(x)f(x)+v(x)g(x)=d(x).$$

最大公因式的概念可以推广到多个多项式的情形.

定义 4.5 设 $f_i(x)\in\mathbb{P}[x]\,(i=1,2,\cdots,s;s\geqslant 2)$, 称 $d(x)$ 为 $f_i(x)$ 的**最大公因式**, 如果:

(1) $d(x)|f_i(x)$;

(2) 对任一 $\varphi(x)|f_i(x)$, 都有 $\varphi(x)|d(x)$.

仍用 $(f_1(x),f_2(x),\cdots,f_s(x))$ 表示 $f_1(x),f_2(x),\cdots,f_s(x)$ 的首 1 最大公因式. 不难证明, $f_1(x),f_2(x),\cdots,f_s(x)$ 的最大公因式存在, 并且

$$(f_1(x),f_2(x),\cdots,f_s(x))=((f_1(x),f_2(x),\cdots,f_{s-1}(x)),f_s(x)).$$

利用这个关系式可以证明, 存在多项式 $u_i(x)\in\mathbb{P}[x]\,(i=1,2,\cdots,s)$, 使得

$$(f_1(x),f_2(x),\cdots,f_s(x))=u_1(x)f_1(x)+u_2(x)f_2(x)+\cdots+u_s(x)f_s(x).$$

例 4.7 设 $f,g,h,f_1,g_1,f_2,g_2\in\mathbb{P}[x]$, 且 h 是首 1 多项式. 证明:

(1) $(f,g)h=(fh,gh)$;

(2) $(f_1,g_1)(f_2,g_2)=(f_1f_2,f_1g_2,g_1f_2,g_1g_2)$.

证明 (1) 令 $(f,g)=d$, 则 $d|f,d|g$, 因而, $dh|fh,dh|gh$.

设 d_1 是 fh 与 gh 的任一公因式. 由 $(f,g)=d$ 可知, 存在 $u,v\in\mathbb{P}[x]$, 使得 $fu+gv=d$, 所以

$$(fh)u+(gh)v=dh,$$

因而 $d_1|dh$. 故 dh 是 fh,gh 的最大公因式, 且首项系数为 1, 因此, $dh=(fh,gh)$.

(2) 由 (1) 知

$$\begin{aligned}(f_1,g_1)(f_2,g_2)&=(f_1(f_2,g_2),g_1(f_2,g_2))\\&=((f_1f_2,f_1g_2),(g_1f_2,g_1g_2))\\&=(f_1f_2,f_1g_2,g_1f_2,g_1g_2).\end{aligned}$$ □

4.3.2 多项式互素

定义 4.6 设 $f(x),g(x)\in\mathbb{P}[x]$, 若 $(f(x),g(x))=1$, 则称 $f(x),g(x)$ **互素**. 即是说, 两个多项式互素是指这两个多项式除了非零常数外没有次数大于零的公因式.

例如, 多项式 $f(x)=x^2+x-1$, $g(x)=x^2+2$ 互素.

将这一概念推广到多个多项式的情形.

定义 4.7 设 $f_i(x) \in \mathbb{P}[x]\,(i=1,2,\cdots,s;s\geqslant 2)$, 如果

$$(f_1(x), f_2(x), \cdots, f_s(x)) = 1,$$

则称多项式 $f_1(x), f_2(x), \cdots, f_s(x)$ **互素**, 即 $f_1(x), f_2(x), \cdots, f_s(x)$ 除了非零常数以外, 没有次数大于零的公因式.

定理 4.9 对任意 $f(x), g(x) \in \mathbb{P}[x]$, $(f(x), g(x)) = 1$ 的充要条件是存在 $u(x), v(x) \in \mathbb{P}[x]$, 使得

$$u(x)f(x) + v(x)g(x) = 1.$$

证明 必要性是定理 4.8 的直接推论, 下证充分性. 事实上, 由

$$u(x)f(x) + v(x)g(x) = 1$$

可知, $f(x), g(x)$ 的任一公因式 $d(x)$ 都能整除 1, 因此, $d(x)$ 只能是非零常数, 故 $f(x), g(x)$ 互素, 即 $(f(x), g(x)) = 1$. □

例 4.8 证明: 如果多项式 $f(x), g(x)$ 不全为零, 且

$$u(x)f(x) + v(x)g(x) = (f(x), g(x)),$$

则 $(u(x), v(x)) = 1$.

证明 设 $d(x) = (f(x), g(x))$, $f(x) = d(x)h_1(x)$, $g(x) = d(x)h_2(x)$. 由于 $f(x), g(x)$ 不全为零, 因此, $d(x) \neq 0$.

$$u(x)f(x) + v(x)g(x) = u(x)d(x)h_1(x) + v(x)d(x)h_2(x) = d(x),$$

故

$$h_1(x)u(x) + h_2(x)v(x) = 1.$$

由定理 4.9 知, $(u(x), v(x)) = 1$. □

定理 4.10 若 $(f(x), g(x)) = 1$, 且 $f(x)|g(x)h(x)$, 则 $f(x)|h(x)$.

证明 由 $(f(x), g(x)) = 1$ 可知, 存在 $u(x), v(x)$ 使

$$u(x)f(x) + v(x)g(x) = 1,$$

即

$$f(x)u(x)h(x) + v(x)g(x)h(x) = h(x).$$

由于 $f(x)|g(x)h(x)$, 故 $f(x)|h(x)$. □

推论 4.2 若 $f_1|g, f_2|g$, 且 $(f_1, f_2) = 1$, 则 $f_1f_2|g$.

证法 1 由 $f_1|g$ 知, 存在 $h_1 \in \mathbb{P}[x]$, 使得 $g = f_1h_1$, 而

$$f_2|f_1h_1, \quad (f_1, f_2) = 1,$$

所以 $f_2|h_1$, 即存在 $h_2\in\mathbb{P}[x]$, 使得 $h_1=f_2h_2$. 故有

$$g=f_1f_2h_2,$$

即 $f_1f_2|g$. □

证法 2 由 $(f_1,f_2)=1$ 知, 存在 $u,v\in\mathbb{P}[x]$, 使得 $uf_1+vf_2=1$. 因而

$$uf_1g+vf_2g=g.$$

又由 $f_1|g\Rightarrow g=f_1h_1$, $f_2|g\Rightarrow g=f_2h_2$, 代入上式即得

$$(h_2u+h_1v)f_1f_2=g,$$

故 $f_1f_2|g$. □

例 4.9 证明: 若 $(f_1,g)=1$, $(f_2,g)=1$, 则 $(f_1f_2,g)=1$.

证法 1 由 $(f_1,g)=1$ 知, 存在 $u,v\in\mathbb{P}[x]$, 使得 $uf_1+vg=1$, 因此,

$$uf_1f_2+vf_2g=f_2.$$

设 $d=(f_1f_2,g)$, 则 $d|f_2$. 再由 $d|g$ 及 $(f_2,g)=1$ 知 $d|1$, 故 $d=1$. □

证法 2 由已知, 存在 $u_1,v_1\in\mathbb{P}[x]$, 使得 $u_1f_1+v_1g=1$. 因此,

$$u_1f_1=1-v_1g.$$

同样地, 存在 $u_2,v_2\in\mathbb{P}[x]$, 使得 $u_2f_2+v_2g=1$. 因此,

$$u_2f_2=1-v_2g.$$

故

$$u_1f_1\cdot u_2f_2=(1-v_2g)(1-v_1g),$$

整理得

$$u_1u_2f_1f_2+(v_1+v_2-v_1v_2g)g=1,$$

故 $(f_1f_2,g)=1$. □

例 4.10 证明: 若 $(f,g)=1$, 则 $(f\pm g,g)=1$.

证法 1 设 $d=(f\pm g,g)$, 则 $d|(f\pm g)$, $d|g$, 因此, $d|f$. 由 $(f,g)=1$ 知 $d=1$, 即

$$(f\pm g,g)=1. \quad □$$

证法 2 由 $(f,g)=1$ 知, 存在 $u,v\in\mathbb{P}[x]$, 使得 $uf+vg=1$, 于是

$$u(f\pm g)+(v\mp u)g=1,$$

故 $(f\pm g,g)=1$. □

定义 4.8 设 $f(x),g(x),m(x)\in\mathbb{P}[x]$, 且满足:

(1) $f(x)|m(x)$, $g(x)|m(x)$, 即 $m(x)$ 是 $f(x),g(x)$ 的公倍式;

(2) 对 $f(x),g(x)$ 的任一公倍式 $h(x)$, 有 $m(x)|h(x)$, 即 $m(x)$ 整除 $f(x),g(x)$ 的任一公倍式, 则称 $m(x)$ 是 $f(x),g(x)$ 的**最小公倍式**, 记为 $[f(x),g(x)]$.

习题 4.3

4.13 求 $f(x), g(x)$ 的最大公因式:

(1) $f(x) = x^4 - 4x^3 + x + 2$, $g(x) = x^3 - 2x + 1$;

(2) $f(x) = x^4 + x^3 + 2x^2 + x + 1$, $g(x) = x^3 + 2x^2 + 2x + 1$;

(3) $f(x) = 2x^4 - 5x^3 + 6x^2 - 5x + 2$, $g(x) = 3x^3 - 8x^2 + 7x - 2$.

4.14 求 $(f(x), g(x))$ 和多项式 $u(x), v(x)$, 使得 $u(x)f(x) + v(x)g(x) = (f(x), g(x))$:

(1) $f(x) = x^4 + 2x^3 - x^2 - 4x - 2$, $g(x) = x^4 + x^3 - x^2 - 2x - 2$;

(2) $f(x) = x^4 - x^3 - 4x^2 + 4x + 1$, $g(x) = x^2 - x - 1$;

(3) $f(x) = x^4 + 2x^3 - 4x - 4$, $g(x) = x^4 + 2x^3 - x^2 - 4x - 2$.

4.15 证明: 若 $d(x)$ 是 $f(x), g(x)$ 的一个公因式, 且 $d(x)$ 可以表示成 $f(x), g(x)$ 的组合, 即存在 $u(x), v(x)$ 使 $d(x) = u(x)f(x) + v(x)g(x)$, 则 $d(x)$ 是 $f(x), g(x)$ 的最大公因式.

4.16 设 f, g 是不全为零的多项式, 证明:

(1) $(f, g) = (f \pm g, g)$;

(2) $(f, g) = (f + g, f - g)$.

4.17 证明: 若 $(f, g) = 1$, 则 $(fg, f + g) = 1$.

4.18 证明: 若 $(f(x), g(x)) = 1$, 则 $(f(x^m), g(x^m)) = 1$, 其中 m 是正整数.

§4.4 因式分解定理

多项式理论的一个重要问题是研究整除性和最大公因式, 其中因式分解是关键技术. 可以这样说, 如果在指定的数域内多项式已经因式分解了, 那么它们的整除性、最大公因式都能变成一目了然的事情. 本节先介绍不可约多项式的概念, 然后介绍因式分解的存在唯一性定理.

4.4.1 不可约多项式

我们已经知道, 把一个多项式分解成不能再分解的因式的乘积, 依赖于系数所在的数域. 例如, 多项式 $f(x) = x^4 - 4$, 在有理数域 $\mathbb{Q}$ 上可分解为

$$f(x) = (x^2 - 2)(x^2 + 2),$$

就不能再分解了; 在实数域 $\mathbb{R}$ 上则可分解为

$$f(x) = (x - \sqrt{2})(x + \sqrt{2})(x^2 + 2),$$

就不能再分解了; 在复数域 $\mathbb{C}$ 上还可以分解为

$$f(x) = (x - \sqrt{2})(x + \sqrt{2})(x - \sqrt{2}\mathrm{i})(x + \sqrt{2}\mathrm{i}).$$

定义 4.9 设 $f(x)$ 是数域 $\mathbb{P}$ 上的多项式, 则对任意非零常数 c 及 $cf(x)$ 都是它的因式, 称为 $f(x)$ 的**平凡因式**; 若次数大于零的多项式 $p(x)$ 在数域 $\mathbb{P}$ 上只有平凡因式, 则称 $p(x)$ 是数域 $\mathbb{P}$ 上的**不可约多项式**.

显然, 多项式是否可约与数域有关. 数域 $\mathbb{P}$ 上的不可约多项式在数域 $\mathbb{P}$ 上不能分解成两个次数更低, 且次数大于零的多项式之积. 一次多项式在任意数域上都是不可约多项式. 零多项式和零次多项式既不是可约多项式, 也不是不可约多项式.

不可约多项式 $p(x)$ 与任一多项式 $f(x)$ 只有两种关系: 或者 $p(x)|f(x)$, 或者 $(p(x),f(x))=1$. 事实上, 设 $(p(x),f(x))=d(x)$, 则 $d(x)|p(x)$, 因此, $d(x)=1$, 或 $d(x)=cp(x)$. 前者 $p(x)$ 与 $f(x)$ 互素, 后者由 $d(x)|f(x)$ 知, $p(x)|f(x)$.

定理 4.11 设 $p(x)$ 是数域 $\mathbb{P}$ 上的不可约多项式, $f(x),g(x)\in\mathbb{P}[x]$, 若 $p(x)|f(x)g(x)$, 则 $p(x)|f(x)$, 或 $p(x)|g(x)$.

证明 若 $p(x)|f(x)$, 则定理已成立. 假设 $p(x)\nmid f(x)$, 而 $p(x)$ 是不可约多项式, 因此, $(p(x),f(x))=1$. 由定理 4.10 可知, $p(x)|g(x)$. □

推论 4.3 如果不可约多项式 $p(x)|f_1(x)f_2(x)\cdots f_s(x)$, 则 $p(x)$ 一定整除其中某个 $f_i(x)$ $(i=1,2,\cdots,s)$.

4.4.2 因式分解定理

定理 4.12 (因式分解存在唯一性定理) 数域 $\mathbb{P}$ 上任一次数大于零的多项式 $f(x)$ 都能唯一分解成数域 $\mathbb{P}$ 上一些不可约多项式的乘积. 所谓唯一性是指, 如果 $f(x)$ 有两个分解式

$$f(x)=p_1(x)p_2(x)\cdots p_s(x)=q_1(x)q_2(x)\cdots q_t(x),$$

则有 $s=t$, 并且适当改变因式的次序后就有

$$p_i(x)=c_iq_i(x)\quad (i=1,2,\cdots,s),$$

其中 c_i 是数域 $\mathbb{P}$ 中的非零常数.

***证明** 首先证明存在性. 设 $\partial f(x)=n$, 对 n 用第二数学归纳法.

当 $n=1$ 时定理显然成立, 这是因为一次多项式都是不可约多项式.

假设结论对于次数低于 n 的多项式都成立. 如果 $f(x)$ 是不可约多项式, 结论已经成立. 不妨设 $f(x)$ 不是不可约的, 即有

$$f(x)=f_1(x)f_2(x),$$

其中 $\partial f_1(x)<n, \partial f_2(x)<n$. 由归纳假设 $f_1(x)$ 和 $f_2(x)$ 都可以分解成 $\mathbb{P}[x]$ 中的一些不可约多项式的乘积. 即有

$$f_1(x)=p_1(x)\cdots p_l(x),\quad f_2(x)=p_{l+1}(x)\cdots p_s(x),$$

从而

$$f(x)=f_1(x)f_2(x)=p_1(x)\cdots p_l(x)p_{l+1}(x)\cdots p_s(x).$$

由数学归纳法原理可以, 因式分解式的存在性成立.

其次证明唯一性. 设 $f(x)$ 有两个这样的因式分解式

$$f(x)=p_1(x)p_2(x)\cdots p_s(x)=q_1(x)q_2(x)\cdots q_t(x),$$

其中 $p_i(x)\,(i=1,2,\cdots,s)$ 及 $q_j(x)\,(j=1,2,\cdots,t)$ 都是不可约多项式.

下面对 s 用数学归纳法证明因式分解式的唯一性. 当 $s=1$ 时, $f(x)$ 是不可约多项式, 因此, $s=t=1$, 且

$$f(x)=p_1(x)=q_1(x).$$

假设当不可约多项式的个数为 $s-1$ 时因式分解式的唯一性已经证明.

由推论 4.3 知, $p_1(x)$ 至少能够整除 $q_1(x),q_2(x),\cdots,q_t(x)$ 中的一个, 不妨设 $p_1(x)|q_1(x)$. 因为 $q_1(x)$ 也是不可约多项式, 所以, 存在非零常数 c_1, 使得

$$p_1(x)=c_1q_1(x),$$

消去 $q_1(x)$, 就有

$$p_2(x)\cdots p_s(x)=c_1^{-1}q_2(x)\cdots q_t(x).$$

对多项式 $p_2(x)\cdots p_s(x)$ 用归纳假设, 有 $s-1=t-1$, 即 $s=t$. 适当改变次序之后 (如有必要的话), 有非零常数 c_2', 使得

$$p_2(x)=c_2'c_1^{-1}q_2(x).$$

设 $c_2=c_2'c_1^{-1}$, 即得

$$p_2(x)=c_2q_2(x),$$

又有

$$p_i(x)=c_iq_i(x)\quad(i=3,\cdots,s).$$

综合前面的推理就完成了分解式的唯一性的证明. □

在定理 4.12 中, 我们把每一个不可约多项式的首项系数提出来, 使它成为首 1 多项式, 再把相同的不可约多项式合并, 则得到如下定理:

定理 4.13 数域 $\mathbb{P}$ 上任一次数大于零的多项式 $f(x)$ 都可以分解成数域 $\mathbb{P}$ 上一些不可约多项式的方幂的乘积, 即

$$f(x)=cp_1^{k_1}(x)p_2^{k_2}(x)\cdots p_s^{k_s}(x), \tag{4.1}$$

其中 c 是 $f(x)$ 的首项系数, $p_i(x)\,(i=1,2,\cdots,s)$ 是各不相同的首 1 不可约多项式, $k_i\,(i=1,2,\cdots,s)$ 是正整数. 如果不计不可约因式的排列次序, $f(x)$ 的分解式是唯一的. 这种分解式称为 $f(x)$ 的**标准分解式**(或**典型分解式**).

设

$$f(x)=a_0p_1^{k_1}(x)\cdots p_r^{k_r}(x)p_{r+1}^{k_{r+1}}(x)\cdots p_s^{k_s}(x), \tag{4.2}$$

$$g(x)=b_0p_1^{l_1}(x)\cdots p_r^{l_r}(x)q_{r+1}^{l_{r+1}}(x)\cdots q_t^{l_t}(x) \tag{4.3}$$

为 $f(x)$ 与 $g(x)$ 的标准分解式, 其中 $p_1(x),\cdots,p_r(x)$ 为二者所共有的不可约因式, 而 $p_{r+1}(x),\cdots,p_s(x),q_{r+1}(x),\cdots,q_t(x)$ 中没有相同的. 下面的两个定理是标准分解式的重要应用.

定理 4.14 设 $f(x),g(x)$ 是次数大于零的多项式, 它们的标准分解式如 (4.2), (4.3) 式所示, 则 $f(x),g(x)$ 的最大公因式和最小公倍式分别是

$$(f(x),g(x))=p_1^{s_1}(x)p_2^{s_2}(x)\cdots p_r^{s_r}(x), \tag{4.4}$$

$$[f(x),g(x)]=p_1^{t_1}(x)\cdots p_r^{t_r}(x)p_{r+1}^{k_{r+1}}(x)\cdots p_s^{k_s}(x)q_{r+1}^{l_{r+1}}(x)\cdots q_t^{l_t}(x), \tag{4.5}$$

其中 $s_i=\min\{k_i,l_i\}$, $t_i=\max\{k_i,l_i\}$ $(i=1,2,\cdots,r)$.

证明由读者自己完成.

定理 4.14 指出, $f(x)$ 与 $g(x)$ 的最大公因式 $(f(x),g(x))$, 就是那些在 $f(x)$ 与 $g(x)$ 的标准分解式中同时出现的不可约多项式方幂的乘积, 相同的不可约多项式的指数取最小值. $f(x)$ 与 $g(x)$ 的最小公倍式是 $f(x)$ 与 $g(x)$ 的标准分解式中所有不可约多项式方幂的乘积, 相同的不可约多项式的指数取最大值.

定理 4.15 多项式 $f(x)|g(x)$ 的充要条件是, 在两者的标准分解式中, $f(x)$ 的每一个不可约因式都是 $g(x)$ 的因式, 且次数不超过它在 $g(x)$ 中的次数. $f(x)$ 与 $g(x)$ 互素的充要条件是两者的标准分解式中没有次数大于零的公共因式.

例 4.11 证明: 若 $(f(x),g(x))=1$, 则对任意正整数 m,n 都有 $(f^m(x),g^n(x))=1$.

证法 1 设 $f(x)$ 与 $g(x)$ 的标准分解式分别是

$$f(x)=ap_1^{k_1}(x)p_2^{k_2}(x)\cdots p_s^{k_s}(x),\quad g(x)=bq_1^{l_1}(x)q_2^{l_2}(x)\cdots q_t^{l_t}(x).$$

由于 $(f(x),g(x))=1$, 故各 $p_i(x)$ 与 $q_j(x)\,(i=1,2,\cdots,s;\ j=1,2,\cdots,t)$ 互不相同. 注意到

$$f^m(x)=a^mp_1^{mk_1}(x)p_2^{mk_2}(x)\cdots p_s^{mk_s}(x),\quad g^n(x)=b^nq_1^{nl_1}(x)q_2^{nl_2}(x)\cdots q_t^{nl_t}(x).$$

因此, $f^m(x)$ 与 $g^n(x)$ 的标准分解式依然没有共同因式, 故 $(f^m(x),g^n(x))=1$. □

证法 2 由 $(f,g)=1$ 及例 4.9 可知, $(f^2,g)=1$. 再由数学归纳法知, 对任意正整数 m, $(f^m,g)=1$. 对固定的 m, 同理可得 $(f^m,g^n)=1$ 对任意正整数 n 也成立. □

定理 4.12 和定理 4.13 解决了因式分解的存在性和唯一性问题, 其重要性可以从定理 4.14 和定理 4.15 中可以看到. 目前尚无通行的因式分解方法, 下面介绍一种对于某些特殊整系数多项式常用的因式分解法.

例 4.12 求下列多项式在实数范围内的标准分解式

$$f(x)=x^4-x^3-10x^2+4x+24.$$

解 将常数项 24 的约数 $\pm1,\pm2,\pm3,\pm4,\pm6,\pm8,\pm12,\pm24$ 代入多项式计算 (从简单到复杂), 观察结果是否为零, 发现 $f(2)=0$, 说明有因式 $x-2$. 用综合除法 (参照例 4.1) 得到

$$f(x)=(x-2)(x^3+x^2-8x-12).$$

对多项式 $x^3+x^2-8x-12$, 继续用上述方法将 12 的约数 $\pm1,\pm2,\pm3,\pm4,\pm6,\pm12$ 代入计算, 发现代入 -2 结果为零, 因而有因式 $x+2$, 再用综合除法得到

$$x^3+x^2-8x-12=(x+2)(x^2-x-6).$$

最后一步用十字相乘法分解即可, 于是得到所求的标准分解式为

$$f(x)=(x-2)(x-3)(x+2)^2.$$

为了使书写形式更简洁, 我们可以用例 4.2 的综合除法算式得到标准分解式:

$$\begin{array}{r|rrrrr}
 & 1 & -1 & -10 & 4 & 24 \\
2 & & 2 & 2 & -16 & -24 \\
\hline
 & 1 & 1 & -8 & -12 & 0 \\
-2 & & -2 & 2 & 12 & \\
\hline
 & 1 & -1 & -6 & 0 & \\
3 & & 3 & 6 & & \\
\hline
 & 1 & 2 & 0 & &
\end{array}$$

$$f(x)=(x-2)(x-3)(x+2)^2.$$

习题 4.4

4.19 分别在实数域和复数域上求下列多项式的标准分解式:

(1) $f(x)=x^3-2x^2-2x+1$;

(2) $f(x)=x^5-2x^3+2x^2-3x+2$;

(3) $f(x)=x^4-5x^3+8x^2-10x+12$.

4.20 求 $f(x)=x^5-2x^3+2x^2-3x+2$, $g(x)=x^4-3x^3-3x^2+11x-6$ 的最大公因式和最小公倍式.

4.21 若 $f(x)\neq 0$, 证明: $f(x)|g(x)$ 的充要条件是 $f^m(x)|g^m(x)$, 其中 m 是正整数.

4.22 设 $(f(x),g(x))=d(x)$, 证明: $d^m(x)=(f^m(x),g^m(x))$, 其中 m 是正整数.

4.23 设 $p(x)\in\mathbb{P}[x]$ 是次数大于零的多项式, 证明: 如果对任意的 $f(x),g(x)\in\mathbb{P}[x]$, 只要 $p(x)|f(x)g(x)$, 就有 $p(x)|f(x)$ 或 $p(x)|g(x)$, 则 $p(x)$ 是数域 $\mathbb{P}$ 上的不可约多项式.

§4.5 重 因 式

本节介绍多项式的重因式与重根, 可以看作是研究多项式因式分解内容的一部分.

4.5.1 重因式

定义 4.10 设 $p(x)$ 是数域 $\mathbb{P}$ 上的不可约多项式, 如果 $p^k(x)|f(x)$, 但 $p^{k+1}(x)\nmid f(x)$, 则称 $p(x)$ 为多项式 $f(x)$ 的 k **重因式**. 若 $k=0$, $p(x)$ 不是 $f(x)$ 的因式; 若 $k=1$, 称 $p(x)$ 为 $f(x)$ 的**单因式**; 若 $k>1$ 称 $p(x)$ 为 $f(x)$ 的**重因式**.

例如, $f(x)=3(x^2+1)^3(x-2)$, 在实数域上, $x-2$ 是 $f(x)$ 的单因式, x^2+1 是 $f(x)$ 的三重因式; 在复数域上, $x-2$ 是 $f(x)$ 的单因式, $x+\mathrm{i}$ 和 $x-\mathrm{i}$ 都是 $f(x)$ 的三重因式.

显然, 不可约多项式 $p(x)$ 是多项式 $f(x)$ 的 k 重因式的充要条件是 $f(x)=p^k(x)g(x)$, 且 $p(x)\nmid g(x)$.

定义 4.11 设多项式

$$f(x)=a_nx^n+a_{n-1}x^{n-1}+\cdots+a_1x+a_0,$$

称多项式

$$f'(x) = na_nx^{n-1} + (n-1)a_{n-1}x^{n-2} + \cdots + 2a_2x + a_1$$

为 $f(x)$ 的**一阶导数**(或**一阶微商**). $f'(x)$ 的一阶导数记为 $f''(x)$, 称为 $f(x)$ 的**二阶导数**(或**二阶微商**), $f(x)$ 的 k **阶导数**(或 k **阶微商**) 记为 $f^{(k)}(x)\,(k \geqslant 3)$. 关于导数的运算性质相信读者在 "数学分析" 中已经有所了解, 这里不再重复.

定理 4.16 设不可约因式 $p(x)$ 是 $f(x)$ 的 k 重因式 $(k \geqslant 1)$, 则 $p(x)$ 是 $f'(x)$ 的 $k-1$ 重因式.

证明 由 $p^k(x)|f(x)$, $p^{k+1}(x) \nmid f(x)$, 则 $f(x) = p^k(x)g(x)$, $p(x) \nmid g(x)$, 有

$$f'(x) = (p^k(x))'g(x) + p^k(x)g'(x) = p^{k-1}(x)\left(kg(x)p'(x) + p(x)g'(x)\right),$$

因此,

$$p^{k-1}(x)|f'(x).$$

令 $h(x) = kg(x)p'(x) + p(x)g'(x)$, 若 $p(x)|g(x)p'(x)$, 由于 $p(x)$ 不可约, 则有

$$p(x)|g(x) \text{ 或 } p(x)|p'(x),$$

这都是不可能的, 所以 $p(x) \nmid h(x)$, 即 $p^k(x) \nmid f'(x)$, 故 $p(x)$ 是 $f'(x)$ 的 $k-1$ 重因式. □

假设 $f(x)$ 有如下标准分解式:

$$f(x) = ap_1^{k_1}(x)p_2^{k_2}(x)\cdots p_s^{k_s}(x),$$

其中 a 是首项系数, $k_1, k_2, \cdots, k_s \geqslant 1$. 由定理 4.16 可知

$$d(x) = (f(x), f'(x)) = p_1^{k_1-1}(x)p_2^{k_2-1}(x)\cdots p_s^{k_s-1}(x),$$

其中 $k_1-1, k_2-1, \cdots, k_s-1 \geqslant 0$. 因此,

$$g(x) = \frac{f(x)}{d(x)} = ap_1(x)p_2(x)\cdots p_s(x)$$

是一个无重因式的多项式, 且它的不可约因式与 $f(x)$ 完全相同. 所以, 定理 4.16 告诉我们: $f(x)$ 的重因式都是 $(f(x), f'(x)) = d(x)$ 的因式. 例如, 假设 $(f(x), f'(x)) = (x-2)^2(x+3)$, 则 $f(x)$ 只有两个重因式: $x-2$ 是三重因式, $x+3$ 是二重因式, 令 $f(x) = (x-2)^3(x+3)^2h(x)$, 则 $h(x)$ 无重因式. 如果 $d(x) = 1$, 则 $f(x)$ 无重因式, 于是得到如下推论:

推论 4.4 $f(x)$ 没有重因式的充要条件是 $(f(x), f'(x)) = 1$.

推论 4.5 若不可约多项式 $p(x)$ 是 $f(x)$ 的 k 重因式 $(k \geqslant 1)$, 则 $p(x)$ 是 $f(x), f'(x), \cdots, f^{(k-1)}(x)$ 的公因式, 但不是 $f^{(k)}(x)$ 的因式.

证明 由定理 4.16, 对 k 用数学归纳法即得. □

推论 4.6 不可约多项式 $p(x)$ 是 $f(x)$ 的重因式的充要条件是 $p(x)$ 为 $f(x)$ 与 $f'(x)$ 的公因式.

证明 必要性. 由推论 4.5 即得.

充分性. 若 $p(x)|f(x), p(x)|f'(x)$, 则 $f(x)=p(x)g(x)$, 因此

$$f'(x)=p'(x)g(x)+p(x)g'(x).$$

由于 $p(x)\nmid p'(x)$, 所以, $p(x)|g(x)$, 故 $p(x)$ 是 $f(x)$ 的重因式. □

例 4.13 判断多项式 $f(x)=x^4+5x^3+6x^2-4x-8$ 有无重因式, 如有重因式, 则求出它的重因式, 并将 $f(x)$ 在实数域上分解因式.

解法 1 $f'(x)=4x^3+15x^2+12x-4$. 由辗转相除法得

$$(f(x),f'(x))=(x+2)^2.$$

由定理 4.16 知, $x+2$ 是 $f(x)$ 的三重因式, 于是得到

$$f(x)=(x+2)^3(x-1).$$

解法 2 观察发现 $f(1)=0, f(-2)=0$ 因此, $x-1,x+2$ 是 $f(x)$ 的因式, 做综合除法

	1	5	6	−4	−8
1		1	6	12	8
	1	6	12	8	0
−2		−2	−8	−8	
	1	4	4	0	
−2		−2	−4		
	1	2	0		

得到 $f(x)=(x+2)^3(x-1)$, 故 $f(x)$ 有三重因式 $x+2$.

4.5.2 多项式函数

定义 4.12 设

$$f(x)=a_nx^n+a_{n-1}x^{n-1}+\cdots+a_1x+a_0$$

是数域 $\mathbb{P}$ 上的一元多项式, 对于 $\mathbb{P}$ 中的任一数 c, 令

$$f(c)=a_nc^n+a_{n-1}c^{n-1}+\cdots+a_1c+a_0,$$

则数 c 通过 $f(x)$ 对应于 $\mathbb{P}$ 中的唯一的数 $f(c)$, 即多项式 $f(x)$ 定义了数域 $\mathbb{P}$ 上的一个函数, 称为**多项式函数**. 若 $f(c)=0$, 则称 c 为 $f(x)$ 在数域 $\mathbb{P}$ 中的**根或零点**.

由余数定理 (定理 4.3) 可知, c 为 $f(x)$ 的根的充要条件是 $(x-c)|f(x)$, 即 $x-c$ 是 $f(x)$ 的因式. 若 $x-c$ 是 $f(x)$ 的 k 重因式, 则称 c 为 $f(x)$ 的 k **重根**. 如果 $k=1$, 则称 c 为**单根**; 如果 $k>1$, 则称 c 为**重根**.

显然, c 为 $f(x)$ 的根的充要条件是 $(x-c)|f(x)$; c 为 $f(x)$ 的 k 重根的充要条件是 $(x-c)^k|f(x)$, 但 $(x-c)^{k+1}\nmid f(x)$.

例如, 设 $f(x)=(x+1)^3(x-2)$, 则 $x=2$ 是 $f(x)$ 的单根, $x=-1$ 是 $f(x)$ 的三重根. 在例 4.13 中, $x=-2$ 是 $f(x)$ 的三重根, $x=1$ 是 $f(x)$ 的单根.

例 4.14 证明: $1+x+\frac{x^2}{2!}+\cdots+\frac{x^n}{n!}$ 不可能有重根.

证法 1 令 $f(x)=1+x+\frac{x^2}{2!}+\cdots+\frac{x^n}{n!}$, 则

$$f'(x)=1+x+\frac{x^2}{2!}+\cdots+\frac{x^{n-1}}{(n-1)!}.$$

因此,

$$f(x)=f'(x)+\frac{x^n}{n!}.$$

若 c 是 $f(x)$ 的重根, 则 $f(c)=f'(c)=0$, 得到 $c=0$. 但是 $f(0)\neq 0$, 这与 $c=0$ 是 $f(x)$ 的根矛盾. □

证法 2 容易知道 $f(x)-f'(x)=\frac{x^n}{n!}$ 与 $f'(x)=1+x+\frac{x^2}{2!}+\cdots+\frac{x^{n-1}}{(n-1)!}$ 互素, 即

$$(f-f',f')=1.$$

由例 4.10 可知, $(f,f')=1$. 由推论 4.4 知 $f(x)$ 无重根. □

再次强调: c 是多项式 $f(x)$ 的 $k(k\geqslant 2)$ 重根 $\Leftrightarrow$ $x-c$ 是 $f(x)$ 的 k 重因式 $\Leftrightarrow$ $x-c$ 是 $(f(x),f'(x))=d(x)$ 的 $k-1$ 重因式, 求最大公因式常用 "辗转相除法".

例 4.15 求 t 使多项式 $f(x)=x^3-3x^2+tx-1$ 有重根, 并求出相应的重数.

解 $f'(x)=3x^2-6x+t$. 先用 $f'(x)$ 除 $3f(x)$ 得余式

$$r_1(x)=2(t-3)\left(x+\frac{1}{2}\right).$$

若 $t=3$, 则余式 $r_1(x)=0$, 即 $f'(x)|f(x)$, 此时 $f'(x)=3(x-1)^2$ 有二重根 1, 因此 $f(x)=(x-1)^3$ 有三重根 1.

若 $t\neq 3$, 令 $\widetilde{r}_1(x)=x+\frac{1}{2}$, 用 $\widetilde{r}_1(x)$ 除 $f'(x)$, 得余式 $r_2(x)=t+\frac{15}{4}$. 因此, 若 $t=-\frac{15}{4}$, 则

$$(f(x),f'(x))=x+\frac{1}{2}.$$

此时, $f(x)$ 有二重因式 $x+\frac{1}{2}$, 即 $f(x)$ 有二重根 $-\frac{1}{2}$.

若 $t\neq 3$, 且 $t\neq -\frac{15}{4}$, 则 $r_2(x)$ 是非零常数, 此时 $(f(x),f'(x))=1$, $f(x)$ 无重根.

故当 $t=3$ 时, $f(x)$ 有三重根 1; 当 $t=-\frac{15}{4}$ 时, $f(x)$ 有二重根 $-\frac{1}{2}$.

定理 4.17 数域 $\mathbb{P}$ 上的 n 次多项式 $(n\geqslant 0)$ 在数域 $\mathbb{P}$ 上的根不可能多于 n 个, 重根按重数计算.

证明 由因式分解定理可知, 数域 $\mathbb{P}$ 上的 n 次多项式在数域 $\mathbb{P}$ 上至多可以分解成 n 个一次因式的乘积 (重因式按重数计算), 所以, 数域 $\mathbb{P}$ 上的 n 次多项式 $(n\geqslant 0)$ 在数域 $\mathbb{P}$ 上的根不可能多于 n 个 (重根按重数计算). □

定理 4.18 设 $f(x), g(x) \in \mathbb{P}[x]$ 是两个次数不超过 n 的多项式, 如果存在 $\mathbb{P}$ 中互不相同的 $n+1$ 个数 $c_1, c_2, \cdots, c_{n+1}$, 使得

$$f(c_i) = g(c_i) \quad (i = 1, 2, \cdots, n+1)$$

则 $f(x) = g(x)$.

证明 反证法. 假设 $f(x) \neq g(x)$, 令 $h(x) = f(x) - g(x)$, 则 $h(x) \neq 0$, 且 $h(x)$ 的次数不超过 n. 而

$$h(c_i) = f(c_i) - g(c_i) = 0 \quad (i = 1, 2, \cdots, n+1),$$

即 $h(x)$ 有 $n+1$ 个根, 这与定理 4.17 的结论矛盾. □

例 4.16 证明: $\sin x$ 在实数域上不可能表示成 x 的多项式.

证明 反证法. 假设 $\sin x$ 在实数域上可以表示成 x 的多项式 $f(x)$. 由定理 4.17 知, $f(x)$ 在实数域上的根至多只有有限个. 然而, $k\pi\,(k = 0, \pm 1, \pm 2, \cdots)$ 都是 $\sin x$ 的根, 矛盾. □

例 4.17 设 $a_1, a_2, \cdots, a_{n+1}$ 是数域 $\mathbb{P}$ 上 $n+1$ 个不同的数, 证明: 对数域 $\mathbb{P}$ 上的任意 $n+1$ 个数 $b_1, b_2, \cdots, b_{n+1}$, 存在唯一的次数不超过 n 的多项式 $f(x) \in \mathbb{P}[x]$, 使得

$$f(a_i) = b_i \quad (i = 1, 2, \cdots, n+1).$$

证法 1 设 $f(x) = k_0 + k_1 x + k_2 x^2 + \cdots + k_n x^n$, 且 $f(a_i) = b_i\,(i = 1, 2, \cdots, n+1)$, 即

$$\begin{cases} k_0 + a_1 k_1 + a_1^2 k_2 + \cdots + a_1^n k_n = b_1, \\ k_0 + a_2 k_1 + a_2^2 k_2 + \cdots + a_2^n k_n = b_2, \\ \cdots\cdots\cdots\cdots\cdots\cdots\cdots\cdots\cdots\cdots \\ k_0 + a_{n+1} k_1 + a_{n+1}^2 k_2 + \cdots + a_{n+1}^n k_n = b_{n+1}. \end{cases}$$

这是一个含有 $n+1$ 个未知量和 $n+1$ 个方程的线性方程组, 将它写成矩阵的形式为

$$\begin{pmatrix} 1 & a_1 & a_1^2 & \cdots & a_1^n \\ 1 & a_2 & a_2^2 & \cdots & a_2^n \\ \vdots & \vdots & \vdots & & \vdots \\ 1 & a_{n+1} & a_{n+1}^2 & \cdots & a_{n+1}^n \end{pmatrix} \begin{pmatrix} k_0 \\ k_1 \\ \vdots \\ k_n \end{pmatrix} = \begin{pmatrix} b_1 \\ b_2 \\ \vdots \\ b_{n+1} \end{pmatrix},$$

其系数矩阵的行列式为 $n+1$ 阶范德蒙德行列式,

$$\begin{vmatrix} 1 & a_1 & a_1^2 & \cdots & a_1^n \\ 1 & a_2 & a_2^2 & \cdots & a_2^n \\ \vdots & \vdots & \vdots & & \vdots \\ 1 & a_{n+1} & a_{n+1}^2 & \cdots & a_{n+1}^n \end{vmatrix} = \prod_{1 \leqslant j < i \leqslant n+1} (a_i - a_j) \neq 0.$$

由克拉默法则知方程组有唯一解, 即满足条件的多项式 $f(x)$ 存在且唯一. □

证法 2 令

$$f(x)=\sum_{i=1}^{n+1}\frac{b_i(x-a_1)\cdots(x-a_{i-1})(x-a_{i+1})\cdots(x-a_{n+1})}{(a_i-a_1)\cdots(a_i-a_{i-1})(a_i-a_{i+1})\cdots(a_i-a_{n+1})},\tag{4.6}$$

显然, $f(x)$ 的次数不超过 n, 且满足 $f(a_i)=b_i\,(i=1,2,\cdots,n+1)$, 存在性得证. 由定理 4.18 知唯一性成立. □

注 公式 (4.6) 称为**拉格朗日插值公式**, 它在 "数值分析" 理论中有重要的作用.

习题 4.5

4.24 判断下列多项式有无重因式, 若有, 求其重因式及相应的重数:

(1) $f(x)=x^5-10x^3-20x^2-15x-4$;

(2) $f(x)=x^4-4x^3+16x-16$;

4.25 问 t 为何值时下列多项式有重根, 并求相应重根的重数:

(1) $f(x)=x^3+6x^2+tx+8$;

(2) $f(x)=x^3-x^2+tx-\dfrac{1}{27}$;

(3) $f(x)=x^3-3x+2t+8$.

4.26 如果 $(x-1)^2|Ax^4+Bx^2+1$, 求 A,B.

4.27 设 $p(x)$ 是 $f'(x)$ 的 k 重因式, 能否说明 $p(x)$ 是 $f(x)$ 的 $k+1$ 重因式?

§4.6 复数域和实数域上的多项式

前面研究了因式分解的一般理论, 本节将具体讨论复数域和实数域上多项式的因式分解和根的问题.

4.6.1 复数域上的多项式

定理 4.19 (代数基本定理) 任意次数大于零的多项式在复数域上至少有一个根.

代数基本定理是数学中的重要定理之一, 由于很久没有得到严格证明, 所以称为 "代数基本定理". 1799 年法国数学家高斯第一次证明了这个定理. 迄今为止, 已有多种证法, 其中最常见的证法可由复变函数论的刘维尔定理直接推出, 这里就不再证明了 (参见文献 [27]).

代数基本定理只说明了根的存在性, 没有给出具体的求根方法. 对复数域上的二次多项式而言, 一元二次方程已经给出了公式解. 对复数域上的三次多项式, 考虑一元三次方程

$$y^3+ay^2+by+c=0.$$

令 $y=x-\dfrac{a}{3}$ 代入上式, 得到不含二次项的一元三次方程

$$x^3+px+q=0,\tag{4.7}$$

其中 $p=-\frac{a^2}{3}+b, q=\frac{a^3}{27}-\frac{ab}{3}+c$. 对方程 (4.7) 已有如下求根公式:

$$x=\sqrt[3]{-\frac{q}{2}+\sqrt{\frac{q^2}{4}+\frac{p^3}{27}}}+\sqrt[3]{-\frac{q^2}{2}-\sqrt{\frac{q^2}{4}+\frac{p^3}{27}}},$$

因而三次方程的求根公式就得到了.

对复数域上的一元四次方程, 可以先分解成两个二次因式相乘, 得到它的求根公式. 1824 年 22 岁的挪威数学家阿贝尔证明了复数域上一般的一元五次及五次以上的方程没有公式解. 但是某些特殊的高次方程还是可以找到公式解, 比如, $x^{10}-a=0$ 就有公式解 $x=\pm\sqrt[10]{a}$ (关于 "复数开 n 次方运算" 请阅读本书附录 B). 因此, 人们提出了这样的问题: 一元高次方程有公式解的条件是什么? 这个问题在 1830 年被一个不满 20 岁的法国数学家伽罗瓦彻底解决了. 至今, 伽罗瓦理论已发展成了代数学的一个重要分支 —— 群论 (参考 [28] 和 [29]).

定理 4.20 复数域上的 n 次多项式恰有 n 个复数根 (重根按重数计算).

证明 对多项式的次数 n 用数学归纳法. 当 $n=0$ 时, 结论显然成立.

假设对所有的 $n-1$ 次多项式结论已经成立, 设 $f(x)$ 是复数域上任一 n 次多项式, 由代数基本定理知, 它至少有一个复数根 c_1. 设

$$f(x)=(x-c_1)f_1(x),$$

则 $f_1(x)$ 是 $n-1$ 次多项式, 由归纳假设知, $f_1(x)$ 在复数域上有 $n-1$ 个根 (重根按重数计算), 所以, $f(x)$ 在复数域上有 n 个根 (重根按重数计算). 由数学归纳法知, 结论成立. □

将定理 4.20 用因式分解的语言叙述成:

定理 4.21 (复数域上的因式分解定理) 复数域上任意次数大于零的多项式可以唯一地分解成一次因式的乘积. 或者说, 复数域上任一 $n(n\geqslant 1)$ 次多项式 $f(x)$ 有标准分解式

$$f(x)=a_n(x-c_1)^{r_1}(x-c_2)^{r_2}\cdots(x-c_s)^{r_s},$$

其中 a_n 是首项系数, $c_1,\cdots,c_s$ 是不同的复数, $r_1,\cdots,r_s$ 是正整数, 且 $r_1+\cdots+r_s=n$.

由此可以看到, 复数域上只有一次多项式是不可约多项式. 下面研究复数域上 n 次多项式的根与系数的关系.

设多项式

$$f(x)=a_nx^n+a_{n-1}x^{n-1}+\cdots+a_1x+a_0$$

在复数域 $\mathbb{C}$ 上的 n 个根分别是 $x_1,x_2,\cdots,x_n$ (重根按重数计算), 则

$$f(x)=a_n(x-x_1)(x-x_2)\cdots(x-x_n).$$

将上式右端展开, 合并同类项后比较系数, 得

$$\frac{a_{n-1}}{a_n}=-(x_1+x_2+\cdots+x_n),$$
$$\frac{a_{n-2}}{a_n}=x_1x_2+x_1x_3+\cdots+x_{n-1}x_n,$$

$$\frac{a_{n-3}}{a_n}=-(x_1x_2x_3+x_1x_2x_4+\cdots+x_{n-2}x_{n-1}x_n),$$
$$\cdots\cdots\cdots\cdots\cdots\cdots$$
$$\frac{a_0}{a_n}=(-1)^n x_1x_2\cdots x_n,$$

其中第 $k\,(1\leqslant k\leqslant n)$ 个等式的右端是一切可能的 k 个根的乘积之和, 再带上符号 $(-1)^k$, 这就是一元 n 次方程的**韦达定理**.

4.6.2 实数域上的多项式

定理 4.22 设 $f(x)$ 是实数域上的多项式, 若 c 是 $f(x)$ 的复根, 则 c 的共轭复数 $\overline{c}$ 也是 $f(x)$ 的根, 且与 c 有相同的重数, 即实系数多项式的虚数根共轭成对出现.

证明 令 $f(x)=a_nx^n+a_{n-1}x^{n-1}+\cdots+a_1x+a_0$, 其中 $a_n,a_{n-1},\cdots,a_0$ 都是实数. 由假设知

$$f(c)=a_nc^n+a_{n-1}c^{n-1}+\cdots+a_1c+a_0=0.$$

两边取共轭复数, 得

$$\overline{a_nc^n+a_{n-1}c^{n-1}+\cdots+a_1c+a_0}=\overline{0}.$$

由共轭复数的性质得

$$a_n\overline{c}^n+a_{n-1}\overline{c}^{n-1}+\cdots+a_1\overline{c}+a_0=0,$$

所以 $f(\overline{c})=0$, 即 $\overline{c}$ 也是 $f(x)$ 的根. □

定理 4.23 (实数域上的因式分解定理) 实数域上任何次数大于零的多项式, 可以唯一地分解成一次因式与二次不可约因式的乘积. 即实数域上任一 $n(n\geqslant 1)$ 次多项式 $f(x)$ 有标准分解式

$$f(x)=a_n(x-c_1)^{l_1}\cdots(x-c_s)^{l_s}(x^2+p_1x+q_1)^{k_1}\cdots(x^2+p_rx+q_r)^{k_r},$$

其中 a_n 是首项系数, $c_1,\cdots,c_s,p_1,\cdots,p_r,q_1,\cdots,q_r$ 全是实数, $x^2+p_ix+q_i\,(i=1,2,\cdots,r)$ 是实数域上的二次不可约多项式, $l_1,\cdots,l_s,k_1,\cdots,k_r$ 是正整数, 且 $l_1+\cdots+l_s+2(k_1+\cdots+k_r)=n$.

证明 对 $f(x)$ 的次数 n 用数学归纳法. 当 $n=1$ 时定理显然成立.

假设定理对次数 $\leqslant n-1$ 的多项式成立, 现在考虑实数域上次数为 n 的多项式 $f(x)$. 由代数基本定理, $f(x)$ 有一复根 c. 如果 c 是实数, 那么

$$f(x)=(x-c)f_1(x),$$

其中 $f_1(x)$ 是实数域上的 $n-1$ 次多项式; 如果 c 不是实数, 那么 c 的共轭数 $\overline{c}$ 也是 $f(x)$ 的根, 且 $c\neq\overline{c}$. 于是

$$f(x)=(x-c)(x-\overline{c})f_2(x).$$

显然, $(x-c)(x-\overline{c})=x^2-(c+\overline{c})x+c\overline{c}$ 是实数域上的二次不可约多项式, 从而 $f_2(x)$ 是实数域上的 $n-2$ 次多项式, 并且有 $\partial f_1(x)<n$, $\partial f_2(x)<n$. 由归纳假设, $f_1(x)$ 或 $f_2(x)$ 可以分

解成一次因式与二次不可约多项式的乘积, 因此, $f(x)$ 可以唯一地分解成一次因式与二次不可约因式乘积. 由数学归纳法原理知定理成立. □

例 4.18 分别求多项式 $f(x)=x^5-5x^4+8x^3-8x^2+7x-3$ 在实数域和复数域上的因式分解式.

解 先用 $\pm1,\pm3$ 代入, 观察结果是否为零, 由综合除法得

$$\begin{array}{c|cccccc}
 & 1 & -5 & 8 & -8 & 7 & -3 \\
1 & & 1 & -4 & 4 & -4 & 3 \\
\hline
 & 1 & -4 & 4 & -4 & 3 & 0 \\
1 & & 1 & -3 & 1 & -3 & \\
\hline
 & 1 & -3 & 1 & -3 & 0 & \\
3 & & 3 & 0 & 3 & & \\
\hline
 & 1 & 0 & 1 & 0 & &
\end{array}$$

说明 $f(x)$ 中含有因式 $(x-1)^2, x-3$ 和 x^2+1. 因此, 在实数域上,

$$f(x)=(x-1)^2(x-3)(x^2+1);$$

在复数域上,

$$f(x)=(x-1)^2(x-3)(x+\mathrm{i})(x-\mathrm{i}).$$

习题 4.6

4.28 如果复数域上多项式 $g(x)$ 的全部不同复根 $x_1,x_2,\cdots,x_s$ 都是多项式 $f(x)$ 的根, 试问: $g(x)|f(x)$ 成立吗? 如果成立, 给出证明; 如果不成立, 举出反例, 并说明在什么条件下结论成立?

4.29 证明: 若 $(x-1)|f(x^n)$, 则 $(x^n-1)|f(x^n)$.

4.30 证明: 如果 $(x^2+x+1)|f_1(x^3)+xf_2(x^3)$, 那么 $(x-1)|f_1(x)$, $(x-1)|f_2(x)$.

4.31 证明: 对任意非负整数 m,n,k 都有

(1) $(x^2+x+1)|x^{n+2}+(x+1)^{2n+1}$;

(2) $(x^2+x+1)|x^{3m}+x^{3n+1}+x^{3k+2}$.

4.32 已知多项式 $f(x)=x^3-6\sqrt{3}x^2+35x-22\sqrt{3}$ 的三个根成等差数列, 求它的全部根.

4.33 证明: 三次方程 $x^3+ax^2+bx+c=0$ 的三个根成等差数列的充要条件是

$$2a^3-9ab+27c=0.$$

4.34 设 $f(x)=a_nx^n+a_{n-1}x^{n-1}+\cdots+a_1x+a_0$ 是复数域 $\mathbb{C}$ 上的 n 次多项式, $a_n\neq0$, 令

$$A=\max\{|a_{n-1}|,|a_{n-2}|,\cdots,|a_0|\}.$$

证明: 对 $f(x)$ 的任一复根 α, 总有 $|\alpha|<1+A/|a_n|$.

4.35 求下列多项式在实数域和复数域上的标准分解式:

(1) $f(x)=x^5-2x^4+2x^3-4x^2+x-2$;

(2) $f(x)=x^6-1$.

4.36 设 $f(x)=x^4-4x^3+2x^2+20x+13$ 有一个根为 $3+2\mathrm{i}$, 求 $f(x)$ 的全部根.

4.37 证明: 奇次实系数多项式一定有实数根.

§4.7 有理数域上的多项式

在 §4.6 我们知道, 复数域上只有一次多项式是不可约多项式, 实数域上只有一次或二次多项式是不可约多项式. 本节研究有理数域上多项式的因式分解问题. 首先介绍本原多项式的概念及有理根的求法, 然后介绍有理数域上不可约多项式的艾森斯坦判别法, 进而说明在有理数域上存在任意次数不可约多项式.

设

$$f(x)=a_nx^n+a_{n-1}x^{n-1}+\cdots+a_1x+a_0$$

是有理数域上的多项式. 我们知道, 任一有理数总可以表示成既约分数 p/q 的形式, 其中 p,q 是互质整数 $(q\neq 0)$. 把 $f(x)$ 的各项系数都表示成既约分数, 然后找出分母的最小公倍数, 提取公因式得到

$$f(x)=\frac{d}{c}g(x),$$

其中 $g(x)$ 的各项系数是互素整数. 例如

$$f(x)=\frac{2}{3}x^3-\frac{1}{2}x^2+2x+1=\frac{1}{6}(4x^3-3x^2+12x+6),$$

这里 $g(x)=4x^3-3x^2+12x+6$ 的各项系数是互素的整数.

定义 4.13 若非零整系数多项式

$$g(x)=b_nx^n+b_{n-1}x^{n-1}+\cdots+b_1x+b_0$$

的各项系数 $b_0,b_1,\cdots,b_n$ 互素, 则称 $g(x)$ 是**本原多项式**.

因此, 有理数域上的任意非零多项式都可以表示成一个有理数与一个本原多项式的乘积, 这样, 有理系数多项式的因式分解问题就转化为了本原多项式的因式分解问题.

定理 4.24 (高斯引理) 两个本原多项式之积仍是本原多项式.

***证明** 设

$$f(x)=a_nx^n+a_{n-1}x^{n-1}+\cdots+a_0,$$
$$g(x)=b_mx^m+b_{m-1}x^{m-1}+\cdots+b_0$$

是两个本原多项式, 而

$$h(x)=f(x)g(x)=d_{m+n}x^{m+n}+d_{m+n-1}x^{m+n-1}+\cdots+d_0$$

是它们的乘积.

用反证法. 若 $h(x)$ 不是本原的, 即 $h(x)$ 的系数 $d_{m+n},d_{m+n-1},\cdots,d_0$ 有一异于 ±1 的公因子, 则存在素数 p, 使得 $p|d_i\,(i=0,1,\cdots,m+n)$. 因为 $f(x)$ 是本原的, 所以 p 不能同时整除 $f(x)$ 的每一个系数. 故存在最小的非负整数 i 使 $p\nmid a_i$, 即有

$$p|a_0, \quad \cdots, \quad p|a_{i-1}, \quad p\nmid a_i.$$

当 $i=0$ 时上式可理解为仅有 $p\nmid a_0$.

同样地, $g(x)$ 也是本原的, 故存在最小的非负整数 j 使 $p\nmid b_j$, 即有

$$p|b_0, \quad \cdots, \quad p|b_{j-1}, \quad p\nmid b_j.$$

当 $j-0$ 时上式可理解为仅有 $p\nmid b_0$.

现在考察 $h(x)$ 的系数 d_{i+j}, 由多项式乘积的定义,

$$d_{i+j} = a_ib_j + a_{i+1}b_{j-1} + a_{i+2}b_{j-2} + \cdots + a_{i-1}b_{j+1} + a_{i-2}b_{j+2} + \cdots.$$

根据 i 与 j 的选择方式, p 整除等式左端的 d_{i+j} 以及右端除 a_ib_j 以外的每一项, 从而 $p|a_ib_j$. 由于 p 是素数, 可得 $p|a_i$, 或者 $p|b_j$. 这与 $p\nmid a_i$ 及 $p\nmid b_j$ 矛盾, 所以, $h(x)$ 是本原多项式. □

定理 4.25 如果非零整系数多项式能够分解成两个次数较低的有理系数多项式的乘积, 那么它一定能分解成两个次数较低的整系数多项式的乘积.

证明 设非零整系数多项式 $f(x)$ 有分解式

$$f(x) = g(x)h(x),$$

其中 $g(x), h(x)$ 是有理系数多项式, 且 $\partial g(x) < \partial f(x)$, $\partial h(x) < \partial f(x)$. 令

$$f(x) = cf_1(x), \quad g(x) = rg_1(x), \quad h(x) = sh_1(x),$$

其中 $f_1(x), g_1(x), h_1(x)$ 都是本原多项式, c 是整数, r, s 是有理数. 于是

$$cf_1(x) = rsg_1(x)h_1(x).$$

由高斯引理知 $g_1(x)h_1(x)$ 是本原多项式, 从而 $sr = \pm c$, 即 rs 是整数, 因此

$$f(x) = (rsg_1(x))h_1(x),$$

其中 $rsg_1(x)$ 与 $h_1(x)$ 都是整系数多项式, 且 $\partial(rsg_1(x)) < \partial f(x)$, $\partial h_1(x) < \partial f(x)$. □

推论 4.7 设 $f(x), g(x)$ 是两个整系数多项式, $g(x)$ 是本原多项式. 如果 $f(x) = g(x)h(x)$, 且 $h(x)$ 是有理系数多项式, 那么 $h(x)$ 一定是整系数多项式.

证明 设

$$f(x) = cf_1(x), h(x) = rh_1(x),$$

其中 $f_1(x), h_1(x)$ 都是本原多项式, c 是整数, r 是有理数, 于是,

$$cf_1(x) = rg(x)h_1(x).$$

由高斯引理知, $g(x)h_1(x)$ 是本原多项式, 从而 $r = \pm c$, 即 r 是整数, 因此, $h(x) = rh_1(x)$ 是整系数多项式. □

推论 4.7 提供了求整系数多项式有理根的方法.

定理 4.26 设

$$f(x) = a_nx^n + a_{n-1}x^{n-1} + \cdots + a_1x + a_0$$

是整系数多项式, 如果 $\frac{r}{s}$ 是它的有理根, 其中 r, s 是互素的整数, 那么必有 $s|a_n$, $r|a_0$. 特别地, 如果 $f(x)$ 是首 1 多项式, 那么 $f(x)$ 的全部有理根都是整数, 且是 a_0 的因子.

证明 因为 $\frac{r}{s}$ 是 $f(x)$ 的一个有理根, 因此, 在有理数域上必有

$$\left(x - \frac{r}{s}\right)\Big|f(x),$$

从而

$$(sx - r)|f(x).$$

因为 r, s 互素, 所以 $sx - r$ 是本原多项式. 由推论 4.7 可知

$$f(x) = (sx - r)(b_{n-1}x^{n-1} + b_{n-2}x^{n-2} \cdots + b_0),$$

其中 $b_{n-1}, b_{n-2}, \cdots, b_0$ 都是整数. 比较等式两边的多项式的首项系数与常数项, 即得

$$a_n = sb_{n-1}, \quad a_0 = -rb_0,$$

因此 $s|a_n, r|a_0$. □

定理 4.27 若既约分数 $\frac{r}{s}$ 是整系数多项式 $f(x)$ 的根, 则

$$\frac{f(1)}{s-r}, \quad \frac{f(-1)}{s+r} \tag{4.8}$$

都是整数.

证明 由于 $\frac{r}{s}$ 是 $f(x)$ 的根, 因此,

$$(sx - r)|f(x).$$

分别令 $x = \pm 1$ 即知定理成立. □

注意, 定理 4.27 给出整系数多项式有有理根的条件 ((4.8) 两式的值都是整数) 是必要而不充分的, 其逆命题不成立. 例如

$$f(x) = 4x^3 + 3x^2 + 6,$$

取 $r = 3, s = 2$, 显然定理 4.27 的条件是满足的, 但 3/2 不是 $f(x)$ 的有理根. 我们常用其逆否命题: 如果 (4.8) 中至少有一个不是整数, 则 $\frac{r}{s}$ 不是 $f(x)$ 的有理根.

例 4.19 求方程

$$2x^4 - x^3 + 2x - 3 = 0$$

的有理根.

解 观察发现 $x=1$ 是这个方程的根, 用综合除法得

	2	-1	0	2	-3
1		2	1	1	3
	2	1	1	3	0

因此,

$$2x^4-x^3+2x-3=(x-1)(2x^3+x^2+x+3).$$

令

$$g(x)=2x^3+x^2+x+3.$$

由定理 4.26 知, $g(x)$ 的有理根只可能是 $\pm1,\pm3,\pm1/2,\pm3/2$, 显然 $\pm1,\pm3,1/2,3/2$ 不是 $g(x)$ 的根. 计算得 $g(1)=7,g(-1)=1$, 由定理 4.27 验证知 $-1/2,-3/2$ 都不是 $g(x)$ 的根, 故原方程只有一个有理根 $x=1$.

例 4.20 证明: 多项式

$$f(x)=x^5-12x^3+36x+4$$

没有有理数根.

证明 $f(x)$ 的有理根只能是 $\pm1,\pm2,\pm4$, 计算得 $f(1)=29,f(-1)=-21$, 因此, ±1 不是 $f(x)$ 的有理根. $f(\pm2)\neq0$, 由定理 4.27 可知, ±4 都不是 $f(x)$ 的有理根. □

定理 4.28 (艾森斯坦判别法) 设

$$f(x)=a_nx^n+a_{n-1}x^{n-1}+\cdots+a_1x+a_0$$

是整系数多项式, 如果存在素数 p, 使得

(1) $p|a_0,\ p|a_1,\ \cdots,\ p|a_{n-1}$;

(2) $p\nmid a_n$;

(3) $p^2\nmid a_0$,

那么 $f(x)$ 是有理数域上的不可约多项式.

***证明** 反证法. 若 $f(x)$ 在有理数域上可约, 设 $f(x)=g(x)h(x)$, 由定理 4.25 可知 $g(x),h(x)$ 都是整系数多项式. 设

$$g(x)=b_lx^l+b_{l-1}x^{l-1}+\cdots+b_0,\quad h(x)=c_mx^m+c_{m-1}x^{m-1}+\cdots+c_0,$$

其中 $l,m<n,\ l+m=n$. 由此得到

$$a_0=b_0c_0,\quad a_n=b_lc_m.$$

由于 p 是素数, $p|a_0$, 故 $p|b_0$ 或 $p|c_0$, 但 $p^2\nmid a_0$, 故不可能 $p|b_0$ 且 $p|c_0$. 不妨假设 $p|b_0$, 但 $p\nmid c_0$, 由于 $p\nmid a_n$, 所以 $p\nmid b_l$, 则 p 不能整除 $g(x)$ 的所有系数, 设 $g(x)$ 中第一个不能被 p 整除的系数是 b_s. 考察

$$a_s=b_sc_0+b_{s-1}c_1+\cdots+b_0c_s,$$

由于 $p|a_s, b_{s-1}, \cdots, b_0$, 因此 $p|b_s c_0$, 由 p 是素数知 $p|b_s$, 或 $p|c_0$, 矛盾. □

例 4.21 证明:

$$f(x) = x^3 - 8x^2 + 2x - 6$$

在有理数域上不可约.

证明 取 $p = 2$, 由定理 4.28 即可得证. □

例 4.22 证明: 多项式 $f(x) = x^4 + 1$ 在有理数域上不可约.

证明 令 $x = y + 1$, 则

$$f(x) = f(y+1) = (y+1)^4 + 1 = y^4 + 4y^3 + 6y^2 + 4y + 2 = g(y).$$

取 $p = 2$, 则 $g(y)$ 在有理数域上不可约, 从而 $f(x)$ 在有理数域上不可约. □

由艾森斯坦判别法很容易证明 "$\sqrt{3}$ 是无理数". 事实上, 取 $p = 3$ 可知, 多项式 $x^2 - 3$ 在有理数域上不可约, 故方程 $x^2 - 3 = 0$ 无有理根, 因而 $\sqrt{3}$ 不是有理数是无理数. 类似可得, 对任意正整数 n, 多项式 $x^n + 3$ 是有理数域上的不可约多项式, 因而在有理数域上存在任意次数的不可约多项式.

习题 4.7

4.38 求下列多项式的有理根:

(1) $x^3 - 6x^2 + 15x - 14$; (2) $6x^4 + 19x^3 - 7x^2 - 26x + 12$;

(3) $x^5 - 7x^3 - 12x^2 + 6x + 36$; (4) $4x^4 - 7x^2 - 4x - 1$.

4.39 判定下列多项式在有理数域上是否可约?

(1) $x^4 - 8x^3 + 12x^2 + 2$; (2) $x^4 - 8x^3 + 11x^2 + 4$;

(3) $x^5 - 12x^3 + 36x - 12$; (4) $x^3 - 6x^2 + 16x - 14$;

(5) $x^6 + x^3 + 1$; (6) $x^p + px + 1$, p 为奇素数.

4.40 设 p 是素数, n 是大于 1 的整数, 证明: $\sqrt[n]{p}$ 是无理数.

4.41 设 $p_1, p_2, \cdots, p_t$ 是 t 个互不相同的素数, n 是大于 1 的整数, 证明: $\sqrt[n]{p_1 p_2 \cdots p_t}$ 是无理数.

4.42 设 $f(x)$ 是整系数多项式, 且 $f(0), f(1)$ 都是奇数, 证明: $f(x)$ 不能有整数根.

4.43 设 $f(x)$ 是次数大于零的整系数多项式, 证明: 若 $1 + \sqrt{2}$ 是 $f(x)$ 的根, 则 $1 - \sqrt{2}$ 也是 $f(x)$ 的根.

第四章补充例题

例 4.23 设 $\mathbb{P}, \overline{\mathbb{P}}$ 是两个数域, 且 $\mathbb{P} \subset \overline{\mathbb{P}}$, $f(x), g(x) \in \mathbb{P}[x]$. 证明:

(1) 如果在 $\overline{\mathbb{P}}[x]$ 中, $g(x)|f(x)$, 则在 $\mathbb{P}[x]$ 中仍有 $g(x)|f(x)$;

(2) 在 $\mathbb{P}[x]$ 中 $f(x), g(x)$ 互素当且仅当在 $\overline{\mathbb{P}}[x]$ 中 $f(x), g(x)$ 互素.

证明 (1) 反证法. 假设在在 $\mathbb{P}[x]$ 中 $g(x) \nmid f(x)$, 由带余除法知, 存在 $q(x), r(x) \in \mathbb{P}[x]$, 使得

$$f(x) = q(x)g(x) + r(x),$$

其中 $\partial r(x) < \partial g(x)$. 则在 $\overline{\mathbb{P}}[x]$ 中这个恒等式也成立, 说明在 $\overline{\mathbb{P}}[x]$ 中 $g(x) \nmid f(x)$, 这与已知矛盾. 故在 $\mathbb{P}[x]$ 中仍有 $g(x)|f(x)$ 成立.

(2) 必要性. 若在 $\mathbb{P}[x]$ 中 $f(x), g(x)$ 互素, 则存在 $u(x), v(x) \in \mathbb{P}[x]$, 使得

$$u(x)f(x) + v(x)g(x) = 1.$$

这个等式在 $\overline{\mathbb{P}}[x]$ 中也成立, 因此, 在 $\overline{\mathbb{P}}[x]$ 中 $f(x), g(x)$ 也互素.

充分性. 假设在 $\overline{\mathbb{P}}[x]$ 中 $f(x), g(x)$ 互素, 而在 $\mathbb{P}[x]$ 中 $f(x), g(x)$ 不互素, 则存在 $d(x) \in \mathbb{P}[x]$, 且 $\partial d(x) > 0$, 使得

$$d(x)|f(x), \quad d(x)|g(x).$$

因而, 在 $\overline{\mathbb{P}}[x]$ 中 $f(x), g(x)$ 有次数大于零的公因式 $d(x)$, 这与在 $\overline{\mathbb{P}}[x]$ 中 $f(x), g(x)$ 互素矛盾. □

注 在 $\mathbb{P}[x]$ 中 $g(x)|f(x)$, 则在 $\overline{\mathbb{P}}[x]$ 中仍有 $g(x)|f(x)$. 例 4.23 说明, 多项式的整除性与数域无关. 由于多项式的最大公因式是用整除概念定义的, 因此, 多项式的最大公因式也与数域无关, 也就是说, 在 $\mathbb{P}[x]$ 中 $(f(x), g(x)) = d(x)$ 当且仅当在 $\overline{\mathbb{P}}[x]$ 中 $(f(x), g(x)) = d(x)$.

例 4.24 设 $f(x), g(x) \in \mathbb{P}[x]$, $a, b, c, d \in \mathbb{P}$, 且 $ad - bc \neq 0$. 证明:

$$(af(x) + bg(x), cf(x) + dg(x)) = (f(x), g(x)).$$

证明 令

$$af(x) + bg(x) = f_1(x), \quad cf(x) + dg(x) = g_1(x),$$

$$(f(x), g(x)) = d(x), \quad (f_1(x), g_1(x)) = d_1(x).$$

由于 $ad - bc \neq 0$, 因此,

$$\begin{aligned} f(x) &= \frac{d}{ad-bc} f_1(x) - \frac{b}{ad-bc} g_1(x), \\ g(x) &= -\frac{c}{ad-bc} f_1(x) + \frac{a}{ad-bc} g_1(x). \end{aligned}$$

由于 $d(x)|f(x)$, $d(x)|g(x)$, 所以,

$$d(x)|f_1(x), \quad d(x)|g_1(x),$$

从而 $d(x)|d_1(x)$.

又因为 $d_1(x)|f_1(x)$, $d_1(x)|g_1(x)$, 所以

$$d_1(x)|f(x), \quad d_1(x)|g(x).$$

故 $d_1(x)|d(x)$. 而 $d(x)$ 和 $d_1(x)$ 都是首 1 多项式, 故 $d(x) = d_1(x)$. □

例 4.25 设 α 是 $f'''(x)$ 的 k 重根, 证明: α 是多项式

$$g(x)=\frac{x-\alpha}{2}[f'(x)+f'(\alpha)]-f(x)+f(\alpha)$$

的 $k+3$ 重根.

证明 由于

$$g'(x)=\frac{x-\alpha}{2}f''(x)-\frac{1}{2}[f'(x)-f'(\alpha)],\quad g''(x)=\frac{x-\alpha}{2}f'''(x),$$

因此,

$$g(\alpha)=g'(\alpha)=g''(\alpha)=0.$$

而 α 是 $f'''(x)$ 的 k 重根, 所以, α 是 $g''(x)$ 的 $k+1$ 重根, 是 $g'(x)$ 的 $k+2$ 重根, 因而是 $g(x)$ 的 $k+3$ 重根. □

例 4.26 设 $a_1,a_2,\cdots,a_n$ 是 n 个互不相同的整数, 证明: 多项式

$$f(x)=\prod_{i=1}^{n}(x-a_i)^2+1$$

在有理数域上不可约.

证明 由定理 4.25, 只需证明 $f(x)$ 不能分解成两个次数大于零的整系数多项式之积.

反证法. 设 $f(x)=g(x)h(x)$, 其中 $g(x),h(x)$ 分别是整系数多项式, 且 $0<\partial g(x)<\partial f(x)$. 由题意知 $g(a_i)h(a_i)=1\,(i=1,2,\cdots,n)$, 故

$$\begin{cases}g(a_i)=1,\\h(a_i)=1\end{cases}\quad 或\quad\begin{cases}g(a_i)=-1,\\h(a_i)=-1\end{cases}\qquad(i=1,2,\cdots,n).$$

显然 $f(x)$ 没有实根, 因而 $g(x),h(x)$ 也不会有实根. 由连续函数的性质可知 $g(x),h(x)$ 在整个实轴上不变号, 因而 $g(a_i)$ 和 $h(a_i)$ 或者都等于 1, 或者都等于 -1.

(1) 如果 $g(a_i)=h(a_i)=1\,(i=1,2,\cdots,n)$, 则 $g(x)-1$ 与 $h(x)-1$ 有 n 个不同的根 $a_1,a_2,\cdots,a_n$, 因而它们的次数都大于或等于 n. 但是

$$\partial g(x)+\partial h(x)=\partial f(x)=2n,$$

故 $\partial g(x)=\partial h(x)=n$. 于是

$$g(x)-1=h(x)-1=(x-a_1)(x-a_2)\cdots(x-a_n).$$

所以

$$f(x)=g(x)h(x)=\left[\prod_{i=1}^{n}(x-a_i)+1\right]^2=\prod_{i=1}^{n}(x-a_i)^2+2\prod_{i=1}^{n}(x-a_i)+1,$$

从而 $\prod\limits_{i=1}^{n}(x-a_i)=0$, 矛盾.

(2) 如果 $g(a_i)=h(a_i)=-1\,(i=1,2,\cdots,n)$, 类似方法导出矛盾.

综合 (1), (2) 可知, $f(x)$ 在有理数域上不可约. □

例 4.27 设 $f(x)=a_nx^n+a_{n-1}x^{n-1}+\cdots+a_1x+a_0\in\mathbb{Z}[x]$(整系数多项式), $\partial f(x)>1$, a_0 是素数, 且 $|a_1|+|a_2|+\cdots+|a_n|<a_0$. 证明:

(1) $f(x)$ 的所有复根的模都大于 1;

(2) $f(x)$ 是本原多项式;

(3) $f(x)$ 在有理数域上不可约.

证明 (1) 设 c 是 $f(x)$ 的任一复数根, 且 $|c|\leqslant 1$, 则

$$\begin{aligned}a_0&=|-a_nc^n-a_{n-1}c^{n-1}-\cdots-a_1c|\\&\leqslant |a_n||c|^n+|a_{n-1}||c|^{n-1}+\cdots+|a_1||c|\\&\leqslant |a_n|+|a_{n-1}|+\cdots+|a_1|,\end{aligned}$$

这与已知矛盾, 故 $f(x)$ 的所有复根的模都大于 1.

(2) 若 $f(x)$ 不是本原多项式, 注意到 a_0 是素数, 则存在 $a_i=a_0b_i$, $|b_i|\geqslant 1\ (1\leqslant i\leqslant n)$. 因此,

$$|a_1|+|a_2|+\cdots+|a_n|=a_0\left(|b_1|+|b_2|+\cdots+|b_n|\right)\geqslant a_0,$$

这与已知矛盾, 故 $f(x)$ 是本原多项式.

(3) 假设 $f(x)$ 在有理数域上可约. 由定理 4.25 可知, $f(x)$ 可以分解成两个次数大于零的整系数多项式之积. 设 $f(x)=g(x)h(x)$, 其中

$$g(x)=b_mx^m+b_{m-1}x^{m-1}+\cdots+b_1x+b_0,$$

$$h(x)=d_kx^k+d_{k-1}x^{k-1}+\cdots+d_1x+d_0,$$

则 $g(x)$ 在复数域上的根 $x_1,x_2,\cdots,x_m$ 都是 $f(x)$ 的根. 由 (1) 可知, 每一个 $|x_i|>1$ 成立. 由根与系数的关系可知

$$\frac{b_0}{b_m}=(-1)^mx_1x_2\cdots x_m,$$

故

$$|b_0|=|b_m||x_1||x_2|\cdots|x_m|>|b_m|\geqslant 1.$$

同理可得 $|d_0|>1$. 这与 $a_0=b_0d_0$ 是素数矛盾, 故 $f(x)$ 在有理数域上不可约. □

第四章补充习题

4.44 求多项式 $x^{1999}+1$ 除以 $(x-1)^2$ 所得的余式.

4.45 设 $f(x),g(x),h(x),k(x)$ 是实系数多项式, 且

$$(x^2+1)h(x)+(x+1)f(x)+(x-2)g(x)=0,$$
$$(x^2+1)k(x)+(x-1)f(x)+(x+2)g(x)=0.$$

证明: $f(x), g(x)$ 都能被 x^2+1 整除.

4.46 已知 $(f(x), g(x))=1$, 且

$$h_1(x)=(x^2+x+1)f(x)+(x^2+1)g(x),$$
$$h_2(x)=(x+1)f(x)+xg(x).$$

证明: $(h_1(x), h_2(x))=1$.

4.47 证明: 数域 $\mathbb{P}$ 上的任一不可约多项式在复数域中无重根.

4.48 设 n 是大于 1 的整数, $f(x)=x^{2n}-nx^{n+1}+nx^{n-1}-1$. 证明: 1 是 $f(x)$ 的三重根.

4.49 设 $f(x)$ 是数域 $\mathbb{P}$ 上的 $n(n\geqslant 2)$ 次多项式, 且 $f'(x)|f(x)$. 证明: $f(x)$ 有 n 重根.

4.50 设 $f(x)\in\mathbb{C}[x], f(x)\neq 0$, 且 $f(x)|f(x^n)$, n 是大于 1 的整数. 证明: $f(x)$ 的根只能是零或单位根 (方程 $x^n=1$ 的根叫 n 次单位根, 见附录 B).

4.51 证明下列多项式在有理数域上不可约 (已知 p 是素数):

(1) x^4-10x^2+1; (2) x^4-3x^3+2x+1;

(3) $x^{p-1}+x^{p-2}+\cdots+x+1$; (4) $1+x+\dfrac{x^2}{2!}+\cdots+\dfrac{x^p}{p!}$.

4.52 设 $p(x)$ 是数域 $\mathbb{P}$ 上的不可约多项式, $f(x)\in\mathbb{P}[x]$. 如果 $f(x)$ 与 $p(x)$ 在复数域 $\mathbb{C}$ 上有公共根 α, 证明: $p(x)|f(x)$.

4.53 $f(x)$ 是数域 $\mathbb{P}$ 上的 n 次不可约多项式 $(n\geqslant 2)$, 证明: 在复数域 $\mathbb{C}$ 上, 若 $f(x)$ 某个根的倒数是 $f(x)$ 的根, 则 $f(x)$ 的每一个根的倒数也是 $f(x)$ 的根.

4.54 设 $\sqrt{2}+\sqrt{3}$ 是整系数多项式 $f(x)$ 的实数根, 证明: $-\sqrt{2}+\sqrt{3}, \sqrt{2}-\sqrt{3}, -\sqrt{2}-\sqrt{3}$ 也是 $f(x)$ 的实数根.

4.55 设 $a_1, a_2, \cdots, a_n$ 是互不相同的整数 $(n\geqslant 2)$, 证明:

$$f(x)=\prod_{i=1}^{n}(x-a_i)-1$$

在有理数域上不可约.

4.56 设 $f(x)$ 是有理数域 $\mathbb{Q}$ 上的一个 m 次多项式 $(m\geqslant 1)$, n 是大于 m 的正整数. 证明: $\sqrt[n]{2}$ 不可能是 $f(x)$ 的实数根.

4.57 设 $f_1, f_2, g_1, g_2\in\mathbb{P}[x]$, 且 $(f_i, g_j)=1\,(i, j=1,2)$. 证明:

$$(f_1g_1, f_2g_2)=(f_1, f_2)(g_1, g_2).$$

4.58 设 $\boldsymbol{A}$ 是数域 $\mathbb{P}$ 上的 n 阶矩阵, $\boldsymbol{X}$ 是 n 维列向量, $f_1(x), f_2(x)\in\mathbb{P}[x], (f_1(x), f_2(x))=d(x)$. 齐次方程组

$$f_1(\boldsymbol{A})\boldsymbol{X}=\boldsymbol{0},\quad f_2(\boldsymbol{A})\boldsymbol{X}=\boldsymbol{0},\quad d(\boldsymbol{A})\boldsymbol{X}=\boldsymbol{0}$$

的解空间分别记为 S_1, S_2, S. 证明: $S_1\bigcap S_2=S$.

第五章　线 性 空 间

线性空间是集合、数域、线性运算 “三位一体” 的抽象化概念, 它是近代数学最基本的概念之一. 空间向量、矩阵、函数、数列等诸多问题都可以用线性空间的观点统一处理, 因此, 线性空间的理论和方法应用广泛. 本章主要介绍线性空间的公理化定义、基与维数、向量的坐标和线性空间的同构等基本概念和性质.

§5.1　线 性 空 间

我们知道, 数域 $\mathbb{P}$ 上全体 n 维向量构成的集合 $\mathbb{P}^n$ 对向量加法和数量乘法是封闭的 (即两个向量之和以及数乘向量之积还在这个集合中), 并且满足八条运算律. 在闭区间 $[a,b]$ 上全体连续实函数的集合记为 $C[a,b]$, 这个集合对通常的函数加法和数与函数的乘法也是封闭的. 事实上, 由数学分析知道, 任意两个连续函数之和仍为连续函数, 任一实数与连续函数之积仍为连续函数, 并且八条运算律也满足. 以下, 我们将集合中的元素统称为向量. 类似例子很多, 尽管这些问题所考虑的对象不同, 但其实质却是相同的: 对两种运算即向量加法和数量乘法封闭, 且满足八条运算律. 除去这些对象的具体属性, 在某个数域上的非空集合中定义向量加法和数量乘法, 将八条运算律作为公理, 由此构成一个抽象的代数系统, 称为线性空间.

5.1.1　线性空间的定义

定义 5.1　设 V 是非空集合, $\mathbb{P}$ 是数域, V 中的元素称为向量. 在集合 V 中定义一种运算叫**向量加法**, 即对于 V 中的任意两个元素 $\boldsymbol{\alpha},\boldsymbol{\beta}$, 在 V 中存在唯一元素 $\boldsymbol{\gamma}$ 与之对应, 称为 $\boldsymbol{\alpha},\boldsymbol{\beta}$ 之和, 记作 $\boldsymbol{\gamma}=\boldsymbol{\alpha}+\boldsymbol{\beta}$. 在数域 $\mathbb{P}$ 与集合 V 之间还定义了一种运算, 叫作**数量乘法**, 简称**数乘**, 即对于 $\mathbb{P}$ 中任一数 k 和 V 中的任一元素 $\boldsymbol{\alpha}$, 在 V 中存在唯一的元素 $\boldsymbol{\delta}$ 与之对应, 称为 k 与 $\boldsymbol{\alpha}$ 的数量乘积, 记作 $\boldsymbol{\delta}=k\boldsymbol{\alpha}$. 这样定义的向量加法与数量乘法满足如下八条运算律:

(1) $\boldsymbol{\alpha}+\boldsymbol{\beta}=\boldsymbol{\beta}+\boldsymbol{\alpha}$;

(2) $\boldsymbol{\alpha}+(\boldsymbol{\beta}+\boldsymbol{\gamma})=(\boldsymbol{\alpha}+\boldsymbol{\beta})+\boldsymbol{\gamma}$;

(3) 在 V 中存在元素 $\mathbf{0}$ (称为V **的零元素**), 使对于 V 中的任意元素 $\boldsymbol{\alpha}$, 都有 $\boldsymbol{\alpha}+\mathbf{0}=\boldsymbol{\alpha}$;

(4) 对于 V 中的每一个元素 $\boldsymbol{\alpha}$, 都有 V 中的元素 $\boldsymbol{\beta}$, 使得 $\boldsymbol{\alpha}+\boldsymbol{\beta}=\mathbf{0}$, 称 $\boldsymbol{\beta}$ 为 $\boldsymbol{\alpha}$ 的**负元素**;

(5) $1\boldsymbol{\alpha}=\boldsymbol{\alpha}$;

(6) $k(l\boldsymbol{\alpha})=(kl)\boldsymbol{\alpha}$;

(7) $(k+l)\boldsymbol{\alpha}=k\boldsymbol{\alpha}+l\boldsymbol{\alpha}$;

(8) $k(\boldsymbol{\alpha}+\boldsymbol{\beta})=k\boldsymbol{\alpha}+k\boldsymbol{\beta}$,

其中 $k,l\in\mathbb{P}$, $\boldsymbol{\alpha},\boldsymbol{\beta},\boldsymbol{\gamma}\in V$, 称 V 是数域 $\mathbb{P}$ 上的**线性空间**(或**向量空间**). 线性空间中的向量加法和数量乘法统称为**线性运算**.

例 5.1 数域 $\mathbb{P}$ 上的一元多项式环 $\mathbb{P}[x]$, 按通常的多项式加法和数与多项式的乘法构成数域 $\mathbb{P}$ 上的线性空间.

例 5.2 数域 $\mathbb{P}$ 上的全体 $m \times n$ 矩阵构成的集合 $\mathbb{P}^{m\times n}$, 按通常的矩阵加法和数与矩阵的乘法构成数域 $\mathbb{P}$ 上的线性空间.

例 5.3 全体实函数构成的集合, 对于函数的加法和数与函数的乘法构成实数域上的线性空间.

例 5.4 只含数 0 的集合 $\{0\}$ 可以看成任意数域上的线性空间. 任意数域 $\mathbb{P}$ 按照通常两个数的加法及两个数的乘法构成 $\mathbb{P}$ 上的线性空间.

5.1.2 线性空间的简单性质

性质 1 零元素是唯一的.

证明 假设 $\mathbf{0}_1, \mathbf{0}_2$ 是线性空间 V 的两个零元素, 则由运算律 (1), (3) 得

$$\mathbf{0}_1 = \mathbf{0}_1 + \mathbf{0}_2 = \mathbf{0}_2 + \mathbf{0}_1 = \mathbf{0}_2,$$

故零元素是唯一的. □

性质 2 负元素是唯一的.

证明 假设某个向量 $\boldsymbol{\alpha}$ 有两个负元素 $\boldsymbol{\beta}, \boldsymbol{\gamma}$, 即 $\boldsymbol{\alpha} + \boldsymbol{\beta} = \boldsymbol{\alpha} + \boldsymbol{\gamma} = \mathbf{0}$. 由运算律 (1), (2), (3) 可知

$$\boldsymbol{\beta} = \boldsymbol{\beta} + \mathbf{0} = \boldsymbol{\beta} + (\boldsymbol{\alpha} + \boldsymbol{\gamma}) = (\boldsymbol{\beta} + \boldsymbol{\alpha}) + \boldsymbol{\gamma} = \mathbf{0} + \boldsymbol{\gamma} = \boldsymbol{\gamma},$$

故负元素是唯一的. □

利用负元素可以定义向量的减法: $\boldsymbol{\alpha} - \boldsymbol{\beta} = \boldsymbol{\alpha} + (-\boldsymbol{\beta})$.

性质 3 $0\boldsymbol{\alpha} = \mathbf{0}$; $k\mathbf{0} = \mathbf{0}$; $(-1)\boldsymbol{\alpha} = -\boldsymbol{\alpha}$. 注意前一个等式中, 等式两边的 0 的含义不同.

证明 由于

$$\boldsymbol{\alpha} + 0\boldsymbol{\alpha} = 1\boldsymbol{\alpha} + 0\boldsymbol{\alpha} = (1+0)\boldsymbol{\alpha} = 1\boldsymbol{\alpha} = \boldsymbol{\alpha},$$

因此, $0\boldsymbol{\alpha} = \mathbf{0}$. 后面两个等式的证明留给读者. □

性质 4 如果 $k\boldsymbol{\alpha} = \mathbf{0}$, 那么 $k = 0$ 或者 $\boldsymbol{\alpha} = \mathbf{0}$.

证明 如果 $k\boldsymbol{\alpha} = \mathbf{0}$, 假定 $k \neq 0$, 下证 $\boldsymbol{\alpha} = \mathbf{0}$. 事实上, 由性质 3 可知,

$$\boldsymbol{\alpha} = 1\boldsymbol{\alpha} = (k^{-1}k)\boldsymbol{\alpha} = k^{-1}(k\boldsymbol{\alpha}) = k^{-1}\mathbf{0} = \mathbf{0}.$$ □

习题 5.1

5.1 判断下列集合是否数域 $\mathbb{P}$ 上的线性空间:

(1) 实数域上, $[0,1]$ 区间上可导函数的全体对于通常的函数加法及数乘运算;

(2) 实数域上, 全体 n 阶对称矩阵对于矩阵的加法和数乘运算;

(3) 实数域上, 全体收敛于零的实数列, 对于数列的加法和数乘, 即

$$\{a_n\} + \{b_n\} = \{a_n + b_n\},\ k\{a_n\} = \{ka_n\};$$

(4) 实数域上, 全体次数等于 $n(n \geqslant 1)$ 的多项式的集合, 对于多项式的加法和数乘.

5.2 在线性空间中, 证明:

(1) $k\mathbf{0} = \mathbf{0}$;

(2) $k(\boldsymbol{\alpha} - \boldsymbol{\beta}) = k\boldsymbol{\alpha} - k\boldsymbol{\beta}$;

(3) 若 $\boldsymbol{\alpha} + \boldsymbol{\beta} = \boldsymbol{\alpha} + \boldsymbol{\gamma}$, 则 $\boldsymbol{\beta} = \boldsymbol{\gamma}$.

§5.2 基、维数和坐标

5.2.1 基与维数

在线性空间中, 向量组的线性相关、线性无关、线性表示、等价、极大无关组、秩, 以及线性空间的基和维数的定义都与第三章的定义是一致的, 区别就在于第三章讲的向量是数域 $\mathbb{P}$ 上的 n 维线性空间 $\mathbb{P}^n$ 中的向量, 这里所讲的向量是一般线性空间中的向量.

比如, 数域 $\mathbb{P}$ 上 n 维线性空间 V 的一个基 $\boldsymbol{\alpha}_1, \boldsymbol{\alpha}_2, \cdots, \boldsymbol{\alpha}_n$ 是 V 的一组线性无关的生成元, 即 $\boldsymbol{\alpha}_1, \boldsymbol{\alpha}_2, \cdots, \boldsymbol{\alpha}_n$ 线性无关, 且

$$V = L(\boldsymbol{\alpha}_1, \boldsymbol{\alpha}_2, \cdots, \boldsymbol{\alpha}_n).$$

在 n 维线性空间 V 中, 任意 n 个线性无关的向量都是它的基, 任意两个基等价, 它们所含向量的个数相等, 且都等于线性空间 V 的维数, 记作 $\dim V$, 零空间的维数规定为 0, 等等, 这些提法都与第三章的说法一致. 由这些概念得到的向量空间的结论也可以平移到线性空间里来, 这里就不一一列举了.

例 5.5 在 $\mathbb{R}^n$ 中, 单位列向量组 $\boldsymbol{e}_1, \boldsymbol{e}_2, \cdots, \boldsymbol{e}_n$ 是它的一组线性无关的生成元, 因而 $\boldsymbol{e}_1, \boldsymbol{e}_2, \cdots, \boldsymbol{e}_n$ 是 $\mathbb{R}^n$ 的基, 称为 $\mathbb{R}^n$ 的**标准基**.

例 5.6 数域 $\mathbb{P}$ 上全体次数小于 n 的多项式连同零多项式构成的集合记为 $\mathbb{P}[x]_n$, 它对于多项式的加法和数乘构成线性空间. 在线性空间 $\mathbb{P}[x]_n$ 中, $1, x, x^2, \cdots, x^{n-1}$ 是 n 个线性无关的向量, 并且 $\mathbb{P}[x]_n$ 中的每个多项式都可以由它线性表示, 因而 $1, x, x^2, \cdots, x^{n-1}$ 是 $\mathbb{P}[x]_n$ 的一个基, $\dim \mathbb{P}[x]_n = n$.

例 5.7 n 阶基本矩阵 $\boldsymbol{E}_{ij}\,(i, j = 1, 2, \cdots, n)$ 是数域 $\mathbb{P}$ 上的线性空间 $\mathbb{P}^{n\times n}$ 的基, 所以 $\dim \mathbb{P}^{n\times n} = n^2$.

事实上,

$$\sum_{i,j=1}^{n} k_{ij}\boldsymbol{E}_{ij} = (k_{ij})_{n\times n} = \boldsymbol{O},$$

当且仅当所有的 $k_{ij} = 0$, 所以, n 阶基本矩阵 $\boldsymbol{E}_{ij}\,(i, j = 1, 2, \cdots, n)$ 线性无关. 其次, 对任意 n 阶矩阵 $\boldsymbol{A} = (a_{ij})_{n\times n}$ 都可以由 $\boldsymbol{E}_{ij}\,(i, j = 1, 2, \cdots, n)$ 线性表示, 即

$$\boldsymbol{A} = \sum_{i,j=1}^{n} a_{ij}\boldsymbol{E}_{ij}.$$

故 $\boldsymbol{E}_{ij}\,(i, j = 1, 2, \cdots, n)$ 是线性空间 $\mathbb{P}^{n\times n}$ 的一个基, $\dim \mathbb{P}^{n\times n} = n^2$.

例 5.8 设 $\boldsymbol{A}$ 是数域 $\mathbb{P}$ 上的 n 阶矩阵, 证明: 存在数域 $\mathbb{P}$ 上的非零多项式 $f(x)$, 使得

$$f(\boldsymbol{A}) = \boldsymbol{O},$$

称这样的多项式 $f(x)$ 为矩阵 $\boldsymbol{A}$ 的**零化多项式**.

证明　由例 5.7 可知, 线性空间 $\mathbb{P}^{n\times n}$ 是 n^2 维的, 因此, 向量组

$$\boldsymbol{I},\quad \boldsymbol{A},\quad \boldsymbol{A}^2,\quad \cdots,\quad \boldsymbol{A}^m\quad (m\geqslant n^2)$$

一定线性相关 (向量个数多于空间的维数, 这个向量组必线性相关), 故存在一组不全为零的数 $a_0,a_1,\cdots,a_m$, 使得

$$a_0\boldsymbol{I}+a_1\boldsymbol{A}+a_2\boldsymbol{A}^2+\cdots+a_m\boldsymbol{A}^m=\boldsymbol{O},$$

即 $f(\boldsymbol{A})=\boldsymbol{O}$, 其中

$$f(x)=a_0+a_1x+\cdots+a_mx^m$$

是数域 $\mathbb{P}$ 上的非零多项式. □

在有些线性空间中, 基可能包含无穷多个向量, 称为**无限维线性空间**. 比如, 数域 $\mathbb{P}$ 上的一元多项式环 $\mathbb{P}[x]$, 向量组 $1,x,x^2,\cdots,x^{n-1},\cdots$ 是它的基. 区间 $[a,b]$ 上全体实连续光滑的函数空间, 由数学分析知识可知, 三角函数列

$$1,\quad \cos x,\quad \sin x,\quad \cos 2x,\quad \sin 2x,\quad \cdots,\quad \cos nx,\quad \sin nx,\quad \cdots$$

是它的基. 数域 $\mathbb{P}$ 上全体无穷数列构成的集合 $l^\infty=\{(x_1,x_2,\cdots)|x_i\in\mathbb{P},\ i=1,2,\cdots\}$, 按通常的两个向量相加和数乘向量运算构成数域 $\mathbb{P}$ 上的线性空间. 定义 $\boldsymbol{e}_i$ 是第 i 个分量为 1 其余分量为 0 的无穷数列, 则

$$\boldsymbol{e}_1,\quad \boldsymbol{e}_2,\quad \cdots,\quad \boldsymbol{e}_n,\quad \cdots$$

是 l^∞ 的基.

在高等代数中, 我们只讨论有限维线性空间的情形, 至于无限维线性空间的问题, 留待 “泛函分析” 课程讨论.

定理 5.1 (扩基定理)　设 $\boldsymbol{\alpha}_1,\boldsymbol{\alpha}_2,\cdots,\boldsymbol{\alpha}_s$ 是 n 维线性空间 V 中一组线性无关的向量 ($s\leqslant n$), 则它总可以添加 $n-s$ 个向量 $\boldsymbol{\alpha}_{s+1},\cdots,\boldsymbol{\alpha}_n$, 使得 $\boldsymbol{\alpha}_1,\cdots,\boldsymbol{\alpha}_s,\boldsymbol{\alpha}_{s+1},\cdots,\boldsymbol{\alpha}_n$ 成为 V 的一个基.

证明　对 $n-s$ 做数学归纳法. 当 $n-s=0$ 时, 定理已经成立. 假设 $n-s=k$ 时定理已成立, 下面考虑 $n-s=k+1$ 的情形.

既然 $\boldsymbol{\alpha}_1,\boldsymbol{\alpha}_2,\cdots,\boldsymbol{\alpha}_s$ 还不是 V 的一个基, 它又线性无关, 因此, 一定存在向量 $\boldsymbol{\alpha}_{s+1}\in V$, 不能由 $\boldsymbol{\alpha}_1,\boldsymbol{\alpha}_2,\cdots,\boldsymbol{\alpha}_s$ 线性表示, 即 $\boldsymbol{\alpha}_1,\boldsymbol{\alpha}_2,\cdots,\boldsymbol{\alpha}_s,\boldsymbol{\alpha}_{s+1}$ 线性无关. 由于 $n-(s+1)=(n-s)-1=k+1-1=k$, 由归纳假设, 存在向量 $\boldsymbol{\alpha}_{s+2},\cdots,\boldsymbol{\alpha}_n\in V$ 使得 $\boldsymbol{\alpha}_1,\boldsymbol{\alpha}_2,\cdots,\boldsymbol{\alpha}_s,\boldsymbol{\alpha}_{s+1},\boldsymbol{\alpha}_{s+2},\cdots,\boldsymbol{\alpha}_n$ 成为 V 的一个基. 所以, 当 $n-s=k+1$ 时定理也成立, 由数学归纳法原理知定理成立. □

定理 5.1 说明, 对任意 n 维线性空间 ($n\geqslant 1$), 它的基一定存在. 这是因为它至少有一个非零向量, 而单独一个非零向量是线性无关的, 由扩基定理, 可以将它扩展成整个线性空间的基. 这个结果可以推广到任意非零线性空间上去, 即定理 5.1 对无限维线性空间也成立 (参见文献 [25], 定理 2.3).

5.2.2 向量的坐标

定义 5.2 设 V 是数域 $\mathbb{P}$ 上的 n 维线性空间, $\varepsilon_1,\varepsilon_2,\cdots,\varepsilon_n$ 是 V 的基, 对任意向量 $\boldsymbol{\alpha}\in V$ 都可以唯一地表示成基的线性组合

$$\boldsymbol{\alpha}=a_1\boldsymbol{\varepsilon}_1+a_2\boldsymbol{\varepsilon}_2+\cdots+a_n\boldsymbol{\varepsilon}_n,$$

称组合系数 $a_1,a_2,\cdots,a_n$ 是向量 $\boldsymbol{\alpha}$ 在基 $\varepsilon_1,\varepsilon_2,\cdots,\varepsilon_n$ 下的**坐标**(或说成向量 $\boldsymbol{\alpha}$ 关于基 $\varepsilon_1,\varepsilon_2,\cdots,\varepsilon_n$ 的坐标), 记作 $(a_1,a_2,\cdots,a_n)^{\mathrm{T}}$. 上式可以写成

$$\boldsymbol{\alpha}=(\boldsymbol{\varepsilon}_1,\boldsymbol{\varepsilon}_2,\cdots,\boldsymbol{\varepsilon}_n)\begin{pmatrix}a_1\\a_2\\\vdots\\a_n\end{pmatrix}.$$

例如, 在线性空间 $\mathbb{P}[x]_n$ 中, 取定基 $1,x,x^2,\cdots,x^{n-1}$, 则任一多项式

$$f(x)=a_0+a_1x+\cdots+a_{n-1}x^{n-1}$$

在这个基下的坐标就是它的各项系数 $(a_0,a_1,\cdots,a_{n-1})^{\mathrm{T}}$.

如果在 $\mathbb{P}[x]_n$ 中, 另外取一个基 $1,(x-a),(x-a)^2,\cdots,(x-a)^{n-1}$, 由泰勒公式得

$$f(x)=f(a)+f'(a)(x-a)+\cdots+\frac{f^{(n-1)}(a)}{(n-1)!}(x-a)^{n-1}.$$

因此, $f(x)$ 在这个基下的坐标是

$$\left(f(a),f'(a),\cdots,\frac{f^{(n-1)}(a)}{(n-1)!}\right)^{\mathrm{T}}.$$

5.2.3 基变换与坐标变换

设 $\varepsilon_1,\varepsilon_2,\cdots,\varepsilon_n$ 和 $\boldsymbol{\eta}_1,\boldsymbol{\eta}_2,\cdots,\boldsymbol{\eta}_n$ 是 n 维线性空间 V 的两个基, 并且满足如下**基变换公式**:

$$\begin{cases}\boldsymbol{\eta}_1=a_{11}\boldsymbol{\varepsilon}_1+a_{21}\boldsymbol{\varepsilon}_2+\cdots+a_{n1}\boldsymbol{\varepsilon}_n,\\\boldsymbol{\eta}_2=a_{12}\boldsymbol{\varepsilon}_1+a_{22}\boldsymbol{\varepsilon}_2+\cdots+a_{n2}\boldsymbol{\varepsilon}_n,\\\cdots\cdots\cdots\cdots\cdots\cdots\cdots\cdots\\\boldsymbol{\eta}_n=a_{1n}\boldsymbol{\varepsilon}_1+a_{2n}\boldsymbol{\varepsilon}_2+\cdots+a_{nn}\boldsymbol{\varepsilon}_n.\end{cases}$$

将它写成

$$(\boldsymbol{\eta}_1,\boldsymbol{\eta}_2,\cdots,\boldsymbol{\eta}_n)=(\boldsymbol{\varepsilon}_1,\boldsymbol{\varepsilon}_2,\cdots,\boldsymbol{\varepsilon}_n)\begin{pmatrix}a_{11}&a_{12}&\cdots&a_{1n}\\a_{21}&a_{22}&\cdots&a_{2n}\\\vdots&\vdots&&\vdots\\a_{n1}&a_{n2}&\cdots&a_{nn}\end{pmatrix}.$$

记矩阵

$$A=\begin{pmatrix} a_{11} & a_{12} & \cdots & a_{1n} \\ a_{21} & a_{22} & \cdots & a_{2n} \\ \vdots & \vdots & & \vdots \\ a_{n1} & a_{n2} & \cdots & a_{nn} \end{pmatrix},$$

则

$$(\boldsymbol{\eta}_1,\boldsymbol{\eta}_2,\cdots,\boldsymbol{\eta}_n)=(\boldsymbol{\varepsilon}_1,\boldsymbol{\varepsilon}_2,\cdots,\boldsymbol{\varepsilon}_n)\boldsymbol{A},$$

称矩阵 $\boldsymbol{A}$ 是由基 $\varepsilon_1,\varepsilon_2,\cdots,\varepsilon_n$ 到基 $\boldsymbol{\eta}_1,\boldsymbol{\eta}_2,\cdots,\boldsymbol{\eta}_n$ 的**过渡矩阵**.

设 $\boldsymbol{\alpha}\in V$ 在基 $\varepsilon_1,\varepsilon_2,\cdots,\varepsilon_n$ 和 $\boldsymbol{\eta}_1,\boldsymbol{\eta}_2,\cdots,\boldsymbol{\eta}_n$ 下的坐标分别是 $\boldsymbol{x}=(x_1,x_2,\cdots,x_n)^{\mathrm{T}}$ 和 $\boldsymbol{y}=(y_1,y_2,\cdots,y_n)^{\mathrm{T}}$, 即

$$\boldsymbol{\alpha}=(\boldsymbol{\varepsilon}_1,\boldsymbol{\varepsilon}_2,\cdots,\boldsymbol{\varepsilon}_n)\begin{pmatrix} x_1 \\ x_2 \\ \vdots \\ x_n \end{pmatrix}=(\boldsymbol{\eta}_1,\boldsymbol{\eta}_2,\cdots,\boldsymbol{\eta}_n)\begin{pmatrix} y_1 \\ y_2 \\ \vdots \\ y_n \end{pmatrix}.$$

因此,

$$(\varepsilon_1,\varepsilon_2,\cdots,\varepsilon_n)\begin{pmatrix} x_1 \\ x_2 \\ \vdots \\ x_n \end{pmatrix}=(\varepsilon_1,\varepsilon_2,\cdots,\varepsilon_n)\boldsymbol{A}\begin{pmatrix} y_1 \\ y_2 \\ \vdots \\ y_n \end{pmatrix}.$$

而 $\boldsymbol{\alpha}$ 在基 $\varepsilon_1,\varepsilon_2,\cdots,\varepsilon_n$ 下的坐标是唯一的, 则

$$\boldsymbol{x}=\boldsymbol{A}\boldsymbol{y}.$$

这就是**坐标变换公式**.

现在研究过渡矩阵的性质. 假设 $\boldsymbol{B}$ 是由基 $\boldsymbol{\eta}_1,\boldsymbol{\eta}_2,\cdots,\boldsymbol{\eta}_n$ 到基 $\varepsilon_1,\varepsilon_2,\cdots,\varepsilon_n$ 的过渡矩阵, 即

$$(\varepsilon_1,\varepsilon_2,\cdots,\varepsilon_n)=(\boldsymbol{\eta}_1,\boldsymbol{\eta}_2,\cdots,\boldsymbol{\eta}_n)\boldsymbol{B}.$$

则

$$(\boldsymbol{\eta}_1,\boldsymbol{\eta}_2,\cdots,\boldsymbol{\eta}_n)=(\boldsymbol{\eta}_1,\boldsymbol{\eta}_2,\cdots,\boldsymbol{\eta}_n)\boldsymbol{B}\boldsymbol{A},\quad \text{或}\quad (\varepsilon_1,\varepsilon_2,\cdots,\varepsilon_n)=(\varepsilon_1,\varepsilon_2,\cdots,\varepsilon_n)\boldsymbol{A}\boldsymbol{B}.$$

因此

$$\boldsymbol{A}\boldsymbol{B}=\boldsymbol{B}\boldsymbol{A}=\boldsymbol{I}.$$

故过渡矩阵 $\boldsymbol{A}$ 是可逆矩阵, 且 $\boldsymbol{B}=\boldsymbol{A}^{-1}$. 所以由坐标变换公式得

$$\boldsymbol{y}=\boldsymbol{A}^{-1}\boldsymbol{x}.$$

为了便于记忆, 我们将基变换公式和坐标变换公式写成如下中文表达公式:

新基 = 旧基 · 过渡矩阵,

新坐标 = 过渡矩阵之逆矩阵 · 旧坐标,

旧坐标 = 过渡矩阵 · 新坐标.

请读者注意: 在基变换的公式中, 矩阵在右边相乘; 在坐标变换公式中, 矩阵在左边相乘. 基变换公式是定理 3.3 的推论, 即 "新基" 可由 "旧基" 线性表示. 不过这里情况更特殊, 由于线性空间中任意两个基等价, 因此, 过渡矩阵必须是可逆矩阵, 而定理 3.3 中的矩阵 $\boldsymbol{K}$ 却未必可逆.

例 5.9 已知 $\mathbb{R}^3$ 的两个基

$$\boldsymbol{\alpha}_1=(1,1,1)^{\mathrm{T}},\quad \boldsymbol{\alpha}_2=(1,0,-1)^{\mathrm{T}},\quad \boldsymbol{\alpha}_3=(1,0,1)^{\mathrm{T}},$$

和

$$\boldsymbol{\beta}_1=(1,2,1)^{\mathrm{T}},\quad \boldsymbol{\beta}_2=(2,3,4)^{\mathrm{T}},\quad \boldsymbol{\beta}_3=(3,4,3)^{\mathrm{T}},$$

求 $\boldsymbol{\alpha}_1,\boldsymbol{\alpha}_2,\boldsymbol{\alpha}_3$ 到 $\boldsymbol{\beta}_1,\boldsymbol{\beta}_2,\boldsymbol{\beta}_3$ 的过渡矩阵和基变换公式.

解 设从基 $\boldsymbol{\alpha}_1,\boldsymbol{\alpha}_2,\boldsymbol{\alpha}_3$ 到基 $\boldsymbol{\beta}_1,\boldsymbol{\beta}_2,\boldsymbol{\beta}_3$ 的过渡矩阵为 $\boldsymbol{A}$, 则

$$(\boldsymbol{\beta}_1,\boldsymbol{\beta}_2,\boldsymbol{\beta}_3)=(\boldsymbol{\alpha}_1,\boldsymbol{\alpha}_2,\boldsymbol{\alpha}_3)\boldsymbol{A},$$

即

$$\begin{pmatrix}1&2&3\\2&3&4\\1&4&3\end{pmatrix}=\begin{pmatrix}1&1&1\\1&0&0\\1&-1&1\end{pmatrix}\boldsymbol{A}.$$

故

$$\boldsymbol{A}=\begin{pmatrix}1&1&1\\1&0&0\\1&-1&1\end{pmatrix}^{-1}\begin{pmatrix}1&2&3\\2&3&4\\1&4&3\end{pmatrix}=\begin{pmatrix}2&3&4\\0&-1&0\\-1&0&-1\end{pmatrix},$$

则基变换公式是

$$(\boldsymbol{\beta}_1,\boldsymbol{\beta}_2,\boldsymbol{\beta}_3)=(\boldsymbol{\alpha}_1,\boldsymbol{\alpha}_2,\boldsymbol{\alpha}_3)\begin{pmatrix}2&3&4\\0&-1&0\\-1&0&-1\end{pmatrix}.$$

例 5.10 设 $\boldsymbol{\alpha}_1,\boldsymbol{\alpha}_2,\cdots,\boldsymbol{\alpha}_n$ 是 n 维线性空间 V 的一个基, 证明: 向量组

$$\boldsymbol{\alpha}_1,\quad \boldsymbol{\alpha}_1+\boldsymbol{\alpha}_2,\quad \cdots,\quad \boldsymbol{\alpha}_1+\boldsymbol{\alpha}_2+\cdots+\boldsymbol{\alpha}_n$$

也是 V 的基. 又若向量 $\boldsymbol{\alpha}$ 在前一个基下的坐标是 $(n,n-1,\cdots,2,1)^{\mathrm{T}}$, 求 $\boldsymbol{\alpha}$ 在后一个基下的坐标.

解 注意到

$$(\boldsymbol{\alpha}_1,\boldsymbol{\alpha}_1+\boldsymbol{\alpha}_2,\cdots,\boldsymbol{\alpha}_1+\boldsymbol{\alpha}_2+\cdots+\boldsymbol{\alpha}_n)=(\boldsymbol{\alpha}_1,\boldsymbol{\alpha}_2,\cdots,\boldsymbol{\alpha}_n)\begin{pmatrix}1&1&\cdots&1\\0&1&\cdots&1\\\vdots&\vdots&&\vdots\\0&0&\cdots&1\end{pmatrix},$$

设矩阵

$$
\boldsymbol{A}=\begin{pmatrix}1 & 1 & \cdots & 1\\ 0 & 1 & \cdots & 1\\ \vdots & \vdots & & \vdots\\ 0 & 0 & \cdots & 1\end{pmatrix},
$$

显然 $\boldsymbol{A}$ 是可逆矩阵, 因而向量组 $\boldsymbol{\alpha}_1,\boldsymbol{\alpha}_1+\boldsymbol{\alpha}_2,\cdots,\boldsymbol{\alpha}_1+\boldsymbol{\alpha}_2+\cdots+\boldsymbol{\alpha}_n$ 线性无关, 它是 V 的一个基. 将 $\boldsymbol{A}$ 与 n 阶单位并列拼成一个列分块矩阵 $(\boldsymbol{A},\boldsymbol{I})$, 然后进行初等行变换, 求得

$$
\boldsymbol{A}^{-1}=\begin{pmatrix}1 & -1 & & & \\ & 1 & -1 & & \\ & & \ddots & \ddots & \\ & & & 1 & -1\\ & & & & 1\end{pmatrix}.
$$

因此, 向量 $\boldsymbol{\alpha}$ 在后一个基下的坐标是

$$
\begin{pmatrix}1 & -1 & & & \\ & 1 & -1 & & \\ & & \ddots & \ddots & \\ & & & 1 & -1\\ & & & & 1\end{pmatrix}\begin{pmatrix}n\\ n-1\\ \vdots\\ 2\\ 1\end{pmatrix}=\begin{pmatrix}1\\ 1\\ \vdots\\ 1\\ 1\end{pmatrix}.
$$

习题 5.2

5.3 有两个向量组 (I): $\boldsymbol{\alpha}_1=(1,2,-1)^{\mathrm{T}},\boldsymbol{\alpha}_2=(0,-1,1)^{\mathrm{T}},\boldsymbol{\alpha}_3=(-1,0,1)^{\mathrm{T}}$; (II):$\boldsymbol{\beta}_1=(-1,1,-1)^{\mathrm{T}},\boldsymbol{\beta}_2=(0,1,1)^{\mathrm{T}},\boldsymbol{\beta}_3=(-1,1,1)^{\mathrm{T}}$. 证明: 它们都是线性空间 $\mathbb{R}^3$ 的基, 并求由基 (I) 到 (II) 的过渡矩阵和基变换公式.

5.4 在线性空间 $\mathbb{P}^{2\times 2}$ 中, 证明: 向量组

$$
\boldsymbol{A}_1=\begin{pmatrix}0 & 0\\ 0 & 1\end{pmatrix},\quad \boldsymbol{A}_2=\begin{pmatrix}0 & 0\\ 1 & 1\end{pmatrix},\quad \boldsymbol{A}_3=\begin{pmatrix}1 & 0\\ 1 & 1\end{pmatrix},\quad \boldsymbol{A}_4=\begin{pmatrix}1 & 1\\ 1 & 1\end{pmatrix}
$$

是 $\mathbb{P}^{2\times 2}$ 的一个基, 并求向量 $\boldsymbol{A}=\begin{pmatrix}a & b\\ c & d\end{pmatrix}$ 在这个基下的坐标.

5.5 在 $\mathbb{R}^3$ 中, 求向量 $\boldsymbol{\alpha}=(-1,3,2)^T$ 在基 $\boldsymbol{\varepsilon}_1=(1,1,0)^{\mathrm{T}},\boldsymbol{\varepsilon}_2=(1,0,1)^{\mathrm{T}},\boldsymbol{\varepsilon}_3=(0,1,1)^{\mathrm{T}}$ 下的坐标.

5.6 在 $\mathbb{P}[x]_3$ 中, 求向量 $1+x+x^2$ 在基 $1,x-1,(x-2)(x-1)$ 下的坐标.

5.7 设 V 是数域 $\mathbb{P}$ 上的三阶反对称矩阵构成的线性空间, 求 V 的维数, 并写出它的一个基.

5.8 设 n 维线性空间 V 的坐标变换公式是

$$
y_1=x_1,\quad y_2=x_2-x_1,\quad y_3=x_3-x_2,\quad \cdots,\quad y_n=x_n-x_{n-1},
$$

求 V 的基变换公式.

5.9 设 $\boldsymbol{\alpha}_1,\boldsymbol{\alpha}_2,\boldsymbol{\alpha}_3$ 和 $\boldsymbol{\beta}_1,\boldsymbol{\beta}_2,\boldsymbol{\beta}_3$ 是 $\mathbb{R}^3$ 的两个基, $\boldsymbol{\alpha}\in\mathbb{R}^3$, 已知

$$\boldsymbol{\alpha}=x_1\boldsymbol{\alpha}_1+x_2\boldsymbol{\alpha}_2+x_3\boldsymbol{\alpha}_3 \quad 及 \quad \boldsymbol{\alpha}=y_1\boldsymbol{\beta}_1+y_2\boldsymbol{\beta}_2+y_3\boldsymbol{\beta}_3,$$

且

$$\begin{cases} y_1= 2x_1-x_2+x_3, \\ y_2=-x_1+x_2, \\ y_3= 2x_1-x_2+2x_3. \end{cases}$$

求由基 $\boldsymbol{\alpha}_1,\boldsymbol{\alpha}_2,\boldsymbol{\alpha}_3$ 到基 $\boldsymbol{\beta}_1,\boldsymbol{\beta}_2,\boldsymbol{\beta}_3$ 的过渡矩阵和基变换公式.

5.10 设向量组 $\boldsymbol{\alpha}_1,\boldsymbol{\alpha}_2,\boldsymbol{\alpha}_3$ 是 $\mathbb{R}^3$ 的基, $\boldsymbol{\beta}_1=2\boldsymbol{\alpha}_1+2k\boldsymbol{\alpha}_3,\boldsymbol{\beta}_2=2\boldsymbol{\alpha}_2,\boldsymbol{\beta}_3=\boldsymbol{\alpha}_1+(k+1)\boldsymbol{\alpha}_3$.

(1) 证明: 向量组 $\boldsymbol{\beta}_1,\boldsymbol{\beta}_2,\boldsymbol{\beta}_3$ 也是 $\mathbb{R}^3$ 的基;

(2) 当 k 为何值时, 存在非零向量 $\boldsymbol{\xi}$ 在基 $\boldsymbol{\alpha}_1,\boldsymbol{\alpha}_2,\boldsymbol{\alpha}_3$ 和基 $\boldsymbol{\beta}_1,\boldsymbol{\beta}_2,\boldsymbol{\beta}_3$ 下的坐标相同, 并求所有的非零向量 $\boldsymbol{\xi}$.

§5.3 线性子空间

设 $\boldsymbol{A}$ 是 n 阶矩阵, 齐次方程组 $\boldsymbol{Ax}=\boldsymbol{0}$ 的全体解向量构成的集合 $S=\{\boldsymbol{x}\in\mathbb{P}^n|\boldsymbol{Ax}=\boldsymbol{0}\}$ 是线性空间 $\mathbb{P}^n$ 的子集, 且按 $\mathbb{P}^n$ 中定义的向量加法和数量乘法构成线性空间, 称为 $\mathbb{P}^n$ 的线性子空间. 设 $\boldsymbol{b}$ 是 n 维非零列向量, 则非齐次方程组 $\boldsymbol{Ax}=\boldsymbol{b}$ 的解集 $S'=\{\boldsymbol{x}\in\mathbb{P}^n|\boldsymbol{Ax}=\boldsymbol{b}\}$ 也是 $\mathbb{P}^n$ 的子集, 但 S' 对于 $\mathbb{P}^n$ 中定义的向量加法和数量乘法不能构成线性空间. 事实上, S' 对向量加法和数量乘法不封闭, 不符合线性空间的定义. 为了深入研究一般线性空间的性质, 我们有必要对抽象空间的线性子结构进行单独研究.

5.3.1 线性子空间的定义

定义 5.3 设 V 是数域 $\mathbb{P}$ 上的线性空间, W 是 V 的非空子集, 如果 W 对于 V 的两种运算也构成数域 $\mathbb{P}$ 上的线性空间, 则称 W 是 V 的**线性子空间**, 简称**子空间**.

设 W 是线性空间 V 的非空子集, 如果 W 对于 V 的两种运算封闭, 即

(1) 对于任意 $\boldsymbol{\alpha}\in W$, $\boldsymbol{\beta}\in W$, 都有 $\boldsymbol{\alpha}+\boldsymbol{\beta}\in W$;

(2) 对于任意 $\boldsymbol{\alpha}\in W$, $k\in\mathbb{P}$, 都有 $k\boldsymbol{\alpha}\in W$.

容易验证, 八条运算律对 W 也成立, 因而 W 是 V 的子空间, 于是有如下子空间的判定定理:

定理 5.2 设 W 是线性空间 V 的非空子集, 若 W 对于 V 的两种运算封闭, 则 W 是 V 的子空间.

由于子空间本身也是线性空间, 所以, 可以将前面建立的关于线性空间的基、维数、坐标等概念完全搬到子空间上去. 任一子空间的维数都不超过整个线性空间的维数, 也即是说, 子空间的基所包含的向量个数不可能超过整个线性空间的基所包含的向量个数. 由扩基定理知, 子空间的任一基都可以扩充成整个线性空间的一个基.

例 5.11 在线性空间 V 中, 单独一个零向量构成的集合 $\{\boldsymbol{0}\}$ 是子空间, 称为**零子空间**; V 本身也是 V 的子空间, 这两个子空间统称为**平凡子空间**, 其余子空间叫作**非平凡子空间**.

例 5.12 设 $\boldsymbol{A}$ 是 $m\times n$ 矩阵, 则齐次方程组 $\boldsymbol{Ax}=\mathbf{0}$ 的解集是线性空间 $\mathbb{P}^n$ 的子空间, 称为齐次方程组 $\boldsymbol{Ax}=\mathbf{0}$ 的**解空间**.

例 5.13 $\mathbb{P}[x]_n$ 是线性空间 $\mathbb{P}[x]$ 的子空间.

例 5.14 $C[a,b]$ 是全体实函数空间的子空间.

例 5.15 设 $\boldsymbol{\alpha}_1,\boldsymbol{\alpha}_2,\cdots,\boldsymbol{\alpha}_s$ 是线性空间 V 的一个向量组, 由这个向量组的全体线性组合构成的集合

$$W=L(\boldsymbol{\alpha}_1,\boldsymbol{\alpha}_2,\cdots,\boldsymbol{\alpha}_s)=\{k_1\boldsymbol{\alpha}_1+k_2\boldsymbol{\alpha}_2+\cdots+k_s\boldsymbol{\alpha}_s|k_i\in\mathbb{P},\ i=1,2,\cdots,s\}$$

是包含 $\boldsymbol{\alpha}_1,\boldsymbol{\alpha}_2,\cdots,\boldsymbol{\alpha}_s$ 的最小子空间, 称为由 $\boldsymbol{\alpha}_1,\boldsymbol{\alpha}_2,\cdots,\boldsymbol{\alpha}_s$**生成的子空间**.

事实上, W 对向量加法和数量乘法封闭, 因而是 V 的子空间. 假设另有一个子空间 W' 包含全体向量 $\boldsymbol{\alpha}_1,\boldsymbol{\alpha}_2,\cdots,\boldsymbol{\alpha}_s$, 则对任一向量 $\boldsymbol{\alpha}\in W$, 设 $\boldsymbol{\alpha}=\sum\limits_{i=1}^{s}k_i\boldsymbol{\alpha}_i$, 由于 W' 是线性空间, 所以有

$$\boldsymbol{\alpha}=\sum_{i=1}^{s}k_i\boldsymbol{\alpha}_i\in W'.$$

故 $W\subset W'$, 即 W 是包含 $\boldsymbol{\alpha}_1,\boldsymbol{\alpha}_2,\cdots,\boldsymbol{\alpha}_s$ 的最小子空间.

设 $W=L(\boldsymbol{\alpha}_1,\boldsymbol{\alpha}_2,\cdots,\boldsymbol{\alpha}_s)$, 则 $\boldsymbol{\alpha}_1,\boldsymbol{\alpha}_2,\cdots,\boldsymbol{\alpha}_s$ 的任一极大无关组都是 W 的基, W 可以看成是由 $\boldsymbol{\alpha}_1,\boldsymbol{\alpha}_2,\cdots,\boldsymbol{\alpha}_s$ 的任一极大无关组所生成的子空间, $\dim W=\mathrm{R}(\boldsymbol{\alpha}_1,\boldsymbol{\alpha}_2,\cdots,\boldsymbol{\alpha}_s)\leqslant s$. 当且仅当 $\boldsymbol{\alpha}_1,\boldsymbol{\alpha}_2,\cdots,\boldsymbol{\alpha}_s$ 线性无关时, $\boldsymbol{\alpha}_1,\boldsymbol{\alpha}_2,\cdots,\boldsymbol{\alpha}_s$ 是 W 的一个基, $\dim W=s$.

例 5.16 在三维几何空间中, 一个非零向量生成的子空间是与这个向量共线的全体向量所构成的集合; 不共线的两个向量生成的子空间是这两个向量所在平面上的全体向量构成的集合; 不共面的三个向量生成的子空间就是整个三维几何空间.

设 $\boldsymbol{A}=(\boldsymbol{\alpha}_1,\cdots,\boldsymbol{\alpha}_n)$ 是数域 $\mathbb{P}$ 上的 $m\times n$ 矩阵, $\mu(\boldsymbol{A})=L(\boldsymbol{\alpha}_1,\cdots,\boldsymbol{\alpha}_n)$ 是 $\boldsymbol{A}$ 的列向量组生成的子空间, $\boldsymbol{b}$ 是数域 $\mathbb{P}$ 上的 m 维列向量, 由例 2.7 可知, 线性方程组 $\boldsymbol{Ax}=\boldsymbol{b}$ 有解的充要条件是 $\boldsymbol{b}\in\mu(\boldsymbol{A})$.

例 5.17 在 $\mathbb{P}^3$ 中, 设向量

$$\boldsymbol{\alpha}_1=(1,2,-1)^{\mathrm{T}},\quad \boldsymbol{\alpha}_2=(1,5,-4)^{\mathrm{T}},\quad \boldsymbol{\alpha}_3=(-1,1,-2)^{\mathrm{T}},$$

求由向量组 $\boldsymbol{\alpha}_1,\boldsymbol{\alpha}_2,\boldsymbol{\alpha}_3$ 生成的子空间 $W=L(\boldsymbol{\alpha}_1,\boldsymbol{\alpha}_2,\boldsymbol{\alpha}_3)$ 的一个基与维数.

解 对矩阵 $(\boldsymbol{\alpha}_1,\boldsymbol{\alpha}_2,\boldsymbol{\alpha}_3)$ 施行初等行变换, 化成行最简形矩阵

$$(\boldsymbol{\alpha}_1,\boldsymbol{\alpha}_2,\boldsymbol{\alpha}_3)=\begin{pmatrix}1&1&-1\\2&5&1\\-1&-4&-2\end{pmatrix}\to\begin{pmatrix}1&0&-2\\0&1&1\\0&0&0\end{pmatrix},$$

可以看出 $\boldsymbol{\alpha}_1,\boldsymbol{\alpha}_2$ 是向量组 $\boldsymbol{\alpha}_1,\boldsymbol{\alpha}_2,\boldsymbol{\alpha}_3$ 的一个极大无关组, 其中 $\boldsymbol{\alpha}_3=-2\boldsymbol{\alpha}_1+\boldsymbol{\alpha}_2$, 因此, $\boldsymbol{\alpha}_1,\boldsymbol{\alpha}_2$ 是 W 的一个基, $W=L(\boldsymbol{\alpha}_1,\boldsymbol{\alpha}_2)$, $\dim W=2$.

例 5.18 设 λ_0 是数域 $\mathbb{P}$ 中的数, 与矩阵

$$\boldsymbol{A}=\begin{pmatrix}\lambda_0&0&0\\1&\lambda_0&0\\0&1&\lambda_0\end{pmatrix}$$

可交换的全体三阶矩阵构成的集合记为

$$C(\boldsymbol{A})=\{\boldsymbol{X}\in\mathbb{P}^{3\times3}|\boldsymbol{AX}=\boldsymbol{XA}\}.$$

(1) 证明: $C(\boldsymbol{A})$ 是 $\mathbb{P}^{3\times3}$ 的子空间;

(2) 求 $C(\boldsymbol{A})$ 的一个基和维数.

证明 (1) 首先, $\boldsymbol{O}\in C(\boldsymbol{A})$, 即 $C(\boldsymbol{A})$ 是 $\mathbb{P}^{3\times3}$ 的非空子集. 其次, 对任意 $\boldsymbol{X}_1,\boldsymbol{X}_2\in C(\boldsymbol{A})$, 都有

$$\boldsymbol{A}(\boldsymbol{X}_1+\boldsymbol{X}_2)=\boldsymbol{AX}_1+\boldsymbol{AX}_2=\boldsymbol{X}_1\boldsymbol{A}+\boldsymbol{X}_2\boldsymbol{A}=(\boldsymbol{X}_1+\boldsymbol{X}_2)\boldsymbol{A},$$

即 $\boldsymbol{X}_1+\boldsymbol{X}_2\in C(\boldsymbol{A})$. 同时, 对任意 $\boldsymbol{X}\in C(\boldsymbol{A}), k\in\mathbb{P}$, 都有

$$\boldsymbol{A}(k\boldsymbol{X})=k\boldsymbol{AX}=k\boldsymbol{XA}=(k\boldsymbol{X})\boldsymbol{A},$$

即 $k\boldsymbol{X}\in C(\boldsymbol{A})$, 故 $C(\boldsymbol{A})$ 是 $\mathbb{P}^{3\times3}$ 的子空间.

(2) 设 $\boldsymbol{X}=(x_{ij})\in\mathbb{P}^{3\times3}$, $\boldsymbol{A}=\lambda_0\boldsymbol{I}+\boldsymbol{N}$, 其中

$$\boldsymbol{N}=\begin{pmatrix}0&0&0\\1&0&0\\0&1&0\end{pmatrix}.$$

由 $\boldsymbol{AX}=\lambda_0\boldsymbol{X}+\boldsymbol{NX}$, $\boldsymbol{XA}=\lambda_0\boldsymbol{X}+\boldsymbol{XN}$ 知, $\boldsymbol{AX}=\boldsymbol{XA}\Leftrightarrow\boldsymbol{NX}=\boldsymbol{XN}$. 计算得

$$\boldsymbol{NX}=\begin{pmatrix}0&0&0\\x_{11}&x_{12}&x_{13}\\x_{21}&x_{22}&x_{23}\end{pmatrix}=\begin{pmatrix}x_{12}&x_{13}&0\\x_{22}&x_{23}&0\\x_{32}&x_{33}&0\end{pmatrix}=\boldsymbol{XN}.$$

因此,

$$x_{12}=x_{13}=x_{23}=0,\quad x_{11}=x_{22}=x_{33},\quad x_{21}=x_{32},$$

令 $x_{11}=x_{22}=x_{33}=a$, $x_{21}=x_{32}=b$, $x_{31}=c$, 则

$$\boldsymbol{X}=\begin{pmatrix}a&0&0\\b&a&0\\c&b&a\end{pmatrix}=a\begin{pmatrix}1&0&0\\0&1&0\\0&0&1\end{pmatrix}+b\begin{pmatrix}0&0&0\\1&0&0\\0&1&0\end{pmatrix}+c\begin{pmatrix}0&0&0\\0&0&0\\1&0&0\end{pmatrix}.$$

将矩阵 $\boldsymbol{X}$ 写成

$$\boldsymbol{X}=a\boldsymbol{I}+b\boldsymbol{N}+c\boldsymbol{N}^2.$$

显然 $\boldsymbol{I},\boldsymbol{N},\boldsymbol{N}^2$ 线性无关, 且 $C(\boldsymbol{A})$ 中的每一个向量 (矩阵) 可由它线性表示, 因而它是 $C(\boldsymbol{A})$ 的基, $\dim C(\boldsymbol{A})=3$. □

注 将形如例 5.18 中的矩阵 $\boldsymbol{A}$ 叫作一个三阶**若尔当块矩阵**, 记作 $\boldsymbol{J}(\lambda_0,3)$(见第七章). 于是可以推知, 与 n 阶若尔当块矩阵 $\boldsymbol{J}(\lambda_0,n)$ 可交换的矩阵可以表示成 $\boldsymbol{N}$ 的多项式, 其中 $\boldsymbol{N}=-\lambda_0\boldsymbol{I}_n+\boldsymbol{J}(\lambda_0,n)=\boldsymbol{J}(0,n)$. 将 $\boldsymbol{N}$ 的表达式代入这个多项式进一步可得, 与 n 阶若尔当块矩阵 $\boldsymbol{J}(\lambda_0,n)$ 可交换的矩阵一定可以表示成 $\boldsymbol{J}(0,n)$ 的多项式.

5.3.2 子空间的和与交

定义 5.4 设 V_1, V_2 是两个非空集合, 称

$$V_1 + V_2 = \{\boldsymbol{\alpha} + \boldsymbol{\beta} | \boldsymbol{\alpha} \in V_1, \boldsymbol{\beta} \in V_2\}$$

为 V_1, V_2 的和.

定理 5.3 设 V_1, V_2 是线性空间 V 的两个子空间, 则 $V_1 \cap V_2$ 是 V 的子空间, $V_1 + V_2$ 也是 V 的子空间, 即两个子空间的交与和都是 V 的子空间.

证明 前半部分的证明留给读者, 下面只证定理的后半部分. 任取 $\boldsymbol{\alpha}, \boldsymbol{\beta} \in V_1 + V_2$, 且

$$\boldsymbol{\alpha} = \boldsymbol{\alpha}_1 + \boldsymbol{\alpha}_2 \, (\boldsymbol{\alpha}_1 \in V_1, \boldsymbol{\alpha}_2 \in V_2), \quad \boldsymbol{\beta} = \boldsymbol{\beta}_1 + \boldsymbol{\beta}_2 \, (\boldsymbol{\beta}_1 \in V_1, \boldsymbol{\beta}_2 \in V_2),$$

则

$$\boldsymbol{\alpha} + \boldsymbol{\beta} = (\boldsymbol{\alpha}_1 + \boldsymbol{\beta}_1) + (\boldsymbol{\alpha}_2 + \boldsymbol{\beta}_2).$$

由于 V_1, V_2 也是线性空间, 因此, $\boldsymbol{\alpha}_1 + \boldsymbol{\beta}_1 \in V_1$, $\boldsymbol{\alpha}_2 + \boldsymbol{\beta}_2 \in V_2$, 故

$$\boldsymbol{\alpha} + \boldsymbol{\beta} \in V_1 + V_2.$$

类似地,

$$k\boldsymbol{\alpha} = k\boldsymbol{\alpha}_1 + k\boldsymbol{\alpha}_2 \in V_1 + V_2,$$

其中 $k \in \mathbb{P}$. 因此, $V_1 + V_2$ 对向量加法和数量乘法封闭, 它是 V 的子空间. □

注意, 若 V_1, V_2 是线性空间 V 的两个子空间, 则 $V_1 \cup V_2$ 未必是 V 的子空间, 即子空间的并未必是子空间, 而 $V_1 + V_2$ 是包含 $V_1 \cup V_2$ 的最小子空间.

事实上, $V_1 \cup V_2$ 对向量加法不封闭. 例如, 设 V 是 xOy 平面上的全体向量构成的二维线性空间, V_1, V_2 分别是与 x 轴和 y 轴共线的向量构成的一维线性空间, 则任取两个非零向量 $\boldsymbol{\alpha}, \boldsymbol{\beta} \in V_1 \cup V_2$, 其中 $\boldsymbol{\alpha} \in V_1$, $\boldsymbol{\beta} \in V_2$, 则 $\boldsymbol{\alpha} + \boldsymbol{\beta} \notin V_1$ 且 $\boldsymbol{\alpha} + \boldsymbol{\beta} \notin V_2$, 即 $\boldsymbol{\alpha} + \boldsymbol{\beta} \notin V_1 \cup V_2$, 因此, $V_1 \cup V_2$ 不是 V 的线性子空间. 其次, 假设 W 是包含 $V_1 \cup V_2$ 的任一子空间, 则 $V_1 \subset W, V_2 \subset W$. 因此, 任取 $\boldsymbol{\alpha} \in V_1 + V_2$, 设

$$\boldsymbol{\alpha} = \boldsymbol{\alpha}_1 + \boldsymbol{\alpha}_2 \quad (\boldsymbol{\alpha}_1 \in V_1, \boldsymbol{\alpha}_2 \in V_2),$$

则 $\boldsymbol{\alpha}_1 \in W$, $\boldsymbol{\alpha}_2 \in W$, 而 W 是线性空间, 所以 $\boldsymbol{\alpha} = \boldsymbol{\alpha}_1 + \boldsymbol{\alpha}_2 \in W$, 故 $V_1 + V_2 \subset W$, 即 $V_1 + V_2$ 是包含 $V_1 \cup V_2$ 的最小子空间.

定理 5.3 可以做如下推广:

定理 5.4 设 $V_1, V_2, \cdots, V_s$ 是线性空间 V 的子空间, 则它们的交 $\bigcap\limits_{i=1}^{s} V_i = V_1 \cap V_2 \cap \cdots \cap V_s$ 与它们的和 $\sum\limits_{i=1}^{s} V_i = V_1 + V_2 + \cdots + V_s$ 都是 V 的子空间, 其中

$$\sum_{i=1}^{s} V_i = V_1 + V_2 + \cdots + V_s = \{\boldsymbol{\alpha}_1 + \boldsymbol{\alpha}_2 + \cdots + \boldsymbol{\alpha}_s | \boldsymbol{\alpha}_i \in V_i, \, i = 1, 2, \cdots, s\}.$$

且 $\sum_{i=1}^{s} V_i$ 是包含 $\bigcup_{i=1}^{s} V_i = V_1 \cup V_2 \cup \cdots \cup V_s$ 的最小子空间.

例 5.19 在线性空间 $\mathbb{P}^n$ 中, 设 V_1, V_2 分别表示两个齐次方程组 $\boldsymbol{Ax}=\boldsymbol{0}$, $\boldsymbol{Bx}=\boldsymbol{0}$ 的解空间, 其中 $\boldsymbol{A}_{m\times n}$, $\boldsymbol{B}_{s\times n}$, 则

$$V_1 \cap V_2 = \left\{ \boldsymbol{x} \,\middle|\, \begin{pmatrix} \boldsymbol{A} \\ \boldsymbol{B} \end{pmatrix} \boldsymbol{x} = \boldsymbol{0} \right\}.$$

例 5.20 设 $V_1 = L(\boldsymbol{\alpha}_1, \boldsymbol{\alpha}_2, \cdots, \boldsymbol{\alpha}_s)$, $V_2 = L(\boldsymbol{\beta}_1, \boldsymbol{\beta}_2, \cdots, \boldsymbol{\beta}_t)$, 则

$$V_1 + V_2 = L(\boldsymbol{\alpha}_1, \cdots, \boldsymbol{\alpha}_s, \boldsymbol{\beta}_1, \cdots, \boldsymbol{\beta}_t).$$

证明很简单, 留给读者完成. 注意, 这个结论非常重要, 必须记住. 下面研究两个子空间的和与交的维数公式.

定理 5.5 (维数公式) 设 V_1, V_2 是 V 的两个子空间, 则

$$\dim(V_1 + V_2) = \dim V_1 + \dim V_2 - \dim(V_1 \cap V_2).$$

证明 先设 $\dim(V_1 \cap V_2) = s > 0$, 令 $\boldsymbol{\alpha}_1, \cdots, \boldsymbol{\alpha}_s$ 是 $V_1 \cap V_2$ 的一个基, 则它同时是 V_1 和 V_2 的线性无关的向量组. 由定理 5.1 可知, 它可以分别扩充成 V_1 和 V_2 的基:

$$V_1 = L(\boldsymbol{\alpha}_1, \cdots, \boldsymbol{\alpha}_s, \boldsymbol{\beta}_{s+1}, \cdots, \boldsymbol{\beta}_{n_1}), \quad V_2 = L(\boldsymbol{\alpha}_1, \cdots, \boldsymbol{\alpha}_s, \boldsymbol{\gamma}_{s+1}, \cdots, \boldsymbol{\gamma}_{n_2}),$$

其中 $n_1 = \dim V_1$, $n_2 = \dim V_2$. 注意到

$$V_1 + V_2 = L(\boldsymbol{\alpha}_1, \cdots, \boldsymbol{\alpha}_s, \boldsymbol{\beta}_{s+1}, \cdots, \boldsymbol{\beta}_{n_1}, \boldsymbol{\gamma}_{s+1}, \cdots, \boldsymbol{\gamma}_{n_2}),$$

下证 $\boldsymbol{\alpha}_1, \cdots, \boldsymbol{\alpha}_s, \boldsymbol{\beta}_{s+1}, \cdots, \boldsymbol{\beta}_{n_1}, \boldsymbol{\gamma}_{s+1}, \cdots, \boldsymbol{\gamma}_{n_2}$ 线性无关. 事实上, 假设

$$\sum_{i=1}^{s} a_i \boldsymbol{\alpha}_i + \sum_{j=s+1}^{n_1} b_j \boldsymbol{\beta}_j + \sum_{k=s+1}^{n_2} c_k \boldsymbol{\gamma}_k = \boldsymbol{0},$$

则

$$-\sum_{k=s+1}^{n_2} c_k \boldsymbol{\gamma}_k = \sum_{i=1}^{s} a_i \boldsymbol{\alpha}_i + \sum_{j=s+1}^{n_1} b_j \boldsymbol{\beta}_j \in V_1,$$

因而 $\sum_{k=s+1}^{n_2} c_k \boldsymbol{\gamma}_k \in V_1 \cap V_2$. 所以, 存在 $d_1, \cdots, d_s \in \mathbb{P}$, 使得

$$\sum_{k=s+1}^{n_2} c_k \boldsymbol{\gamma}_k = \sum_{i=1}^{s} d_i \boldsymbol{\alpha}_i.$$

但是 $\boldsymbol{\alpha}_1, \cdots, \boldsymbol{\alpha}_s, \boldsymbol{\gamma}_{s+1}, \cdots, \boldsymbol{\gamma}_{n_2}$ 线性无关, 所以 $c_{s+1} = \cdots = c_{n_2} = 0$. 于是

$$\sum_{i=1}^{s} a_i \boldsymbol{\alpha}_i + \sum_{j=s+1}^{n_1} b_j \boldsymbol{\beta}_j = \boldsymbol{0}.$$

而 $\boldsymbol{\alpha}_1,\cdots,\boldsymbol{\alpha}_s,\boldsymbol{\beta}_{s+1},\cdots,\boldsymbol{\beta}_{n_1}$ 线性无关, 故 $a_1=\cdots=a_s=b_{s+1}=\cdots=b_{n_1}=0$, 所以

$$\boldsymbol{\alpha}_1,\quad \cdots,\quad \boldsymbol{\alpha}_s,\quad \boldsymbol{\beta}_{s+1},\quad \cdots,\quad \boldsymbol{\beta}_{n_1},\quad \gamma_{s+1},\quad \cdots,\quad \gamma_{n_2}$$

线性无关. 显然 V_1+V_2 的每一个向量都可由它线性表示, 故它是 V_1+V_2 的一个基,

$$\begin{aligned}\dim(V_1+V_2)&=s+(n_1-s)+(n_2-s)=n_1+n_2-s\\&=\dim V_1+\dim V_2-\dim(V_1\cap V_2).\end{aligned}$$

当 $s=0$ 时, 上面的证明仍有效. □

推论 5.1 若 n 维线性空间 V 中的两个子空间 V_1,V_2 的维数之和大于 n, 则 $V_1\cap V_2$ 中一定含有非零向量.

例 5.21 设两个向量组

$$\begin{cases}\boldsymbol{\alpha}_1=(1,1,0,0)^{\mathrm{T}},\\ \boldsymbol{\alpha}_2=(1,0,1,1)^{\mathrm{T}};\end{cases}\quad \begin{cases}\boldsymbol{\beta}_1=(0,0,1,1)^{\mathrm{T}},\\ \boldsymbol{\beta}_2=(0,1,1,1)^{\mathrm{T}}.\end{cases}$$

分别求 $\mathbb{P}^4$ 的子空间 $L(\boldsymbol{\alpha}_1,\boldsymbol{\alpha}_2)$ 与 $L(\boldsymbol{\beta}_1,\boldsymbol{\beta}_2)$ 的交与和的一个基与维数.

解 设 $V_1=L(\boldsymbol{\alpha}_1,\boldsymbol{\alpha}_2)$, $V_2=L(\boldsymbol{\beta}_1,\boldsymbol{\beta}_2)$, 由初等行变换得

$$(\boldsymbol{\alpha}_1,\boldsymbol{\alpha}_2,\boldsymbol{\beta}_1,\boldsymbol{\beta}_2)=\begin{pmatrix}1&1&0&0\\1&0&0&1\\0&1&1&1\\0&1&1&1\end{pmatrix}\to\begin{pmatrix}1&0&0&1\\0&1&0&-1\\0&0&1&2\\0&0&0&0\end{pmatrix}.$$

由此可得

$$\dim(V_1+V_2)=\dim L(\boldsymbol{\alpha}_1,\boldsymbol{\alpha}_2,\boldsymbol{\beta}_1,\boldsymbol{\beta}_2)=\dim L(\boldsymbol{\alpha}_1,\boldsymbol{\alpha}_2,\boldsymbol{\beta}_1)=3,$$

$$\dim V_1=2,\quad \dim V_2=2.$$

$\boldsymbol{\alpha}_1,\boldsymbol{\alpha}_2,\boldsymbol{\beta}_1$ 是 V_1+V_2 的一个基. 由维数公式得

$$\dim(V_1\cap V_2)=\dim V_1+\dim V_2-\dim(V_1+V_2)=1.$$

又 $\boldsymbol{\beta}_2=\boldsymbol{\alpha}_1-\boldsymbol{\alpha}_2+2\boldsymbol{\beta}_1$, 因此

$$\mathbf{0}\neq\boldsymbol{\alpha}_1-\boldsymbol{\alpha}_2=\boldsymbol{\beta}_2-2\boldsymbol{\beta}_1\in V_1\cap V_2,$$

所以, 向量 $\boldsymbol{\alpha}_1-\boldsymbol{\alpha}_2=(0,1,-1,-1,)^{\mathrm{T}}$ 是 $V_1\cap V_2$ 的一个基.

注 读者不妨将例 5.21 与例 3.28 进行比较.

5.3.3 子空间的直和

定义 5.5 设 V_1,V_2 是线性空间 V 的两个子空间, $W=V_1+V_2$, 如果对任一 $\boldsymbol{\alpha}\in W$ 都可以唯一分解成

$$\boldsymbol{\alpha}=\boldsymbol{\alpha}_1+\boldsymbol{\alpha}_2\quad(\boldsymbol{\alpha}_1\in V_1,\ \boldsymbol{\alpha}_2\in V_2),$$

则称 W 是子空间 V_1, V_2 的**直和**, 记作 $W = V_1 \oplus V_2$, 称 V_1 与 V_2**互为余子空间**.

例 5.22 设 V 表示平面上的全体向量构成的线性空间, $\varepsilon_1, \varepsilon_2$ 是平面上不共线的两个向量, 则 $V_1 = L(\varepsilon_1)$, $V_2 = L(\varepsilon_2)$ 是 V 的两个子空间. 我们知道, 平面上任一向量 $\boldsymbol{\alpha} \in V$ 都可以分解成两个向量之和

$$\boldsymbol{\alpha} = x_1\boldsymbol{\varepsilon}_1 + x_2\boldsymbol{\varepsilon}_2,$$

而且这种分解式是唯一的, 显然 $x_1\varepsilon_1 \in V_1$, $x_2\varepsilon_2 \in V_2$, 因此, $V = V_1 \oplus V_2$.

定理 5.6 设 V_1, V_2 是线性空间 V 的两个了空间, $W - V_1 + V_2$, 则下列命题等价:

(1) $W = V_1 \oplus V_2$;

(2) 零向量的分解式是唯一的, 即等式

$$\mathbf{0} = \boldsymbol{\alpha}_1 + \boldsymbol{\alpha}_2 \quad (\boldsymbol{\alpha}_1 \in V_1, \boldsymbol{\alpha}_2 \in V_2)$$

当且仅当 $\boldsymbol{\alpha}_1 = \boldsymbol{\alpha}_2 = \mathbf{0}$ 时才成立;

(3) $V_1 \cap V_2 = \{\mathbf{0}\}$;

(4) $\dim W = \dim V_1 + \dim V_2$.

证明 (1)⇒(2) 是显然的.

(2)⇒(3): 任取 $\boldsymbol{\alpha} \in V_1 \cap V_2$, 由于零向量的分解是唯一的, 且

$$\mathbf{0} = \boldsymbol{\alpha} + (-\boldsymbol{\alpha}) \quad (\boldsymbol{\alpha} \in V_1, -\boldsymbol{\alpha} \in V_2).$$

因此, $\boldsymbol{\alpha} = -\boldsymbol{\alpha} = \mathbf{0}$, 即 $V_1 \cap V_2 = \{\mathbf{0}\}$.

(3)⇒(4): 用维数公式即得.

(4)⇒(1): 由已知和维数公式得 $\dim(V_1 \cap V_2) = 0$, 即

$$V_1 \cap V_2 = \{\mathbf{0}\}.$$

对任一向量 $\boldsymbol{\alpha} \in W$, 设有两种分解式:

$$\boldsymbol{\alpha} = \boldsymbol{\alpha}_1 + \boldsymbol{\alpha}_2 = \boldsymbol{\beta}_1 + \boldsymbol{\beta}_2 \quad (\boldsymbol{\alpha}_1 \in V_1,\ \boldsymbol{\beta}_1 \in V_1,\ \boldsymbol{\alpha}_2 \in V_2,\ \boldsymbol{\beta}_2 \in V_2),$$

则

$$\mathbf{0} = \boldsymbol{\alpha} - \boldsymbol{\alpha} = (\boldsymbol{\alpha}_1 - \boldsymbol{\beta}_1) + (\boldsymbol{\alpha}_2 - \boldsymbol{\beta}_2),$$

所以

$$\boldsymbol{\alpha}_1 - \boldsymbol{\beta}_1 = -\boldsymbol{\alpha}_2 + \boldsymbol{\beta}_2 \in V_1 \cap V_2.$$

因而 $\boldsymbol{\alpha}_1 = \boldsymbol{\beta}_1$, $\boldsymbol{\alpha}_2 = \boldsymbol{\beta}_2$, 故 $W = V_1 \oplus V_2$. □

定理 5.7 设 U 是线性空间 V 的子空间, 则一定存在 V 的子空间 W, 使得

$$V = U \oplus W.$$

证明 若 U 是 V 的平凡子空间, 则结论是显然的, 只需取 W 也是 V 的平凡子空间即可. 设 $\dim V = n$, U 是 V 的非平凡子空间, $\boldsymbol{\alpha}_1, \boldsymbol{\alpha}_2, \cdots, \boldsymbol{\alpha}_s\ (0 < s < n)$ 是 U 的一个基, 由扩基定理 (定理 5.1) 知, 存在 $n - s$ 个向量 $\boldsymbol{\alpha}_{s+1}, \cdots, \boldsymbol{\alpha}_n$, 使得 $\boldsymbol{\alpha}_1 \cdots, \boldsymbol{\alpha}_s, \boldsymbol{\alpha}_{s+1}, \cdots, \boldsymbol{\alpha}_n$ 是 V 的一个基. 令 $W = L(\boldsymbol{\alpha}_{s+1}, \cdots, \boldsymbol{\alpha}_n)$, 则

$$V = L(\boldsymbol{\alpha}_1 \cdots, \boldsymbol{\alpha}_s, \boldsymbol{\alpha}_{s+1}, \cdots, \boldsymbol{\alpha}_n) = L(\boldsymbol{\alpha}_1 \cdots, \boldsymbol{\alpha}_s) + L(\boldsymbol{\alpha}_{s+1}, \cdots, \boldsymbol{\alpha}_n) = U + W,$$

并且

$$\dim V = \dim U + \dim W,$$

故 $V = U \oplus W$. □

定义 5.5 和定理 5.6 可做如下推广:

定义 5.6 设 $V_1, V_2, \cdots, V_s$ 是线性空间 V 的子空间, $W = V_1 + V_2 + \cdots + V_s$. 如果对任一 $\boldsymbol{\alpha} \in W$, 都可以分解成

$$\boldsymbol{\alpha} = \boldsymbol{\alpha}_1 + \boldsymbol{\alpha}_2 + \cdots + \boldsymbol{\alpha}_s \quad (\boldsymbol{\alpha}_i \in V_i, i = 1, 2, \cdots, s),$$

且分解式是唯一的, 则称 W 是子空间 $V_1, V_2, \cdots, V_s$ 的**直和**, 记作 $W = V_1 \oplus V_2 \oplus \cdots \oplus V_s$.

定理 5.8 设 $V_1, V_2, \cdots, V_s$ 是线性空间 V 的子空间, $W = V_1 + V_2 + \cdots + V_s$, 则下列命题等价:

(1) $W = V_1 \oplus V_2 \oplus \cdots \oplus V_s$;

(2) 零向量的分解式是唯一的, 即等式

$$\mathbf{0} = \boldsymbol{\alpha}_1 + \boldsymbol{\alpha}_2 + \cdots + \boldsymbol{\alpha}_s \quad (\boldsymbol{\alpha}_i \in V_i, i = 1, 2, \cdots, s)$$

当且仅当 $\boldsymbol{\alpha}_1 = \boldsymbol{\alpha}_2 = \cdots = \boldsymbol{\alpha}_s = \mathbf{0}$ 时才成立;

(3) $V_i \cap \sum\limits_{j \neq i} V_j = \{\mathbf{0}\}\ (i = 1, 2, \cdots, s)$;

(4) $\dim W = \sum\limits_{i=1}^{s} \dim V_i$.

例 5.23 设 $\boldsymbol{A}$ 是数域 $\mathbb{P}$ 上的 n 阶幂等矩阵 (即 $\boldsymbol{A}^2 = \boldsymbol{A}$), S, T 分别表示齐次方程组 $\boldsymbol{A}\boldsymbol{x} = \mathbf{0}$ 和 $(\boldsymbol{I} - \boldsymbol{A})\boldsymbol{x} = \mathbf{0}$ 的解空间, 证明: $\mathbb{P}^n = S \oplus T$.

证明 首先, 对任一向量 $\boldsymbol{\alpha} \in \mathbb{P}^n$, 都有

$$\boldsymbol{\alpha} = (\boldsymbol{\alpha} - \boldsymbol{A}\boldsymbol{\alpha}) + \boldsymbol{A}\boldsymbol{\alpha}.$$

由于 $\boldsymbol{A}(\boldsymbol{\alpha} - \boldsymbol{A}\boldsymbol{\alpha}) = (\boldsymbol{A} - \boldsymbol{A}^2)\boldsymbol{\alpha} = \mathbf{0}$, 因此, $\boldsymbol{\alpha} - \boldsymbol{A}\boldsymbol{\alpha} \in S$. 又 $(\boldsymbol{I} - \boldsymbol{A})\boldsymbol{A}\boldsymbol{\alpha} = \boldsymbol{A}\boldsymbol{\alpha} - \boldsymbol{A}^2\boldsymbol{\alpha} = \mathbf{0}$, 有 $\boldsymbol{A}\boldsymbol{\alpha} \in T$, 所以, $\mathbb{P}^n = S + T$.

其次, 如果 $\boldsymbol{\alpha} \in S \cap T$, 则 $\boldsymbol{A}\boldsymbol{\alpha} = (\boldsymbol{I} - \boldsymbol{A})\boldsymbol{\alpha} = \mathbf{0}$, 必有 $\boldsymbol{\alpha} = \mathbf{0}$, 故 $S \cap T = \{\mathbf{0}\}$, 从而可得 $\mathbb{P}^n = S \oplus T$. □

注 在上述证明中, 前一部分已经证明了 $\mathbb{P}^n = S + T$, 后面部分也可以这样证: 由习题第 2.55 题的结论可知

$$\dim S + \dim T = n - \mathrm{R}(\boldsymbol{A}) + n - \mathrm{R}(\boldsymbol{I} - \boldsymbol{A}) = n = \dim \mathbb{P}^n,$$

因此, $\mathbb{P}^n = S \oplus T$.

习题 5.3

5.11 设向量组

$$\boldsymbol{\alpha}_1=(1,-1,3,-2)^{\mathrm{T}},\quad \boldsymbol{\alpha}_2=(-1,4,-1,5)^{\mathrm{T}},$$
$$\boldsymbol{\alpha}_3=(2,7,5,-2)^{\mathrm{T}},\quad \boldsymbol{\alpha}_4=(1,-4,8,2)^{\mathrm{T}},$$

求 $V=L(\boldsymbol{\alpha}_1,\boldsymbol{\alpha}_2,\boldsymbol{\alpha}_3,\boldsymbol{\alpha}_4)$ 的一个基和维数.

5.12 在 $\mathbb{P}^{3\times 3}$ 中, 设

$$\boldsymbol{A}=\begin{pmatrix}1&1&0\\0&1&1\\0&0&1\end{pmatrix},$$

全体与 $\boldsymbol{A}$ 可交换的三阶矩阵构成的集合是 $\mathbb{P}^{3\times 3}$ 的子空间, 记为 $C(\boldsymbol{A})$, 求 $C(\boldsymbol{A})$ 的一个基和维数.

5.13 在 $\mathbb{P}^{2\times 2}$ 中, 设

$$V_1=\left\{\begin{pmatrix}a&b\\0&0\end{pmatrix}\middle| a,b\in\mathbb{P}\right\},\quad V_2=\left\{\begin{pmatrix}a&0\\c&0\end{pmatrix}\middle| a,c\in\mathbb{P}\right\}.$$

(1) 证明: V_1,V_2 都是 $\mathbb{P}^{2\times 2}$ 的子空间;

(2) 分别求 V_1+V_2 与 $V_1\cap V_2$ 的一个基和维数.

5.14 设 $V_1=L(\boldsymbol{\alpha}_1,\boldsymbol{\alpha}_2)$, $V_2=L(\boldsymbol{\beta}_1,\boldsymbol{\beta}_2)$, 其中

$$\boldsymbol{\alpha}_1=(1,2,1,0)^{\mathrm{T}},\quad \boldsymbol{\alpha}_2=(-1,1,1,1)^{\mathrm{T}},$$
$$\boldsymbol{\beta}_1=(2,-1,0,1)^{\mathrm{T}},\quad \boldsymbol{\beta}_2=(1,-1,3,7)^{\mathrm{T}}.$$

分别求 V_1+V_2 与 $V_1\cap V_2$ 的一个基与维数.

5.15 设 $V_1=L(\boldsymbol{\alpha}_1,\boldsymbol{\alpha}_2,\boldsymbol{\alpha}_3)$, $V_2=L(\boldsymbol{\beta}_1,\boldsymbol{\beta}_2)$, 其中

$$\begin{cases}\boldsymbol{\alpha}_1=(2,1,4,3)^{\mathrm{T}},\\ \boldsymbol{\alpha}_2=(-1,1,-6,6)^{\mathrm{T}},\\ \boldsymbol{\alpha}_3=(-1,-2,2,-9)^{\mathrm{T}};\end{cases}\qquad \begin{cases}\boldsymbol{\beta}_1=(1,1,-2,7)^{\mathrm{T}},\\ \boldsymbol{\beta}_2=(2,4,4,9)^{\mathrm{T}}.\end{cases}$$

分别求 V_1+V_2 与 $V_1\cap V_2$ 的一个基与维数.

5.16 设 V_1,V_2 分别是齐次方程组 $x_1+x_2+\cdots+x_n=0$ 及 $x_1-x_2-\cdots-x_n$ 的解空间, 证明: $\mathbb{P}^n=V_1\oplus V_2$.

5.17 在 $\mathbb{R}^3$ 中, 记

$$V_1=\{(a,a,b)^{\mathrm{T}}|a,b\in\mathbb{R}\},\quad V_2=\{(a,2a,a)^{\mathrm{T}}|a\in\mathbb{R}\},$$

证明:

(1) V_1,V_2 都是 $\mathbb{R}^3$ 的子空间;

(2) $\mathbb{R}^3=V_1\oplus V_2$.

5.18 设 V_1, V_2 是线性空间 V 的子空间, 且 $V_1 \subset V_2$. 证明: 如果 $\dim V_1 = \dim V_2$, 则 $V_1 = V_2$.

5.19 设 $\boldsymbol{A}$ 是 n 阶矩阵, 且 $\mathrm{R}(\boldsymbol{A}) = \mathrm{R}(\boldsymbol{A}^2)$, 证明: 线性方程组 $\boldsymbol{Ax} = \boldsymbol{0}$ 与 $\boldsymbol{A}^2\boldsymbol{x} = \boldsymbol{0}$ 同解.

5.20 证明: 任一 n 维线性空间都可以分解成 n 个一维子空间的直和.

5.21 设 V_1, V_2, W_1, W_2 都是有限维线性空间 V 的子空间, 且 $V_1 \subset W_1, V_2 \subset W_2$,

$$V = V_1 \oplus V_2 = W_1 \oplus W_2.$$

证明: $V_1 = W_1, V_2 = W_2$.

§5.4 线性空间的同构

本节先介绍映射的概念, 然后介绍两个线性空间同构的概念及性质. 证明了两个同构的线性空间具有相同的代数结构, 得到两个有限维线性空间同构的充要条件是它们有相同的维数. 从而, 数域 $\mathbb{P}$ 上的 n 维线性空间 $\mathbb{P}^n$ 成为数域 $\mathbb{P}$ 上一切抽象的 n 维线性空间的代表.

5.4.1 集合的映射

定义 5.7 设 A, B 是两个非空集合, σ 是从集合 A 到集合 B 的某个对应法则. 如果对于集合 A 中的每一个元素 a, 按照对应法则 σ 在集合 B 中都有唯一确定的元素 b 与它对应, 则称 σ 是从集合 A 到集合 B 的**映射**, 记作 $\sigma: A \to B$, 或 $\sigma(a) = b\,(a \in A, b \in B)$. b 叫作元素 a 的**像**, a 叫作 b 的**原像**.

从集合 A 到集合 A 自身的映射, 称为 A 的**变换**.

设 σ 和 τ 都是从集合 A 到集合 B 的映射, 如果对每一个 $a \in A$ 都有 $\sigma(a) = \tau(a)$, 则称 σ 与 τ **相等**, 记作 $\sigma = \tau$.

例 5.24 设 $\mathbb{P}$ 是数域, 对任一矩阵 $\boldsymbol{A} \in \mathbb{P}^{n\times n}$, 定义 $\sigma(\boldsymbol{A}) = |\boldsymbol{A}|$, 则 σ 是从 $\mathbb{P}^{n\times n}$ 到 $\mathbb{P}$ 的映射.

例 5.25 设 $C[a,b]$ 表示区间 $[a,b]$ 上的全体连续函数的集合, 对任一 $f(x) \in C[a,b]$, 定义

$$\sigma(f(x)) = \int_a^x f(t)\mathrm{d}t,$$

则 σ 是从 $C[a,b]$ 到 $C[a,b]$ 的映射, 因而是 $C[a,b]$ 的变换.

例 5.26 设 $\mathbb{Z}$ 是全体整数的集合, $n \in \mathbb{Z}$, 定义 $\sigma(n) = 2n$, 则 σ 是从 $\mathbb{Z}$ 到 $\mathbb{Z}$ 的映射, 因而是 $\mathbb{Z}$ 的变换.

例 5.27 设 A 是非空集合, 定义 $\sigma(a) = a\,(a \in A)$, 称 σ 是集合 A 的**恒等变换**或**恒等映射**, 记作 1_A, 或记作 id_A.

定义 5.8 设 σ 是从集合 A 到集合 B 的映射, 如果对于任意 $a_1, a_2 \in A$, 且 $a_1 \neq a_2$, 都有 $\sigma(a_1) \neq \sigma(a_2)$, 则称 σ 是**单射**, 又称为$1-1$ **映射**. 如果对任一元素 $b \in B$, 都存在 $a \in A$, 使得 $\sigma(a) = b$, 则称 σ 是从集合 A 到集合 B 上的**满射**, 又称作**映上的**. 如果 σ 既是单射又是满射, 则称 σ 是从集合 A 到集合 B 上的**双射**, 又称为**一一映射**.

例如, 前面的例 5.24 和例 5.25 的 σ 都不是单射; 例 5.26 的 σ 是单射但不是满射, 例 5.27

的 σ 既是单射又是满射, 因而是双射. 又如, 设 $f(x)=\tan\left(\frac{\pi}{2}x\right)$, $x\in(-1,1)$, 则它是从 $(-1,1)$ 到 $\mathbb{R}$ 上的双射.

容易知道, 如果 σ 是从有限集 A 到有限集 B 的双射, 则 A 与 B 所含元素的个数相同.

设有两个映射 $\sigma: A\to B, \tau: B\to C$, 定义乘积 $\tau\sigma$:

$$\tau\sigma(a)=\tau(\sigma(a)) \quad (a\in A),$$

$\tau\sigma$ 是从 A 到 C 的映射.

假设 $\sigma: A\to B, \tau: B\to C, \psi: C\to D$, 则映射乘法有如下运算性质:

(1) $1_B\sigma=\sigma 1_A=\sigma$;

(2) $\psi(\tau\sigma)=(\psi\tau)\sigma$.

定义 5.9 设 σ 是从集合 A 到集合 B 的映射, 如果存在映射 $\tau: B\to A$, 使得

$$\tau\sigma=1_A, \quad \sigma\tau=1_B,$$

则称 σ 是**可逆映射**, τ 叫作 σ 的**逆映射**, 记作 $\tau=\sigma^{-1}$.

容易证明, 当 σ 是可逆映射时, σ 的逆映射是唯一的. 从定义可以看出, 如果 $\sigma: A\to B$ 是可逆映射, $\sigma(a)=b\,(a\in A, b\in B)$, 则 $\sigma^{-1}: B\to A$, 且

$$\sigma^{-1}(b)=a.$$

其次, σ 是可逆映射当且仅当 σ 是双射.

5.4.2 同构映射

设 V 是数域 $\mathbb{P}$ 上的 n 维线性空间, $\boldsymbol{\varepsilon}_1,\boldsymbol{\varepsilon}_2,\cdots,\boldsymbol{\varepsilon}_n$ 是 V 的基. V 的每一个向量 $\boldsymbol{\alpha}$ 都能由 $\boldsymbol{\varepsilon}_1,\boldsymbol{\varepsilon}_2,\cdots,\boldsymbol{\varepsilon}_n$ 唯一表示成:

$$\boldsymbol{\alpha}=a_1\boldsymbol{\varepsilon}_1+a_2\boldsymbol{\varepsilon}_2+\cdots+a_n\boldsymbol{\varepsilon}_n.$$

因此, 在这个基下, 任一向量 $\boldsymbol{\alpha}\in V$ 都对应其唯一的坐标 $(a_1,a_2,\cdots,a_n)^{\mathrm{T}}\in\mathbb{P}^n$. 令

$$\sigma(\boldsymbol{\alpha})=(a_1,a_2,\cdots,a_n)^{\mathrm{T}},$$

则 σ 是从 V 到 $\mathbb{P}^n$ 的单射. 对 $\mathbb{P}^n$ 中的任一向量 $(a_1,a_2,\cdots,a_n)^{\mathrm{T}}\in\mathbb{P}^n$ 也能对应 V 中唯一的向量 $\boldsymbol{\alpha}=\sum\limits_{i=1}^{n}a_i\boldsymbol{\varepsilon}_i\in V$, 因此, σ 是从 V 到 $\mathbb{P}^n$ 的满射, 故 σ 是从 V 到 $\mathbb{P}^n$ 的双射. 容易验证, 这个映射还保持线性运算. 即是说, 对任意 $\boldsymbol{\alpha},\boldsymbol{\beta}\in V$ 和任意 $k\in\mathbb{P}$ 都有

$$\sigma(\boldsymbol{\alpha}+\boldsymbol{\beta})=\sigma(\boldsymbol{\alpha})+\sigma(\boldsymbol{\beta}), \quad \sigma(k\boldsymbol{\alpha})=k\sigma(\boldsymbol{\alpha}),$$

称这样的映射为同构映射. 将这种对应关系抽象出来, 分别得到如下定义:

定义 5.10 设 V,U 是数域 $\mathbb{P}$ 上的两个线性空间, 设 σ 是从 V 到 U 的映射, $\sigma: V\to U$, 且对任意 $\boldsymbol{\alpha},\boldsymbol{\beta}\in V$, $k\in\mathbb{P}$ 都有

(1) **可加性**: $\sigma(\boldsymbol{\alpha}+\boldsymbol{\beta})=\sigma(\boldsymbol{\alpha})+\sigma(\boldsymbol{\beta})$;

(2) **齐次性**: $\sigma(k\boldsymbol{\alpha}) = k\sigma(\boldsymbol{\alpha})$,

则称 σ 是从 V 到 U 的**线性映射**. 全体像的集合 $\{\sigma(\boldsymbol{\alpha})|\boldsymbol{\alpha} \in V\}$ 称为 σ 的**值域**, 记为 $\mathrm{Im}\sigma$ 或 $\sigma(V)$. $\mathbf{0} \in U$ 的全体原像的集合 $\{\boldsymbol{\alpha} \in V|\sigma(\boldsymbol{\alpha}) = \mathbf{0}\}$ 称为 σ 的**核**, 记为 $\ker\sigma$ 或 $\sigma^{-1}(\mathbf{0})$.

在定义 5.10 中, σ 具有可加性也说成是 σ **保持加法运算**, σ 具有齐次性也说成是 σ **保持数乘运算**. 可加性与齐次性统称为**线性性**. σ 的线性性等价于:

(3) 对任意 $\boldsymbol{\alpha}, \boldsymbol{\beta} \in V$, $k_1, k_2 \in \mathbb{P}$ 都有 $\sigma(k_1\boldsymbol{\alpha} + k_2\boldsymbol{\beta}) = k_1\sigma(\boldsymbol{\alpha}) + k_2\sigma(\boldsymbol{\beta})$.

可以证明: 值域 $\mathrm{Im}\sigma$ 是 U 的子空间, 核 $\ker\sigma$ 是 V 的子空间 (留给读者练习).

定义 5.11 设 V, U 是数域 $\mathbb{P}$ 上的两个线性空间, 如果存在从 V 到 U 的线性映射 $\sigma: V \to U$, 同时又是双射, 则称 σ 是从 V 到 U 上的**同构映射**, 称线性空间 V 与 U **同构**.

简言之, 同构映射 = 线性双射. 由本段开始的讨论可得如下重要结论:

定理 5.9 数域 $\mathbb{P}$ 上的任一 n 维线性空间 V 都与线性空间 $\mathbb{P}^n$ 同构. 在 V 中取定某个基之后, 从向量到它的坐标的映射就是从 V 到 $\mathbb{P}^n$ 的一个同构映射.

容易知道, 两个线性空间同构有如下性质:

(1) **反身性**: V 与 V 自身同构;

(2) **对称性**: 如果 V 与 U 同构, 则 U 与 V 同构;

(3) **传递性**: 如果 V 与 U 同构, U 与 W 同构, 则 V 与 W 同构.

因此, 线性空间的同构关系是等价关系. 同构映射又有如下性质:

定理 5.10 设 V, U 是数域 $\mathbb{P}$ 上的两个线性空间, σ 是从 V 到 U 的同构映射, 则

(1) $\sigma(\mathbf{0}) = \mathbf{0}$;

(2) 对任意 $\boldsymbol{\alpha} \in V$, $\sigma(-\boldsymbol{\alpha}) = -\sigma(\boldsymbol{\alpha})$;

(3) $\sigma\left(\sum\limits_{i=1}^{n} k_i\boldsymbol{\alpha}_i\right) = \sum\limits_{i=1}^{n} k_i\sigma(\boldsymbol{\alpha}_i)$, 其中 $\boldsymbol{\alpha}_i \in V$, $k_i \in \mathbb{P}\,(i = 1, 2, \cdots, n)$;

(4) $\boldsymbol{\alpha}_1, \boldsymbol{\alpha}_2, \cdots, \boldsymbol{\alpha}_n \in V$ 线性相关 (无关) 的充要条件是 $\sigma(\boldsymbol{\alpha}_1), \sigma(\boldsymbol{\alpha}_2), \cdots, \sigma(\boldsymbol{\alpha}_n) \in U$ 线性相关 (无关);

(5) $\boldsymbol{\alpha}_{i_1}, \boldsymbol{\alpha}_{i_2}, \cdots, \boldsymbol{\alpha}_{i_s}$ 是向量组 $\boldsymbol{\alpha}_1, \boldsymbol{\alpha}_2, \cdots, \boldsymbol{\alpha}_n$ 的极大无关组的充要条件是

$$\sigma(\boldsymbol{\alpha}_{i_1}), \quad \sigma(\boldsymbol{\alpha}_{i_2}), \quad \cdots, \quad \sigma(\boldsymbol{\alpha}_{i_s})$$

是向量组 $\sigma(\boldsymbol{\alpha}_1), \sigma(\boldsymbol{\alpha}_2), \cdots, \sigma(\boldsymbol{\alpha}_n)$ 的极大无关组;

(6) σ 的逆映射 σ^{-1} 是从 U 到 V 的同构映射.

证明 (1), (2), (3) 是显然的, 留给读者自己验证. 下证 (4).

设 $\boldsymbol{\alpha}_1, \boldsymbol{\alpha}_2, \cdots, \boldsymbol{\alpha}_n \in V$ 线性相关, 则存在一组不全为零的数 $k_1, k_2, \cdots, k_n \in \mathbb{P}$, 使得

$$k_1\boldsymbol{\alpha}_1 + k_2\boldsymbol{\alpha}_2 + \cdots + k_n\boldsymbol{\alpha}_n - \mathbf{0},$$

因此,

$$\sigma(k_1\boldsymbol{\alpha}_1 + k_2\boldsymbol{\alpha}_2 + \cdots + k_n\boldsymbol{\alpha}_n) = \sigma(\mathbf{0}).$$

由 (3) 和 (1) 得

$$k_1\sigma(\boldsymbol{\alpha}_1) + k_2\sigma(\boldsymbol{\alpha}_2) + \cdots + k_n\sigma(\boldsymbol{\alpha}_n) = \mathbf{0},$$

故 $\sigma(\boldsymbol{\alpha}_1), \sigma(\boldsymbol{\alpha}_2), \cdots, \sigma(\boldsymbol{\alpha}_n)$ 线性相关.

反之, 若 $\sigma(\boldsymbol{\alpha}_1),\sigma(\boldsymbol{\alpha}_2),\cdots,\sigma(\boldsymbol{\alpha}_n)$ 线性相关, 则存在一组不全为零的数 $k_1,k_2,\cdots,k_n\in\mathbb{P}$, 使得

$$k_1\sigma(\boldsymbol{\alpha}_1)+k_2\sigma(\boldsymbol{\alpha}_2)+\cdots+k_n\sigma(\boldsymbol{\alpha}_n)=\mathbf{0},$$

由 (3) 得

$$\sigma(k_1\boldsymbol{\alpha}_1+k_2\boldsymbol{\alpha}_2+\cdots+k_n\boldsymbol{\alpha}_n)=\mathbf{0}.$$

由于同构映射是单射, 且 $\sigma(\mathbf{0})=\mathbf{0}$, 故

$$k_1\boldsymbol{\alpha}_1+k_2\boldsymbol{\alpha}_2+\cdots+k_n\boldsymbol{\alpha}_n=\mathbf{0},$$

即 $\boldsymbol{\alpha}_1,\boldsymbol{\alpha}_2,\cdots,\boldsymbol{\alpha}_n$ 线性相关.

下证 (5). 若 $\boldsymbol{\alpha}_{i_1},\boldsymbol{\alpha}_{i_2},\cdots,\boldsymbol{\alpha}_{i_s}$ 是向量组 $\boldsymbol{\alpha}_1,\boldsymbol{\alpha}_2,\cdots,\boldsymbol{\alpha}_n$ 的极大无关组, 由 (4) 可知 $\sigma(\boldsymbol{\alpha}_{i_1}),\sigma(\boldsymbol{\alpha}_{i_2}),\cdots,\sigma(\boldsymbol{\alpha}_{i_s})$ 线性无关. 其次, 对 $\sigma(\boldsymbol{\alpha}_1),\sigma(\boldsymbol{\alpha}_2),\cdots,\sigma(\boldsymbol{\alpha}_n)$ 中的任一向量 $\sigma(\boldsymbol{\alpha}_j)$, 由于 $\boldsymbol{\alpha}_j$ 可由向量组 $\boldsymbol{\alpha}_{i_1},\boldsymbol{\alpha}_{i_2},\cdots,\boldsymbol{\alpha}_{i_s}$ 线性表示, 设为

$$\boldsymbol{\alpha}_j=\lambda_1\boldsymbol{\alpha}_{i_1}+\lambda_2\boldsymbol{\alpha}_{i_2}+\cdots+\lambda_s\boldsymbol{\alpha}_{i_s}.$$

则由 (3) 得

$$\begin{aligned}\sigma(\boldsymbol{\alpha}_j)&=\sigma(\lambda_1\boldsymbol{\alpha}_{i_1}+\lambda_2\boldsymbol{\alpha}_{i_2}+\cdots+\lambda_s\boldsymbol{\alpha}_{i_s})\\&=\lambda_1\sigma(\boldsymbol{\alpha}_{i_1})+\lambda_2\sigma(\boldsymbol{\alpha}_{i_2})+\cdots+\lambda_s\sigma(\boldsymbol{\alpha}_{i_s}),\end{aligned}$$

即 $\sigma(\boldsymbol{\alpha}_j)$ 可以由 $\sigma(\boldsymbol{\alpha}_{i_1}),\sigma(\boldsymbol{\alpha}_{i_2}),\cdots,\sigma(\boldsymbol{\alpha}_{i_s})$ 表示, 因此, $\sigma(\boldsymbol{\alpha}_{i_1}),\sigma(\boldsymbol{\alpha}_{i_2}),\cdots,\sigma(\boldsymbol{\alpha}_{i_s})$ 是向量组 $\sigma(\boldsymbol{\alpha}_1),\sigma(\boldsymbol{\alpha}_2),\cdots,\sigma(\boldsymbol{\alpha}_n)$ 的极大无关组.

其反向结果的证明由 (3) 可以得到, 留给读者做练习.

最后证明 (6). σ 是从 V 到 U 的同构映射, 因而是双射, 所以, σ^{-1} 是从 U 到 V 的双射. 其次, 对任意 $\boldsymbol{\xi},\boldsymbol{\eta}\in U$ 和 $k_1,k_2\in\mathbb{P}$, 由于 σ 是满射, 所以存在 $\boldsymbol{\alpha},\boldsymbol{\beta}\in V$, 使得 $\boldsymbol{\xi}=\sigma(\boldsymbol{\alpha})$, $\boldsymbol{\eta}=\sigma(\boldsymbol{\beta})$. 因此,

$$\sigma(k_1\boldsymbol{\alpha}+k_2\boldsymbol{\beta})=k_1\sigma(\boldsymbol{\alpha})+k_2\sigma(\boldsymbol{\beta})=k_1\boldsymbol{\xi}+k_2\boldsymbol{\eta},$$

从而,

$$\sigma^{-1}(k_1\boldsymbol{\xi}+k_2\boldsymbol{\eta})=k_1\boldsymbol{\alpha}+k_2\boldsymbol{\beta}=k_1\sigma^{-1}(\boldsymbol{\xi})+k_2\sigma^{-1}(\boldsymbol{\eta}).$$

故 σ^{-1} 是线性映射, σ^{-1} 是从 U 到 V 的同构映射. □

推论 5.2 设数域 $\mathbb{P}$ 上的两个有限维线性空间 V,U 同构, σ 是从 V 到 U 的同构映射, $\varepsilon_1,\varepsilon_2,\cdots,\varepsilon_n$ 是 V 的基的充要条件是 $\sigma(\varepsilon_1),\sigma(\varepsilon_2),\cdots,\sigma(\varepsilon_n)$ 是 U 的基.

定理 5.11 数域 $\mathbb{P}$ 上的任意两个有限维线性空间同构的充要条件是它们有相同的维数.

证明 如果两个有限维线性空间 V 与 U 同构, σ 是从 V 到 U 的同构映射, $\varepsilon_1,\varepsilon_2,\cdots,\varepsilon_n$ 是 V 的一个基, 由定理 5.10 的 (5) 可知, $\sigma(\varepsilon_1),\sigma(\varepsilon_2),\cdots,\sigma(\varepsilon_n)$ 也是 U 的一个基, 因而 V 与 U 有相同的维数.

反之, 设两个有限维线性空间 V 与 U 有相同的维数, $\dim V=\dim U=n$, 因此, 由定理 5.9 知 V,U 都与 $\mathbb{P}^n$ 同构, 由同构的传递性可知, V 与 U 同构. □

从上面的讨论可以看出,数域 $\mathbb{P}$ 上同构的两个线性空间具有相同的代数结构. 任一 n 维线性空间 V 都与 $\mathbb{P}^n$ 同构, 因此, 就代数性质而言, $\mathbb{P}^n$ 可以作为 n 维线性空间的代表.

例 5.28 在 $\mathbb{P}^{2\times 2}$ 中, 矩阵

$$\boldsymbol{A}_1=\begin{pmatrix}2&1\\-1&1\end{pmatrix},\quad \boldsymbol{A}_2=\begin{pmatrix}2&4\\-2&2\end{pmatrix},\quad \boldsymbol{A}_3=\begin{pmatrix}3&0\\3&-9\end{pmatrix},\quad \boldsymbol{A}_4=\begin{pmatrix}1&-1\\2&-5\end{pmatrix},$$

记 $V=L(\boldsymbol{A}_1,\boldsymbol{A}_2,\boldsymbol{A}_3,\boldsymbol{A}_4)$, 求 V 的一个基及维数.

解 设 $\boldsymbol{E}_{11},\boldsymbol{E}_{12},\boldsymbol{E}_{21},\boldsymbol{E}_{22}$ 是二阶基本矩阵, 它是 $\mathbb{P}^{2\times 2}$ 的基. $\boldsymbol{A}_1,\boldsymbol{A}_2,\boldsymbol{A}_3,\boldsymbol{A}_4$ 关于这个基的坐标分别是

$$\boldsymbol{\alpha}_1=(2,1,-1,1)^{\mathrm{T}},\quad \boldsymbol{\alpha}_2=(2,4,-2,2)^{\mathrm{T}},\quad \boldsymbol{\alpha}_3=(3,0,3,-9)^{\mathrm{T}},\quad \boldsymbol{\alpha}_4=(1,-1,2,-5)^{\mathrm{T}}.$$

利用矩阵的初等行变换容易得到

$$\begin{pmatrix}2&2&3&1\\1&4&0&-1\\-1&-2&3&2\\1&2&-9&-5\end{pmatrix}\to\begin{pmatrix}1&0&0&0\\0&1&0&-1/4\\0&0&1&1/2\\0&0&0&0\end{pmatrix}.$$

因此, $\boldsymbol{\alpha}_1,\boldsymbol{\alpha}_2,\boldsymbol{\alpha}_3$ 是 $\boldsymbol{\alpha}_1,\boldsymbol{\alpha}_2,\boldsymbol{\alpha}_3,\boldsymbol{\alpha}_4$ 的一个极大无关组,

$$U=L(\boldsymbol{\alpha}_1,\boldsymbol{\alpha}_2,\boldsymbol{\alpha}_3,\boldsymbol{\alpha}_4)=L(\boldsymbol{\alpha}_1,\boldsymbol{\alpha}_2,\boldsymbol{\alpha}_3),$$

即 $\boldsymbol{\alpha}_1,\boldsymbol{\alpha}_2,\boldsymbol{\alpha}_3$ 是 U 的一个基, $\dim U=3$. 由于 V 与 U 同构, 所以, $\boldsymbol{A}_1,\boldsymbol{A}_2,\boldsymbol{A}_3$ 是 V 的一个基, $\dim V=3$.

习题 5.4

5.22 设 V_1,V_2,V_3 都是数域 $\mathbb{P}$ 上线性空间, $\sigma:V_1\to V_2,\tau:V_2\to V_3$ 是同构映射. 证明: $\tau\sigma:V_1\to V_3$ 是同构映射.

5.23 设 U,V 都是数域 $\mathbb{P}$ 上线性空间, $\sigma:V\to U$ 是同构映射, V_1 是 V 的子空间. 证明: $\sigma(V_1)$ 是 U 的子空间, 且 $\dim V_1=\dim\sigma(V_1)$.

5.24 设 U,V 都是数域 $\mathbb{P}$ 上线性空间, $\sigma:V\to U$ 是同构映射, V_1,V_2 是 V 的子空间. 证明:

(1) $\sigma(V_1+V_2)=\sigma(V_1)+\sigma(V_2)$, $\sigma(V_1\cap V_2)=\sigma(V_1)\cap\sigma(V_2)$;

(2) 若 $W=V_1\oplus V_2$, 则 $\sigma(W)=\sigma(V_1)\oplus\sigma(V_2)$.

5.25 在 $\mathbb{P}^{2\times 2}$ 中, 矩阵

$$\boldsymbol{A}_1=\begin{pmatrix}1&2\\0&1\end{pmatrix},\quad \boldsymbol{A}_2=\begin{pmatrix}1&0\\2&1\end{pmatrix},\quad \boldsymbol{A}_3=\begin{pmatrix}2&3\\1&0\end{pmatrix},\quad \boldsymbol{A}_4=\begin{pmatrix}2&-1\\5&4\end{pmatrix},$$

记 $V=L(\boldsymbol{A}_1,\boldsymbol{A}_2,\boldsymbol{A}_3,\boldsymbol{A}_4)$, 求 V 的一个基及维数.

5.26 在 $\mathbb{P}^{2\times 2}$ 中, 矩阵

$$A_1=\begin{pmatrix}1&0\\1&0\end{pmatrix},\quad A_2=\begin{pmatrix}1&1\\0&1\end{pmatrix},\quad A_3=\begin{pmatrix}2&3\\-1&3\end{pmatrix},\quad A_4=\begin{pmatrix}0&-1\\1&-1\end{pmatrix},$$

记 $V_1=L(\boldsymbol{A}_1,\boldsymbol{A}_2),V_2=L(\boldsymbol{A}_3,\boldsymbol{A}_4)$, 证明: V_1 与 V_2 同构.

5.27 设 $V=\{(a,a+b,a-b)^{\mathrm{T}}|a,b\in\mathbb{P}\}$, 证明: V 是 $\mathbb{P}^3$ 的子空间, 且与 $\mathbb{P}^2$ 同构.

第五章补充例题

例 5.29 设 $\boldsymbol{\alpha}_1,\boldsymbol{\alpha}_2,\cdots,\boldsymbol{\alpha}_n$ 是数域 $\mathbb{P}$ 上 n 维线性空间 V 的一个基, $\boldsymbol{A}$ 是数域 $\mathbb{P}$ 上 $n\times s$ 矩阵, 令 $(\boldsymbol{\beta}_1,\boldsymbol{\beta}_2,\cdots,\boldsymbol{\beta}_s)=(\boldsymbol{\alpha}_1,\boldsymbol{\alpha}_2,\cdots,\boldsymbol{\alpha}_n)\boldsymbol{A}$. 证明:

$$\dim L(\boldsymbol{\beta}_1,\boldsymbol{\beta}_2,\cdots,\boldsymbol{\beta}_s)=\mathrm{R}(\boldsymbol{A}).$$

证法 1 对 $\boldsymbol{\alpha}\in V$, 假定 $\boldsymbol{\alpha}=\sum\limits_{i=1}^{n}b_i\boldsymbol{\alpha}_i$, 做映射 $\sigma:V\to\mathbb{P}^n$:

$$\sigma(\boldsymbol{\alpha})=(b_1,b_2,\cdots,b_n)^{\mathrm{T}},$$

则 σ 是同构映射. 设 $\boldsymbol{A}=(a_{ij})_{n\times s}$, 则 $\sigma(\boldsymbol{\beta}_i)=(a_{1i},a_{2i},\cdots,a_{ni})^{\mathrm{T}}$. 因此,

$$(\sigma(\boldsymbol{\beta}_1),\sigma(\boldsymbol{\beta}_2),\cdots,\sigma(\boldsymbol{\beta}_s))=\boldsymbol{A}.$$

由定理 5.11 可知,

$$\dim L(\boldsymbol{\beta}_1,\boldsymbol{\beta}_2,\cdots,\boldsymbol{\beta}_s)=\dim L(\sigma(\boldsymbol{\beta}_1),\sigma(\boldsymbol{\beta}_2),\cdots,\sigma(\boldsymbol{\beta}_s))=\mathrm{R}(\boldsymbol{A}).\quad\square$$

证法 2 设矩阵 $\boldsymbol{A}=(a_{ij})_{n\times s}$, $\mathrm{R}(\boldsymbol{A})=r$. 不失一般性, 可假设 $\boldsymbol{A}$ 的前 r 列是极大无关组, 由条件可得

$$\begin{cases}\boldsymbol{\beta}_1=a_{11}\boldsymbol{\alpha}_1+a_{21}\boldsymbol{\alpha}_2+\cdots+a_{n1}\boldsymbol{\alpha}_n,\\ \cdots\cdots\cdots\cdots\cdots\cdots\cdots\cdots\cdots\\ \boldsymbol{\beta}_r=a_{1r}\boldsymbol{\alpha}_1+a_{2r}\boldsymbol{\alpha}_2+\cdots+a_{nr}\boldsymbol{\alpha}_n,\\ \cdots\cdots\cdots\cdots\cdots\cdots\cdots\cdots\cdots\\ \boldsymbol{\beta}_s=a_{1s}\boldsymbol{\alpha}_1+a_{2s}\boldsymbol{\alpha}_2+\cdots+a_{ns}\boldsymbol{\alpha}_n.\end{cases}$$

下证 $\boldsymbol{\beta}_1,\cdots,\boldsymbol{\beta}_r$ 是 $\boldsymbol{\beta}_1,\cdots,\boldsymbol{\beta}_r,\cdots,\boldsymbol{\beta}_s$ 的极大无关组. 设

$$k_1\boldsymbol{\beta}_1+k_2\boldsymbol{\beta}_2+\cdots+k_r\boldsymbol{\beta}_r=\boldsymbol{0},$$

于是

$$\begin{aligned}(k_1a_{11}+\cdots+k_ra_{1r})\boldsymbol{\alpha}_1+(k_1a_{21}+\cdots+k_ra_{2r})\boldsymbol{\alpha}_2+\cdots\\ +(k_1a_{n1}+\cdots+k_ra_{nr})\boldsymbol{\alpha}_n=\boldsymbol{0}.\end{aligned}$$

因为 $\boldsymbol{\alpha}_1,\boldsymbol{\alpha}_2,\cdots,\boldsymbol{\alpha}_n$ 线性无关, 所以

$$\begin{cases} a_{11}k_1+\cdots+a_{1r}k_r=0,\\ a_{21}k_1+\cdots+a_{2r}k_r=0,\\ \cdots\cdots\cdots\cdots\cdots\cdots\\ a_{n1}k_1+\cdots+a_{nr}k_r=0. \end{cases}$$

由于 $\boldsymbol{A}$ 的前 r 列线性无关, 因此, 齐次方程组的系数矩阵的秩是 r, 因而只有零解, 即

$$k_1=k_2=\cdots=k_r=0,$$

$\boldsymbol{\beta}_1,\cdots,\boldsymbol{\beta}_r$ 线性无关.

其次, 任意添加向量 $\boldsymbol{\beta}_l$ 后, $\boldsymbol{\beta}_1,\cdots,\boldsymbol{\beta}_r,\boldsymbol{\beta}_l$ 线性相关. 事实上, 设

$$k_1\boldsymbol{\beta}_1+k_2\boldsymbol{\beta}_2+\cdots+k_r\boldsymbol{\beta}_r+k_l\boldsymbol{\beta}_l=\mathbf{0},$$

于是

$$\begin{cases} a_{11}k_1+\cdots+a_{1r}k_r+a_{1l}k_l=0,\\ a_{21}k_1+\cdots+a_{2r}k_r+a_{2l}k_l=0,\\ \cdots\cdots\cdots\cdots\cdots\cdots\cdots\cdots\\ a_{n1}k_1+\cdots+a_{nr}k_r+a_{nl}k_l=0. \end{cases}$$

而 $\boldsymbol{A}$ 的前 r 列是极大无关组, 此方程组系数矩阵的秩为 $r<r+1$, 有非零解 $k_1,k_2,\cdots,k_r,k_l$, 所以, $\boldsymbol{\beta}_1,\cdots,\boldsymbol{\beta}_r,\boldsymbol{\beta}_l$ 线性相关. 故 $\boldsymbol{\beta}_1,\cdots,\boldsymbol{\beta}_r$ 是 $\boldsymbol{\beta}_1,\cdots,\boldsymbol{\beta}_r,\cdots,\boldsymbol{\beta}_s$ 的极大无关组,

$$\dim L(\boldsymbol{\beta}_1,\boldsymbol{\beta}_2,\cdots,\boldsymbol{\beta}_s)=\mathrm{R}(\boldsymbol{A}).\quad\square$$

例 5.30 设 V 是数域 $\mathbb{P}$ 上的 n 维线性空间, $\boldsymbol{\alpha}_1,\boldsymbol{\alpha}_2,\cdots,\boldsymbol{\alpha}_n$ 是 V 的一个基, V_1 表示 $\boldsymbol{\alpha}_1+\boldsymbol{\alpha}_2+\cdots+\boldsymbol{\alpha}_n$ 生成的子空间, $V_2=\left\{\sum\limits_{i=1}^{n}k_i\boldsymbol{\alpha}_i\,\middle|\,\sum\limits_{i=1}^{n}k_i=0\right\}$. 证明:

(1) V_2 是 V 的子空间;

(2) $V=V_1\oplus V_2$.

证明 (1) 任取 $\boldsymbol{\beta},\boldsymbol{\gamma}\in V_2$, $\boldsymbol{\beta}=\sum\limits_{i=1}^{n}k_i\boldsymbol{\alpha}_i$, $\boldsymbol{\gamma}=\sum\limits_{i=1}^{n}l_i\boldsymbol{\alpha}_i$, 其中 $\sum\limits_{i=1}^{n}k_i=0$, $\sum\limits_{i=1}^{n}l_i=0$, 则

$$\boldsymbol{\beta}+\boldsymbol{\gamma}=\sum_{i=1}^{n}(k_i+l_i)\boldsymbol{\alpha}_i,\quad \sum_{i=1}^{n}(k_i+l_i)=0.$$

因此, $\boldsymbol{\beta}+\boldsymbol{\gamma}\in V_2$. 对任意 $\lambda\in\mathbb{P}$,

$$\lambda\boldsymbol{\beta}=\sum_{i=1}^{n}\lambda k_i\boldsymbol{\alpha}_i,\quad \sum_{i=1}^{n}\lambda k_i=0.$$

因此, $\lambda\boldsymbol{\beta}\in V_2$, 故 V_2 是 V 的子空间.

(2) 对任意 $\boldsymbol{\alpha}\in V$, 设 $\boldsymbol{\alpha}=\lambda_1\boldsymbol{\alpha}_1+\lambda_2\boldsymbol{\alpha}_2+\cdots+\lambda_n\boldsymbol{\alpha}_n$. 令 $\overline{\lambda}=\dfrac{1}{n}\sum\limits_{i=1}^{n}\lambda_i$, 则

$$\boldsymbol{\alpha}=\overline{\lambda}(\boldsymbol{\alpha}_1+\boldsymbol{\alpha}_2+\cdots+\boldsymbol{\alpha}_n)+[(\lambda_1-\overline{\lambda})\boldsymbol{\alpha}_1+(\lambda_2-\overline{\lambda})\boldsymbol{\alpha}_2+\cdots+(\lambda_n-\overline{\lambda})\boldsymbol{\alpha}_n].$$

注意到 $\overline{\lambda}(\boldsymbol{\alpha}_1+\boldsymbol{\alpha}_2+\cdots+\boldsymbol{\alpha}_n)\in V_1$, $(\lambda_1-\overline{\lambda})+(\lambda_2-\overline{\lambda})+\cdots+(\lambda_n-\overline{\lambda})=0$, 因此

$$(\lambda_1-\overline{\lambda})\boldsymbol{\alpha}_1+(\lambda_2-\overline{\lambda})\boldsymbol{\alpha}_2+\cdots+(\lambda_n-\overline{\lambda})\boldsymbol{\alpha}_n\in V_2,$$

这就是说, $V=V_1+V_2$. 假设

$$\lambda(\boldsymbol{\alpha}_1+\boldsymbol{\alpha}_2+\cdots+\boldsymbol{\alpha}_n)+\sum_{i=1}^{n}k_i\boldsymbol{\alpha}_i=\mathbf{0},$$

其中 $\sum\limits_{i=1}^{n}k_i=0$, 则

$$\sum_{i=1}^{n}(k_i+\lambda)\boldsymbol{\alpha}_i=\mathbf{0}.$$

由于 $\boldsymbol{\alpha}_1,\boldsymbol{\alpha}_2,\cdots,\boldsymbol{\alpha}_n$ 是 V 的基, 因此, $k_i+\lambda=0\,(i=1,2,\cdots,n)$, 所以

$$\sum_{i=1}^{n}k_i+n\lambda=0.$$

因而 $\lambda=0$, $k_i=0\,(i=1,2,\cdots,n)$, 所以, 零向量的表示法是唯一的, 故 $V=V_1\oplus V_2$. □

例 5.31 设 W_1,W_2 是数域 $\mathbb{P}$ 上线性空间 V 的两个子空间, $\boldsymbol{\alpha},\boldsymbol{\beta}$ 是 V 的两个向量, 其中 $\boldsymbol{\alpha}\in W_2$, 但 $\boldsymbol{\alpha}\notin W_1$, 又 $\boldsymbol{\beta}\notin W_2$. 证明:

(1) 对于任意 $k\in\mathbb{P}$, $\boldsymbol{\beta}+k\boldsymbol{\alpha}\notin W_2$;

(2) 至多有一个 $k\in\mathbb{P}$, 使得 $\boldsymbol{\beta}+k\boldsymbol{\alpha}\in W_1$.

证明 (1) 反证法. 若存在 $k\in\mathbb{P}$, 且 $\boldsymbol{\beta}+k\boldsymbol{\alpha}\in W_2$. 由 $\boldsymbol{\alpha}\in W_2$ 知 $k\boldsymbol{\alpha}\in W_2$. 因此,

$$\boldsymbol{\beta}=(\boldsymbol{\beta}+k\boldsymbol{\alpha})-k\boldsymbol{\alpha}\in W_2,$$

这与已知矛盾, 故对于任意 $k\in\mathbb{P}$, $\boldsymbol{\beta}+k\boldsymbol{\alpha}\notin W_2$.

(2) 设 $k_1,k_2\in\mathbb{P}$, 有 $\boldsymbol{\beta}+k_1\boldsymbol{\alpha}\in W_1$, $\boldsymbol{\beta}+k_2\boldsymbol{\alpha}\in W_1$, 则

$$(\boldsymbol{\beta}+k_1\boldsymbol{\alpha})-(\boldsymbol{\beta}+k_2\boldsymbol{\alpha})=(k_1-k_2)\boldsymbol{\alpha}\in W_1.$$

而 $\boldsymbol{\alpha}\notin W_1$, 因此 $k_1=k_2$. 故至多有一个 $k\in\mathbb{P}$, 使得 $\boldsymbol{\beta}+k\boldsymbol{\alpha}\in W_1$. □

例 5.32 设 $V_1,V_2,\cdots,V_r$ 是线性空间 V 的子空间, 且 $V_i\neq V\,(i=1,2,\cdots,r)$. 证明: 存在向量 $\boldsymbol{\xi}\in V$, 使得 $\boldsymbol{\xi}\notin V_i\,(i=1,2,\cdots,r)$.

证明 对 r 用数学归纳法. 当 $r=1$ 时结论是显然成立的.

假设 $r=k$ 时结论成立. 考察 $V_1,V_2,\cdots,V_k,V_{k+1}$, 这里 $V_i\neq V\,(i=1,2,\cdots,k+1)$. 由假设知, 存在 $\boldsymbol{\alpha}\notin V_i\,(i=1,2,\cdots,k)$. 如果 $\boldsymbol{\alpha}\notin V_{k+1}$, 则这个 $\boldsymbol{\alpha}$ 就是要找的. 如果 $\boldsymbol{\alpha}\in V_{k+1}$, 由

已知, 存在 $\boldsymbol{\beta} \in V$, 但 $\boldsymbol{\beta} \notin V_{k+1}$. 显然 $\boldsymbol{\beta}+\boldsymbol{\alpha} \notin V_{k+1}$, 如果 $\boldsymbol{\beta}+\boldsymbol{\alpha} \notin V_i\,(i=1,2,\cdots,k)$, 则取 $\boldsymbol{\xi}=\boldsymbol{\beta}+\boldsymbol{\alpha}$ 结论已成立. 如果 $\boldsymbol{\beta}+\boldsymbol{\alpha}$ 属于某个 $V_i\,(i=1,2,\cdots,k)$, 不妨假定 $\boldsymbol{\beta}+\boldsymbol{\alpha} \in V_1$, 这时 $\boldsymbol{\beta}+2\boldsymbol{\alpha} \notin V_i\,(i=1,k+1)$. 如果 $\boldsymbol{\beta}+2\boldsymbol{\alpha} \notin V_i\,(i=2,3,\cdots,k)$, 则取 $\boldsymbol{\xi}=\boldsymbol{\beta}+2\boldsymbol{\alpha}$ 结论已成立, 否则, $\boldsymbol{\beta}+2\boldsymbol{\alpha}$ 一定属于某个 $V_i\,(i=2,3,\cdots,k)$, 不妨假定 $\boldsymbol{\beta}+2\boldsymbol{\alpha} \in V_2$, 显然 $\boldsymbol{\beta}+3\boldsymbol{\alpha} \notin V_i\,(i=1,2,k+1)$. 如果 $\boldsymbol{\beta}+3\boldsymbol{\alpha} \notin V_i\,(i=3,4,\cdots,k)$, 则取 $\boldsymbol{\xi}=\boldsymbol{\beta}+3\boldsymbol{\alpha}$, 结论已成立. 如果 $\boldsymbol{\beta}+3\boldsymbol{\alpha}$ 属于某个 $V_i\,(i=3,4,\cdots,k)$, 不妨假定 $\boldsymbol{\beta}+3\boldsymbol{\alpha} \in V_3$, 则 $\boldsymbol{\beta}+4\boldsymbol{\alpha} \notin V_i\,(i=1,2,3,k+1),\cdots$, 如此下去, 经过有限次推导可得 $\boldsymbol{\beta}+(k+1)\boldsymbol{\alpha} \notin V_i\,(i=1,2,\cdots k,k+1)$. 取 $\boldsymbol{\xi}=\boldsymbol{\beta}+(k+1)\boldsymbol{\alpha}$, 则这个 $\boldsymbol{\xi}$ 就是所要找的向量, 它不属于每一个 $V_i\,(i=1,2,\cdots k,k+1)$. 因此, 当 $r=k+1$ 时结论也成立. 由数学归纳法原理可知, 结论对一切自然数 r 成立. □

注 例 5.32 说明: 任一非零线性空间都不可能表示成有限个真子空间的并. 这个道理容易想通. 就看 V 有两个真子空间 V_1, V_2 的情形: (1) 如果 $V_1 \subset V_2$ 或 $V_2 \subset V_1$, 则 $V_2 \cup V_1$ 还是 V 的真子空间, 因而 $V_2 \cup V_1 \neq V$; (2) 如果 V_1, V_2 没有包含关系, 则 $V_2 \cup V_1$ 对向量加法运算不封闭, 因而不是 V 的子空间, 当然 $V_2 \cup V_1 \neq V$.

第五章补充习题

5.28 设线性空间 V 中的向量组 $\boldsymbol{\alpha}_1,\boldsymbol{\alpha}_2,\boldsymbol{\alpha}_3,\boldsymbol{\alpha}_4$ 线性无关.

(1) 试问向量组 $\boldsymbol{\alpha}_1+\boldsymbol{\alpha}_2,\boldsymbol{\alpha}_2+\boldsymbol{\alpha}_3,\boldsymbol{\alpha}_3+\boldsymbol{\alpha}_4,\boldsymbol{\alpha}_4+\boldsymbol{\alpha}_1$ 是否线性相关, 说明理由;

(2) 求 $W=L(\boldsymbol{\alpha}_1+\boldsymbol{\alpha}_2,\boldsymbol{\alpha}_2+\boldsymbol{\alpha}_3,\boldsymbol{\alpha}_3+\boldsymbol{\alpha}_4,\boldsymbol{\alpha}_4+\boldsymbol{\alpha}_1)$ 的一个基及维数.

5.29 设 V 是实函数空间, V_1,V_2 均为 V 的子空间, 其中

$$V_1=L(1,x,\sin^2 x),\quad V_2=L(\cos 2x,\cos^2 x).$$

试分别求 $V_1,V_2,V_1\cap V_2,V_1+V_2$ 的一个基及维数.

5.30 在 $\mathbb{P}^{2\times 2}$ 中, 设

$$V_1=\left\{\left.\begin{pmatrix} a & -a \\ b & c \end{pmatrix}\right| a,b,c\in\mathbb{P}\right\},\quad V_2=\left\{\left.\begin{pmatrix} a & b \\ -a & c \end{pmatrix}\right| a,b,c\in\mathbb{P}\right\}.$$

(1) 证明: V_1,V_2 都是 $\mathbb{P}^{2\times 2}$ 的子空间;

(2) 分别求 V_1+V_2 与 $V_1\cap V_2$ 的一个基和维数.

5.31 设 V_1,V_2 均为 n 维线性空间 V 的子空间, 若

$$\dim(V_1+V_2)=\dim(V_1\cap V_2)+1,$$

证明: $V_1\subset V_2$, 或 $V_2\subset V_1$.

5.32 设 V_1,V_2 都是线性空间 V 的子空间, 证明: $V_1\cup V_2=V_1+V_2$ 成立的充要条件是 $V_1\subset V_2$, 或 $V_2\subset V_1$.

5.33 设 W_1,W_2,W 都是线性空间 V 的子空间, 其中 $W_1\subset W_2$, 且

$$W\cap W_1=W\cap W_2,\quad W+W_1=W+W_2,$$

证明: $W_1=W_2$.

5.34 设 W 是 n 维线性空间 V 的一个子空间, 且 $0<\dim W<n$. 证明: W 在 V 中有不止一个余子空间.

5.35 证明: n 维线性空间 V 的每一个真子空间都是若干个 $n-1$ 维子空间的交.

5.36 设 $\boldsymbol{A}$ 是数域 $\mathbb{P}$ 上的 n 阶矩阵, $\mathrm{R}(\boldsymbol{A})=r$, $S(\boldsymbol{A})=\{\boldsymbol{B}\in\mathbb{P}^{n\times n}|\boldsymbol{AB}=\boldsymbol{O}\}$. 证明:

$$\dim S(\boldsymbol{A})=n(n-r).$$

5.37 设 $\mathbb{C}^{n\times n}$ 是复数域 $\mathbb{C}$ 上的全体 n 阶矩阵按通常的运算构成的线性空间,

$$\boldsymbol{F}=\begin{pmatrix}0&0&\cdots&0&-a_n\\1&0&\cdots&0&-a_{n-1}\\\vdots&\vdots&&\vdots&\vdots\\0&0&\cdots&1&-a_1\end{pmatrix}.$$

(1) 设 $\boldsymbol{A}=(a_{ij})_{n\times n}, \boldsymbol{AF}=\boldsymbol{FA}$, 证明:

$$\boldsymbol{A}=a_{n1}\boldsymbol{F}^{n-1}+a_{n-1,1}\boldsymbol{F}^{n-2}+\cdots+a_{21}\boldsymbol{F}+a_{11}\boldsymbol{I};$$

(2) 求 $\mathbb{C}^{n\times n}$ 的子空间 $C(\boldsymbol{F})=\{\boldsymbol{X}\in\mathbb{C}^{n\times n}|\boldsymbol{FX}=\boldsymbol{XF}\}$ 的维数.

5.38 设 $f_1(x), f_2(x)$ 是数域 $\mathbb{P}$ 上的多项式, $\boldsymbol{A}$ 是数域 $\mathbb{P}$ 上的 n 阶矩阵, $f(x)=f_1(x)f_2(x)$, V, V_1, V_2 分别是齐次方程组

$$f(\boldsymbol{A})\boldsymbol{X}=\boldsymbol{0},\quad f_1(\boldsymbol{A})\boldsymbol{X}=\boldsymbol{0},\quad f_2(\boldsymbol{A})\boldsymbol{X}=\boldsymbol{0}$$

的解空间 (其中 $\boldsymbol{X}$ 是数域 $\mathbb{P}$ 上的 n 维列向量).

(1) 证明: V_1, V_2 都是 V 的子空间;

(2) 如果 $(f_1(x), f_2(x))=1$, 证明: $V=V_1\oplus V_2$.

5.39 设 W, W_1, W_2 都是线性空间 V 的子空间, 且 $V=W_1\oplus W_2$, $W_1\subset W$. 证明:

$$\dim W=\dim W_1+\dim(W_2\cap W).$$

5.40 设 $p(x)$ 是 $\mathbb{P}[x]$ 上的不可约多项式, a 是 $p(x)$ 的复数根, 令

$$\mathbb{K}=\{f(a)|f(x)\in\mathbb{P}[x]\}.$$

证明: $\mathbb{K}$ 是一个数域, 并且 $\mathbb{K}$ 作为数域 $\mathbb{P}$ 上的线性空间, 其维数等于不可约多项式 $p(x)$ 的次数.

第六章 线 性 变 换

在第五章我们知道, 数域 $\mathbb{P}$ 上的任一 n 维线性空间都与线性空间 $\mathbb{P}^n$ 同构, 它们具有相同的代数结构. 因此, 可以将抽象线性空间中向量的线性关系问题转化为 $\mathbb{P}^n$ 中的 n 维向量的线性关系问题, 从而使处理过程大为简化. 本章首先定义线性变换及其运算, 将 n 维线性空间 V 的全体线性变换构成集合记为 $L(V)$, 证明了 $L(V)$ 也是数域 $\mathbb{P}$ 上的线性空间; 然后, 以基为桥梁, 建立线性空间 $L(V)$ 与 n 阶矩阵空间 $\mathbb{P}^{n\times n}$ 的同构关系, 借助矩阵工具研究线性变换的代数性质.

§6.1 线 性 变 换

6.1.1 线性变换的定义

定义 6.1 设 V 是数域 $\mathbb{P}$ 上的线性空间, σ 是 V 的变换 (即从 V 到 V 的映射), 如果对于 V 中任意两个向量 $\boldsymbol{\alpha},\boldsymbol{\beta}$ 及数域 $\mathbb{P}$ 中的任意数 k, 都有

(1) **可加性**: $\sigma(\boldsymbol{\alpha}+\boldsymbol{\beta})=\sigma(\boldsymbol{\alpha})+\sigma(\boldsymbol{\beta})$;

(2) **齐次性**: $\sigma(k\boldsymbol{\alpha})=k\sigma(\boldsymbol{\alpha})$,

则称 σ 是 V 的**线性变换**. V 的全体线性变换构成的集合记为 $L(V)$.

线性变换是特殊的线性映射 (有关线性映射的深入讨论请阅读文献 [1]), 可加性与齐次性又分别称为线性变换**保持加法运算**和**保持数乘运算**, 两者统称为线性变换具有**线性性**. 线性性等价于: 对 V 中的任意向量 $\boldsymbol{\alpha},\boldsymbol{\beta}$ 和数域 $\mathbb{P}$ 中的任意数 k_1,k_2, 有

(3) $\sigma(k_1\boldsymbol{\alpha}+k_2\boldsymbol{\beta})=k_1\sigma(\boldsymbol{\alpha})+k_2\sigma(\boldsymbol{\beta})$.

注意, 同构映射是双射, 而线性变换则未必.

定义 6.2 设 V 是数域 $\mathbb{P}$ 上的线性空间, $\sigma\in L(V)$, 称 σ 的全体像构成的集合

$$\mathrm{Im}\sigma=\{\sigma(\boldsymbol{\alpha})|\boldsymbol{\alpha}\in V\}$$

为 σ 的**值域**, 称零的全体原像构成的集合

$$\ker\sigma=\{\boldsymbol{\alpha}\in V|\sigma(\boldsymbol{\alpha})=\mathbf{0}\}$$

为 σ 的**核**. 有时候也把值域记为 $\sigma(V)$, 核记为 $\sigma^{-1}(\mathbf{0})$.

显然, 线性变换的值域 $\mathrm{Im}\sigma$ 与核 $\ker\sigma$ 都是 V 的子空间, 值域的维数叫作线性变换 σ 的**秩**, 记作 $\mathrm{R}(\sigma)$. 核的维数叫作线性变换 σ 的**零度**.

例 6.1 设 $\boldsymbol{A}\in\mathbb{P}^{n\times n}$, 对任意 $\boldsymbol{\alpha}\in\mathbb{P}^n$, 定义

$$\sigma(\boldsymbol{\alpha})=\boldsymbol{A}\boldsymbol{\alpha},$$

则 σ 是线性空间 $\mathbb{P}^n$ 的线性变换, 其值域 $\mathrm{Im}\sigma=\{\boldsymbol{A}\boldsymbol{\alpha}|\boldsymbol{\alpha}\in\mathbb{P}^n\}$, 即值域是矩阵 $\boldsymbol{A}$ 的列向量生成的子空间. 核是齐次线性方程组 $\boldsymbol{A}\boldsymbol{x}=\mathbf{0}$ 的解空间 $\ker\sigma=\{\boldsymbol{\alpha}\in\mathbb{P}^n|\boldsymbol{A}\boldsymbol{\alpha}=\mathbf{0}\}$.

例 6.2 线性空间 V 的**恒等变换** (或称**单位变换**) ε, 即 $\varepsilon(\boldsymbol{\alpha})=\boldsymbol{\alpha}(\boldsymbol{\alpha}\in V)$, 以及**零变换** o, 即 $o(\boldsymbol{\alpha})=\mathbf{0}(\boldsymbol{\alpha}\in V)$ 都是线性变换. 恒等变换的值域是 V, 核是零空间; 零变换的值域是零空间, 核是 V. 线性空间 V 的恒等变换也可以记作 id_V.

例 6.3 设 V 是数域 $\mathbb{P}$ 上的线性空间, k 是 $\mathbb{P}$ 中固定的一个数, 定义

$$\kappa(\boldsymbol{\alpha})=k\boldsymbol{\alpha}\quad(\boldsymbol{\alpha}\in V),$$

则 κ 是 V 的线性变换, 称为**数乘变换**(或**相似变换**). 显然, 数乘变换的值域 $\mathrm{Im}\kappa=\{k\boldsymbol{\alpha}|\boldsymbol{\alpha}\in V\}$. 当 $k=1$ 时它是恒等变换, 当 $k=0$ 时它是零变换.

例 6.4 在线性空间 $\mathbb{P}[x]_n$ 中, 定义

$$\delta(f(x))=f'(x)\quad(f(x)\in\mathbb{P}[x]_n),$$

则 δ 是线性空间 $\mathbb{P}[x]_n$ 的线性变换, 其值域是 $\mathbb{P}[x]_{n-1}$, 核是数域 $\mathbb{P}$.

例 6.5 在线性空间 $C[a,b]$ 中, 定义

$$\tau(f(x))=\int_a^x f(t)\mathrm{d}t\quad(f(x)\in C[a,b]).$$

则 τ 是线性空间 $C[a,b]$ 的线性变换, 其值域和核分别是 $C[a,b]$ 的子空间.

6.1.2 线性变换的性质

性质 1 设 σ 是 V 的线性变换, 则 $\sigma(\mathbf{0})=\mathbf{0}$, $\sigma(-\boldsymbol{\alpha})=-\sigma(\boldsymbol{\alpha})\,(\boldsymbol{\alpha}\in V)$.

性质 2 线性变换保持线性组合不变, 即

$$\sigma(k_1\boldsymbol{\alpha}_1+k_2\boldsymbol{\alpha}_2+\cdots+k_s\boldsymbol{\alpha}_s)=k_1\sigma(\boldsymbol{\alpha}_1)+k_2\sigma(\boldsymbol{\alpha}_2)+\cdots+k_s\sigma(\boldsymbol{\alpha}_s).$$

性质 3 线性变换把线性相关的向量组变成线性相关的向量组. 即是说, 若向量组 $\boldsymbol{\alpha}_1,\boldsymbol{\alpha}_2,\cdots,\boldsymbol{\alpha}_s$ 线性相关, 则 $\sigma(\boldsymbol{\alpha}_1),\sigma(\boldsymbol{\alpha}_2),\cdots,\sigma(\boldsymbol{\alpha}_s)$ 也线性相关.

其逆否命题是: 若 $\sigma(\boldsymbol{\alpha}_1),\sigma(\boldsymbol{\alpha}_2),\cdots,\sigma(\boldsymbol{\alpha}_s)$ 线性无关, 则 $\boldsymbol{\alpha}_1,\boldsymbol{\alpha}_2,\cdots,\boldsymbol{\alpha}_s$ 线性无关.

对一般的线性变换而言, 线性变换可能把线性无关的向量组变成线性相关的向量组, 比如零变换把任何线性无关的向量组都变成线性相关的向量组 (零向量).

读者已经注意到了, 线性变换性质 1 和性质 2 与同构映射定理 5.10 (1), (2), (3) 并无区别, 而性质 3 与定理 5.10(4) 却不同. 原因何在? 原因就在于 "双射". 同构映射是双射, 其核是零空间 $\{\mathbf{0}\}$, 而线性变换则不一定.

定理 6.1 线性空间 V 上的线性变换由它的任一基的全部基像唯一决定.

证明 设 V 是数域 $\mathbb{P}$ 上的 n 维线性空间, $\boldsymbol{\varepsilon}_1,\boldsymbol{\varepsilon}_2,\cdots,\boldsymbol{\varepsilon}_n$ 是 V 的基, 给定基像 $\boldsymbol{\alpha}_1,\boldsymbol{\alpha}_2,\cdots,\boldsymbol{\alpha}_n$. 下证存在唯一线性变换 σ, 使得

$$\sigma(\boldsymbol{\varepsilon}_i)=\boldsymbol{\alpha}_i\quad(i=1,2,\cdots,n).$$

先证存在性. 对任意 $\boldsymbol{\alpha}\in V$, 设 $\boldsymbol{\alpha}=a_1\boldsymbol{\varepsilon}_1+a_2\boldsymbol{\varepsilon}_2+\cdots+a_n\boldsymbol{\varepsilon}_n$, 定义

$$\sigma(\boldsymbol{\alpha})=a_1\boldsymbol{\alpha}_1+a_2\boldsymbol{\alpha}_2+\cdots+a_n\boldsymbol{\alpha}_n=a_1\sigma(\boldsymbol{\varepsilon}_1)+a_2\sigma(\boldsymbol{\varepsilon}_2)+\cdots+a_n\sigma(\boldsymbol{\varepsilon}_n),$$

则 σ 是 V 的线性变换.

事实上, 对任意 $\boldsymbol{\alpha},\boldsymbol{\beta}\in V$, 设 $\boldsymbol{\alpha}=\sum_{i=1}^{n}a_i\boldsymbol{\varepsilon}_i$, $\boldsymbol{\beta}=\sum_{i=1}^{n}b_i\boldsymbol{\varepsilon}_i$, 则

$$\boldsymbol{\alpha}+\boldsymbol{\beta}=\sum_{i=1}^{n}(a_i+b_i)\boldsymbol{\varepsilon}_i.$$

因此,

$$\begin{aligned}\sigma(\boldsymbol{\alpha}+\boldsymbol{\beta})&=\sigma\left(\sum_{i=1}^{n}(a_i+b_i)\boldsymbol{\varepsilon}_i\right)=\sum_{i=1}^{n}(a_i+b_i)\boldsymbol{\alpha}_i\\&=\sum_{i=1}^{n}a_i\boldsymbol{\alpha}_i+\sum_{i=1}^{n}b_i\boldsymbol{\alpha}_i=\sigma(\boldsymbol{\alpha})+\sigma(\boldsymbol{\beta}).\end{aligned}$$

其次, 对任意 $k\in\mathbb{P}$, $\boldsymbol{\alpha}=\sum_{i=1}^{n}a_i\boldsymbol{\varepsilon}_i\in V$, 有

$$\sigma(k\boldsymbol{\alpha})=\sigma\left(\sum_{i=1}^{n}ka_i\boldsymbol{\varepsilon}_i\right)=\sum_{i=1}^{n}ka_i\boldsymbol{\alpha}_i=k\sum_{i=1}^{n}a_i\boldsymbol{\alpha}_i=k\sigma(\boldsymbol{\alpha}).$$

因此, σ 是 V 的线性变换, 存在性得证.

再证唯一性. 设另有一线性变换 $\tau\in L(V)$, 与 σ 的基像相同, 即

$$\sigma(\boldsymbol{\varepsilon}_i)=\tau(\boldsymbol{\varepsilon}_i)\quad(i=1,2,\cdots,n),$$

下证 $\sigma=\tau$.

事实上, 对任一 $\boldsymbol{\alpha}\in V$, 设 $\boldsymbol{\alpha}=a_1\boldsymbol{\varepsilon}_1+a_2\boldsymbol{\varepsilon}_2+\cdots+a_n\boldsymbol{\varepsilon}_n$, 则

$$\begin{aligned}\sigma(\boldsymbol{\alpha})&=a_1\sigma(\boldsymbol{\varepsilon}_1)+a_2\sigma(\boldsymbol{\varepsilon}_2)+\cdots+a_n\sigma(\boldsymbol{\varepsilon}_n)\\&=a_1\tau(\boldsymbol{\varepsilon}_1)+a_2\tau(\boldsymbol{\varepsilon}_2)+\cdots+a_n\tau(\boldsymbol{\varepsilon}_n)\\&=\tau(\boldsymbol{\alpha}),\end{aligned}$$

故 $\sigma=\tau$, 唯一性得证. □

定理 6.1 告诉我们, 要确定一个线性变换, 不必确定每一个元素的像, 只需确定它的某个基的全部像 (简称基像) 就够了. 这个定理进一步说明 "基" 在线性空间和线性变换的理论中具有重要的作用.

习题 6.1

6.1 下列变换哪些是线性变换, 哪些不是, 并说明理由:

(1) 在 $\mathbb{P}^3$ 中, $\sigma((x_1,x_2,x_3)^{\mathrm{T}})=(x_3,x_2,x_1)^{\mathrm{T}}$;

(2) 在 $\mathbb{P}^3$ 中, $\sigma((x_1,x_2,x_3)^{\mathrm{T}})=(x_1^2,x_2+x_3,x_3^2)^{\mathrm{T}}$;

(3) 在 $\mathbb{P}^3$ 中, $\sigma((x_1,x_2,x_3)^{\mathrm{T}})=(x_1-2x_2,x_2-2x_3,x_3-2x_1)^{\mathrm{T}}$;

(4) 在 $\mathbb{P}[x]$ 中, $\sigma(f(x)) = f(x+1)$;

(5) 在 $\mathbb{P}^{n\times n}$ 中, $\sigma(\boldsymbol{X}) = \boldsymbol{XAX}$, 其中 $\boldsymbol{A} \in \mathbb{P}^{n\times n}$ 是一个固定的矩阵;

(6) 在线性空间 V 中, 平移变换 $\sigma(\boldsymbol{\alpha}) = \boldsymbol{\alpha} + \boldsymbol{\alpha}_0$, 其中 $\boldsymbol{\alpha}_0 \in V$ 是一个固定的向量.

6.2 设 $\boldsymbol{A} \in \mathbb{P}^{n\times n}$, 对任意 $\boldsymbol{X} \in \mathbb{P}^{n\times n}$, 定义 $\sigma(\boldsymbol{X}) = \boldsymbol{XA} - \boldsymbol{AX}$. 证明: σ 是 $\mathbb{P}^{n\times n}$ 的线性变换.

6.3 考虑复数集 $\mathbb{C}$, 令 $\sigma(a+b\mathrm{i}) = a - b\mathrm{i}$, 其中 $a.b \in \mathbb{R}$.

(1) 将 $\mathbb{C}$ 看成实数域 $\mathbb{R}$ 上的线性空间, 指出它的一个基和维数, 并证明: σ 是 $\mathbb{C}$ 的线性变换;

(2) 将 $\mathbb{C}$ 看成复数域 $\mathbb{C}$ 上的线性空间, 指出它的一个基和维数, 并证明: σ 不是 $\mathbb{C}$ 的线性变换.

§6.2 线性变换的运算

设 V 是数域 $\mathbb{P}$ 上的线性空间, $L(V)$ 是 V 上全体线性变换的集合. 这一节将在 $L(V)$ 上定义向量的加法与数量乘法, 使它成为数域 $\mathbb{P}$ 上的线性空间, 然后定义线性变换的逆变换, 研究线性变换可逆的条件.

6.2.1 线性变换的加法与数量乘法

对于任意两个线性变换 $\sigma, \tau \in L(V)$, 定义它们的和 $\sigma + \tau$:

$$(\sigma+\tau)(\boldsymbol{\alpha}) = \sigma(\boldsymbol{\alpha}) + \tau(\boldsymbol{\alpha}) \quad (\boldsymbol{\alpha} \in V),$$

则 $\sigma + \tau \in L(V)$. 事实上,

$$\begin{aligned}(\sigma+\tau)(\boldsymbol{\alpha}+\boldsymbol{\beta}) &= \sigma(\boldsymbol{\alpha}+\boldsymbol{\beta}) + \tau(\boldsymbol{\alpha}+\boldsymbol{\beta}) \\ &= \sigma(\boldsymbol{\alpha}) + \sigma(\boldsymbol{\beta}) + \tau(\boldsymbol{\alpha}) + \tau(\boldsymbol{\beta}) \\ &= \sigma(\boldsymbol{\alpha}) + \tau(\boldsymbol{\alpha}) + \sigma(\boldsymbol{\beta}) + \tau(\boldsymbol{\beta}) \\ &= (\sigma+\tau)(\boldsymbol{\alpha}) + (\sigma+\tau)(\boldsymbol{\beta}), \\ (\sigma+\tau)(k\boldsymbol{\alpha}) &= \sigma(k\boldsymbol{\alpha}) + \tau(k\boldsymbol{\alpha}) \\ &= k\sigma(\boldsymbol{\alpha}) + k\tau(\boldsymbol{\alpha}) \\ &= k(\sigma+\tau)(\boldsymbol{\alpha}).\end{aligned}$$

因此, $\sigma + \tau$ 是线性变换, 即 $\sigma + \tau \in L(V)$.

设 $k \in \mathbb{P}$, $\sigma \in L(V)$, 定义数量乘法:

$$(k\sigma)(\boldsymbol{\alpha}) = k\sigma(\boldsymbol{\alpha}) \quad (\boldsymbol{\alpha} \in V).$$

容易知道, $k\sigma \in L(V)$. 事实上,

$$(k\sigma)(\boldsymbol{\alpha}+\boldsymbol{\beta}) = k\sigma(\boldsymbol{\alpha}+\boldsymbol{\beta}) = k\sigma(\boldsymbol{\alpha}) + k\sigma(\boldsymbol{\beta}) = (k\sigma)(\boldsymbol{\alpha}) + (k\sigma)(\boldsymbol{\beta}),$$
$$(k\sigma)(l\boldsymbol{\alpha}) = k\sigma(l\boldsymbol{\alpha}) = lk\sigma(\boldsymbol{\alpha}) = l(k\sigma)(\boldsymbol{\alpha}).$$

可以证明, 按上面定义的线性变换的加法与数量乘法满足如下八条运算律 $(\sigma,\tau,\psi\in L(V),k,l\in\mathbb{P})$:

(1) $\sigma+\tau=\tau+\sigma$;

(2) $\sigma+(\tau+\psi)=(\sigma+\tau)+\psi$;

(3) 存在零变换 o, 使得对于任意 $\sigma\in L(V)$, $\sigma+o=\sigma$;

(4) 对于任意 $\sigma\in L(V)$, 定义 $(-\sigma)(\boldsymbol{\alpha})=-\sigma(\boldsymbol{\alpha})(\boldsymbol{\alpha}\in V)$, 则 $-\sigma\in L(V)$, 且

$$\sigma+(-\sigma)=o;$$

(5) $1\sigma=\sigma$;

(6) $k(l\sigma)=(kl)\sigma$;

(7) $(k+l)\sigma=k\sigma+l\sigma$;

(8) $k(\sigma+\tau)=k\sigma+k\tau$.

由此可得如下定理:

定理 6.2 $L(V)$ 对于向量加法和数量乘法构成数域 $\mathbb{P}$ 上的线性空间.

6.2.2 线性变换的乘法

设 $\sigma,\tau\in L(V)$, 定义它们的乘法:

$$(\tau\sigma)(\boldsymbol{\alpha})=\tau(\sigma(\boldsymbol{\alpha}))\quad(\boldsymbol{\alpha}\in V).$$

乘积 $\tau\sigma$ 的意思是连续做两次线性变换: 先做线性变换 σ, 再做线性变换 τ. 可以证明, $\tau\sigma$ 也是线性变换, 即 $\tau\sigma\in L(V)$. 它满足如下运算律 $(\sigma,\tau,\psi\in L(V),k\in\mathbb{P})$:

(9) $\sigma(\tau+\psi)=\sigma\tau+\sigma\psi$;

(10) $(\sigma+\tau)\psi=\sigma\psi+\tau\psi$;

(11) $\sigma(\tau\psi)=(\sigma\tau)\psi$;

(12) $(k\sigma)\tau=\sigma(k\tau)=k(\sigma\tau)$;

(13) 存在单位变换 $\varepsilon\in L(V)$, 对于任意 $\sigma\in L(V)$ 都有 $\varepsilon\sigma=\sigma\varepsilon=\sigma$.

注意, 线性变换的乘法一般不满足交换律. 例如, 在实数域 $\mathbb{R}$ 上的线性空间 $\mathbb{R}[x]$ 中, 线性变换

$$\delta(f(x))=f'(x),\quad \tau(f(x))=\int_a^x f(t)\mathrm{d}t.$$

则乘积 $\delta\tau=\varepsilon$, 但 $\tau\delta\neq\varepsilon$. 如果两个线性变换的乘法满足交换律, 则称这两个线性变换**可交换**.

6.2.3 线性变换的幂与多项式

设 $\sigma\in L(V)$, 定义 σ 的方幂:

$$\sigma^0=\varepsilon,\quad \sigma^{k+1}=\sigma^k\sigma=\sigma\sigma^k,$$

其中 k 为非负整数. σ 的方幂满足下列运算律 $(m,n$ 为正整数$)$:

(14) $\sigma^m\sigma^n=\sigma^{m+n}$;

(15) $(\sigma^m)^n=\sigma^{mn}$.

一般地, 对于 $\sigma,\tau\in L(V)$, $(\sigma\tau)^n\neq\sigma^n\tau^n$, 当 σ,τ 可交换时, $(\sigma\tau)^n=\sigma^n\tau^n$ 成立.

设 $\sigma\in L(V)$,

$$f(x)=a_nx^n+a_{n-1}x^{n-1}+\cdots+a_1x+a_0$$

是数域 $\mathbb{P}$ 上的多项式, 定义

$$f(\sigma)=a_n\sigma^n+a_{n-1}\sigma^{n-1}+\cdots+a_1\sigma+a_0\varepsilon,$$

称之为**线性变换 σ 的多项式**. 容易证明 $f(\sigma)\in L(V)$.

不难验证, 在 $\mathbb{P}[x]$ 中, 如果

$$h(x)=f(x)+g(x),\quad p(x)=f(x)g(x).$$

则对任一 $\sigma\in L(V)$ 有

$$h(\sigma)=f(\sigma)+g(\sigma),\quad p(\sigma)=f(\sigma)g(\sigma).$$

特别地,

$$f(\sigma)g(\sigma)=g(\sigma)f(\sigma).$$

由前面的讨论可以看到, 线性变换的运算性质与矩阵的运算性质完全一致.

例 6.6 在线性空间 $\mathbb{P}[x]_n$ 中, 定义线性变换

$$\delta(f(x))=f'(x)\quad(f(x)\in\mathbb{P}[x]_n).$$

显然有 $\delta^n=o$.

对于 $a\in\mathbb{P}$, 定义

$$\tau_a(f(x))=f(x+a)\quad(f(x)\in\mathbb{P}[x]_n).$$

显然 τ_a 是一个线性变换, 称为关于数 a 的**变量平移变换**. 利用泰勒展开式得

$$f(x+a)=f(x)+af'(x)+\frac{a^2}{2!}f''(x)+\cdots+\frac{a^{n-1}}{(n-1)!}f^{(n-1)}(x)+\cdots,$$

再由 $\delta^n=o$ 得

$$\begin{aligned}f(x+a)&=f(x)+af'(x)+\frac{a^2}{2!}f''(x)+\cdots+\frac{a^{n-1}}{(n-1)!}f^{(n-1)}(x)\\&=\left(\varepsilon+a\delta+\frac{a^2}{2!}\delta^2+\cdots+\frac{a^{n-1}}{(n-1)!}\delta^{n-1}\right)f(x).\end{aligned}$$

由 $f(x)\in\mathbb{P}[x]_n$ 的任意性, 便有

$$\tau_a=\varepsilon+a\delta+\frac{a^2}{2!}\delta^2+\cdots+\frac{a^{n-1}}{(n-1)!}\delta^{n-1}.$$

6.2.4 线性变换的逆

设 $\sigma \in L(V)$, 如果存在 $\tau \in L(V)$, 使得

$$\sigma\tau = \tau\sigma = \varepsilon,$$

其中 ε 是恒等变换, 则称 σ **可逆**, 称 τ 为 σ 的**逆变换**, 记为 $\tau = \sigma^{-1}$.

由第五章可知, 线性变换 σ 可逆当且仅当它是双射. 容易证明, 如果 σ 是可逆线性变换, 则 σ 的逆变换是唯一的, 且 $\sigma^{-1} \in L(V)$. 当 σ 可逆时, 定义 σ 负整数次幂为

$$\sigma^{-n} = (\sigma^{-1})^n,$$

其中 n 是正整数.

定理 6.3 设 $\boldsymbol{\varepsilon}_1, \boldsymbol{\varepsilon}_2, \cdots, \boldsymbol{\varepsilon}_n$ 是 n 维线性空间 V 的任一基, $\sigma \in L(V)$, 则 σ 可逆的充要条件是基像 $\sigma(\boldsymbol{\varepsilon}_1), \sigma(\boldsymbol{\varepsilon}_2), \cdots, \sigma(\boldsymbol{\varepsilon}_n)$ 仍为 V 的基.

证明 显然可逆变换是 V 到 V 的同构映射, 由定理 5.10(4) 即知结论成立. □

定理 6.4 设 V 是数域 $\mathbb{P}$ 上的 n 维线性空间, $\sigma \in L(V)$, 则下列说法等价:

(1) σ 可逆;

(2) σ 是单射;

(3) σ 的核 $\ker\sigma$ 是零空间 $\{\mathbf{0}\}$;

(4) σ 是满射, 即值域 $\mathrm{Im}\sigma = V$.

定理 6.4 的证明留给读者作为练习.

例 6.7 设 σ 是线性空间 V 的线性变换, V_1, V_2 是 V 的子空间, 且 $V = V_1 \oplus V_2$. 证明: σ 可逆的充要条件是

$$V = \sigma(V_1) \oplus \sigma(V_2).$$

证明 充分性. 由于 $V = \sigma(V_1) \oplus \sigma(V_2)$, 因此, 对任意 $\boldsymbol{\alpha} \in V$, 存在 $\boldsymbol{\alpha}_1 \in V_1$, $\boldsymbol{\alpha}_2 \in V_2$, 使得

$$\boldsymbol{\alpha} = \sigma(\boldsymbol{\alpha}_1) + \sigma(\boldsymbol{\alpha}_2) = \sigma(\boldsymbol{\alpha}_1 + \boldsymbol{\alpha}_2).$$

从而 $\boldsymbol{\alpha} = \sigma(\boldsymbol{\alpha}_1 + \boldsymbol{\alpha}_2) \in \mathrm{Im}\sigma$, 即 $V \subset \mathrm{Im}\sigma \subset V$, 故 $\mathrm{Im}\sigma = V$, 即 σ 是满射. 由定理 6.4 知 σ 可逆.

必要性. 设 σ 可逆. 任取 $\boldsymbol{\alpha} \in V$, 则 $\sigma^{-1}(\boldsymbol{\alpha}) \in V$, 由 $V = V_1 \oplus V_2$ 知

$$\sigma^{-1}(\boldsymbol{\alpha}) = \boldsymbol{\alpha}_1 + \boldsymbol{\alpha}_2 \quad (\boldsymbol{\alpha}_1 \in V_1, \boldsymbol{\alpha}_2 \in V_2).$$

因此

$$\boldsymbol{\alpha} = \sigma(\boldsymbol{\alpha}_1 + \boldsymbol{\alpha}_2) = \sigma(\boldsymbol{\alpha}_1) + \sigma(\boldsymbol{\alpha}_2).$$

从而

$$V = \sigma(V_1) + \sigma(V_2).$$

又设 $\boldsymbol{\beta} \in \sigma(V_1) \cap \sigma(V_2)$, 则有 $\boldsymbol{\beta}_1 \in V_1, \boldsymbol{\beta}_2 \in V_2$, 使得 $\boldsymbol{\beta} = \sigma(\boldsymbol{\beta}_1) = \sigma(\boldsymbol{\beta}_2)$. 由 $V = V_1 \oplus V_2$ 知 $V_1 \cap V_2 = \{\mathbf{0}\}$, 又 σ 是可逆变换, 故 $\boldsymbol{\beta}_1 = \boldsymbol{\beta}_2 = \sigma^{-1}(\boldsymbol{\beta}) = \mathbf{0}$, 从而 $\boldsymbol{\beta} = \mathbf{0}$, 所以,

$$\sigma(V_1) \cap \sigma(V_2) = \{\mathbf{0}\},$$

故 $V = \sigma(V_1) \oplus \sigma(V_2)$. □

习题 6.2

6.4 证明定理 6.4.

6.5 设 $V=\mathbb{P}^3,\sigma$ 是 V 的线性变换, $\forall \boldsymbol{\alpha}=(a,b,c)^{\mathrm{T}}\in V,\sigma(\boldsymbol{\alpha})=(a-b,b-2c,c+3a)^{\mathrm{T}}$. 问 σ 是否为 V 的可逆线性变换? 为什么?

6.6 设 σ,τ 都是线性变换, 且 $\sigma\tau-\tau\sigma=\varepsilon$. 证明: 对一切正整数 n,

$$\sigma^n\tau-\tau\sigma^n=n\sigma^{n-1}.$$

6.7 设 σ,τ 都是可逆线性变换, 证明: $\sigma\tau$ 也是可逆线性变换, 且 $(\sigma\tau)^{-1}=\tau^{-1}\sigma^{-1}$.

6.8 设 V_1,V_2 都是线性空间 V 的子空间, 且 $V=V_1\oplus V_2$. 对任意 $\boldsymbol{\alpha}=\boldsymbol{\alpha}_1+\boldsymbol{\alpha}_2\in V\ (\boldsymbol{\alpha}_1\in V_1,\boldsymbol{\alpha}_2\in V_2)$, 设 $\sigma_1(\boldsymbol{\alpha})=\boldsymbol{\alpha}_1$, $\sigma_2(\boldsymbol{\alpha})=\boldsymbol{\alpha}_2$. 证明: σ_1,σ_2 都是 V 的线性变换, 且

$$\sigma_1^2=\sigma_1,\quad \sigma_2^2=\sigma_2,\quad \sigma_1\sigma_2=\sigma_2\sigma_1=o.$$

§6.3 线性变换的矩阵

设 V 是数域 $\mathbb{P}$ 上的 n 维线性空间, $L(V)$ 表示 V 上全体线性变换的集合, 由定理 6.2 知道, $L(V)$ 按前面定义的线性变换的加法和数量乘法构成数域 $\mathbb{P}$ 上的线性空间. 本节将建立 $L(V)$ 与 $\mathbb{P}^{n\times n}$ 的同构映射, 为研究抽象空间 $L(V)$ 的代数性质找到有效的途径.

6.3.1 线性变换的矩阵

定义 6.3 设 $\boldsymbol{\varepsilon}_1,\boldsymbol{\varepsilon}_2,\cdots,\boldsymbol{\varepsilon}_n$ 是数域 $\mathbb{P}$ 上的 n 维线性空间 V 的一个基, $\sigma\in L(V)$, 将基像

$$\begin{cases}\sigma(\boldsymbol{\varepsilon}_1)=a_{11}\boldsymbol{\varepsilon}_1+a_{21}\boldsymbol{\varepsilon}_2+\cdots+a_{n1}\boldsymbol{\varepsilon}_n,\\ \sigma(\boldsymbol{\varepsilon}_2)=a_{12}\boldsymbol{\varepsilon}_1+a_{22}\boldsymbol{\varepsilon}_2+\cdots+a_{n2}\boldsymbol{\varepsilon}_n,\\ \cdots\cdots\cdots\cdots\cdots\cdots\cdots\cdots\cdots\cdots\\ \sigma(\boldsymbol{\varepsilon}_n)=a_{1n}\boldsymbol{\varepsilon}_1+a_{2n}\boldsymbol{\varepsilon}_2+\cdots+a_{nn}\boldsymbol{\varepsilon}_n\end{cases}$$

表示成

$$\sigma(\boldsymbol{\varepsilon}_1,\boldsymbol{\varepsilon}_2,\cdots,\boldsymbol{\varepsilon}_n)=(\sigma(\boldsymbol{\varepsilon}_1),\sigma(\boldsymbol{\varepsilon}_2),\cdots,\sigma(\boldsymbol{\varepsilon}_n))=(\boldsymbol{\varepsilon}_1,\boldsymbol{\varepsilon}_2,\cdots,\boldsymbol{\varepsilon}_n)\boldsymbol{A},$$

其中

$$\boldsymbol{A}=\begin{pmatrix}a_{11}&a_{12}&\cdots&a_{1n}\\a_{21}&a_{22}&\cdots&a_{2n}\\\vdots&\vdots&&\vdots\\a_{n1}&a_{n2}&\cdots&a_{nn}\end{pmatrix},$$

矩阵 $\boldsymbol{A}$ 的第 i 列是第 i 个基像 $\sigma(\boldsymbol{\varepsilon}_i)$ 在基 $\boldsymbol{\varepsilon}_1,\boldsymbol{\varepsilon}_2,\cdots,\boldsymbol{\varepsilon}_n$ 下的坐标, 称 $\boldsymbol{A}$ 为**线性变换 σ 在基 $\boldsymbol{\varepsilon}_1,\boldsymbol{\varepsilon}_2,\cdots,\boldsymbol{\varepsilon}_n$ 下的矩阵**. 若不引起混淆, 简称 $\boldsymbol{A}$ 为**线性变换 σ 的矩阵**.

设 $\boldsymbol{B}$ 是 $n\times m$ 矩阵, 不难证明 (习题第 6.9 题):

$$\sigma((\boldsymbol{\varepsilon}_1,\boldsymbol{\varepsilon}_2,\cdots,\boldsymbol{\varepsilon}_n)\boldsymbol{B})=\sigma(\boldsymbol{\varepsilon}_1,\boldsymbol{\varepsilon}_2,\cdots,\boldsymbol{\varepsilon}_n)\boldsymbol{B}.$$

例 6.8 在 $\mathbb{P}^{2\times 2}$ 中定义线性变换

$$\sigma(\boldsymbol{X})=\begin{pmatrix}a & b\\ c & d\end{pmatrix}\boldsymbol{X}.$$

求 σ 在基 $\boldsymbol{E}_{11},\boldsymbol{E}_{21},\boldsymbol{E}_{12},\boldsymbol{E}_{22}$ 下的矩阵.

解 计算各基像, 并表示成基 $\boldsymbol{E}_{11},\boldsymbol{E}_{21},\boldsymbol{E}_{12},\boldsymbol{E}_{22}$ 的线性组合:

$$\sigma(\boldsymbol{E}_{11})=\begin{pmatrix}a & b\\ c & d\end{pmatrix}\begin{pmatrix}1 & 0\\ 0 & 0\end{pmatrix}=\begin{pmatrix}a & 0\\ c & 0\end{pmatrix}=a\boldsymbol{E}_{11}+c\boldsymbol{E}_{21},$$

$$\sigma(\boldsymbol{E}_{21})=\begin{pmatrix}a & b\\ c & d\end{pmatrix}\begin{pmatrix}0 & 0\\ 1 & 0\end{pmatrix}=\begin{pmatrix}b & 0\\ d & 0\end{pmatrix}=b\boldsymbol{E}_{11}+d\boldsymbol{E}_{21},$$

$$\sigma(\boldsymbol{E}_{12})=\begin{pmatrix}a & b\\ c & d\end{pmatrix}\begin{pmatrix}0 & 1\\ 0 & 0\end{pmatrix}=\begin{pmatrix}0 & a\\ 0 & c\end{pmatrix}=a\boldsymbol{E}_{12}+c\boldsymbol{E}_{22},$$

$$\sigma(\boldsymbol{E}_{22})=\begin{pmatrix}a & b\\ c & d\end{pmatrix}\begin{pmatrix}0 & 0\\ 0 & 1\end{pmatrix}=\begin{pmatrix}0 & b\\ 0 & d\end{pmatrix}=b\boldsymbol{E}_{12}+d\boldsymbol{E}_{22}.$$

因此, σ 在基 $\boldsymbol{E}_{11},\boldsymbol{E}_{21},\boldsymbol{E}_{12},\boldsymbol{E}_{22}$ 下的矩阵是

$$\left(\begin{array}{cc:cc}a & b & 0 & 0\\ c & d & 0 & 0\\ \hdashline 0 & 0 & a & b\\ 0 & 0 & c & d\end{array}\right).$$

注 请读者思考: 在例 6.8 中, 如果改变基的向量顺序, 求 σ 在基 $\boldsymbol{E}_{11},\boldsymbol{E}_{12},\boldsymbol{E}_{21},\boldsymbol{E}_{22}$ 下的矩阵, 结论将怎样写? 这两个矩阵有什么关系? (参见文献 [1].)

例 6.9 对任意 $\boldsymbol{\alpha}\in\mathbb{P}^n$, 定义

$$\sigma(\boldsymbol{\alpha})=\boldsymbol{A}\boldsymbol{\alpha},$$

其中 $\boldsymbol{A}\in\mathbb{P}^{n\times n}$, 则 σ 是 $\mathbb{P}^n$ 的线性变换. 取 $\mathbb{P}^n$ 的基 $\boldsymbol{e}_1,\boldsymbol{e}_2,\cdots,\boldsymbol{e}_n$ 是 n 维单位列向量, 则 σ 在这个基下的矩阵就是 $\boldsymbol{A}$.

事实上, 设矩阵 $\boldsymbol{A}$ 按列分块成 $\boldsymbol{A}=(a_{ij})_{n\times n}=(\boldsymbol{\alpha}_1,\boldsymbol{\alpha}_2,\cdots,\boldsymbol{\alpha}_n)$, 则基像

$$\sigma(\boldsymbol{e}_i)=\boldsymbol{A}\boldsymbol{e}_i=\boldsymbol{\alpha}_i=\sum_{k=1}^{n}a_{ki}\boldsymbol{e}_k,$$

即 $\sigma(\boldsymbol{e}_i)$ 在基 $\boldsymbol{e}_1,\boldsymbol{e}_2,\cdots,\boldsymbol{e}_n$ 下的坐标恰好是 $\boldsymbol{A}$ 的第 i 列, 故 σ 在基 $\boldsymbol{e}_1,\boldsymbol{e}_2,\cdots,\boldsymbol{e}_n$ 下的矩阵是 $\boldsymbol{A}$.

例 6.10 在三维线性空间 $\mathbb{R}^3$ 中, 设 W 是 xOy 平面上的全体向量构成的集合, 则 W 是 $\mathbb{R}^3$ 的子空间. 分别取 x,y,z 轴上的单位向量 $\boldsymbol{e}_1,\boldsymbol{e}_2,\boldsymbol{e}_3$, 则 $\boldsymbol{e}_1,\boldsymbol{e}_2$ 是 W 的基, $\boldsymbol{e}_1,\boldsymbol{e}_2,\boldsymbol{e}_3$ 是 $\mathbb{R}^3$ 的基, 定义

$$\sigma(\boldsymbol{e}_1)=\boldsymbol{e}_1,\quad \sigma(\boldsymbol{e}_2)=\boldsymbol{e}_2,\quad \sigma(\boldsymbol{e}_3)=\boldsymbol{0}.$$

容易验证, σ 是 $\mathbb{R}^3$ 的线性变换. 对任意向量 $\boldsymbol{\alpha} \in \mathbb{R}^3$, $\sigma(\boldsymbol{\alpha})$ 恰好是 $\boldsymbol{\alpha}$ 在 W 上的投影, σ 在基 $\boldsymbol{e}_1, \boldsymbol{e}_2, \boldsymbol{e}_3$ 下的矩阵是

$$\boldsymbol{A} = \operatorname{diag}(1, 1, 0).$$

一般地, 设 W 是 n 维线性空间 V 的一个 $s(s < n)$ 维子空间, $V = W \oplus U$, 取 $\boldsymbol{\varepsilon}_1, \boldsymbol{\varepsilon}_2, \cdots, \boldsymbol{\varepsilon}_s$ 是 W 的基, $\boldsymbol{\varepsilon}_{s+1}, \cdots, \boldsymbol{\varepsilon}_n$ 是 U 的基, 则 $\boldsymbol{\varepsilon}_1, \cdots, \boldsymbol{\varepsilon}_s, \boldsymbol{\varepsilon}_{s+1}, \cdots, \boldsymbol{\varepsilon}_n$ 是 V 的一个基, 定义

$$\sigma(\boldsymbol{\varepsilon}_i) = \begin{cases} \boldsymbol{\varepsilon}_i, & i = 1, 2, \cdots, s, \\ \boldsymbol{0}, & i = s+1, \cdots, n. \end{cases}$$

则 σ 是 V 的线性变换, 称为线性空间 V 在子空间 W 上的**投影**. 投影 σ 在基 $\boldsymbol{\varepsilon}_1, \cdots, \boldsymbol{\varepsilon}_s, \boldsymbol{\varepsilon}_{s+1}, \cdots, \boldsymbol{\varepsilon}_n$ 下的矩阵是

$$\operatorname{diag}(1, \cdots, 1, 0, \cdots, 0),$$

其中主对角线上恰好有 s 个 1, $n-s$ 个 0. 由此可知, 习题第 6.8 题的 σ_1, σ_2 都是投影.

例 6.11 在线性空间 $\mathbb{P}[x]_n$ 中, 考虑线性变换

$$\delta(f(x)) = f'(x) \quad (f(x) \in \mathbb{P}[x]_n).$$

取 $\mathbb{P}[x]_n$ 的一个基 $1, x, x^2, \cdots, x^{n-1}$, 则各个基像

$$\delta(1) = 0, \quad \delta(x) = 1, \quad \delta(x^2) = 2x, \quad \cdots, \quad \delta(x^{n-1}) = (n-1)x^{n-2}.$$

故线性变换 δ 在基 $1, x, x^2, \cdots, x^{n-1}$ 下的矩阵是

$$\boldsymbol{A} = \begin{pmatrix} 0 & 1 & & & \\ & 0 & 2 & & \\ & & 0 & \ddots & \\ & & & \ddots & n-1 \\ & & & & 0 \end{pmatrix}.$$

6.3.2 线性变换空间与矩阵空间同构

在 n 维线性空间 V 中, 取定基 $\boldsymbol{\varepsilon}_1, \boldsymbol{\varepsilon}_2, \cdots, \boldsymbol{\varepsilon}_n$, 线性变换 σ 在这个基下的矩阵 $\boldsymbol{A}$ 的各列分别是基像 $\sigma(\boldsymbol{\varepsilon}_1), \sigma(\boldsymbol{\varepsilon}_2), \cdots, \sigma(\boldsymbol{\varepsilon}_n)$ 的坐标. 我们知道, 坐标是唯一的, 因此, 矩阵 $\boldsymbol{A}$ 由基像唯一决定. 再由定理 6.1 可知, 线性变换 σ 也是由基像唯一决定的. 因此, 取定一个基 $\boldsymbol{\varepsilon}_1, \boldsymbol{\varepsilon}_2, \cdots, \boldsymbol{\varepsilon}_n$, 线性变换 σ 与矩阵 $\boldsymbol{A}$ 一一对应. 也就是说, 从线性变换 σ 到矩阵 $\boldsymbol{A}$ 的映射是双射, 下面证明这个映射是同构映射.

定理 6.5 设 V 是数域 $\mathbb{P}$ 上的 n 维线性空间, $\boldsymbol{\varepsilon}_1, \boldsymbol{\varepsilon}_2, \cdots, \boldsymbol{\varepsilon}_n$ 是 V 的基, 对于 V 的任意线性变换 σ 在这个基下的矩阵设为 $\boldsymbol{A}$, 定义

$$\pi(\sigma) = \boldsymbol{A}.$$

则 $\pi : L(V) \to \mathbb{P}^{n\times n}$ 是同构映射, 因而 $L(V)$ 与 $\mathbb{P}^{n\times n}$ 同构, $\dim L(V) = n^2$.

证明 首先, 由矩阵 $\boldsymbol{A}$ 的定义及定理 6.1 可知 π 是双射. 下面证明 π 是线性映射, 即对任意 $\sigma,\tau\in L(V)$, $k\in\mathbb{P}$, 有

(1) $\pi(\sigma+\tau)=\pi(\sigma)+\pi(\tau)$;

(2) $\pi(k\sigma)=k\pi(\sigma)$.

事实上,

$$\begin{aligned}(\sigma+\tau)(\varepsilon_1,\varepsilon_2,\cdots,\varepsilon_n)&=((\sigma+\tau)(\varepsilon_1),(\sigma+\tau)(\varepsilon_2),\cdots,(\sigma+\tau)(\varepsilon_n))\\&=(\sigma(\varepsilon_1)+\tau(\varepsilon_1),\sigma(\varepsilon_2)+\tau(\varepsilon_2),\cdots,\sigma(\varepsilon_n)+\tau(\varepsilon_n))\\&=(\sigma(\varepsilon_1),\sigma(\varepsilon_2),\cdots,\sigma(\varepsilon_n))+(\tau(\varepsilon_1),\tau(\varepsilon_2),\cdots,\tau(\varepsilon_n))\\&=(\varepsilon_1,\varepsilon_2,\cdots,\varepsilon_n)\pi(\sigma)+(\varepsilon_1,\varepsilon_2,\cdots,\varepsilon_n)\pi(\tau)\\&=(\varepsilon_1,\varepsilon_2,\cdots,\varepsilon_n)(\pi(\sigma)+\pi(\tau)),\end{aligned}$$

即 $\pi(\sigma+\tau)=\pi(\sigma)+\pi(\tau)$ 成立. 又

$$\begin{aligned}(k\sigma)(\varepsilon_1,\varepsilon_2,\cdots,\varepsilon_n)&=((k\sigma)(\varepsilon_1),(k\sigma)(\varepsilon_2),\cdots,(k\sigma)(\varepsilon_n))\\&=(k\sigma(\varepsilon_1),k\sigma(\varepsilon_2),\cdots,k\sigma(\varepsilon_n))\\&=k(\sigma(\varepsilon_1),\sigma(\varepsilon_2),\cdots,\sigma(\varepsilon_n))\\&=k(\varepsilon_1,\varepsilon_2,\cdots,\varepsilon_n)\pi(\sigma)\\&=(\varepsilon_1,\varepsilon_2,\cdots,\varepsilon_n)k\pi(\sigma),\end{aligned}$$

即 $\pi(k\sigma)=k\pi(\sigma)$ 成立.

由于 $\dim\mathbb{P}^{n\times n}=n^2$, 故 $\dim L(V)=n^2$. □

6.2.3 小节讲到, 线性变换与矩阵的代数性质完全一致, 定理 6.5 从理论上揭示了这一现象的深刻原因, 即 $L(V)$ 与 $\mathbb{P}^{n\times n}$ 同构. 在上一章我们知道, 同构的线性空间具有完全相同的代数结构, 所以, 我们能够借助矩阵研究任何有限维抽象空间线性变换的代数性质. 迄今所知, 线性方程组的问题和线性变换的问题都能归结成矩阵的问题, 由此可见, 矩阵理论在高等代数中的作用确实非同一般.

定理 6.6 对任意 $\sigma,\tau\in L(V)$, $k\in\mathbb{P}$, 有

(1) $\pi(\sigma\tau)=\pi(\sigma)\pi(\tau)$;

(2) $\pi(\sigma^n)=\pi(\sigma)^n$, n 是正整数;

(3) 如果 σ 是可逆线性变换, 则 $\pi(\sigma)$ 是可逆矩阵, 且

$$\pi(\sigma^{-1})=(\pi(\sigma))^{-1},\quad \pi(\sigma^{-n})=(\pi(\sigma))^{-n},$$

其中 n 是正整数.

证明 (1) 事实上,

$$\begin{aligned}(\sigma\tau)(\varepsilon_1,\varepsilon_2,\cdots,\varepsilon_n)&=((\sigma\tau)(\varepsilon_1),(\sigma\tau)(\varepsilon_2),\cdots,(\sigma\tau)(\varepsilon_n))\\&=(\sigma(\tau(\varepsilon_1)),\sigma(\tau(\varepsilon_2)),\cdots,\sigma(\tau(\varepsilon_n)))\\&=\sigma(\tau(\varepsilon_1),\tau(\varepsilon_2),\cdots,\tau(\varepsilon_n))\\&=\sigma((\varepsilon_1,\varepsilon_2,\cdots,\varepsilon_n)\pi(\tau))\end{aligned}$$

$$
\begin{aligned}
&= \sigma(\boldsymbol{\varepsilon}_1, \boldsymbol{\varepsilon}_2, \cdots, \boldsymbol{\varepsilon}_n)\pi(\tau) \\
&= (\boldsymbol{\varepsilon}_1, \boldsymbol{\varepsilon}_2, \cdots, \boldsymbol{\varepsilon}_n)\pi(\sigma)\pi(\tau),
\end{aligned}
$$

故 (1) 成立.

(2) 由 (1) 立得.

(3) 设 σ 可逆, 其逆变换是 σ^{-1}, 则 $\sigma\sigma^{-1} = \sigma^{-1}\sigma = \varepsilon$, 因此,

$$\pi(\sigma\sigma^{-1}) = \pi(\sigma^{-1}\sigma) = \pi(\varepsilon),$$

由 (1) 可知

$$\pi(\sigma)\pi(\sigma^{-1}) = \pi(\sigma^{-1})\pi(\sigma) = \boldsymbol{I},$$

故 $\pi(\sigma)$ 可逆, 且 $\pi(\sigma^{-1}) = (\pi(\sigma))^{-1}$. 后一个结论由 (2) 直接得到. □

例 6.12 在 $\mathbb{R}^2$ 中, 设 σ_1, σ_2 分别是绕坐标原点逆时针旋转 θ_1, θ_2 的旋转变换, 求 $\sigma_1\sigma_2$, $\sigma_2\sigma_1$ 在基 $\boldsymbol{e}_1, \boldsymbol{e}_2$ 下的矩阵.

解 由习题第 6.10 题知, σ_1, σ_2 在基 $\boldsymbol{e}_1, \boldsymbol{e}_2$ 下的矩阵分别是

$$\boldsymbol{A}_1 = \begin{pmatrix} \cos\theta_1 & -\sin\theta_1 \\ \sin\theta_1 & \cos\theta_1 \end{pmatrix}, \quad \boldsymbol{A}_2 = \begin{pmatrix} \cos\theta_2 & -\sin\theta_2 \\ \sin\theta_2 & \cos\theta_2 \end{pmatrix}.$$

由定理 6.6(1) 知 $\sigma_1\sigma_2, \sigma_2\sigma_1$ 在基 $\boldsymbol{e}_1, \boldsymbol{e}_2$ 下的矩阵是

$$\boldsymbol{A}_1\boldsymbol{A}_2 = \boldsymbol{A}_2\boldsymbol{A}_1 = \begin{pmatrix} \cos(\theta_1+\theta_2) & -\sin(\theta_1+\theta_2) \\ \sin(\theta_1+\theta_2) & \cos(\theta_1+\theta_2) \end{pmatrix},$$

即 $\sigma_1\sigma_2, \sigma_2\sigma_1$ 都是绕原点逆时针旋转 $\theta_1+\theta_2$ 的旋转变换, 且 $\sigma_1\sigma_2 = \sigma_2\sigma_1$.

定理 6.7 设 V 是 n 维线性空间, $\boldsymbol{\varepsilon}_1, \boldsymbol{\varepsilon}_2, \cdots, \boldsymbol{\varepsilon}_n$ 是 V 的基, V 的线性变换 σ 在这个基下的矩阵为 $\boldsymbol{A}$. $\boldsymbol{\alpha} \in V$ 在基 $\boldsymbol{\varepsilon}_1, \boldsymbol{\varepsilon}_2, \cdots, \boldsymbol{\varepsilon}_n$ 下的坐标是 $\boldsymbol{x} = (x_1, x_2, \cdots, x_n)^{\mathrm{T}}$, $\sigma(\boldsymbol{\alpha})$ 在基 $\boldsymbol{\varepsilon}_1, \boldsymbol{\varepsilon}_2, \cdots, \boldsymbol{\varepsilon}_n$ 下的坐标是 $\boldsymbol{y} = (y_1, y_2, \cdots, y_n)^{\mathrm{T}}$, 则

$$\boldsymbol{y} = \boldsymbol{A}\boldsymbol{x}.$$

证明 注意到

$$\sigma(\boldsymbol{\varepsilon}_1, \boldsymbol{\varepsilon}_2, \cdots, \boldsymbol{\varepsilon}_n) = (\boldsymbol{\varepsilon}_1, \boldsymbol{\varepsilon}_2, \cdots, \boldsymbol{\varepsilon}_n)\boldsymbol{A},$$

$$\boldsymbol{\alpha} = x_1\boldsymbol{\varepsilon}_1 + x_2\boldsymbol{\varepsilon}_2 + \cdots + x_n\boldsymbol{\varepsilon}_n = (\boldsymbol{\varepsilon}_1, \boldsymbol{\varepsilon}_2, \cdots, \boldsymbol{\varepsilon}_n)\boldsymbol{x}.$$

由习题第 6.9 题知

$$\sigma(\boldsymbol{\alpha}) = \sigma((\boldsymbol{\varepsilon}_1, \boldsymbol{\varepsilon}_2, \cdots, \boldsymbol{\varepsilon}_n)\boldsymbol{x}) = \sigma(\boldsymbol{\varepsilon}_1, \boldsymbol{\varepsilon}_2, \cdots, \boldsymbol{\varepsilon}_n)\boldsymbol{x} = (\boldsymbol{\varepsilon}_1, \boldsymbol{\varepsilon}_2, \cdots, \boldsymbol{\varepsilon}_n)\boldsymbol{A}\boldsymbol{x}.$$

然而, $\sigma(\boldsymbol{\alpha})$ 在基 $\boldsymbol{\varepsilon}_1, \boldsymbol{\varepsilon}_2, \cdots, \boldsymbol{\varepsilon}_n$ 下的坐标是 $\boldsymbol{y} = (y_1, y_2, \cdots, y_n)^{\mathrm{T}}$, 由坐标的唯一性知 $\boldsymbol{y} = \boldsymbol{A}\boldsymbol{x}$. □

取定 n 维线性空间 V 的一个基, 则 V 的任一向量与 $\mathbb{P}^n$ 的 n 维坐标向量一一对应, V 的任一线性变换与 $\mathbb{P}^{n\times n}$ 的 n 阶矩阵一一对应. 因此, 以基为桥梁, 向量的问题就转化成了坐标的问题, 线性变换的问题转化成了矩阵的问题, 线性变换的像与原像的关系转化成了坐标与

矩阵的关系. 如同解析几何把点、线、面的问题转化成坐标与方程的问题一样. 所以, 线性空间和线性变换的理论又称为线性代数的 “几何理论”, 行列式与矩阵的理论又称为线性代数的 “解析理论”[4]. 在线性代数的几何理论中, 同构映射起着关键作用, 定理 5.10、定理 6.5、定理 6.6 和定理 6.7 奠定了理论基础, 并具有重要的方法论意义. 有关高等代数的 “解析法” 与 “几何法” 的深入讨论请阅读文献 [1].

6.3.3 线性变换在两个基下的矩阵

定理 6.8 设 σ 是 n 维线性空间 V 的线性变换, 向量组 (I): $\boldsymbol{\varepsilon}_1,\boldsymbol{\varepsilon}_2,\cdots,\boldsymbol{\varepsilon}_n$ 和 (II): $\boldsymbol{\eta}_1,\boldsymbol{\eta}_2,\cdots,\boldsymbol{\eta}_n$ 分别是 V 的两个基, σ 在这两个基下的矩阵分别是 $\boldsymbol{A},\boldsymbol{B}$, 并且从 (I) 到 (II) 的过渡矩阵是 $\boldsymbol{X}$, 则

$$\boldsymbol{B}=\boldsymbol{X}^{-1}\boldsymbol{A}\boldsymbol{X}.$$

证明 由已知

$$\begin{aligned}\sigma(\boldsymbol{\varepsilon}_1,\boldsymbol{\varepsilon}_2,\cdots,\boldsymbol{\varepsilon}_n)&=(\boldsymbol{\varepsilon}_1,\boldsymbol{\varepsilon}_2,\cdots,\boldsymbol{\varepsilon}_n)\boldsymbol{A},\\ \sigma(\boldsymbol{\eta}_1,\boldsymbol{\eta}_2,\cdots,\boldsymbol{\eta}_n)&=(\boldsymbol{\eta}_1,\boldsymbol{\eta}_2,\cdots,\boldsymbol{\eta}_n)\boldsymbol{B},\\ (\boldsymbol{\eta}_1,\boldsymbol{\eta}_2,\cdots,\boldsymbol{\eta}_n)&=(\boldsymbol{\varepsilon}_1,\boldsymbol{\varepsilon}_2,\cdots,\boldsymbol{\varepsilon}_n)\boldsymbol{X},\end{aligned}$$

且 $\boldsymbol{X}$ 是可逆矩阵. 由习题第 6.9 题知

$$\begin{aligned}\sigma(\boldsymbol{\varepsilon}_1,\boldsymbol{\varepsilon}_2,\cdots,\boldsymbol{\varepsilon}_n)&=\sigma((\boldsymbol{\eta}_1,\boldsymbol{\eta}_2,\cdots,\boldsymbol{\eta}_n)\boldsymbol{X}^{-1})\\ &=\sigma(\boldsymbol{\eta}_1,\boldsymbol{\eta}_2,\cdots,\boldsymbol{\eta}_n)\boldsymbol{X}^{-1}\\ &=(\boldsymbol{\eta}_1,\boldsymbol{\eta}_2,\cdots,\boldsymbol{\eta}_n)\boldsymbol{B}\boldsymbol{X}^{-1}\\ &=(\boldsymbol{\varepsilon}_1,\boldsymbol{\varepsilon}_2,\cdots,\boldsymbol{\varepsilon}_n)\boldsymbol{X}\boldsymbol{B}\boldsymbol{X}^{-1}.\end{aligned}$$

由线性变换的矩阵的唯一性知, $\boldsymbol{A}=\boldsymbol{X}\boldsymbol{B}\boldsymbol{X}^{-1}$, 即 $\boldsymbol{B}=\boldsymbol{X}^{-1}\boldsymbol{A}\boldsymbol{X}$. □

定义 6.4 设 $\boldsymbol{A},\boldsymbol{B}$ 是两个 n 阶矩阵, 如果存在 n 阶可逆矩阵 $\boldsymbol{X}$, 使得 $\boldsymbol{B}=\boldsymbol{X}^{-1}\boldsymbol{A}\boldsymbol{X}$, 则称矩阵 $\boldsymbol{A}$ 与 $\boldsymbol{B}$ **相似**, 称 $\boldsymbol{X}$ 为**相似变换矩阵**.

以下讲到两个矩阵相似, 都是指的两个同阶方阵, 不再一一声明. 显然, 两个矩阵相似具有以下性质:

(1) **反身性**: $\boldsymbol{A}$ 与 $\boldsymbol{A}$ 自身相似;

(2) **对称性**: 若 $\boldsymbol{A}$ 与 $\boldsymbol{B}$ 相似, 则 $\boldsymbol{B}$ 与 $\boldsymbol{A}$ 相似;

(3) **传递性**: 若 $\boldsymbol{A}$ 与 $\boldsymbol{B}$ 相似, 且 $\boldsymbol{B}$ 与 $\boldsymbol{C}$ 相似, 则 $\boldsymbol{A}$ 与 $\boldsymbol{C}$ 相似.

因而相似是矩阵的一种等价关系. 利用矩阵相似的概念, 定理 6.8 可以说成

定理 6.9 线性变换在不同基下的矩阵相似; 反之, 两个相似的矩阵可以看作是同一线性变换在两个基下的矩阵.

例 6.13 在例 6.11 中, 取 $\mathbb{P}[x]_n$ 的另外一个基

$$1,\quad x,\quad \frac{x^2}{2!},\quad \cdots,\quad \frac{x^{n-1}}{(n-1)!}.$$

则线性变换 δ 关于这个基的全部基像是

$$\delta(1)=0,\quad \delta(x)=1,\quad \delta\left(\frac{x^2}{2!}\right)=x,\quad \delta\left(\frac{x^3}{3!}\right)=\frac{x^2}{2!},\quad \cdots,\quad \delta\left(\frac{x^{n-1}}{(n-1)!}\right)=\frac{x^{n-2}}{(n-2)!}.$$

因此, 线性变换 δ 在这个基下的矩阵是

$$\boldsymbol{B}=\begin{pmatrix}0 & 1 & & & \\ & 0 & 1 & & \\ & & 0 & \ddots & \\ & & & \ddots & 1 \\ & & & & 0\end{pmatrix}.$$

由定理 6.9 知, 矩阵 $\boldsymbol{A},\boldsymbol{B}$ 相似, 且

$$\left(1,x,\frac{x^2}{2!},\cdots,\frac{x^{n-1}}{(n-1)!}\right)=(1,x,x^2,\cdots,x^{n-1})\begin{pmatrix}1 & & & & \\ & 1 & & & \\ & & \frac{1}{2!} & & \\ & & & \ddots & \\ & & & & \frac{1}{(n-1)!}\end{pmatrix}.$$

相似变换矩阵 (即过渡矩阵) 是

$$\boldsymbol{X}=\operatorname{diag}\left(1,1,\frac{1}{2!},\cdots,\frac{1}{(n-1)!}\right),$$

所以 $\boldsymbol{B}=\boldsymbol{X}^{-1}\boldsymbol{A}\boldsymbol{X}$.

例 6.14 证明: 两个 n 阶矩阵

$$\boldsymbol{A}=\begin{pmatrix}1 & 1 & \cdots & 1\\ 1 & 1 & \cdots & 1\\ \vdots & \vdots & & \vdots\\ 1 & 1 & \cdots & 1\end{pmatrix},\quad \boldsymbol{B}=\begin{pmatrix}n & 0 & \cdots & 0\\ 0 & 0 & \cdots & 0\\ \vdots & \vdots & & \vdots\\ 0 & 0 & \cdots & 0\end{pmatrix}$$

相似.

证明 设 $\varepsilon_1,\varepsilon_2,\cdots,\varepsilon_n$ 是 n 维线性空间 V 的基, 定义 V 的线性变换:

$$\sigma(\varepsilon_i)=\varepsilon_1+\varepsilon_2+\cdots+\varepsilon_n\quad(i=1,2,\cdots,n).$$

则 σ 在基 $\varepsilon_1,\varepsilon_2,\cdots,\varepsilon_n$ 下的矩阵为

$$\boldsymbol{A}=\begin{pmatrix}1 & 1 & \cdots & 1\\ 1 & 1 & \cdots & 1\\ \vdots & \vdots & & \vdots\\ 1 & 1 & \cdots & 1\end{pmatrix}.$$

令

$$\boldsymbol{\alpha}_1=\boldsymbol{\varepsilon}_1+\boldsymbol{\varepsilon}_2+\cdots+\boldsymbol{\varepsilon}_n,\quad \boldsymbol{\alpha}_2=\boldsymbol{\varepsilon}_1-\boldsymbol{\varepsilon}_2,\quad \cdots,\quad \boldsymbol{\alpha}_n=\boldsymbol{\varepsilon}_{n-1}-\boldsymbol{\varepsilon}_n,$$

则

$$(\boldsymbol{\alpha}_1,\boldsymbol{\alpha}_2,\cdots,\boldsymbol{\alpha}_n)=(\boldsymbol{\varepsilon}_1,\boldsymbol{\varepsilon}_2,\cdots,\boldsymbol{\varepsilon}_n)\begin{pmatrix}1&1&0&\cdots&0&0\\1&-1&1&\cdots&0&0\\1&0&-1&\cdots&0&0\\\vdots&\vdots&\vdots&&\vdots&\vdots\\1&0&0&\cdots&-1&1\\1&0&0&\cdots&0&-1\end{pmatrix}.$$

容易求得上式最后一个矩阵的行列式的值为 $(-1)^{n-1}n\neq 0$. 因此, $\boldsymbol{\alpha}_1,\boldsymbol{\alpha}_2,\cdots,\boldsymbol{\alpha}_n$ 线性无关, 它也是 V 的基, 且

$$\sigma(\boldsymbol{\alpha}_1)=n\boldsymbol{\alpha}_1,\quad \sigma(\boldsymbol{\alpha}_i)=\mathbf{0}\quad (i=2,3,\cdots,n).$$

因此, σ 在基 $\boldsymbol{\alpha}_1,\boldsymbol{\alpha}_2,\cdots,\boldsymbol{\alpha}_n$ 下的矩阵为

$$\boldsymbol{B}=\begin{pmatrix}n&0&\cdots&0\\0&0&\cdots&0\\\vdots&\vdots&&\vdots\\0&0&\cdots&0\end{pmatrix},$$

故 $\boldsymbol{A}$ 与 $\boldsymbol{B}$ 相似. □

注 利用定理 8.15 可得到例 6.14 更简洁的证明, 请阅读文献 [1]“§8.2 学习指导”.

习题 6.3

6.9 证明: 对任一 $n\times m$ 矩阵 $\boldsymbol{B}$, 都有

$$\sigma((\boldsymbol{\varepsilon}_1,\boldsymbol{\varepsilon}_2,\cdots,\boldsymbol{\varepsilon}_n)\boldsymbol{B})=\sigma(\boldsymbol{\varepsilon}_1,\boldsymbol{\varepsilon}_2,\cdots,\boldsymbol{\varepsilon}_n)\boldsymbol{B}.$$

6.10 在线性空间 $\mathbb{R}^2$ 中, 分别取 x,y 轴上的单位向量 $\boldsymbol{e}_1,\boldsymbol{e}_2$ 作为它的基. 设 σ 是围绕坐标原点按逆时针方向旋转 θ 角的旋转变换. 证明:

(1) σ 是 $\mathbb{R}^2$ 的线性变换;

(2) σ 在基 $\boldsymbol{e}_1,\boldsymbol{e}_2$ 下的矩阵是

$$\begin{pmatrix}\cos\theta&-\sin\theta\\\sin\theta&\cos\theta\end{pmatrix}.$$

6.11 在 $\mathbb{P}^{2\times 2}$ 中定义线性变换

$$\sigma(\boldsymbol{X})=\boldsymbol{X}\begin{pmatrix}a&b\\c&d\end{pmatrix},\quad \tau(\boldsymbol{X})=\begin{pmatrix}a&b\\c&d\end{pmatrix}\boldsymbol{X}\begin{pmatrix}a&b\\c&d\end{pmatrix}.$$

分别求 σ,τ 在基 $\boldsymbol{E}_{11},\boldsymbol{E}_{12},\boldsymbol{E}_{21},\boldsymbol{E}_{22}$ 下的矩阵.

6.12 在 $\mathbb{P}^3$ 中, 定义线性变换: $\sigma((x_1,x_2,x_3)^{\mathrm{T}}) = (2x_1-x_2,x_2+x_3,x_1)^{\mathrm{T}}$, 求 σ 在基 $\boldsymbol{e}_1,\boldsymbol{e}_2,\boldsymbol{e}_3$(单位列向量) 下的矩阵.

6.13 在 $\mathbb{P}^3$ 中, 线性变换 σ 把基 $\boldsymbol{\alpha}=(1,0,1)^{\mathrm{T}},\boldsymbol{\beta}=(0,1,0)^{\mathrm{T}},\boldsymbol{\gamma}=(0,0,1)^{\mathrm{T}}$ 变为 $\boldsymbol{\alpha}_1=(1,0,2)^{\mathrm{T}},\boldsymbol{\beta}_1=(-1,-2,-1)^{\mathrm{T}},\boldsymbol{\gamma}_1=(0,0,1)^{\mathrm{T}}$, 试求 σ 在基 $\boldsymbol{\alpha},\boldsymbol{\beta},\boldsymbol{\gamma}$ 下的矩阵.

6.14 已知 $\mathbb{P}^3$ 的基 $\boldsymbol{\varepsilon}_1=(-1,0,2)^{\mathrm{T}},\boldsymbol{\varepsilon}_2=(0,1,1)^{\mathrm{T}},\boldsymbol{\varepsilon}_3=(3,-1,0)^{\mathrm{T}}$, 定义线性变换

$$\begin{cases}\sigma(\boldsymbol{\varepsilon}_1)=(-5,0,3)^{\mathrm{T}},\\ \sigma(\boldsymbol{\varepsilon}_2)=(0,-1,6)^{\mathrm{T}},\\ \sigma(\boldsymbol{\varepsilon}_3)=(-5,-1,9)^{\mathrm{T}},\end{cases}$$

试求 σ 在基 $\boldsymbol{\varepsilon}_1,\boldsymbol{\varepsilon}_2,\boldsymbol{\varepsilon}_3$ 下的矩阵.

6.15 已知线性变换 σ 在 $\mathbb{P}^3$ 的基 $\boldsymbol{\varepsilon}_1=(-1,1,1)^{\mathrm{T}},\boldsymbol{\varepsilon}_2=(1,0,-1)^{\mathrm{T}},\boldsymbol{\varepsilon}_3=(0,1,1)^{\mathrm{T}}$ 下的矩阵是

$$\boldsymbol{A}=\begin{pmatrix}1&0&1\\1&1&0\\-1&2&1\end{pmatrix},$$

试求 σ 在基 $\boldsymbol{e}_1,\boldsymbol{e}_2,\boldsymbol{e}_3$ (单位列向量) 下的矩阵.

6.16 设 $\boldsymbol{\varepsilon}_1,\boldsymbol{\varepsilon}_2,\boldsymbol{\varepsilon}_3$ 是三维线性空间 V 的基, 线性变换 σ 在这个基下的矩阵是

$$\boldsymbol{A}=\begin{pmatrix}0&3&-1\\1&-2&2\\4&1&-1\end{pmatrix},$$

求 $\sigma(2\boldsymbol{\varepsilon}_1-\boldsymbol{\varepsilon}_2+5\boldsymbol{\varepsilon}_3)$ 在基 $\boldsymbol{\varepsilon}_1,\boldsymbol{\varepsilon}_2,\boldsymbol{\varepsilon}_3$ 下的坐标.

6.17 设 σ 是 n 维线性空间 V 的线性变换, n 是大于 1 的整数, $\boldsymbol{\alpha}\in V,\sigma^{n-1}(\boldsymbol{\alpha})\neq\mathbf{0}$, 且 $\sigma^n(\boldsymbol{\alpha})=\mathbf{0}$. 证明: $\boldsymbol{\alpha},\sigma(\boldsymbol{\alpha}),\sigma^2(\boldsymbol{\alpha}),\cdots,\sigma^{n-1}(\boldsymbol{\alpha})$ 是线性空间 V 的一个基, 并求 σ 在这个基下的矩阵.

6.18 设 $\boldsymbol{A}$ 与 $\boldsymbol{C}$ 相似, $\boldsymbol{B}$ 与 $\boldsymbol{D}$ 相似, 证明如下两个分块矩阵相似:

$$\begin{pmatrix}\boldsymbol{A}&\boldsymbol{O}\\\boldsymbol{O}&\boldsymbol{B}\end{pmatrix},\quad\begin{pmatrix}\boldsymbol{C}&\boldsymbol{O}\\\boldsymbol{O}&\boldsymbol{D}\end{pmatrix}.$$

6.19 设 $\boldsymbol{A}$ 与 $\boldsymbol{B}$ 相似, 证明: $\boldsymbol{A}^{\mathrm{T}}$ 与 $\boldsymbol{B}^{\mathrm{T}}$ 相似.

6.20 设 $\boldsymbol{A},\boldsymbol{B}$ 是两个方阵, 且 $\boldsymbol{A}$ 可逆, 证明: $\boldsymbol{AB}$ 与 $\boldsymbol{BA}$ 相似.

6.21 证明: 对角矩阵 $\mathrm{diag}(\lambda_1,\lambda_2,\cdots,\lambda_n)$ 与 $\mathrm{diag}(\lambda_{i_1},\lambda_{i_2},\cdots,\lambda_{i_n})$ 相似, 其中 $i_1,i_2,\cdots,i_n$ 是 $1,2,\cdots,n$ 的一个排列.

6.22 设 W 是 n 维线性空间 V 的子空间, 试证: 存在 V 的线性变换 σ, 其值域 $\mathrm{Im}\sigma=W$; 也存在线性变换 τ, 其核 $\ker\tau=W$.

§6.4 特征值与特征向量

线性变换的矩阵对于处理抽象空间的线性变换具有非常重要的作用, 从计算的角度讲, 自然希望这个矩阵越简单越好, 然而, 它与基的取法有关. 能不能找到这样一个基, 使线性变

换在这个基下的矩阵具有非常简单的形式, 比如是对角矩阵之类的? 为此, 本节先介绍特征值与特征向量的概念和性质, 下一节再介绍对角化方法.

6.4.1 特征值与特征向量的概念

定义 6.5 设 V 是数域 $\mathbb{P}$ 上的线性空间, $\sigma \in L(V)$. 对数域 $\mathbb{P}$ 的某个数 λ, 如果存在非零向量 $\boldsymbol{\alpha} \in V$, 使得

$$\sigma(\boldsymbol{\alpha}) = \lambda\boldsymbol{\alpha}$$

成立, 则称 λ 是线性变换 σ 的**特征值**, 非零向量 $\boldsymbol{\alpha}$ 称为 σ 的属于特征值 λ 的**特征向量**.

如果 $\lambda \neq 0$, 从几何的角度看, 线性变换 σ 把非零向量 $\boldsymbol{\alpha}$ 变成了一个与原像共线的向量 $\lambda\boldsymbol{\alpha}$, 这个 $\boldsymbol{\alpha}$ 就是 σ 的属于特征值 λ 的特征向量.

设 λ 是 σ 的特征值, 属于 λ 的全体特征向量连同零向量构成的集合记为

$$V_\lambda = \{\boldsymbol{\alpha} \in V | \sigma(\boldsymbol{\alpha}) = \lambda\boldsymbol{\alpha}\},$$

则 V_λ 是 V 的子空间.

事实上, 对任意 $\boldsymbol{\alpha}, \boldsymbol{\beta} \in V_\lambda$, $\sigma(\boldsymbol{\alpha}) = \lambda\boldsymbol{\alpha}$, $\sigma(\boldsymbol{\beta}) = \lambda\boldsymbol{\beta}$, 因此

$$\sigma(\boldsymbol{\alpha}+\boldsymbol{\beta}) = \sigma(\boldsymbol{\alpha}) + \sigma(\boldsymbol{\beta}) = \lambda\boldsymbol{\alpha} + \lambda\boldsymbol{\beta} = \lambda(\boldsymbol{\alpha}+\boldsymbol{\beta}),$$

即 $\boldsymbol{\alpha}+\boldsymbol{\beta} \in V_\lambda$. 其次, 对任意 $k \in \mathbb{P}, \boldsymbol{\alpha} \in V_\lambda$, $\sigma(\boldsymbol{\alpha}) = \lambda\boldsymbol{\alpha}$. 则

$$\sigma(k\boldsymbol{\alpha}) = k\sigma(\boldsymbol{\alpha}) = k\lambda\boldsymbol{\alpha} = \lambda(k\boldsymbol{\alpha}),$$

即 $k\boldsymbol{\alpha} \in V_\lambda$. 因此, V_λ 是 V 的子空间, 称为 σ 的关于特征值 λ 的**特征子空间**.

6.4.2 特征值与特征向量的求法

设 V 是数域 $\mathbb{P}$ 上的 n 维线性空间, $\boldsymbol{\varepsilon}_1, \boldsymbol{\varepsilon}_2, \cdots, \boldsymbol{\varepsilon}_n$ 是 V 的基, 线性变换 σ 在这个基下的矩阵是 $\boldsymbol{A} = (a_{ij})_{n\times n}$. 设 λ 是 σ 的特征值, $\boldsymbol{\alpha}$ 是属于 λ 的特征向量, 且 $\boldsymbol{\alpha} = \sum\limits_{i=1}^{n} x_i\boldsymbol{\varepsilon}_i$, 即 $\boldsymbol{\alpha}$ 在基 $\boldsymbol{\varepsilon}_1, \boldsymbol{\varepsilon}_2, \cdots, \boldsymbol{\varepsilon}_n$ 下的坐标是 $\boldsymbol{x} = (x_1, x_2, \cdots, x_n)^{\mathrm{T}}$. 由 $\sigma(\boldsymbol{\alpha}) = \lambda\boldsymbol{\alpha}$ 可知,

$$\boldsymbol{A}\boldsymbol{x} = \lambda\boldsymbol{x}. \tag{6.1}$$

由于 $\boldsymbol{\alpha}$ 是 V 的非零向量, 因此 $\boldsymbol{x} \neq \boldsymbol{0}$.

定义 6.6 设 $\boldsymbol{A}$ 是 n 阶矩阵, 如果存在数 λ 和 n 维列向量 $\boldsymbol{x} \neq \boldsymbol{0}$, 使得 $\boldsymbol{A}\boldsymbol{x} = \lambda\boldsymbol{x}$ 成立, 则称 λ 为**矩阵 $\boldsymbol{A}$ 的特征值**, 称 $\boldsymbol{x}$ 为矩阵 $\boldsymbol{A}$ 的属于特征值 λ 的**特征向量**.

由以上讨论可以看到, 线性变换 σ 的特征值就是矩阵 $\boldsymbol{A}$ 的特征值, σ 的属于特征值 λ 的特征向量的坐标就是 $\boldsymbol{A}$ 的属于特征值 λ 的特征向量. 这完全应验了前面讲的取定一个基后, "线性变换" 与 "矩阵" 对应, "向量" 与 "坐标" 对应的说法. 所以, 求线性变换的特征值和特征向量的问题, 可以完全归结为求矩阵的特征值和特征向量的问题.

由 (6.1) 式可知, 矩阵 $\boldsymbol{A}$ 的属于特征值 λ 的特征向量 $\boldsymbol{x}$ 是齐次方程组

$$(\lambda\boldsymbol{I} - \boldsymbol{A})\boldsymbol{x} = \boldsymbol{0} \tag{6.2}$$

的非零解, 因而系数行列式

$$|\lambda \boldsymbol{I}-\boldsymbol{A}|=\begin{vmatrix}\lambda-a_{11} & -a_{12} & \cdots & -a_{1n}\\ -a_{21} & \lambda-a_{22} & \cdots & -a_{2n}\\ \vdots & \vdots & & \vdots\\ -a_{n1} & -a_{n2} & \cdots & \lambda-a_{nn}\end{vmatrix}=0. \tag{6.3}$$

方程 (6.3) 称为矩阵 $\boldsymbol{A}$(或 σ) 的**特征方程**, 它的根就是矩阵 $\boldsymbol{A}$(或 σ) 的全部特征值, 因此, 特征值又叫**特征根**. 行列式 $|\lambda \boldsymbol{I}-\boldsymbol{A}|$ 的展开式是关于 λ 的 n 次多项式, 称为矩阵 $\boldsymbol{A}$(或 σ) 的**特征多项式**. 在复数域上, n 阶矩阵 (或 n 维线性空间的线性变换) 一定有 n 个特征根 (重根按重数计算).

求矩阵 $\boldsymbol{A}$ 的特征根与特征向量通常按如下步骤进行:

(1) 求特征方程 $|\lambda \boldsymbol{I}-\boldsymbol{A}|=0$ 的全部解, 得到矩阵 $\boldsymbol{A}$ 的所有特征根;

(2) 对每一个特征根 λ, 求齐次方程组 $(\lambda \boldsymbol{I}-\boldsymbol{A})\boldsymbol{x}=\boldsymbol{0}$ 的一个基础解系 $\boldsymbol{\xi}_1,\boldsymbol{\xi}_2,\cdots,\boldsymbol{\xi}_s$, 得到矩阵 $\boldsymbol{A}$ 的对应于 λ 的所有特征向量 $\boldsymbol{x}=\sum\limits_{i=1}^{s}k_i\boldsymbol{\xi}_i\,(k_1,k_2,\cdots,k_s$ 是不全为零的任意数).

基础解系 $\boldsymbol{\xi}_1,\boldsymbol{\xi}_2,\cdots,\boldsymbol{\xi}_s$ 分别是线性变换 σ 的关于特征根 λ 的特征向量 $\boldsymbol{\alpha}_1,\boldsymbol{\alpha}_2,\cdots,\boldsymbol{\alpha}_s$ 的坐标, σ 的关于特征根 λ 的全部特征向量可以表示为

$$\sum_{i=1}^{s}k_i\boldsymbol{\alpha}_i,$$

其中 $k_1,k_2,\cdots,k_s$ 是不全为零的任意数. 所以, σ 的关于特征根 λ 的特征子空间

$$V_\lambda=L(\boldsymbol{\alpha}_1,\boldsymbol{\alpha}_2,\cdots,\boldsymbol{\alpha}_s)$$

的维数等于齐次方程组 (6.2) 的解空间的维数, 等于基础解系所含向量的个数 $s=n-\mathrm{R}(\lambda \boldsymbol{I}-\boldsymbol{A})$, 称为特征根 λ 的**几何重数**. 如果 λ 是特征方程 $|\lambda \boldsymbol{I}-\boldsymbol{A}|=0$ 的 k 重根, 则称 k 为特征根 λ 的**代数重数**.

例 6.15 求矩阵

$$\boldsymbol{A}=\begin{pmatrix}4 & 6 & 0\\ -3 & -5 & 0\\ -3 & -6 & 1\end{pmatrix}$$

的特征值与特征向量.

解 由

$$|\lambda \boldsymbol{I}-\boldsymbol{A}|=\begin{vmatrix}\lambda-4 & -6 & 0\\ 3 & \lambda+5 & 0\\ 3 & 6 & \lambda-1\end{vmatrix}=(\lambda-1)^2(\lambda+2)=0$$

得矩阵 $\boldsymbol{A}$ 的特征值 $\lambda_1=\lambda_2=1$(二重根), $\lambda_3=-2$.

对 $\lambda_1=\lambda_2=1$,

$$\lambda_1\boldsymbol{I}-\boldsymbol{A}=\begin{pmatrix}-3 & -6 & 0\\ 3 & 6 & 0\\ 3 & 6 & 0\end{pmatrix}\xrightarrow{r}\begin{pmatrix}1 & 2 & 0\\ 0 & 0 & 0\\ 0 & 0 & 0\end{pmatrix}.$$

齐次方程组 $(\lambda_1\boldsymbol{I}-\boldsymbol{A})\boldsymbol{x}=\boldsymbol{0}$ 可化为 $x_1=-2x_2$, 基础解系 (自由未知量是 x_2, x_3):

$$\boldsymbol{\xi}_1=(-2,1,0)^{\mathrm{T}},\quad \boldsymbol{\xi}_2=(0,0,1)^{\mathrm{T}}.$$

因此, 矩阵 $\boldsymbol{A}$ 的属于特征值 $\lambda_1=\lambda_2=1$ 的全部特征向量是 $k_1\boldsymbol{\xi}_1+k_2\boldsymbol{\xi}_2\,(k_1,k_2$ 是不全为零的数).

对 $\lambda_3=-2$,

$$\lambda_3\boldsymbol{I}-\boldsymbol{A}=\begin{pmatrix}-6&-6&0\\3&3&0\\3&6&-3\end{pmatrix}\xrightarrow{r}\begin{pmatrix}1&0&1\\0&1&-1\\0&0&0\end{pmatrix}.$$

齐次方程组 $x_1=-x_3,\,x_2=x_3$ 的基础解系 $\boldsymbol{\xi}=(-1,1,1)^{\mathrm{T}}$, 因此, 矩阵 $\boldsymbol{A}$ 的属于特征值 $\lambda_3=-2$ 的全部特征向量是 $k\boldsymbol{\xi}\,(k\neq 0$ 是任意数).

注 在例 6.15 中, 特征根 $\lambda=1$ 的代数重数等于几何重数等于 2.

例 6.16 在三维线性空间 V 中, 设线性变换 σ 在基 $\boldsymbol{\varepsilon}_1,\boldsymbol{\varepsilon}_2,\boldsymbol{\varepsilon}_3$ 下的矩阵是

$$\boldsymbol{A}=\begin{pmatrix}1&2&2\\2&1&2\\2&2&1\end{pmatrix},$$

求 σ 的特征值与特征向量.

解 由

$$|\lambda\boldsymbol{I}-\boldsymbol{A}|=\begin{vmatrix}\lambda-1&-2&-2\\-2&\lambda-1&-2\\-2&-2&\lambda-1\end{vmatrix}=(\lambda+1)^2(\lambda-5)=0$$

得矩阵 $\boldsymbol{A}$ 的特征值 $\lambda_1=\lambda_2=-1$(二重根), $\lambda_3=5$.

对 $\lambda_1=\lambda_2=-1$,

$$\lambda_1\boldsymbol{I}-\boldsymbol{A}=\begin{pmatrix}-2&-2&-2\\-2&-2&-2\\-2&-2&-2\end{pmatrix}\xrightarrow{r}\begin{pmatrix}1&1&1\\0&0&0\\0&0&0\end{pmatrix},$$

齐次方程组 $x_1=-x_2-x_3$ 的基础解系: $\boldsymbol{\xi}_1=(-1,1,0)^{\mathrm{T}}$, $\boldsymbol{\xi}_2=(-1,0,1)^{\mathrm{T}}$. 令

$$\boldsymbol{\alpha}_1=-\boldsymbol{\varepsilon}_1+\boldsymbol{\varepsilon}_2,\quad \boldsymbol{\alpha}_2=-\boldsymbol{\varepsilon}_1+\boldsymbol{\varepsilon}_3,$$

则线性变换 σ 的属于特征值 -1 的全部特征向量是

$$k_1\boldsymbol{\alpha}_1+k_2\boldsymbol{\alpha}_2\quad(k_1,k_2\text{是不全为零的数}).$$

对 $\lambda_3=5$,

$$\lambda_3\boldsymbol{I}-\boldsymbol{A}=\begin{pmatrix}4&-2&-2\\-2&4&-2\\-2&-2&4\end{pmatrix}\xrightarrow{r}\begin{pmatrix}1&0&-1\\0&1&-1\\0&0&0\end{pmatrix}.$$

齐次方程组 $x_1 = x_2 = x_3$ 的基础解系 $\boldsymbol{\xi} = (1,1,1)^{\mathrm{T}}$. 令

$$\boldsymbol{\alpha} = \boldsymbol{\varepsilon}_1 + \boldsymbol{\varepsilon}_2 + \boldsymbol{\varepsilon}_3,$$

因此, σ 的属于特征值 5 的全部特征向量是 $k\boldsymbol{\alpha}$ ($k \neq 0$ 是任意数).

注 在例 6.16 中, 特征根 $\lambda_1 = \lambda_2 = -1$ 的代数重数等于 2, 特征子空间 $V_{\lambda_1} = L(\boldsymbol{\alpha}_1, \boldsymbol{\alpha}_2)$, $\dim V_{\lambda_1} = 2$, 故该特征根的几何重数也等于 2. 特征根 $\lambda_3 = 5$ 的代数重数等于 1, 特征子空间 $V_{\lambda_3} = L(\boldsymbol{\alpha})$, $\dim V_{\lambda_1} = 1$, 其几何重数也等于 1.

例 6.17 在平面直角坐标系中, 坐标旋转变换的矩阵是

$$\boldsymbol{A} = \begin{pmatrix} \cos\theta & -\sin\theta \\ \sin\theta & \cos\theta \end{pmatrix},$$

其特征多项式

$$|\lambda \boldsymbol{I} - \boldsymbol{A}| = \lambda^2 - 2\lambda\cos\theta + 1,$$

当 $\theta \neq k\pi\,(k \in \mathbb{Z})$ 时无实数根, 即当 $\theta \neq k\pi\,(k \in \mathbb{Z})$ 时无实特征值, 此时旋转后的向量不可能与原向量共线.

例 6.18 设 λ 是矩阵 $\boldsymbol{A}$ 的特征值, m 是正整数, 证明:

(1) λ^m 是 $\boldsymbol{A}^m$ 的特征值;

(2) 设 a, b 是两个数, 则 $a\lambda + b$ 是矩阵 $a\boldsymbol{A} + b\boldsymbol{I}$ 的特征值;

(3) 若 $\boldsymbol{A}$ 是可逆矩阵, 则 $\lambda \neq 0$, 且 λ^{-1} 是 $\boldsymbol{A}^{-1}$ 的特征值, $\dfrac{|\boldsymbol{A}|}{\lambda}$ 是 $\boldsymbol{A}^*$ 的特征值.

证明 (1) 设 $\boldsymbol{\alpha} \neq \boldsymbol{0}$ 是特征值 λ 对应的特征向量, 则有 $\boldsymbol{A}\boldsymbol{\alpha} = \lambda\boldsymbol{\alpha}$. 两边同时左乘矩阵 $\boldsymbol{A}$ 得

$$\boldsymbol{A}^2\boldsymbol{\alpha} = \lambda\boldsymbol{A}\boldsymbol{\alpha} = \lambda^2\boldsymbol{\alpha}.$$

继续下去, 得到

$$\boldsymbol{A}^m\boldsymbol{\alpha} = \lambda^{m-1}\boldsymbol{A}\boldsymbol{\alpha} = \lambda^m\boldsymbol{\alpha}.$$

因此, λ^m 是 $\boldsymbol{A}^m$ 的特征值, $\boldsymbol{\alpha}$ 是特征值 λ^m 对应的特征向量.

(2) 由

$$(a\boldsymbol{A} + b\boldsymbol{I})\boldsymbol{\alpha} = a\boldsymbol{A}\boldsymbol{\alpha} + b\boldsymbol{\alpha} = a\lambda\boldsymbol{\alpha} + b\boldsymbol{\alpha} = (a\lambda + b)\boldsymbol{\alpha}$$

可知, $a\lambda + b$ 是 $a\boldsymbol{A} + b\boldsymbol{I}$ 的特征值, $\boldsymbol{\alpha}$ 是特征值 $a\lambda + b$ 对应的特征向量.

(3) 若 $\boldsymbol{A}$ 是可逆矩阵, 而 $\lambda = 0$, 则特征方程

$$|0\boldsymbol{I} - \boldsymbol{A}| = (-1)^n|\boldsymbol{A}| = 0,$$

这与 $\boldsymbol{A}$ 是可逆矩阵矛盾, 所以, $\lambda \neq 0$. 由

$$\boldsymbol{A}^{-1} \cdot \boldsymbol{A}\boldsymbol{\alpha} = \lambda\boldsymbol{A}^{-1}\boldsymbol{\alpha}$$

得到

$$\boldsymbol{A}^{-1}\boldsymbol{\alpha} = \frac{1}{\lambda}\boldsymbol{\alpha}.$$

所以, λ^{-1} 是 $\boldsymbol{A}^{-1}$ 的特征值, $\boldsymbol{\alpha}$ 是特征值 λ^{-1} 对应的特征向量. 由

$$\boldsymbol{A}^*\boldsymbol{\alpha}=|\boldsymbol{A}|\boldsymbol{A}^{-1}\boldsymbol{\alpha}=|\boldsymbol{A}|\lambda^{-1}\boldsymbol{\alpha}$$

可知, $\dfrac{|\boldsymbol{A}|}{\lambda}$ 是 $\boldsymbol{A}^*$ 的特征值, $\boldsymbol{\alpha}$ 是特征值 $\dfrac{|\boldsymbol{A}|}{\lambda}$ 对应的特征向量. □

定理 6.10 相似矩阵有相同的特征多项式与相同的特征值.

证明 设 n 阶矩阵 $\boldsymbol{A}$ 与 $\boldsymbol{B}$ 相似, 则存在可逆矩阵 $\boldsymbol{X}$ 使得 $\boldsymbol{X}^{-1}\boldsymbol{A}\boldsymbol{X}=\boldsymbol{B}$. 于是,

$$\begin{aligned}|\lambda\boldsymbol{I}-\boldsymbol{B}|&=|\lambda\boldsymbol{I}-\boldsymbol{X}^{-1}\boldsymbol{A}\boldsymbol{X}|=|\boldsymbol{X}^{-1}(\lambda\boldsymbol{I}-\boldsymbol{A})\boldsymbol{X}|\\&=|\boldsymbol{X}^{-1}||\lambda\boldsymbol{I}-\boldsymbol{A}||\boldsymbol{X}|=|\lambda\boldsymbol{I}-\boldsymbol{A}|.\end{aligned}$$

所以, $\boldsymbol{A}$ 与 $\boldsymbol{B}$ 有相同的特征多项式, 因而有相同的特征值. □

定理 6.11 在复数域上, 任一 n 阶矩阵 $\boldsymbol{A}$ 必相似于一个上三角矩阵, 其上三角矩阵的主对角元恰为 $\boldsymbol{A}$ 的 n 个特征值.

***证明** 对矩阵 $\boldsymbol{A}$ 的阶数 n 用数学归纳法证明定理的前一半.

当 $n=1$ 时结论显然成立. 假设结论对 $n-1$ 阶矩阵成立. 现对 $\boldsymbol{A}$ 是 n 阶矩阵的情形证明.

设 λ 是 n 阶复矩阵 $\boldsymbol{A}$ 的特征值, 则存在非零向量 $\boldsymbol{\alpha}_1$, 使得 $\boldsymbol{A}\boldsymbol{\alpha}_1=\lambda\boldsymbol{\alpha}_1$. 把 $\boldsymbol{\alpha}_1$ 扩充成线性空间 $\mathbb{C}^n$ 的基 $\boldsymbol{\alpha}_1,\boldsymbol{\alpha}_2,\cdots,\boldsymbol{\alpha}_n$. 设列向量 $\boldsymbol{A}\boldsymbol{\alpha}_1,\boldsymbol{A}\boldsymbol{\alpha}_2,\cdots,\boldsymbol{A}\boldsymbol{\alpha}_n$ 在这个基下的矩阵为

$$\begin{pmatrix}\lambda & *\\ \boldsymbol{0} & \boldsymbol{A}_1\end{pmatrix},$$

其中 $\boldsymbol{A}_1$ 是 $n-1$ 阶复方阵. 这就是说,

$$(\boldsymbol{A}\boldsymbol{\alpha}_1,\boldsymbol{A}\boldsymbol{\alpha}_2,\cdots,\boldsymbol{A}\boldsymbol{\alpha}_n)=(\boldsymbol{\alpha}_1,\boldsymbol{\alpha}_2,\cdots,\boldsymbol{\alpha}_n)\begin{pmatrix}\lambda & *\\ \boldsymbol{0} & \boldsymbol{A}_1\end{pmatrix},$$

或写成

$$\boldsymbol{A}(\boldsymbol{\alpha}_1,\boldsymbol{\alpha}_2,\cdots,\boldsymbol{\alpha}_n)=(\boldsymbol{\alpha}_1,\boldsymbol{\alpha}_2,\cdots,\boldsymbol{\alpha}_n)\begin{pmatrix}\lambda & *\\ \boldsymbol{0} & \boldsymbol{A}_1\end{pmatrix}.$$

令 $\boldsymbol{B}=(\boldsymbol{\alpha}_1,\boldsymbol{\alpha}_2,\cdots,\boldsymbol{\alpha}_n)$, 则 $\boldsymbol{B}$ 是 n 阶可逆矩阵, 且

$$\boldsymbol{A}\boldsymbol{B}=\boldsymbol{B}\begin{pmatrix}\lambda & *\\ \boldsymbol{0} & \boldsymbol{A}_1\end{pmatrix},$$

或写成

$$\boldsymbol{B}^{-1}\boldsymbol{A}\boldsymbol{B}=\begin{pmatrix}\lambda & *\\ \boldsymbol{0} & \boldsymbol{A}_1\end{pmatrix},$$

其中 $\boldsymbol{A}_1$ 是 $n-1$ 阶方阵. 由归纳假设知, 存在 $n-1$ 阶可逆矩阵 $\boldsymbol{Q}$, 使得 $\boldsymbol{Q}^{-1}\boldsymbol{A}_1\boldsymbol{Q}$ 是一个上三角矩阵. 令

$$\boldsymbol{C}=\begin{pmatrix}1 & \boldsymbol{0}\\ \boldsymbol{0} & \boldsymbol{Q}\end{pmatrix},$$

则 $\boldsymbol{C}$ 是可逆矩阵, 且

$$\begin{aligned}\boldsymbol{C}^{-1}\boldsymbol{B}^{-1}\boldsymbol{A}\boldsymbol{B}\boldsymbol{C} &= \begin{pmatrix}1 & \boldsymbol{0}\\ \boldsymbol{0} & \boldsymbol{Q}\end{pmatrix}^{-1}\begin{pmatrix}\lambda & *\\ \boldsymbol{0} & \boldsymbol{A}_1\end{pmatrix}\begin{pmatrix}1 & \boldsymbol{0}\\ \boldsymbol{0} & \boldsymbol{Q}\end{pmatrix}\\ &= \begin{pmatrix}1 & \boldsymbol{0}\\ \boldsymbol{0} & \boldsymbol{Q}^{-1}\end{pmatrix}\begin{pmatrix}\lambda & *\\ \boldsymbol{0} & \boldsymbol{A}_1\end{pmatrix}\begin{pmatrix}1 & \boldsymbol{0}\\ \boldsymbol{0} & \boldsymbol{Q}\end{pmatrix}\\ &= \begin{pmatrix}\lambda & *\\ \boldsymbol{0} & \boldsymbol{Q}^{-1}\boldsymbol{A}_1\boldsymbol{Q}\end{pmatrix}.\end{aligned}$$

这是一个上三角矩阵, 令 $\boldsymbol{X}=\boldsymbol{B}\boldsymbol{C}$, 则 $\boldsymbol{X}$ 是可逆矩阵, 且 $\boldsymbol{C}^{-1}\boldsymbol{B}^{-1}=\boldsymbol{X}^{-1}$, 结论成立.

又因为上三角矩阵的主对角元是它的全部特征值, 而相似矩阵有相同的特征值, 故上三角矩阵的主对角元恰为 $\boldsymbol{A}$ 的 n 个特征值. □

将定理 6.11 的 "上三角矩阵" 改为 "下三角矩阵", 结论仍然成立. 事实上, 设 $\boldsymbol{P}_n$ 是 n 阶排列矩阵 (习题第 2.16 题), 则 $\boldsymbol{P}_n^{-1}=\boldsymbol{P}_n^{\mathrm{T}}=\boldsymbol{P}_n$, 且对任一上三角矩阵 $\boldsymbol{T}$, $\boldsymbol{P}_n^{-1}\boldsymbol{T}\boldsymbol{P}_n$ 是下三角矩阵.

定理 6.12 设 $\lambda_1,\lambda_2,\cdots,\lambda_n$ 是 n 阶矩阵 $\boldsymbol{A}$ 的全部特征值, $g(x)$ 是次数大于零的多项式, 则 $g(\lambda_1),g(\lambda_2),\cdots,g(\lambda_n)$ 是 $g(\boldsymbol{A})$ 的全部特征值.

证明 由定理 6.11 可知, 存在可逆矩阵 $\boldsymbol{X}$, 使得 $\boldsymbol{X}^{-1}\boldsymbol{A}\boldsymbol{X}$ 是以 $\lambda_1,\lambda_2,\cdots,\lambda_n$ 为主对角元的上三角矩阵, 即

$$\boldsymbol{X}^{-1}\boldsymbol{A}\boldsymbol{X}=\begin{pmatrix}\lambda_1 & * & \cdots & *\\ & \lambda_2 & \cdots & *\\ & & \ddots & \vdots\\ & & & \lambda_n\end{pmatrix}.$$

注意到上三角矩阵的和、数乘与乘方都是上三角矩阵, 因此,

$$\boldsymbol{X}^{-1}g(\boldsymbol{A})\boldsymbol{X}=g(\boldsymbol{X}^{-1}\boldsymbol{A}\boldsymbol{X})=\begin{pmatrix}g(\lambda_1) & * & \cdots & *\\ & g(\lambda_2) & \cdots & *\\ & & \ddots & \vdots\\ & & & g(\lambda_n)\end{pmatrix}.$$

而相似矩阵有相同的特征值, 故 $g(\lambda_1),g(\lambda_2),\cdots,g(\lambda_n)$ 是 $g(\boldsymbol{A})$ 的全部特征值. □

设 λ_i 是 $\boldsymbol{A}$ 的 n_i 重特征值, 由定理 6.11 可知, $g(\lambda_i)$ 是 $g(\boldsymbol{A})$ 的 n_i 重特征值.

另一种推埋: 设 $\boldsymbol{\alpha}\,(\boldsymbol{\alpha}\neq\boldsymbol{0})$ 是矩阵 $\boldsymbol{A}$ 的属于特征值 λ_i 的特征向量, 由例 6.18 可知, 对任意正整数 k, $\boldsymbol{A}^k\boldsymbol{\alpha}=\lambda_i^k\boldsymbol{\alpha}$. 设 $g(x)=a_mx^m+a_{m-1}x^{m-1}+\cdots+a_0$, 因此,

$$\begin{aligned}g(\boldsymbol{A})\boldsymbol{\alpha}&=(a_m\boldsymbol{A}^m+a_{m-1}\boldsymbol{A}^{m-1}+\cdots+a_0\boldsymbol{I})\boldsymbol{\alpha}\\ &=a_m\boldsymbol{A}^m\boldsymbol{\alpha}+a_{m-1}\boldsymbol{A}^{m-1}\boldsymbol{\alpha}+\cdots+a_0\boldsymbol{\alpha}\\ &=(a_m\lambda_i^m+a_{m-1}\lambda_i^{m-1}+\cdots+a_0)\boldsymbol{\alpha}\\ &=g(\lambda_i)\boldsymbol{\alpha},\end{aligned}$$

故 $g(\lambda_i)$ 是 $g(\boldsymbol{A})$ 的特征值. 当 λ_i 是 $\boldsymbol{A}$ 的 n_i 重特征值时, 这个推理不能判断 $g(\lambda_i)$ 也是 $g(\boldsymbol{A})$ 的 n_i 重特征值. 只能得到 $g(\lambda_i)$ 中两两互异的值是 $g(\boldsymbol{A})$ 特征值, 却不能得到 $g(\lambda_i)\,(i=1,2,\cdots,n)$ 是 $g(\boldsymbol{A})$ 的全部特征值.

定理 6.13 设 $g(x)$ 是多项式, 如果 n 阶矩阵 $\boldsymbol{A}$ 满足 $g(\boldsymbol{A})=\boldsymbol{O}$, 称矩阵 $\boldsymbol{A}$ 是多项式 $g(x)$ 的**根**, 称 $g(x)$ 是矩阵 $\boldsymbol{A}$ 的**零化多项式**. 如果 $\boldsymbol{A}$ 是多项式 $g(x)$ 的根, 则 $\boldsymbol{A}$ 的任一特征值 λ 也是 $g(x)$ 的根, 即 $g(\lambda)=0$.

证明 设 $\boldsymbol{\alpha}$ 是矩阵 $\boldsymbol{A}$ 的属于特征值 λ 的特征向量,

$$g(x)=a_mx^m+a_{m-1}x^{m-1}+\cdots+a_0,$$

则

$$g(\lambda)\boldsymbol{\alpha}=g(\boldsymbol{A})\boldsymbol{\alpha}=\boldsymbol{0}.$$

而 $\boldsymbol{\alpha}\neq\boldsymbol{0}$, 故 $g(\lambda)=0$. □

由此可以看到, 若线性变换 σ 在某个基下的矩阵是 $\boldsymbol{A}$, λ 是 $\boldsymbol{A}$ 的特征值, $g(x)$ 是多项式, 如果 $g(\sigma)=o$, $g(\boldsymbol{A})=\boldsymbol{O}$, $g(\lambda)=0$ 中任何一个成立, 则另外两个也成立. 即线性变换、矩阵、特征值三者具有相同的代数结构.

例 6.19 设 n 阶矩阵 $\boldsymbol{A}$ 满足 $\boldsymbol{A}^2-3\boldsymbol{A}+2\boldsymbol{I}=\boldsymbol{O}$, 证明: $\boldsymbol{A}$ 的特征值只能是 1 或 2.

证明 设 λ 是矩阵 $\boldsymbol{A}$ 的特征值, 由 $\boldsymbol{A}^2-3\boldsymbol{A}+2\boldsymbol{I}=\boldsymbol{O}$ 知

$$\lambda^2-3\lambda+2=0,$$

故 $\lambda=1$ 或 2. □

6.4.3 特征多项式的性质

将矩阵 $\boldsymbol{A}$ 的 (线性变换 σ 的) 特征多项式记为 $f(\lambda)$, 即

$$f(\lambda)=|\lambda\boldsymbol{I}-\boldsymbol{A}|=\begin{vmatrix}\lambda-a_{11} & -a_{12} & \cdots & -a_{1n}\\ -a_{21} & \lambda-a_{22} & \cdots & -a_{2n}\\ \vdots & \vdots & & \vdots\\ -a_{n1} & -a_{n2} & \cdots & \lambda-a_{nn}\end{vmatrix}.$$

在这个行列式的展开式中, 主对角线上的元素之积为

$$(\lambda-a_{11})(\lambda-a_{22})\cdots(\lambda-a_{nn}).$$

由于展开式中其余各项最多包含 $n-2$ 个主对角线上的元素, 因此, 其他各项关于 λ 的次数最多是 $n-2$. 于是, $f(\lambda)$ 中含 λ 的 n 次项与 $n-1$ 次项均在主对角线上元素的乘积中出现, 它们是

$$\lambda^n-(a_{11}+a_{22}+\cdots+a_{nn})\lambda^{n-1}.$$

令 $\lambda=0$, 得到 $f(\lambda)$ 的常数项为

$$|-\boldsymbol{A}|=(-1)^n|\boldsymbol{A}|.$$

因此, 如果只写出 $f(\lambda)$ 的前两项与常数项, 就有

$$f(\lambda) = \lambda^n - (a_{11} + a_{22} + \cdots + a_{nn})\lambda^{n-1} + \cdots + (-1)^n|\boldsymbol{A}|.$$

设 $\lambda_1, \lambda_2, \cdots, \lambda_n$ 是矩阵 $\boldsymbol{A}$ 的全部特征根, 则

$$f(\lambda) = (\lambda - \lambda_1)(\lambda - \lambda_2)\cdots(\lambda - \lambda_n),$$

将右边展开, 比较系数得

(1) $\lambda_1 + \lambda_2 + \cdots + \lambda_n = a_{11} + a_{22} + \cdots + a_{nn}$, 称为矩阵 $\boldsymbol{A}$ 的**迹**, 记作 $\mathrm{tr}(\boldsymbol{A})$, 即

$$\mathrm{tr}(\boldsymbol{A}) = \sum_{i=1}^{n} a_{ii}.$$

(2) $\lambda_1\lambda_2\cdots\lambda_n = |\boldsymbol{A}|$.

于是得到结论: 矩阵 $\boldsymbol{A}$ 可逆当且仅当 $\boldsymbol{A}$ 的全部特征值都不等于零.

例 6.20 设三阶矩阵 $\boldsymbol{A}$ 的全部特征值为 $1, 2, 3$, 分别求:

(1) $\boldsymbol{A}^{-1}, \boldsymbol{A}^*$ 的特征值;

(2) $\boldsymbol{B} = \boldsymbol{A}^2 - 3\boldsymbol{A} + \boldsymbol{I}$ 的特征值、$|\boldsymbol{B}|$ 与 $\mathrm{tr}(\boldsymbol{B})$;

(3) $\boldsymbol{C} = \boldsymbol{A}^* + 2\boldsymbol{A} - 3\boldsymbol{I}$ 的行列式值 $|\boldsymbol{C}|$ 及 $\mathrm{tr}(\boldsymbol{C})$.

解 (1) $\boldsymbol{A}^{-1}$ 的特征值是 $1, \dfrac{1}{2}, \dfrac{1}{3}$,

$$|\boldsymbol{A}| = 1 \times 2 \times 3 = 6.$$

$\boldsymbol{A}^*$ 的特征值是 $6, 3, 2$.

(2) 将 $1, 2, 3$ 分别代入多项式

$$g(\lambda) = \lambda^2 - 3\lambda + 1,$$

得矩阵 $\boldsymbol{B}$ 的特征值 $-1, -1, 1$. 因此, $\boldsymbol{B}$ 的行列式和迹分别是

$$|\boldsymbol{B}| = -1 \times (-1) \times 1 = 1, \quad \mathrm{tr}(\boldsymbol{B}) = -1 - 1 + 1 = -1.$$

(3) 注意到

$$\boldsymbol{C} = \boldsymbol{A}^* + 2\boldsymbol{A} - 3\boldsymbol{I} = |\boldsymbol{A}|\boldsymbol{A}^{-1} + 2\boldsymbol{A} - 3\boldsymbol{I} = 6\boldsymbol{A}^{-1} + 2\boldsymbol{A} - 3\boldsymbol{I},$$

令

$$g(\lambda) = 6\lambda^{-1} + 2\lambda - 3,$$

则矩阵 $\boldsymbol{C}$ 的特征值分别是

$$g(1) = 5, \quad g(2) = 4, \quad g(3) = 5,$$

因此,

$$|\boldsymbol{C}| = 5 \times 4 \times 5 = 100, \quad \mathrm{tr}(\boldsymbol{C}) = 5 + 4 + 5 = 14.$$

定理 6.14 (**哈密顿-凯莱定理**) 设 $\boldsymbol{A}$ 是数域 $\mathbb{P}$ 上的 n 阶矩阵,

$$f(\lambda)=|\lambda\boldsymbol{I}-\boldsymbol{A}|=\lambda^n+a_1\lambda^{n-1}+\cdots+a_{n-1}\lambda+a_n$$

是 $\boldsymbol{A}$ 的特征多项式, 则 $f(\lambda)$ 是 $\boldsymbol{A}$ 的零化多项式, 即

$$f(\boldsymbol{A})=\boldsymbol{A}^n+a_1\boldsymbol{A}^{n-1}+\cdots+a_{n-1}\boldsymbol{A}+a_n\boldsymbol{I}=\boldsymbol{O}.$$

引理 6.1 设 $\boldsymbol{A}$ 是上三角矩阵, $f(\lambda)$ 是 $\boldsymbol{A}$ 的特征多项式, 则 $f(\boldsymbol{A})=\boldsymbol{O}$.

***证明** 设上三角矩阵

$$\boldsymbol{A}=\begin{pmatrix}\lambda_1 & a_{12} & \cdots & a_{1n}\\ & \lambda_2 & \cdots & a_{2n}\\ & & \ddots & \vdots\\ & & & \lambda_n\end{pmatrix},$$

其主对角元正好是它的全部特征根 $\lambda_1,\lambda_2,\cdots,\lambda_n$, 则 $\boldsymbol{A}$ 的特征多项式是

$$f(\lambda)=(\lambda-\lambda_1)(\lambda-\lambda_2)\cdots(\lambda-\lambda_n).$$

因此

$$f(\boldsymbol{A})=(\boldsymbol{A}-\lambda_1\boldsymbol{I})(\boldsymbol{A}-\lambda_2\boldsymbol{I})\cdots(\boldsymbol{A}-\lambda_n\boldsymbol{I}).$$

经过简单计算得到

$$(\boldsymbol{A}-\lambda_1\boldsymbol{I})(\boldsymbol{A}-\lambda_2\boldsymbol{I})\cdots(\boldsymbol{A}-\lambda_i\boldsymbol{I})\boldsymbol{e}_i=\boldsymbol{0}$$

对一切 $i=1,2,\cdots,n$ 都成立. 而

$$(\boldsymbol{A}-\lambda_i\boldsymbol{I})(\boldsymbol{A}-\lambda_j\boldsymbol{I})=(\boldsymbol{A}-\lambda_j\boldsymbol{I})(\boldsymbol{A}-\lambda_i\boldsymbol{I}),$$

因此,

$$f(\boldsymbol{A})\boldsymbol{e}_i=(\boldsymbol{A}-\lambda_1\boldsymbol{I})(\boldsymbol{A}-\lambda_2\boldsymbol{I})\cdots(\boldsymbol{A}-\lambda_n\boldsymbol{I})\boldsymbol{e}_i=\boldsymbol{0}$$

对一切 $i=1,2,\cdots,n$ 都成立, 故 $f(\boldsymbol{A})=\boldsymbol{O}$. □

定理 6.14 的证明 由定理 6.11 知, 在复数域上, 存在可逆矩阵 $\boldsymbol{X}$, 使得 $\boldsymbol{X}^{-1}\boldsymbol{A}\boldsymbol{X}=\boldsymbol{B}$, $\boldsymbol{B}$ 是上三角矩阵. $\boldsymbol{A}$ 与 $\boldsymbol{B}$ 相似, 因而有相同的特征多项式, 记为 $f(\lambda)$, 由引理 6.1 知, $f(\boldsymbol{B})=\boldsymbol{O}$. 故

$$f(\boldsymbol{A})=\boldsymbol{X}f(\boldsymbol{B})\boldsymbol{X}^{-1}=\boldsymbol{O}.\quad\square$$

如果矩阵 $\boldsymbol{A}$ 可逆, 则 $\boldsymbol{A}$ 的特征多项式 $f(\lambda)$ 的常数项 $a_n=(-1)^n|\boldsymbol{A}|\neq 0$, 由哈密顿-凯莱定理可知, $f(\lambda)$ 是 $\boldsymbol{A}$ 的零化多项式. 因此, $\boldsymbol{A}^{-1}$ 可以表示成 $\boldsymbol{A}$ 的多项式, 即

$$\boldsymbol{A}^{-1}=(-1)^{n+1}\frac{1}{|\boldsymbol{A}|}(\boldsymbol{A}^{n-1}+a_1\boldsymbol{A}^{n-2}+\cdots+a_{n-1}\boldsymbol{I}).$$

推论 6.1 设 V 是数域 $\mathbb{P}$ 上的 n 维线性空间, σ 是 V 的线性变换, $f(\lambda)$ 是 σ 的特征多项式, 则 $f(\sigma)=o$. 若 σ 是可逆变换, 则 σ^{-1} 可以表示成 σ 的多项式.

习题 6.4

6.23 求下列矩阵的特征值和特征向量:

(1) $\begin{pmatrix} 3 & -1 \\ -1 & 3 \end{pmatrix}$; (2) $\begin{pmatrix} 2 & -1 & 2 \\ 5 & -3 & 3 \\ -1 & 0 & -2 \end{pmatrix}$;

(3) $\begin{pmatrix} 3 & 2 & 4 \\ 2 & 0 & 2 \\ 4 & 2 & 3 \end{pmatrix}$; (4) $\begin{pmatrix} -1 & 3 & -1 \\ -3 & 5 & -1 \\ -3 & 3 & 1 \end{pmatrix}$.

6.24 设 $\varepsilon_1, \varepsilon_2, \varepsilon_3$ 是三维线性空间 V 的一个基, 线性变换 σ 在这个基下的矩阵是

(1) $\boldsymbol{A} = \begin{pmatrix} 3 & 2 & -1 \\ -2 & -2 & 2 \\ 3 & 6 & -1 \end{pmatrix}$; (2) $\boldsymbol{A} = \begin{pmatrix} 2 & 2 & -2 \\ 2 & 5 & -4 \\ -2 & -4 & 5 \end{pmatrix}$.

求 σ 的特征值与特征向量.

6.25 设三阶矩阵 $\boldsymbol{A}$ 的全部特征值为 $-1, 1, 2$, 分别求:

(1) $2\boldsymbol{I} + \boldsymbol{A}^{-1}$ 的特征值及 $|2\boldsymbol{I} + \boldsymbol{A}^{-1}|$;

(2) $\boldsymbol{A}^*$ 的特征值及 $\mathrm{tr}(\boldsymbol{A}^*)$;

(3) $\boldsymbol{B} = \boldsymbol{A}^2 - 3\boldsymbol{A} - \boldsymbol{I}$ 的特征值、$|\boldsymbol{B}|$ 与 $\mathrm{tr}(\boldsymbol{B})$.

6.26 设三阶矩阵 $\boldsymbol{A}$ 的全部特征值为 $1, 2, 3$, 求矩阵 $\boldsymbol{B}$ 的特征值:

(1) $\boldsymbol{B} = \boldsymbol{A}^2 + 2\boldsymbol{A} + \boldsymbol{I}$; (2) $\boldsymbol{B} = \left(\dfrac{1}{3}\boldsymbol{A}^2\right)^{-1}$;

(3) $\boldsymbol{B} = \boldsymbol{A}^{-1} + \boldsymbol{I}$; (4) $\boldsymbol{B} = (\boldsymbol{A}^*)^*$.

6.27 设 $\boldsymbol{A}$ 是 n 阶幂等矩阵, 即 $\boldsymbol{A}^2 = \boldsymbol{A}$, 证明:

(1) $\boldsymbol{A}$ 的特征值只能是 0 或 1;

(2) $\boldsymbol{I} + \boldsymbol{A}$ 是可逆矩阵.

6.28 设 $\boldsymbol{A}^2 - 5\boldsymbol{A} + 6\boldsymbol{I} = \boldsymbol{O}$, 证明: $\boldsymbol{A}$ 的特征值只能是 2 或 3.

6.29 证明:

(1) 设 $\boldsymbol{A}, \boldsymbol{B}$ 是两个 n 阶矩阵, 则 $\mathrm{tr}(\boldsymbol{A} + \boldsymbol{B}) = \mathrm{tr}(\boldsymbol{A}) + \mathrm{tr}(\boldsymbol{B})$;

(2) 设 $\boldsymbol{A}, \boldsymbol{B}$ 分别是 $m \times n$ 和 $n \times m$ 矩阵, 则 $\mathrm{tr}(\boldsymbol{AB}) = \mathrm{tr}(\boldsymbol{BA})$.

§6.5 矩阵的相似对角化

本节首先介绍相似矩阵的性质, 然后介绍矩阵的相似对角化条件和对角化方法.

6.5.1 相似矩阵的性质

在 §6.3 我们知道, n 维线性空间中任一线性变换在不同基下的矩阵是相似的, 相似矩阵有相同的特征多项式, 因而有相同的特征值. 本节继续研究相似矩阵的性质.

性质 1 相似矩阵的行列式相等.

性质 2 相似矩阵的迹相等.

性质 3 相似矩阵的秩相等.

性质 4 如果矩阵 $\boldsymbol{A}$ 与 $\boldsymbol{B}$ 相似, 则 $\boldsymbol{A}^m$ 与 $\boldsymbol{B}^m$ 相似;

性质 5 如果两个可逆矩阵相似, 那么它们的逆矩阵也相似.

性质 6 如果矩阵 $\boldsymbol{A}$ 与 $\boldsymbol{B}$ 相似, $g(x)\in\mathbb{P}[x]$, 则 $g(\boldsymbol{A})$ 与 $g(\boldsymbol{B})$ 相似.

证明 性质 $1\sim3$ 的证明留给读者练习. 下证性质 $4\sim6$.

由于 $\boldsymbol{B}=\boldsymbol{X}^{-1}\boldsymbol{A}\boldsymbol{X}$, 由矩阵乘法的结合律可知

$$\boldsymbol{B}^m=(\boldsymbol{X}^{-1}\boldsymbol{A}\boldsymbol{X})^m=\boldsymbol{X}^{-1}\boldsymbol{A}\boldsymbol{X}\cdot\boldsymbol{X}^{-1}\boldsymbol{A}\boldsymbol{X}\cdots\boldsymbol{X}^{-1}\boldsymbol{A}\boldsymbol{X}=\boldsymbol{X}^{-1}\boldsymbol{A}^m\boldsymbol{X},$$

故 $\boldsymbol{A}^m$ 与 $\boldsymbol{B}^m$ 相似, 即性质 4 成立.

若矩阵 $\boldsymbol{A}$ 与 $\boldsymbol{B}$ 相似, 且都是可逆矩阵, $\boldsymbol{B}=\boldsymbol{X}^{-1}\boldsymbol{A}\boldsymbol{X}$, 则

$$\boldsymbol{B}^{-1}=(\boldsymbol{X}^{-1}\boldsymbol{A}\boldsymbol{X})^{-1}=\boldsymbol{X}^{-1}\boldsymbol{A}^{-1}(\boldsymbol{X}^{-1})^{-1}=\boldsymbol{X}^{-1}\boldsymbol{A}^{-1}\boldsymbol{X},$$

因而性质 5 成立.

再证性质 6. 设多项式

$$g(x)=a_mx^m+a_{m-1}x^{m-1}+\cdots+a_1x+a_0,$$

由性质 4 的证明可知,

$$\begin{aligned}g(\boldsymbol{B})&=a_m\boldsymbol{B}^m+a_{m-1}\boldsymbol{B}^{m-1}+\cdots+a_1\boldsymbol{B}+a_0\boldsymbol{I}\\&=a_m\boldsymbol{X}^{-1}\boldsymbol{A}^m\boldsymbol{X}+a_{m-1}\boldsymbol{X}^{-1}\boldsymbol{A}^{m-1}\boldsymbol{X}+\cdots+a_1\boldsymbol{X}^{-1}\boldsymbol{A}\boldsymbol{X}+a_0\boldsymbol{X}^{-1}\boldsymbol{I}\boldsymbol{X}\\&=\boldsymbol{X}^{-1}(a_m\boldsymbol{A}^m+a_{m-1}\boldsymbol{A}^{m-1}+\cdots+a_1\boldsymbol{A}+a_0\boldsymbol{I})\boldsymbol{X}\\&=\boldsymbol{X}^{-1}g(\boldsymbol{A})\boldsymbol{X},\end{aligned}$$

故 $g(\boldsymbol{A})$ 与 $g(\boldsymbol{B})$ 相似. □

例 6.21 已知矩阵

$$\boldsymbol{A}=\begin{pmatrix}2&0&0\\0&x&1\\0&1&0\end{pmatrix},\quad\boldsymbol{B}=\begin{pmatrix}2&0&0\\0&3&4\\0&-2&y\end{pmatrix}$$

相似, 求 x,y 的值.

解 由于相似矩阵的行列式相等, 且迹相等, 可得

$$\begin{cases}-2=2(8+3y),\\2+x+0=2+3+y,\end{cases}$$

故 $x=0,\ y=-3$.

6.5.2 矩阵的相似对角化

定理 6.15 设 λ 是特征方程 $|\lambda \boldsymbol{I}-\boldsymbol{A}|=0$ 的 k 重根 (代数重数为 k), 齐次方程组 $(\lambda \boldsymbol{I}-\boldsymbol{A})\boldsymbol{x}=\mathbf{0}$ 的基础解系包含 s 个线性无关的解向量 (几何重数为 s), 则 $s \leqslant k$. 简言之, 方阵的每个特征根的几何重数不超过代数重数.

证明 反证法. 设 $\boldsymbol{A}$ 是 n 阶矩阵, 齐次方程组 $(\lambda \boldsymbol{I}-\boldsymbol{A})\boldsymbol{x}=\mathbf{0}$ 的基础解系包含 $k+1$ 个线性无关的解向量 $\boldsymbol{\alpha}_1,\boldsymbol{\alpha}_2,\cdots,\boldsymbol{\alpha}_{k+1}$(几何重数为 $k+1$). 由扩基定理可知, 它一定可以扩充成 $\mathbb{P}^n$($\mathbb{P}$ 是数域) 的一个基: $\boldsymbol{\alpha}_1,\cdots,\boldsymbol{\alpha}_{k+1},\boldsymbol{\alpha}_{k+2},\cdots,\boldsymbol{\alpha}_n$. 令矩阵

$$\boldsymbol{C}=(\boldsymbol{\alpha}_1,\cdots,\boldsymbol{\alpha}_{k+1},\boldsymbol{\alpha}_{k+2},\cdots,\boldsymbol{\alpha}_n),$$

则 $\boldsymbol{C}$ 的列向量组线性无关, 因而 $\boldsymbol{C}$ 是 n 阶可逆矩阵. 注意到

$$\boldsymbol{A}\boldsymbol{\alpha}_i=\lambda\boldsymbol{\alpha}_i \quad (i=1,2,\cdots,k+1),$$

因此,

$$\boldsymbol{AC}=(\boldsymbol{\alpha}_1,\cdots,\boldsymbol{\alpha}_{k+1},\boldsymbol{\alpha}_{k+2},\cdots,\boldsymbol{\alpha}_n)\left(\begin{array}{ccc|c}\lambda & & & \\ & \ddots & & * \\ & & \lambda & \\ \hline & \boldsymbol{O} & & *\end{array}\right)=\boldsymbol{CB},$$

其中

$$\boldsymbol{B}=\begin{pmatrix}\lambda \boldsymbol{I}_{k+1} & * \\ \boldsymbol{O} & *\end{pmatrix}$$

是 n 阶分块上三角矩阵, 且 $\boldsymbol{C}^{-1}\boldsymbol{AC}=\boldsymbol{B}$, 即 $\boldsymbol{A}$ 与 $\boldsymbol{B}$ 相似. 显然, λ 是矩阵 $\boldsymbol{B}$ 的至少 $k+1$ 重特征根. 由于相似矩阵的特征根相同, 所以, λ 是矩阵 $\boldsymbol{A}$ 的至少 $k+1$ 重特征根, 即代数重数大于或等于 $k+1$, 这与已知矛盾. □

定理 6.16 n 阶矩阵 $\boldsymbol{A}$ 的属于不同特征值的特征向量线性无关.

证法 1 设 $\lambda_1,\lambda_2,\cdots,\lambda_m$ 是 n 阶矩阵 $\boldsymbol{A}$ 的 m 个互不相同的特征值, $\boldsymbol{\alpha}_1,\boldsymbol{\alpha}_2,\cdots,\boldsymbol{\alpha}_m$ 分别是 $\boldsymbol{A}$ 的属于 $\lambda_1,\lambda_2,\cdots,\lambda_m$ 的特征向量, 并设 $\sum\limits_{i=1}^{m}k_i\boldsymbol{\alpha}_i=\mathbf{0}$. 用 $\boldsymbol{A}$ 左乘两端得

$$\sum_{i=1}^{m}k_i\boldsymbol{A}\boldsymbol{\alpha}_i=\sum_{i=1}^{m}\lambda_ik_i\boldsymbol{\alpha}_i=\mathbf{0}.$$

再用 $\boldsymbol{A}$ 左乘上式两端得

$$\sum_{i=1}^{m}\lambda_ik_i\boldsymbol{A}\boldsymbol{\alpha}_i=\sum_{i=1}^{m}\lambda_i^2k_i\boldsymbol{\alpha}_i=\mathbf{0}.$$

类似方法得到

$$\sum_{i=1}^{m}\lambda_i^{m-1}k_i\boldsymbol{\alpha}_i=\mathbf{0}.$$

把以上各式合写成矩阵形式可得

$$(k_1\boldsymbol{\alpha}_1, k_2\boldsymbol{\alpha}_2, \cdots, k_m\boldsymbol{\alpha}_m)\begin{pmatrix}1 & \lambda_1 & \lambda_1^2 & \cdots & \lambda_1^{m-1}\\ 1 & \lambda_2 & \lambda_2^2 & \cdots & \lambda_2^{m-1}\\ \vdots & \vdots & \vdots & & \vdots\\ 1 & \lambda_m & \lambda_m^2 & \cdots & \lambda_m^{m-1}\end{pmatrix} = \boldsymbol{O}.$$

由于 $\lambda_1, \lambda_2, \cdots, \lambda_m$ 互不相同, 因此, 范德蒙德行列式

$$\begin{vmatrix}1 & \lambda_1 & \lambda_1^2 & \cdots & \lambda_1^{m-1}\\ 1 & \lambda_2 & \lambda_2^2 & \cdots & \lambda_2^{m-1}\\ \vdots & \vdots & \vdots & & \vdots\\ 1 & \lambda_m & \lambda_m^2 & \cdots & \lambda_m^{m-1}\end{vmatrix} = \prod_{1\leqslant i<j\leqslant m}(\lambda_j - \lambda_i) \neq 0,$$

所以

$$(k_1\boldsymbol{\alpha}_1, k_2\boldsymbol{\alpha}_2, \cdots, k_m\boldsymbol{\alpha}_m) = \boldsymbol{O}.$$

而每一个 $\boldsymbol{\alpha}_i \neq \mathbf{0}\,(i=1,2,\cdots,m)$, 必有

$$k_1 = k_2 = \cdots = k_m = 0,$$

故 $\boldsymbol{\alpha}_1, \boldsymbol{\alpha}_2, \cdots, \boldsymbol{\alpha}_m$ 线性无关. □

证法 2 对互不相同的特征值个数 m 用数学归纳法.

当 $m=1$ 时, 由于特征向量 $\boldsymbol{\alpha}_1$ 是非零向量, 因而是线性无关的, 结论成立.

假设结论对 $m-1$ 成立, 即对任何 $m-1$ 个互不相同个特征值所对应 $m-1$ 个特征向量都是线性无关的. 现在考虑 m 个互不相同的特征值 $\lambda_1, \lambda_2, \cdots, \lambda_m$ 分别对应的特征向量 $\boldsymbol{\alpha}_1, \boldsymbol{\alpha}_2, \cdots, \boldsymbol{\alpha}_m$, 有

$$\boldsymbol{A}\boldsymbol{\alpha}_i = \lambda_i\boldsymbol{\alpha}_i, \quad \boldsymbol{\alpha}_i \neq \mathbf{0} \quad (i=1,2,\cdots,m).$$

设 $\sum\limits_{i=1}^{m} k_i\boldsymbol{\alpha}_i = \mathbf{0}$, 两边同时左乘矩阵 $\boldsymbol{A}$ 得

$$\sum_{i=1}^{m} k_i\lambda_i\boldsymbol{\alpha}_i = \mathbf{0}.$$

所以

$$\sum_{i=1}^{m} k_i\lambda_i\boldsymbol{\alpha}_i - \lambda_m\sum_{i=1}^{m} k_i\boldsymbol{\alpha}_i = \sum_{i=1}^{m-1} k_i(\lambda_i - \lambda_m) = \mathbf{0}.$$

由归纳假设知 $\boldsymbol{\alpha}_1, \boldsymbol{\alpha}_2, \cdots, \boldsymbol{\alpha}_{m-1}$ 线性无关, 故

$$k_i(\lambda_i - \lambda_m) = 0 \quad (i=1,2,\cdots,m-1).$$

而 $\lambda_1, \lambda_2, \cdots, \lambda_m$ 互不相同, 所以 $k_i = 0\,(i=1,2,\cdots,m-1)$. 于是 $k_m\boldsymbol{\alpha}_m = \mathbf{0}$, 但 $\boldsymbol{\alpha}_m \neq \mathbf{0}$, 有 $k_m = 0$. 因此,

$$k_i = 0 \quad (i=1,2,\cdots,m),$$

$\boldsymbol{\alpha}_1, \boldsymbol{\alpha}_2, \cdots, \boldsymbol{\alpha}_m$ 线性无关.

由数学归纳法原理可知, 结论对任意正整数 m 都成立. □

定理 6.17 设 $\lambda_1, \lambda_2, \cdots, \lambda_m$ 是 n 阶矩阵 $\boldsymbol{A}$ 的互不相同的特征值, 若 $\boldsymbol{\alpha}_{i1}, \boldsymbol{\alpha}_{i2}, \cdots, \boldsymbol{\alpha}_{is_i}$ 是属于 λ_i 的线性无关的特征向量 $(i=1,2,\cdots,m)$, 则

$$\boldsymbol{\alpha}_{11}, \quad \boldsymbol{\alpha}_{12}, \quad \cdots, \quad \boldsymbol{\alpha}_{1s_1}, \quad \cdots, \quad \boldsymbol{\alpha}_{m1}, \quad \boldsymbol{\alpha}_{m2}, \quad \cdots, \quad \boldsymbol{\alpha}_{ms_m}$$

线性无关.

仿定理 6.16 证法 2, 对特征值的个数用数学归纳法即可证明, 请读者自己完成.

如果一个矩阵能够与某个对角矩阵相似, 则称这个矩阵**可相似对角化**, 简称**可对角化**. 下面给出矩阵可对角化的条件:

定理 6.18 n 阶矩阵 $\boldsymbol{A}$ 可对角化的充要条件是矩阵 $\boldsymbol{A}$ 有 n 个线性无关的特征向量.

证明 n 阶矩阵 $\boldsymbol{A}$ 可对角化 $\Leftrightarrow$ 存在 n 阶可逆矩阵 $\boldsymbol{X}=(\boldsymbol{\alpha}_1, \boldsymbol{\alpha}_2, \cdots, \boldsymbol{\alpha}_n)$ 使得

$$\boldsymbol{X}^{-1}\boldsymbol{A}\boldsymbol{X}=\operatorname{diag}(\lambda_1, \lambda_2, \cdots, \lambda_n),$$

$\Leftrightarrow (\boldsymbol{A}\boldsymbol{\alpha}_1, \boldsymbol{A}\boldsymbol{\alpha}_2, \cdots, \boldsymbol{A}\boldsymbol{\alpha}_n)=(\lambda_1\boldsymbol{\alpha}_1, \lambda_2\boldsymbol{\alpha}_2, \cdots, \lambda_n\boldsymbol{\alpha}_n)$, 即 $\boldsymbol{A}\boldsymbol{\alpha}_i=\lambda_i\boldsymbol{\alpha}_i\ (i=1,2,\cdots,n)$
$\Leftrightarrow \boldsymbol{A}$ 有 n 个线性无关的特征向量 $\boldsymbol{\alpha}_1, \boldsymbol{\alpha}_2, \cdots, \boldsymbol{\alpha}_n$. □

例 6.22 在例 6.15 中, 三阶矩阵 $\boldsymbol{A}$ 有 3 个线性无关的特征向量

$$\boldsymbol{\xi}_1=(-2,1,0)^{\mathrm{T}}, \quad \boldsymbol{\xi}_2=(0,0,1)^{\mathrm{T}}, \quad \boldsymbol{\xi}=(-1,1,1)^{\mathrm{T}},$$

因而 $\boldsymbol{A}$ 可以对角化. 令

$$\boldsymbol{X}=\begin{pmatrix} -2 & 0 & -1 \\ 1 & 0 & 1 \\ 0 & 1 & 1 \end{pmatrix},$$

则

$$\boldsymbol{X}^{-1}\boldsymbol{A}\boldsymbol{X}=\operatorname{diag}(1,1,-2).$$

在例 6.16 中, 三阶矩阵 $\boldsymbol{A}$ 也有 3 个线性无关的特征向量

$$\boldsymbol{\xi}_1=(-1,1,0)^{\mathrm{T}}, \quad \boldsymbol{\xi}_2=(-1,0,1)^{\mathrm{T}}, \quad \boldsymbol{\xi}=(1,1,1)^{\mathrm{T}},$$

因而这个三阶矩阵 $\boldsymbol{A}$ 也可以对角化, 令

$$\boldsymbol{X}=\begin{pmatrix} -1 & -1 & 1 \\ 1 & 0 & 1 \\ 0 & 1 & 1 \end{pmatrix},$$

则

$$\boldsymbol{X}^{-1}\boldsymbol{A}\boldsymbol{X}=\operatorname{diag}(-1,-1,5).$$

例 6.23 判断矩阵

$$A=\begin{pmatrix}3&1&-1\\-2&0&2\\-1&-1&3\end{pmatrix}$$

是否可以对角化.

解 由

$$|\lambda I-A|=\begin{vmatrix}\lambda-3&-1&1\\2&\lambda&-2\\1&1&\lambda-3\end{vmatrix}=(\lambda-2)^3=0$$

得到特征值 $\lambda_1=\lambda_2=\lambda_3=2$(三重根, 即代数重数为 3).

对 $\lambda_1=\lambda_2=\lambda_3=2$,

$$\lambda_1 I-A=\begin{pmatrix}-1&-1&1\\2&2&-2\\1&1&-1\end{pmatrix}\rightarrow\begin{pmatrix}1&1&-1\\0&0&0\\0&0&0\end{pmatrix}.$$

由此可知, 齐次方程组 $(\lambda_1 I-A)x=0$ 的基础解系只有 2 个向量 (几何重数为 2). 所以, 矩阵 A 只有 2 个线性无关的特征向量, 矩阵 A 不能对角化.

比较例 6.22, 例 6.23 可以看出, 矩阵能不能对角化, 关键在于, 当特征根是重根时, 几何重数与代数重数是否相等.

推论 6.2 n 阶矩阵可对角化的充要条件是每个特征根的几何重数等于代数重数.

推论 6.3 设 V 是数域 $\mathbb{P}$ 上的 n 维线性空间, σ 是 V 的线性变换, $\lambda_1,\lambda_2,\cdots,\lambda_m$ 是 σ 的所有不同的特征值, $V_{\lambda_1},V_{\lambda_2},\cdots,V_{\lambda_m}$ 是其相应的特征子空间, 则 σ 在某一个基下的矩阵是对角矩阵 (称线性变换 σ **可对角化**) 的充要条件是, 特征子空间 $V_{\lambda_1},V_{\lambda_2},\cdots,V_{\lambda_m}$ 的维数 (几何重数) 之和等于线性空间 V 的维数. 换句话说, 线性变换 σ 在某个基下的矩阵是对角矩阵 (即 σ 可对角化) 的充要条件是

$$V=V_{\lambda_1}\oplus V_{\lambda_2}\oplus\cdots\oplus V_{\lambda_m}.$$

推论 6.4 若 n 阶矩阵 A 有 n 个互不相同的特征根 (全是单根), 则 A 一定可以对角化.

例 6.24 设矩阵

$$A=\begin{pmatrix}1&-1&1\\x&4&y\\-3&-3&5\end{pmatrix}$$

有 3 个线性无关的特征向量, $\lambda=2$ 是 A 的二重特征根.

(1) 试求 x,y 的值;

(2) 将矩阵 A 对角化;

(3) 求 A^n(n 为正整数).

解 (1) 由定理 6.18 可知, 矩阵 A 可对角化, 又因为 $\lambda=2$ 是 A 的二重特征根 (代数重数为 2), 所以, 几何重数也是 2,

$$\mathrm{R}(2I-A)=3-2=1.$$

而

$$2\boldsymbol{I}-\boldsymbol{A}=\begin{pmatrix}1 & 1 & -1\\ -x & -2 & -y\\ 3 & 3 & -3\end{pmatrix}\to\begin{pmatrix}1 & 1 & -1\\ 0 & x-2 & -x-y\\ 0 & 0 & 0\end{pmatrix}.$$

因此,

$$x-2=-x-y=0,$$

解得 $x=2, y=-2$.

(2) 设矩阵 $\boldsymbol{A}$ 的另一个特征值是 λ_3, 而矩阵的迹等于特征值之和, 可知

$$\operatorname{tr}(\boldsymbol{A})=1+4+5=2+2+\lambda_3,$$

得到 $\lambda_3=6$.

对 $\lambda_1=\lambda_2=2$,

$$2\boldsymbol{I}-\boldsymbol{A}=\begin{pmatrix}1 & 1 & -1\\ -2 & -2 & 2\\ 3 & 3 & -3\end{pmatrix}\to\begin{pmatrix}1 & 1 & -1\\ 0 & 0 & 0\\ 0 & 0 & 0\end{pmatrix},$$

齐次方程组 $(\lambda_1\boldsymbol{I}-\boldsymbol{A})\boldsymbol{x}=\boldsymbol{0}$ 的基础解系 $\boldsymbol{\xi}_1=(-1,1,0)^{\mathrm{T}}$, $\boldsymbol{\xi}_2=(1,0,1)^{\mathrm{T}}$.

对 $\lambda_3=6$,

$$\lambda_3\boldsymbol{I}-\boldsymbol{A}=\begin{pmatrix}5 & 1 & -1\\ -2 & 2 & 2\\ 3 & 3 & 1\end{pmatrix}\to\begin{pmatrix}1 & 0 & -1/3\\ 0 & 1 & 2/3\\ 0 & 0 & 0\end{pmatrix},$$

齐次方程组 $x_1=\dfrac{1}{3}x_3, x_2=-\dfrac{2}{3}x_3$ 的基础解系 $\boldsymbol{\xi}_3=(1,-2,3)^{\mathrm{T}}$. 令

$$\boldsymbol{X}=\begin{pmatrix}-1 & 1 & 1\\ 1 & 0 & -2\\ 0 & 1 & 3\end{pmatrix},$$

则

$$\boldsymbol{X}^{-1}\boldsymbol{A}\boldsymbol{X}=\boldsymbol{\Lambda}=\operatorname{diag}(2,2,6).$$

(3) 先求出

$$\boldsymbol{X}^{-1}=\frac{1}{4}\begin{pmatrix}-2 & 2 & 2\\ 3 & 3 & 1\\ -1 & -1 & 1\end{pmatrix},$$

得到

$$\boldsymbol{A}^n=\boldsymbol{X}\boldsymbol{\Lambda}^n\boldsymbol{X}^{-1}=\frac{1}{4}\begin{pmatrix}5\times 2^n-6^n & 2^n-6^n & -2^n+6^n\\ -2^{n+1}+2\times 6^n & 2^{n+1}+2\times 6^n & 2^{n+1}-2\times 6^n\\ 3\times 2^n-3\times 6^n & 3\times 2^n-3\times 6^n & 2^n+3\times 6^n\end{pmatrix}.$$

习题 6.5

6.30 判断下列矩阵

(1) $\boldsymbol{A}=\begin{pmatrix}2 & -1 & 2\\ 5 & -3 & 3\\ -1 & 0 & -2\end{pmatrix}$; (2) $\boldsymbol{A}=\begin{pmatrix}0 & 0 & 1\\ 1 & 1 & 1\\ 1 & 0 & 0\end{pmatrix}$;

(3) $\boldsymbol{A}=\begin{pmatrix}3 & 2 & -1\\ -2 & -2 & 2\\ 3 & 6 & -1\end{pmatrix}$; (4) $\boldsymbol{A}=\begin{pmatrix}5 & -6 & -6\\ -1 & 4 & 2\\ 3 & -6 & -4\end{pmatrix}$

是否可对角化? 如果可以, 求相似变换矩阵 $\boldsymbol{X}$, 使 $\boldsymbol{X}^{-1}\boldsymbol{A}\boldsymbol{X}=\boldsymbol{\Lambda}$ 为对角矩阵.

6.31 设三阶矩阵 $\boldsymbol{A}$ 满足 $\boldsymbol{A}\boldsymbol{\alpha}_i=i\boldsymbol{\alpha}_i\,(i=1,2,3)$, 其中

$$\boldsymbol{\alpha}_1=(1,2,2)^{\mathrm{T}},\quad \boldsymbol{\alpha}_2=(2,-2,1)^{\mathrm{T}},\quad \boldsymbol{\alpha}_3=(-2,-1,2)^{\mathrm{T}}.$$

求矩阵 $\boldsymbol{A}$.

6.32 设 $\boldsymbol{A}$ 为三阶矩阵, $\boldsymbol{\alpha}_1,\boldsymbol{\alpha}_2$ 是 $\boldsymbol{A}$ 的分别属于特征值 $-1,1$ 的特征向量, 向量 $\boldsymbol{\alpha}_3$ 满足 $\boldsymbol{A}\boldsymbol{\alpha}_3=\boldsymbol{\alpha}_2+\boldsymbol{\alpha}_3$.

(1) 证明: $\boldsymbol{\alpha}_1,\boldsymbol{\alpha}_2,\boldsymbol{\alpha}_3$ 线性无关;

(2) 令 $\boldsymbol{P}=(\boldsymbol{\alpha}_1,\boldsymbol{\alpha}_2,\boldsymbol{\alpha}_3)$, 求 $\boldsymbol{P}^{-1}\boldsymbol{A}\boldsymbol{P}$.

6.33 设矩阵

$$\boldsymbol{A}=\begin{pmatrix}1 & 0 & 0\\ -2 & 5 & -2\\ -2 & 4 & -1\end{pmatrix}.$$

(1) 证明: $\boldsymbol{A}$ 可对角化;

(2) 求相似变换矩阵 $\boldsymbol{X}$, 使 $\boldsymbol{X}^{-1}\boldsymbol{A}\boldsymbol{X}=\boldsymbol{\Lambda}$ 为对角矩阵;

(3) 求 $\boldsymbol{A}^n$ (n 为正整数).

6.34 设 $\varepsilon_1,\varepsilon_2,\varepsilon_3$ 是三维线性空间 V 的基, 线性变换在 σ 这个基下的矩阵是

$$\boldsymbol{A}=\begin{pmatrix}1 & 0 & -3\\ 0 & 1 & 2\\ -1 & 0 & 3\end{pmatrix}.$$

(1) 证明: $\boldsymbol{A}$ 可对角化;

(2) 求相似变换矩阵 $\boldsymbol{X}$, 使 $\boldsymbol{X}^{-1}\boldsymbol{A}\boldsymbol{X}=\boldsymbol{\Lambda}$ 为对角矩阵;

(3) 求 V 的一个基 $\boldsymbol{\eta}_1,\boldsymbol{\eta}_2,\boldsymbol{\eta}_3$, 使 σ 在这个基下的矩阵为 $\boldsymbol{\Lambda}$.

6.35 设 λ_1,λ_2 是矩阵 $\boldsymbol{A}$ 的两个不同的特征值, $\boldsymbol{\alpha}_1,\boldsymbol{\alpha}_2$ 是矩阵 $\boldsymbol{A}$ 的分别对应于 λ_1,λ_2 的特征向量. 证明: $\boldsymbol{\alpha}_1+\boldsymbol{\alpha}_2$ 不是矩阵 $\boldsymbol{A}$ 的特征向量.

6.36 设 V 是数域 $\mathbb{P}$ 上的 n 维线性空间, $\sigma\in L(V)$, 证明: 如果 σ 在 V 的某个基下的矩阵不能对角化, 那么它在 V 的任一基下的矩阵也不能对角化. 即线性变换是否可对角化与基的选择无关, 是线性变换自身的性质.

§6.6 线性变换的值域与核

在 §6.1 中我们介绍了线性变换的值域和核的概念, 值域揭示了线性变换把空间中的向量变成了什么向量, 核指明了线性变换把空间中的哪些向量变成了零向量. 本节将利用同构原理, 借助向量与矩阵的方法 (即解析法) 进一步研究值域与核的空间结构 (基与维数). 定理 6.19 称为值域与核的空间结构定理. 定理 6.20 的 (6.4) 式称为值域和核的维数公式, 这些结果对于深入研究线性变换在理论上具有重要的意义.

定理 6.19 设 V 是数域 $\mathbb{P}$ 上的 n 维线性空间, 线性变换 σ 在基 $\varepsilon_1,\varepsilon_2,\cdots,\varepsilon_n$ 下的矩阵是 $\boldsymbol{A}=(\boldsymbol{\alpha}_1,\boldsymbol{\alpha}_2,\cdots,\boldsymbol{\alpha}_n)$,

(1) 则 σ 的值域 $\mathrm{Im}\sigma$ 是基像 $\sigma(\varepsilon_1),\sigma(\varepsilon_2),\cdots,\sigma(\varepsilon_n)$ 生成的线性空间, 即

$$\mathrm{Im}\sigma=L(\sigma(\varepsilon_1),\sigma(\varepsilon_2),\cdots,\sigma(\varepsilon_n)).$$

(2) 如果 $\boldsymbol{\alpha}_{i_1},\boldsymbol{\alpha}_{i_2},\cdots,\boldsymbol{\alpha}_{i_s}$ 是 $\boldsymbol{A}$ 的列向量组 $\boldsymbol{\alpha}_1,\boldsymbol{\alpha}_2,\cdots,\boldsymbol{\alpha}_n$ 的极大无关组, 则相应地 $\sigma(\varepsilon_{i_1})$, $\sigma(\varepsilon_{i_2}),\cdots,\sigma(\varepsilon_{i_s})$ 是 $\sigma(\varepsilon_1),\sigma(\varepsilon_2),\cdots,\sigma(\varepsilon_n)$ 的极大无关组, 因而

$$\sigma(\varepsilon_{i_1}),\quad \sigma(\varepsilon_{i_2}),\quad \cdots,\quad \sigma(\varepsilon_{i_s})$$

是值域 $\mathrm{Im}\sigma$ 的一个基, 值域的维数等于 σ 的秩等于矩阵 $\boldsymbol{A}$ 的秩;

(3) $\ker\sigma$ 中任一向量关于基 $\varepsilon_1,\varepsilon_2,\cdots,\varepsilon_n$ 的坐标都是齐次线性方程组 $\boldsymbol{Ax}=\boldsymbol{0}$ 的解, 因而, $\ker\sigma$ 的基的坐标是齐次线性方程组 $\boldsymbol{Ax}=\boldsymbol{0}$ 的基础解系, 核空间的维数等于 σ 的零度等于 $n-\mathrm{R}(\boldsymbol{A})$.

证明 (1) 设 $\boldsymbol{\alpha}$ 是 V 中的任一向量, $\boldsymbol{\alpha}=x_1\varepsilon_1+x_2\varepsilon_2+\cdots+x_n\varepsilon_n$, 则

$$\sigma(\boldsymbol{\alpha})=x_1\sigma(\varepsilon_1)+x_2\sigma(\varepsilon_2)+\cdots+x_n\sigma(\varepsilon_n).$$

于是

$$\sigma(\boldsymbol{\alpha})\in L(\sigma(\varepsilon_1),\sigma(\varepsilon_2),\cdots,\sigma(\varepsilon_n)),$$

因此, $\mathrm{Im}\sigma\subset L(\sigma(\varepsilon_1),\sigma(\varepsilon_2),\cdots,\sigma(\varepsilon_n))\subset\mathrm{Im}\sigma$, 故

$$\mathrm{Im}\sigma=L(\sigma(\varepsilon_1),\sigma(\varepsilon_2),\cdots,\sigma(\varepsilon_n)).$$

(2) 由于 V 与 $\mathbb{P}^n$ 同构, 从向量到坐标的映射是同构映射, 基像 $\sigma(\varepsilon_j)$ 的坐标是 $\boldsymbol{\alpha}_j\ (j=1,2,\cdots,n)$, 因此, 基像的极大无关组就对应矩阵 $\boldsymbol{A}$ 的列向量的一个极大无关组, 故值域的维数等于 σ 的秩等于矩阵 $\boldsymbol{A}$ 的秩.

(3) $\ker\sigma$ 的每一个向量 $\boldsymbol{\beta}$ 都满足 $\sigma(\boldsymbol{\beta})=\boldsymbol{0}$, 等价于 $\boldsymbol{\beta}$ 关于基 $\varepsilon_1,\varepsilon_2,\cdots,\varepsilon_n$ 的坐标 $\boldsymbol{x}$ 满足 $\boldsymbol{Ax}=\boldsymbol{0}$, 所以, 核空间 $\ker\sigma$ 与齐次方程组 $\boldsymbol{Ax}=\boldsymbol{0}$ 的解空间同构, $\ker\sigma$ 的基的坐标是齐次线性方程组 $\boldsymbol{Ax}=\boldsymbol{0}$ 的一个基础解系, 核空间的维数等于 σ 的零度等于 $n-\mathrm{R}(\boldsymbol{A})$. □

例 6.25 设 $V=\mathbb{P}^n$, $\boldsymbol{A}\in\mathbb{P}^{n\times n}$, 对任意 $\boldsymbol{\alpha}\in V$, 定义 $\sigma(\boldsymbol{\alpha})=\boldsymbol{A\alpha}$, 由例 6.1 可知, $\sigma\in L(V)$. 取 $\mathbb{P}^n$ 的基为单位列向量 $\boldsymbol{e}_1,\boldsymbol{e}_2,\cdots,\boldsymbol{e}_n$, 则基像 $\boldsymbol{Ae}_1,\boldsymbol{Ae}_2,\cdots,\boldsymbol{Ae}_n$ 就是矩阵 $\boldsymbol{A}$ 的列向量组, 由定理 6.19(2) 知, 矩阵 $\boldsymbol{A}$ 的列向量组的一个极大无关组就是值域 $\mathrm{Im}\sigma$ 的基, σ 的秩等于

R($\boldsymbol{A}$). 齐次线性方程组 $\boldsymbol{Ax}=\boldsymbol{0}$ 的一个基础解系就是核空间 $\ker\sigma$ 的一个基, σ 的零度等于 $n-\mathrm{R}(\boldsymbol{A})$.

例 6.26 设 $\varepsilon_1,\varepsilon_2,\varepsilon_3$ 是三维线性空间 V 的基, $\sigma\in L(V)$ 在这个基下的矩阵是

$$\boldsymbol{A}=\begin{pmatrix}1&2&1\\-1&0&1\\2&4&2\end{pmatrix}.$$

求线性变换 σ 的值域 $\mathrm{Im}\sigma$ 与核 $\ker\sigma$ 的一个基与维数.

解 对矩阵 $\boldsymbol{A}$ 施行初等行变换化成行最简形

$$\boldsymbol{A}=\begin{pmatrix}1&2&1\\-1&0&1\\2&4&2\end{pmatrix}\to\begin{pmatrix}1&0&-1\\0&1&1\\0&0&0\end{pmatrix}.$$

因此, 矩阵 $\boldsymbol{A}$ 的第 1,2 两列 $\boldsymbol{\alpha}_1=(1,-1,2)^{\mathrm{T}}$, $\boldsymbol{\alpha}_2=(2,0,4)^{\mathrm{T}}$ 是 $\boldsymbol{A}$ 的列向量组的一个极大无关组, 因而 $\sigma(\varepsilon_1)=\varepsilon_1-\varepsilon_2+2\varepsilon_3$, $\sigma(\varepsilon_2)=2\varepsilon_1+4\varepsilon_3$ 是值域 $\mathrm{Im}\sigma$ 的基, $\dim\mathrm{Im}\sigma=2$.

齐次方程组 $\boldsymbol{Ax}=\boldsymbol{0}$ 的一个基础解系是 $\boldsymbol{\xi}=(1,-1,1)^{\mathrm{T}}$, 故 $\boldsymbol{\eta}=\varepsilon_1-\varepsilon_2+\varepsilon_3$ 是 $\ker\sigma$ 的基, $\dim\ker\sigma=1$.

定理 6.20 设 V 是数域 $\mathbb{P}$ 上的 n 维线性空间, σ 是 V 的线性变换. $\varepsilon_1,\cdots,\varepsilon_r$ 分别是 $\mathrm{Im}\sigma$ 的基 $\boldsymbol{\eta}_1,\boldsymbol{\eta}_2,\cdots,\boldsymbol{\eta}_r$ 的原像, $\varepsilon_{r+1},\cdots,\varepsilon_s$ 是 $\ker\sigma$ 的基, 则向量组 $\varepsilon_1,\cdots,\varepsilon_r,\varepsilon_{r+1},\cdots,\varepsilon_s$ 是 V 的基, 且

$$\dim\mathrm{Im}\sigma+\dim\ker\sigma=\dim V, \tag{6.4}$$

即

$$\sigma\text{ 的秩}+\sigma\text{ 的零度}=\dim V. \quad \square \tag{6.5}$$

证明 由已知得

$$\sigma(\varepsilon_i)=\boldsymbol{\eta}_i\quad(i=1,2,\cdots,r).$$

下面证明 $\varepsilon_1,\cdots,\varepsilon_r,\varepsilon_{r+1},\cdots,\varepsilon_s$ 是 V 的基. 设

$$l_1\varepsilon_1+\cdots+l_r\varepsilon_r+l_{r+1}\varepsilon_{r+1}+\cdots+l_s\varepsilon_s=\boldsymbol{0},$$

则

$$\begin{aligned}&\sigma(l_1\varepsilon_1+\cdots+l_r\varepsilon_r+l_{r+1}\varepsilon_{r+1}+\cdots+l_s\varepsilon_s)\\&=l_1\sigma(\varepsilon_1)+\cdots+l_r\sigma(\varepsilon_r)+l_{r+1}\sigma(\varepsilon_{r+1})+\cdots+l_s\sigma(\varepsilon_s)\\&=\boldsymbol{0}.\end{aligned}$$

由于 $\varepsilon_{r+1},\cdots,\varepsilon_s\in\ker\sigma$, 故 $\sigma(\varepsilon_{r+1})=\cdots=\sigma(\varepsilon_s)=\boldsymbol{0}$. 因此,

$$l_1\boldsymbol{\eta}_1+l_2\boldsymbol{\eta}_2+\cdots+l_r\boldsymbol{\eta}_r=\boldsymbol{0}.$$

而 $\boldsymbol{\eta}_1,\boldsymbol{\eta}_2,\cdots,\boldsymbol{\eta}_r$ 线性无关, 故 $l_1=l_2=\cdots=l_r=0$, 于是

$$l_{r+1}\boldsymbol{\varepsilon}_{r+1}+\cdots+l_s\boldsymbol{\varepsilon}_s=\mathbf{0}.$$

但是 $\boldsymbol{\varepsilon}_{r+1},\cdots,\boldsymbol{\varepsilon}_s$ 是 $\ker\sigma$ 的基, 所以 $l_{r+1}=\cdots=l_s=0$, 这说明 $\boldsymbol{\varepsilon}_1,\cdots,\boldsymbol{\varepsilon}_r,\boldsymbol{\varepsilon}_{r+1},\cdots,\boldsymbol{\varepsilon}_s$ 线性无关.

其次, 对任意 $\alpha\in V$, 设

$$\sigma(\boldsymbol{\alpha})=k_1\sigma(\boldsymbol{\varepsilon}_1)+\cdots+k_r\sigma(\boldsymbol{\varepsilon}_r)=\sigma(k_1\boldsymbol{\varepsilon}_1+\cdots+k_r\boldsymbol{\varepsilon}_r),$$

则

$$\sigma(\boldsymbol{\alpha}-k_1\boldsymbol{\varepsilon}_1-\cdots-k_r\boldsymbol{\varepsilon}_r)=\mathbf{0},$$

即 $\boldsymbol{\alpha}-k_1\boldsymbol{\varepsilon}_1-\cdots-k_r\boldsymbol{\varepsilon}_r\in\ker\sigma$. 故

$$\boldsymbol{\alpha}-k_1\boldsymbol{\varepsilon}_1-\cdots-k_r\boldsymbol{\varepsilon}_r=k_{r+1}\boldsymbol{\varepsilon}_{r+1}+\cdots+k_s\boldsymbol{\varepsilon}_s.$$

于是

$$\boldsymbol{\alpha}=k_1\boldsymbol{\varepsilon}_1+\cdots+k_r\boldsymbol{\varepsilon}_r+k_{r+1}\boldsymbol{\varepsilon}_{r+1}+\cdots+k_s\boldsymbol{\varepsilon}_s.$$

这说明, 任意 $\alpha\in V$ 都可由 $\boldsymbol{\varepsilon}_1,\cdots,\boldsymbol{\varepsilon}_r,\boldsymbol{\varepsilon}_{r+1},\cdots,\boldsymbol{\varepsilon}_s$ 线性表示, 故 $\boldsymbol{\varepsilon}_1,\cdots,\boldsymbol{\varepsilon}_r,\boldsymbol{\varepsilon}_{r+1},\cdots,\boldsymbol{\varepsilon}_s$ 是 V 的一个基. 故 $s=n$, $r=\dim\mathrm{Im}\sigma$, $s-r=n-r=\dim\ker\sigma$, 所以 (6.4) 和 (6.5) 式成立. □

在定理 6.20 中, 令 $V_1=L(\boldsymbol{\varepsilon}_1,\boldsymbol{\varepsilon}_2,\cdots,\boldsymbol{\varepsilon}_r)$, 则 $V=V_1\oplus\ker\sigma$. 定理 6.20 关于基的构造部分也可以这样叙述: 设 $\boldsymbol{\varepsilon}_{r+1},\cdots,\boldsymbol{\varepsilon}_n$ 是 $\ker\sigma$ 的一个基, 将它扩充成 V 的基: $\boldsymbol{\varepsilon}_1,\cdots,\boldsymbol{\varepsilon}_r,\boldsymbol{\varepsilon}_{r+1},\cdots,\boldsymbol{\varepsilon}_n$, 则 $\sigma(\boldsymbol{\varepsilon}_1),\cdots,\sigma(\boldsymbol{\varepsilon}_r)$ 是值域 $\mathrm{Im}\sigma$ 的一个基. 维数公式 (6.4) 可以由定理 6.19 得到. 即使 (6.4) 成立, 但仍有可能 $\mathrm{Im}\sigma+\ker\sigma\neq V$, 并且 $\mathrm{Im}\sigma$ 的基与 $\ker\sigma$ 的基合起来未必是 V 的基 (习题第 6.42 题).

推论 6.5 设 σ 是有限维线性空间 V 的线性变换, 则 σ 是单射等价于 σ 是满射.

证明 若 σ 是单射, 则 $\ker\sigma=\{\mathbf{0}\}$, 由 (6.4) 式知 $\dim V=\dim\mathrm{Im}\sigma$, 而 $\mathrm{Im}\sigma\subset V$, 故 $\mathrm{Im}\sigma=V$, 即 σ 是满射.

反之, 若 σ 是满射, $\dim V=\dim\mathrm{Im}\sigma$, 由定理 6.20 知 $\ker\sigma=\{\mathbf{0}\}$, 故 σ 是单射. □

例 6.27 设 $\boldsymbol{A}$ 是 n 阶矩阵, $\boldsymbol{A}^2=\boldsymbol{A}$, 证明: $\boldsymbol{A}$ 相似于对角矩阵 $\mathrm{diag}(1,\cdots,1,0,\cdots,0)$.

证法 1 设 V 是数域 $\mathbb{P}$ 上的 n 维线性空间, σ 是 V 的线性变换, σ 在 V 的基 $\boldsymbol{\varepsilon}_1,\boldsymbol{\varepsilon}_2,\cdots,\boldsymbol{\varepsilon}_n$ 下的矩阵是 $\boldsymbol{A}$, 即

$$\sigma(\boldsymbol{\varepsilon}_1,\boldsymbol{\varepsilon}_2,\cdots,\boldsymbol{\varepsilon}_n)=(\boldsymbol{\varepsilon}_1,\boldsymbol{\varepsilon}_2,\cdots,\boldsymbol{\varepsilon}_n)\boldsymbol{A}.$$

由 $\boldsymbol{A}^2=\boldsymbol{A}$ 知 $\sigma^2=\sigma$. 取 $\mathrm{Im}\sigma$ 的一个基是 $\boldsymbol{\eta}_1,\boldsymbol{\eta}_2,\cdots,\boldsymbol{\eta}_s$, 其原像分别是 $\boldsymbol{\alpha}_1,\boldsymbol{\alpha}_2,\cdots,\boldsymbol{\alpha}_s$, 即

$$\sigma(\boldsymbol{\alpha}_i)=\boldsymbol{\eta}_i\quad(i=1,2,\cdots,s),$$

则

$$\sigma(\boldsymbol{\eta}_i)=\sigma^2(\boldsymbol{\alpha}_i)=\sigma(\boldsymbol{\alpha}_i)=\boldsymbol{\eta}_i\quad(i=1,2,\cdots,s).$$

从而 $\boldsymbol{\eta}_1,\boldsymbol{\eta}_2,\cdots,\boldsymbol{\eta}_s$ 是它自身的原像. 另取 $\ker\sigma$ 的基 $\boldsymbol{\eta}_{s+1},\cdots,\boldsymbol{\eta}_n$. 由定理 6.20 知

$$\boldsymbol{\eta}_1,\quad \boldsymbol{\eta}_2,\quad \cdots,\quad \boldsymbol{\eta}_s,\quad \boldsymbol{\eta}_{s+1},\quad \cdots,\quad \boldsymbol{\eta}_n$$

是 V 的基. 由于

$$\sigma(\boldsymbol{\eta}_i)=\begin{cases}\boldsymbol{\eta}_i, & i=1,2,\cdots,s,\\ \mathbf{0}, & i=s+1,\cdots,n,\end{cases}$$

故 σ 在基 $\boldsymbol{\eta}_1,\boldsymbol{\eta}_2,\cdots,\boldsymbol{\eta}_s,\boldsymbol{\eta}_{s+1},\cdots,\boldsymbol{\eta}_n$, 下的矩阵是 $\operatorname{diag}(1,\cdots,1,0,\cdots,0)$. 由于同一个线性变换在不同基下的矩阵相似, 故 $\boldsymbol{A}$ 相似于对角矩阵 $\operatorname{diag}(1,\cdots,1,0,\cdots,0)$. □

证法 2 易知, 矩阵 $\boldsymbol{A}$ 的特征值只能是 1 或 0. 设

$$S=\{\boldsymbol{\alpha}\in\mathbb{P}^n|\boldsymbol{A}\boldsymbol{\alpha}=\mathbf{0}\},\quad T=\{\boldsymbol{\alpha}\in\mathbb{P}^n|(\boldsymbol{I}-\boldsymbol{A})\boldsymbol{\alpha}=\mathbf{0}\},$$

由例 5.23 知 $\mathbb{P}^n=S\oplus T$. 在 T,S 中各取一个基 $\boldsymbol{\alpha}_1,\cdots,\boldsymbol{\alpha}_s$ 和 $\boldsymbol{\alpha}_{s+1},\cdots,\boldsymbol{\alpha}_n$, 则 $\boldsymbol{\alpha}_1,\cdots,\boldsymbol{\alpha}_s$, $\boldsymbol{\alpha}_{s+1},\cdots,\boldsymbol{\alpha}_n$ 是 $\mathbb{P}^n$ 的基, 并且

$$\boldsymbol{A}(\boldsymbol{\alpha}_1,\boldsymbol{\alpha}_2,\cdots,\boldsymbol{\alpha}_n)=(\boldsymbol{\alpha}_1,\boldsymbol{\alpha}_2,\cdots,\boldsymbol{\alpha}_n)\cdot\operatorname{diag}(1,\cdots,1,0,\cdots,0).$$

记 $\boldsymbol{X}=(\boldsymbol{\alpha}_1,\boldsymbol{\alpha}_2,\cdots,\boldsymbol{\alpha}_n)$, 则 $\boldsymbol{X}$ 是可逆矩阵, 且 $\boldsymbol{X}^{-1}\boldsymbol{A}\boldsymbol{X}=\operatorname{diag}(1,\cdots,1,0,\cdots,0)$. □

注 在例 6.27 中, 矩阵 $\boldsymbol{A}$ 对应于线性变换 σ, 其特征值只能是 1 或 0. 因此, $\boldsymbol{A}$ 可对角化 $\Leftrightarrow\sigma$ 可对角化 $\Leftrightarrow\sigma$ 的特征子空间 V_1,V_0 的维数之和等于空间的维数 n(推论 6.3). 详细证明过程请阅读文献 [1].

习题 6.6

6.37 在 $\mathbb{P}^{2\times2}$ 中, 取 $\boldsymbol{A}=\begin{pmatrix}1&1\\0&1\end{pmatrix}$, 定义线性变换: $\sigma(\boldsymbol{X})=\boldsymbol{X}\boldsymbol{A}-\boldsymbol{A}\boldsymbol{X}(\boldsymbol{X}\in\mathbb{P}^{2\times2})$.

(1) 对任意 $\boldsymbol{X}=\begin{pmatrix}a&b\\c&d\end{pmatrix}\in\mathbb{P}^{2\times2}$, 求 $\sigma(\boldsymbol{X})$;

(2) 分别求 σ 的值域 $\mathrm{Im}\sigma$ 和核 $\ker\sigma$ 的一个基与维数.

6.38 设 σ 是 $\mathbb{R}^3$ 的线性变换, 对任意 $\boldsymbol{\alpha}=(x_1,x_2,x_3)^{\mathrm{T}}\in\mathbb{R}^3$ 都有

$$\sigma(\boldsymbol{\alpha})=(x_1+2x_2-x_3,x_2+x_3,x_1+x_2-2x_3)^{\mathrm{T}},$$

分别求值域 $\mathrm{Im}\sigma$ 与核 $\ker\sigma$ 的一个基与维数.

6.39 已知 σ 是 4 维线性空间 V 的线性变换, σ 在基 $\boldsymbol{\varepsilon}_1,\boldsymbol{\varepsilon}_2,\boldsymbol{\varepsilon}_3,\boldsymbol{\varepsilon}_4$ 下的矩阵是

$$(1)\ \boldsymbol{A}=\begin{pmatrix}1&1&2&3\\3&1&1&-1\\1&-2&1&1\\0&3&1&2\end{pmatrix};\qquad(2)\ \boldsymbol{A}=\begin{pmatrix}1&1&2&2\\0&2&1&5\\2&0&3&-1\\1&1&0&4\end{pmatrix}.$$

求线性变换 σ 的值域 $\mathrm{Im}\sigma$ 和核 $\ker\sigma$ 的一个基与维数.

6.40 设 σ 是 n 维线性空间 V 的线性变换 $(n \geqslant 2)$, σ 在 V 的某个基下的矩阵是 $\boldsymbol{A}$, 且满足 $\boldsymbol{A}^n = \boldsymbol{O}, \boldsymbol{A}^{n-1} \neq \boldsymbol{O}$. 证明: $\dim\ker\sigma = \mathrm{R}\left(\boldsymbol{A}^{n-1}\right) = 1$.

6.41 设 $\sigma \in L(V)$, 证明:

(1) $\mathrm{Im}\sigma \subset \ker\sigma$ 当且仅当 $\sigma^2 = o$;

(2) $\ker\sigma \subset \ker(\sigma^2) \subset \ker(\sigma^3) \subset \cdots \subset V$;

(3) $V \supset \mathrm{Im}\sigma \supset \mathrm{Im}(\sigma^2) \supset \mathrm{Im}(\sigma^3) \supset \cdots$.

6.42 举例说明: 虽然 (6.4) 式成立, 但却有可能 $\mathrm{Im}\sigma + \ker\sigma \neq V$, 并且 $\mathrm{Im}\sigma$ 的基与 $\ker\sigma$ 的基合起来未必是 V 的基.

6.43 设 $\boldsymbol{A}$ 是 n 阶对合矩阵, 即 $\boldsymbol{A}^2 = \boldsymbol{I}$, 证明: 存在 n 阶可逆矩阵 $\boldsymbol{C}$, 使得

$$\boldsymbol{C}^{-1}\boldsymbol{A}\boldsymbol{C} = \mathrm{diag}(\boldsymbol{I}_r, -\boldsymbol{I}_{n-r}).$$

§6.7 不变子空间

设 V 是数域 $\mathbb{P}$ 上的 n 维线性空间, $\sigma \in L(V)$, 如果 σ 在某个基下的矩阵不能对角化, 那么它在任一基下的矩阵也不能对角化 (习题第 6.36 题). 在这种情况下, 能不能找到 V 的一个基, 使得 σ 在这个基下的矩阵是分块上三角矩阵或分块对角矩阵? 本节引入不变子空间的概念, 证明了在 V 的不变子空间中任取一个基, 再把它扩充成 V 的基, σ 在这个基下的矩阵是分块上三角矩阵. 进一步, 如果 V 能分解成若干个不变子空间的直和, 在每个不变子空间中各取一个基, 构成 V 的基, 那么 σ 在这个基下的矩阵是分块对角矩阵.

6.7.1 不变子空间的概念

设 W 是 V 的子空间, 则 V 的任一线性变换 σ 未必是 W 的线性变换, 这是因为 W 的任一元素的像未必还在 W 中, 如果 $\sigma(W) \subset W$ 成立, 则称 W 是 σ 的不变子空间.

定义 6.7 设 V 是数域 $\mathbb{P}$ 上的线性空间, σ 是 V 的线性变换, W 是 V 的子空间, 如果对任意 $\boldsymbol{\alpha} \in W$, 有 $\sigma(\boldsymbol{\alpha}) \in W$, 即 $\sigma(W) \subset W$, 则称 W 是 σ 的**不变子空间**, 简称 σ 子空间.

例 6.28 设 $\sigma \in L(V)$, 则

(1) 整个空间 V 和零子空间 $\{\boldsymbol{0}\}$ 是 σ 子空间;

(2) σ 的值域 $\mathrm{Im}\sigma$ 与核 $\ker\sigma$ 都是 σ 子空间;

(3) σ 子空间的和与交仍为 σ 子空间.

例 6.29 在线性空间 $\mathbb{P}[x]$ 中, $\mathbb{P}[x]_n$ 是线性变换

$$\delta(f(x)) = f'(x) \quad (f(x) \in \mathbb{P}[x])$$

的不变子空间.

例 6.28 和例 6.29 的证明是很容易的, 请读者自己完成.

定理 6.21 设 V 是数域 $\mathbb{P}$ 上的线性空间, σ 是线性变换,

$$V_\lambda = \{\boldsymbol{\alpha} \in V | \sigma(\boldsymbol{\alpha}) = \lambda\boldsymbol{\alpha}\}$$

是 σ 的属于特征值 λ 的特征子空间, 则 V_λ 是 σ 子空间.

证明 对任意 $\boldsymbol{\alpha} \in V_\lambda$, 由于 V_λ 是 V 的子空间, 有 $\sigma(\boldsymbol{\alpha}) = \lambda\boldsymbol{\alpha} \in V_\lambda$, 故 V_λ 是 σ 子空间. □

定理 6.22 设 σ 是线性空间 V 的线性变换, W 是 V 的子空间, $\boldsymbol{\alpha}_1,\boldsymbol{\alpha}_2,\cdots,\boldsymbol{\alpha}_s$ 是 W 的基, 则 W 是 σ 子空间的充要条件是 $\sigma(\boldsymbol{\alpha}_1),\sigma(\boldsymbol{\alpha}_2),\cdots,\sigma(\boldsymbol{\alpha}_s)$ 全属于 W.

证明 必要性是显然的, 下证充分性. 由定理 6.19(1) 可知,

$$\sigma(W)=L(\sigma(\boldsymbol{\alpha}_1),\sigma(\boldsymbol{\alpha}_2),\cdots,\sigma(\boldsymbol{\alpha}_s)).$$

由于每个 $\sigma(\boldsymbol{\alpha}_i)\in W\,(i=1,2,\cdots,s)$, 因此, $\sigma(W)\subset W$, 故 W 是 σ 子空间. □

例 6.30 设 $\varepsilon_1,\varepsilon_2,\varepsilon_3$ 是三维线性空间 V 的基, 线性变换 σ 在这个基下的矩阵是

$$\boldsymbol{A}=\begin{pmatrix}3&1&-1\\2&2&-1\\2&2&0\end{pmatrix},$$

令

$$\boldsymbol{\alpha}_1=\varepsilon_3,\quad \boldsymbol{\alpha}_2=\varepsilon_1+\varepsilon_2+2\varepsilon_3,\quad W=L(\boldsymbol{\alpha}_1,\boldsymbol{\alpha}_2).$$

证明: W 是 σ 子空间.

证明 由已知得

$$\begin{aligned}\sigma(\boldsymbol{\alpha}_1)&=\sigma(\varepsilon_3)=-\varepsilon_1-\varepsilon_2=2\boldsymbol{\alpha}_1-\boldsymbol{\alpha}_2\in W,\\ \sigma(\boldsymbol{\alpha}_2)&=\sigma(\varepsilon_1)+\sigma(\varepsilon_2)+2\sigma(\varepsilon_3)\\ &=(3\varepsilon_1+2\varepsilon_2+2\varepsilon_3)+(\varepsilon_1+2\varepsilon_2+2\varepsilon_3)+2(-\varepsilon_1-\varepsilon_2)\\ &=2\varepsilon_1+2\varepsilon_2+4\varepsilon_3\\ &=2\boldsymbol{\alpha}_2\in W.\end{aligned}$$

由定理 6.22 可知, W 是 σ 子空间. □

6.7.2 不变子空间的性质

定义 6.8 设 σ 是线性空间 V 的线性变换, W 是 V 的 σ 子空间, 只考虑 σ 在 W 上的作用, 则得到子空间 W 的一个线性变换, 称为 σ 在 W 上的**限制**, 记作 $\sigma|_W$.

于是, 对任意 $\boldsymbol{\alpha}\in W$, 则 $\sigma|_W(\boldsymbol{\alpha})=\sigma(\boldsymbol{\alpha})$. 如果 $\boldsymbol{\alpha}\notin W$, 则 $\sigma|_W(\boldsymbol{\alpha})$ 没有意义. 若 W 是 V 的 σ 子空间, 则 $\sigma|_W$ 是 W 上的线性变换.

定理 6.23 设 σ 是 n 维线性空间 V 的线性变换, W 是 V 的 σ 子空间, $\varepsilon_1,\cdots,\varepsilon_k$ 是 W 的基, 将它扩充成 V 的一个基

$$\varepsilon_1,\quad\cdots,\quad\varepsilon_k,\quad\varepsilon_{k+1},\quad\cdots,\quad\varepsilon_n,$$

则 σ 在这个基下的矩阵是分块上三角矩阵

$$\begin{pmatrix}\boldsymbol{A}_1&\boldsymbol{A}_3\\\boldsymbol{O}&\boldsymbol{A}_2\end{pmatrix}.$$

令 $U=L(\varepsilon_{k+1},\cdots,\varepsilon_n)$, 显然 $V=W\oplus U$, 如果 U 也是 V 的 σ 子空间, 则 σ 在这个基下的矩阵是准对角矩阵

$$\begin{pmatrix} \boldsymbol{A}_1 & \boldsymbol{O} \\ \boldsymbol{O} & \boldsymbol{A}_2 \end{pmatrix}.$$

证明 注意到 $\sigma(W)\subset W$, 每一个 $\sigma(\varepsilon_i)\in W\quad(i=1,2,\cdots,k)$ 是 $\varepsilon_1,\cdots,\varepsilon_k$ 的线性组合. 设

$$\begin{cases} \sigma(\varepsilon_1)=a_{11}\varepsilon_1+\cdots+a_{k1}\varepsilon_k, \\ \cdots\cdots\cdots\cdots\cdots\cdots\cdots\cdots \\ \sigma(\varepsilon_k)=a_{1k}\varepsilon_1+\cdots+a_{kk}\varepsilon_k, \\ \sigma(\varepsilon_{k+1})=a_{1,k+1}\varepsilon_1+\cdots+a_{k,k+1}\varepsilon_k+a_{k+1,k+1}\varepsilon_{k+1}+\cdots+a_{n,k+1}\varepsilon_n, \\ \cdots\cdots\cdots\cdots\cdots\cdots\cdots\cdots\cdots\cdots\cdots\cdots\cdots\cdots\cdots\cdots \\ \sigma(\varepsilon_n)=a_{1n}\varepsilon_1+\cdots+a_{kn}\varepsilon_k+a_{k+1,n}\varepsilon_{k+1}+\cdots+a_{nn}\varepsilon_n. \end{cases}$$

因此, σ 在基 $\varepsilon_1,\cdots,\varepsilon_k,\varepsilon_{k+1},\cdots,\varepsilon_n$ 下的矩阵是

$$\left(\begin{array}{ccc:ccc} a_{11} & \cdots & a_{1k} & a_{1,k+1} & \cdots & a_{1n} \\ \vdots & & \vdots & \vdots & & \vdots \\ a_{k,1} & \cdots & a_{k,k} & a_{k,k+1} & \cdots & a_{kn} \\ \hdashline 0 & \cdots & 0 & a_{k+1,k+1} & \cdots & a_{k+1,n} \\ \vdots & & \vdots & \vdots & & \vdots \\ 0 & \cdots & 0 & a_{n,k+1} & \cdots & a_{nn} \end{array}\right)=\begin{pmatrix} \boldsymbol{A}_1 & \boldsymbol{A}_3 \\ \boldsymbol{O} & \boldsymbol{A}_2 \end{pmatrix}.$$

定理的前一部分得证. 至于后一部分, 任取 W 的基 $\varepsilon_1,\cdots,\varepsilon_k$, U 的基 $\varepsilon_{k+1},\cdots,\varepsilon_n$, 则

$$\varepsilon_1,\quad \cdots,\quad \varepsilon_k,\quad \varepsilon_{k+1},\quad \cdots,\quad \varepsilon_n$$

是 V 的基. 注意到 $\operatorname{Im}\sigma|_W\subset W$, $\operatorname{Im}\sigma|_U\subset U$, 因此, 每一个 $\sigma(\varepsilon_i)\in W\,(i=1,2,\cdots,k)$ 是 $\varepsilon_1,\cdots,\varepsilon_k$ 的线性组合, 每一个 $\sigma(\varepsilon_i)\in U\,(i=k+1,\cdots,n)$ 是 $\varepsilon_{k+1},\cdots,\varepsilon_n$ 的线性组合, 因此, σ 在基 $\varepsilon_1,\cdots,\varepsilon_k,\varepsilon_{k+1},\cdots,\varepsilon_n$ 下的矩阵是准对角矩阵. □

将定理 6.23 推广如下:

定理 6.24 设 n 维线性空间 V 可以分解成若干个 σ 子空间的直和:

$$V-W_1\oplus W_2\oplus\cdots\oplus W_s,$$

其中 W_i 的维数为 $n_i\,(i=1,2,\cdots,s)$, $\sum\limits_{i=1}^{s}n_i=n$. 在每个子空间 W_i 中取一个基

$$\varepsilon_{i1},\quad \varepsilon_{i2},\quad \cdots,\quad \varepsilon_{in_i}\quad (i=1,2,\cdots,s),$$

把它们合在一起成为 V 的基

$$(\mathrm{I}):\varepsilon_{11},\quad \varepsilon_{12},\quad \cdots,\quad \varepsilon_{1n_1},\quad \varepsilon_{21},\quad \varepsilon_{22},\quad \cdots,\quad \varepsilon_{2n_2},\quad \cdots,\quad \varepsilon_{s1},\quad \varepsilon_{s2},\quad \cdots,\quad \varepsilon_{sn_s}.$$

则 σ 在这个基下的矩阵为准对角矩阵

$$\mathrm{diag}(\boldsymbol{A}_1, \boldsymbol{A}_2, \cdots, \boldsymbol{A}_s),$$

其中 $\boldsymbol{A}_i\,(i=1,2,\cdots,s)$ 就是 σ 在基 $\varepsilon_{i1}, \varepsilon_{i2}, \cdots, \varepsilon_{in_i}$ 下的 n_i 阶矩阵.

反之, 如果线性变换 σ 在基 (I) 下的矩阵是准对角形矩阵, 则 $W_i = L(\varepsilon_{i1}, \varepsilon_{i2}, \cdots, \varepsilon_{in_i})$ 是 n_i 维 σ 子空间 $(i=1,2,\cdots,s)$, 并且

$$V = W_1 \oplus W_2 \oplus \cdots \oplus W_s.$$

前面的讨论说明, 矩阵化简为准对角矩阵的问题与线性空间分解成不变子空间的直和的问题是等价的. §6.5 中的推论 6.3 指出, 线性变换 σ 可对角化与线性空间 V 能分解成一些特征子空间的直和是等价的 (特征子空间是 σ 子空间).

例 6.31 设 V 是复数域上的 n 维线性空间, σ, τ 是 V 的线性变换, 且 $\sigma\tau = \tau\sigma$. 证明:

(1) 如果 λ 是 σ 的特征值, 那么 V_λ 是 τ 的不变子空间;

(2) σ, τ 至少有一个公共特征向量.

证明 (1) 对任意 $\boldsymbol{\alpha} \in V_\lambda$, 由于

$$\sigma(\tau(\boldsymbol{\alpha})) = (\sigma\tau)(\boldsymbol{\alpha}) = (\tau\sigma)(\boldsymbol{\alpha}) = \tau(\sigma(\boldsymbol{\alpha})) = \tau(\lambda\boldsymbol{\alpha}) = \lambda\tau(\boldsymbol{\alpha}),$$

因此, $\tau(\boldsymbol{\alpha}) \in V_\lambda$, 故 V_λ 是 τ 的不变子空间.

(2) 令 $\tau_0 = \tau|_{V_\lambda}$ 是 τ 在 V_λ 上的限制, 由于 V_λ 是复数域上的线性空间, 所以 τ_0 在复数域上必有特征值 λ_0, 因而存在 $\boldsymbol{\alpha}_0 \in V_\lambda$, $\boldsymbol{\alpha}_0 \neq \boldsymbol{0}$, 使得 $\tau_0(\boldsymbol{\alpha}_0) = \lambda_0\boldsymbol{\alpha}_0$. 所以

$$\tau(\boldsymbol{\alpha}_0) = \tau_0(\boldsymbol{\alpha}_0) = \lambda_0\boldsymbol{\alpha}_0.$$

然而 $\sigma(\boldsymbol{\alpha}_0) = \lambda\boldsymbol{\alpha}_0$, 故 $\boldsymbol{\alpha}_0$ 是 σ, τ 的公共特征向量. □

由定理 6.23 容易得到如下推论:

推论 6.6 设 σ 是 n 维线性空间 V 的线性变换, W 是 V 的 σ 子空间, 则 $\sigma|_W$ 的特征多项式 $f_{\sigma|_W}(\lambda)$ 一定能整除 σ 的特征多项式 $f_\sigma(\lambda)$.

习题 6.7

6.44 已知 $\sigma((a_1, a_2, a_3)^{\mathrm{T}}) = (a_3, a_2, a_1)^{\mathrm{T}}$ 是 $\mathbb{P}^3$ 的一个线性变换, 判断下列 $\mathbb{P}^3$ 的子空间是否为 σ 子空间, 并说明理由:

(1) $W_1 = \left\{(x_1, x_2, 0)^{\mathrm{T}} | x_1, x_2 \in \mathbb{P}\right\}$;

(2) $W_2 = \left\{(x_1, 0, x_2)^{\mathrm{T}} | x_1, x_2 \in \mathbb{P}\right\}$.

6.45 设 $\varepsilon_1, \varepsilon_2, \varepsilon_3$ 是三维线性空间 V 的基, 线性变换 σ 在这个基下的矩阵是

$$\boldsymbol{A} = \begin{pmatrix} 1 & -2 & 2 \\ -2 & -2 & 4 \\ 2 & 4 & -2 \end{pmatrix}.$$

(1) 设 $\boldsymbol{\alpha}_1 = -2\varepsilon_1 + \varepsilon_2, \boldsymbol{\alpha}_2 = 2\varepsilon_1 + \varepsilon_3$, 证明: $W = L(\boldsymbol{\alpha}_1, \boldsymbol{\alpha}_2)$ 是 σ 子空间;

(2) 证明: V 可以分解成两个 σ 子空间 V_1, V_2 的直和, 即 $V = V_1 \oplus V_2$.

6.46 设 $\varepsilon_1, \varepsilon_2, \varepsilon_3$ 是三维线性空间 V 的一个基, 线性变换 σ 在这个基下的矩阵是

$$\boldsymbol{A} = \begin{pmatrix} 1 & 2 & 2 \\ 2 & 1 & 2 \\ 2 & 2 & 1 \end{pmatrix}.$$

证明: $W = L(-\varepsilon_1 + \varepsilon_2, -\varepsilon_1 + \varepsilon_3)$ 是 σ 子空间.

6.47 设 W 是线性变换 σ, τ 的不变子空间, 证明: W 分别是 $\sigma + \tau, \sigma\tau$ 的不变子空间.

6.48 设 σ 是 n 维线性空间 V 的可逆线性变换, W 是 σ 的不变子空间, 证明: W 是 σ^{-1} 的不变子空间.

6.49 设 $\sigma, \tau \in L(V)$, 且 $\sigma\tau = \tau\sigma$, 证明: τ 的值域 $\mathrm{Im}\tau$、核 $\ker\tau$ 以及 τ 的特征子空间都是 σ 子空间.

6.50 设 V 是数域 $\mathbb{P}$ 上的 n 维线性空间, $\sigma \in L(V)$, W 是 V 的 σ 子空间, $f(x) \in \mathbb{P}[x]$. 证明: W 也是 V 的 $f(\sigma)$ 子空间.

第六章补充例题

例 6.32 设 $\boldsymbol{A}, \boldsymbol{B}$ 都是 n 阶幂等矩阵, 且 $\boldsymbol{AB} = \boldsymbol{BA}$, 证明: $\boldsymbol{A}, \boldsymbol{B}$ 可以同时相似对角化.

证明 由例 6.27 知幂等矩阵都可以对角化, 设 $\boldsymbol{P}$ 是 n 阶可逆矩阵, 使得 $\boldsymbol{P}^{-1}\boldsymbol{AP} = \mathrm{diag}(\boldsymbol{I}_s, \boldsymbol{O})$. 由题意知

$$\boldsymbol{P}^{-1}\boldsymbol{AP} \cdot \boldsymbol{P}^{-1}\boldsymbol{BP} = \boldsymbol{P}^{-1}\boldsymbol{ABP} = \boldsymbol{P}^{-1}\boldsymbol{BAP} = \boldsymbol{P}^{-1}\boldsymbol{BP} \cdot \boldsymbol{P}^{-1}\boldsymbol{AP},$$

即 $\boldsymbol{P}^{-1}\boldsymbol{AP}$ 与 $\boldsymbol{P}^{-1}\boldsymbol{BP}$ 可交换, 因此, $\boldsymbol{P}^{-1}\boldsymbol{BP}$ 是分块对角矩阵. 设

$$\boldsymbol{P}^{-1}\boldsymbol{BP} = \mathrm{diag}(\boldsymbol{B}_1, \boldsymbol{B}_2),$$

其中 $\boldsymbol{B}_1, \boldsymbol{B}_2$ 分别是 $s, n-s$ 阶矩阵. 由 $\boldsymbol{B}$ 是 n 阶幂等矩阵可知

$$(\boldsymbol{P}^{-1}\boldsymbol{BP})^2 = \boldsymbol{P}^{-1}\boldsymbol{B}^2\boldsymbol{P} = \boldsymbol{P}^{-1}\boldsymbol{BP}.$$

因而, $\boldsymbol{P}^{-1}\boldsymbol{BP}$ 是幂等矩阵, 同时 $\boldsymbol{B}_1, \boldsymbol{B}_2$ 也是幂等矩阵. 所以, 存在 s 阶可逆矩阵 $\boldsymbol{Q}_1$ 和 $n-s$ 阶可逆矩阵 $\boldsymbol{Q}_2$, 使得

$$\boldsymbol{Q}_1^{-1}\boldsymbol{B}_1\boldsymbol{Q}_1 = \mathrm{diag}(\boldsymbol{I}_{s_1}, \boldsymbol{O}), \quad \boldsymbol{Q}_2^{-1}\boldsymbol{B}_2\boldsymbol{Q}_2 = \mathrm{diag}(\boldsymbol{I}_{s_2}, \boldsymbol{O}).$$

令 $\boldsymbol{Q} = \mathrm{diag}(\boldsymbol{Q}_1, \boldsymbol{Q}_2)$, 则 $\boldsymbol{Q}^{-1} = \mathrm{diag}(\boldsymbol{Q}_1^{-1}, \boldsymbol{Q}_2^{-1})$, 且

$$\boldsymbol{Q}^{-1}\boldsymbol{P}^{-1}\boldsymbol{BPQ} = \mathrm{diag}(\boldsymbol{I}_{s_1}, \boldsymbol{O}, \boldsymbol{I}_{s_2}, \boldsymbol{O}),$$

$$\boldsymbol{Q}^{-1}\boldsymbol{P}^{-1}\boldsymbol{APQ} = \mathrm{diag}(\boldsymbol{Q}_1^{-1}\boldsymbol{I}_s\boldsymbol{Q}_1, \boldsymbol{O}) = \mathrm{diag}(\boldsymbol{I}_s, \boldsymbol{O}).$$

再令 $\boldsymbol{X} = \boldsymbol{PQ}$, 则 $\boldsymbol{X}$ 是可逆矩阵, 且 $\boldsymbol{X}^{-1}\boldsymbol{AX}$ 与 $\boldsymbol{X}^{-1}\boldsymbol{BX}$ 同时为对角矩阵. $\square$

例 6.33 设 V 是复数域上的 n 维线性空间, σ,τ 是 V 的线性变换, 且 $\sigma\tau=\tau\sigma$. 证明:

(1) σ,τ 至少有一个公共的一维不变子空间 U;

(2) 如果 σ,τ 都可以对角化, 那么存在 V 的一个基, 使得 σ,τ 在这个基下的矩都是对角矩阵.

证明 (1) 由例 6.31 可知, σ,τ 至少有一个公共特征向量 $\boldsymbol{\alpha}$ $(\boldsymbol{\alpha}\neq\mathbf{0})$, 令 $U=L(\boldsymbol{\alpha})$, 显然 U 是 σ,τ 的公共一维不变子空间, 即 $\sigma(U)\subset U$, $\tau(U)\subset U$.

(2) 对 V 的维数 n 用数学归纳法. 显然当 $n=1$ 时结论成立. 假设 $n=k$ 时结论也成立, 则当 $n=k+1$ 时, 由 (1) 可知, σ,τ 有公共的一维不变子空间 $U=L(\boldsymbol{\alpha})$, 且 $\sigma(\boldsymbol{\alpha})=\lambda\boldsymbol{\alpha}$, $\tau(\boldsymbol{\alpha})=\mu\boldsymbol{\alpha}$. 由扩基定理可以令 $V=U\oplus W$, 则 $\dim W=k$.

分别考虑 σ,τ 在 W 上的限制 $\sigma|_W,\tau|_W$. 由于 σ,τ 在 V 上可以对角化, 因此, $\sigma|_W,\tau|_W$ 在 W 上也可以对角化, 由归纳假设, 存在 W 的一个基 $\boldsymbol{\alpha}_1,\boldsymbol{\alpha}_2,\cdots,\boldsymbol{\alpha}_k$ 使得 $\sigma|_W,\tau|_W$ 在这个基下的矩阵分别是对角矩阵 $\boldsymbol{\Lambda}_1=\operatorname{diag}(\lambda_1,\cdots,\lambda_k)$, $\boldsymbol{\Lambda}_2=\operatorname{diag}(\mu_1,\cdots,\mu_k)$, 即

$$\sigma|_W(\boldsymbol{\alpha}_1,\cdots,\boldsymbol{\alpha}_k)=(\boldsymbol{\alpha}_1,\cdots,\boldsymbol{\alpha}_k)\boldsymbol{\Lambda}_1,\quad \tau|_W(\boldsymbol{\alpha}_1,\cdots,\boldsymbol{\alpha}_k)=(\boldsymbol{\alpha}_1,\cdots,\boldsymbol{\alpha}_k)\boldsymbol{\Lambda}_2.$$

显然 $\boldsymbol{\alpha},\boldsymbol{\alpha}_1,\boldsymbol{\alpha}_2,\cdots,\boldsymbol{\alpha}_k$ 是 V 的基, 且

$$\sigma(\boldsymbol{\alpha},\boldsymbol{\alpha}_1,\boldsymbol{\alpha}_2,\cdots,\boldsymbol{\alpha}_k)=(\sigma(\boldsymbol{\alpha}),\sigma|_W(\boldsymbol{\alpha}_1),\cdots,\sigma|_W(\boldsymbol{\alpha}_k))=(\boldsymbol{\alpha},\boldsymbol{\alpha}_1,\cdots,\boldsymbol{\alpha}_k)\begin{pmatrix}\lambda & \mathbf{0}\\ \mathbf{0} & \boldsymbol{\Lambda}_1\end{pmatrix},$$

$$\tau(\boldsymbol{\alpha},\boldsymbol{\alpha}_1,\boldsymbol{\alpha}_2,\cdots,\boldsymbol{\alpha}_k)=(\tau(\boldsymbol{\alpha}),\tau|_W(\boldsymbol{\alpha}_1),\cdots,\tau|_W(\boldsymbol{\alpha}_k))=(\boldsymbol{\alpha},\boldsymbol{\alpha}_1,\cdots,\boldsymbol{\alpha}_k)\begin{pmatrix}\mu & \mathbf{0}\\ \mathbf{0} & \boldsymbol{\Lambda}_2\end{pmatrix}.$$

于是 σ,τ 在 V 的基 $\boldsymbol{\alpha},\boldsymbol{\alpha}_1,\boldsymbol{\alpha}_2,\cdots,\boldsymbol{\alpha}_k$ 下的矩阵

$$\begin{pmatrix}\lambda & \mathbf{0}\\ \mathbf{0} & \boldsymbol{\Lambda}_1\end{pmatrix},\quad \begin{pmatrix}\mu & \mathbf{0}\\ \mathbf{0} & \boldsymbol{\Lambda}_2\end{pmatrix}$$

都是对角矩阵, 这就证明了当 $n=k+1$ 时结论成立. 由数学归纳法原理可知, 对一切自然数 $n\geqslant 1$ 结论成立. □

注 读者可以发现, 例 6.33 能够推出例 6.32, 即例 6.32 是例 6.33 的推论.

例 6.34 设 $\boldsymbol{A},\boldsymbol{B}$ 分别是 $n\times m$ 和 $m\times n$ 矩阵, $n\geqslant m$. 证明: 在复数域 $\mathbb{C}$ 上, $\boldsymbol{AB}$ 与 $\boldsymbol{BA}$ 有相同的非零特征值 (重根按重数计算), 且 $\boldsymbol{AB}$ 比 $\boldsymbol{BA}$ 的特征值多 $n-m$ 个 0. 特别地, 当 $n=m$ 时, $\boldsymbol{AB}$ 与 $\boldsymbol{BA}$ 有相同的特征多项式, 因而有相同的特征值 (重根按重数计算).

证明 本题即证:

$$|\lambda\boldsymbol{I}_n-\boldsymbol{AB}|=\lambda^{n-m}|\lambda\boldsymbol{I}_m-\boldsymbol{BA}|.$$

证法 1 当 $\lambda\neq 0$ 时, 由分块矩阵的第三种初等变换得

$$\begin{pmatrix}\lambda\boldsymbol{I}_n & \boldsymbol{A}\\ \boldsymbol{B} & \boldsymbol{I}_m\end{pmatrix}\xrightarrow{r_1-\boldsymbol{A}\cdot r_2}\begin{pmatrix}\lambda\boldsymbol{I}_n-\boldsymbol{AB} & \boldsymbol{O}\\ \boldsymbol{B} & \boldsymbol{I}_m\end{pmatrix},$$

$$\begin{pmatrix}\lambda\boldsymbol{I}_n & \boldsymbol{A}\\ \boldsymbol{B} & \boldsymbol{I}_m\end{pmatrix}\xrightarrow{r_2-\frac{1}{\lambda}\boldsymbol{B}\cdot r_1}\begin{pmatrix}\lambda\boldsymbol{I}_n & \boldsymbol{A}\\ \boldsymbol{O} & \boldsymbol{I}_m-\frac{1}{\lambda}\boldsymbol{BA}\end{pmatrix}.$$

两端分别取行列式得

$$\begin{vmatrix} \lambda \boldsymbol{I}_n & \boldsymbol{A} \\ \boldsymbol{B} & \boldsymbol{I}_m \end{vmatrix} = |\lambda \boldsymbol{I}_n - \boldsymbol{AB}| = |\lambda \boldsymbol{I}_n| \cdot \left| \boldsymbol{I}_m - \frac{1}{\lambda}\boldsymbol{BA} \right| = \lambda^{n-m}|\lambda \boldsymbol{I}_m - \boldsymbol{BA}|.$$

而第三种分块初等变换不改变行列式的值, 故结论成立.

当 $\lambda = 0$ 时, 若 $n > m$, 则 $\mathrm{R}(\boldsymbol{AB}) < n$, 故 $|-\boldsymbol{AB}| = 0$, 结论成立; 若 $n = m$, 则 $|-\boldsymbol{AB}| = |-\boldsymbol{BA}|$, 因而结论也成立. □

证法 2 设 $\mathrm{R}(\boldsymbol{A}) = r$, 则存在 n 阶可逆矩阵 $\boldsymbol{P}$ 和 m 阶可逆矩阵 $\boldsymbol{Q}$, 使得

$$\boldsymbol{PAQ} = \begin{pmatrix} \boldsymbol{I}_r & \boldsymbol{O} \\ \boldsymbol{O} & \boldsymbol{O} \end{pmatrix}.$$

令 $\boldsymbol{Q}^{-1}\boldsymbol{BP}^{-1} = \begin{pmatrix} \boldsymbol{B}_{11} & \boldsymbol{B}_{12} \\ \boldsymbol{B}_{21} & \boldsymbol{B}_{22} \end{pmatrix}$, 其中 $\boldsymbol{B}_{11}$ 是 $r \times r$ 矩阵, 则

$$\boldsymbol{PABP}^{-1} = \boldsymbol{PAQ} \cdot \boldsymbol{Q}^{-1}\boldsymbol{BP}^{-1} = \begin{pmatrix} \boldsymbol{B}_{11} & \boldsymbol{B}_{12} \\ \boldsymbol{O} & \boldsymbol{O} \end{pmatrix},$$

$$\boldsymbol{Q}^{-1}\boldsymbol{BAQ} = \boldsymbol{Q}^{-1}\boldsymbol{BP}^{-1} \cdot \boldsymbol{PAQ} = \begin{pmatrix} \boldsymbol{B}_{11} & \boldsymbol{O} \\ \boldsymbol{B}_{21} & \boldsymbol{O} \end{pmatrix}.$$

故

$$|\lambda \boldsymbol{I}_n - \boldsymbol{AB}| = \begin{vmatrix} \lambda \boldsymbol{I}_r - \boldsymbol{B}_{11} & -\boldsymbol{B}_{12} \\ \boldsymbol{O} & \lambda \boldsymbol{I}_{n-r} \end{vmatrix} = \lambda^{n-r}|\lambda \boldsymbol{I}_r - \boldsymbol{B}_{11}|,$$

$$|\lambda \boldsymbol{I}_m - \boldsymbol{BA}| = \begin{vmatrix} \lambda \boldsymbol{I}_r - \boldsymbol{B}_{11} & \boldsymbol{O} \\ -\boldsymbol{B}_{21} & \lambda \boldsymbol{I}_{m-r} \end{vmatrix} = \lambda^{m-r}|\lambda \boldsymbol{I}_r - \boldsymbol{B}_{11}|.$$

比较以上两个式子即可得到所证的结论. □

例 6.35 设 V 是数域 $\mathbb{P}$ 上的 n 维线性空间, σ 是 V 的线性变换, 则以下 5 个命题等价:

(1) $V = \mathrm{Im}\sigma \oplus \ker \sigma$;

(2) $V = \mathrm{Im}\sigma + \ker \sigma$;

(3) $\mathrm{Im}\sigma = \mathrm{Im}(\sigma^2)$;

(4) $\ker \sigma = \ker(\sigma^2)$;

(5) $\mathrm{Im}\sigma \cap \ker \sigma = \{\boldsymbol{0}\}$.

证明 (1)⇒(2): 显然成立.

(2)⇒(3): 下证 $\mathrm{Im}\sigma \subset \mathrm{Im}(\sigma^2)$. 任取 $\boldsymbol{\alpha} \in \mathrm{Im}\sigma$, 则存在 $\boldsymbol{\beta} \in V$, 使得 $\boldsymbol{\alpha} = \sigma(\boldsymbol{\beta})$. 令

$$\boldsymbol{\beta} = \boldsymbol{\beta}_1 + \boldsymbol{\beta}_2,$$

其中 $\boldsymbol{\beta}_1 \in \mathrm{Im}\sigma$, $\boldsymbol{\beta}_2 \in \ker \sigma$. 存在 $\boldsymbol{\gamma}_1 \in V$, 使得 $\boldsymbol{\beta}_1 = \sigma(\boldsymbol{\gamma}_1)$, 则

$$\boldsymbol{\alpha} = \sigma(\boldsymbol{\beta}) = \sigma(\boldsymbol{\beta}_1) + \sigma(\boldsymbol{\beta}_2) = \sigma(\boldsymbol{\beta}_1) = \sigma^2(\boldsymbol{\gamma}_1) \in \mathrm{Im}(\sigma^2),$$

因而 $\mathrm{Im}\sigma \subset \mathrm{Im}(\sigma^2)$. 其反向包含 $\mathrm{Im}(\sigma^2) \subset \mathrm{Im}\sigma$ 是显然的, 故 $\mathrm{Im}\sigma = \mathrm{Im}(\sigma^2)$.

(3)⇒(4): 任取 $\boldsymbol{\alpha} \in \ker\sigma$, 即 $\sigma(\boldsymbol{\alpha}) = \mathbf{0}$, 则 $\sigma^2(\boldsymbol{\alpha}) = \mathbf{0}$, 有 $\boldsymbol{\alpha} \in \ker(\sigma^2)$, 所以, $\ker\sigma \subset \ker(\sigma^2)$ 成立. 由 (3) 可知, $\dim \mathrm{Im}\sigma = \dim \mathrm{Im}(\sigma^2)$. 由维数公式得

$$\dim V = \dim \mathrm{Im}\sigma + \dim \ker\sigma = \dim \mathrm{Im}(\sigma^2) + \dim \ker\sigma.$$

因此, $\dim\ker\sigma = \dim\ker(\sigma^2)$, 故 $\ker\sigma = \ker(\sigma^2)$.

(4)⇒(5): 任取 $\boldsymbol{\alpha} \in \mathrm{Im}\sigma \cap \ker\sigma$, 存在 $\boldsymbol{\beta} \in V$, 使得 $\boldsymbol{\alpha} = \sigma(\boldsymbol{\beta})$, 且 $\sigma(\boldsymbol{\alpha}) = \sigma^2(\boldsymbol{\beta}) = \mathbf{0}$, 即 $\boldsymbol{\beta} = \ker(\sigma^2) = \ker\sigma$. 故 $\sigma(\boldsymbol{\beta}) = \boldsymbol{\alpha} = \mathbf{0}$, 即 $\mathrm{Im}\sigma \cap \ker\sigma = \{\mathbf{0}\}$.

(5)⇒(1): 注意到 $\dim(\mathrm{Im}\sigma \cap \ker\sigma) = 0$, 由维数公式得

$$\begin{aligned}\dim(\mathrm{Im}\sigma + \ker\sigma) &= \dim\mathrm{Im}\sigma + \dim\ker\sigma - \dim(\mathrm{Im}\sigma \cap \ker\sigma)\\ &= \dim\mathrm{Im}\sigma + \dim\ker\sigma = \dim V.\end{aligned}$$

再由 $\mathrm{Im}\sigma + \ker\sigma \subset V$ 可知, $V = \mathrm{Im}\sigma + \ker\sigma$ 且是直和, 即 $V = \mathrm{Im}\sigma \oplus \ker\sigma$. □

注 (3) 可以表述为: “(3′) 线性变换 σ 与 σ^2 的秩相等, 即 $\mathrm{R}(\sigma) = \mathrm{R}(\sigma^2)$”. 这与例 6.27 的条件并不相同, $\sigma^2 = \sigma$ 是 $\mathrm{R}(\sigma^2) = \mathrm{R}(\sigma)$ 成立的充分但不必要条件.

例 6.36 设 V 是数域 $\mathbb{P}$ 上的 n 维线性空间, 对 V 的任一线性变换 σ, 一定存在整数 $k\,(0 \leqslant k \leqslant n)$, 使得 V 可以分解成 σ^k 的值域与核的直和, 即

$$V = \mathrm{Im}(\sigma^k) \oplus \ker(\sigma^k).$$

证明 注意到

$$V \supset \mathrm{Im}\sigma \supset \mathrm{Im}(\sigma^2) \supset \cdots \supset \mathrm{Im}(\sigma^{n+1}) \supset \cdots,$$

因而,

$$n = \dim V \geqslant \dim\mathrm{Im}\sigma \geqslant \dim\mathrm{Im}(\sigma^2) \geqslant \cdots \geqslant \dim\mathrm{Im}(\sigma^{n+1}) \geqslant 0.$$

在 $n+1$ 个整数 $0 \sim n$ 之间存在 $n+2$ 个整数 (维数是整数). 因而存在非负整数 $k\,(0 \leqslant k \leqslant n)$, 使得

$$\dim\mathrm{Im}(\sigma^k) = \dim\mathrm{Im}(\sigma^{k+1}).$$

此时, $\mathrm{Im}(\sigma^k) = \mathrm{Im}(\sigma^{k+1})$. 下证对一切正整数 s 都有 $\mathrm{Im}(\sigma^k) = \mathrm{Im}(\sigma^{k+s})$.

事实上, 任取 $\boldsymbol{\alpha} \in \mathrm{Im}(\sigma^{k+s-1})$, 则存在 $\boldsymbol{\beta} \in V$, 使得 $\boldsymbol{\alpha} = \sigma^{s-1}(\sigma^k(\boldsymbol{\beta}))$. 又 $\mathrm{Im}(\sigma^k) = \mathrm{Im}(\sigma^{k+1})$, 故存在 $\boldsymbol{\gamma} \in V$, 使得 $\sigma^k(\boldsymbol{\beta}) = \sigma^{k+1}(\boldsymbol{\gamma})$. 所以 $\boldsymbol{\alpha} = \sigma^{s-1}(\sigma^{k+1}(\boldsymbol{\gamma})) = \sigma^{k+s}(\boldsymbol{\gamma})$, 即 $\boldsymbol{\alpha} \in \mathrm{Im}(\sigma^{k+s})$, 故 $\mathrm{Im}(\sigma^{k+s-1}) \subset \mathrm{Im}(\sigma^{k+s})$. 其反向包含是显然的, 故 $\mathrm{Im}(\sigma^{k+s}) = \mathrm{Im}(\sigma^{k+s-1}) = \cdots = \mathrm{Im}(\sigma^k)$. 从而

$$\mathrm{Im}(\sigma^k) = \mathrm{Im}(\sigma^{2k}),$$

由例 6.35 的 (1)⇔(3) 可知, V 可以分解成 σ^k 的值域与核的直和. □

注 由例 6.36 可知, 对任意线性变换 σ, 总存在正整数 k, 使得

$$V \supset \mathrm{Im}\sigma \supset \mathrm{Im}(\sigma^2) \supset \cdots \supset \mathrm{Im}(\sigma^k) = \mathrm{Im}(\sigma^{k+1}) = \cdots,$$

$$\ker\sigma\subset\ker(\sigma^2)\subset\cdots\subset\ker(\sigma^k)=\ker(\sigma^{k+1})=\cdots\subset V.$$

在讲例 6.37 之前, 我们指出: 由于在 §6.6 定理 6.20 的证明中没有用到 "值域 $\mathrm{Im}\sigma\subset V$" 的条件, 因此, 定理 6.20 维数公式 (6.4) 对于线性映射 $\sigma:V\to U$ 也成立, 即

$$\dim\mathrm{Im}\sigma+\dim\ker\sigma=\dim V$$

对一般的线性映射也成立 (参见文献 [1]).

例 6.37 设 $\boldsymbol{A}\in\mathbb{P}^{n\times s}$, $\boldsymbol{B}\in\mathbb{P}^{s\times n}$, $W=\{\boldsymbol{B\alpha}|\boldsymbol{AB\alpha}=\boldsymbol{0},\boldsymbol{\alpha}\in\mathbb{P}^n\}$, 证明:

(1) W 是 $\mathbb{P}^s$ 的子空间;

(2) $\dim W=\mathrm{R}(\boldsymbol{B})-\mathrm{R}(\boldsymbol{AB})$.

证明 (1) 任取 $\boldsymbol{B\alpha}_1,\boldsymbol{B\alpha}_2\in W$, 其中 $\boldsymbol{\alpha}_1,\boldsymbol{\alpha}_2\in\mathbb{P}^n$, 则

$$\boldsymbol{A}(\boldsymbol{B\alpha}_1+\boldsymbol{B\alpha}_2)=\boldsymbol{AB\alpha}_1+\boldsymbol{AB\alpha}_2=\boldsymbol{0},$$

因此, $\boldsymbol{B\alpha}_1+\boldsymbol{B\alpha}_2\in W$. 其次, 任取 $k\in\mathbb{P}$, $\boldsymbol{B\alpha}\in W$, 其中 $\boldsymbol{\alpha}\in\mathbb{P}^n$, 有

$$\boldsymbol{A}(k\boldsymbol{B\alpha})=k(\boldsymbol{AB\alpha})=\boldsymbol{0},$$

即 $k\boldsymbol{B\alpha}\in W$, 所以, W 是 $\mathbb{P}^s$ 的子空间.

(2) 构造两个线性映射 τ,σ 如下:

$$\mathbb{P}^n\xrightarrow{\tau(\boldsymbol{\alpha})=\boldsymbol{B\alpha}}\mathrm{Im}\tau\xrightarrow{\sigma(\boldsymbol{\beta})=\boldsymbol{A\beta}}\mathrm{Im}(\sigma\tau).$$

则 $\sigma\tau(\boldsymbol{\alpha})=\boldsymbol{AB\alpha}$, $\boldsymbol{\alpha}\in\mathbb{P}^n$, 且 $\ker\sigma=W$. 同时,

$$\dim\mathrm{Im}\tau=\mathrm{R}(\boldsymbol{B}),\quad \dim\mathrm{Im}(\sigma\tau)=\mathrm{R}(\boldsymbol{AB}).$$

由 $\dim\mathrm{Im}\tau=\dim\mathrm{Im}(\sigma\tau)+\dim\ker\sigma$ 可知,

$$\mathrm{R}(\boldsymbol{B})=\mathrm{R}(\boldsymbol{AB})+\dim W.\quad\square$$

第六章补充习题

6.51 设 $\boldsymbol{A}$ 是三阶矩阵 $\boldsymbol{\alpha}_1,\boldsymbol{\alpha}_2,\boldsymbol{\alpha}_3$ 是三维非零向量, 若 $\boldsymbol{A\alpha}_i=i\boldsymbol{\alpha}_i(i=1,2,3)$, 令 $\boldsymbol{\alpha}=\boldsymbol{\alpha}_1+\boldsymbol{\alpha}_2+\boldsymbol{\alpha}_3$.

(1) 证明: $\boldsymbol{\alpha},\boldsymbol{A\alpha},\boldsymbol{A}^2\boldsymbol{\alpha}$ 线性无关;

(2) 令 $\boldsymbol{P}=(\boldsymbol{\alpha},\boldsymbol{A\alpha},\boldsymbol{A}^2\boldsymbol{\alpha})$, 求 $\boldsymbol{P}^{-1}\boldsymbol{AP}$.

6.52 设 $\boldsymbol{A}$ 为三阶矩阵, $\boldsymbol{\alpha}_1,\boldsymbol{\alpha}_2,\boldsymbol{\alpha}_3$ 是 3 个线性无关的三维列向量, 且满足

$$\boldsymbol{A\alpha}_1=\boldsymbol{\alpha}_1+\boldsymbol{\alpha}_2+\boldsymbol{\alpha}_3,\quad \boldsymbol{A\alpha}_2=2\boldsymbol{\alpha}_2+\boldsymbol{\alpha}_3,\quad \boldsymbol{A\alpha}_3=2\boldsymbol{\alpha}_2+3\boldsymbol{\alpha}_3.$$

(1) 求矩阵 $\boldsymbol{B}$ 使得 $\boldsymbol{A}(\boldsymbol{\alpha}_1,\boldsymbol{\alpha}_2,\boldsymbol{\alpha}_3)=(\boldsymbol{\alpha}_1,\boldsymbol{\alpha}_2,\boldsymbol{\alpha}_3)\boldsymbol{B}$;

(2) 求矩阵 $\boldsymbol{A}$ 的特征值;

(3) 求可逆矩阵 $\boldsymbol{P}$ 使得 $\boldsymbol{P}^{-1}\boldsymbol{AP}$ 为对角矩阵.

6.53 已知向量 $\boldsymbol{\alpha}=(1,k,1)^{\mathrm{T}}$ 是矩阵

$$\boldsymbol{A}=\begin{pmatrix}2&1&1\\1&2&1\\1&1&2\end{pmatrix}$$

的逆矩阵 $\boldsymbol{A}^{-1}$ 的特征向量, 试求常数 k 的值.

6.54 设 $\varepsilon_1,\varepsilon_2,\varepsilon_3$ 是线性空间 V 的一个基, σ 是 V 的线性变换, 且

$$\sigma(\varepsilon_1)=\varepsilon_1,\quad \sigma(\varepsilon_2)=\varepsilon_1+\varepsilon_2,\quad \sigma(\varepsilon_3)=\varepsilon_1+\varepsilon_2+\varepsilon_3.$$

(1) 证明: σ 是可逆线性变换;

(2) 求 $2\sigma-\sigma^{-1}$ 在基 $\varepsilon_1,\varepsilon_2,\varepsilon_3$ 下的矩阵.

6.55 已知 $\sum\limits_{i=1}^{n}a_i=0$, 求下列 n 阶实对称矩阵的 n 个特征值

$$\boldsymbol{A}=\begin{pmatrix}a_1^2+1&a_1a_2+1&\cdots&a_1a_n+1\\a_2a_1+1&a_2^2+1&\cdots&a_2a_n+1\\\vdots&\vdots&&\vdots\\a_na_1+1&a_na_2+1&\cdots&a_n^2+1\end{pmatrix}.$$

6.56 设 $\boldsymbol{A}$ 是数域 $\mathbb{P}$ 上的 n 阶矩阵, $f(\lambda)=|\lambda\boldsymbol{I}-\boldsymbol{A}|$ 是 $\boldsymbol{A}$ 的特征多项式, $g(\lambda)\in\mathbb{P}[\lambda]$. 证明: $g(\boldsymbol{A})$ 可逆的充要条件是 $(f(\lambda),g(\lambda))=1$.

6.57 设 V 是数域 $\mathbb{P}$ 上的 n 维线性空间, σ 是 V 的线性变换, U,W 都是 σ 子空间, 且 $V=U\oplus W$. 证明:

$$\ker(\sigma)=\ker(\sigma|_U)\oplus\ker(\sigma|_W).$$

6.58 设 n 阶矩阵 $\boldsymbol{A},\boldsymbol{B}$ 满足 $\mathrm{R}(\boldsymbol{A})+\mathrm{R}(\boldsymbol{B})<n$, 证明: $\boldsymbol{A},\boldsymbol{B}$ 有公共的特征值和公共的特征向量.

6.59 设 λ 是 n 阶矩阵 $\boldsymbol{A}=(a_{ij})_{n\times n}$ 的特征值, 证明: 存在正整数 $k\,(1\leqslant k\leqslant n)$, 使得

$$|\lambda-a_{kk}|\leqslant\sum_{j\neq k}|a_{kj}|.$$

6.60 设 $\boldsymbol{A},\boldsymbol{B}$ 是复数域上的两个 n 阶矩阵, 且 $\boldsymbol{AB}=\boldsymbol{BA}$, 证明: 存在可逆矩阵 $\boldsymbol{P}$, 使得 $\boldsymbol{P}^{-1}\boldsymbol{AP}$ 与 $\boldsymbol{P}^{-1}\boldsymbol{BP}$ 同为上三角矩阵.

6.61 设 $\boldsymbol{A},\boldsymbol{B}$ 都是 n 阶实矩阵, $\boldsymbol{A}$ 有 n 个互不相同的特征值, 且 $\boldsymbol{AB}=\boldsymbol{BA}$. 证明: 存在非零实系数多项式 $f(x)$, 使得 $\boldsymbol{B}=f(\boldsymbol{A})$.

6.62 设 V 是数域 $\mathbb{P}$ 上的 n 维线性空间, σ 是 V 的线性变换, 如果存在正整数 k, 使得 $\mathrm{Im}(\sigma^k)=\mathrm{Im}(\sigma^{k+j})$ 对一切正整数 j 成立, 证明: $\ker(\sigma^k)=\ker(\sigma^{k+j})$ 对一切正整数 j 也成立.

6.63 设 V 是数域 $\mathbb{P}$ 上的 n 维线性空间, σ,τ 都是 V 的线性变换, 满足 $\sigma\tau=o$, $\sigma+\tau=\varepsilon$, 其中 ε 是恒等变换. 证明:

(1) $V=\mathrm{Im}\sigma\oplus\mathrm{Im}\tau$;

(2) $\text{Im}\tau = \ker\sigma$.

6.64 设 V 是数域 $\mathbb{P}$ 上的 n 维线性空间, σ,τ 都是 V 的线性变换, 其特征多项式分别是 $f(\lambda)$ 和 $g(\lambda)$, 且 $(f(\lambda),g(\lambda))=1$. 证明: $\ker g(\sigma)=\ker f(\tau)$.

6.65 设 V 是数域 $\mathbb{P}$ 上的线性空间, σ 是 V 的线性变换, $f_1(x), f_2(x)\in\mathbb{P}[x]$, 且 $(f_1(x),f_2(x))=1$. 设 $f(x)=f_1(x)f_2(x)$, 证明:

$$\ker f(\sigma)=\ker f_1(\sigma)\oplus\ker f_2(\sigma).$$

第七章　矩阵相似标准形

设 σ 是数域 $\mathbb{P}$ 上的 n 维线性空间 V 的线性变换, σ 在 V 的某个基下的矩阵是 $\boldsymbol{A}$. 如果能找到 V 的一个基, 使得 σ 在这个基下的矩阵 $\boldsymbol{\Lambda}$ 是对角矩阵, 则可以使问题变得很简单, 计算量大为减小. 从代数的角度讲, 就是将矩阵 $\boldsymbol{A}$ 相似对角化, 即找到一个可逆矩阵 $\boldsymbol{X}$ (两个基的过渡矩阵), 使得 $\boldsymbol{X}^{-1}\boldsymbol{A}\boldsymbol{X}=\boldsymbol{\Lambda}$ 是对角矩阵. 但是, 矩阵的相似对角化并不是总能实现的, 除非它有 n 个线性无关的特征向量. 退而求次, 对那些不能对角化的矩阵 $\boldsymbol{A}$, 我们也希望找到一个简单的矩阵 $\boldsymbol{B}$, 比如分块对角矩阵等等, 使得 $\boldsymbol{A}$ 与 $\boldsymbol{B}$ 相似. 矩阵相似标准形就是在这种背景下提出的一种矩阵分析理论.

本章首先讨论一般 λ 矩阵、等价标准形和行列式因子; 然后介绍不变因子和初等因子, 以及矩阵相似的条件; 接着介绍两种重要的相似标准形 —— 若尔当标准形和有理标准形; 再则介绍最小多项式的性质及其应用; 最后一节更深入地研究了线性空间的直和分解.

§7.1　λ　矩　阵

7.1.1　λ 矩阵

定义 7.1　数域 $\mathbb{P}$ 上以文字 λ 的一元多项式为元素的矩阵称为 **λ 矩阵**, 通常用符号 $\boldsymbol{A}(\lambda)$, $\boldsymbol{B}(\lambda)$ 等表示.

λ 矩阵的元素也可以是数. 同数字矩阵一样, λ 矩阵有相同的相等、加法、数乘和乘法的概念, 也满足相同的运算律. 数字矩阵的子式、代数余子式以及方阵的行列式的概念也适用于 λ 矩阵.

定义 7.2　设 $\boldsymbol{A}(\lambda)$ 是 λ 矩阵, 如果存在一个 $r(r\geqslant 1)$ 阶子式不为零, 且所有 $r+1$ 阶子式 (如果存在的话) 全为零, 那么称 $\boldsymbol{A}(\lambda)$ 的**秩**为 r. 规定零矩阵的秩是零.

与数字矩阵类似地定义 λ 矩阵可逆及其逆矩阵如下:

定义 7.3　设 $\boldsymbol{A}(\lambda)$ 是一个 n 阶 λ 矩阵, 如果存在一个 n 阶 λ 矩阵 $\boldsymbol{B}(\lambda)$, 使得

$$\boldsymbol{A}(\lambda)\boldsymbol{B}(\lambda)=\boldsymbol{B}(\lambda)\boldsymbol{A}(\lambda)=\boldsymbol{I},$$

则称 $\boldsymbol{A}(\lambda)$ 是**可逆矩阵**, 并把 $\boldsymbol{B}(\lambda)$ 叫作它的**逆矩阵**.

可逆矩阵 $\boldsymbol{A}(\lambda)$ 的逆矩阵是唯一的, 通常记作 $\boldsymbol{A}^{-1}(\lambda)$.

定理 7.1　设 $\boldsymbol{A}(\lambda)$ 是 n 阶 λ 矩阵, 则 $\boldsymbol{A}(\lambda)$ 可逆的充要条件是 $\boldsymbol{A}(\lambda)$ 的行列式 $|\boldsymbol{A}(\lambda)|$ 是非零常数, 并且当 $\boldsymbol{A}(\lambda)$ 可逆时,

$$\boldsymbol{A}^{-1}(\lambda)=\frac{1}{|\boldsymbol{A}(\lambda)|}\boldsymbol{A}^{*}(\lambda).$$

证明　先证充分性. 设 $d=|\boldsymbol{A}(\lambda)|$ 是非零常数, $\boldsymbol{A}^{*}(\lambda)$ 是 $\boldsymbol{A}(\lambda)$ 的伴随矩阵, 则 $\dfrac{1}{d}\boldsymbol{A}^{*}(\lambda)$ 也是 λ 矩阵. 而

$$\boldsymbol{A}(\lambda)\left(\frac{1}{d}\boldsymbol{A}^{*}(\lambda)\right)=\left(\frac{1}{d}\boldsymbol{A}^{*}(\lambda)\right)\boldsymbol{A}(\lambda)=\boldsymbol{I},$$

因此, $\boldsymbol{A}(\lambda)$ 可逆, 并且

$$\boldsymbol{A}^{-1}(\lambda)=\frac{1}{|\boldsymbol{A}(\lambda)|}\boldsymbol{A}^{*}(\lambda).$$

再证必要性. 设 $\boldsymbol{A}(\lambda)$ 可逆, 则

$$|\boldsymbol{A}(\lambda)||\boldsymbol{B}(\lambda)|=|\boldsymbol{I}|=1,$$

因而 $|\boldsymbol{A}(\lambda)|$ 与 $|\boldsymbol{B}(\lambda)|$ 都只能是非零常数. □

由 §2.5 我们知道, 对 n 阶数字矩阵 $\boldsymbol{A}$, "可逆" 与 "满秩" 是等价的. 但就 n 阶 λ 矩阵 $\boldsymbol{A}(\lambda)$ 而言, 由定理 7.1 知, "可逆" 一定满秩, 但 "满秩" 却未必可逆.

7.1.2 λ 矩阵的初等变换

定义 7.4 下列三种变换称为 λ 矩阵的**初等行(列) 变换**:

(1) 交换两行 (列) 的位置. 交换第 i,j 两行 (列), 记作 $r_i\leftrightarrow r_j\,(c_i\leftrightarrow c_j)$;

(2) 用非零数 k 乘某一行 (列). 以非零常数 k 乘第 i 行 (列), 记作 $kr_i\,(kc_i)$;

(3) 把某一行 (列) 的 $\varphi(\lambda)$ 倍加到另一行 (列) 上, 其中, $\varphi(\lambda)$ 是多项式. 把第 j 行 (列) 的 $\varphi(\lambda)$ 倍加到第 i 行 (列) 上, 记作 $r_i+\varphi(\lambda)r_j(c_i+\varphi(\lambda)c_j)$.

λ 矩阵的初等行变换与初等列变换统称为**初等变换**.

与数字矩阵相同, 初等变换不改变 λ 矩阵的秩. 如果一个 λ 矩阵可以经过若干次初等变换化成另一个 λ 矩阵, 则称这两个 λ 矩阵**等价**. 因此, 两个等价的 λ 矩阵具有相同的秩.

λ 矩阵的等价关系具有如下性质:

(1) **反身性**: 每个 λ 矩阵与自己等价;

(2) **对称性**: 若 $\boldsymbol{A}(\lambda)$ 与 $\boldsymbol{B}(\lambda)$ 等价, 则 $\boldsymbol{B}(\lambda)$ 与 $\boldsymbol{A}(\lambda)$ 等价;

(3) **传递性**: 若 $\boldsymbol{A}(\lambda)$ 与 $\boldsymbol{B}(\lambda)$ 等价, $\boldsymbol{B}(\lambda)$ 与 $\boldsymbol{C}(\lambda)$ 等价, 则 $\boldsymbol{A}(\lambda)$ 与 $\boldsymbol{C}(\lambda)$ 等价.

与数字矩阵类似定义 λ 矩阵的初等矩阵: $\boldsymbol{E}(i,j),\boldsymbol{E}(i(k)),\boldsymbol{E}(i,j(\varphi))$, 其中第三个初等矩阵是将单位矩阵的第 j 行的 $\varphi(\lambda)$ 倍加到第 i 行上 (或第 i 列的 $\varphi(\lambda)$ 倍加到第 j 列上), 得到

$$\boldsymbol{E}(i,j(\varphi))=\begin{array}{c} \quad\quad\quad\text{第 } i \text{ 列}\quad\text{第 } j \text{ 列} \\ \begin{pmatrix} 1 & & & & & \\ & \ddots & & & & \\ & & 1 & \cdots & \varphi(\lambda) & & \\ & & & \ddots & \vdots & & \\ & & & & 1 & & \\ & & & & & \ddots & \\ & & & & & & 1 \end{pmatrix} \begin{array}{l} \\ \\ \text{第 } i \text{ 行} \\ \\ \text{第 } j \text{ 行} \\ \\ \\ \end{array} \end{array}.$$

同样地, 对 λ 矩阵 $\boldsymbol{A}(\lambda)$ 施行一次初等行 (列) 变换, 相当于在 $\boldsymbol{A}(\lambda)$ 的左 (右) 边乘以相应的初等矩阵. 初等矩阵都是可逆的, 并且有

$$\boldsymbol{E}(i,j)^{-1}=\boldsymbol{E}(i,j),\quad \boldsymbol{E}(i(k))^{-1}=\boldsymbol{E}(i(k^{-1})),\quad \boldsymbol{E}(i,j(\varphi))^{-1}=\boldsymbol{E}(i,j(-\varphi)).$$

定理 7.2 设 $\boldsymbol{A}(\lambda),\boldsymbol{B}(\lambda)$ 是两个 $m\times n$ 的 λ 矩阵, 若 $\boldsymbol{A}(\lambda)$ 与 $\boldsymbol{B}(\lambda)$ 等价, 则存在 m 阶与 n 阶可逆方阵 $\boldsymbol{P}(\lambda),\boldsymbol{Q}(\lambda)$, 使得

$$\boldsymbol{A}(\lambda)=\boldsymbol{P}(\lambda)\boldsymbol{B}(\lambda)\boldsymbol{Q}(\lambda).$$

这是数字矩阵相应结果的自然推广.

7.1.3 行列式因子

定义 7.5 设 λ 矩阵 $\boldsymbol{A}(\lambda)$ 的秩为 r, 对任一正整数 $k\,(1\leqslant k\leqslant r)$, $\boldsymbol{A}(\lambda)$ 中全部 k 阶子式的首 1 最大公因式 $D_k(\lambda)$ 称为 $\boldsymbol{A}(\lambda)$ 的 k **阶行列式因子**.

显然, 如果 λ 矩阵 $\boldsymbol{A}(\lambda)$ 中存在某个 k 阶子式是非零常数, 或者存在两个 k 阶子式互素, 那么 $D_k(\lambda)=1$.

例 7.1 求 λ 矩阵

$$\boldsymbol{A}(\lambda)=\begin{pmatrix}\lambda-2 & 1 & -2\\ -5 & \lambda+3 & -3\\ 1 & 0 & \lambda+2\end{pmatrix}$$

的各阶行列式因子.

解 注意到, $\boldsymbol{A}(\lambda)$ 有 5 个一阶子式都是非零常数, 因此 $D_1(\lambda)=1$. 存在两个二阶子式

$$\begin{vmatrix}\lambda+3 & -3\\ 0 & \lambda+2\end{vmatrix}=(\lambda+3)(\lambda+2),\quad \begin{vmatrix}\lambda-2 & -2\\ -5 & -3\end{vmatrix}=-3\lambda-4$$

互素, 因而 $D_2(\lambda)=1$. 三阶行列式因子

$$D_3(\lambda)=\begin{vmatrix}\lambda-2 & 1 & -2\\ -5 & \lambda+3 & -3\\ 1 & 0 & \lambda+2\end{vmatrix}=(\lambda+1)^3.$$

秩为 r 的 λ 矩阵的行列式因子共有 r 个. 如果 $m\times n$ 的 λ 矩阵的行数 m 和列数 n 较大, 按定义 7.5 计算其行列式因子并非易事. 比如, 它的 k 阶子式一共有 $\mathrm{C}_m^k\mathrm{C}_n^k$ 个, 先要计算 $\mathrm{C}_m^k\mathrm{C}_n^k$ 个行列式, 然后求其首 1 最大公因式才能得到 $D_k(\lambda)$, 显然计算量很大. 但是行列式因子有一个重要的性质就是它经过初等变换后不改变.

定理 7.3 初等变换不改变 λ 矩阵的秩和各阶行列式因子. 或者说, 等价的 λ 矩阵具有相同的秩与相同的各阶行列式因子.

***证明** 只需证明: λ 矩阵经过一次初等变换, 秩与行列式因子不变. 只就初等行变换的情况加以证明, 至于初等列变换的情况类似可证.

设 λ 矩阵 $\boldsymbol{A}(\lambda)$ 经过一次初等行变换变成 $\boldsymbol{B}(\lambda)$, $D_k(\lambda)$ 与 $D_k'(\lambda)$ 分别是 $\boldsymbol{A}(\lambda)$ 与 $\boldsymbol{B}(\lambda)$ 的 k 阶行列式因子, 下面证明 $D_k(\lambda)=D_k'(\lambda)$.

如果 $\boldsymbol{A}(\lambda)$ 经过一次第一种或者第二种初等行变换化为 $\boldsymbol{B}(\lambda)$, 这时, $\boldsymbol{B}(\lambda)$ 的 k 阶子式与 $\boldsymbol{A}(\lambda)$ 的 k 阶子式的对应关系有以下三种情况: $\boldsymbol{B}(\lambda)$ 的 k 阶子式就是 $\boldsymbol{A}(\lambda)$ 的某个 k 阶子式; $\boldsymbol{B}(\lambda)$ 的 k 阶子式由 $\boldsymbol{A}(\lambda)$ 的某个 k 阶子式交换两行的位置得到; $\boldsymbol{B}(\lambda)$ 的 k 阶子式由 $\boldsymbol{A}(\lambda)$ 的

某个 k 阶子式的某一个行乘以非零数 l 得到. 因此 $\boldsymbol{B}(\lambda)$ 与 $\boldsymbol{A}(\lambda)$ 对应的 k 阶子式最多相差一个非零倍数, 所以, $D_k(\lambda)$ 是 $\boldsymbol{B}(\lambda)$ 的 k 阶子式的公因式, 从而 $D_k(\lambda)|D_k'(\lambda)$.

当使用第三种初等行变换把 $\boldsymbol{A}(\lambda)$ 化为 $\boldsymbol{B}(\lambda)$(比如 $r_i+\varphi(\lambda)r_j$), 考虑 $\boldsymbol{B}(\lambda)$ 的任意一个 k 阶子式 $B_k(\lambda)$. 分三种情况讨论: $B_k(\lambda)$ 不包含 $\boldsymbol{A}(\lambda)$ 的第 i 行元素; $B_k(\lambda)$ 同时包含 $\boldsymbol{A}(\lambda)$ 的第 i 行和第 j 行元素; $B_k(\lambda)$ 包含 $\boldsymbol{A}(\lambda)$ 的第 i 行但不包含第 j 行元素. 在前两种情况, 由行列式的性质, 对 $\boldsymbol{A}(\lambda)$ 中与 $B_k(\lambda)$ 对应 k 阶子式 $A_k(\lambda)$, 有 $A_k(\lambda)=B_k(\lambda)$, 从而 $D_k(\lambda)|B_k(\lambda)$. 对于第三种情况, 由行列式的性质, 有

$$B_k(\lambda)=\begin{vmatrix}\vdots\\ r_i+\varphi(\lambda)r_j\\ \vdots\end{vmatrix}=\begin{vmatrix}\vdots\\ r_i\\ \vdots\end{vmatrix}+\varphi(\lambda)\begin{vmatrix}\vdots\\ r_j\\ \vdots\end{vmatrix},$$

其中 r_i,r_j 分别理解为是 $\boldsymbol{A}(\lambda)$ 的第 i 行, 第 j 行的某 k 个元素构成的 $B_k(\lambda)$ 的某一行. 以上等式右端第一个行列式为 $\boldsymbol{A}(\lambda)$ 的某个 k 阶子式, 而第二个行列式可以由 $\boldsymbol{A}(\lambda)$ 的某个 k 阶子式变换两行的位置得到, 故 $D_k(\lambda)|B_k(\lambda)$. 从而 $D_k(\lambda)|D_k'(\lambda)$.

以上证明了, 如果 $\boldsymbol{A}(\lambda)$ 经过一次初等变换变成 $\boldsymbol{B}(\lambda)$, 那么 $D_k(\lambda)|D_k'(\lambda)$. 但由初等变换是可逆的, $\boldsymbol{B}(\lambda)$ 也可以经过一次初等变换变成 $\boldsymbol{A}(\lambda)$, 故也有 $D_k'(\lambda)|D_k(\lambda)$. 而 $D_k(\lambda)$ 与 $D_k'(\lambda)$ 的首项系数都为 1, 故 $D_k(\lambda)=D_k'(\lambda)$.

设 $\boldsymbol{A}(\lambda)$ 经过一次初等变换变成 $\boldsymbol{B}(\lambda)$, 如果 $\boldsymbol{A}(\lambda)$ 的秩为 r, 那么 $\boldsymbol{A}(\lambda)$ 的任意 $r+1$ 阶子式为零 (如果存在的话). 利用上面的方法可以证明 $\boldsymbol{B}(\lambda)$ 的任意 $r+1$ 阶子式为零, 从而 $\boldsymbol{B}(\lambda)$ 的秩 $\leqslant r$; 由于 $\boldsymbol{B}(\lambda)$ 也可以经过一次初等变换变成 $\boldsymbol{A}(\lambda)$, 故也有 $r\leqslant\boldsymbol{B}(\lambda)$ 的秩, 从而 $\boldsymbol{A}(\lambda)$ 与 $\boldsymbol{B}(\lambda)$ 有相同的秩. □

7.1.4 λ 矩阵的标准形

定理 7.4 任一秩为 r 的 λ 矩阵 $\boldsymbol{A}(\lambda)$ 都等价于如下分块矩阵

$$\begin{pmatrix}\boldsymbol{\Lambda}_r & \boldsymbol{O}\\ \boldsymbol{O} & \boldsymbol{O}\end{pmatrix}, \tag{7.1}$$

其中 $\boldsymbol{\Lambda}_r$ 是 r 阶对角矩阵

$$\boldsymbol{\Lambda}_r=\begin{pmatrix}d_1(\lambda) & & & \\ & d_2(\lambda) & & \\ & & \ddots & \\ & & & d_r(\lambda)\end{pmatrix},$$

且 $d_i(\lambda)\,(i=1,2,\cdots,r)$ 是首 1 多项式,

$$d_i(\lambda)|d_{i+1}(\lambda)\quad(i=1,2,\cdots,r-1),$$

称分块矩阵 (7.1) 为 λ 矩阵 $\boldsymbol{A}(\lambda)$ 的**等价标准形**, 简称**标准形**.

*证明 首先, 经过适当行列交换, 使 $\boldsymbol{A}(\lambda)$ 的左上角元素 $a_{11}(\lambda)\neq 0$, 且它是非零常数, 或是 $\boldsymbol{A}(\lambda)$ 的非零元素中次数最小者.

其次, 如果在 $\boldsymbol{A}(\lambda)$ 的第 1 列中有一个非零元素 $a_{i1}(\lambda)\,(i\neq 1)$, 那么由带余除法, 有

$$a_{i1}(\lambda)=a_{11}(\lambda)q(\lambda)+r(\lambda),$$

其中余式 $r(\lambda)=0$ 或者 $r(\lambda)\neq 0, \partial r(x)<\partial a_{11}(x)$.

把 $\boldsymbol{A}(\lambda)$ 的第 i 行减去第 1 行的 $q(\lambda)$ 倍. 当 $r(\lambda)\neq 0$ 时, 得

$$\boldsymbol{A}(\lambda)=\begin{pmatrix} a_{11}(\lambda) & \cdots \\ \vdots & \vdots \\ a_{i1}(\lambda) & \cdots \\ \vdots & \vdots \end{pmatrix}\to\begin{pmatrix} a_{11}(\lambda) & \cdots \\ \vdots & \vdots \\ r(\lambda) & \cdots \\ \vdots & \vdots \end{pmatrix},$$

再将此矩阵的第 1 行与第 i 行交换, 得

$$\boldsymbol{A}(\lambda)\to\begin{pmatrix} r(\lambda) & \cdots \\ \vdots & \vdots \\ a_{11}(\lambda) & \cdots \\ \vdots & \vdots \end{pmatrix},$$

此矩阵的左上角元素 $r(\lambda)$ 比 $a_{11}(\lambda)$ 的次数低. 当 $r(\lambda)=0$ 时, $a_{i1}(\lambda)$ 变成 0.

如果在 $\boldsymbol{A}(\lambda)$ 的第 1 行中有一个非零元素 $a_{1i}(\lambda)\,(i\neq 1)$, 那么可以用类似初等列变换方法进行消元或者降低左上角元素的次数.

由于非零元的次数不可能无限降低, 经过有限次初等变换后, 矩阵 $\boldsymbol{A}(\lambda)$ 可以化为 $\boldsymbol{B}(\lambda)=(b_{ij}(\lambda))$, 其中 $\boldsymbol{B}(\lambda)$ 的第 1 行和第 1 列的元素除 $b_{11}(\lambda)\neq 0$ 外, 其余元素全为 0.

如果 $\boldsymbol{B}(\lambda)$ 的元素 $b_{ij}(\lambda)\,(i>1, j>1)$ 不能被 $b_{11}(\lambda)$ 整除, 把 $\boldsymbol{B}(\lambda)$ 的第 i 列加到第 1 列去, 用前面的方法降低左上角元素的次数. 再经过有限次初等变换后, 矩阵 $\boldsymbol{B}(\lambda)$ 可以化为 $\boldsymbol{C}(\lambda)=(c_{ij}(\lambda))$, 其中 $\boldsymbol{C}(\lambda)$ 的第 1 行与第 1 列的元素除 $c_{11}(\lambda)\neq 0$ 外, 其余元素全为 0, 并且 $c_{11}(\lambda)$ 能整除每一个元素 $c_{ij}(\lambda)$.

最后, 如果 $\boldsymbol{C}(\lambda)$ 仍不是 $\boldsymbol{A}(\lambda)$ 的标准形, 则在 $\boldsymbol{C}(\lambda)$ 中划去第 1 行与第 1 列的元素得到一个矩阵子块 $\boldsymbol{C}_1(\lambda)$, 对 $\boldsymbol{C}_1(\lambda)$ 重复上面的初等变换过程. 若 $\boldsymbol{A}(\lambda)$ 的秩为 r, 如此重复最多 r 次就可以将 $\boldsymbol{A}(\lambda)$ 化为左上角为对角矩阵, 其余位置全为零, 再在前 r 行各行分别乘以适当的非零常数, 就可以得到 $\boldsymbol{A}(\lambda)$ 的标准形. 显然, 标准形中 r 是 $\boldsymbol{A}(\lambda)$ 的秩. □

例 7.2 化 λ 矩阵

$$\boldsymbol{A}(\lambda)=\begin{pmatrix} 0 & \lambda & 0 & \lambda \\ 1 & 0 & 1 & 1 \\ 1 & \lambda & \lambda^2-\lambda+1 & \lambda^2+1 \\ 0 & \lambda^2 & -\lambda^2+\lambda & \lambda \end{pmatrix}$$

为标准形.

解

$$\boldsymbol{A}(\lambda)=\begin{pmatrix}0&\lambda&0&\lambda\\1&0&1&1\\1&\lambda&\lambda^2-\lambda+1&\lambda^2+1\\0&\lambda^2&-\lambda^2+\lambda&\lambda\end{pmatrix}\xrightarrow[c_3-c_1,c_4-c_1]{r_1\leftrightarrow r_2,r_3-r_1}\begin{pmatrix}1&0&0&0\\0&\lambda&0&\lambda\\0&\lambda&\lambda^2-\lambda&\lambda^2\\0&\lambda^2&-\lambda^2+\lambda&\lambda\end{pmatrix}$$

$$\xrightarrow[r_4-\lambda r_2,c_4-c_2]{r_3-r_2}\begin{pmatrix}1&0&0&0\\0&\lambda&0&0\\0&0&\lambda^2-\lambda&\lambda^2-\lambda\\0&0&-\lambda^2+\lambda&-\lambda^2+\lambda\end{pmatrix}\xrightarrow[c_4-c_3]{r_4+r_3}\begin{pmatrix}1&0&0&0\\0&\lambda&0&0\\0&0&\lambda(\lambda-1)&0\\0&0&0&0\end{pmatrix}.$$

注意到标准形 (7.1) 的全部一阶子式为

$$d_1(\lambda),\quad d_2(\lambda),\quad \cdots,\quad d_r(\lambda),\quad 0.$$

由于

$$d_i(\lambda)|d_{i+1}(\lambda)\quad (i=1,2,\cdots,r-1),$$

因此, 标准形 (7.1) 的一阶行列式因子为 $d_1(\lambda)$. 定理 7.3 告诉我们, 初等变换不改变 λ 矩阵的各阶行列式因子, 所以, $\boldsymbol{A}(\lambda)$ 的一阶行列式因子为 $D_1(\lambda)=d_1(\lambda)$.

标准形 (7.1) 的全部二阶子式是

$$d_1(\lambda),\quad d_2(\lambda),\quad \cdots,\quad d_r(\lambda),\quad 0$$

中任意两个相乘其积的最大公因式. 因此, 标准形 (7.1) 的二阶行列式因子为 $d_1(\lambda)d_2(\lambda)$. 故 $\boldsymbol{A}(\lambda)$ 的二阶行列式因子为 $D_2(\lambda)=d_1(\lambda)d_2(\lambda)$.

一般地, $\boldsymbol{A}(\lambda)$ 的 $k\,(1\leqslant k\leqslant r)$ 阶行列式因子为

$$D_k(\lambda)=d_1(\lambda)d_2(\lambda)\cdots d_k(\lambda)\quad (k=1,2,\cdots,r),\tag{7.2}$$

即标准形中主对角线上前 k 个多项式的乘积. 于是,

$$d_1(\lambda)=D_1(\lambda),\quad d_2(\lambda)=\frac{D_2(\lambda)}{D_1(\lambda)},\quad \cdots,\quad d_r(\lambda)=\frac{D_r(\lambda)}{D_{r-1}(\lambda)}.\tag{7.3}$$

这说明, λ 矩阵 $\boldsymbol{A}(\lambda)$ 的标准形的主对角线元素由各阶行列式因子唯一决定, 因而有以下定理.

定理 7.5 λ 矩阵的标准形是唯一的.

例 7.3 在例 7.2 中, λ 矩阵 $\boldsymbol{A}(\lambda)$ 的秩是 3. 其一阶行列式因子为 1, 二阶行列式因子为 λ, 三阶行列式因子为 $\lambda^2(\lambda-1)$.

例 7.4 求 λ 矩阵

$$\boldsymbol{A}(\lambda)=\begin{pmatrix}-\lambda+1&\lambda^2&\lambda\\\lambda&\lambda&-\lambda\\\lambda^2+1&\lambda^2&-\lambda^2\end{pmatrix}$$

的秩及各阶行列式因子.

解法 1 用初等变换将 λ 矩阵 $\boldsymbol{A}(\lambda)$ 化成标准形.

$$\boldsymbol{A}(\lambda)=\begin{pmatrix}-\lambda+1 & \lambda^2 & \lambda\\ \lambda & \lambda & -\lambda\\ \lambda^2+1 & \lambda^2 & -\lambda^2\end{pmatrix}\xrightarrow[r_3-\lambda r_2]{r_1+r_2}\begin{pmatrix}1 & \lambda^2+\lambda & 0\\ \lambda & \lambda & -\lambda\\ 1 & 0 & 0\end{pmatrix}$$

$$\xrightarrow[r_3-r_1]{r_1\leftrightarrow r_3,r_2-\lambda r_1}\begin{pmatrix}1 & 0 & 0\\ 0 & \lambda & -\lambda\\ 0 & \lambda^2+\lambda & 0\end{pmatrix}\xrightarrow[c_3+c_2]{r_3-(\lambda+1)r_2}\begin{pmatrix}1 & 0 & 0\\ 0 & \lambda & 0\\ 0 & 0 & \lambda(\lambda+1)\end{pmatrix}.$$

因此, $\boldsymbol{A}(\lambda)$ 的秩为 3, 其一阶行列式因子为 1, 二阶行列式因子为 λ, 三阶行列式因子为 $\lambda^2(\lambda+1)$.

解法 2 注意到 $\boldsymbol{A}(\lambda)$ 中, $(1,1)$ 元 $-\lambda+1$ 与 $(2,1)$ 元 λ 互素, 因此, 一阶行列式因子 $D_1(\lambda)=1$.

包含第二行的各个二阶子式中都有因式 λ, 其中有一个二阶子式

$$\begin{vmatrix}-\lambda+1 & \lambda^2\\ \lambda & \lambda\end{vmatrix}=-\lambda(\lambda^2+\lambda+1).$$

下面看包含第一行和第三行的各二阶子式

$$\begin{vmatrix}-\lambda+1 & \lambda^2\\ \lambda^2+1 & \lambda^2\end{vmatrix}=-\lambda^3(\lambda+1),\quad \begin{vmatrix}-\lambda+1 & \lambda\\ \lambda^2+1 & -\lambda^2\end{vmatrix}=-\lambda(\lambda+1),\quad \begin{vmatrix}\lambda^2 & \lambda\\ \lambda^2 & -\lambda^2\end{vmatrix}=-\lambda^3(\lambda+1).$$

可以看到, 所有二阶子式的最大公因式为 λ, 即 $D_2(\lambda)=\lambda$.

计算三阶行列式 $|\boldsymbol{A}(\lambda)|$ 可得三阶行列式因子 $D_3(\lambda)=\lambda^2(\lambda+1)$.

习题 7.1

7.1 求下列 λ 矩阵的等价标准形、各阶行列式因子, 以及它的秩:

(1) $\begin{pmatrix}\lambda^2+1 & 2 & \lambda-1\\ \lambda+1 & \lambda & 0\\ \lambda^2+\lambda+2 & \lambda+2 & \lambda-1\end{pmatrix}$;　　(2) $\begin{pmatrix}\lambda^2+1 & 2 & \lambda-1\\ \lambda+1 & \lambda & 0\\ 1 & 0 & 0\end{pmatrix}$;

(3) $\begin{pmatrix}-\lambda+1 & 2\lambda-1 & \lambda\\ \lambda & \lambda^2 & -\lambda\\ \lambda^2+1 & \lambda^2+\lambda-1 & -\lambda^2\end{pmatrix}$;　　(4) $\begin{pmatrix}1 & \lambda & \lambda^2\\ 1 & 1 & \lambda+1\\ 4 & \lambda & \lambda^2+3\end{pmatrix}$.

§7.2 不变因子和初等因子

7.2.1 不变因子

定义 7.6 称 λ 矩阵 $\boldsymbol{A}(\lambda)$ 的标准形的主对角线上的非零元素 $d_1(\lambda),d_2(\lambda),\cdots,d_r(\lambda)$ 为 $\boldsymbol{A}(\lambda)$ 的**不变因子**.

由定义 7.6 可知, 例 7.1、例 7.2 和例 7.4 中的 λ 矩阵的不变因子分别是:

$$1,1,(\lambda+1)^3;\quad 1,\lambda,\lambda(\lambda-1);\quad 1,\lambda,\lambda(\lambda+1).$$

例 7.5 求 λ 矩阵

$$\boldsymbol{A}(\lambda)=\begin{pmatrix}0 & \lambda(\lambda-1) & 0\\ \lambda & 0 & \lambda+1\\ 0 & 0 & -\lambda+2\end{pmatrix}$$

的行列式因子和不变因子.

解 先求矩阵 $\boldsymbol{A}(\lambda)$ 的标准形

$$\boldsymbol{A}(\lambda)=\begin{pmatrix}0 & \lambda(\lambda-1) & 0\\ \lambda & 0 & \lambda+1\\ 0 & 0 & -\lambda+2\end{pmatrix}\xrightarrow{c_3-c_1}\begin{pmatrix}0 & \lambda(\lambda-1) & 0\\ \lambda & 0 & 1\\ 0 & 0 & -\lambda+2\end{pmatrix}$$

$$\xrightarrow[r_1\leftrightarrow r_2]{c_3\leftrightarrow c_1}\begin{pmatrix}1 & 0 & \lambda\\ 0 & \lambda(\lambda-1) & 0\\ -\lambda+2 & 0 & 0\end{pmatrix}\xrightarrow[r_3-(-\lambda+2)r_1]{c_3-\lambda c_1}\begin{pmatrix}1 & 0 & 0\\ 0 & \lambda(\lambda-1) & 0\\ 0 & 0 & \lambda(\lambda-2)\end{pmatrix}$$

$$\xrightarrow[c_2-c_3]{r_2+r_3}\begin{pmatrix}1 & 0 & 0\\ 0 & \lambda & \lambda(\lambda-2)\\ 0 & -\lambda(\lambda-2) & \lambda(\lambda-2)\end{pmatrix}\xrightarrow[c_3-(\lambda-2)c_2]{r_3+(\lambda-2)r_2}\begin{pmatrix}1 & 0 & 0\\ 0 & \lambda & 0\\ 0 & 0 & \lambda(\lambda-1)(\lambda-2)\end{pmatrix}.$$

故 $\boldsymbol{A}(\lambda)$ 的各阶行列式因子是 $1,\lambda,\lambda^2(\lambda-1)(\lambda-2)$, $\boldsymbol{A}(\lambda)$ 的不变因子是 $1,\lambda,\lambda(\lambda-1)(\lambda-2)$.

对例 7.5, 也可以先求行列式因子, 再求不变因子, 请读者试试.

定理 7.6 两个同型 λ 矩阵等价的充要条件是它们有相同的行列式因子, 或者有相同的不变因子.

由等价的传递性容易证明定理 7.6, 留给读者完成.

例 7.6 对 n 阶 λ 矩阵 $\boldsymbol{A}(\lambda)$, 下列命题等价:

(1) $\boldsymbol{A}(\lambda)$ 是可逆矩阵;

(2) $\boldsymbol{A}(\lambda)$ 与单位阵 $\boldsymbol{I}$ 等价;

(3) $\boldsymbol{A}(\lambda)$ 可以表示成若干个初等矩阵的乘积.

证明 (1)⇔(2): 设 $\boldsymbol{A}(\lambda)$ 是可逆矩阵, 由定理 7.1 知 $|\boldsymbol{A}(\lambda)|=d$ 是非零数. 这就是说, 行列式因子

$$D_n(\lambda)=1.$$

由 $D_k(\lambda)|D_{k+1}(\lambda)\,(k=1,2,\cdots,n-1)$ 知, $D_k(\lambda)=1\,(k=1,2,\cdots,n)$, 所以, 不变因子

$$d_k(\lambda)=1\quad(k=1,2,\cdots,n).$$

故可逆矩阵的标准形是单位矩阵 $\boldsymbol{I}$.

反之, 如果 $\boldsymbol{A}(\lambda)$ 与单位矩阵 $\boldsymbol{I}$ 等价, 那么 $\boldsymbol{A}(\lambda)$ 一定可逆. 这是因为 $\boldsymbol{A}(\lambda)$ 与单位矩阵 $\boldsymbol{I}$ 有相同的不变因子, 从而 $\boldsymbol{A}(\lambda)$ 的不变因子全是 1, 其行列式值为非零的数, 所以, $\boldsymbol{A}(\lambda)$ 可逆.

(2)⇔(3): $\boldsymbol{A}(\lambda)$ 与单位矩阵 $\boldsymbol{I}$ 等价的充要条件是存在初等矩阵 $\boldsymbol{P}_1(\lambda),\boldsymbol{P}_2(\lambda),\cdots,\boldsymbol{P}_s(\lambda)$, $\boldsymbol{Q}_1(\lambda),\boldsymbol{Q}_2(\lambda),\cdots,\boldsymbol{Q}_t(\lambda)$, 使得

$$\begin{aligned}\boldsymbol{A}(\lambda)&=\boldsymbol{P}_1(\lambda)\boldsymbol{P}_2(\lambda)\cdots\boldsymbol{P}_s(\lambda)\boldsymbol{I}\boldsymbol{Q}_t(\lambda)\boldsymbol{Q}_{t-1}(\lambda)\cdots\boldsymbol{Q}_1(\lambda)\\&=\boldsymbol{P}_1(\lambda)\boldsymbol{P}_2(\lambda)\cdots\boldsymbol{P}_s(\lambda)\boldsymbol{Q}_t(\lambda)\boldsymbol{Q}_{t-1}(\lambda)\cdots\boldsymbol{Q}_1(\lambda).\quad\square\end{aligned}$$

7.2.2 初等因子

定义 7.7 设 $\boldsymbol{A}(\lambda)$ 是数域 $\mathbb{P}$ 上的 λ 矩阵, 其不变因子 $d_1(\lambda),d_2(\lambda),\cdots,d_r(\lambda)$ 在数域 $\mathbb{P}$ 上的首 1 不可约因式方幂的全体, 称为 $\boldsymbol{A}(\lambda)$ 在数域 $\mathbb{P}$ 上的**初等因子**.

由于不可约多项式的概念与数域有关, 因此初等因子也与数域有关. 初等因子是首 1 不可约因式的方幂的 “全体”, 如有相同, 则重复计算, 不能省掉.

如例 7.2 和例 7.4 中 λ 矩阵的初等因子分别是 $\lambda,\lambda,\lambda-1$ 和 $\lambda,\lambda,\lambda+1$. 例 7.5 中 $\boldsymbol{A}(\lambda)$ 的初等因子是 $\lambda,\lambda,\lambda-1,\lambda-2$.

又如, 设 λ 矩阵 $\boldsymbol{A}(\lambda)$ 的标准形是

$$\begin{pmatrix}1&&&&\\&1&&&\\&&\lambda(\lambda-1)^2&&\\&&&\lambda^2(\lambda-1)^2(\lambda^2+1)&\\&&&&0\end{pmatrix},$$

则不变因子是

$$1,\quad 1,\quad \lambda(\lambda-1)^2,\quad \lambda^2(\lambda-1)^2(\lambda^2+1).$$

在实数域上其初等因子是

$$\lambda,\quad \lambda^2,\quad (\lambda-1)^2,\quad (\lambda-1)^2,\quad \lambda^2+1.$$

在复数域上其初等因子是

$$\lambda,\quad \lambda^2,\quad (\lambda-1)^2,\quad (\lambda-1)^2,\quad \lambda+\mathrm{i},\quad \lambda-\mathrm{i}.$$

以后我们提到 λ 矩阵的 “初等因子” 都是指 “复数域上的初等因子”, 不再重复声明. 由定理 7.6 知, 两个同型 λ 矩阵等价的充要条件是它们有相同的不变因子, 不变因子唯一决定初等因子. 因此, 两个同型 λ 矩阵等价的必要条件是它们有相同的初等因子. 反过来, 有相同的初等因子也是两个同型 λ 矩阵等价的充分条件么? 或者说, 有相同的初等因子的两个同型 λ 矩阵也有相同的不变因子么? 答案是否定的. 比如, 三阶 λ 矩阵

$$\begin{pmatrix}1&&\\&\lambda&\\&&\lambda(\lambda-1)\end{pmatrix},\quad\begin{pmatrix}\lambda&&\\&\lambda(\lambda-1)&\\&&0\end{pmatrix}$$

的初等因子都是 $\lambda,\lambda,\lambda-1$, 但是, 其不变因子不同, 分别为

$$1,\quad \lambda,\quad \lambda(\lambda-1);\quad \lambda,\quad \lambda(\lambda-1).$$

所以, 这两个三阶 λ 矩阵并不等价.

如果再限制一个条件: 秩相同, 那么结论就成立了. 也就是说, 有相同秩与相同初等因子的两个同型 λ 矩阵等价. 于是得到如下定理:

定理 7.7 两个同型 λ 矩阵等价的充要条件是它们有相同的秩与相同的初等因子.

***证明** 必要性由定理 7.6 和定义 7.7 可得. 下证充分性.

由定理 7.6 可知, 只要证明 "秩与初等因子唯一决定不变因子" 就行了.

假设 $\boldsymbol{A}(\lambda)$ 的秩为 r, 不变因子为 $d_1(\lambda), d_2(\lambda), \cdots, d_r(\lambda)$. 为讨论方便起见, 把它们统一表示成数域 $\mathbb{P}$ 上的首 1 不可约多项式方幂的乘积:

$$
\begin{aligned}
&d_1(\lambda)=p_1^{k_{11}}(\lambda)p_2^{k_{12}}(\lambda)\cdots p_t^{k_{1t}}(\lambda) \quad (k_{11},k_{12},\cdots,k_{1t}\geqslant 0),\\
&d_2(\lambda)=p_1^{k_{21}}(\lambda)p_2^{k_{22}}(\lambda)\cdots p_t^{k_{2t}}(\lambda) \quad (k_{21},k_{22},\cdots,k_{2t}\geqslant 0),\\
&\cdots\cdots\cdots\cdots\cdots\cdots\cdots\cdots\cdots\cdots\cdots\cdots\cdots\cdots\cdots\cdots\\
&d_r(\lambda)=p_1^{k_{r1}}(\lambda)p_2^{k_{r2}}(\lambda)\cdots p_t^{k_{rt}}(\lambda) \quad (k_{r1},k_{r2},\cdots,k_{rt}\geqslant 0).
\end{aligned}
$$

则其中对应 $k_{ij}>0$ 的那些方幂

$$
p_j^{k_{ij}}(\lambda) \quad (k_{ij}>0)
$$

就是 $\boldsymbol{A}(\lambda)$ 的全部初等因子. 根据不变因子的性质 $d_i(\lambda)|d_{i+1}(\lambda)\,(i=1,2,\cdots,r-1)$ 知

$$
p_j^{k_{ij}}(\lambda)|p_j^{k_{i+1,j}}(\lambda) \quad (i=1,2\cdots,r-1;\ j=1,2,\cdots,t).
$$

因此, 在 $d_1(\lambda), d_2(\lambda), \cdots, d_r(\lambda)$ 的分解式中, 属于同一个不可约因式的幂指数有递增的性质, 即

$$
k_{1j}\leqslant k_{2j}\leqslant\cdots\leqslant k_{rj} \quad (j=1,2,\cdots,t).
$$

这说明, 同一个不可约因式的方幂作成的初等因子中, 幂次最高的一定出现在最后一个不变因子 $d_r(\lambda)$ 的分解式中, 幂次相等或次高的必定出现在倒数第二个不变因子 $d_{r-1}(\lambda)$ 的分解式中, 如此顺推下去, 可知属于同一个不可约因式的方幂所成的初等因子在不变因子中出现的位置是唯一确定的.

因此, 在 $\boldsymbol{A}(\lambda)$ 的全部初等因子中, 将同一个不可约因式方幂的那些初等因子按降幂排列 (如果其个数不足 r 个, 就在后面补上一些 1 凑成 r 个), 将它们分别作为 $d_r(\lambda), d_{r-1}(\lambda), \cdots, d_1(\lambda)$ 的因式. 对所有互不相同的不可约因式方幂重复上述步骤即得到 $\boldsymbol{A}(\lambda)$ 的全部不变因子. 可见, 不变因子由初等因子与秩唯一确定. □

定理 7.7 的证明过程提供了由秩与初等因子求不变因子的方法.

先将全部初等因子按下述方法排成 r(秩) 列表: 不同因子排在不同行, 相同的因子排在同一行, 且按降幂排成 r 列, 不足 r 个的在后面用 1 补足, 这样, 各列上因子的乘积的全体就得到全部不变因子 $d_i(\lambda)\,(i=1,2,\cdots,r)$. 最后一个不变因子是各初等因子的最小公倍式.

例 7.7 设秩为 7 的 λ 矩阵 $\boldsymbol{A}(\lambda)$ 的全部初等因子为

$$
\lambda, \quad \lambda, \quad \lambda-1, \quad (\lambda-1)^2, \quad \lambda+1, \quad \lambda+2,
$$

求 $\boldsymbol{A}(\lambda)$ 的不变因子.

解 初等因子有 4 个不同的不可约因式: $\lambda, \lambda-1, \lambda+1, \lambda+2$, 将所有初等因子按降幂顺序排成 4 行 7 列:

$$\begin{matrix} \lambda & \lambda & 1 & 1 & 1 & 1 & 1 \\ (\lambda-1)^2 & \lambda-1 & 1 & 1 & 1 & 1 & 1 \\ \lambda+1 & 1 & 1 & 1 & 1 & 1 & 1 \\ \lambda+2 & 1 & 1 & 1 & 1 & 1 & 1 \end{matrix}$$

各列元素相乘得到 $\boldsymbol{A}(\lambda)$ 的 7 个不变因子:

$$d_1(\lambda)=\cdots=d_5(\lambda)=1, \quad d_6(\lambda)=\lambda(\lambda-1), \quad d_7(\lambda)=\lambda(\lambda-1)^2(\lambda+1)(\lambda+2).$$

下面的定理告诉我们, 欲求 n 阶 λ 矩阵的初等因子, 不必知道不变因子, 只要用初等变换化成对角形矩阵即可.

定理 7.8 n 阶对角形 λ 矩阵的初等因子等于其主对角线上各元素的不可约因式的方幂的全体.

先证如下引理:

***引理 7.1** 设

$$\boldsymbol{A}(\lambda)=\begin{pmatrix} f_1(\lambda)g_1(\lambda) & 0 \\ 0 & f_2(\lambda)g_2(\lambda) \end{pmatrix}, \quad \boldsymbol{B}(\lambda)=\begin{pmatrix} f_2(\lambda)g_1(\lambda) & 0 \\ 0 & f_1(\lambda)g_2(\lambda) \end{pmatrix},$$

且 $(f_i(\lambda), g_j(\lambda))=1\,(i,j=1,2)$, 则 $\boldsymbol{A}(\lambda)$ 与 $\boldsymbol{B}(\lambda)$ 等价.

***证明** 显然 $\boldsymbol{A}(\lambda)$ 与 $\boldsymbol{B}(\lambda)$ 有相同的二阶行列式因子, 而它们一阶行列式因子分别是

$$D_1(\lambda)=(f_1(\lambda)g_1(\lambda), f_2(\lambda)g_2(\lambda)), \quad \widetilde{D}_1(\lambda)=(f_2(\lambda)g_1(\lambda), f_1(\lambda)g_2(\lambda)).$$

由 §4.3 的例 4.7 知道,

$$D_1(\lambda)=\widetilde{D}_1(\lambda)=(f_1(\lambda), f_2(\lambda))(g_1(\lambda), g_2(\lambda)),$$

因而, $\boldsymbol{A}(\lambda)$ 与 $\boldsymbol{B}(\lambda)$ 有相同的各阶行列式因子, 由定理 7.6 可知, $\boldsymbol{A}(\lambda)$ 与 $\boldsymbol{B}(\lambda)$ 等价. □

***定理 7.8 的证明** 先证 $n=2$ 的情形. 设有二阶对角 λ 矩阵

$$\boldsymbol{A}(\lambda)=\begin{pmatrix} h_1(\lambda) & 0 \\ 0 & h_2(\lambda) \end{pmatrix},$$

其中 $h_i(\lambda)=p_1^{k_{i1}}(\lambda)p_2^{k_{i2}}(\lambda)\cdots p_s^{k_{is}}(\lambda)\,(i=1,2)$, 且 $k_{ij}\geqslant 0\,(i=1,2;\, j=1,2,\cdots,s)$. 令

$$g_i(\lambda)=p_2^{k_{i2}}(\lambda)\cdots p_s^{k_{is}}(\lambda) \quad (i=1,2),$$

则

$$(p_1^{k_{i1}}(\lambda), g_j(\lambda))=1 \quad (i=1,2;\, j=1,2).$$

由引理 7.1 知

$$\begin{pmatrix} p_1^{k_{11}}(\lambda)g_1(\lambda) & 0 \\ 0 & p_1^{k_{21}}(\lambda)g_2(\lambda) \end{pmatrix} \quad 与 \quad \begin{pmatrix} p_1^{k_{21}}(\lambda)g_1(\lambda) & 0 \\ 0 & p_1^{k_{11}}(\lambda)g_2(\lambda) \end{pmatrix}$$

等价. 于是, 将 k_{11},k_{21} 中最小者令为 k'_{11}, 另一个令为 k'_{21}, 则

$$\begin{pmatrix} p_1^{k'_{11}}(\lambda)g_1(\lambda) & 0 \\ 0 & p_1^{k'_{21}}(\lambda)g_2(\lambda) \end{pmatrix}$$

与 $\boldsymbol{A}(\lambda)$ 等价. 再令

$$g'_i(\lambda)=p_1^{k'_{i1}}(\lambda)p_3^{k_{i3}}(\lambda)\cdots p_s^{k_{is}}(\lambda)\quad(i=1,2),$$

则

$$(p_2^{k_{i2}}(\lambda),g'_j(\lambda))=1\quad(i=1,2;\ j=1,2).$$

由引理 7.1 可知

$$\begin{pmatrix} p_2^{k_{12}}(\lambda)g'_1(\lambda) & 0 \\ 0 & p_2^{k_{22}}(\lambda)g'_2(\lambda) \end{pmatrix}\quad 与\quad \begin{pmatrix} p_1^{k_{22}}(\lambda)g'_1(\lambda) & 0 \\ 0 & p_1^{k_{12}}(\lambda)g'_2(\lambda) \end{pmatrix}$$

等价. 于是, 将 k_{12},k_{22} 中最小者令为 k'_{12}, 另一个令为 k'_{22}, 得到 $\boldsymbol{A}(\lambda)$ 与

$$\begin{pmatrix} p_1^{k'_{11}}(\lambda)p_2^{k'_{12}}(\lambda)p_3^{k_{13}}(\lambda)\cdots p_s^{k_{1s}}(\lambda) & 0 \\ 0 & p_1^{k'_{21}}(\lambda)p_2^{k'_{22}}(\lambda)p_3^{k_{23}}(\lambda)\cdots p_s^{k_{2s}}(\lambda) \end{pmatrix}$$

等价. 重复以上过程, 则得到一个对角矩阵 $\boldsymbol{B}(\lambda)$, 其主对角线上各个不可约因式 $p_1(\lambda),p_2(\lambda),\cdots,p_s(\lambda)$ 的方幂均按升幂排列, 且 $\boldsymbol{A}(\lambda)$ 与 $\boldsymbol{B}(\lambda)$ 等价, 这个 $\boldsymbol{B}(\lambda)$ 正好是 $\boldsymbol{A}(\lambda)$ 的标准形. 于是 $\boldsymbol{A}(\lambda)$ 的初等因子是

$$p_1^{k_{i1}}(\lambda),\quad p_2^{k_{i2}}(\lambda),\quad \cdots,\quad p_s^{k_{is}}(\lambda)\quad(k_{ij}>0;\ i=1,2;\ j=1,2,\cdots,s).$$

如果矩阵的阶数 $n>2$, 根据上面的证明思路, 得到 $\boldsymbol{A}(\lambda)$ 与一个主对角元中不可约因式 $p_1(\lambda)$ 的方幂是升幂排列的对角矩阵等价; 重复上面的做法, 得到 $\boldsymbol{A}(\lambda)$ 与一个主对角元中不可约因式 $p_1(\lambda)$ 和 $p_2(\lambda)$ 的方幂均按升幂排列的对角矩阵等价; 如此继续下去, 得到 $\boldsymbol{A}(\lambda)$ 与主对角元中各个不可约因式均按升幂排列的对角矩阵等价, 最后这个对角矩阵就是 $\boldsymbol{A}(\lambda)$ 的标准形, 从而得到 $\boldsymbol{A}(\lambda)$ 的初等因子就是主对角线上各元素的不可约因式的方幂的全体. □

例 7.8　回到例 7.5, 求 $\boldsymbol{A}(\lambda)$ 的初等因子. 先将 $\boldsymbol{A}(\lambda)$ 施行初等变换化成对角矩阵

$$\boldsymbol{A}(\lambda)\to\begin{pmatrix} 1 & & \\ & \lambda(\lambda-1) & \\ & & \lambda(\lambda-2) \end{pmatrix},$$

由定理 7.8 可知, $\boldsymbol{A}(\lambda)$ 的初等因子是主对角线各多项式的不可约因式的方幂的全体:

$$\lambda,\quad \lambda,\quad \lambda-1,\quad \lambda-2.$$

定理 7.9　准对角 λ 矩阵 $\boldsymbol{A}(\lambda)=\mathrm{diag}(\boldsymbol{A}_1(\lambda),\cdots,\boldsymbol{A}_s(\lambda))$ 各块 $\boldsymbol{A}_1(\lambda),\cdots,\boldsymbol{A}_s(\lambda)$ 的初等因子的全体就是 $\boldsymbol{A}(\lambda)$ 的初等因子.

证明 这是显然的. 因为对某块 $\boldsymbol{A}_i(\lambda)$ 进行初等变换时, 不影响其他各块 $\boldsymbol{A}_j(\lambda)\,(j\neq i)$. 用初等变换将 $\boldsymbol{A}(\lambda)$ 的各块化成对角矩阵, 相当于把 $\boldsymbol{A}(\lambda)$ 化成了对角矩阵, 所以, $\boldsymbol{A}_1(\lambda),\cdots,\boldsymbol{A}_s(\lambda)$ 的初等因子的全体就是 $\boldsymbol{A}(\lambda)$ 的初等因子. □

定义 7.8 设 $\boldsymbol{A}$ 是 n 阶数字矩阵, $\lambda\boldsymbol{I}-\boldsymbol{A}$ 称为矩阵 $\boldsymbol{A}$ 的**特征矩阵**. $\lambda\boldsymbol{I}-\boldsymbol{A}$ 的行列式因子、不变因子和数域 $\mathbb{P}$ 上的初等因子分别称为数字矩阵 $\boldsymbol{A}$ 的**行列式因子**、**不变因子**和数域 $\mathbb{P}$ 上的**初等因子**.

若无特殊声明, 以后讲到数字矩阵的 "初等因子" 都是指 "复数域上的初等因子". 显然, 任一 n 阶数字矩阵 $\boldsymbol{A}$ 的特征矩阵 $\lambda\boldsymbol{I}-\boldsymbol{A}$ 的秩都等于 n, 初等因子中 λ 的次数之和也等于 n.

对于 n 阶 λ 矩阵, 不变因子可以唯一决定初等因子, 反过来, 秩与初等因子可以唯一决定不变因子; 对 n 阶数字矩阵, 不变因子与初等因子则可以相互唯一决定. (思考: 这是为什么?)

例 7.9 求矩阵

$$\boldsymbol{A}=\begin{pmatrix}2 & -1 & 1\\ 0 & 3 & -1\\ 2 & 1 & 3\end{pmatrix}$$

的行列式因子、不变因子和初等因子.

解法 1 将矩阵 $\boldsymbol{A}$ 的特征矩阵施行初等变换化成对角矩阵

$$\lambda\boldsymbol{I}-\boldsymbol{A}=\begin{pmatrix}\lambda-2 & 1 & -1\\ 0 & \lambda-3 & 1\\ -2 & -1 & \lambda-3\end{pmatrix}\xrightarrow[r_2-(\lambda-3)r_1,r_3+r_1]{c_1\leftrightarrow c_2}\begin{pmatrix}1 & \lambda-2 & -1\\ 0 & -(\lambda-3)(\lambda-2) & \lambda-2\\ 0 & \lambda-4 & \lambda-4\end{pmatrix}$$

$$\xrightarrow[c_2\leftrightarrow c_3,r_2-r_3,c_2\times\frac{1}{2}]{c_2-(\lambda-2)c_1,c_3+c_1}\begin{pmatrix}1 & 0 & 0\\ 0 & 1 & -\lambda^2+4\lambda-2\\ 0 & \dfrac{1}{2}\lambda-2 & \lambda-4\end{pmatrix}$$

$$\xrightarrow[c_3-(-\lambda^2+4\lambda-2)c_2,c_3\times 2]{r_3-(\frac{1}{2}\lambda-2)r_2}\begin{pmatrix}1 & 0 & 0\\ 0 & 1 & 0\\ 0 & 0 & (\lambda-2)^2(\lambda-4)\end{pmatrix}.$$

可以知道, 矩阵 $\boldsymbol{A}$ 的各阶行列式因子是 $1,1,(\lambda-2)^2(\lambda-4)$, 不变因子是 $1,1,(\lambda-2)^2(\lambda-4)$, 初等因子是 $\lambda-4,(\lambda-2)^2$.

解法 2 $\boldsymbol{A}$ 的特征矩阵

$$\lambda\boldsymbol{I}-\boldsymbol{A}=\begin{pmatrix}\lambda-2 & 1 & -1\\ 0 & \lambda-3 & 1\\ -2 & -1 & \lambda-3\end{pmatrix}$$

的一阶子式中有 5 个非零常数, 因此, 一阶行列式因子 $D_1(\lambda)=1$. 存在两个二阶子式

$$\begin{vmatrix}\lambda-3 & 1\\ -1 & \lambda-3\end{vmatrix}=\lambda^2-6\lambda+10,\quad \begin{vmatrix}1 & -1\\ \lambda-3 & 1\end{vmatrix}=\lambda-2$$

互素, 因此, 二阶行列式因子 $D_2(\lambda)=1$. 三阶行列式因子

$$D_3(\lambda)=\begin{vmatrix}\lambda-2 & 1 & -1\\ 0 & \lambda-3 & 1\\ -2 & -1 & \lambda-3\end{vmatrix}=(\lambda-2)^2(\lambda-4).$$

所以, 矩阵 $\boldsymbol{A}$ 的行列式因子和不变因子都是 $1,1,(\lambda-2)^2(\lambda-4)$, 初等因子是 $\lambda-4,(\lambda-2)^2$.

习题 7.2

7.2 分别求第 7.1(2), (3) 题中的 λ 矩阵的初等因子.

7.3 求下列 λ 矩阵的不变因子和初等因子:

(1) $\begin{pmatrix}\lambda^2+1 & \lambda^2 & -\lambda^2\\ 1 & \lambda^2+\lambda & 0\\ \lambda & \lambda & -\lambda\end{pmatrix}$; (2) $\begin{pmatrix}\lambda+2 & 0 & 0\\ -1 & \lambda+2 & 0\\ 0 & -1 & \lambda+2\end{pmatrix}$;

(3) $\begin{pmatrix}0 & 0 & \lambda(\lambda-1)\\ 0 & \lambda^2-1 & 0\\ \lambda(\lambda-1)^2 & 0 & 0\end{pmatrix}$; (4) $\begin{pmatrix}\lambda+1 & 0 & 1 & 0\\ 0 & 1 & \lambda+1 & 0\\ 0 & \lambda+1 & 0 & 1\\ 0 & 0 & 0 & \lambda+1\end{pmatrix}$.

7.4 设 $\boldsymbol{A}(\lambda)$ 是一个 5 阶方阵, 其秩为 4, 初等因子是

$$\lambda,\quad \lambda^2,\quad \lambda^2,\quad \lambda-1,\quad \lambda-1,\quad \lambda+1,\quad (\lambda+1)^3,$$

求 $\boldsymbol{A}(\lambda)$ 的不变因子和标准形.

7.5 求下列矩阵的初等因子:

(1) $\begin{pmatrix}4 & 2 & -5\\ 6 & 4 & -9\\ 5 & 3 & -7\end{pmatrix}$; (2) $\begin{pmatrix}2 & 0 & 0\\ 1 & 1 & 1\\ 1 & -1 & 3\end{pmatrix}$;

(3) $\begin{pmatrix}3 & 3 & -2\\ -1 & -1 & 1\\ 4 & 3 & -3\end{pmatrix}$; (4) $\begin{pmatrix}3 & 1 & 0\\ -4 & -1 & 0\\ 4 & -8 & 2\end{pmatrix}$.

§7.3 矩阵相似的条件

本节的目的是要用特征矩阵、不变因子或初等因子来研究两个数字矩阵相似的条件.

引理 7.2 设 $\boldsymbol{A},\boldsymbol{B}$ 都是 n 阶数字矩阵, 如果存在 n 阶数字矩阵 $\boldsymbol{P}_0,\boldsymbol{Q}_0$, 使得

$$\lambda\boldsymbol{I}-\boldsymbol{A}=\boldsymbol{P}_0(\lambda\boldsymbol{I}-\boldsymbol{B})\boldsymbol{Q}_0,$$

则 $\boldsymbol{A}$ 与 $\boldsymbol{B}$ 相似.

证明 因为

$$\lambda\boldsymbol{I}-\boldsymbol{A}=\boldsymbol{P}_0(\lambda\boldsymbol{I}-\boldsymbol{B})\boldsymbol{Q}_0=\lambda\boldsymbol{P}_0\boldsymbol{Q}_0-\boldsymbol{P}_0\boldsymbol{B}\boldsymbol{Q}_0,$$

比较等式两边矩阵多项式的同次项可以得到

$$\boldsymbol{P}_0\boldsymbol{Q}_0=\boldsymbol{I},\quad \boldsymbol{P}_0\boldsymbol{B}\boldsymbol{Q}_0=\boldsymbol{A}.$$

故 $\boldsymbol{Q}_0=\boldsymbol{P}_0^{-1}$, 从而 $\boldsymbol{A}=\boldsymbol{P}_0\boldsymbol{B}\boldsymbol{P}_0^{-1}$, 所以 $\boldsymbol{A}$ 与 $\boldsymbol{B}$ 相似. □

注意, 任意 λ 矩阵总可以表示成系数为数字矩阵的关于 λ 的多项式, 常称其为矩阵多项式. 比如

$$\begin{pmatrix}\lambda^2+1 & -2\lambda\\ \lambda-1 & 1\end{pmatrix}=\begin{pmatrix}1 & 0\\ 0 & 0\end{pmatrix}\lambda^2+\begin{pmatrix}0 & -2\\ 1 & 0\end{pmatrix}\lambda+\begin{pmatrix}1 & 0\\ -1 & 1\end{pmatrix}.$$

下面的引理将要用到这种思想.

引理 7.3 设 $\boldsymbol{U}(\lambda),\boldsymbol{V}(\lambda)$ 是两个 n 阶 λ 矩阵, $\boldsymbol{A}$ 是不等于零的 n 阶数字矩阵, 则一定存在 λ 矩阵 $\boldsymbol{Q}(\lambda),\boldsymbol{R}(\lambda)$ 和数字矩阵 $\boldsymbol{U}_0,\boldsymbol{V}_0$, 使得

$$\boldsymbol{U}(\lambda)=(\lambda\boldsymbol{I}-\boldsymbol{A})\boldsymbol{Q}(\lambda)+\boldsymbol{U}_0,\quad \boldsymbol{V}(\lambda)=\boldsymbol{R}(\lambda)(\lambda\boldsymbol{I}-\boldsymbol{A})+\boldsymbol{V}_0.$$

***证明** 把 $\boldsymbol{U}(\lambda)$ 改写成矩阵多项式

$$\boldsymbol{U}(\lambda)=\boldsymbol{D}_0\lambda^m+\boldsymbol{D}_1\lambda^{m-1}+\cdots+\boldsymbol{D}_{m-1}\lambda+\boldsymbol{D}_m,$$

其中 $\boldsymbol{D}_0,\boldsymbol{D}_1,\cdots,\boldsymbol{D}_m$ 都是 n 阶数字矩阵, 并且 $\boldsymbol{D}_0\neq\boldsymbol{O}$. 如果 $m=0$, 那么令 $\boldsymbol{Q}(\lambda)=\boldsymbol{O}$ 及 $\boldsymbol{U}_0=\boldsymbol{D}_0$, 则关于 $\boldsymbol{U}(\lambda)$ 的表达式显然成立.

设 $m>0$, 令

$$\boldsymbol{Q}(\lambda)=\boldsymbol{Q}_0\lambda^{m-1}+\boldsymbol{Q}_1\lambda^{m-2}+\cdots+\boldsymbol{Q}_{m-2}\lambda+\boldsymbol{Q}_{m-1},$$

其中 $\boldsymbol{Q}_j\,(j=0,1,\cdots,m-1)$ 都是待定的数字矩阵. 于是

$$\begin{aligned}(\lambda\boldsymbol{I}-\boldsymbol{A})\boldsymbol{Q}(\lambda)=&\boldsymbol{Q}_0\lambda^m+(\boldsymbol{Q}_1-\boldsymbol{A}\boldsymbol{Q}_0)\lambda^{m-1}+\cdots\\&+(\boldsymbol{Q}_k-\boldsymbol{A}\boldsymbol{Q}_{k-1})\lambda^{m-k}+\cdots+(\boldsymbol{Q}_{m-1}-\boldsymbol{A}\boldsymbol{Q}_{m-2})\lambda-\boldsymbol{A}\boldsymbol{Q}_{m-1}.\end{aligned}$$

将上式与上述的 $\boldsymbol{U}(\lambda)$ 的矩阵多项式表达式代入, 并比较等式两边矩阵多项式的次数, 得到

$$\begin{aligned}&\boldsymbol{D}_0=\boldsymbol{Q}_0,\\&\boldsymbol{D}_1=\boldsymbol{Q}_1-\boldsymbol{A}\boldsymbol{Q}_0,\\&\boldsymbol{D}_2=\boldsymbol{Q}_2-\boldsymbol{A}\boldsymbol{Q}_1,\\&\cdots\cdots\cdots\cdots\\&\boldsymbol{D}_k=\boldsymbol{Q}_k-\boldsymbol{A}\boldsymbol{Q}_{k-1},\\&\cdots\cdots\cdots\cdots\\&\boldsymbol{D}_{m-1}=\boldsymbol{Q}_{m-1}-\boldsymbol{A}\boldsymbol{Q}_{m-2},\\&\boldsymbol{D}_m=\boldsymbol{U}_0-\boldsymbol{A}\boldsymbol{Q}_{m-1}.\end{aligned}$$

解得

$$\begin{aligned}
&\boldsymbol{Q}_0=\boldsymbol{D}_0,\\
&\boldsymbol{Q}_1=\boldsymbol{D}_1+\boldsymbol{A}\boldsymbol{Q}_0,\\
&\boldsymbol{Q}_2=\boldsymbol{D}_2+\boldsymbol{A}\boldsymbol{Q}_1,\\
&\cdots\cdots\cdots\cdots\cdots\cdots\\
&\boldsymbol{Q}_k=\boldsymbol{D}_k+\boldsymbol{A}\boldsymbol{Q}_{k-1},\\
&\cdots\cdots\cdots\cdots\cdots\cdots\\
&\boldsymbol{Q}_{m-1}=\boldsymbol{D}_{m-1}+\boldsymbol{A}\boldsymbol{Q}_{m-2},\\
&\boldsymbol{U}_0=\boldsymbol{D}_m+\boldsymbol{A}\boldsymbol{Q}_{m-1}.
\end{aligned}$$

用类似的方法可以求得 $\boldsymbol{R}(\lambda)$ 和 $\boldsymbol{V}_0$. □

定理 7.10 n 阶数字矩阵 $\boldsymbol{A},\boldsymbol{B}$ 相似的充要条件是特征矩阵 $\lambda\boldsymbol{I}-\boldsymbol{A}$ 与 $\lambda\boldsymbol{I}-\boldsymbol{B}$ 等价.

***证明** 先证必要性. 设 $\boldsymbol{A}$ 与 $\boldsymbol{B}$ 相似, 则存在可逆矩阵 $\boldsymbol{X}$, 使得

$$\boldsymbol{A}=\boldsymbol{X}^{-1}\boldsymbol{B}\boldsymbol{X}.$$

于是

$$\lambda\boldsymbol{I}-\boldsymbol{A}=\lambda\boldsymbol{I}-\boldsymbol{X}^{-1}\boldsymbol{B}\boldsymbol{X}=\boldsymbol{X}^{-1}(\lambda\boldsymbol{I}-\boldsymbol{B})\boldsymbol{X},$$

从而特征矩阵 $\lambda\boldsymbol{I}-\boldsymbol{A}$ 与 $\lambda\boldsymbol{I}-\boldsymbol{B}$ 等价.

再证充分性. 设 $\lambda\boldsymbol{I}-\boldsymbol{A}$ 与 $\lambda\boldsymbol{I}-\boldsymbol{B}$ 等价, 则存在可逆 λ 矩阵 $\boldsymbol{U}(\lambda)$ 与 $\boldsymbol{V}(\lambda)$, 使得

$$\lambda\boldsymbol{I}-\boldsymbol{A}=\boldsymbol{U}(\lambda)(\lambda\boldsymbol{I}-\boldsymbol{B})\boldsymbol{V}(\lambda)$$

成立. 因此,

$$\boldsymbol{U}^{-1}(\lambda)(\lambda\boldsymbol{I}-\boldsymbol{A})=(\lambda\boldsymbol{I}-\boldsymbol{B})\boldsymbol{V}(\lambda),$$

以及

$$\boldsymbol{U}(\lambda)(\lambda\boldsymbol{I}-\boldsymbol{B})=(\lambda\boldsymbol{I}-\boldsymbol{A})\boldsymbol{V}(\lambda)^{-1}.$$

由引理 7.3, 存在 λ 矩阵 $\boldsymbol{Q}(\lambda),\boldsymbol{R}(\lambda)$ 以及数字矩阵 $\boldsymbol{U}_0$ 和 $\boldsymbol{V}_0$, 使得

$$\begin{aligned}
\boldsymbol{U}(\lambda)&=(\lambda\boldsymbol{I}-\boldsymbol{A})\boldsymbol{Q}(\lambda)+\boldsymbol{U}_0,\\
\boldsymbol{V}(\lambda)&=\boldsymbol{R}(\lambda)(\lambda\boldsymbol{I}-\boldsymbol{A})+\boldsymbol{V}_0
\end{aligned}$$

成立. 所以

$$\boldsymbol{U}^{-1}(\lambda)(\lambda\boldsymbol{I}-\boldsymbol{A})=(\lambda\boldsymbol{I}-\boldsymbol{B})\boldsymbol{R}(\lambda)(\lambda\boldsymbol{I}-\boldsymbol{A})+(\lambda\boldsymbol{I}-\boldsymbol{B})\boldsymbol{V}_0,$$

移项并整理, 得

$$\left[\boldsymbol{U}^{-1}(\lambda)-(\lambda\boldsymbol{I}-\boldsymbol{B})\boldsymbol{R}(\lambda)\right](\lambda\boldsymbol{I}-\boldsymbol{A})=(\lambda\boldsymbol{I}-\boldsymbol{B})\boldsymbol{V}_0.$$

等式右端作为矩阵多项式的次数等于 1 或 $\boldsymbol{V}_0=\boldsymbol{O}$.

如果 $\boldsymbol{V}_0=\boldsymbol{O}$, 那么 $(\lambda\boldsymbol{I}-\boldsymbol{B})\boldsymbol{R}(\lambda)=\boldsymbol{U}^{-1}(\lambda)$ 是可逆的 λ 矩阵, 由定理 7.1 知, λ 矩阵 $(\lambda\boldsymbol{I}-\boldsymbol{B})\boldsymbol{R}(\lambda)$ 的行列式为非零常数. 但这是不可能的, 因为 $|\lambda\boldsymbol{I}-\boldsymbol{B}|$ 是关于 λ 的 n 次多项式, 因此 $\boldsymbol{V}_0\neq\boldsymbol{O}$, 且 $\boldsymbol{U}(\lambda)^{-1}-(\lambda\boldsymbol{I}-\boldsymbol{B})\boldsymbol{R}(\lambda)$ 是非零数字矩阵. 记

$$\boldsymbol{T}=\boldsymbol{U}(\lambda)^{-1}-(\lambda\boldsymbol{I}-\boldsymbol{B})\boldsymbol{R}(\lambda),$$

则有

$$\boldsymbol{T}(\lambda\boldsymbol{I}-\boldsymbol{A})=(\lambda\boldsymbol{I}-\boldsymbol{B})\boldsymbol{V}_0,$$

以及

$$\boldsymbol{U}(\lambda)\boldsymbol{T}=\boldsymbol{I}-\boldsymbol{U}(\lambda)(\lambda\boldsymbol{I}-\boldsymbol{B})\boldsymbol{R}(\lambda).$$

移项得

$$\begin{aligned}\boldsymbol{I}&=\boldsymbol{U}(\lambda)\boldsymbol{T}+\boldsymbol{U}(\lambda)(\lambda\boldsymbol{I}-\boldsymbol{B})\boldsymbol{R}(\lambda)\\&=\boldsymbol{U}(\lambda)\boldsymbol{T}+(\lambda\boldsymbol{I}-\boldsymbol{A})\boldsymbol{V}(\lambda)^{-1}\boldsymbol{R}(\lambda)\\&=[(\lambda\boldsymbol{I}-\boldsymbol{A})\boldsymbol{Q}(\lambda)+\boldsymbol{U}_0]\,\boldsymbol{T}+(\lambda\boldsymbol{I}-\boldsymbol{A})\boldsymbol{V}(\lambda)^{-1}\boldsymbol{R}(\lambda)\\&=\boldsymbol{U}_0\boldsymbol{T}+(\lambda\boldsymbol{I}-\boldsymbol{A})\left[\boldsymbol{Q}(\lambda)\boldsymbol{T}+\boldsymbol{V}(\lambda)^{-1}\boldsymbol{R}(\lambda)\right],\end{aligned}$$

等式右端的第二项必须为零, 否则它作为矩阵多项式的次数至少是 1, 而 $\boldsymbol{I}$ 和 $\boldsymbol{U}_0\boldsymbol{T}$ 都是数字矩阵, 因此 $\boldsymbol{I}=\boldsymbol{U}_0\boldsymbol{T}$, 即 $\boldsymbol{T}$ 是可逆矩阵. 由 $\boldsymbol{T}(\lambda\boldsymbol{I}-\boldsymbol{A})=(\lambda\boldsymbol{I}-\boldsymbol{B})\boldsymbol{V}_0$ 知

$$\lambda\boldsymbol{I}-\boldsymbol{A}=\boldsymbol{T}^{-1}(\lambda\boldsymbol{I}-\boldsymbol{B})\boldsymbol{V}_0.$$

由引理 7.2 知 $\boldsymbol{A}$ 与 $\boldsymbol{B}$ 相似. □

由于两个 n 阶数字矩阵的特征矩阵的秩都等于 n, 由定理 7.7 和定理 7.10 可得如下定理:

定理 7.11 两个 n 阶数字矩阵相似的充要条件是它们有相同的不变因子. 或者说, 两个 n 阶数字矩阵相似的充要条件是它们有相同的初等因子.

例 7.10 判断下列矩阵是否相似? 为什么?

$$\boldsymbol{A}=\begin{pmatrix}-1&1&0\\-4&3&0\\1&0&2\end{pmatrix},\quad \boldsymbol{B}=\begin{pmatrix}3&0&8\\3&-1&6\\-2&0&-5\end{pmatrix},\quad \boldsymbol{C}=\begin{pmatrix}2&0&0\\0&1&1\\1&0&1\end{pmatrix}.$$

解 因为

$$\lambda\boldsymbol{I}-\boldsymbol{A}=\begin{pmatrix}\lambda+1&-1&0\\4&\lambda-3&0\\-1&0&\lambda-2\end{pmatrix}\xrightarrow[r_2+(\lambda-3)r_1]{c_1+(\lambda+1)c_2}\begin{pmatrix}0&-1&0\\(\lambda-1)^2&0&0\\-1&0&\lambda-2\end{pmatrix}$$

$$\xrightarrow[c_3+(\lambda-1)^2r_3]{r_2+(\lambda-1)^2r_3}\begin{pmatrix}0 & -1 & 0\\0 & 0 & (\lambda-1)^2(\lambda-2)\\-1 & 0 & 0\end{pmatrix}$$

$$\xrightarrow[r_2\leftrightarrow r_3,r_1\leftrightarrow r_2]{r_1\times(-1),r_3\times(-1)}\begin{pmatrix}1 & 0 & 0\\0 & 1 & 0\\0 & 0 & (\lambda-1)^2(\lambda-2)\end{pmatrix},$$

所以 $\boldsymbol{A}$ 的不变因子为 $1,1,(\lambda-1)^2(\lambda-2)$. 同理可求得 $\boldsymbol{B}$ 的不变因子为 $1,\lambda+1,(\lambda+1)^2$. $\boldsymbol{C}$ 的不变因子为 $1,1,(\lambda-1)^2(\lambda-2)$. 由定理 7.11 知, $\boldsymbol{A}$ 与 $\boldsymbol{C}$ 相似, 而 $\boldsymbol{A}$ 与 $\boldsymbol{B}$ 不相似, $\boldsymbol{B}$ 与 $\boldsymbol{C}$ 也不相似.

习题 7.3

7.6 判定下列各组矩阵是否相似, 并说明理由:

(1) $\boldsymbol{A}=\begin{pmatrix}1 & 2\\-1 & 1\end{pmatrix}, \boldsymbol{B}=\begin{pmatrix}-3 & 2\\-9 & 5\end{pmatrix}$;

(2) $\boldsymbol{A}=\begin{pmatrix}-1 & -6 & -8\\-8 & -23 & -32\\6 & 18 & 25\end{pmatrix}, \boldsymbol{B}=\begin{pmatrix}-5 & 12 & 6\\-6 & 13 & 6\\8 & -16 & -7\end{pmatrix}$;

(3) $\boldsymbol{A}=\begin{pmatrix}3 & 1 & 3\\-4 & -2 & 6\\-1 & -1 & 5\end{pmatrix}, \boldsymbol{B}=\begin{pmatrix}2 & 0 & 0\\1 & 1 & 1\\1 & -1 & 3\end{pmatrix}$.

§7.4 若尔当标准形

本节限定在复数域上, 得到了很有用的结论: 复数域上任意 n 阶矩阵必定相似于若尔当形矩阵. 限于学时和篇幅这里只讲若尔当标准形的求法及几何意义, 更深入的讨论请阅读文献 [1].

定义 7.9 设 λ_0 是复数, 形如

$$\boldsymbol{J}(\lambda_0,k)=\begin{pmatrix}\lambda_0 & & & \\1 & \lambda_0 & & \\ & \ddots & \ddots & \\ & & 1 & \lambda_0\end{pmatrix}_{k\times k}$$

的矩阵称为 k 阶**若尔当块**. 由若干个若尔当块构成的准对角矩阵

$$\boldsymbol{J}=\operatorname{diag}(\boldsymbol{J}_1,\boldsymbol{J}_2,\cdots,\boldsymbol{J}_s),$$

称为**若尔当标准形矩阵**, 简称**若尔当形矩阵**, 其中

$$\boldsymbol{J}_i=\boldsymbol{J}(\lambda_i,k_i)=\begin{pmatrix}\lambda_i & & & \\ 1 & \lambda_i & & \\ & \ddots & \ddots & \\ & & 1 & \lambda_i\end{pmatrix}_{k_i\times k_i}\quad (i=1,2,\cdots,s),$$

而 $\lambda_1,\lambda_2,\cdots,\lambda_s$ 中可能有些相等.

定理 7.12 k 阶若尔当块 $\boldsymbol{J}(\lambda_0,k)$ 的初等因子是 $(\lambda-\lambda_0)^k$.

证明 首先, 容易求得 $\boldsymbol{J}(\lambda_0,k)$ 的特征行列式

$$|\lambda\boldsymbol{I}-\boldsymbol{J}(\lambda_0,k)|=(\lambda-\lambda_0)^k,$$

即 $\boldsymbol{J}(\lambda_0,k)$ 的 k 阶行列式因子

$$D_k(\lambda)=(\lambda-\lambda_0)^k.$$

在特征矩阵 $\lambda\boldsymbol{I}-\boldsymbol{J}(\lambda_0,k)$ 中划去第 1 行第 k 列后得到的 $k-1$ 阶子式是常数:

$$\begin{vmatrix}-1 & \lambda-\lambda_0 & & \\ & -1 & \ddots & \\ & & \ddots & \lambda-\lambda_0 \\ & & & -1\end{vmatrix}=(-1)^{k-1},$$

故 $D_{k-1}(\lambda)=d_1(\lambda)\cdots d_{k-1}(\lambda)=1$, 所以,

$$d_1(\lambda)=\cdots=d_{k-1}(\lambda)=1.$$

故 $\boldsymbol{J}(\lambda_0,k)$ 的不变因子是 $1,\cdots,1,(\lambda-\lambda_0)^k$, 初等因子是 $(\lambda-\lambda_0)^k$. □

这里要强调两点: 第一, 定理 7.12 中的 k 既是若尔当块的阶数也是初等因子的次数; 第二, 从定理 7.12 的证明过程可以看到, 求一个抽象阶数 (阶数带字母) 的矩阵的不变因子, 通常是先求行列式因式, 再求不变因子.

由定理 7.9 和定理 7.12 可得

推论 7.1 若尔当形矩阵

$$\boldsymbol{J}=\operatorname{diag}(\boldsymbol{J}_1,\boldsymbol{J}_2,\cdots,\boldsymbol{J}_s)$$

的全部初等因子是 $(\lambda-\lambda_i)^{k_i}$, 其中 $\boldsymbol{J}_i=\boldsymbol{J}(\lambda_i,k_i)$.

例 7.11 6 阶若尔当形矩阵

$$\boldsymbol{J}=\left(\begin{array}{c|ccc|cc}2 & & & & & \\ \hline & -1 & & & & \\ & 1 & -1 & & & \\ & 0 & 1 & -1 & & \\ \hline & & & & 3 & \\ & & & & 1 & 3\end{array}\right)$$

有 3 个若尔当块, 其初等因子分别是 $\lambda-2,(\lambda+1)^3,(\lambda-3)^2$. 因此, 若尔当形矩阵 $\boldsymbol{J}$ 的初等因子是 $\lambda-2,(\lambda+1)^3,(\lambda-3)^2$; 反过来, 各个初等因子 $\lambda-2,(\lambda+1)^3,(\lambda-3)^2$ 分别对应一个若尔当块

$$2,\quad \begin{pmatrix}-1 & & \\ 1 & -1 & \\ 0 & 1 & -1\end{pmatrix},\quad \begin{pmatrix}3 & \\ 1 & 3\end{pmatrix}.$$

如果不计各若尔当块的次序, 则它所对应的若尔当形矩阵是唯一的.

定理 7.13 复数域上任意 n 阶矩阵 $\boldsymbol{A}$ 都与一个若尔当形矩阵相似, 即存在可逆矩阵 $\boldsymbol{X}$, 使得 $\boldsymbol{X}^{-1}\boldsymbol{A}\boldsymbol{X}=\boldsymbol{J}$, 其中 $\boldsymbol{J}$ 是一个若尔当形矩阵. 若不计各若尔当块的次序, 则这个若尔当形矩阵是唯一的, 称 $\boldsymbol{J}$ 为矩阵 $\boldsymbol{A}$ 的**若尔当标准形**.

证明 设 n 阶矩阵 $\boldsymbol{A}$ 的初等因子为

$$(\lambda-\lambda_1)^{k_1},\quad (\lambda-\lambda_2)^{k_2},\quad \cdots,\quad (\lambda-\lambda_s)^{k_s},$$

其中 $\lambda_1,\lambda_2,\cdots,\lambda_s$ 可能有相同的, 指数 $k_1,k_2,\cdots,k_s$ 也可能有相同的. 每一个初等因子 $(\lambda-\lambda_i)^{k_i}$ 对应一个若尔当块 $\boldsymbol{J}_i=\boldsymbol{J}(\lambda_i,k_i)(i=1,2,\cdots,s)$, 它们构成一个若尔当形矩阵

$$\boldsymbol{J}=\operatorname{diag}(\boldsymbol{J}_1,\boldsymbol{J}_2,\cdots,\boldsymbol{J}_s).$$

由定理 7.9 和定理 7.12 知, 若尔当形矩阵 $\boldsymbol{J}$ 的初等因子也是

$$(\lambda-\lambda_1)^{k_1},\quad (\lambda-\lambda_2)^{k_2},\quad \cdots,\quad (\lambda-\lambda_s)^{k_s},$$

故由定理 7.11 知, $\boldsymbol{A}$ 与 $\boldsymbol{J}$ 相似.

若另有若尔当形矩阵 $\widetilde{\boldsymbol{J}}$ 与 $\boldsymbol{A}$ 相似, 则 $\widetilde{\boldsymbol{J}}$ 与 $\boldsymbol{A}$ 有相同的初等因子, 从而 $\widetilde{\boldsymbol{J}}$ 与 $\boldsymbol{J}$ 也有相同的初等因子. 因此, $\widetilde{\boldsymbol{J}}$ 与 $\boldsymbol{J}$ 的差别最多只能是若尔当块的排列次序不同, 所以, 若尔当标准形是唯一的. □

例 7.12 求矩阵

$$\boldsymbol{A}=\begin{pmatrix}-1 & -2 & 6\\ -1 & 0 & 3\\ -1 & -1 & 4\end{pmatrix}$$

的若尔当标准形.

解 将矩阵 $\boldsymbol{A}$ 的特征矩阵进行初等变换化成等价标准形:

$$\lambda\boldsymbol{I}-\boldsymbol{A}=\begin{pmatrix}\lambda+1 & 2 & -6\\ 1 & \lambda & -3\\ 1 & 1 & \lambda-4\end{pmatrix}\xrightarrow[r_3-(\lambda+1)r_1]{r_1\leftrightarrow r_3,r_2-r_1}\begin{pmatrix}1 & 1 & \lambda-4\\ 0 & \lambda-1 & -(\lambda-1)\\ 0 & -(\lambda-1) & -(\lambda-1)(\lambda-2)\end{pmatrix}$$

$$\xrightarrow[c_3\times(-1),r_3+r_2,c_3-c_2]{c_3-(\lambda-4)c_1,c_2-c_1}\begin{pmatrix}1 & 0 & 0\\ 0 & \lambda-1 & 0\\ 0 & 0 & (\lambda-1)^2\end{pmatrix}.$$

于是得到 $\boldsymbol{A}$ 的初等因子 $\lambda-1,(\lambda-1)^2$, 故 $\boldsymbol{A}$ 的若尔当标准形是

$$\left(\begin{array}{c:cc} 1 & 0 & 0 \\ \hdashline 0 & 1 & 0 \\ 0 & 1 & 1 \end{array}\right).$$

推论 7.2　复数域上 n 阶矩阵 $\boldsymbol{A}$ 可对角化的充要条件是 $\boldsymbol{A}$ 的初等因子全是一次的 (或者其不变因子无重根).

推论 7.2 可由定理 7.13 直接得到. 下面的定理是定理 7.13 的几何版本:

定理 7.14　设 V 是复数域上的 n 维线性空间, σ 是 V 的线性变换, 则在 V 中一定存在一个基, 使 σ 在这个基下的矩阵是若尔当形矩阵. 如果不计若尔当块的排列次序, 这个若尔当形矩阵被 σ 唯一决定.

注意, 在有些高等代数书中, 把若尔当块矩阵的主对角线下方的 1 写在主对角线上方, 即写成

$$\widetilde{\boldsymbol{J}}(\lambda_0,k)=\begin{pmatrix} \lambda_0 & 1 & & \\ & \lambda_0 & \ddots & \\ & & \ddots & 1 \\ & & & \lambda_0 \end{pmatrix}_{k\times k}.$$

显然 $\widetilde{\boldsymbol{J}}(\lambda_0,k)$ 是 $\boldsymbol{J}(\lambda_0,k)$ 的转置, 由于 $\boldsymbol{J}(\lambda_0,k)$ 与 $\widetilde{\boldsymbol{J}}(\lambda_0,k)$ 有相同的不变因子, 因而 $\boldsymbol{J}(\lambda_0,k)$ 与 $\widetilde{\boldsymbol{J}}(\lambda_0,k)$ 相似. 由相似的传递性可知, 用若尔当块 $\widetilde{\boldsymbol{J}}(\lambda_0,k)$ 替换 $\boldsymbol{J}(\lambda_0,k)$ 后定理 7.13 仍然成立. 另外, 假设 $\boldsymbol{P}_k$ 是 k 阶排列矩阵 (见习题第 2.16 题), 则 $\boldsymbol{P}_k^{-1}=\boldsymbol{P}_k$, 且

$$\boldsymbol{P}_k^{-1}\boldsymbol{J}(\lambda_0,k)\boldsymbol{P}_k=\widetilde{\boldsymbol{J}}(\lambda_0,k),$$

即知排列矩阵 $\boldsymbol{P}_k$ 是 $\boldsymbol{J}(\lambda_0,k)$ 与 $\widetilde{\boldsymbol{J}}(\lambda_0,k)$ 的相似变换矩阵.

如果取消 "复数域" 的限制, 容易发现: 数域 $\mathbb{P}$ 上 n 阶矩阵 $\boldsymbol{A}$ 相似于某个若尔当标准形矩阵的充要条件是 $\boldsymbol{A}$ 的特征多项式或不变因子能分解成数域 $\mathbb{P}$ 上的一次因式方幂的乘积.

下面用矩阵的若尔当标准形理论证明著名的哈密顿-凯莱定理 (定理 6.14).

定理 6.14 的证明　设 $f(\lambda)$ 是 n 阶矩阵 $\boldsymbol{A}$ 的特征多项式, 下证 $f(\boldsymbol{A})=\boldsymbol{O}$.

事实上, 设复数域上的 n 阶可逆矩阵 $\boldsymbol{X}$, 使得

$$\boldsymbol{X}^{-1}\boldsymbol{A}\boldsymbol{X}=\operatorname{diag}(\boldsymbol{J}(\lambda_1,k_1),\boldsymbol{J}(\lambda_1,k_1),\cdots,\boldsymbol{J}(\lambda_s,k_s))$$

是矩阵 $\boldsymbol{A}$ 的若尔当标准形, 这里的 $\lambda_1,\lambda_2,\cdots,\lambda_s$ 中可能有些相等. 每一个若尔当块 $\boldsymbol{J}(\lambda_i,k_i)$ 的特征多项式分别是 $f_i(\lambda)=(\lambda-\lambda_i)^{k_i}$, 因此, 矩阵 $\boldsymbol{A}$ 的特征多项式

$$f(\lambda)=f_1(\lambda)f_2(\lambda)\cdots f_s(\lambda).$$

显然

$$f_i(\boldsymbol{J}(\lambda_i,k_i))=(\boldsymbol{J}(\lambda_i,k_i)-\lambda_i\boldsymbol{I}_{k_i})^{k_i}=\boldsymbol{O},$$

因此 $f(\boldsymbol{J}(\lambda_i,k_i))=\boldsymbol{O}\,(i=1,\cdots,s)$. 所以,

$$\boldsymbol{X}^{-1}f(\boldsymbol{A})\boldsymbol{X}=f(\boldsymbol{X}^{-1}\boldsymbol{A}\boldsymbol{X})=\operatorname{diag}(f(\boldsymbol{J}(\lambda_1,k_1)),f(\boldsymbol{J}(\lambda_2,k_2)),\cdots,f(\boldsymbol{J}(\lambda_s,k_s)))=\boldsymbol{O},$$

故 $f(\boldsymbol{A})=\boldsymbol{O}$.　□

习题 7.4

7.7 求下列矩阵在复数域上的若尔当标准形矩阵:

(1) $\begin{pmatrix} 8 & -3 & 6 \\ 3 & -2 & 0 \\ -4 & 2 & -2 \end{pmatrix}$; (2) $\begin{pmatrix} 4 & 2 & 0 \\ -5 & -2 & 1 \\ 1 & 1 & 2 \end{pmatrix}$; (3) $\begin{pmatrix} -8 & -4 & 5 \\ 6 & 5 & -3 \\ -8 & -2 & 6 \end{pmatrix}$;

(4) $\begin{pmatrix} -4 & 2 & 10 \\ -4 & 3 & 7 \\ -3 & 1 & 7 \end{pmatrix}$; (5) $\begin{pmatrix} 1 & 1 & -1 \\ -3 & -3 & 3 \\ -2 & -2 & 2 \end{pmatrix}$; (6) $\begin{pmatrix} 3 & 3 & -2 \\ -1 & -1 & 1 \\ 4 & 3 & -3 \end{pmatrix}$.

§7.5 有理标准形

若尔当标准形的最大优点是简单, 缺点是要受到 "复数域" 的限制, 因为在一般数域上不变因子未必能分解成一次因式方幂的乘积. 本节介绍的有理标准形克服了这个缺点, 得到了结论: 数域 $\mathbb{P}$ 上任一 n 阶矩阵 $\boldsymbol{A}$ 必相似于它的有理标准形矩阵.

定义 7.10 设

$$d(\lambda) = \lambda^n + a_1\lambda^{n-1} + \cdots + a_n$$

是数域 $\mathbb{P}$ 上的多项式, 称弗罗贝尼乌斯矩阵

$$\boldsymbol{F} = \begin{pmatrix} 0 & 0 & \cdots & 0 & -a_n \\ 1 & 0 & \cdots & 0 & -a_{n-1} \\ 0 & 1 & \cdots & 0 & -a_{n-2} \\ \vdots & \vdots & & \vdots & \vdots \\ 0 & 0 & \cdots & 1 & -a_1 \end{pmatrix}$$

为多项式 $d(\lambda)$ 的**伴侣矩阵**(或**友矩阵**).

例如, 多项式 $d(\lambda) = \lambda^3 + 2\lambda^2 - 3\lambda + 5$ 的伴侣矩阵是

$$\begin{pmatrix} 0 & 0 & -5 \\ 1 & 0 & 3 \\ 0 & 1 & -2 \end{pmatrix}.$$

定理 7.15 多项式 $d(\lambda)$ 的伴侣矩阵的不变因子是 $\underbrace{1, 1, \cdots, 1}_{n-1\text{ 个}}, d(\lambda)$.

证明 容易算得, $\boldsymbol{F}$ 的特征行列式 $|\lambda\boldsymbol{I} - \boldsymbol{F}| = d(\lambda)$, 即 $\boldsymbol{F}$ 的 n 阶行列式因子 $D_n(\lambda) = d(\lambda)$(参看第一章例 1.24). 其次, 在特征矩阵 $\lambda\boldsymbol{I} - \boldsymbol{F}$ 中, 可以找到一个位于左下角的 $n-1$ 阶子式等于 $(-1)^{n-1}$, 故 $\boldsymbol{F}$ 的 $n-1$ 阶行列式因子

$$D_{n-1}(\lambda) = d_1(\lambda)d_2(\lambda)\cdots d_{n-1}(\lambda) = 1.$$

所以, $\boldsymbol{F}$ 的不变因子是 $\underbrace{1,1,\cdots,1}_{n-1\text{ 个}},d(\lambda)$. □

定义 7.11 设 $\boldsymbol{F}_i$ 是数域 $\mathbb{P}$ 上多项式 $d_i(\lambda)\,(i=1,2,\cdots,s)$ 的伴侣矩阵, 且

$$d_i(\lambda)|d_{i+1}(\lambda)\quad(i=1,2,\cdots,s-1),$$

称准对角矩阵

$$\boldsymbol{F}=\operatorname{diag}(\boldsymbol{F}_1,\boldsymbol{F}_2,\cdots,\boldsymbol{F}_s)$$

为**有理标准形矩阵**(或**弗罗贝尼乌斯标准形矩阵**).

例 7.13 设有多项式

$$\begin{aligned}&d_1(\lambda)=\lambda+2,\quad d_2(\lambda)=\lambda(\lambda+2)=\lambda^2+2\lambda,\\&d_3(\lambda)=\lambda(\lambda+2)(\lambda-1)=\lambda^3+\lambda^2-2\lambda,\end{aligned}$$

则 $d_1(\lambda)|d_2(\lambda)$, $d_2(\lambda)|d_3(\lambda)$, 其伴侣矩阵分别为

$$(-2),\quad\begin{pmatrix}0&0\\1&-2\end{pmatrix},\quad\begin{pmatrix}0&0&0\\1&0&2\\0&1&-1\end{pmatrix}.$$

于是

$$\left(\begin{array}{c:cc:ccc}-2&&&&&\\ \hdashline &0&0&&&\\&1&-2&&&\\ \hdashline &&&0&0&0\\&&&1&0&2\\&&&0&1&-1\end{array}\right)$$

是一个有理标准形矩阵.

定理 7.16 数域 $\mathbb{P}$ 上任一 n 阶矩阵 $\boldsymbol{A}$ 相似于一个有理标准形矩阵 $\boldsymbol{F}$, 且有理标准形矩阵 $\boldsymbol{F}$ 被矩阵 $\boldsymbol{A}$ 唯一决定, 称为 $\boldsymbol{A}$ **的有理标准形** (或**弗罗贝尼乌斯标准形**).

证明 设 $d_1(\lambda),d_2(\lambda),\cdots,d_s(\lambda)$ 是 $\boldsymbol{A}$ 的次数大于零 (即非常数) 的不变因子, 其次数分别为 $k_1,k_2,\cdots,k_s$, 则 $k_1+k_2+\cdots+k_s=n$. 又若 $\boldsymbol{F}_1,\boldsymbol{F}_2,\cdots,\boldsymbol{F}_s$ 分别为 $d_1(\lambda),d_2(\lambda),\cdots,d_s(\lambda)$ 的伴侣矩阵, 则

$$\boldsymbol{F}=\operatorname{diag}(\boldsymbol{F}_1,\boldsymbol{F}_2,\cdots,\boldsymbol{F}_s)$$

是有理标准形矩阵. 由定理 7.15 知, $\boldsymbol{F}_1,\boldsymbol{F}_2,\cdots,\boldsymbol{F}_s$ 的不变因子分别是

$$1,\ \ \cdots,\ \ 1,\ \ d_1(\lambda),\ \ 1,\ \ \cdots,\ \ 1,\ \ d_2(\lambda),\ \ \cdots,\ \ 1,\ \ \cdots,\ \ 1,\ \ d_s(\lambda).$$

于是 $\boldsymbol{F}$ 的不变因子是

$$1,\ \ \cdots,\ \ 1,\ \ d_1(\lambda),\ \ d_2(\lambda),\ \ \cdots,\ \ d_s(\lambda).$$

即 $\lambda\boldsymbol{I}-\boldsymbol{A}$ 与 $\lambda\boldsymbol{I}-\boldsymbol{F}$ 有完全相同的不变因子, 故 $\boldsymbol{A}$ 与 $\boldsymbol{F}$ 相似.

又因给定 $\boldsymbol{A}$ 后, 其不变因子是唯一确定的, 而由不变因子所确定的有理标准形也是唯一确定的, 因此, 只能有一个有理标准形与 $\boldsymbol{A}$ 相似. □

用线性变换的语言, 可以将定理 7.16 叙述成:

定理 7.17 设 V 是数域 $\mathbb{P}$ 上的 n 维线性空间, 对 V 的任一线性变换 σ, 一定存在一个基, 使 σ 在这个基下的矩阵是有理标准形, 并且这个有理标准形被 σ 唯一决定, 称为 σ 的**有理标准形**.

例 7.14 设三阶矩阵 $\boldsymbol{A}$ 的初等因子是 $\lambda-1,(\lambda-1)^2$, 则它的不变因子是 $1,\lambda-1,(\lambda-1)^2$, 有理标准形是

$$\left(\begin{array}{c:cc}1 & 0 & 0\\ \hdashline 0 & 0 & -1\\ 0 & 1 & 2\end{array}\right).$$

例 7.15 求矩阵

$$\boldsymbol{A}=\begin{pmatrix}3 & 7 & -3\\ -2 & -5 & 2\\ -4 & -10 & 3\end{pmatrix}$$

的若尔当标准形和有理标准形.

解 利用初等变换将特征矩阵 $\lambda\boldsymbol{I}-\boldsymbol{A}$ 化成对角形矩阵

$$\lambda\boldsymbol{I}-\boldsymbol{A}=\begin{pmatrix}\lambda-3 & -7 & 3\\ 2 & \lambda+5 & -2\\ 4 & 10 & \lambda-3\end{pmatrix}\to\begin{pmatrix}1 & 0 & 0\\ 0 & 1 & 0\\ 0 & 0 & (\lambda-1)(\lambda^2+1)\end{pmatrix},$$

故 $\boldsymbol{A}$ 的初等因子是 $\lambda-1,\lambda+\mathrm{i},\lambda-\mathrm{i}$, 从而 $\boldsymbol{A}$ 的若尔当标准形是

$$\begin{pmatrix}1 & 0 & 0\\ 0 & -\mathrm{i} & 0\\ 0 & 0 & \mathrm{i}\end{pmatrix}.$$

矩阵 $\boldsymbol{A}$ 的不变因子是 $1,1,\lambda^3-\lambda^2+\lambda-1$, 因此它的有理标准形是

$$\begin{pmatrix}0 & 0 & 1\\ 1 & 0 & -1\\ 0 & 1 & 1\end{pmatrix}.$$

注意有理标准形和若尔当标准形的区别: 前者不依赖于数域选取, 后者要限定在复数域上; 前者利用不变因子确定伴侣矩阵块, 后者利用初等因子确定若尔当块; 前者各个伴侣矩阵块顺序不变, 因而是唯一的, 后者各个若尔当块的顺序可以变动, 在不计各若尔当块顺序的前提下, 也是唯一的.

习题 7.5

7.8 求下列矩阵的有理标准形和若尔当标准形:

(1) $\begin{pmatrix} 1 & 3 & 3 \\ 3 & 1 & 3 \\ -3 & -3 & -5 \end{pmatrix}$; (2) $\begin{pmatrix} 2 & 6 & -15 \\ 1 & 1 & -5 \\ 1 & 2 & -6 \end{pmatrix}$;

(3) $\begin{pmatrix} 3 & 1 & 0 & 0 \\ -4 & -1 & 0 & 0 \\ 7 & 1 & 2 & 1 \\ -7 & -6 & -1 & 0 \end{pmatrix}$; (4) $\begin{pmatrix} 0 & 1 & -1 & 1 \\ -1 & 2 & -1 & 1 \\ -1 & 1 & 1 & 0 \\ -1 & 1 & 0 & 1 \end{pmatrix}$.

§7.6 最小多项式

设 V 是数域 $\mathbb{P}$ 上的 n 维线性空间, 线性变换 σ 在基 $\varepsilon_1, \varepsilon_2, \cdots, \varepsilon_n$ 下的矩阵是 $\boldsymbol{A}$, 其特征多项式为 $f(\lambda)$, 由哈密顿-凯莱定理可知, $f(\lambda)$ 是 $\boldsymbol{A}$ 的零化多项式, 即

$$f(\boldsymbol{A}) = \boldsymbol{O}.$$

假设 $g(\lambda)$ 是比 $f(\lambda)$ 次数更高的多项式, 现在要计算 $g(\boldsymbol{A})$. 我们先用 $f(\lambda)$ 去除 $g(\lambda)$, 由带余除法可知

$$g(\lambda) = q(\lambda)f(\lambda) + r(\lambda),$$

其中 $r(\lambda) = 0$, 或 $\partial r(\lambda) < \partial f(\lambda)$. 由于 $f(\boldsymbol{A}) = \boldsymbol{O}$, 所以 $g(\boldsymbol{A}) = r(\boldsymbol{A})$.

若 $r(\lambda) = 0$, 即 $f(\lambda)|g(\lambda)$, 则 $g(\boldsymbol{A}) = \boldsymbol{O}$. 若 $r(\lambda) \neq 0$, $r(\lambda)$ 的次数比 $f(\lambda)$ 的次数低, 因而比 $g(\lambda)$ 的次数更低, 显然计算 $r(\boldsymbol{A})$ 更为容易. 如果能找到一个次数比 $f(\lambda)$ 的次数还要低的多项式 $m(\lambda)$, 且 $m(\boldsymbol{A}) = \boldsymbol{O}$, 用 $m(\lambda)$ 去除 $g(\lambda)$, 得到的余式 $r(\lambda)$ 的次数比 $m(\lambda)$ 的次数还低. 这时计算 $g(\boldsymbol{A})$ 只需计算 $r(\boldsymbol{A})$, 可以大大简化计算, 于是提出了如下最小多项式的概念:

定义 7.12 设 $\boldsymbol{A}$ 是数域 $\mathbb{P}$ 上的 n 阶矩阵, 如果 $m(\lambda)$ 是矩阵 $\boldsymbol{A}$ 的次数最低的首 1 零化多项式, 则称 $m(\lambda)$ 是**$\boldsymbol{A}$ 的最小多项式**.

矩阵 $\boldsymbol{A}$ 的最小多项式 $m(\lambda)$ 能整除 $\boldsymbol{A}$ 的任一零化多项式. 事实上, 设 $g(\lambda)$ 是 $\boldsymbol{A}$ 的任一零化多项式, 由带余除法知,

$$g(\lambda) = q(\lambda)m(\lambda) + r(\lambda),$$

其中 $r(\lambda) = 0$ 或 $\partial r(\lambda) < \partial m(\lambda)$. 由 $g(\boldsymbol{A}) = m(\boldsymbol{A}) = \boldsymbol{O}$ 知, $r(\boldsymbol{A}) = \boldsymbol{O}$. 而 $m(\lambda)$ 是最小多项式, 故 $r(\lambda) = 0$, 即 $m(\lambda)|g(\lambda)$.

由于特征多项式 $f(\lambda)$ 是矩阵 $\boldsymbol{A}$ 的零化多项式, 因此, $m(\lambda)|f(\lambda)$, 故最小多项式存在且唯一. 事实上, 若 $\boldsymbol{A}$ 有两个最小多项式 $m_1(\lambda)$ 和 $m_2(\lambda)$, 由带余除法知

$$m_2(\lambda) = q_1(\lambda)m_1(\lambda) + r_1(\lambda),$$

其中 $r_1(\lambda) = 0$ 或 $\partial r_1(\lambda) < \partial m_1(\lambda)$. 易得 $r_1(\boldsymbol{A}) = \boldsymbol{O}$, 而 $m_1(\lambda)$ 是最小多项式, 故 $r_1(\lambda) = 0$, 即 $m_1(\lambda)|m_2(\lambda)$. 同理可得 $m_2(\lambda)|m_1(\lambda)$, 故 $m_1(\lambda) = m_2(\lambda)$.

例 7.16 设矩阵

$$A = \begin{pmatrix} 1 & 1 & 0 \\ 0 & 1 & 0 \\ 0 & 0 & 1 \end{pmatrix},$$

求 A 的最小多项式.

解 A 的特征多项式

$$f(\lambda) = |\lambda I - A| = \begin{vmatrix} \lambda-1 & -1 & 0 \\ 0 & \lambda-1 & 0 \\ 0 & 0 & \lambda-1 \end{vmatrix} = (\lambda-1)^3.$$

经验证 $A - I \neq O$, $(A-I)^2 = O$, 所以 A 的最小多项式是 $m(\lambda) = (\lambda-1)^2$.

例 7.17 求 k 阶若尔当块矩阵

$$J(a,k) = \begin{pmatrix} a & & & \\ 1 & a & & \\ & \ddots & \ddots & \\ & & 1 & a \end{pmatrix}$$

的最小多项式.

解 首先 $J(a,k)$ 的特征多项式是 $f(\lambda) = (\lambda-a)^k$, 因而其最小多项式只能是 $m(\lambda) = (\lambda-a)^s\,(1 \leqslant s \leqslant k)$ 的形式. 令 $J(a,k) - aI = N$, 注意到

$$N = \begin{pmatrix} 0 & & & \\ 1 & 0 & & \\ & \ddots & \ddots & \\ & & 1 & 0 \end{pmatrix} \neq O, \quad \cdots, \quad N^{k-1} = \begin{pmatrix} 0 & & & \\ 0 & 0 & & \\ \vdots & \ddots & \ddots & \\ 1 & \cdots & 0 & 0 \end{pmatrix} \neq O, \quad N^k = O.$$

因此, $J(a,k)$ 的最小多项式等于它的特征多项式 $f(\lambda) = (\lambda-a)^k$.

引理 7.4 设 A 是数域 $\mathbb{P}$ 上的 n 阶矩阵, $d(\lambda)$ 是数域 $\mathbb{P}$ 上的首 1 多项式, 则 $d(\lambda)$ 是矩阵 A 的零化多项式的充要条件是存在唯一的 λ 矩阵 $B(\lambda)$ 满足

$$(\lambda I - A)B(\lambda) = d(\lambda)I. \tag{7.4}$$

***证明** 充分性. 将 $B(\lambda)$ 表示成以数字矩阵为系数的 λ 的多项式, 并设

$$d(\lambda) = \lambda^m + a_1\lambda^{m-1} + \cdots + a_m,$$
$$B(\lambda) = \lambda^{m-1}I + \lambda^{m-2}B_1 + \cdots + B_{m-1},$$

则

$$(\lambda I - A)B(\lambda) = \lambda^m I + \lambda^{m-1}(B_1 - A) + \lambda^{m-2}(B_2 - AB_1) + \cdots$$
$$+ \lambda(B_{m-1} - AB_{m-2}) - AB_{m-1}.$$

由等式 (7.4) 得

$$\begin{cases} \boldsymbol{B}_1 - \boldsymbol{A} = a_1\boldsymbol{I}, \\ \boldsymbol{B}_2 - \boldsymbol{A}\boldsymbol{B}_1 = a_2\boldsymbol{I}, \\ \cdots\cdots\cdots\cdots\cdots\cdots \\ \boldsymbol{B}_{m-1} - \boldsymbol{A}\boldsymbol{B}_{m-2} = a_{m-1}\boldsymbol{I}, \\ -\boldsymbol{A}\boldsymbol{B}_{m-1} = a_m\boldsymbol{I}. \end{cases} \tag{7.5}$$

将 (7.5) 式的第一个等式两端左乘以矩阵 $\boldsymbol{A}$ 分别加到第二个等式两端, 化简后再左乘以 $\boldsymbol{A}$ 分别加到第三个等式两端 $\cdots\cdots$ 直到第 $m-1$ 个等式, 再将最后一个等式代入可得

$$d(\boldsymbol{A}) = a_m\boldsymbol{I} + a_{m-1}\boldsymbol{A} + \cdots + a_1\boldsymbol{A}^{m-1} + \boldsymbol{A}^m = \boldsymbol{O}.$$

必要性. 由 (7.5) 式的第一个等式求出矩阵 $\boldsymbol{B}_1$, 再代入第二个等式求出 $\boldsymbol{B}_2\cdots\cdots$ 再代入第 $m-1$ 个等式可以求出 $\boldsymbol{B}_{m-1}$. (7.5) 式的最后一个等式保证了这样得到的 $\boldsymbol{B}(\lambda)$ 满足 $d(\boldsymbol{A}) = \boldsymbol{O}$ 的条件, $\boldsymbol{B}(\lambda)$ 的存在性得证. 下证唯一性.

事实上, 若另有一 $\widetilde{\boldsymbol{B}}(\lambda)$ 也满足等式 (7.4), 则

$$(\lambda\boldsymbol{I} - \boldsymbol{A})(\boldsymbol{B}(\lambda) - \widetilde{\boldsymbol{B}}(\lambda)) = \boldsymbol{O},$$

得到 $\boldsymbol{B}(\lambda) = \widetilde{\boldsymbol{B}}(\lambda)$. □

定理 7.18 设 $d_1(\lambda), d_2(\lambda), \cdots, d_n(\lambda)$ 是 n 阶矩阵 $\boldsymbol{A}$ 的不变因子, 则 $d_n(\lambda)$ 是 $\boldsymbol{A}$ 的最小多项式, 即矩阵 $\boldsymbol{A}$ 的最小多项式是 $\boldsymbol{A}$ 的最后一个不变因子.

证明 用 $D_k(\lambda)$ 表示 $\lambda\boldsymbol{I} - \boldsymbol{A}$ 的 k 阶行列式因子, $(\lambda\boldsymbol{I} - \boldsymbol{A})^*$ 表示 $\lambda\boldsymbol{I} - \boldsymbol{A}$ 的伴随矩阵, 于是 $D_n(\lambda) = |\lambda\boldsymbol{I} - \boldsymbol{A}|$.

注意到 $D_{n-1}(\lambda)$ 是 $\lambda\boldsymbol{I} - \boldsymbol{A}$ 的所有 $n-1$ 阶子式的最大公因式, 即 $(\lambda\boldsymbol{I} - \boldsymbol{A})^*$ 的所有一阶子式的最大公因式, 因此, 从 $(\lambda\boldsymbol{I} - \boldsymbol{A})^*$ 的每个元素中都能提出多项式 $D_{n-1}(\lambda)$. 设

$$(\lambda\boldsymbol{I} - \boldsymbol{A})^* = D_{n-1}(\lambda) \cdot \boldsymbol{B}(\lambda),$$

则 $\boldsymbol{B}(\lambda)$ 中的元素互素. 由伴随矩阵的性质得,

$$(\lambda\boldsymbol{I} - \boldsymbol{A})(\lambda\boldsymbol{I} - \boldsymbol{A})^* = D_{n-1}(\lambda) \cdot (\lambda\boldsymbol{I} - \boldsymbol{A})\boldsymbol{B}(\lambda) = D_n(\lambda)\boldsymbol{I},$$

所以

$$(\lambda\boldsymbol{I} - \boldsymbol{A})\boldsymbol{B}(\lambda) = \frac{D_n(\lambda)}{D_{n-1}(\lambda)}\boldsymbol{I} = d_n(\lambda)\boldsymbol{I}.$$

由引理 7.4 的充分性可得 $d_n(\boldsymbol{A}) = \boldsymbol{O}$. 设 $m(\lambda)$ 是 $\boldsymbol{A}$ 的最小多项式, 则 $m(\lambda)|d_n(\lambda)$. 假定

$$d_n(\lambda) = m(\lambda)q(\lambda).$$

而 $m(\boldsymbol{A}) = \boldsymbol{O}$, 由引理 7.4 的必要性可知, 存在 λ 矩阵 $\boldsymbol{Q}(\lambda)$, 使得

$$m(\lambda)\boldsymbol{I} = (\lambda\boldsymbol{I} - \boldsymbol{A})\boldsymbol{Q}(\lambda).$$

所以

$$d_n(\lambda)\boldsymbol{I} = (\lambda\boldsymbol{I} - \boldsymbol{A})\boldsymbol{Q}(\lambda) \cdot q(\lambda) = (\lambda\boldsymbol{I} - \boldsymbol{A})\boldsymbol{B}(\lambda).$$

因此,

$$\boldsymbol{B}(\lambda) = q(\lambda)\boldsymbol{Q}(\lambda).$$

此式表明, $q(\lambda)$ 是 $\boldsymbol{B}(\lambda)$ 的所有元素的一个公因式, 但 $\boldsymbol{B}(\lambda)$ 中所有元素互素, 故 $q(\lambda)$ 只能为常数. 由于 $d_n(\lambda) = m(\lambda)q(\lambda)$, 且 $d_n(\lambda)$, $m(\lambda)$ 都是首 1 多项式, 故 $q(\lambda) = 1$, 即

$$d_n(\lambda) = m(\lambda),$$

$d_n(\lambda)$ 是 $\boldsymbol{A}$ 的最小多项式. □

类似定理 7.18 的证法可以证明哈密顿-凯莱定理, 请读者自己完成.

推论 7.3 相似矩阵有相同的最小多项式.

这是因为相似矩阵有相同的不变因子, 由定理 7.18 即知推论 7.3 成立.

推论 7.4 矩阵 $\boldsymbol{A}$ 的特征多项式的不可约因式一定是最小多项式的因式, 因此, 特征多项式的根也是最小多项式的根.

证明 设矩阵 $\boldsymbol{A}$ 的最小多项式是 $m(\lambda)$, 特征多项式是 $f(\lambda)$. 由定理 7.18 的证明可知, 存在 λ 矩阵 $\boldsymbol{Q}(\lambda)$, 使得

$$m(\lambda)\boldsymbol{I} = (\lambda\boldsymbol{I} - \boldsymbol{A})\boldsymbol{Q}(\lambda).$$

两边取行列式得

$$|m(\lambda)\boldsymbol{I}| = |(\lambda\boldsymbol{I} - \boldsymbol{A})\boldsymbol{Q}(\lambda)|,$$

即

$$(m(\lambda))^n = f(\lambda)|\boldsymbol{Q}(\lambda)|.$$

所以, 特征多项式是 $f(\lambda)$ 的全体不可约因式都能整除 $(m(\lambda))^n$, 因此也能整除 $m(\lambda)$. □

这个定理说明, 在复数域上, 特征多项式与最小多项式的根是一致的, 不同的只可能是根的重数而已. 若特征多项式没有重根, 则特征多项式与最小多项式相同.

推论 7.5 在复数域上, 矩阵 $\boldsymbol{A}$ 可对角化的充要条件是 $\boldsymbol{A}$ 的最小多项式无重根, 即 $\boldsymbol{A}$ 的最小多项式可表示为

$$m(\lambda) = (\lambda - \lambda_1)(\lambda - \lambda_2)\cdots(\lambda - \lambda_s),$$

其中 $\lambda_1, \lambda_2, \cdots, \lambda_s$ 是矩阵 $\boldsymbol{A}$ 的全部互不相同的特征根.

证明 由推论 7.2 可知, 复数域上, 矩阵 $\boldsymbol{A}$ 可对角化的充要条件是 $\boldsymbol{A}$ 的不变因子无重根. 由定理 7.18 知, 它等价于 $\boldsymbol{A}$ 的最小多项式无重根, 再由推论 7.4 知结论成立. □

有时候用推论 7.5 判别矩阵是否可对角化是很方便的. 比如, 设 $\boldsymbol{A}$ 是 n 阶幂等矩阵, 即 $\boldsymbol{A}^2 = \boldsymbol{A}$. 再设 λ 是 $\boldsymbol{A}$ 的特征值, 则 $\lambda^2 - \lambda = 0$. 因而 $\boldsymbol{A}$ 的特征值只能是 0 或 1. 令 $g(\lambda) = \lambda^2 - \lambda$, 则 $g(\lambda)$ 是 $\boldsymbol{A}$ 的零化多项式, 故 $\boldsymbol{A}$ 的最小多项式 $m(\lambda)|g(\lambda)$. 由于 $g(\lambda)$ 无重根, 故 $m(\lambda)$ 无重根, $\boldsymbol{A}$ 可对角化. 这个结果在 §6.6 的例 6.27 中已经用两种方法给出, 请读者注意比较, 并用此方法研究类似问题, 如例 7.25、习题第 7.26、7.27、6.43 题, 等等.

显然, 如果最小多项式的常数项非零, 则矩阵 $\boldsymbol{A}$ 的特征根都不等于零, 因而 $\boldsymbol{A}$ 可逆.

例 7.18 在例 6.16 中, 矩阵 $\boldsymbol{A}$ 可以对角化, 其最小多项式是

$$m(\lambda)=(\lambda+1)(\lambda-5)=\lambda^2-4\lambda-5.$$

对例 6.16 中的矩阵 $\boldsymbol{A}$, 设 $g(\lambda)=\lambda^5-2\lambda^4-14\lambda^3-5\lambda^2+3\lambda-4$, 求 $g(\boldsymbol{A})$. 先用 $m(\lambda)$ 去除 $g(\lambda)$, 得余式 $r(\lambda)=2\lambda+1$. 故

$$g(\boldsymbol{A})=r(\boldsymbol{A})=2\boldsymbol{A}+\boldsymbol{I}=\begin{pmatrix}3&4&4\\4&3&4\\4&4&3\end{pmatrix}.$$

这显然比先计算矩阵 $\boldsymbol{A}$ 的各次方幂再代入求 $g(\boldsymbol{A})$ 简便多了. 其次, 由于最小多项式的常数项不等于零, 所以 $\boldsymbol{A}$ 可逆. 由 $\boldsymbol{A}^2-4\boldsymbol{A}-5\boldsymbol{I}=\boldsymbol{O}$, 可得

$$\boldsymbol{A}^{-1}=\frac{1}{5}(\boldsymbol{A}-4\boldsymbol{I})=\frac{1}{5}\begin{pmatrix}-3&2&2\\2&-3&2\\2&2&-3\end{pmatrix}.$$

在例 6.15 中, 矩阵 $\boldsymbol{A}$ 可对角化, 其最小多项式是

$$m(\lambda)=(\lambda-1)(\lambda+2)=\lambda^2+\lambda-2.$$

显然 $\boldsymbol{A}$ 可逆. 由 $\boldsymbol{A}^2+\boldsymbol{A}-2\boldsymbol{I}=\boldsymbol{O}$ 得,

$$\boldsymbol{A}^{-1}=\frac{1}{2}(\boldsymbol{A}+\boldsymbol{I})=\frac{1}{2}\begin{pmatrix}5&6&0\\-3&-4&0\\-3&-6&2\end{pmatrix}.$$

读者可以验证例 6.23 的矩阵的最小多项式有重根, 因而它不能对角化.

例 7.19 求

$$\boldsymbol{A}=\begin{pmatrix}1&1&0\\-1&0&1\\-3&0&0\end{pmatrix}$$

的不变因子及最小多项式.

解法 1 矩阵 $\boldsymbol{A}$ 的特征矩阵是

$$\lambda\boldsymbol{I}-\boldsymbol{A}=\begin{pmatrix}\lambda-1&-1&0\\1&\lambda&-1\\3&0&\lambda\end{pmatrix},$$

存在一个二阶子式

$$\begin{vmatrix}-1&0\\\lambda&-1\end{vmatrix}=1.$$

因此, $D_2(\lambda)=d_1(\lambda)d_2(\lambda)=1$, 故 $d_1(\lambda)=d_2(\lambda)=1$, 所以

$$d_3(\lambda)=|\lambda\boldsymbol{I}-\boldsymbol{A}|=\begin{vmatrix}\lambda-1 & -1 & 0\\ 1 & \lambda & -1\\ 3 & 0 & \lambda\end{vmatrix}=\lambda^3-\lambda^2+\lambda+3,$$

矩阵 $\boldsymbol{A}$ 的不变因子是

$$1,\quad 1,\quad \lambda^3-\lambda^2+\lambda+3,$$

由定理 7.18 知, $\boldsymbol{A}$ 的最小多项式是

$$m(\lambda)=\lambda^3-\lambda^2+\lambda+3.$$

解法 2 对矩阵 $\boldsymbol{A}$ 的特征矩阵施行初等变换, 得到其等价标准形

$$\lambda\boldsymbol{I}-\boldsymbol{A}=\begin{pmatrix}\lambda-1 & -1 & 0\\ 1 & \lambda & -1\\ 3 & 0 & \lambda\end{pmatrix}\to\begin{pmatrix}1 & 0 & 0\\ 0 & 1 & 0\\ 0 & 0 & \lambda^3-\lambda^2+\lambda+3\end{pmatrix}.$$

所以矩阵 $\boldsymbol{A}$ 的不变因子是

$$1,\quad 1,\quad \lambda^3-\lambda^2+\lambda+3,$$

最小多项式是

$$m(\lambda)=\lambda^3-\lambda^2+\lambda+3.$$

例 7.20 设

$$\boldsymbol{A}=\begin{pmatrix}-1 & 1 & 1\\ -6 & 4 & 2\\ -3 & 1 & 3\end{pmatrix},$$

计算

$$g(\boldsymbol{A})=\boldsymbol{A}^7-3\boldsymbol{A}^6-\boldsymbol{A}^5+10\boldsymbol{A}^4-11\boldsymbol{A}^3+3\boldsymbol{A}^2+9\boldsymbol{A}-2\boldsymbol{I}.$$

解 将特征矩阵 $\lambda\boldsymbol{I}-\boldsymbol{A}$ 施行初等变换得

$$\lambda\boldsymbol{I}-\boldsymbol{A}=\begin{pmatrix}\lambda+1 & -1 & -1\\ 6 & \lambda-4 & -2\\ 3 & -1 & \lambda-3\end{pmatrix}\to\begin{pmatrix}1 & 0 & 0\\ 0 & \lambda-2 & 0\\ 0 & 0 & (\lambda-2)^2\end{pmatrix}.$$

最后一个不变因子是 $(\lambda-2)^2$, 最小多项式为 $m(\lambda)=(\lambda-2)^2$, 因而 $m(\boldsymbol{A})=(\boldsymbol{A}-2\boldsymbol{I})^2=\boldsymbol{O}$. 用 $m(\lambda)$ 去除 $g(\lambda)$, 得余式 $r(\lambda)=\lambda+2$, 故

$$g(\boldsymbol{A})=r(\boldsymbol{A})=\boldsymbol{A}+2\boldsymbol{I}=\begin{pmatrix}1 & 1 & 1\\ -6 & 6 & 2\\ -3 & 1 & 5\end{pmatrix}.$$

由推论 7.5 可知, 例 7.20 的矩阵 $\boldsymbol{A}$ 不能对角化, 因为 2 是最小多项式的二重根.

下面介绍一个非常简单且有用的引理, 我们不证明, 读者自己举例验证.

引理 7.5 设方阵 $\boldsymbol{A}$ 是分块上三角阵, 且主对角线上的每一子块 $\boldsymbol{A}_i\,(i=1,2,\cdots,s)$ 也是方阵

$$\boldsymbol{A}=\begin{pmatrix}\boldsymbol{A}_1 & * & \cdots & * \\ & \boldsymbol{A}_2 & \cdots & * \\ & & \ddots & \vdots \\ & & & \boldsymbol{A}_s\end{pmatrix},$$

$g(\lambda)$ 是多项式, 则 $g(\boldsymbol{A})$ 也是分块上三角矩阵, 且

$$g(\boldsymbol{A})=\begin{pmatrix}g(\boldsymbol{A}_1) & * & \cdots & * \\ & g(\boldsymbol{A}_2) & \cdots & * \\ & & \ddots & \vdots \\ & & & g(\boldsymbol{A}_s)\end{pmatrix}.$$

定理 7.19 设 $\boldsymbol{A}$ 是准对角矩阵 $\boldsymbol{A}=\mathrm{diag}(\boldsymbol{A}_1,\boldsymbol{A}_2)$, 若 $m_1(\lambda),m_2(\lambda)$ 分别是 $\boldsymbol{A}_1,\boldsymbol{A}_2$ 的最小多项式, 则 $m_1(\lambda),m_2(\lambda)$ 的最小公倍式 $[m_1(\lambda),m_2(\lambda)]$ 为 $\boldsymbol{A}$ 的最小多项式.

证明 因为 $m_1(\lambda)$ 为 $\boldsymbol{A}_1$ 的最小多项式, 故 $m_1(\boldsymbol{A}_1)=\boldsymbol{O}$. 记 $m(\lambda)=[m_1(\lambda),m_2(\lambda)]$, 则 $m_1(\lambda)$ 是 $m(\lambda)$ 的因式, 从而 $m(\boldsymbol{A}_1)=\boldsymbol{O}$. 同理可得 $m(\boldsymbol{A}_2)=\boldsymbol{O}$. 所以

$$m(\boldsymbol{A})=\mathrm{diag}(m(\boldsymbol{A}_1),m(\boldsymbol{A}_2))=\boldsymbol{O},$$

即 $m(\lambda)$ 是矩阵 $\boldsymbol{A}$ 的零化多项式.

其次, 设 $h(\lambda)$ 是 $\boldsymbol{A}$ 的任一零化多项式, 即 $h(\boldsymbol{A})=\boldsymbol{O}$, 由引理 7.5 得

$$h(\boldsymbol{A})=\mathrm{diag}(h(\boldsymbol{A}_1),h(\boldsymbol{A}_2))=\boldsymbol{O}.$$

于是 $h(\boldsymbol{A}_1)=\boldsymbol{O}, h(\boldsymbol{A}_2)=\boldsymbol{O}$. 所以, $m_1(\lambda)|h(\lambda)$, $m_2(\lambda)|h(\lambda)$, 从而 $m(\lambda)|h(\lambda)$, 故 $m(\lambda)$ 是 $\boldsymbol{A}$ 的最小多项式. □

用数学归纳法可以将这个结论推广: 设 $\boldsymbol{A}$ 是准对角矩阵 $\boldsymbol{A}=\mathrm{diag}(\boldsymbol{A}_1,\boldsymbol{A}_2,\cdots,\boldsymbol{A}_s)$, $m_i(\lambda)$ 为 $\boldsymbol{A}_i$ 的最小多项式 $(i=1,2,\cdots,s)$, 则最小公倍式 $[m_1(\lambda),m_2(\lambda),\cdots,m_s(\lambda)]$ 是 $\boldsymbol{A}$ 的最小多项式.

用定理 7.19 容易得到定理 7.18 的另一种简洁证法如下:

定理 7.18 的证法 2 在复数域上, 任一 n 阶矩阵 $\boldsymbol{A}$ 都相似于一个若尔当形矩阵

$$\boldsymbol{J}=\mathrm{diag}(\boldsymbol{J}_1,\boldsymbol{J}_2,\cdots,\boldsymbol{J}_s).$$

由推论 7.3 知, $\boldsymbol{A}$ 与 $\boldsymbol{J}$ 有相同的最小多项式. 由定理 7.19 可知, $\boldsymbol{J}$ 的最小多项式等于各个若尔当块 $\boldsymbol{J}_i\,(i=1,2,\cdots,s)$ 的最小多项式的最小公倍式. 再由例 7.17 可知, 每个若尔当块的最小多项式又等于矩阵 $\boldsymbol{A}$ 的一个初等因子. 因此, $\boldsymbol{J}$ 的最小多项式, 即矩阵 $\boldsymbol{A}$ 的最小多项式, 等于矩阵 $\boldsymbol{A}$ 的初等因子的最小公倍式, 等于矩阵 $\boldsymbol{A}$ 的最后一个不变因子. 注意到行列式因子、不变因子都与数域扩大无关, 故定理 7.18 成立. □

在谈到线性空间和线性变换时, 由于线性变换与方阵是一一对应的, 根据推论 7.3, 最小多项式与基的选择无关, 由线性变换唯一决定. 所以, 把矩阵的最小多项式说成是 (相应的) 线性变换的最小多项式, 正如将矩阵的特征多项式说成是 (相应的) 线性变换的特征多项式一样, 不会引起歧义.

定义 7.13 设 V 是数域 $\mathbb{P}$ 上的 n 维线性空间, $\varepsilon_1,\varepsilon_2,\cdots,\varepsilon_n$ 是 V 的一个基, V 的线性变换 σ 在这个基下的矩阵是 $\boldsymbol{A}$, 称 $\boldsymbol{A}$ 的最小多项式 $m(\lambda)$ 为**线性变换 σ 的最小多项式**.

前面关于矩阵的最小多项式的性质可以平行移动得到线性变换的最小多项式的性质. 比如, 由定理 7.19 可以叙述成:

定理 7.20 设 V 是数域 $\mathbb{P}$ 上的 n 维线性空间, σ 是 V 的线性变换, 并且 V 可以分解成若干个 σ 子空间的直和

$$V = V_1 \oplus V_2 \oplus \cdots \oplus V_s.$$

如果 $m_i(\lambda)$ 是 $\sigma|_{V_i}$ 的最小多项式 $(i=1,2,\cdots,s)$, 那么 $m_1(\lambda),m_2(\lambda),\cdots,m_s(\lambda)$ 的最小公倍式 $[m_1(\lambda),m_2(\lambda),\cdots,m_s(\lambda)]$ 是 σ 的最小多项式.

习题 7.6

7.9 求下列矩阵的最小多项式:

(1) $\begin{pmatrix} 3 & 1 & -1 \\ -2 & 0 & 2 \\ -1 & -1 & 3 \end{pmatrix}$; (2) $\begin{pmatrix} 1 & -2 & -4 \\ -2 & 4 & -2 \\ -4 & -2 & 1 \end{pmatrix}$;

(3) $\begin{pmatrix} 3 & 0 & 8 \\ 3 & -1 & 6 \\ -2 & 0 & -5 \end{pmatrix}$; (4) $\begin{pmatrix} 1 & 1 & 1 \\ 2 & 0 & 1 \\ -1 & -1 & 2 \end{pmatrix}$.

7.10 设

$$\boldsymbol{A} = \begin{pmatrix} 0 & 3 & -1 \\ -1 & 4 & -1 \\ -2 & 6 & -1 \end{pmatrix},$$

求 $\boldsymbol{A}^{-1}$ 及 $g(\boldsymbol{A}) = \boldsymbol{A}^6 - 3\boldsymbol{A}^5 + 5\boldsymbol{A}^4 - 3\boldsymbol{A}^3 - 3\boldsymbol{A}^2 + 5\boldsymbol{A} + \boldsymbol{I}$.

7.11 设 σ 是复数域上三维线性空间 V 的线性变换, 且 $\sigma^3 = 2\sigma^2 + \sigma - 2\varepsilon$, 其中 ε 是恒等变换, 证明: σ 可对角化.

7.12 设 $\boldsymbol{A}$ 是数域 $\mathbb{P}$ 上的 n 阶矩阵, $m(\lambda)$ 是 $\boldsymbol{A}$ 的最小多项式, $f(\lambda) \in \mathbb{P}[\lambda]$. 证明: $f(\boldsymbol{A})$ 可逆的充要条件是 $(f(\lambda), m(\lambda)) = 1$.

7.13 设 $\boldsymbol{A}$ 是分块上三角矩阵

$$\boldsymbol{A} = \begin{pmatrix} \boldsymbol{A}_1 & \boldsymbol{A}_3 \\ \boldsymbol{O} & \boldsymbol{A}_2 \end{pmatrix},$$

其中 $\boldsymbol{A}_1, \boldsymbol{A}_2$ 都是方阵, $m(\lambda), m_1(\lambda), m_2(\lambda)$ 分别是矩阵 $\boldsymbol{A}, \boldsymbol{A}_1, \boldsymbol{A}_2$ 的最小多项式, 证明: $m_i(\lambda) \mid m(\lambda)\,(i=1,2)$.

7.14 设 n 阶矩阵 $\boldsymbol{A}$ 的最小多项式是 $m(\lambda)$, 且 $m(0)\neq 0$, 求矩阵

$$\boldsymbol{B}=\begin{pmatrix}\boldsymbol{A} & -\boldsymbol{A} & \boldsymbol{O}\\ \boldsymbol{A} & -\boldsymbol{A} & \boldsymbol{O}\\ \boldsymbol{O} & \boldsymbol{O} & \boldsymbol{A}\end{pmatrix}$$

的最小多项式.

*§7.7 再论线性空间的直和分解

把复杂的代数系统分解成若干个简单的子系统是代数学的重要研究方法之一. 本节将引入循环子空间、幂零变换和根子空间等概念, 进一步研究数域 $\mathbb{P}$ 上的 n 维线性空间的直和分解, 及复数域 $\mathbb{C}$ 上的根子空间直和分解.

7.7.1 数域 $\mathbb{P}$ 上线性空间的直和分解

定义 7.14 设 σ 是数域 $\mathbb{P}$ 上线性空间 V 的线性变换, $\boldsymbol{\alpha}\in V$, 且 $\boldsymbol{\alpha}\neq\boldsymbol{0}$. m 是使得 $\boldsymbol{\alpha},\sigma(\boldsymbol{\alpha}),\cdots,\sigma^{m-1}(\boldsymbol{\alpha})$ 线性无关的最小正整数 $(1\leqslant m\leqslant n)$, 称

$$W=L(\boldsymbol{\alpha},\sigma(\boldsymbol{\alpha}),\cdots,\sigma^{m-1}(\boldsymbol{\alpha}))$$

为线性变换 σ 的由 $\boldsymbol{\alpha}$ 生成的**循环子空间**, 简称 $(\sigma,\boldsymbol{\alpha})$ **循环子空间**. 称 $\boldsymbol{\alpha},\sigma(\boldsymbol{\alpha}),\cdots,\sigma^{m-1}(\boldsymbol{\alpha})$ 是 W 的**循环基**, $\boldsymbol{\alpha}$ 是**循环向量**.

显然, $(\sigma,\boldsymbol{\alpha})$ 循环子空间 W 是包含 $\boldsymbol{\alpha}$ 的最小 σ 子空间. 对给定的非零向量 $\boldsymbol{\alpha}$, 循环空间 $(\sigma,\boldsymbol{\alpha})$ 是唯一存在的. 由于对任一非零常数 $k\in\mathbb{P}$, $k\boldsymbol{\alpha}$ 也是 W 的循环向量, 因而, 循环向量不止一个. 在应用中我们经常忽略循环向量, 称 W 是 σ **循环子空间**或 σ **循环不变子空间**. 如果 $W=V$, 则称 V 是 σ **循环空间**, 简称**循环空间**.

由 m 的最小性可知, $\boldsymbol{\alpha},\sigma(\boldsymbol{\alpha}),\cdots,\sigma^{m-1}(\boldsymbol{\alpha}),\sigma^{m}(\boldsymbol{\alpha})$ 必线性相关, 因而存在 $a_0,a_1,\cdots,a_{m-1}\in\mathbb{P}$, 使得

$$\sigma^{m}(\boldsymbol{\alpha})=a_0\boldsymbol{\alpha}+a_1\sigma(\boldsymbol{\alpha})+\cdots+a_{m-1}\sigma^{m-1}(\boldsymbol{\alpha})\in W. \tag{7.6}$$

显然 $\sigma|_W$ 在循环基 $\boldsymbol{\alpha},\sigma(\boldsymbol{\alpha}),\cdots,\sigma^{m-1}(\boldsymbol{\alpha})$ 下的矩阵是

$$\begin{pmatrix}0 & 0 & \cdots & 0 & a_0\\ 1 & 0 & \cdots & 0 & a_1\\ 0 & 1 & \cdots & 0 & a_2\\ \vdots & \vdots & & \vdots & \vdots\\ 0 & 0 & \cdots & 1 & a_{m-1}\end{pmatrix},$$

其特征多项式和最小多项式相等, 且都等于

$$f_{\sigma|_W}(\lambda)=\lambda^{m}-a_{m-1}\lambda^{m-1}-\cdots-a_1\lambda-a_0. \tag{7.7}$$

下面我们给出哈密顿-凯莱定理 (定理 6.14) 的另一种简单的证明:

定理 6.14 的证明 只需证明: 对任意 $\boldsymbol{\alpha}\in V$, 都有 $f_\sigma(\boldsymbol{\alpha})=\mathbf{0}$.

事实上, 若 $\boldsymbol{\alpha}=\mathbf{0}$, 则结论是显然的. 若 $\boldsymbol{\alpha}\neq\mathbf{0}$, 令 $W=L(\boldsymbol{\alpha},\sigma(\boldsymbol{\alpha}),\cdots,\sigma^{m-1}(\boldsymbol{\alpha}))$ 是 σ 循环子空间, 由 (7.6) 式和 (7.7) 式可知,

$$\begin{aligned}f_{\sigma|_W}(\sigma)(\boldsymbol{\alpha})&=(\sigma^m-a_{m-1}\sigma^{m-1}-\cdots-a_1\sigma-a_0\varepsilon)(\boldsymbol{\alpha})\\&=\sigma^m(\boldsymbol{\alpha})-a_{m-1}\sigma^{m-1}(\boldsymbol{\alpha})-\cdots-a_1\sigma(\boldsymbol{\alpha})-a_0\boldsymbol{\alpha}=\mathbf{0},\end{aligned}$$

再由推论 6.6 可知 $f_{\sigma|_W}(\lambda)$ 能整除 $f_\sigma(\lambda)$, 故 $f_\sigma(\boldsymbol{\alpha})=\mathbf{0}$. □

例 7.21 设 V 是数域 $\mathbb{P}$ 上的 n 维线性空间, σ 是 V 的线性变换, 且存在向量 $\boldsymbol{\alpha}$, 使得 $V=L(\boldsymbol{\alpha},\sigma(\boldsymbol{\alpha}),\cdots,\sigma^{n-1}(\boldsymbol{\alpha}))$, 即 V 是 σ 循环空间. 证明: 对于 V 的任意线性变换 τ, $\sigma\tau=\tau\sigma$ 成立的充要条件是存在 $f(x)\in\mathbb{P}[x]$, 使得 $\tau=f(\sigma)$.

证明 充分性是显然的, 只证必要性. 由 $\dim V=n$ 知, $\boldsymbol{\alpha},\sigma(\boldsymbol{\alpha}),\cdots,\sigma^{n-1}(\boldsymbol{\alpha})$ 是 V 的循环基, 设

$$\tau(\boldsymbol{\alpha})=a_0\boldsymbol{\alpha}+a_1\sigma(\boldsymbol{\alpha})+\cdots+a_{n-1}\sigma^{n-1}(\boldsymbol{\alpha}),$$

则组合系数 $a_0,a_1,\cdots,a_{n-1}$ 是唯一确定的. 令多项式

$$f(x)=a_0+a_1x+\cdots+a_{n-1}x^{n-1},$$

则 $\tau(\boldsymbol{\alpha})=f(\sigma)(\boldsymbol{\alpha})$, 即线性变换 $\tau,f(\sigma)$ 作用在循环向量 $\boldsymbol{\alpha}$ 上的像相同. 由 $\sigma\tau=\tau\sigma$ 知,

$$\tau(\sigma^k(\boldsymbol{\alpha}))=\sigma^k(\tau(\boldsymbol{\alpha}))=\sigma^k(f(\sigma)(\boldsymbol{\alpha}))=f(\sigma)(\sigma^k(\boldsymbol{\alpha}))$$

对一切 $k=0,1,\cdots,n-1$ 都成立. 即 $\tau,f(\sigma)$ 的基像相同, 由定理 6.1 可知 $\tau=f(\sigma)$. □

下面研究有理标准形的几何意义与一般数域上线性空间的直和分解.

设 V 是数域 $\mathbb{P}$ 上的 n 维线性空间, 线性变换 σ 在 V 的某个基下的矩阵是 $\boldsymbol{A}$, 由定理 7.16 可知, $\boldsymbol{A}$ 相似于它的有理标准形

$$\boldsymbol{F}=\mathrm{diag}(\boldsymbol{F}_1,\boldsymbol{F}_2,\cdots,\boldsymbol{F}_s),$$

其中 $\boldsymbol{F}_1,\boldsymbol{F}_2,\cdots,\boldsymbol{F}_s$ 分别是 $\boldsymbol{A}$ 的非常数不变因子 $d_1(\lambda),d_2(\lambda),\cdots,d_s(\lambda)$ 的伴侣矩阵. 即是说, 在 V 中存在这样一个基 $\boldsymbol{\varepsilon}_1,\boldsymbol{\varepsilon}_2,\cdots,\boldsymbol{\varepsilon}_n$, 使 σ 在这个基下的矩阵是 $\boldsymbol{F}$.

如果 $s=1$, 则 $\boldsymbol{A}$ 的不变因子为 $1,1,\cdots,d_1(\lambda)$, 这时, 最小多项 $m(\lambda)$ 等于特征多项式 $f(\lambda)$ 等于非常数不变因子 $d_1(\lambda)$. 设

$$d_1(\lambda)=f(\lambda)=m(\lambda)=\lambda^n+a_1\lambda^{n-1}+\cdots+a_n,$$

则

$$\sigma(\boldsymbol{\varepsilon}_1,\boldsymbol{\varepsilon}_2,\cdots,\boldsymbol{\varepsilon}_n)=(\boldsymbol{\varepsilon}_1,\boldsymbol{\varepsilon}_2,\cdots,\boldsymbol{\varepsilon}_n)\boldsymbol{F}=(\boldsymbol{\varepsilon}_1,\boldsymbol{\varepsilon}_2,\cdots,\boldsymbol{\varepsilon}_n)\begin{pmatrix}0&0&\cdots&0&-a_n\\1&0&\cdots&0&-a_{n-1}\\0&1&\cdots&0&-a_{n-2}\\\vdots&\vdots&&\vdots&\vdots\\0&0&\cdots&1&-a_1\end{pmatrix}.$$

于是

$$\sigma(\varepsilon_1)=\varepsilon_2,\quad \sigma(\varepsilon_2)=\varepsilon_3,\quad \cdots,\quad \sigma(\varepsilon_{n-1})=\varepsilon_n,\quad \sigma(\varepsilon_n)=-a_n\varepsilon_1-a_{n-1}\varepsilon_2-\cdots-a_1\varepsilon_n,$$

因而

$$\varepsilon_2=\sigma(\varepsilon_1),\quad \varepsilon_3=\sigma^2(\varepsilon_1),\quad \cdots,\quad \varepsilon_n=\sigma^{n-1}(\varepsilon_1),$$
$$\sigma^n(\varepsilon_1)=-a_n\varepsilon_1-a_{n-1}\sigma(\varepsilon_1)-\cdots-a_1\sigma^{n-1}(\varepsilon_1),$$

最后一个式子化为

$$a_n\varepsilon_1+a_{n-1}\sigma(\varepsilon_1)+\cdots+a_1\sigma^{n-1}(\varepsilon_1)+\sigma^n(\varepsilon_1)=\mathbf{0}.$$

故 $\varepsilon_1,\sigma(\varepsilon_1),\sigma^2(\varepsilon_1),\cdots,\sigma^{n-1}(\varepsilon_1)$ 是 V 的一个基, 即 V 是 σ 循环空间, 且

$$f(\sigma)=\sigma^n+a_1\sigma^{n-1}+\cdots+a_n\varepsilon=o,$$

其中 ε 是恒等变换.

如果 $s>1$, 我们将 $\varepsilon_1,\varepsilon_2,\cdots,\varepsilon_n$ 分成 s 组, 使前 k_1 个向量 $\varepsilon_1,\varepsilon_2,\cdots,\varepsilon_{k_1}$ 对应分块矩阵 $\boldsymbol{F}_1$, 即

$$\sigma(\varepsilon_1,\varepsilon_2,\cdots,\varepsilon_{k_1})=(\varepsilon_1,\varepsilon_2,\cdots,\varepsilon_{k_1})\boldsymbol{F}_1.$$

后面的 $n-k_1$ 个向量 $\varepsilon_{k_1+1},\varepsilon_{k_1+2},\cdots,\varepsilon_n$ 又分为 $s-1$ 组, 使得每一组分别对应 $\boldsymbol{F}_2,\boldsymbol{F}_3,\cdots,\boldsymbol{F}_s$. 将各组向量生成的子空间分别记为 $V_1,V_2,\cdots,V_s$. 根据前面的讨论可知, 每一个子空间 V_i 都是 σ 循环不变子空间, $\sigma|_{V_i}$ 的最小多项式 $m_i(\lambda)$ 都等于其不变因子 $d_i(\lambda)$, 也等于其特征多项式 $f_i(\lambda)$. 注意 $d_i(\lambda)|d_{i+1}(\lambda)$, 因而各最小多项式也有相应的整除性, 即 $m_i(\lambda)|m_{i+1}(\lambda)$, 同时有 $f_i(\lambda)|f_{i+1}(\lambda)$, 因而有 $f_i(\lambda)|f_\sigma(\lambda)$, 此即推论 6.6(见 §6.6). 由定理 7.16 和定理 6.24(见 §6.6) 可得如下结论:

定理 7.21 设 V 是数域 $\mathbb{P}$ 上的 n 维线性空间, σ 是 V 的线性变换, 则 V 总可以分解成若干个 σ 循环子空间 $V_1,V_2,\cdots,V_s$ 的直和, 即 $V=V_1\oplus V_2\oplus\cdots\oplus V_s$, 且这样的分解是由 σ 唯一决定的.

7.7.2 复数域上的根子空间直和分解

定理 7.21 揭示了一般数域上矩阵的有理标准形与空间直和分解的内在联系, 同时也指明了有理标准形的几何意义. 下面介绍幂零变换和根子空间的概念, 得到复数域上的根子空间直和分解定理.

定义 7.15 设 V 是数域 $\mathbb{P}$ 上的 n 维线性空间, σ 是 V 的线性变换, 如果存在正整数 m, 使得 $\sigma^m=o$, 且 $\sigma^{m-1}\neq o$, 则称 σ 为**幂零线性变换**, 称 m 为**幂零次数**.

显然, 零变换是幂零线性变换. σ 是幂零线性变换当且仅当 σ 的特征值全为零. 如果线性变换 σ 有零特征值, 其特征子空间记为 V_0, 则 V_0 是 σ 子空间, σ 在 V_0 上的限制 $\sigma|_{V_0}$ 是幂零线性变换.

设 V 是复数域 $\mathbb{C}$ 上的 n 维线性空间, σ 是 V 的线性变换, σ 在 V 的某个基下的矩阵是 $\boldsymbol{A}$, 设 $\boldsymbol{A}$ 的若尔当标准形为 $\boldsymbol{J}=\mathrm{diag}(\boldsymbol{J}_1,\boldsymbol{J}_2,\cdots,\boldsymbol{J}_s)$. 由定理 7.14 可知, 在 V 中存在这样一个

基 $\varepsilon_1,\varepsilon_2,\cdots,\varepsilon_n$, 使 σ 在这个基下的矩阵是 $\boldsymbol{J}$. 假定 $\boldsymbol{J}_1=\boldsymbol{J}(\lambda_1,k_1)$, 我们将 $\varepsilon_1,\varepsilon_2,\cdots,\varepsilon_n$ 分成成 s 组, 使前 k_1 个向量 $\varepsilon_1,\varepsilon_2,\cdots,\varepsilon_{k_1}$ 对应分块矩阵 $\boldsymbol{J}_1$, 即

$$\sigma(\varepsilon_1,\varepsilon_2,\cdots,\varepsilon_{k_1})=(\varepsilon_1,\varepsilon_2,\cdots,\varepsilon_{k_1})\begin{pmatrix}\lambda_1 & & & \\ 1 & \lambda_1 & & \\ & \ddots & \ddots & \\ & & 1 & \lambda_1\end{pmatrix}.$$

于是,

$$\sigma(\varepsilon_1)=\lambda_1\varepsilon_1+\varepsilon_2,\quad\cdots,\quad\sigma(\varepsilon_{k_1-1})=\lambda_1\varepsilon_{k_1-1}+\varepsilon_{k_1},\quad\sigma(\varepsilon_{k_1})=\lambda_1\varepsilon_{k_1}.\tag{7.8}$$

后面的 $n-k_1$ 个向量 $\varepsilon_{k_1+1},\varepsilon_{k_1+2},\cdots,\varepsilon_n$ 又分为 $s-1$ 组, 使得每一组分别对应 $\boldsymbol{J}_2,\boldsymbol{J}_3,\cdots,\boldsymbol{J}_s$. 将各组向量生成的子空间分别记为 $V_1,V_2,\cdots,V_s$, 则 $V=V_1\oplus V_2\oplus\cdots\oplus V_s$. 从 (7.8) 式可以看出, 在每一个子空间 V_i 中都只有最后一个向量是 λ_i 的特征向量 (比如, 在 V_1 中只有 ε_{k_1} 是 λ_1 的特征向量, 其余的 $\varepsilon_1,\varepsilon_2,\cdots,\varepsilon_{k_1-1}$ 都不是特征向量). 现在将 (7.8) 式变形为

$$\sigma(\varepsilon_1)-\lambda_1\varepsilon_1=\varepsilon_2,\quad\cdots,\quad\sigma(\varepsilon_{k_1-1})-\lambda_1\varepsilon_{k_1-1}=\varepsilon_{k_1},\quad\sigma(\varepsilon_{k_1})-\lambda_1\varepsilon_{k_1}=\mathbf{0}.\tag{7.9}$$

再将 (7.9) 式写成

$$(\sigma-\lambda_1\varepsilon)(\varepsilon_1)=\varepsilon_2,(\sigma-\lambda_1\varepsilon)(\varepsilon_1)=\varepsilon_3,\cdots,(\sigma-\lambda_1\varepsilon)(\varepsilon_{k_1-1})=\varepsilon_{k_1},(\sigma-\lambda_1\varepsilon)(\varepsilon_{k_1})=\mathbf{0},$$

进一步写成

$$\begin{aligned}&(\sigma-\lambda_1\varepsilon)(\varepsilon_1)=\varepsilon_2,\quad(\sigma-\lambda_1\varepsilon)^2(\varepsilon_1)=\varepsilon_3,\quad\cdots,\\&(\sigma-\lambda_1\varepsilon)^{k_1-1}(\varepsilon_1)=\varepsilon_{k_1},\quad(\sigma-\lambda_1\varepsilon)^{k_1}(\varepsilon_1)=\mathbf{0},\end{aligned}\tag{7.10}$$

其中 ε 是恒等变换. 可以发现, V_1 是 $\sigma-\lambda_1\varepsilon$ 循环子空间, 其循环基为

$$\varepsilon_1,\quad(\sigma-\lambda_1\varepsilon)(\varepsilon_1),\quad(\sigma-\lambda_1\varepsilon)^2(\varepsilon_1),\quad\cdots,\quad(\sigma-\lambda_1\varepsilon)^{k_1-1}(\varepsilon_1).\tag{7.11}$$

由于循环子空间都是 σ 子空间, 将向量组 (7.11) 中的 $\sigma-\lambda_1\varepsilon$ 全部换成 $(\sigma-\lambda_1\varepsilon)|_{V_1}$ 不会引起歧义. 由向量组 (7.11) 是 V_1 的循环基可知, 对任一向量 $\boldsymbol{\alpha}\in V_1$,

$$(\sigma-\lambda_1\varepsilon)|_{V_1}^{k_1-1}(\boldsymbol{\alpha})\neq\mathbf{0},\quad(\sigma-\lambda_1\varepsilon)|_{V_1}^{k_1}(\boldsymbol{\alpha})=\mathbf{0}.$$

根据定义 7.15 结合 (7.10) 式发现, $(\sigma-\lambda_1\varepsilon)|_{V_1}$ 是 V_1 的 k_1 次幂零变换.

适当调整若尔当形矩阵 $\boldsymbol{J}$ 中若尔当块 $\boldsymbol{J}_1,\boldsymbol{J}_2,\cdots,\boldsymbol{J}_s$ 的次序, 使得具有相同主对角元的若尔当块连在一起. 比如, $\boldsymbol{J}_1,\cdots,\boldsymbol{J}_{s_1}$ 是主对角元为 λ_1 的全部若尔当块矩阵, $\mathrm{diag}(\boldsymbol{J}_1,\cdots,\boldsymbol{J}_{s_1})$ 的阶数为 $k_1+\cdots+k_{s_1}=r_1$, 对应于 s_1 个循环子空间的直和 $V_1\oplus\cdots\oplus V_{s_1}=R_1$. 则 R_1 对应于 σ 的特征多项式

$$f(\lambda)=(\lambda-\lambda_1)^{r_1}(\lambda-\lambda_2)^{r_2}\cdots(\lambda-\lambda_t)^{r_t}$$

中的 $(\lambda-\lambda_1)^{r_1}$ 部分, 其中 $\lambda_1,\lambda_2,\cdots,\lambda_t$ 是 σ 的全部互不同的特征值. 显然, $(\sigma-\lambda_1\varepsilon)|_{R_1}^{r_1}=o$. 从而有 $R_1\subset\ker(\sigma-\lambda_1\varepsilon)^{r_1}$.

将 $V=V_1\oplus V_2\oplus\cdots\oplus V_s$ 中除开 $V_1,\cdots,V_{s_1}$ 的部分的直和记为 $\widetilde{R}_1$, 显然, $(\sigma-\lambda_1\varepsilon)|_{\widetilde{R}_1}^{r_1}$ 是可逆线性变换, 且 $V=R_1\oplus\widetilde{R}_1$. 任取 $\boldsymbol{\alpha}\in\ker(\sigma-\lambda_1\varepsilon)^{r_1}$, 设 $\boldsymbol{\alpha}=\boldsymbol{\alpha}_1+\boldsymbol{\alpha}_2\,(\boldsymbol{\alpha}_1\in R_1,\,\boldsymbol{\alpha}_2\in\widetilde{R}_1)$, 则

$$(\sigma-\lambda_1\varepsilon)^{r_1}(\boldsymbol{\alpha})=(\sigma-\lambda_1\varepsilon)|_{R_1}^{r_1}(\boldsymbol{\alpha}_1)+(\sigma-\lambda_1\varepsilon)|_{\widetilde{R}_1}^{r_1}(\boldsymbol{\alpha}_2)=\mathbf{0}+(\sigma-\lambda_1\varepsilon)|_{\widetilde{R}_1}^{r_1}(\boldsymbol{\alpha}_2)=\mathbf{0},$$

故 $(\sigma-\lambda_1\varepsilon)|_{\widetilde{R}_1}^{r_1}(\boldsymbol{\alpha}_2)=\mathbf{0}$, 可得 $\boldsymbol{\alpha}_2=\mathbf{0}$. 从而 $\boldsymbol{\alpha}=\boldsymbol{\alpha}_1\in R_1$, 有 $\ker(\sigma-\lambda_1\varepsilon)^{r_1}\subset R_1$, 所以

$$R_1=\ker(\sigma-\lambda_1\varepsilon)^{r_1}.$$

类似可得 $R_i=\ker(\sigma-\lambda_i\varepsilon)^{r_i}\,(i=2,3,\cdots,t)$.

定义 7.16 设 V 是复数域 $\mathbb{C}$ 上的 n 维线性空间, σ 是 V 的线性变换, $\lambda_1,\lambda_2,\cdots,\lambda_t$ 是 σ 的全部互不同的特征值, 则 σ 的特征多项式可表示为

$$f(\lambda)=(\lambda-\lambda_1)^{r_1}(\lambda-\lambda_2)^{r_2}\cdots(\lambda-\lambda_t)^{r_t},$$

其中 $r_1+r_2+\cdots+r_t=n$. 令 $R_i=\ker(\sigma-\lambda_i\varepsilon)^{r_i}\,(i=1,2,\cdots,t)$, 则每一个 R_i 都是 V 的 σ 不变子空间, 称 R_i 为 σ 的**根子空间**.

由前面的讨论得到如下复数域上的根子空间直和分解定理:

定理 7.22 设 V 是复数域 $\mathbb{C}$ 上的 n 维线性空间, σ 是 V 的线性变换, 则 V 可以分解成 σ 的根子空间的直和

$$V=R_1\oplus R_2\oplus\cdots\oplus R_t,$$

其中每一个根子空间 R_i 又可以分解成若干个幂零线性变换 $\sigma-\lambda_i\varepsilon$ 的循环子空间的直和, 即

$$R_i=V_{i1}\oplus\cdots\oplus V_{is_i}\quad(i=1,2,\cdots,t),\tag{7.12}$$

若不计排列次序, 以上分解式都是唯一的.

前面用幂零变换和循环子空间的概念导出了根子空间的直和分解定理, 下面给出该定理的一个更简洁的证明, 为此先证如下定理:

定理 7.23 设 V 是数域 $\mathbb{P}$ 上的线性空间, σ 是 V 的线性变换, $f_1(x),f_2(x),\cdots,f_s(x)\in\mathbb{P}[x]$, 且 $f_1(x),f_2(x),\cdots,f_s(x)$ 两两互素. 设 $f(x)=f_1(x)f_2(x)\cdots f_s(x)$, 则

$$\ker f(\sigma)=\ker f_1(\sigma)\oplus\ker f_2(\sigma)\oplus\cdots\oplus\ker f_s(\sigma).\tag{7.13}$$

证明 对 s 用数学归纳法. 当 $s=2$ 时, 由习题第 6.65 题可知结论成立. 假设结论对 $s-1$ 已成立, 下面证明结论对 s 成立. 事实上, 令 $g(x)=f_1(x)f_2(x)\cdots f_{s-1}(x)$, 由 $f_1(x),f_2(x),\cdots,f_s(x)$ 两两互素可知 $(g(x),f_s(x))=1$, 于是

$$\ker f(\sigma)=\ker g(\sigma)\oplus\ker f_s(\sigma).$$

由归纳假设可知

$$\ker g(\sigma)=\ker f_1(\sigma)\oplus\ker f_2(\sigma)\oplus\cdots\oplus\ker f_{s-1}(\sigma),$$

即知结论对 s 成立. 由数学归纳法原理可知, 对一切 $s\geqslant 2$ 的正整数 (7.13) 式成立. □

定理 7.22 的证明 令 $f_i(\lambda)=(\lambda-\lambda_i)^{r_i}\,(i=1,2,\cdots,t)$, 由于 $\lambda_1,\lambda_2,\cdots,\lambda_t$ 互不相同, 因此 $f_1,f_2,\cdots,f_t$ 两两互素. 注意到 $f(\sigma)=o$, 故 $\ker f(\sigma)=V$, 又

$$\ker f_i(\sigma)=\ker(\sigma-\lambda_i\varepsilon)^{r_i}=R_i\quad(i=1,2,\cdots,t),$$

由定理 7.23 得知定理 7.22 的前半部分成立. 注意 $R_i\cap R_j=\{\mathbf{0}\}\,(i\neq j)$, 因此 $\dim R_i=r_i$. 每一个 R_i 是线性变换 σ 的属于特征值 λ_i 的特征子空间, 其特征多项式为 $f_i(\lambda)=(\lambda-\lambda_i)^{r_i}$.

假定 $(\sigma-\lambda_i\varepsilon)|_{R_i}$ 在 R_i 上有 s_i 个线性无关的特征向量, 由于矩阵的若尔当标准形分解等价于线性空间的直和分解, 因此 R_i 又可以分解成 s_i 个 $\sigma-\lambda_i\varepsilon$ 的循环子空间 $V_{ij}\,(j=1,2,\cdots,s_i)$ 的直和, 即 (7.12) 式成立. □

习题 7.7

7.15 设 V 是数域 $\mathbb{P}$ 上的 n 维线性空间, $\sigma\in L(V)$, $\boldsymbol{\alpha}\in V$ 不是 σ 的特征向量. 证明: V 是向量 $\boldsymbol{\alpha}$ 生成的 σ 循环空间.

7.16 设 $\boldsymbol{\alpha}_1,\boldsymbol{\alpha}_2,\cdots,\boldsymbol{\alpha}_n$ 是数域 $\mathbb{P}$ 上的 n 维线性空间 V 的一个基, 且它们都是 V 的线性变换 σ 的特征向量, 又 σ 有 n 个互不相同的特征值. 证明: V 是 σ 循环空间, 并找出此循环空间的一个循环向量.

7.17 设 V 是数域 $\mathbb{P}$ 上的 n 维线性空间, $\sigma\in L(V)$, 记 $W=\{f(\sigma)\big|f(\lambda)\in\mathbb{P}[\lambda]\}$. 证明: W 是 V 的 σ 循环子空间, 且 $\dim W$ 等于 σ 的最小多项式的次数.

7.18 设 V 是复数域 $\mathbb{C}$ 上的 n 维线性空间, V 的线性变换 σ 在基 $\varepsilon_1,\varepsilon_2,\cdots,\varepsilon_n$ 下的矩阵是一个若尔当块 $\boldsymbol{J}$. 证明:

(1) V 中包含 $\boldsymbol{\varepsilon_1}$ 的 σ 子空间只有 V 自身;

(2) V 中任一非零 σ 子空间都包含 ε_n;

(3) V 不能分解成两个非平凡 σ 子空间的直和.

第七章补充例题

例 7.22 证明: 矩阵

$$\boldsymbol{A}=\begin{pmatrix}1&-3&-1\\2&1&0\\3&1&1\end{pmatrix}$$

(1) 在复数域上可对角化;

(2) 在有理数域上不可对角化.

证明 (1) 容易求得矩阵 $\boldsymbol{A}$ 的最小多项式 $m(\lambda)=\lambda^3-3\lambda^2+12\lambda-8$, 其一阶导数

$$m'(\lambda)=3\lambda^2-6\lambda+12.$$

由辗转相除法可证得 $(m(\lambda),m'(\lambda))=1$, 即最小多项式在复数域上无重根, 因此, 在复数域上矩阵 $\boldsymbol{A}$ 可对角化.

(2) 如果矩阵 $\boldsymbol{A}$ 在有理数域上可对角化, 则其特征根全是有理数. 注意到矩阵 $\boldsymbol{A}$ 的特征多项式与最小多项式相同. 特征多项式 $f(\lambda)$ 的常数项是 -8, 首项系数为 1, 所以, $f(\lambda)$ 的有理根只能是 $\pm1, \pm2, \pm4, \pm8$. 由综合除法知它们都不是 $f(\lambda)$ 的根, 即 $f(\lambda)$ 无有理根, 故在有理数域上矩阵 $\boldsymbol{A}$ 不能对角化. □

例 7.23 设三阶矩阵

$$\boldsymbol{A}=\begin{pmatrix}3 & -3 & 2\\ -1 & 5 & -2\\ -1 & 3 & 0\end{pmatrix},$$

$\mathbb{P}$ 是数域, 求线性空间 $W=\{f(\boldsymbol{A})|f(\lambda)\in\mathbb{P}[\lambda]\}$ 的一个基和维数.

解 对特征矩阵 $\lambda\boldsymbol{I}-\boldsymbol{A}$ 施行初等变换化成标准形, 求得矩阵 $\boldsymbol{A}$ 的不变因子: $1, \lambda-2, \lambda^2-6\lambda+8$, 因此, $\boldsymbol{A}$ 的最小多项式为 $m(\lambda)=\lambda^2-6\lambda+8$.

对数域 $\mathbb{P}$ 上的任意多项式 $f(\lambda)$, 由带余除法可知,

$$f(\lambda)=q(\lambda)m(\lambda)+r(\lambda),$$

其中 $r(\lambda)=0$ 或 $\partial r(\lambda)\leqslant 1$. 故线性空间 W 中的每一个矩阵多项式都可以表示成

$$f(\boldsymbol{A})=a_0\boldsymbol{I}+a_1\boldsymbol{A}$$

的形式 $(a_0, a_1\in\mathbb{P})$. 注意到 $\boldsymbol{I}, \boldsymbol{A}$ 线性无关, 因此, $\dim W=2$, $\boldsymbol{I}, \boldsymbol{A}$ 是 W 的一个基.

例 7.24 已知矩阵

$$\boldsymbol{A}=\begin{pmatrix}-1 & -2 & 6\\ -1 & 0 & 3\\ -1 & -1 & 4\end{pmatrix},$$

求一个可逆矩阵 $\boldsymbol{C}$, 使 $\boldsymbol{C}^{-1}\boldsymbol{A}\boldsymbol{C}=\boldsymbol{J}$, 这里 $\boldsymbol{J}$ 是矩阵 $\boldsymbol{A}$ 的若尔当标准形.

解 在例 7.12 中已经求得矩阵 $\boldsymbol{A}$ 的若尔当标准形

$$\boldsymbol{J}=\left(\begin{array}{c:cc}1 & 0 & 0\\ \hdashline 0 & 1 & 0\\ 0 & 1 & 1\end{array}\right).$$

设 $\boldsymbol{C}=(\boldsymbol{\alpha}_1, \boldsymbol{\alpha}_2, \boldsymbol{\alpha}_3)$ 是列分块矩阵, 由 $\boldsymbol{C}^{-1}\boldsymbol{A}\boldsymbol{C}=\boldsymbol{J}$ 知, $\boldsymbol{A}\boldsymbol{C}=\boldsymbol{C}\boldsymbol{J}$, 即

$$\boldsymbol{A}(\boldsymbol{\alpha}_1, \boldsymbol{\alpha}_2, \boldsymbol{\alpha}_3)=(\boldsymbol{\alpha}_1, \boldsymbol{\alpha}_2, \boldsymbol{\alpha}_3)\begin{pmatrix}1 & 0 & 0\\ 0 & 1 & 0\\ 0 & 1 & 1\end{pmatrix}.$$

因此,

$$\boldsymbol{A}\boldsymbol{\alpha}_1=\boldsymbol{\alpha}_1,\quad \boldsymbol{A}\boldsymbol{\alpha}_2=\boldsymbol{\alpha}_2+\boldsymbol{\alpha}_3,\quad \boldsymbol{A}\boldsymbol{\alpha}_3=\boldsymbol{\alpha}_3.$$

可以看出, $\boldsymbol{\alpha}_1, \boldsymbol{\alpha}_3$ 都是齐次方程组 $(\boldsymbol{I}-\boldsymbol{A})\boldsymbol{x}=\boldsymbol{0}$ 的解. 由

$$\boldsymbol{I}-\boldsymbol{A}=\begin{pmatrix}2 & 2 & -6\\ 1 & 1 & -3\\ 1 & 1 & -3\end{pmatrix}\to\begin{pmatrix}1 & 1 & -3\\ 0 & 0 & 0\\ 0 & 0 & 0\end{pmatrix}$$

可得此方程组的一个基础解系

$$\boldsymbol{\eta}_1=(-1,1,0)^{\mathrm{T}},\quad \boldsymbol{\eta}_2=(3,0,1)^{\mathrm{T}}.$$

若令 $\boldsymbol{\alpha}_1=\boldsymbol{\eta}_1$, $\boldsymbol{\alpha}_3=\boldsymbol{\eta}_2$, 因此, 由 $\boldsymbol{A}\boldsymbol{\alpha}_2=\boldsymbol{\alpha}_2+\boldsymbol{\alpha}_3$ 得到 $(\boldsymbol{I}-\boldsymbol{A})\boldsymbol{\alpha}_2=-\boldsymbol{\alpha}_3$, 则 $\boldsymbol{\alpha}_2$ 是方程组

$$(\boldsymbol{I}-\boldsymbol{A})\boldsymbol{x}=-\boldsymbol{\alpha}_3$$

的解. 由于增广矩阵的秩与系数矩阵的秩不等, 因此上述方程无解.

对齐次方程组 $(\boldsymbol{I}-\boldsymbol{A})\boldsymbol{x}=\mathbf{0}$, 重新选取它的基础解系

$$\boldsymbol{\eta}_1=(2,1,1)^{\mathrm{T}},\quad \boldsymbol{\eta}_2=(3,0,1)^{\mathrm{T}},$$

并令 $\boldsymbol{\alpha}_1=\boldsymbol{\eta}_2$, $\boldsymbol{\alpha}_3=\boldsymbol{\eta}_1$. 再解方程组 $(\boldsymbol{I}-\boldsymbol{A})\boldsymbol{x}=-\boldsymbol{\alpha}_3$, 即

$$\begin{pmatrix}2&2&-6\\1&1&-3\\1&1&-3\end{pmatrix}\begin{pmatrix}x_1\\x_2\\x_3\end{pmatrix}=\begin{pmatrix}-2\\-1\\-1\end{pmatrix},$$

得到它的一个解 $\boldsymbol{\eta}_3=(-1,0,0)^{\mathrm{T}}$. 令 $\boldsymbol{\alpha}_2=\boldsymbol{\eta}_3$, 则得到

$$\boldsymbol{C}=\begin{pmatrix}3&-1&2\\0&0&1\\1&0&1\end{pmatrix}.$$

注 在例 7.25 中, $\boldsymbol{\alpha}_2$ 不是 $\boldsymbol{A}$ 的特征向量. 矩阵 $\boldsymbol{A}$ 的 3 个特征值都是 1(三重根), 但却只有两个线性无关的特征向量 $\boldsymbol{\alpha}_1,\boldsymbol{\alpha}_3$, 这是 $\boldsymbol{A}$ 不能对角化的根本原因. 由于 $\boldsymbol{\alpha}_1$ 和 $\boldsymbol{\alpha}_3$ 的选取不是唯一的, 因此, $\boldsymbol{\alpha}_2$ 也不是唯一的, 即相似变换矩阵 $\boldsymbol{C}$ 也不是唯一的.

例 7.25 设 $\boldsymbol{A}$ 是复数域上的 n 阶矩阵, $\boldsymbol{A}^2+\boldsymbol{A}=2\boldsymbol{I}$, 则 $\boldsymbol{A}$ 与对角形矩阵相似.

证法 1 (仿照例 6.27 证法 2) 设 λ 是矩阵 $\boldsymbol{A}$ 的特征值, 由 $\boldsymbol{A}^2+\boldsymbol{A}=2\boldsymbol{I}$ 得

$$\lambda^2+\lambda-2=(\lambda+2)(\lambda-1)=0.$$

因而矩阵 $\boldsymbol{A}$ 的特征值为 $\lambda=1$ 或 -2. 再由 $\boldsymbol{A}^2+\boldsymbol{A}=2\boldsymbol{I}$ 知, $(\boldsymbol{A}+2\boldsymbol{I})(\boldsymbol{A}-\boldsymbol{I})=\boldsymbol{O}$, 因此,

$$\mathrm{R}(\boldsymbol{A}+2\boldsymbol{I})+\mathrm{R}(\boldsymbol{A}-\boldsymbol{I})\leqslant n.$$

另一方面, $(\boldsymbol{A}+2\boldsymbol{I})-(\boldsymbol{A}-\boldsymbol{I})=3\boldsymbol{I}$, 因此,

$$\mathrm{R}(\boldsymbol{A}+2\boldsymbol{I})+\mathrm{R}(\boldsymbol{A}-\boldsymbol{I})\geqslant n.$$

于是,

$$\mathrm{R}(\boldsymbol{A}+2\boldsymbol{I})+\mathrm{R}(\boldsymbol{A}-\boldsymbol{I})=n.$$

对 $\lambda=1$: 齐次方程组 $(\boldsymbol{I}-\boldsymbol{A})\boldsymbol{x}=\mathbf{0}$, 即 $(\boldsymbol{A}-\boldsymbol{I})\boldsymbol{x}=\mathbf{0}$ 的基础解系含有 $n-\mathrm{R}(\boldsymbol{A}-\boldsymbol{I})$ 个解向量;

对 $\lambda=-2$: 齐次方程组 $(-2\boldsymbol{I}-\boldsymbol{A})\boldsymbol{x}=\boldsymbol{0}$, 即 $(\boldsymbol{A}+2\boldsymbol{I})\boldsymbol{x}=\boldsymbol{0}$ 的基础解系含有 $n-\mathrm{R}(\boldsymbol{A}+2\boldsymbol{I})$ 个解向量.

所以, 矩阵 $\boldsymbol{A}$ 有 $n-\mathrm{R}(\boldsymbol{A}-\boldsymbol{I})+n-\mathrm{R}(\boldsymbol{A}+2\boldsymbol{I})=n$ 个线性无关的特征向量 (不同特征值所对应的特征向量线性无关), 因而矩阵 $\boldsymbol{A}$ 可以对角化, 其相似标准形为

$$\mathrm{diag}(1,\cdots,1,-2,\cdots,-2).\quad \square$$

证法 2 由证法 1 可知矩阵 $\boldsymbol{A}$ 的特征值 $\lambda=1$ 或 -2, 因此, $\boldsymbol{A}$ 相似于若尔当标准形

$$\boldsymbol{J}=\mathrm{diag}(\boldsymbol{J}_1,\boldsymbol{J}_2,\cdots,\boldsymbol{J}_s),$$

其中 $\boldsymbol{J}_1,\boldsymbol{J}_2,\cdots,\boldsymbol{J}_s$ 是主对角元是 1 或 -2 的若尔当块. 因此, 存在可逆矩阵 $\boldsymbol{C}$, 使得 $\boldsymbol{A}=\boldsymbol{C}\boldsymbol{J}\boldsymbol{C}^{-1}$, 于是 $\boldsymbol{A}^2=\boldsymbol{C}\boldsymbol{J}^2\boldsymbol{C}^{-1}$. 由 $\boldsymbol{A}^2+\boldsymbol{A}=2\boldsymbol{I}$ 得 $\boldsymbol{C}(\boldsymbol{J}^2+\boldsymbol{J})\boldsymbol{C}^{-1}=2\boldsymbol{I}$, 故

$$\boldsymbol{J}^2+\boldsymbol{J}=2\boldsymbol{I}.$$

设 $\boldsymbol{J}_i$ 的阶数大于 2 且不是对角矩阵, 类似例 2.8 的计算可知,

$$\boldsymbol{J}_i^2=\begin{pmatrix}\lambda_i^2 & & & & \\ 2\lambda_i & \lambda_i^2 & & & \\ 1 & 2\lambda_i & \ddots & & \\ & \ddots & \ddots & \ddots & \\ & & 1 & 2\lambda_i & \lambda_i^2\end{pmatrix}.$$

于是 $\boldsymbol{J}^2+\boldsymbol{J}$ 的第 (3,1) 元为 1, 这与 $\boldsymbol{J}^2+\boldsymbol{J}=2\boldsymbol{I}$ 矛盾, 故 $\boldsymbol{J}_i$ 的阶数不能超过 2. 如果 $\boldsymbol{J}_i$ 的阶数等于 2, 由于

$$\begin{pmatrix}\lambda_i & 0\\ 1 & \lambda_i\end{pmatrix}^2+\begin{pmatrix}\lambda_i & 0\\ 1 & \lambda_i\end{pmatrix}=\begin{pmatrix}\lambda_i^2+\lambda_i & 0\\ 2\lambda_i+1 & \lambda_i^2+\lambda_i\end{pmatrix}=\begin{pmatrix}2 & 0\\ 0 & 2\end{pmatrix},$$

但是, 无论 $\lambda=1$ 还是 -2 都不适合这个结果, 矛盾. 所以, 每个 $\boldsymbol{J}_i$ 的阶数都只能是 1, 即 $\boldsymbol{J}$ 是对角矩阵 $\mathrm{diag}(1,\cdots,1,-2,\cdots,-2)$. $\square$

证法 3 由题意知, 矩阵 $\boldsymbol{A}$ 的零化多项式 $g(\lambda)=\lambda^2+\lambda-2=(\lambda+2)(\lambda-1)$ 无重根, 故 $\boldsymbol{A}$ 最小多项式也无重根. 由推论 7.5 知, 矩阵 $\boldsymbol{A}$ 可对角化. $\square$

注 关于例 7.25 的 "几何法证明" 请参考文献 [1] 第 10 章例 4 即可完成.

例 7.26 设 $\boldsymbol{A}$ 是 n 阶矩阵, $\boldsymbol{A}^n=\boldsymbol{O}$, 且 $\boldsymbol{A}^{n-1}\neq\boldsymbol{O}$. 证明: 不存在 n 阶矩阵 $\boldsymbol{B}$, 使得 $\boldsymbol{B}^2=\boldsymbol{A}$.

证明 (反证法) 假设存在 n 阶矩阵 $\boldsymbol{B}$, 使得 $\boldsymbol{B}^2=\boldsymbol{A}$. 注意到 $\boldsymbol{A}^n=\boldsymbol{O}$, 且 $\boldsymbol{A}^{n-1}\neq\boldsymbol{O}$, 因此, 矩阵 $\boldsymbol{A}$ 的特征值全为零, 其最小多项式是 $m(\lambda)=\lambda^n$. 所以, $\boldsymbol{A}$ 的初等因子是 λ^n, 若尔当标准形是主对角元全为零的 n 阶矩阵 $\boldsymbol{J}(0,n)$, $\mathrm{R}(\boldsymbol{A})=n-1$.

由 $\boldsymbol{B}^2=\boldsymbol{A}$ 的特征值全为零可知, $\boldsymbol{B}$ 的特征值也全为零. 设 $\boldsymbol{B}$ 的若尔当标准形为

$$\mathrm{diag}(\boldsymbol{J}(0,k_1),\cdots,\boldsymbol{J}(0,k_s)),$$

其中 $k_1+\cdots+k_s=n$. 无论若尔当块的个数 $s=1,2,\cdots,n$ 取多少, 都有 $\mathrm{R}(\boldsymbol{B}^2)=\mathrm{R}(\boldsymbol{A})\leqslant n-2$, 这与 $\mathrm{R}(\boldsymbol{A})=n-1$ 矛盾. $\square$

第七章补充习题

7.19 设矩阵

$$\boldsymbol{A}=\begin{pmatrix}-1&1&0\\-4&3&0\\1&0&2\end{pmatrix}.$$

(1) 证明: 矩阵 $\boldsymbol{A}$ 不能对角化;

(2) 求 $\boldsymbol{A}^5-4\boldsymbol{A}^4+6\boldsymbol{A}^3-6\boldsymbol{A}^2+8\boldsymbol{A}-3\boldsymbol{I}$.

7.20 分别求下列矩阵的不变因子、初等因子、若尔当标准形及最小多项式:

(1) $\boldsymbol{A}=\begin{pmatrix}1&2&3&4\\0&1&2&3\\0&0&1&2\\0&0&0&1\end{pmatrix}$; (2) $\boldsymbol{A}=\begin{pmatrix}3&-2&0&0\\2&-2&0&0\\0&0&-3&2\\0&0&-2&1\end{pmatrix}$.

7.21 设 $\boldsymbol{A}$ 为 n 阶矩阵, $|\boldsymbol{A}|=18$, 且 $3\boldsymbol{A}+\boldsymbol{A}^*=15\boldsymbol{I}$, 其中 $\boldsymbol{A}^*$ 为 $\boldsymbol{A}$ 的伴随矩阵.

(1) 求 $\boldsymbol{A}$ 的一个零化多项式;

(2) 求 $\boldsymbol{A}$ 的最小多项式 $m(\lambda)$;

(3) 求 $\boldsymbol{A}$ 的若尔当标准形.

7.22 对于下列矩阵:

(1) $\boldsymbol{A}=\begin{pmatrix}2&-1&-1\\2&-1&-2\\-1&1&2\end{pmatrix}$; (2) $\boldsymbol{A}=\begin{pmatrix}-3&3&-2\\-7&6&-3\\1&-1&2\end{pmatrix}$,

分别求它们的若尔当标准形 $\boldsymbol{J}$, 并求可逆矩阵 $\boldsymbol{C}$, 使得 $\boldsymbol{C}^{-1}\boldsymbol{AC}=\boldsymbol{J}$.

7.23 设 6 阶矩阵 $\boldsymbol{A}$ 的最小多项式 $m(\lambda)=(\lambda-1)^2(\lambda-2)^2$, 求 $\boldsymbol{A}$ 的各种可能的不变因子及其若尔当标准形.

7.24 设 σ 是数域 $\mathbb{P}$ 上线性空间 V 的线性变换, $f(\lambda)$ 和 $m(\lambda)$ 分别是 σ 的特征多项式和最小多项式, 且

$$f(\lambda)=(\lambda+1)^3(\lambda-2)^2(\lambda+3),\quad m(\lambda)=(\lambda+1)^2(\lambda-2)(\lambda+3).$$

(1) 求 σ 的所有不变因子;

(2) 写出 σ 的若尔当标准形.

7.25 设三阶矩阵

$$\boldsymbol{A}=\begin{pmatrix}0&0&-1\\-1&1&-1\\1&0&2\end{pmatrix},$$

求 $\mathbb{P}^{3\times3}$ 的子空间 $W=\{f(\boldsymbol{A})\big|f(\lambda)\in\mathbb{P}[\lambda]\}$ 的一个基和维数.

7.26 设 $m(\lambda)=\lambda^2-\lambda-2$ 是 n 阶矩阵 $\boldsymbol{A}$ 的最小多项式, 证明:

$$\mathrm{R}(\boldsymbol{A}+\boldsymbol{I})+\mathrm{R}(\boldsymbol{A}-2\boldsymbol{I})=n.$$

7.27 设 n 阶矩阵 $\boldsymbol{A}$ 满足 $\boldsymbol{A}^3 = 3\boldsymbol{A}^2 + \boldsymbol{A} - 3\boldsymbol{I}$, 证明: 矩阵 $\boldsymbol{A}$ 可对角化, 且

$$\mathrm{R}(\boldsymbol{A} - 3\boldsymbol{I}) + \mathrm{R}(\boldsymbol{A} - \boldsymbol{I}) + \mathrm{R}(\boldsymbol{A} + \boldsymbol{I}) = 2n.$$

7.28 证明: 任意 n 阶矩阵 $\boldsymbol{A}$ 与 $\boldsymbol{A}^{\mathrm{T}}$ 相似.

7.29 在复数域上, n 阶矩阵 $\boldsymbol{A}$ 的特征根全是 1, $s \geqslant 1$ 是整数, 证明: $\boldsymbol{A}^s$ 与 $\boldsymbol{A}$ 相似.

7.30 方阵 $\boldsymbol{A}$ 的特征值全是零当且仅当存在自然数 m, 使得矩阵 $\boldsymbol{A}^m = \boldsymbol{O}$.

7.31 设 $\boldsymbol{A}$ 是秩为 r 的 n 阶矩阵, 且 $\boldsymbol{A}^2 = \boldsymbol{O}$, 求 $\boldsymbol{A}$ 的全部初等因子.

7.32 设 $\boldsymbol{A}$ 是 n 阶矩阵, 如果存在正整数 m, 满足 $\boldsymbol{A}^{m-1} \neq \boldsymbol{O}$ 且 $\boldsymbol{A}^m = \boldsymbol{O}$, 则称 $\boldsymbol{A}$ 是 m 次**幂零矩阵**. 证明: 所有 n 阶 $n-1$ 次幂零矩阵相似.

7.33 设 $\boldsymbol{A}$ 是 n 阶矩阵, 且存在自然数 m, 使得 $\boldsymbol{A}^m = \boldsymbol{I}$. 证明: $\boldsymbol{A}$ 与对角矩阵相似, 且主对角线上的元素都是 m 次单位根 (方程 $x^m = 1$ 的根叫 m 次单位根).

7.34 证明: 任一 n 阶矩阵 $\boldsymbol{A}$ 都可以分解成 $\boldsymbol{A} = \boldsymbol{M} + \boldsymbol{N}$ 的形式, 其中 $\boldsymbol{M}$ 是幂零矩阵, 即存在正整数 k , 使得 $\boldsymbol{M}^k = \boldsymbol{O}$, $\boldsymbol{N}$ 相似于对角矩阵, 且 $\boldsymbol{MN}=\boldsymbol{NM}$.

7.35 设 $\boldsymbol{A}$ 是 n 阶方阵, 且 $\mathrm{R}(\boldsymbol{A}^k) = \mathrm{R}(\boldsymbol{A}^{k+1})$, 其中 k 是正整数. 证明: 如果 $\boldsymbol{A}$ 有零特征值, 则零特征值对应的初等因子的最大次数不超过 k.

7.36 证明: n 阶矩阵 $\boldsymbol{A}$ 可对角化当且仅当对 $\boldsymbol{A}$ 的每一个特征值 λ_i 都有

$$\mathrm{R}\left(\lambda_i \boldsymbol{I} - \boldsymbol{A}\right) = \mathrm{R}\left(\lambda_i \boldsymbol{I} - \boldsymbol{A}\right)^2.$$

7.37 设 $\boldsymbol{A}$ 是复数域上的 n 阶矩阵, $r = \mathrm{R}(\boldsymbol{A}) = \mathrm{R}(\boldsymbol{A}^2)$, 且 $0 < r < n$. 证明: 存在 r 阶可逆矩阵 $\boldsymbol{C}$, 使得 $\boldsymbol{A}$ 相似于

$$\begin{pmatrix} \boldsymbol{C} & \boldsymbol{O} \\ \boldsymbol{O} & \boldsymbol{O} \end{pmatrix}.$$

7.38 设 $\boldsymbol{A}$ 是数域 $\mathbb{P}$ 上的 n 阶矩阵, $g(\lambda)$ 是数域 $\mathbb{P}$ 上的多项式, $\partial(g(\lambda)) \geqslant 1$, $m(\lambda)$ 是 $\boldsymbol{A}$ 的最小多项式. 证明:

(1) 若 $g(\lambda)|m(\lambda)$, 则 $g(\boldsymbol{A})$ 是不可逆矩阵;

(2) 若 $(g(\lambda), m(\lambda)) = d(\lambda)$, 则 $\mathrm{R}(g(\boldsymbol{A})) = \mathrm{R}(d(\boldsymbol{A}))$;

(3) $g(\boldsymbol{A})$ 可逆当且仅当 $(g(\lambda), m(\lambda)) = 1$.

第八章　欧 氏 空 间

在线性空间中我们定义了向量加法和数量乘法两种运算, 但就诸多几何问题而言, 仅有这些概念是不够的, 还得考虑向量的长度和夹角. 本章将线性空间局限在实数域上, 定义向量的内积, 把实数域上定义了内积的线性空间称为欧氏空间. 用"内积"定义向量的长度和夹角, 然后介绍标准正交基、正交矩阵与正交变换、对称矩阵与对称变换, 最后介绍欧氏空间的正交性.

§8.1　欧氏空间的概念

8.1.1　内积与欧氏空间

定义 8.1　设 V 是实数域 $\mathbb{R}$ 上的线性空间, 对于 V 中的任意两个向量 $\boldsymbol{\alpha},\boldsymbol{\beta}$, 定义实数 $(\boldsymbol{\alpha},\boldsymbol{\beta})$ 与之对应, 并且满足以下运算律:

(1) **非负性**: $(\boldsymbol{\alpha},\boldsymbol{\alpha})\geqslant 0$, 等号当且仅当 $\boldsymbol{\alpha}=\mathbf{0}$ 时成立;

(2) **对称性**: $(\boldsymbol{\alpha},\boldsymbol{\beta})=(\boldsymbol{\beta},\boldsymbol{\alpha})$;

(3) **可加性**: $(\boldsymbol{\alpha}+\boldsymbol{\beta},\boldsymbol{\gamma})=(\boldsymbol{\alpha},\boldsymbol{\gamma})+(\boldsymbol{\beta},\boldsymbol{\gamma})$;

(4) **齐次性**: $(k\boldsymbol{\alpha},\boldsymbol{\beta})=k(\boldsymbol{\alpha},\boldsymbol{\beta})$,

其中 $\boldsymbol{\alpha},\boldsymbol{\beta},\boldsymbol{\gamma}$ 是 V 中的任意向量, k 是任意实数, 称 $(\boldsymbol{\alpha},\boldsymbol{\beta})$ 为向量 $\boldsymbol{\alpha},\boldsymbol{\beta}$ 的**内积**, 称 V 为**欧几里得空间**, 简称**欧氏空间**, 内积运算律称为**内积公理**.

内积公理的可加性与齐次性又合称为**线性性**. 内积公理的线性性等价于

(5) 对任意 $\boldsymbol{\alpha},\boldsymbol{\beta},\boldsymbol{\gamma}\in V$, $k_1,k_2\in\mathbb{R}$, 有

$$(k_1\boldsymbol{\alpha}+k_2\boldsymbol{\beta},\boldsymbol{\gamma})=k_1(\boldsymbol{\alpha},\boldsymbol{\gamma})+k_2(\boldsymbol{\beta},\boldsymbol{\gamma}).$$

例 8.1　在 $\mathbb{R}^n$ 中, 对任意向量 $\boldsymbol{\alpha}=(a_1,a_2,\cdots,a_n)^{\mathrm{T}}$, $\boldsymbol{\beta}=(b_1,b_2,\cdots,b_n)^{\mathrm{T}}$, 定义内积

$$(\boldsymbol{\alpha},\boldsymbol{\beta})=\sum_{i=1}^{n}a_ib_i=\boldsymbol{\alpha}^{\mathrm{T}}\boldsymbol{\beta}.$$

可以验证, 它满足内积公理.

事实上, 由于

$$(\boldsymbol{\alpha},\boldsymbol{\alpha})=\sum_{i=1}^{n}a_i^2\geqslant 0,$$

等号成立当且仅当 $a_1=a_2=\cdots=a_n=0$, 即 $\boldsymbol{\alpha}=\mathbf{0}$, 非负性成立.

对称性是显然的. 令 $\boldsymbol{\alpha}=(a_1,a_2,\cdots,a_n)^{\mathrm{T}}$, $\boldsymbol{\beta}=(b_1,b_2,\cdots,b_n)^{\mathrm{T}}$, $\boldsymbol{\gamma}=(c_1,c_2,\cdots,c_n)^{\mathrm{T}}$ 是 V 中的任意向量, 设 k 是任意实数, 则

$$(\boldsymbol{\alpha}+\boldsymbol{\beta},\boldsymbol{\gamma})=\sum_{i=1}^{n}(a_i+b_i)c_i=\sum_{i=1}^{n}(a_ic_i+b_ic_i)=\sum_{i=1}^{n}a_ic_i+\sum_{i=1}^{n}b_ic_i=(\boldsymbol{\alpha},\boldsymbol{\gamma})+(\boldsymbol{\beta},\boldsymbol{\gamma}),$$

$$(k\boldsymbol{\alpha},\boldsymbol{\beta})=\sum_{i=1}^{n}(ka_i)b_i=k\sum_{i=1}^{n}a_ib_i=k(\boldsymbol{\alpha},\boldsymbol{\beta}),$$

所以线性性成立, 因此, $\mathbb{R}^n$ 构成一个欧氏空间.

以后我们说欧氏空间 $\mathbb{R}^n$ 时, 其内积都是指形如例 8.1 所定义的内积.

例 8.2 令 $C[a,b]$ 表示区间 $[a,b]$ 上的全体连续实函数所构成的线性空间. 对任意 $f(x),g(x)\in C[a,b]$, 定义

$$(f(x),g(x))=\int_a^b f(x)g(x)\mathrm{d}x.$$

由定积分的性质容易验证它满足内积公理, 因此, $C[a,b]$ 在这个内积下成为一个欧氏空间.

由定义 8.1 容易得到内积有如下简单性质:

(1) $(\boldsymbol{\alpha},\boldsymbol{0})=(\boldsymbol{0},\boldsymbol{\alpha})=0$;

(2) $\left(\sum\limits_{i=1}^{m}k_i\boldsymbol{\alpha}_i,\boldsymbol{\beta}\right)=\sum\limits_{i=1}^{m}k_i(\boldsymbol{\alpha}_i,\boldsymbol{\beta})$;

(3) $\left(\sum\limits_{i=1}^{m}k_i\boldsymbol{\alpha}_i,\sum\limits_{j=1}^{n}l_j\boldsymbol{\beta}_j\right)=\sum\limits_{i=1}^{m}\sum\limits_{j=1}^{n}k_il_j(\boldsymbol{\alpha}_i,\boldsymbol{\beta}_j)$.

定义 8.2 非负实数 $\sqrt{(\boldsymbol{\alpha},\boldsymbol{\alpha})}$ 称为向量 $\boldsymbol{\alpha}$ 的**长度** (又称为向量 $\boldsymbol{\alpha}$ 的**模**), 记作 $|\boldsymbol{\alpha}|$, 即

$$|\boldsymbol{\alpha}|=\sqrt{(\boldsymbol{\alpha},\boldsymbol{\alpha})}.$$

因此, 零向量的长度为零, 任何非零向量的长度是正实数, 称长度为 1 的向量为**单位向量**. 对任何非零向量, $\dfrac{1}{|\boldsymbol{\alpha}|}\boldsymbol{\alpha}$ 是单位向量, 称为向量 $\boldsymbol{\alpha}$ 的**单位化向量**.

定理 8.1 对欧氏空间 V 中的任意向量 $\boldsymbol{\alpha},\boldsymbol{\beta}$ 及任意实数 k, 都有

(1) **正齐性**: $|k\boldsymbol{\alpha}|=|k||\boldsymbol{\alpha}|$;

(2) **柯西-施瓦茨不等式**: $|(\boldsymbol{\alpha},\boldsymbol{\beta})|\leqslant|\boldsymbol{\alpha}||\boldsymbol{\beta}|$, 当且仅当 $\boldsymbol{\alpha}$ 与 $\boldsymbol{\beta}$ 线性相关时取等号;

(3) **三角形不等式**: $|\boldsymbol{\alpha}+\boldsymbol{\beta}|\leqslant|\boldsymbol{\alpha}|+|\boldsymbol{\beta}|$.

证明 (1) $|k\boldsymbol{\alpha}|=\sqrt{(k\boldsymbol{\alpha},k\boldsymbol{\alpha})}=\sqrt{k^2(\boldsymbol{\alpha},\boldsymbol{\alpha})}=|k||\boldsymbol{\alpha}|$.

(2) 若 $\boldsymbol{\beta}=\boldsymbol{0}$, 则结论已成立. 若 $\boldsymbol{\beta}\neq\boldsymbol{0}$, 则 $|\boldsymbol{\beta}|>0$. 对任意实数 t, 由

$$(\boldsymbol{\alpha}+t\boldsymbol{\beta},\boldsymbol{\alpha}+t\boldsymbol{\beta})=|\boldsymbol{\alpha}|^2+2(\boldsymbol{\alpha},\boldsymbol{\beta})t+|\boldsymbol{\beta}|^2t^2\geqslant 0$$

知, $\triangle=4(\boldsymbol{\alpha},\boldsymbol{\beta})^2-4|\boldsymbol{\alpha}|^2|\boldsymbol{\beta}|^2\leqslant 0$, 即

$$|(\boldsymbol{\alpha},\boldsymbol{\beta})|\leqslant|\boldsymbol{\alpha}||\boldsymbol{\beta}|.$$

若 $\boldsymbol{\alpha},\boldsymbol{\beta}$ 线性相关, 不妨假设 $\boldsymbol{\alpha}=k\boldsymbol{\beta}$, 即知等号成立; 反之, 若等号成立, 则存在 t, 使得 $\boldsymbol{\alpha}+t\boldsymbol{\beta}=\boldsymbol{0}$, 故 $\boldsymbol{\alpha},\boldsymbol{\beta}$ 线性相关, 结论成立.

(3) $$\begin{aligned}|\boldsymbol{\alpha}+\boldsymbol{\beta}|^2&=(\boldsymbol{\alpha}+\boldsymbol{\beta},\boldsymbol{\alpha}+\boldsymbol{\beta})=(\boldsymbol{\alpha},\boldsymbol{\alpha})+2(\boldsymbol{\alpha},\boldsymbol{\beta})+(\boldsymbol{\beta},\boldsymbol{\beta})\\&\leqslant|\boldsymbol{\alpha}|^2+2|\boldsymbol{\alpha}||\boldsymbol{\beta}|+|\boldsymbol{\beta}|^2=(|\boldsymbol{\alpha}|+|\boldsymbol{\beta}|)^2.\end{aligned}$$ □

例 8.3 在欧氏空间 $\mathbb{R}^n$ 中, 由定理 8.1(2) 可以得到, 对任意实数 $a_1,a_2,\cdots,a_n,b_1,b_2,\cdots,b_n$ 都有不等式

$$(a_1b_1+a_2b_2+\cdots+a_nb_n)^2\leqslant(a_1^2+a_2^2+\cdots+a_n^2)(b_1^2+b_2^2+\cdots+b_n^2),$$

当且仅当 $\dfrac{a_1}{b_1}=\dfrac{a_2}{b_2}=\cdots=\dfrac{a_n}{b_n}$ 时取等号, 这就是著名的**柯西不等式**.

例 8.4 在欧氏空间 $C[a,b]$ 中, 对区间 $[a,b]$ 上的任意连续函数 $f(x),g(x)$, 由定理 8.1(2) 得

$$\left|\int_a^b f(x)g(x)\mathrm{d}x\right|\leqslant\sqrt{\int_a^b f^2(x)\mathrm{d}x}\cdot\sqrt{\int_a^b g^2(x)\mathrm{d}x}$$

成立, 此不等式通常叫作**施瓦茨不等式**.

对欧氏空间 V 中的任意两个非零向量 $\boldsymbol{\alpha},\boldsymbol{\beta}$, 由 $|(\boldsymbol{\alpha},\boldsymbol{\beta})|\leqslant|\boldsymbol{\alpha}||\boldsymbol{\beta}|$ 知

$$-1\leqslant\frac{(\boldsymbol{\alpha},\boldsymbol{\beta})}{|\boldsymbol{\alpha}||\boldsymbol{\beta}|}\leqslant1,$$

因此, 下面的关于向量夹角的定义是合理的.

定义 8.3 设 $\boldsymbol{\alpha},\boldsymbol{\beta}$ 是两个非零向量, 称角

$$\theta=\arccos\frac{(\boldsymbol{\alpha},\boldsymbol{\beta})}{|\boldsymbol{\alpha}||\boldsymbol{\beta}|}$$

为向量 $\boldsymbol{\alpha},\boldsymbol{\beta}$ 的**夹角**. 如果 $\theta=\dfrac{\pi}{2}$, 则称向量 $\boldsymbol{\alpha},\boldsymbol{\beta}$ **正交**, 记作 $\boldsymbol{\alpha}\perp\boldsymbol{\beta}$. 规定零向量与任一向量正交. 称 $|\boldsymbol{\alpha}|\cos\theta$ 为向量 $\boldsymbol{\alpha}$ 在向量 $\boldsymbol{\beta}$ 上的**投影**, 称向量 $\dfrac{|\boldsymbol{\alpha}|\cos\theta}{|\boldsymbol{\beta}|}\boldsymbol{\beta}$ 是向量 $\boldsymbol{\alpha}$ 在向量 $\boldsymbol{\beta}$ 上的**投影向量**. 如图 8.1 所示, $OH=|\boldsymbol{\alpha}|\cos\theta$ 是向量 $\boldsymbol{\alpha}$ 在向量 $\boldsymbol{\beta}$ 上的投影, $\overrightarrow{OH}$ 是 $\boldsymbol{\alpha}$ 在 $\boldsymbol{\beta}$ 上的投影向量.

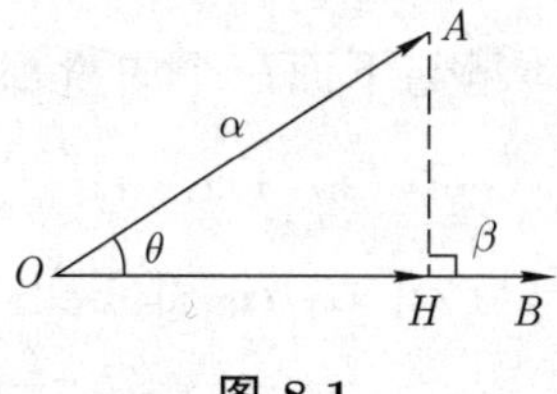

图 8.1

显然, $\boldsymbol{\alpha}\perp\boldsymbol{\beta}\Leftrightarrow(\boldsymbol{\alpha},\boldsymbol{\beta})=0$, 向量 $\boldsymbol{\alpha},\boldsymbol{\beta}$ 的夹角 $\theta\in[0,\pi]$, $\boldsymbol{\alpha}$ 在向量 $\boldsymbol{\beta}$ 上的投影可表示为

$$|\boldsymbol{\alpha}|\cos\theta=\frac{(\boldsymbol{\alpha},\boldsymbol{\beta})}{|\boldsymbol{\beta}|}=\left(\boldsymbol{\alpha},\frac{\boldsymbol{\beta}}{|\boldsymbol{\beta}|}\right)=(\boldsymbol{\alpha},\boldsymbol{\eta}),$$

其中 $\boldsymbol{\eta}=\boldsymbol{\beta}/|\boldsymbol{\beta}|$ 是 $\boldsymbol{\beta}$ 的单位化向量. 向量 $\boldsymbol{\alpha}$ 在 $\boldsymbol{\beta}$ 上的投影向量亦可表示为

$$\frac{|\boldsymbol{\alpha}|\cos\theta}{|\boldsymbol{\beta}|}\boldsymbol{\beta}=\frac{(\boldsymbol{\alpha},\boldsymbol{\beta})}{|\boldsymbol{\beta}|^2}\boldsymbol{\beta}=\left(\boldsymbol{\alpha},\frac{\boldsymbol{\beta}}{|\boldsymbol{\beta}|}\right)\frac{\boldsymbol{\beta}}{|\boldsymbol{\beta}|}=(\boldsymbol{\alpha},\boldsymbol{\eta})\boldsymbol{\eta}.$$

因而, $\boldsymbol{\alpha}$ 在向量 $\boldsymbol{\beta}$ 上的投影和投影向量都只与 $\boldsymbol{\beta}$ 的方向有关, 而与 $\boldsymbol{\beta}$ 的长度无关.

在欧氏空间 $\mathbb{R}^n$ 中, n 维单位向量相互正交, 即 $\boldsymbol{e}_i\perp\boldsymbol{e}_j\,(i\neq j)$.

例 8.5 在欧氏空间 $C[0,2\pi]$ 中, 其内积如例 8.2 所定义, 由于

$$(\sin x,\cos x)=\int_0^{2\pi}\sin x\cos x\mathrm{d}x=0,$$

因此, 两个函数 $\sin x, \cos x$ 正交. 由于

$$|\sin x| = \sqrt{\int_0^{2\pi} \sin^2 x \mathrm{d}x} = \sqrt{\pi}, \quad |\cos x| = \sqrt{\int_0^{2\pi} \cos^2 x \mathrm{d}x} = \sqrt{\pi},$$

故

$$\frac{1}{\sqrt{\pi}} \sin x, \quad \frac{1}{\sqrt{\pi}} \cos x$$

分别是函数 $\sin x, \cos x$ 的单位化向量.

例 8.6 在 $\mathbb{R}^4$ 中, 求向量 $\boldsymbol{\alpha} = (-1,2,2,3)^{\mathrm{T}}$, $\boldsymbol{\beta} = (3,-2,-1,2)^{\mathrm{T}}$ 的夹角、单位化向量, 以及向量 $\boldsymbol{\alpha}$ 在 $\boldsymbol{\beta}$ 上的投影向量.

解 向量 $\boldsymbol{\alpha}, \boldsymbol{\beta}$ 的长度和内积分别为

$$|\boldsymbol{\alpha}| = \sqrt{(-1)^2+2^2+2^2+3^2} = 3\sqrt{2}, \quad |\boldsymbol{\beta}| = \sqrt{3^2+(-2)^2+(-1)^2+2^2} = 3\sqrt{2},$$
$$(\boldsymbol{\alpha}, \boldsymbol{\beta}) = -1\times 3 + 2\times(-2) + 2\times(-1) + 3\times 2 = -3.$$

因此, 向量 $\boldsymbol{\alpha}, \boldsymbol{\beta}$ 的夹角

$$\theta = \arccos \frac{(\boldsymbol{\alpha}, \boldsymbol{\beta})}{|\boldsymbol{\alpha}||\boldsymbol{\beta}|} = \arccos\left(-\frac{1}{6}\right) = \pi - \arccos\frac{1}{6}.$$

$\boldsymbol{\alpha}, \boldsymbol{\beta}$ 的单位化向量分别是

$$\frac{1}{|\boldsymbol{\alpha}|}\boldsymbol{\alpha} = \frac{1}{3\sqrt{2}}(-1,2,2,3)^{\mathrm{T}}, \quad \frac{1}{|\boldsymbol{\beta}|}\boldsymbol{\beta} = \frac{1}{3\sqrt{2}}(3,-2,-1,2)^{\mathrm{T}}.$$

向量 $\boldsymbol{\alpha}$ 在 $\boldsymbol{\beta}$ 上的投影向量是

$$\frac{(\boldsymbol{\alpha}, \boldsymbol{\beta})}{|\boldsymbol{\beta}|^2}\boldsymbol{\beta} = -\frac{1}{6}\boldsymbol{\beta} = -\frac{1}{6}(3,-2,-1,2)^{\mathrm{T}}.$$

例 8.7 在 $\mathbb{R}^4$ 中, 求一个单位向量与下面三个向量都正交:

$$\boldsymbol{\alpha}_1 = (1,2,-1,2)^{\mathrm{T}}, \quad \boldsymbol{\alpha}_2 = (2,-1,2,-1)^{\mathrm{T}}, \quad \boldsymbol{\alpha}_3 = (1,-8,7,4)^{\mathrm{T}}.$$

解 设向量 $\boldsymbol{\alpha} = (x_1,x_2,x_3,x_4)^{\mathrm{T}}$ 与 $\boldsymbol{\alpha}_1, \boldsymbol{\alpha}_2, \boldsymbol{\alpha}_3$ 都正交, 由 $\boldsymbol{\alpha}^{\mathrm{T}}\boldsymbol{\alpha}_1 = \boldsymbol{\alpha}^{\mathrm{T}}\boldsymbol{\alpha}_2 = \boldsymbol{\alpha}^{\mathrm{T}}\boldsymbol{\alpha}_3 = 0$ 知,

$$\begin{cases} x_1 + 2x_2 - x_3 + 2x_4 = 0, \\ 2x_1 - x_2 + 2x_3 - x_4 = 0, \\ x_1 - 8x_2 + 7x_3 + 4x_4 = 0. \end{cases}$$

解这个方程组得 $x_1 = -\frac{3}{5}x_3$, $x_2 = \frac{4}{5}x_3$, $x_4 = 0$. 令 $x_3 = 5$, 得向量 $\boldsymbol{\alpha} = (-3,4,5,0)^{\mathrm{T}}$, 再将 $\boldsymbol{\alpha}$ 单位化, 即得所求的单位向量为 $\frac{1}{5\sqrt{2}}(-3,4,5,0)^{\mathrm{T}}$.

在欧氏空间中, 两个向量 $\boldsymbol{\alpha}, \boldsymbol{\beta}$ 的距离是指向量 $\boldsymbol{\alpha} - \boldsymbol{\beta}$ 的长度 $|\boldsymbol{\alpha} - \boldsymbol{\beta}|$, 通常用符号 $d(\boldsymbol{\alpha}, \boldsymbol{\beta})$ 表示. 容易知道, 距离有如下性质:

(1) **非负性**: $d(\boldsymbol{\alpha}, \boldsymbol{\beta}) \geqslant 0$, 当且仅当 $\boldsymbol{\alpha} = \boldsymbol{\beta}$ 时取等号;

(2) **对称性**: $d(\boldsymbol{\alpha}, \boldsymbol{\beta}) = d(\boldsymbol{\beta}, \boldsymbol{\alpha})$;

(3) **三角形不等式**: $d(\boldsymbol{\alpha}, \boldsymbol{\beta}) \leqslant d(\boldsymbol{\alpha}, \boldsymbol{\gamma}) + d(\boldsymbol{\gamma}, \boldsymbol{\beta})$,

其中 $\boldsymbol{\alpha}, \boldsymbol{\beta}, \boldsymbol{\gamma}$ 是欧氏空间中的任意向量. 如果 $\boldsymbol{\alpha}, \boldsymbol{\beta}, \boldsymbol{\gamma}$ 任意两个向量不共线, 则不等式 (3) 的几何意义是: 三角形两边之和大于第三边.

8.1.2 度量矩阵与同构映射

定义 8.4 设 V 是 n 维欧氏空间, $\varepsilon_1, \varepsilon_2, \cdots, \varepsilon_n$ 是 V 的一个基, 令 $a_{ij} = (\varepsilon_i, \varepsilon_j)(i, j = 1, 2, \cdots, n)$, 称 n 阶矩阵 $\boldsymbol{A} = (a_{ij})_{n\times n}$ 为基 $\varepsilon_1, \varepsilon_2, \cdots, \varepsilon_n$ 的**度量矩阵**.

显然, 度量矩阵由基和内积唯一决定, 并且度量矩阵是主对角元全为正的对称矩阵, 现在我们考察向量内积与度量矩阵的关系.

设 $\varepsilon_1, \varepsilon_2, \cdots, \varepsilon_n$ 是 n 维欧氏空间 V 的基, $\boldsymbol{A} = (a_{ij})_{n\times n}$ 是这个基的度量矩阵. 对于 V 的任意两个向量 $\boldsymbol{\alpha}, \boldsymbol{\beta}$,

$$\boldsymbol{\alpha} = \sum_{i=1}^{n} x_i \varepsilon_i, \quad \boldsymbol{\beta} = \sum_{j=1}^{n} y_j \varepsilon_j,$$

其中 $\boldsymbol{x} = (x_1, x_2, \cdots, x_n)^{\mathrm{T}}$, $\boldsymbol{y} = (y_1, y_2, \cdots, y_n)^{\mathrm{T}}$ 分别是向量 $\boldsymbol{\alpha}, \boldsymbol{\beta}$ 的坐标. 由内积的性质知

$$(\boldsymbol{\alpha}, \boldsymbol{\beta}) = \left(\sum_{i=1}^{n} x_i \varepsilon_i, \sum_{j=1}^{n} y_j \varepsilon_j\right) = \sum_{i=1}^{n}\sum_{j=1}^{n} (\varepsilon_i, \varepsilon_j) x_i y_j = \sum_{i=1}^{n}\sum_{j=1}^{n} a_{ij} x_i y_j = \boldsymbol{x}^{\mathrm{T}} \boldsymbol{A} \boldsymbol{y},$$

因此, 任意两个向量的内积由度量矩阵和坐标唯一决定. 特别地,

$$|\boldsymbol{\alpha}|^2 = (\boldsymbol{\alpha}, \boldsymbol{\alpha}) = \sum_{i=1}^{n}\sum_{j=1}^{n} a_{ij} x_i x_j = \boldsymbol{x}^{\mathrm{T}} \boldsymbol{A} \boldsymbol{x}.$$

定义 8.5 设 V, U 是两个欧氏空间, 如果存在 V 到 U 的双射 σ, 满足:

(1) $\sigma(\boldsymbol{\alpha} + \boldsymbol{\beta}) = \sigma(\boldsymbol{\alpha}) + \sigma(\boldsymbol{\beta})$;

(2) $\sigma(k\boldsymbol{\alpha}) = k\sigma(\boldsymbol{\alpha})$;

(3) $(\sigma(\boldsymbol{\alpha}), \sigma(\boldsymbol{\beta})) = (\boldsymbol{\alpha}, \boldsymbol{\beta})$,

其中 $\boldsymbol{\alpha}, \boldsymbol{\beta} \in V$, $k \in \mathbb{R}$, 则称欧氏空间 V 与 U **同构**, 称 σ 是 V 到 U 的一个**同构映射**.

简单地说, 欧氏空间的同构映射就是保持内积不变的线性双射. 由于向量的长度、向量间的夹角都是由内积决定的, 所以, 同构映射也保持向量的长度不变, 保持向量的夹角不变.

容易证明, 同构作为欧氏空间之间的关系具有反身性、对称性和传递性, 因而它是欧氏空间的等价关系. 两个有限维欧氏空间同构的充要条件是它们有相同的维数, 所以, 任一 n 维欧氏空间都与 $\mathbb{R}^n$ 同构.

习题 8.1

8.1 在 $\mathbb{R}^n$ 中, 对任意两个向量 $\boldsymbol{\alpha} = (a_1, a_2, \cdots, a_n)^{\mathrm{T}}$, $\boldsymbol{\beta} = (b_1, b_2, \cdots, b_n)^{\mathrm{T}}$, 定义的如下二元实函数是否构成 $\mathbb{R}^n$ 的内积? 说明理由:

(1) $(\boldsymbol{\alpha}, \boldsymbol{\beta}) = \sqrt{\sum_{i=1}^{n}\sum_{j=1}^{n} a_i^2 b_j^2}$;　　(2) $(\boldsymbol{\alpha}, \boldsymbol{\beta}) = \left(\sum_{i=1}^{n} a_i\right)\left(\sum_{j=1}^{n} b_j\right)$;

(3) $(\boldsymbol{\alpha}, \boldsymbol{\beta}) = \boldsymbol{\alpha}^{\mathrm{T}} \boldsymbol{A}^{\mathrm{T}} \boldsymbol{A} \boldsymbol{\beta}$, 其中 $\boldsymbol{A}$ 是 n 阶可逆实矩阵.

8.2 在线性空间 $\mathbb{R}^{2\times 2}$ 中, 对任意两个矩阵

$$\boldsymbol{A} = \begin{pmatrix} a_{11} & a_{12} \\ a_{21} & a_{22} \end{pmatrix}, \quad \boldsymbol{B} = \begin{pmatrix} b_{11} & b_{12} \\ b_{21} & b_{22} \end{pmatrix},$$

定义二元实函数

$$(\boldsymbol{A},\boldsymbol{B})=\sum_{i=1}^{2}\sum_{j=1}^{2}a_{ij}b_{ij}=a_{11}b_{11}+a_{12}b_{12}+a_{21}b_{21}+a_{22}b_{22}.$$

(1) 证明: $(\boldsymbol{A},\boldsymbol{B})$ 是 $\mathbb{R}^{2\times 2}$ 的内积, 因而 $\mathbb{R}^{2\times 2}$ 是关于内积 $(\boldsymbol{A},\boldsymbol{B})$ 的欧氏空间;

(2) 写出欧氏空间 $\mathbb{R}^{2\times 2}$ 的柯西-施瓦茨不等式;

(3) 求向量

$$\boldsymbol{A}=\begin{pmatrix}1 & -1\\ -1 & 1\end{pmatrix},\quad \boldsymbol{B}=\begin{pmatrix}1 & 2\\ 2 & 1\end{pmatrix}$$

的长度和它们的夹角, 并求向量 $\boldsymbol{A}$ 在向量 $\boldsymbol{B}$ 上的投影向量.

8.3 在欧氏空间 $\mathbb{R}^4$ 中求一个单位向量与如下三个向量都正交:

$$\boldsymbol{\alpha}_1=(1,1,-1,1)^{\mathrm{T}},\quad \boldsymbol{\alpha}_2=(1,-1,-1,1)^{\mathrm{T}},\quad \boldsymbol{\alpha}_3=(2,1,1,3)^{\mathrm{T}}.$$

8.4 在欧氏空间 $\mathbb{R}^3$ 中, 求基

$$\boldsymbol{\varepsilon}_1=(1,-1,2)^{\mathrm{T}},\quad \boldsymbol{\varepsilon}_2=(-3,0,-1)^{\mathrm{T}},\quad \boldsymbol{\varepsilon}_3=(2,3,1)^{\mathrm{T}}$$

的度量矩阵.

8.5 在 $\mathbb{R}[x]_3$ 中定义二元实函数

$$(f(x),g(x))=\int_{-1}^{1}f(x)g(x)\mathrm{d}x.$$

(1) 证明: (f,g) 是 $\mathbb{R}[x]_3$ 的内积;

(2) 求 $\mathbb{R}[x]_3$ 的基 $1,x,x^2$ 的度量矩阵;

(3) 求向量 $f(x)=1+x$ 在向量 $g(x)=x^2$ 上的投影向量.

8.6 证明: 对欧氏空间 V 中的任意向量 $\boldsymbol{\alpha}_1,\boldsymbol{\alpha}_2,\cdots,\boldsymbol{\alpha}_s$, 都有

$$|\boldsymbol{\alpha}_1+\boldsymbol{\alpha}_2+\cdots+\boldsymbol{\alpha}_s|\leqslant|\boldsymbol{\alpha}_1|+|\boldsymbol{\alpha}_2|+\cdots+|\boldsymbol{\alpha}_s|.$$

8.7 证明: 在欧氏空间中, 如果向量 $\boldsymbol{\alpha}$ 与向量组 $\boldsymbol{\beta}_1,\boldsymbol{\beta}_2,\cdots,\boldsymbol{\beta}_s$ 中的每个向量都正交, 那么向量 $\boldsymbol{\alpha}$ 与 $\boldsymbol{\beta}_1,\boldsymbol{\beta}_2,\cdots,\boldsymbol{\beta}_s$ 的任意线性组合也正交.

8.8 证明: 在欧氏空间中, 平行四边形两条对角线的平方和等于四边的平方和, 即

$$|\boldsymbol{\alpha}+\boldsymbol{\beta}|^2+|\boldsymbol{\alpha}-\boldsymbol{\beta}|^2=2(|\boldsymbol{\alpha}|^2+|\boldsymbol{\beta}|^2).$$

§8.2 标准正交基

前一节我们讲了, 在 n 维欧氏空间中, 选定一个基, 两个向量的内积由其度量矩阵和坐标唯一决定. 如果能找到这样一个基, 其度量矩阵具有非常简单的形式, 比如说是单位矩阵, 那么任意两个向量的内积就可用坐标表示成如下简单形式:

$$(\boldsymbol{\alpha},\boldsymbol{\beta})=\sum_{i=1}^{n}\sum_{j=1}^{n}a_{ij}x_iy_j=\sum_{i=1}^{n}x_iy_i=\boldsymbol{x}^{\mathrm{T}}\boldsymbol{y}.$$

本节的目的就是要找到这样的基 —— 标准正交基.

8.2.1 正交向量组

定义 8.6 欧氏空间中不含零向量的两两正交的向量组称为**正交向量组**. 如果正交向量组的每一个向量都是单位向量, 则称之为**标准正交向量组**.

例如, $\boldsymbol{\alpha}_1=(1,-2,0)^{\mathrm{T}}$, $\boldsymbol{\alpha}_2=(-4,-2,5)^{\mathrm{T}}$, $\boldsymbol{\alpha}_3=(2,1,2)^{\mathrm{T}}$ 是 $\mathbb{R}^3$ 的一个正交向量组. 将其单位化得到 $\boldsymbol{\beta}_1=\dfrac{1}{\sqrt{5}}(1,-2,0)^{\mathrm{T}}$, $\boldsymbol{\beta}_2=\dfrac{1}{3\sqrt{5}}(-4,-2,5)^{\mathrm{T}}$, $\boldsymbol{\beta}_3=\dfrac{1}{3}(2,1,2)^{\mathrm{T}}$, 它们是 $\mathbb{R}^3$ 的一个标准正交向量组. $\dfrac{1}{\sqrt{2\pi}}, \dfrac{1}{\sqrt{\pi}}\sin x, \dfrac{1}{\sqrt{\pi}}\cos x$ 是欧氏空间 $C[0,2\pi]$ 的标准正交向量组.

定理 8.2 若向量 $\boldsymbol{\alpha},\boldsymbol{\beta}$ 正交, 则

$$|\boldsymbol{\alpha}+\boldsymbol{\beta}|^2=|\boldsymbol{\alpha}|^2+|\boldsymbol{\beta}|^2,$$

这就是所谓的**勾股定理**. 将它推广为多个向量的情形: 设 $\boldsymbol{\alpha}_1,\boldsymbol{\alpha}_2,\cdots,\boldsymbol{\alpha}_m$ 是正交向量组, 则

$$|\boldsymbol{\alpha}_1+\boldsymbol{\alpha}_2+\cdots+\boldsymbol{\alpha}_m|^2=|\boldsymbol{\alpha}_1|^2+|\boldsymbol{\alpha}_2|^2+\cdots+|\boldsymbol{\alpha}_m|^2.$$

证明 若向量 $\boldsymbol{\alpha},\boldsymbol{\beta}$ 正交, 则 $(\boldsymbol{\alpha},\boldsymbol{\beta})=0$, 因此

$$\begin{aligned}|\boldsymbol{\alpha}+\boldsymbol{\beta}|^2&=(\boldsymbol{\alpha}+\boldsymbol{\beta},\boldsymbol{\alpha}+\boldsymbol{\beta})=(\boldsymbol{\alpha},\boldsymbol{\alpha})+2(\boldsymbol{\alpha},\boldsymbol{\beta})+(\boldsymbol{\beta},\boldsymbol{\beta})\\&=(\boldsymbol{\alpha},\boldsymbol{\alpha})+(\boldsymbol{\beta},\boldsymbol{\beta})=|\boldsymbol{\alpha}|^2+|\boldsymbol{\beta}|^2.\end{aligned}$$

由数学归纳法即可得到推广的结论. □

定理 8.3 正交向量组一定是线性无关的.

证明 设 $\boldsymbol{\alpha}_1,\boldsymbol{\alpha}_2,\cdots,\boldsymbol{\alpha}_m$ 是正交向量组, 令

$$k_1\boldsymbol{\alpha}_1+k_2\boldsymbol{\alpha}_2+\cdots+k_m\boldsymbol{\alpha}_m=\mathbf{0},$$

则

$$\begin{aligned}0&=(k_1\boldsymbol{\alpha}_1+k_2\boldsymbol{\alpha}_2+\cdots+k_m\boldsymbol{\alpha}_m,\boldsymbol{\alpha}_1)\\&=k_1(\boldsymbol{\alpha}_1,\boldsymbol{\alpha}_1)+k_2(\boldsymbol{\alpha}_2,\boldsymbol{\alpha}_1)+\cdots+k_m(\boldsymbol{\alpha}_m,\boldsymbol{\alpha}_1)\\&=k_1|\boldsymbol{\alpha}_1|^2,\end{aligned}$$

由于 $\boldsymbol{\alpha}_1\neq\mathbf{0}$, 因此 $k_1=0$. 同理可得 $k_2=\cdots=k_m=0$, 故 $\boldsymbol{\alpha}_1,\boldsymbol{\alpha}_2,\cdots,\boldsymbol{\alpha}_m$ 线性无关. □

定理 8.4 设 $\boldsymbol{\alpha}_1,\boldsymbol{\alpha}_2,\cdots,\boldsymbol{\alpha}_m$ 是欧氏空间 V 的线性无关向量组, 则一定存在正交向量组 $\boldsymbol{\beta}_1,\boldsymbol{\beta}_2,\cdots,\boldsymbol{\beta}_m$ 与向量组 $\boldsymbol{\alpha}_1,\boldsymbol{\alpha}_2,\cdots,\boldsymbol{\alpha}_m$ 等价.

证明 令

$$\boldsymbol{\beta}_1=\boldsymbol{\alpha}_1,\quad \boldsymbol{\beta}_2=\boldsymbol{\alpha}_2-\frac{(\boldsymbol{\alpha}_2,\boldsymbol{\beta}_1)}{(\boldsymbol{\beta}_1,\boldsymbol{\beta}_1)}\boldsymbol{\beta}_1.$$

由

$$(\boldsymbol{\beta}_2,\boldsymbol{\beta}_1)=(\boldsymbol{\alpha}_2,\boldsymbol{\beta}_1)-\frac{(\boldsymbol{\alpha}_2,\boldsymbol{\beta}_1)}{(\boldsymbol{\beta}_1,\boldsymbol{\beta}_1)}(\boldsymbol{\beta}_1,\boldsymbol{\beta}_1)=0$$

知 $\boldsymbol{\beta}_2$ 与 $\boldsymbol{\beta}_1$ 正交, 显然 $\boldsymbol{\beta}_1,\boldsymbol{\beta}_2$ 与 $\boldsymbol{\alpha}_1,\boldsymbol{\alpha}_2$ 等价.

假设 $1<k\leqslant m$, 满足定理要求的 $\boldsymbol{\beta}_1,\boldsymbol{\beta}_2,\cdots,\boldsymbol{\beta}_{k-1}$ 都已得到. 取

$$\boldsymbol{\beta}_k=\boldsymbol{\alpha}_k-\frac{(\boldsymbol{\alpha}_k,\boldsymbol{\beta}_1)}{(\boldsymbol{\beta}_1,\boldsymbol{\beta}_1)}\boldsymbol{\beta}_1-\frac{(\boldsymbol{\alpha}_k,\boldsymbol{\beta}_2)}{(\boldsymbol{\beta}_2,\boldsymbol{\beta}_2)}\boldsymbol{\beta}_2-\cdots-\frac{(\boldsymbol{\alpha}_k,\boldsymbol{\beta}_{k-1})}{(\boldsymbol{\beta}_{k-1},\boldsymbol{\beta}_{k-1})}\boldsymbol{\beta}_{k-1}.$$

由假设知, 每个 $\boldsymbol{\beta}_i$ 都可由 $\boldsymbol{\alpha}_1,\boldsymbol{\alpha}_2,\cdots,\boldsymbol{\alpha}_i\,(i=1,2,\cdots,k-1)$ 线性表示, 因此, $\boldsymbol{\beta}_k$ 可由 $\boldsymbol{\alpha}_1,\boldsymbol{\alpha}_2,\cdots,\boldsymbol{\alpha}_k$ 线性表示. 显然 $\boldsymbol{\alpha}_k$ 可由 $\boldsymbol{\beta}_1,\boldsymbol{\beta}_2,\cdots,\boldsymbol{\beta}_k$ 线性表示, 所以, 向量组 $\boldsymbol{\beta}_1,\boldsymbol{\beta}_2,\cdots,\boldsymbol{\beta}_k$ 与 $\boldsymbol{\alpha}_1,\boldsymbol{\alpha}_2,\cdots,\boldsymbol{\alpha}_k$ 等价.

又因为 $\boldsymbol{\beta}_1,\boldsymbol{\beta}_2,\cdots,\boldsymbol{\beta}_{k-1}$ 两两正交, 所以

$$(\boldsymbol{\beta}_k,\boldsymbol{\beta}_i)=(\boldsymbol{\alpha}_k,\boldsymbol{\beta}_i)-\frac{(\boldsymbol{\alpha}_k,\boldsymbol{\beta}_i)}{(\boldsymbol{\beta}_i,\boldsymbol{\beta}_i)}(\boldsymbol{\beta}_i,\boldsymbol{\beta}_i)=0\quad(i=1,2,\cdots,k-1).$$

于是, $\boldsymbol{\beta}_1,\boldsymbol{\beta}_2,\cdots,\boldsymbol{\beta}_k$ 两两正交. □

定理 8.4 的证明过程所给出的方法称为**施密特正交化方法**. 施密特正交化公式归纳如下:

$$\begin{aligned}
&\boldsymbol{\beta}_1=\boldsymbol{\alpha}_1,\\
&\boldsymbol{\beta}_2=\boldsymbol{\alpha}_2-\frac{(\boldsymbol{\alpha}_2,\boldsymbol{\beta}_1)}{(\boldsymbol{\beta}_1,\boldsymbol{\beta}_1)}\boldsymbol{\beta}_1,\\
&\boldsymbol{\beta}_3=\boldsymbol{\alpha}_3-\frac{(\boldsymbol{\alpha}_3,\boldsymbol{\beta}_1)}{(\boldsymbol{\beta}_1,\boldsymbol{\beta}_1)}\boldsymbol{\beta}_1-\frac{(\boldsymbol{\alpha}_3,\boldsymbol{\beta}_2)}{(\boldsymbol{\beta}_2,\boldsymbol{\beta}_2)}\boldsymbol{\beta}_2,\\
&\cdots\cdots\cdots\cdots\cdots\cdots\cdots\cdots\cdots\cdots\\
&\boldsymbol{\beta}_m=\boldsymbol{\alpha}_m-\frac{(\boldsymbol{\alpha}_m,\boldsymbol{\beta}_1)}{(\boldsymbol{\beta}_1,\boldsymbol{\beta}_1)}\boldsymbol{\beta}_1-\frac{(\boldsymbol{\alpha}_m,\boldsymbol{\beta}_2)}{(\boldsymbol{\beta}_2,\boldsymbol{\beta}_2)}\boldsymbol{\beta}_2-\cdots-\frac{(\boldsymbol{\alpha}_m,\boldsymbol{\beta}_{m-1})}{(\boldsymbol{\beta}_{m-1},\boldsymbol{\beta}_{m-1})}\boldsymbol{\beta}_{m-1}.
\end{aligned}$$

进一步将每一个向量单位化, 令

$$\boldsymbol{\gamma}_i=\frac{\boldsymbol{\beta}_i}{|\boldsymbol{\beta}_i|}\quad(i=1,2,\cdots,m),$$

则得到一个标准正交向量组 $\boldsymbol{\gamma}_1,\boldsymbol{\gamma}_2,\cdots,\boldsymbol{\gamma}_m$, 这个过程称为**施密特正交标准化**.

定理 8.4 的证明过程是构造性的. 用几何投影的观点来看, $\dfrac{(\boldsymbol{\alpha}_2,\boldsymbol{\beta}_1)}{(\boldsymbol{\beta}_1,\boldsymbol{\beta}_1)}\boldsymbol{\beta}_1$ 恰好是向量 $\boldsymbol{\alpha}_2$ 在 $\boldsymbol{\beta}_1$ 上的投影向量, 因此向量 $\boldsymbol{\beta}_2$ 与 $\boldsymbol{\beta}_1$ 垂直 (如图 8.2 所示). $\dfrac{(\boldsymbol{\alpha}_3,\boldsymbol{\beta}_1)}{(\boldsymbol{\beta}_1,\boldsymbol{\beta}_1)}\boldsymbol{\beta}_1$ 是向量 $\boldsymbol{\alpha}_3$ 在 $\boldsymbol{\beta}_1$ 上的投影向量, $\dfrac{(\boldsymbol{\alpha}_3,\boldsymbol{\beta}_2)}{(\boldsymbol{\beta}_2,\boldsymbol{\beta}_2)}\boldsymbol{\beta}_2$ 是 $\boldsymbol{\alpha}_3$ 在 $\boldsymbol{\beta}_2$ 上的投影向量, 因此, 向量 $\dfrac{(\boldsymbol{\alpha}_3,\boldsymbol{\beta}_1)}{(\boldsymbol{\beta}_1,\boldsymbol{\beta}_1)}\boldsymbol{\beta}_1+\dfrac{(\boldsymbol{\alpha}_3,\boldsymbol{\beta}_2)}{(\boldsymbol{\beta}_2,\boldsymbol{\beta}_2)}\boldsymbol{\beta}_2$ 是向量 $\boldsymbol{\alpha}_3$ 在 $\boldsymbol{\beta}_1,\boldsymbol{\beta}_2$ 所在平面上的投影向量 (如图 8.3 所示). 注意到 $\boldsymbol{\beta}_1\perp\boldsymbol{\beta}_2$, 由立体几何知, $\boldsymbol{\beta}_3$ 分别与向量 $\boldsymbol{\beta}_1,\boldsymbol{\beta}_2$ 垂直 (OA_1BA_2 是矩形, $OA_1\perp$平面AA_1B, $OA_2\perp$平面AA_2B, 因此, $AB\perp OA_1$, $AB\perp OA_2$), 向量 $\boldsymbol{\beta}_3$ 与 $\boldsymbol{\beta}_1,\boldsymbol{\beta}_2$ 所在的平面垂直.

如此继续下去, 每次构造的向量与前面的每一个向量垂直, 最后得到的向量组必然是一个正交向量组, 然后将这个正交向量组单位化就得到一个标准正交向量组. 这就是施密特正交标准化的全部思想.

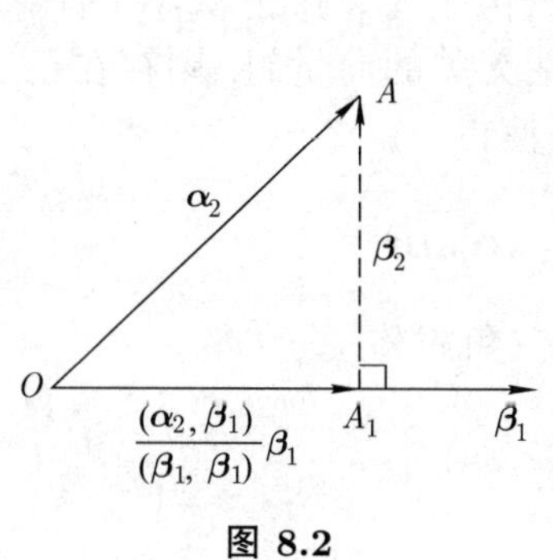

图 8.2

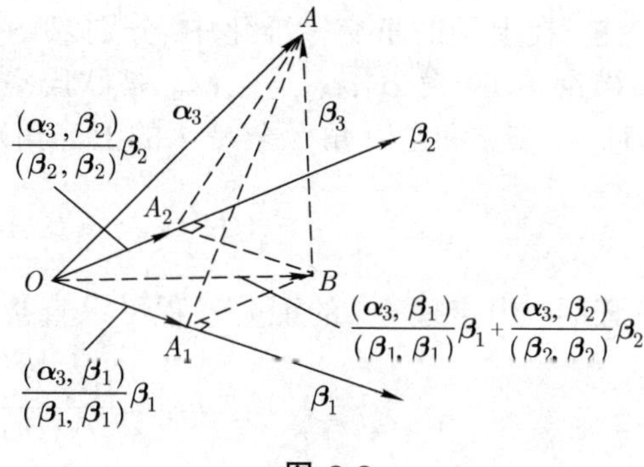

图 8.3

在上述施密特正交标准化过程中, 若 $\boldsymbol{\beta}_1,\boldsymbol{\beta}_2,\cdots,\boldsymbol{\beta}_m$ 可以分别提出一个倍数因子, 比如

$$\boldsymbol{\beta}_1=k_1\widetilde{\boldsymbol{\beta}}_1,\quad \boldsymbol{\beta}_2=k_2\widetilde{\boldsymbol{\beta}}_2,\quad \cdots,\quad \boldsymbol{\beta}_m=k_m\widetilde{\boldsymbol{\beta}}_m.$$

将每一个倍数因子 k_i 忽略不计, 用向量组 $\widetilde{\boldsymbol{\beta}}_1,\widetilde{\boldsymbol{\beta}}_2,\cdots,\widetilde{\boldsymbol{\beta}}_m$ 进行施密特正交标准化, 得到的标准正交向量组和不提出倍数因子 k_i 其结果是等价的 (请读者思考为什么?), 这样做显然可以减小计算量.

例 8.8 用施密特正交化方法把向量组

$$\boldsymbol{\alpha}_1=\begin{pmatrix}1\\2\\-1\end{pmatrix},\quad \boldsymbol{\alpha}_2=\begin{pmatrix}-1\\3\\1\end{pmatrix},\quad \boldsymbol{\alpha}_3=\begin{pmatrix}4\\-1\\0\end{pmatrix}$$

化成标准正交向量组.

解 取

$$\boldsymbol{\beta}_1=\boldsymbol{\alpha}_1=\begin{pmatrix}1\\2\\-1\end{pmatrix},$$

$$\boldsymbol{\beta}_2=\boldsymbol{\alpha}_2-\frac{(\boldsymbol{\alpha}_2,\boldsymbol{\beta}_1)}{(\boldsymbol{\beta}_1,\boldsymbol{\beta}_1)}\boldsymbol{\beta}_1=\begin{pmatrix}-1\\3\\1\end{pmatrix}-\frac{4}{6}\begin{pmatrix}1\\2\\-1\end{pmatrix}=\frac{5}{3}\begin{pmatrix}-1\\1\\1\end{pmatrix},$$

$$\boldsymbol{\beta}_3=\boldsymbol{\alpha}_3-\frac{(\boldsymbol{\alpha}_3,\boldsymbol{\beta}_1)}{(\boldsymbol{\beta}_1,\boldsymbol{\beta}_1)}\boldsymbol{\beta}_1-\frac{(\boldsymbol{\alpha}_3,\boldsymbol{\beta}_2)}{(\boldsymbol{\beta}_2,\boldsymbol{\beta}_2)}\boldsymbol{\beta}_2=\begin{pmatrix}4\\-1\\0\end{pmatrix}-\frac{2}{6}\begin{pmatrix}1\\2\\-1\end{pmatrix}-\frac{-5}{3}\begin{pmatrix}-1\\1\\1\end{pmatrix}=2\begin{pmatrix}1\\0\\1\end{pmatrix}.$$

再将 $\boldsymbol{\beta}_1,\boldsymbol{\beta}_2,\boldsymbol{\beta}_3$ 单位化即得所求的标准正交向量组

$$\boldsymbol{\gamma}_1=\frac{\boldsymbol{\beta}_1}{|\boldsymbol{\beta}_1|}=\frac{1}{\sqrt{6}}\begin{pmatrix}1\\2\\-1\end{pmatrix},\quad \boldsymbol{\gamma}_2=\frac{\boldsymbol{\beta}_2}{|\boldsymbol{\beta}_2|}=\frac{1}{\sqrt{3}}\begin{pmatrix}-1\\1\\1\end{pmatrix},\quad \boldsymbol{\gamma}_3=\frac{\boldsymbol{\beta}_3}{|\boldsymbol{\beta}_3|}=\frac{1}{\sqrt{2}}\begin{pmatrix}1\\0\\1\end{pmatrix}.$$

注 在上面的正交标准化中, 分别忽略 $\boldsymbol{\beta}_2, \boldsymbol{\beta}_3$ 的倍数因子 5/3 和 2, 减小了计算量.

推论 8.1 设 $\boldsymbol{\alpha}_1, \boldsymbol{\alpha}_2, \cdots, \boldsymbol{\alpha}_m$ 是欧氏空间 V 的线性无关的向量组, 则存在正交向量组 $\boldsymbol{\beta}_1, \boldsymbol{\beta}_2, \cdots, \boldsymbol{\beta}_m$ 和主对角元全是 1 的上三角矩阵 $\boldsymbol{R}_{m\times m}$, 使得

$$(\boldsymbol{\beta}_1, \boldsymbol{\beta}_2, \cdots, \boldsymbol{\beta}_m) = (\boldsymbol{\alpha}_1, \boldsymbol{\alpha}_2, \cdots, \boldsymbol{\alpha}_m)\boldsymbol{R}.$$

证明 由定理 8.4 的证明过程可以直接写出这个上三角矩阵. 令

$$k_{ij} = \frac{(\boldsymbol{\alpha}_j, \boldsymbol{\beta}_i)}{(\boldsymbol{\beta}_i, \boldsymbol{\beta}_i)} \quad (1 \leqslant i < j \leqslant m),$$

由施密特正交化公式得

$$\begin{aligned}
\boldsymbol{\alpha}_1 &= \boldsymbol{\beta}_1, \\
\boldsymbol{\alpha}_2 &= k_{12}\boldsymbol{\beta}_1 + \boldsymbol{\beta}_2, \\
\boldsymbol{\alpha}_3 &= k_{13}\boldsymbol{\beta}_1 + k_{23}\boldsymbol{\beta}_2 + \boldsymbol{\beta}_3, \\
&\cdots\cdots \\
\boldsymbol{\alpha}_m &= k_{1m}\boldsymbol{\beta}_1 + k_{2m}\boldsymbol{\beta}_2 + \cdots + k_{m-1,m}\boldsymbol{\beta}_{m-1} + \boldsymbol{\beta}_m.
\end{aligned}$$

写成矩阵表达形式为

$$(\boldsymbol{\alpha}_1, \boldsymbol{\alpha}_2, \cdots, \boldsymbol{\alpha}_m) = (\boldsymbol{\beta}_1, \boldsymbol{\beta}_2, \cdots, \boldsymbol{\beta}_m)\begin{pmatrix} 1 & k_{12} & \cdots & k_{1m} \\ 0 & 1 & \cdots & k_{2m} \\ \vdots & \vdots & & \vdots \\ 0 & 0 & \cdots & 1 \end{pmatrix}.$$

显然, 上三角矩阵

$$\begin{pmatrix} 1 & k_{12} & \cdots & k_{1m} \\ 0 & 1 & \cdots & k_{2m} \\ \vdots & \vdots & & \vdots \\ 0 & 0 & \cdots & 1 \end{pmatrix}$$

是可逆矩阵, 记它的逆矩阵为 $\boldsymbol{R}$, 则 $\boldsymbol{R}$ 的主对角元素全为 1. 故

$$(\boldsymbol{\beta}_1, \boldsymbol{\beta}_2, \cdots, \boldsymbol{\beta}_m) = (\boldsymbol{\alpha}_1, \boldsymbol{\alpha}_2, \cdots, \boldsymbol{\alpha}_m)\boldsymbol{R}. \quad \square$$

8.2.2 标准正交基

定义 8.7 如果欧氏空间 V 中的一个基是正交向量组, 则称为 V 的**正交基**. 如果这个基还是标准正交向量组, 则称为 V 的**标准正交基**.

例 8.9 欧氏空间 $\mathbb{R}^n$ 中的单位正交向量组 $\boldsymbol{e}_1, \boldsymbol{e}_2, \cdots, \boldsymbol{e}_n$ 是 $\mathbb{R}^n$ 的一个标准正交基.

定理 8.5 任一有限维欧氏空间必有标准正交基.

证明 任一有限维欧氏空间一定有基, 由定理 8.4 可将它化成标准正交基. $\square$

定理 8.6 n 维欧氏空间 V 的任意一标准正交向量组一定可以扩充成 V 的标准正交基.

证明 设 $\boldsymbol{\alpha}_1,\boldsymbol{\alpha}_2,\cdots,\boldsymbol{\alpha}_m$ 是 V 的标准正交向量组, 显然它是线性无关的, 因此可以扩充成 V 的一个基 $\boldsymbol{\alpha}_1,\cdots,\boldsymbol{\alpha}_m,\boldsymbol{\beta}_{m+1},\cdots,\boldsymbol{\beta}_n$, 用施密特正交标准化方法将它正交标准化, 在这一过程中 $\boldsymbol{\alpha}_1,\cdots,\boldsymbol{\alpha}_m$ 并不改变, 得到 V 的标准正交基 $\boldsymbol{\alpha}_1,\cdots,\boldsymbol{\alpha}_m,\boldsymbol{\alpha}_{m+1},\cdots,\boldsymbol{\alpha}_n$. □

定理 8.7 n 维欧氏空间的基是标准正交基的充要条件是它的度量矩阵是单位矩阵.

证明 设 $\boldsymbol{\varepsilon}_1,\boldsymbol{\varepsilon}_2,\cdots,\boldsymbol{\varepsilon}_n$ 是 n 维欧氏空间 V 的标准正交基, 由定义得

$$(\boldsymbol{\varepsilon}_i,\boldsymbol{\varepsilon}_j)=\delta_{ij},$$

其中 δ_{ij} 是克罗内克符号:

$$\delta_{ij}=\begin{cases}1, & 若\ i=j,\\ 0, & 若\ i\neq j.\end{cases}$$

因此, 标准正交基的度量矩阵是单位阵, 反之也成立. □

定理 8.8 设 V 是 n 维欧氏空间, 任一向量 $\boldsymbol{\alpha}\in V$ 在标准正交基 $\boldsymbol{\varepsilon}_1,\boldsymbol{\varepsilon}_2,\cdots,\boldsymbol{\varepsilon}_n$ 下的坐标是 $(x_1,x_2,\cdots,x_n)^{\mathrm{T}}$, 则每一个分量 x_i 是向量 $\boldsymbol{\alpha}$ 在 $\boldsymbol{\varepsilon}_i$ 上的投影, 即

$$x_i=(\boldsymbol{\alpha},\boldsymbol{\varepsilon}_i)\quad(i=1,2,\cdots,n).$$

设向量 $\boldsymbol{\beta}\in V$ 在标准正交基 $\boldsymbol{\varepsilon}_1,\boldsymbol{\varepsilon}_2,\cdots,\boldsymbol{\varepsilon}_n$ 下的坐标是 $(y_1,y_2,\cdots,y_n)^{\mathrm{T}}$, 因此, 内积可以表示成

$$(\boldsymbol{\alpha},\boldsymbol{\beta})=\sum_{i=1}^{n}x_iy_i.$$

证明 由于

$$\boldsymbol{\alpha}=x_1\boldsymbol{\varepsilon}_1+x_2\boldsymbol{\varepsilon}_2+\cdots+x_n\boldsymbol{\varepsilon}_n,$$

且 $(\boldsymbol{\varepsilon}_i,\boldsymbol{\varepsilon}_j)=\delta_{ij}\,(i,j=1,2,\cdots,n)$, 因此,

$$(\boldsymbol{\alpha},\boldsymbol{\varepsilon}_i)=(x_1\boldsymbol{\varepsilon}_1+x_2\boldsymbol{\varepsilon}_2+\cdots+x_n\boldsymbol{\varepsilon}_n,\boldsymbol{\varepsilon}_i)=x_i(\boldsymbol{\varepsilon}_i,\boldsymbol{\varepsilon}_i)=x_i.$$

由于度量矩阵 $\boldsymbol{A}=\boldsymbol{I}$ 是单位矩阵, 因此,

$$(\boldsymbol{\alpha},\boldsymbol{\beta})=\boldsymbol{x}^{\mathrm{T}}\boldsymbol{I}\boldsymbol{y}=\boldsymbol{x}^{\mathrm{T}}\boldsymbol{y}=\sum_{i=1}^{n}x_iy_i.\quad\square$$

由定理 8.7 可知, 在欧氏空间中, 标准正交基的度量矩阵是单位矩阵, 因而是最简单的度量矩阵. 由定理 8.8 又知, 在欧氏空间中取定一个标准正交基, 则任一向量在这个基下的坐标(投影) 由内积唯一决定, 且任意两个向量的内积等于其对应坐标的乘积之和. 这两个定理充分说明, “标准正交基” 在欧氏空间中具有非常重要的作用.

习题 8.2

8.9 把下列向量组化成标准正交向量组:

(1) $\boldsymbol{\alpha}_1=(0,2,-1)^{\mathrm{T}}$, $\boldsymbol{\alpha}_2=(0,1,1)^{\mathrm{T}}$, $\boldsymbol{\alpha}_3=(1,0,-1)^{\mathrm{T}}$;

(2) $\boldsymbol{\alpha}_1=(1,1,1)^{\mathrm{T}}$, $\boldsymbol{\alpha}_2=(0,1,2)^{\mathrm{T}}$, $\boldsymbol{\alpha}_3=(2,0,3)^{\mathrm{T}}$;

(3) $\boldsymbol{\alpha}_1=(1,1,0,0)^{\mathrm{T}}$, $\boldsymbol{\alpha}_2=(1,0,1,0)^{\mathrm{T}}$, $\boldsymbol{\alpha}_3=(-1,0,0,1)^{\mathrm{T}}$, $\boldsymbol{\alpha}_4=(1,-1,-1,1)^{\mathrm{T}}$;

(4) $\boldsymbol{\alpha}_1=(1,1,1,1)^{\mathrm{T}}$, $\boldsymbol{\alpha}_2=(3,3,1,1)^{\mathrm{T}}$, $\boldsymbol{\alpha}_3=(3,1,3,1)^{\mathrm{T}}$, $\boldsymbol{\alpha}_4=(3,-1,4,2)^{\mathrm{T}}$.

8.10 设 V 是 n 维欧氏空间, 向量 $\boldsymbol{\alpha},\boldsymbol{\beta}\in V$ 在标准正交基 $\boldsymbol{\varepsilon}_1,\boldsymbol{\varepsilon}_2,\cdots,\boldsymbol{\varepsilon}_n$ 下的坐标分别是 $(x_1,x_2,\cdots,x_n)^{\mathrm{T}},(y_1,y_2,\cdots,y_n)^{\mathrm{T}}$. 证明:

(1) $|\boldsymbol{\alpha}|=\sqrt{(\boldsymbol{\alpha},\boldsymbol{\alpha})}=\sqrt{\sum\limits_{i=1}^{n}x_i^2}$;

(2) $\cos\theta=\dfrac{(\boldsymbol{\alpha},\boldsymbol{\beta})}{|\boldsymbol{\alpha}||\boldsymbol{\beta}|}=\dfrac{\sum\limits_{i=1}^{n}x_iy_i}{\sqrt{\sum\limits_{i=1}^{n}x_i^2}\cdot\sqrt{\sum\limits_{i=1}^{n}y_i^2}}$ ($\boldsymbol{\alpha},\boldsymbol{\beta}$ 都是非零向量);

(3) $d(\boldsymbol{\alpha},\boldsymbol{\beta})=|\boldsymbol{\alpha}-\boldsymbol{\beta}|=\sqrt{\sum\limits_{i=1}^{n}(x_i-y_i)^2}$.

8.11 证明: 在 n 维欧氏空间中, 任一正交向量组所包含的向量都不能超过 n 个.

8.12 证明: 欧氏空间中两个非零向量 $\boldsymbol{\alpha},\boldsymbol{\beta}$ 正交的充要条件是对任意实数 k 都有

$$|\boldsymbol{\alpha}+k\boldsymbol{\beta}|\geqslant|\boldsymbol{\alpha}|.$$

8.13 设 $\boldsymbol{\alpha}_1,\boldsymbol{\alpha}_2,\cdots,\boldsymbol{\alpha}_m$ 是 n 维欧氏空间 V 的一个正交向量组, $\boldsymbol{\alpha}$ 是 V 中的任一向量, 证明**贝塞尔不等式**:

$$\sum_{i=1}^{m}\frac{|(\boldsymbol{\alpha},\boldsymbol{\alpha}_i)|^2}{|\boldsymbol{\alpha}_i|^2}\leqslant|\boldsymbol{\alpha}|^2,$$

等号成立的充要条件是 $\boldsymbol{\alpha}\in L(\boldsymbol{\alpha}_1,\boldsymbol{\alpha}_2,\cdots,\boldsymbol{\alpha}_m)$.

8.14 设 $\boldsymbol{\alpha}_1,\boldsymbol{\alpha}_2,\cdots,\boldsymbol{\alpha}_s$ 是 n 维欧氏空间 V 的一个向量组, $a_{ij}=(\boldsymbol{\alpha}_i,\boldsymbol{\alpha}_j)\,(i,j=1,2,\cdots,s)$, 称矩阵 $\boldsymbol{A}=(a_{ij})_{s\times s}$ 为向量组 $\boldsymbol{\alpha}_1,\boldsymbol{\alpha}_2,\cdots,\boldsymbol{\alpha}_s$ 的**格拉姆矩阵**, 记作 $\boldsymbol{G}(\boldsymbol{\alpha}_1,\cdots,\boldsymbol{\alpha}_s)$, 称 $|\boldsymbol{G}(\boldsymbol{\alpha}_1,\cdots,\boldsymbol{\alpha}_s)|$ 为向量组 $\boldsymbol{\alpha}_1,\boldsymbol{\alpha}_2,\cdots,\boldsymbol{\alpha}_s$ 的**格拉姆行列式**. 证明: 任一 s 阶格拉姆矩阵都可以表示成 $\boldsymbol{B}^{\mathrm{T}}\boldsymbol{B}$ 的形式, 其中 $\boldsymbol{B}$ 是 $n\times s$ 矩阵.

§8.3 正交矩阵与正交变换

在解析几何中, 旋转变换和对称变换都保持向量的长度和夹角不变, 因而保持向量的内积不变. 本节将把这些思想引入到一般欧氏空间中, 首先介绍正交矩阵, 然后讲正交变换.

8.3.1 正交矩阵

定义 8.8 设 $\boldsymbol{A}$ 是 n 阶实矩阵, 如果 $\boldsymbol{A}^{\mathrm{T}}\boldsymbol{A}=\boldsymbol{A}\boldsymbol{A}^{\mathrm{T}}=\boldsymbol{I}$, 则称 $\boldsymbol{A}$ 为**正交矩阵**.

正交矩阵有如下性质:

性质 1 $\boldsymbol{A}$ 是正交矩阵的充要条件是 $\boldsymbol{A}^{-1}=\boldsymbol{A}^{\mathrm{T}}$.

性质 2 $\boldsymbol{A}$ 是正交矩阵的充要条件是 $\boldsymbol{A}$ 的列 (行) 向量组是标准正交向量组.

证明 设 $\boldsymbol{A}=(a_{ij})_{n\times n}$ 是 n 阶实矩阵, 将 $\boldsymbol{A}$ 进行列分块, 得到

$$\boldsymbol{A}=(\boldsymbol{\alpha}_1,\boldsymbol{\alpha}_2,\cdots,\boldsymbol{\alpha}_n),\quad \boldsymbol{A}^{\mathrm{T}}=\begin{pmatrix}\boldsymbol{\alpha}_1^{\mathrm{T}}\\ \boldsymbol{\alpha}_2^{\mathrm{T}}\\ \vdots\\ \boldsymbol{\alpha}_n^{\mathrm{T}}\end{pmatrix}.$$

因此,

$$\boldsymbol{A}^{\mathrm{T}}\boldsymbol{A}=\begin{pmatrix}\boldsymbol{\alpha}_1^{\mathrm{T}}\\ \boldsymbol{\alpha}_2^{\mathrm{T}}\\ \vdots\\ \boldsymbol{\alpha}_n^{\mathrm{T}}\end{pmatrix}(\boldsymbol{\alpha}_1,\boldsymbol{\alpha}_2,\cdots,\boldsymbol{\alpha}_n)=\begin{pmatrix}\boldsymbol{\alpha}_1^{\mathrm{T}}\boldsymbol{\alpha}_1 & \boldsymbol{\alpha}_1^{\mathrm{T}}\boldsymbol{\alpha}_2 & \cdots & \boldsymbol{\alpha}_1^{\mathrm{T}}\boldsymbol{\alpha}_n\\ \boldsymbol{\alpha}_2^{\mathrm{T}}\boldsymbol{\alpha}_1 & \boldsymbol{\alpha}_2^{\mathrm{T}}\boldsymbol{\alpha}_2 & \cdots & \boldsymbol{\alpha}_2^{\mathrm{T}}\boldsymbol{\alpha}_n\\ \vdots & \vdots & & \vdots\\ \boldsymbol{\alpha}_n^{\mathrm{T}}\boldsymbol{\alpha}_1 & \boldsymbol{\alpha}_n^{\mathrm{T}}\boldsymbol{\alpha}_2 & \cdots & \boldsymbol{\alpha}_n^{\mathrm{T}}\boldsymbol{\alpha}_n\end{pmatrix}.$$

得到

$$\boldsymbol{A}\text{ 是正交矩阵}\Leftrightarrow \boldsymbol{A}^{\mathrm{T}}\boldsymbol{A}=\boldsymbol{I}\Leftrightarrow(\boldsymbol{\alpha}_i,\boldsymbol{\alpha}_j)=\boldsymbol{\alpha}_i^{\mathrm{T}}\boldsymbol{\alpha}_j=\sum_{k=1}^{n}a_{ki}a_{kj}=\delta_{ij},$$

其中 δ_{ij} 是克罗内克符号. 这等价于

$$\boldsymbol{A}\text{ 是正交矩阵}\Leftrightarrow \boldsymbol{\alpha}_1,\boldsymbol{\alpha}_2,\cdots,\boldsymbol{\alpha}_n\text{ 是标准正交向量组}.$$

而 $\boldsymbol{A}^{\mathrm{T}}\boldsymbol{A}=\boldsymbol{I}$ 与 $\boldsymbol{A}\boldsymbol{A}^{\mathrm{T}}=\boldsymbol{I}$ 等价, 所以, 上述结论对 $\boldsymbol{A}$ 的行向量组也成立. □

性质 3 若 $\boldsymbol{A}$ 是正交矩阵, 则 $|\boldsymbol{A}|=\pm1$.

性质 4 若 $\boldsymbol{A}$ 是正交矩阵, 则 $\boldsymbol{A}^{-1},\boldsymbol{A}^{\mathrm{T}},\boldsymbol{A}^*$ 都是正交矩阵.

证明 若 $\boldsymbol{A}$ 是正交矩阵, 由定义 8.8 容易证明, $\boldsymbol{A}^{-1},\boldsymbol{A}^{\mathrm{T}}$ 是正交矩阵. 下证 $\boldsymbol{A}^*$ 是正交矩阵. 事实上, 若 $\boldsymbol{A}$ 是正交矩阵, 由伴随矩阵的性质 (见习题第 2.21 题) 及正交矩阵的性质 1 可知

$$(\boldsymbol{A}^*)^{-1}=(\boldsymbol{A}^{-1})^*=(\boldsymbol{A}^{\mathrm{T}})^*=(\boldsymbol{A}^*)^{\mathrm{T}},$$

故 $\boldsymbol{A}^*$ 也是正交矩阵. □

性质 5 若 $\boldsymbol{A},\boldsymbol{B}$ 都是 n 阶正交矩阵, 则 $\boldsymbol{AB}$ 也是正交矩阵.

证明 若 $\boldsymbol{A},\boldsymbol{B}$ 都是 n 阶正交矩阵, 则 $\boldsymbol{A}^{\mathrm{T}}\boldsymbol{A}=\boldsymbol{B}^{\mathrm{T}}\boldsymbol{B}=\boldsymbol{I}$. 因此,

$$(\boldsymbol{AB})^{\mathrm{T}}(\boldsymbol{AB})=(\boldsymbol{B}^{\mathrm{T}}\boldsymbol{A}^{\mathrm{T}})(\boldsymbol{AB})=\boldsymbol{B}^{\mathrm{T}}(\boldsymbol{A}^{\mathrm{T}}\boldsymbol{A})\boldsymbol{B}=\boldsymbol{B}^{\mathrm{T}}\boldsymbol{B}=\boldsymbol{I},$$

故 $\boldsymbol{AB}$ 也是正交矩阵. □

性质 6 正交上 (下) 三角矩阵是对角矩阵, 且主对角元是 1 或 -1.

利用性质 2 容易证明这个结果, 留给读者自己完成.

定理 8.9 设 $\varepsilon_1,\varepsilon_2,\cdots,\varepsilon_n$ 是 n 维欧氏空间 V 的标准正交基, $\boldsymbol{A}$ 是从 $\varepsilon_1,\varepsilon_2,\cdots,\varepsilon_n$ 到基 $\boldsymbol{\eta}_1,\boldsymbol{\eta}_2,\cdots,\boldsymbol{\eta}_n$ 的过渡矩阵, 则 $\boldsymbol{\eta}_1,\boldsymbol{\eta}_2,\cdots,\boldsymbol{\eta}_n$ 是标准正交基的充要条件是 $\boldsymbol{A}$ 是正交矩阵.

证明 设

$$(\boldsymbol{\eta}_1,\boldsymbol{\eta}_2,\cdots,\boldsymbol{\eta}_n)=(\varepsilon_1,\varepsilon_2,\cdots,\varepsilon_n)\boldsymbol{A},$$

其中 $\boldsymbol{A}=(a_{ij})_{n\times n}=(\boldsymbol{\alpha}_1,\boldsymbol{\alpha}_2,\cdots,\boldsymbol{\alpha}_n)$. 由 $(\varepsilon_k,\varepsilon_l)=\delta_{kl}$ 知,

$$(\boldsymbol{\eta}_i,\boldsymbol{\eta}_j)=\left(\sum_{k=1}^{n}a_{ki}\varepsilon_k,\sum_{l=1}^{n}a_{lj}\varepsilon_l\right)=\sum_{k=1}^{n}\sum_{l=1}^{n}a_{ki}a_{lj}(\varepsilon_k,\varepsilon_l)=\sum_{k=1}^{n}a_{ki}a_{kj}=\boldsymbol{\alpha}_i^{\mathrm{T}}\boldsymbol{\alpha}_j.$$

因此,

$$\boldsymbol{A}\text{ 是正交矩阵}\Leftrightarrow\boldsymbol{\alpha}_i^{\mathrm{T}}\boldsymbol{\alpha}_j=\delta_{ij}=(\boldsymbol{\eta}_i,\boldsymbol{\eta}_j)\Leftrightarrow\boldsymbol{\eta}_1,\boldsymbol{\eta}_2,\cdots,\boldsymbol{\eta}_n\text{ 是标准正交基}.\quad\square$$

定理 8.10 对任意可逆矩阵 $\boldsymbol{A}$, 一定存在正交矩阵 $\boldsymbol{Q}$ 和主对角线元素全为正的上三角矩阵 $\boldsymbol{R}$, 使得

$$\boldsymbol{A}=\boldsymbol{QR},$$

并且这种分解式是唯一的, 称这个结果为矩阵 $\boldsymbol{A}$ 的 **QR 分解**.

证明 将 n 阶可逆矩阵 $\boldsymbol{A}$ 按列分块成 $\boldsymbol{A}=(\boldsymbol{\alpha}_1,\boldsymbol{\alpha}_2,\cdots,\boldsymbol{\alpha}_n)$. 由推论 8.1 可知, 存在正交向量组 $\boldsymbol{\beta}_1,\boldsymbol{\beta}_2,\cdots,\boldsymbol{\beta}_n$ 和一个主对角元全为 1 的上三角矩阵 $\boldsymbol{T}$, 使得

$$(\boldsymbol{\beta}_1,\boldsymbol{\beta}_2,\cdots,\boldsymbol{\beta}_n)=(\boldsymbol{\alpha}_1,\boldsymbol{\alpha}_2,\cdots,\boldsymbol{\alpha}_n)\boldsymbol{T}.$$

因而,

$$(\boldsymbol{\alpha}_1,\boldsymbol{\alpha}_2,\cdots,\boldsymbol{\alpha}_n)=(\boldsymbol{\beta}_1,\boldsymbol{\beta}_2,\cdots,\boldsymbol{\beta}_n)\boldsymbol{T}^{-1},$$

其中 $\boldsymbol{T}^{-1}$ 也是主对角元全为 1 的上三角矩阵. 令

$$\gamma_1=\frac{1}{|\boldsymbol{\beta}_1|}\boldsymbol{\beta}_1,\quad\gamma_2=\frac{1}{|\boldsymbol{\beta}_2|}\boldsymbol{\beta}_2,\quad\cdots,\quad\gamma_n=\frac{1}{|\boldsymbol{\beta}_n|}\boldsymbol{\beta}_n,$$

即

$$(\boldsymbol{\beta}_1,\boldsymbol{\beta}_2,\cdots,\boldsymbol{\beta}_n)=(\gamma_1,\gamma_2,\cdots,\gamma_n)\begin{pmatrix}|\boldsymbol{\beta}_1| & & & \\ & |\boldsymbol{\beta}_2| & & \\ & & \ddots & \\ & & & |\boldsymbol{\beta}_n|\end{pmatrix}.$$

令

$$\boldsymbol{Q}=(\gamma_1,\gamma_2,\cdots,\gamma_n),\quad\boldsymbol{R}=\mathrm{diag}\,(|\boldsymbol{\beta}_1|,|\boldsymbol{\beta}_2|,\cdots,|\boldsymbol{\beta}_n|)\,\boldsymbol{T}^{-1},$$

则 $\boldsymbol{Q}$ 的列向量 $\gamma_1,\gamma_2,\cdots,\gamma_n$ 是标准正交向量组, 因而 $\boldsymbol{Q}$ 是正交矩阵. $\boldsymbol{R}$ 是上三角矩阵, 其主对角元为正数: $|\boldsymbol{\beta}_1|,|\boldsymbol{\beta}_2|,\cdots,|\boldsymbol{\beta}_n|$, 且有 $\boldsymbol{A}=\boldsymbol{QR}$, 存在性得证.

再证唯一性. 设

$$\boldsymbol{A}=\boldsymbol{Q}\boldsymbol{R}=\boldsymbol{Q}_1\boldsymbol{R}_1$$

是 $\boldsymbol{A}$ 的两种 QR 分解, 其中 $\boldsymbol{Q},\boldsymbol{Q}_1$ 是正交矩阵, $\boldsymbol{R},\boldsymbol{R}_1$ 是主对角元全是正数的上三角矩阵. 于是

$$\boldsymbol{Q}_1^{-1}\boldsymbol{Q}=\boldsymbol{R}_1\boldsymbol{R}^{-1}.$$

由性质 4 和性质 5 知, $\boldsymbol{Q}_1^{-1}\boldsymbol{Q}$ 仍为正交矩阵, 则 $\boldsymbol{R}_1\boldsymbol{R}^{-1}$ 是主对角元全是正数的正交上三角矩阵. 由性质 6 知, $\boldsymbol{R}_1\boldsymbol{R}^{-1}$ 只能是单位阵, 即

$$\boldsymbol{R}_1\boldsymbol{R}^{-1}=\boldsymbol{Q}_1^{-1}\boldsymbol{Q}=\boldsymbol{I},$$

从而 $\boldsymbol{Q}=\boldsymbol{Q}_1, \boldsymbol{R}=\boldsymbol{R}_1$. □

定理 8.10 中的 $\boldsymbol{R}$ 是上三角矩阵, 如果将 $\boldsymbol{R}$ 取成是主对角元全为正的下三角矩阵, 则可逆矩阵 $\boldsymbol{A}=\boldsymbol{R}\boldsymbol{Q}$, 其中 $\boldsymbol{Q}$ 是正交矩阵, 且这种分解式是唯一的. 请读者自己证明. 定理 8.10 是关于 "可逆矩阵" 的 QR 分解, 能否将它推广为对一般 n 阶矩阵做 QR 分解? 请阅读文献 [1].

8.3.2 正交变换

定义 8.9 设 σ 是 n 维欧氏空间 V 的线性变换, 如果对任意 $\boldsymbol{\alpha},\boldsymbol{\beta}\in V$, 都有

$$(\sigma(\boldsymbol{\alpha}),\sigma(\boldsymbol{\beta}))=(\boldsymbol{\alpha},\boldsymbol{\beta}),$$

则称 σ 是**正交变换**. 或者说, 欧氏空间的正交变换是保持向量内积不变的线性变换.

例如, 恒等变换是正交变换; 普通二维或三维空间中的旋转变换、关于某一条直线或平面的对称变换也是正交变换. 下面的定理给出正交变换的等价刻画.

定理 8.11 设 σ 是 n 维欧氏空间 V 的线性变换, 则下列四个命题等价:

(1) σ 是正交变换;

(2) σ 保持向量的长度不变;

(3) σ 把标准正交基映射为标准正交基;

(4) σ 在任一标准正交基下的矩阵都是正交矩阵.

证明 (1)⇒(2): 任取 $\boldsymbol{\alpha}\in V$, 由 $(\sigma(\boldsymbol{\alpha}),\sigma(\boldsymbol{\alpha}))=(\boldsymbol{\alpha},\boldsymbol{\alpha})$ 知 $|\sigma(\boldsymbol{\alpha})|^2=|\boldsymbol{\alpha}|^2$, 故

$$|\sigma(\boldsymbol{\alpha})|=|\boldsymbol{\alpha}|.$$

(2)⇒(3): 设 $\boldsymbol{\varepsilon}_1,\boldsymbol{\varepsilon}_2,\cdots,\boldsymbol{\varepsilon}_n$ 是 V 的标准正交基, 则有

$$\begin{aligned}|\boldsymbol{\varepsilon}_i+\boldsymbol{\varepsilon}_j|^2&=|\sigma(\boldsymbol{\varepsilon}_i+\boldsymbol{\varepsilon}_j)|^2=|\sigma(\boldsymbol{\varepsilon}_i)+\sigma(\boldsymbol{\varepsilon}_j)|^2\\&=|\sigma(\boldsymbol{\varepsilon}_i)|^2+|\sigma(\boldsymbol{\varepsilon}_j)|^2+2(\sigma(\boldsymbol{\varepsilon}_i),\sigma(\boldsymbol{\varepsilon}_j))\\&=|\boldsymbol{\varepsilon}_i|^2+|\boldsymbol{\varepsilon}_j|^2+2(\sigma(\boldsymbol{\varepsilon}_i),\sigma(\boldsymbol{\varepsilon}_j)).\end{aligned}$$

所以,

$$(\sigma(\boldsymbol{\varepsilon}_i),\sigma(\boldsymbol{\varepsilon}_j))=(\boldsymbol{\varepsilon}_i,\boldsymbol{\varepsilon}_j)=\delta_{ij}\quad(i,j=1,2,\cdots,n),$$

即 $\sigma(\boldsymbol{\varepsilon}_1),\sigma(\boldsymbol{\varepsilon}_2),\cdots,\sigma(\boldsymbol{\varepsilon}_n)$ 是标准正交基.

(3)⇒(4): 设 $\boldsymbol{\varepsilon}_1,\boldsymbol{\varepsilon}_2,\cdots,\boldsymbol{\varepsilon}_n$ 是 V 的标准正交基, σ 在这个基下的矩阵是 $\boldsymbol{A}$. 由于 $\sigma(\boldsymbol{\varepsilon}_1),\sigma(\boldsymbol{\varepsilon}_2),\cdots,\sigma(\boldsymbol{\varepsilon}_n)$ 也是 V 的标准正交基, 因而 $\boldsymbol{A}$ 是从标准正交基 $\boldsymbol{\varepsilon}_1,\boldsymbol{\varepsilon}_2,\cdots,\boldsymbol{\varepsilon}_n$ 到标准正交基 $\sigma(\boldsymbol{\varepsilon}_1),\sigma(\boldsymbol{\varepsilon}_2),\cdots,\sigma(\boldsymbol{\varepsilon}_n)$ 的过渡矩阵, 由定理 8.9 知 $\boldsymbol{A}$ 是正交矩阵.

(4)⇒(1): 任取 $\boldsymbol{\alpha},\boldsymbol{\beta}\in V$, 设

$$\boldsymbol{\alpha}=\sum_{i=1}^{n}x_i\boldsymbol{\varepsilon}_i,\quad \boldsymbol{\beta}=\sum_{j=1}^{n}y_j\boldsymbol{\varepsilon}_j.$$

注意到 $\boldsymbol{\varepsilon}_1,\boldsymbol{\varepsilon}_2,\cdots,\boldsymbol{\varepsilon}_n$ 和 $\sigma(\boldsymbol{\varepsilon}_1),\sigma(\boldsymbol{\varepsilon}_2),\cdots,\sigma(\boldsymbol{\varepsilon}_n)$ 都是 V 的标准正交基, 因此

$$(\sigma(\boldsymbol{\alpha}),\sigma(\boldsymbol{\beta}))=\left(\sum_{i=1}^{n}x_i\sigma(\boldsymbol{\varepsilon}_i),\sum_{j=1}^{n}y_j\sigma(\boldsymbol{\varepsilon}_j)\right)=\sum_{i=1}^{n}x_iy_i=(\boldsymbol{\alpha},\boldsymbol{\beta}).$$

故 σ 是正交变换. □

由于非零向量的夹角完全由内积决定, 所以, 正交变换也保持夹角不变. 因此, 在几何空间中, 正交变换保持几何形状不变. 同时, 正交变换是 V 到 V 的同构映射, 因而是可逆变换, 其逆变换也是正交变换. 两个正交变换的乘积也是正交变换.

从定理 8.11 可以看到, 取定 n 维欧氏空间 V 的标准正交基, 正交变换与正交矩阵是一一对应关系. 一个正交变换对应一个正交矩阵; 反之, 一个正交矩阵对应一个正交变换.

例 8.10 设 $\boldsymbol{\eta}$ 是 n 维欧氏空间 V 的一个单位向量, 对任意 $\boldsymbol{\alpha}\in V$, 定义

$$\sigma(\boldsymbol{\alpha})=\boldsymbol{\alpha}-2(\boldsymbol{\alpha},\boldsymbol{\eta})\boldsymbol{\eta}. \tag{8.1}$$

证明: σ 是正交变换.

证明 对任意 $\boldsymbol{\alpha},\boldsymbol{\beta}\in V$,

$$\begin{aligned}(\sigma(\boldsymbol{\alpha}),\sigma(\boldsymbol{\beta}))&=(\boldsymbol{\alpha}-2(\boldsymbol{\alpha},\boldsymbol{\eta})\boldsymbol{\eta},\boldsymbol{\beta}-2(\boldsymbol{\beta},\boldsymbol{\eta})\boldsymbol{\eta})\\&=(\boldsymbol{\alpha},\boldsymbol{\beta})-4(\boldsymbol{\alpha},\boldsymbol{\eta})(\boldsymbol{\beta},\boldsymbol{\eta})+4(\boldsymbol{\alpha},\boldsymbol{\eta})(\boldsymbol{\beta},\boldsymbol{\eta})(\boldsymbol{\eta},\boldsymbol{\eta})\\&=(\boldsymbol{\alpha},\boldsymbol{\beta}),\end{aligned}$$

故 σ 是正交变换. □

在例 8.10 中, 假设 $\boldsymbol{\eta}$ 是平面 π 的法线方向向量, $(\boldsymbol{\alpha},\boldsymbol{\eta})\boldsymbol{\eta}$ 是向量 $\boldsymbol{\alpha}$ 在 $\boldsymbol{\eta}$ 方向的投影向量, 如图 8.4 所示. 于是, $\sigma(\boldsymbol{\alpha})$ 与 $\boldsymbol{\alpha}$ 关于平面 π 对称, 因此, 正交变换 (8.1) 称为**镜像变换**或**镜面反射变换**.

定义 8.10 设 σ 是 n 维欧氏空间 V 的正交变换, 且在某个标准正交基下的矩阵是 $\boldsymbol{A}$. 若 $|\boldsymbol{A}|=1$, 则称 σ 是**第一类正交变换**; 若 $|\boldsymbol{A}|=-1$, 则称 σ 是**第二类正交变换**.

例 8.11 在欧氏空间 $\mathbb{R}^2$ 中, σ 是将平面向量逆时针旋转 θ 角的正交变换, 则 σ 在标准正交基 $\boldsymbol{e}_1,\boldsymbol{e}_2$ 下的矩阵是

$$\boldsymbol{A}=\begin{pmatrix}\cos\theta & -\sin\theta\\ \sin\theta & \cos\theta\end{pmatrix}.$$

显然 $|\boldsymbol{A}|=1$, 故旋转变换是第一类正交变换.

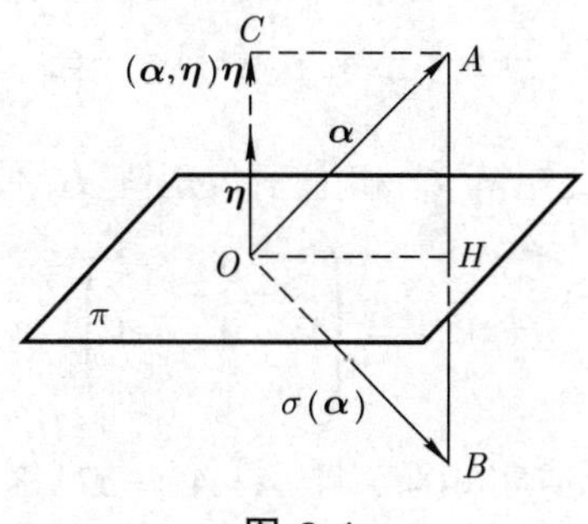

图 8.4

例 8.12 在例 8.10 中, 令 $\boldsymbol{\varepsilon}_1=\boldsymbol{\eta}$, 将 $\boldsymbol{\varepsilon}_1$ 扩充成 V 的标准正交基 $\boldsymbol{\varepsilon}_1,\boldsymbol{\varepsilon}_2,\cdots,\boldsymbol{\varepsilon}_n$. 则在镜像变换 σ 下

$$\sigma(\boldsymbol{\varepsilon}_1)=-\boldsymbol{\varepsilon}_1,\ \ \sigma(\boldsymbol{\varepsilon}_2)=\boldsymbol{\varepsilon}_2,\ \ \cdots,\ \ \sigma(\boldsymbol{\varepsilon}_n)=\boldsymbol{\varepsilon}_n.$$

因此, σ 关于基 $\boldsymbol{\varepsilon}_1,\boldsymbol{\varepsilon}_2,\cdots,\boldsymbol{\varepsilon}_n$ 的矩阵是

$$\boldsymbol{A}=\mathrm{diag}(-1,1,\cdots,1).$$

显然, $|\boldsymbol{A}|=-1$. 故镜像变换是第二类正交变换.

例 8.13 证明: 欧氏空间中正交变换如有实特征值, 则该实特征值只能是 1 或 -1.

证明 设 σ 是欧氏空间 V 的正交变换, λ 是它的任一实特征值, $\boldsymbol{\alpha}\neq\boldsymbol{0}$ 是对应的特征向量, 则 $\sigma(\boldsymbol{\alpha})=\lambda\boldsymbol{\alpha}$. 所以,

$$(\boldsymbol{\alpha},\boldsymbol{\alpha})=(\sigma(\boldsymbol{\alpha}),\sigma(\boldsymbol{\alpha}))=(\lambda\boldsymbol{\alpha},\lambda\boldsymbol{\alpha})=\lambda^2(\boldsymbol{\alpha},\boldsymbol{\alpha}),$$

由于 $(\boldsymbol{\alpha},\boldsymbol{\alpha})>0$, 故 $\lambda^2=1$, 即 $\lambda=\pm1$. □

注意, 平移变换也能保持向量的夹角不变、保持几何形状不变, 但平移变换不能保持内积不变, 它不是线性变换, 因而平移变换不是正交变换.

关于正交变换与正交矩阵的深入讨论请阅读文献 [1].

习题 8.3

8.15 设 $\boldsymbol{\varepsilon}_1,\boldsymbol{\varepsilon}_2,\cdots,\boldsymbol{\varepsilon}_n$ 是 n 维欧氏空间 V 的基, $\sigma\in L(V)$, 证明: σ 是正交变换的充要条件是 $(\sigma(\boldsymbol{\varepsilon}_i),\sigma(\boldsymbol{\varepsilon}_j))=(\boldsymbol{\varepsilon}_i,\boldsymbol{\varepsilon}_j)$ 对一切 $i,j=1,2,\cdots,n$ 都成立.

8.16 设 σ 是三维欧氏空间 $\mathbb{R}^3$ 的线性变换, 对任意 $x,y,z\in\mathbb{R}$ 都有

$$\sigma((x,y,z)^{\mathrm{T}})=(y,z,x)^{\mathrm{T}}.$$

证明: σ 是 $\mathbb{R}^3$ 的正交变换.

8.17 证明: 在欧氏空间中, 正交变换的分别属于特征值 ±1 的两个特征向量正交.

8.18 设 $\boldsymbol{e}_1,\boldsymbol{e}_2,\boldsymbol{e}_3$ 是 $\mathbb{R}^3$ 的标准正交基, 试求 $\mathbb{R}^3$ 的一个正交变换 σ, 使得 $\sigma(\boldsymbol{e}_3)$ 是平面 $x+y-1=0$ 的法向量.

8.19 设 $\varepsilon_1,\varepsilon_2,\varepsilon_3$ 是三维欧氏空间 V 的标准正交基, 试求 V 的一个正交变换 σ, 使得

$$\sigma(\varepsilon_1)=\frac{2}{3}\varepsilon_1+\frac{2}{3}\varepsilon_2-\frac{1}{3}\varepsilon_3,\quad \sigma(\varepsilon_2)=\frac{2}{3}\varepsilon_1-\frac{1}{3}\varepsilon_2+\frac{2}{3}\varepsilon_3.$$

8.20 对下列 $\boldsymbol{A}$, 分别求正交矩阵 $\boldsymbol{Q}$ 和上三角矩阵 $\boldsymbol{R}$, 使得 $\boldsymbol{A}=\boldsymbol{QR}$:

(1) $\boldsymbol{A}=\begin{pmatrix}1&2&-3\\2&3&0\\-2&-2&0\end{pmatrix}$; (2) $\boldsymbol{A}=\begin{pmatrix}2&3&-1\\0&0&-1\\0&1&2\end{pmatrix}$.

8.21 设 $\boldsymbol{A},\boldsymbol{B}$ 都是 n 阶可逆实矩阵, 且 $\boldsymbol{A}^{\mathrm{T}}\boldsymbol{A}=\boldsymbol{B}^{\mathrm{T}}\boldsymbol{B}$. 证明: 存在正交矩阵 $\boldsymbol{U}$ 使得 $\boldsymbol{A}=\boldsymbol{UB}$.

8.22 设 $\boldsymbol{\alpha},\boldsymbol{\beta}$ 是欧氏空间 V 的两个向量, 且 $|\boldsymbol{\alpha}|=|\boldsymbol{\beta}|$. 证明: 存在正交变换 σ 使得 $\sigma(\boldsymbol{\alpha})=\boldsymbol{\beta}$.

§8.4 对称变换与实对称矩阵

前面我们讲了, 任意 n 阶矩阵未必可以对角化. 本节将要介绍, 任意 n 阶实对称矩阵一定可以对角化, 并且相似变换矩阵还可以是正交矩阵, 称为正交对角化. 本节先介绍对称变换, 然后介绍实对称矩阵的正交对角化.

8.4.1 对称变换

定义 8.11 设 σ 是 n 维欧氏空间 V 的线性变换, 如果对任意向量 $\boldsymbol{\alpha},\boldsymbol{\beta}$, 都有

$$(\sigma(\boldsymbol{\alpha}),\boldsymbol{\beta})=(\boldsymbol{\alpha},\sigma(\boldsymbol{\beta})),$$

则称 σ 是 V 的**对称变换**.

下面这个定理是对称变换的一个等价刻画.

定理 8.12 设 σ 是 n 维欧氏空间 V 的线性变换, 则 σ 是对称变换的充要条件是 σ 在 V 的任一标准正交基下的矩阵是对称矩阵.

证明 设 $\varepsilon_1,\varepsilon_2,\cdots,\varepsilon_n$ 是 n 维欧氏空间 V 的一个标准正交基, σ 在这个基下的矩阵是 $\boldsymbol{A}=(a_{ij})_{n\times n}$, 则

$$(\sigma(\varepsilon_i),\varepsilon_j)=\left(\sum_{k=1}^{n}a_{ki}\varepsilon_k,\varepsilon_j\right)=\sum_{k=1}^{n}a_{ki}(\varepsilon_k,\varepsilon_j)=a_{ji},$$

$$(\varepsilon_i,\sigma(\varepsilon_j))=\left(\varepsilon_i,\sum_{k=1}^{n}a_{kj}\varepsilon_k\right)=\sum_{k=1}^{n}a_{kj}(\varepsilon_i,\varepsilon_k)=a_{ij}.$$

必要性. 由 $(\sigma(\varepsilon_i),\varepsilon_j)=(\varepsilon_i,\sigma(\varepsilon_j))$ 知 $a_{ij}=a_{ji}\,(i,j=1,2,\cdots,n)$, 即 $\boldsymbol{A}$ 是对称矩阵.

充分性. 任取 $\boldsymbol{\alpha},\boldsymbol{\beta}\in V$, 设 $\boldsymbol{\alpha}=\sum\limits_{i=1}^{n}x_i\varepsilon_i$, $\boldsymbol{\beta}=\sum\limits_{j=1}^{n}y_j\varepsilon_j$, 则

$$\begin{aligned}(\sigma(\boldsymbol{\alpha}),\boldsymbol{\beta}) &= \left(\sum_{i=1}^n x_i\sigma(\boldsymbol{\varepsilon}_i), \sum_{j=1}^n y_j\boldsymbol{\varepsilon}_j\right) = \sum_{i=1}^n\sum_{j=1}^n x_iy_j(\sigma(\boldsymbol{\varepsilon}_i),\boldsymbol{\varepsilon}_j)\\ &= \sum_{i=1}^n\sum_{j=1}^n a_{ji}x_iy_j,\\ (\boldsymbol{\alpha},\sigma(\boldsymbol{\beta})) &= \left(\sum_{i=1}^n x_i\boldsymbol{\varepsilon}_i, \sum_{j=1}^n y_j\sigma(\boldsymbol{\varepsilon}_j)\right) = \sum_{i=1}^n\sum_{j=1}^n x_iy_j(\boldsymbol{\varepsilon}_i,\sigma(\boldsymbol{\varepsilon}_j))\\ &= \sum_{i=1}^n\sum_{j=1}^n a_{ij}x_iy_j.\end{aligned}$$

由 $a_{ij}=a_{ji}\,(i,j=1,2,\cdots,n)$ 可知, $(\sigma(\boldsymbol{\alpha}),\boldsymbol{\beta})=(\boldsymbol{\alpha},\sigma(\boldsymbol{\beta}))$, 故 σ 是对称变换. □

由定理 8.12 可知, 在给定的标准正交基下, 对称变换与实对称矩阵是一一对应的.

8.4.2 实对称矩阵的正交对角化

先引进共轭矩阵的概念. 设 $\boldsymbol{A}=(a_{ij})$ 是复数域上的矩阵, $\overline{a}_{ij}$ 表示 a_{ij} 的共轭复数, 则矩阵 $\overline{\boldsymbol{A}}=(\overline{a}_{ij})$ 称为矩阵 $\boldsymbol{A}$ 的**共轭矩阵**. 易知, 共轭矩阵有如下性质 (只要运算有意义):

$$\overline{\boldsymbol{AB}}=\overline{\boldsymbol{A}}\,\overline{\boldsymbol{B}},\quad \overline{k\boldsymbol{A}}=\overline{k}\,\overline{\boldsymbol{A}},\quad \overline{\boldsymbol{A}+\boldsymbol{B}}=\overline{\boldsymbol{A}}+\overline{\boldsymbol{B}},\quad (\overline{\boldsymbol{AB}})^{\mathrm{T}}=\overline{\boldsymbol{B}}^{\mathrm{T}}\overline{\boldsymbol{A}}^{\mathrm{T}}.$$

定理 8.13 实数域上的对称矩阵的特征值全是实数.

证明 设 $\boldsymbol{A}$ 是 n 阶实对称矩阵, λ 是 $\boldsymbol{A}$ 的任一特征值, $\boldsymbol{x}=(x_1,x_2,\cdots,x_n)^{\mathrm{T}}$ 是 λ 对应的特征向量, 则 $\boldsymbol{Ax}=\lambda\boldsymbol{x}$, $\boldsymbol{x}\neq\boldsymbol{0}$. 因为 $\boldsymbol{A}$ 是实对称矩阵, 则

$$\overline{\boldsymbol{x}}^{\mathrm{T}}\boldsymbol{A}=\overline{\boldsymbol{x}}^{\mathrm{T}}\overline{\boldsymbol{A}}^{\mathrm{T}}=(\overline{\boldsymbol{A}\boldsymbol{x}})^{\mathrm{T}}=(\overline{\boldsymbol{Ax}})^{\mathrm{T}}=(\overline{\lambda\boldsymbol{x}})^{\mathrm{T}}=\overline{\lambda}\overline{\boldsymbol{x}}^{\mathrm{T}}.$$

于是

$$\lambda(\overline{\boldsymbol{x}}^{\mathrm{T}}\boldsymbol{x})=\overline{\boldsymbol{x}}^{\mathrm{T}}(\lambda\boldsymbol{x})=\overline{\boldsymbol{x}}^{\mathrm{T}}\boldsymbol{Ax}=(\overline{\lambda}\overline{\boldsymbol{x}}^{\mathrm{T}})\boldsymbol{x}=\overline{\lambda}(\overline{\boldsymbol{x}}^{\mathrm{T}}\boldsymbol{x}),$$

所以, $(\lambda-\overline{\lambda})(\overline{\boldsymbol{x}}^{\mathrm{T}}\boldsymbol{x})=0$. 而 $\overline{\boldsymbol{x}}^{\mathrm{T}}\boldsymbol{x}=\sum\limits_{i=1}^n\overline{\boldsymbol{x}}_i\boldsymbol{x}_i=\sum\limits_{i=1}^n|\boldsymbol{x}_i|^2>0$, 故 $\lambda=\overline{\lambda}$, 即 λ 是实数. □

定理 8.14 实对称矩阵的属于不同特征值的特征向量相互正交.

证明 设 $\boldsymbol{A}$ 是 n 阶实对称矩阵, λ_1,λ_2 是 $\boldsymbol{A}$ 的特征值, 且 $\lambda_1\neq\lambda_2$, $\boldsymbol{x},\boldsymbol{y}$ 分别是对应于 λ_1, λ_2 的特征向量, 则

$$\boldsymbol{Ax}=\lambda_1\boldsymbol{x},\quad \boldsymbol{Ay}=\lambda_2\boldsymbol{y}\quad(\boldsymbol{x}\neq\boldsymbol{0},\ \boldsymbol{y}\neq\boldsymbol{0}).$$

所以,

$$\lambda_1(\boldsymbol{x}^{\mathrm{T}}\boldsymbol{y})=(\lambda_1\boldsymbol{x})^{\mathrm{T}}\boldsymbol{y}=(\boldsymbol{Ax})^{\mathrm{T}}\boldsymbol{y}=\boldsymbol{x}^{\mathrm{T}}(\boldsymbol{Ay})=\lambda_2(\boldsymbol{x}^{\mathrm{T}}\boldsymbol{y}).$$

而 $\lambda_1\neq\lambda_2$, 有 $(\boldsymbol{x},\boldsymbol{y})=\boldsymbol{x}^{\mathrm{T}}\boldsymbol{y}=0$, 即 $\boldsymbol{x}$ 与 $\boldsymbol{y}$ 正交. □

由定理 6.16 知道, n 阶矩阵的属于不同特征值的特征向量线性无关. 定理 8.14 把条件加强为 “实对称矩阵”, 结果也更加完美: “属于不同特征值的特征向量正交”. 请读者注意两者

的区别. 如果两个矩阵相似, 且相似变换矩阵是正交矩阵, 称这两个矩阵**正交相似**. 下面这个定理通常叫作实对称矩阵的**正交相似对角化定理**, 简称**正交对角化定理**.

定理 8.15 对任一 n 阶实对称矩阵 $\boldsymbol{A}$, 一定存在 n 阶正交矩阵 $\boldsymbol{C}$, 使得 $\boldsymbol{C}^{-1}\boldsymbol{A}\boldsymbol{C}$ 为对角矩阵, 即

$$\boldsymbol{C}^{-1}\boldsymbol{A}\boldsymbol{C}=\boldsymbol{C}^{\mathrm{T}}\boldsymbol{A}\boldsymbol{C}=\boldsymbol{\Lambda}=\mathrm{diag}\,(\lambda_1,\lambda_2,\cdots,\lambda_n)\,,$$

其中 $\lambda_1,\lambda_2,\cdots,\lambda_n$ 是 $\boldsymbol{A}$ 的 n 个特征值.

证明 对 $\boldsymbol{A}$ 的阶数 n 用数学归纳法. 当 $n=1$ 时, 结论显然成立. 假设结论对 $n-1$ 阶对称矩阵都成立. 考虑 n 阶对称矩阵 $\boldsymbol{A}$. 由定理 8.13 知 $\boldsymbol{A}$ 必有实特征值 λ_1 和相应的特征向量 $\boldsymbol{x}$, 将 $\boldsymbol{x}$ 单位化, 记为 $\boldsymbol{\gamma}_1$, 再将 $\boldsymbol{\gamma}_1$ 扩充为 $\mathbb{R}^n$ 的标准正交基 $\boldsymbol{\gamma}_1,\boldsymbol{\gamma}_2,\cdots,\boldsymbol{\gamma}_n$, 则

$$\boldsymbol{A}(\boldsymbol{\gamma}_1,\boldsymbol{\gamma}_2,\cdots,\boldsymbol{\gamma}_n)=(\boldsymbol{\gamma}_1,\boldsymbol{\gamma}_2,\cdots,\boldsymbol{\gamma}_n)\begin{pmatrix}\lambda_1 & \boldsymbol{\alpha}^{\mathrm{T}}\\ \boldsymbol{0} & \boldsymbol{A}_1\end{pmatrix}.$$

令 $\boldsymbol{C}_1=(\boldsymbol{\gamma}_1,\boldsymbol{\gamma}_2,\cdots,\boldsymbol{\gamma}_n)$, 则 $\boldsymbol{C}_1$ 为正交矩阵, 且

$$\boldsymbol{C}_1^{\mathrm{T}}\boldsymbol{A}\boldsymbol{C}_1=\boldsymbol{C}_1^{-1}\boldsymbol{A}\boldsymbol{C}_1=\begin{pmatrix}\lambda_1 & \boldsymbol{\alpha}^{\mathrm{T}}\\ \boldsymbol{0} & \boldsymbol{A}_1\end{pmatrix},$$

又因为 $\boldsymbol{A}^{\mathrm{T}}=\boldsymbol{A}$, 所以

$$\begin{pmatrix}\lambda_1 & \boldsymbol{\alpha}^{\mathrm{T}}\\ \boldsymbol{0} & \boldsymbol{A}_1\end{pmatrix}=\begin{pmatrix}\lambda_1 & \boldsymbol{0}\\ \boldsymbol{\alpha} & \boldsymbol{A}_1^{\mathrm{T}}\end{pmatrix}.$$

故 $\boldsymbol{\alpha}=\boldsymbol{0}$, $\boldsymbol{A}_1=\boldsymbol{A}_1^{\mathrm{T}}$. 由归纳假设, 存在正交矩阵 $\boldsymbol{C}_2$, 使得

$$\boldsymbol{C}_2^{-1}\boldsymbol{A}_1\boldsymbol{C}_2=\mathrm{diag}(\lambda_2,\cdots,\lambda_n).$$

令

$$\boldsymbol{C}=\boldsymbol{C}_1\begin{pmatrix}1 & \boldsymbol{0}\\ \boldsymbol{0} & \boldsymbol{C}_2\end{pmatrix},$$

则 $\boldsymbol{C}$ 为正交矩阵 (正交矩阵之积为正交矩阵), 且有

$$\boldsymbol{C}^{-1}\boldsymbol{A}\boldsymbol{C}=\boldsymbol{\Lambda}=\mathrm{diag}(\lambda_1,\lambda_2,\cdots,\lambda_n).\quad\square$$

定理 8.15 可以简单地说成: 任一 n 阶实对称矩阵一定可以正交对角化. 将实对称矩阵 $\boldsymbol{A}$ 施行正交对角化通常按以下步骤进行:

(1) 解特征方程 $|\lambda\boldsymbol{I}-\boldsymbol{A}|=0$, 求出 $\boldsymbol{A}$ 的全部特征根;

(2) 对每一个特征根, 求齐次方程组 $(\lambda\boldsymbol{I}-\boldsymbol{A})\boldsymbol{x}=\boldsymbol{0}$ 的基础解系;

(3) 对 $k(k\geqslant 2)$ 重特征根, 求得的基础解系含有 k 个线性无关的向量, 用施密特正交标准化方法将它们正交化和标准化; 对单根, 则只需将其基础解系 (只有一个向量) 单位化即可;

(4) 把上面求出的全部标准正交向量组作为列拼成一个 n 阶矩阵, 就得到所求的正交矩阵 $\boldsymbol{C}$.

例 8.14 已知矩阵

$$\boldsymbol{A}=\begin{pmatrix}4&2&2\\2&4&2\\2&2&4\end{pmatrix},$$

求正交矩阵 $\boldsymbol{C}$, 使 $\boldsymbol{C}^{-1}\boldsymbol{AC}$ 为对角矩阵.

解 由 $\boldsymbol{A}$ 的特征方程

$$|\lambda\boldsymbol{I}-\boldsymbol{A}|=\begin{vmatrix}\lambda-4&-2&-2\\-2&\lambda-4&-2\\-2&-2&\lambda-4\end{vmatrix}=(\lambda-2)^2(\lambda-8)=0,$$

得到全部特征根 $\lambda_1=\lambda_2=2$, $\lambda_3=8$.

对 $\lambda_1=\lambda_2=2$,

$$\lambda_1\boldsymbol{I}-\boldsymbol{A}=\begin{pmatrix}-2&-2&-2\\-2&-2&-2\\-2&-2&-2\end{pmatrix}\to\begin{pmatrix}1&1&1\\0&0&0\\0&0&0\end{pmatrix},$$

得齐次方程组 $(\lambda_1\boldsymbol{I}-\boldsymbol{A})\boldsymbol{x}=\boldsymbol{0}$, 即 $x_1=-x_2-x_3$ 的一个基础解系

$$\boldsymbol{\alpha}_1=(-1,1,0)^{\mathrm{T}},\quad \boldsymbol{\alpha}_2=(-1,0,1)^{\mathrm{T}}.$$

将 $\boldsymbol{\alpha}_1,\boldsymbol{\alpha}_2$ 施行正交化, 得

$$\boldsymbol{\beta}_1=\boldsymbol{\alpha}_1,\quad \boldsymbol{\beta}_2=\boldsymbol{\alpha}_2-\frac{(\boldsymbol{\alpha}_2,\boldsymbol{\beta}_1)}{(\boldsymbol{\beta}_1,\boldsymbol{\beta}_1)}\boldsymbol{\beta}_1=\begin{pmatrix}-1\\0\\1\end{pmatrix}-\frac{1}{2}\begin{pmatrix}-1\\1\\0\end{pmatrix}=-\frac{1}{2}\begin{pmatrix}1\\1\\-2\end{pmatrix}.$$

再单位化, 得

$$\boldsymbol{\gamma}_1=\frac{1}{|\boldsymbol{\beta}_1|}\boldsymbol{\beta}_1=\begin{pmatrix}-1/\sqrt{2}\\1/\sqrt{2}\\0\end{pmatrix},\quad \boldsymbol{\gamma}_2=\frac{1}{|\boldsymbol{\beta}_2|}\boldsymbol{\beta}_2=\begin{pmatrix}-1/\sqrt{6}\\-1/\sqrt{6}\\2/\sqrt{6}\end{pmatrix}.$$

对 $\lambda_3=8$,

$$\lambda_3\boldsymbol{I}-\boldsymbol{A}=\begin{pmatrix}4&-2&-2\\-2&4&-2\\-2&-2&4\end{pmatrix}\to\begin{pmatrix}1&0&-1\\0&1&-1\\0&0&0\end{pmatrix},$$

得到齐次方程组 $(\lambda_3\boldsymbol{I}-\boldsymbol{A})\boldsymbol{x}=\boldsymbol{0}$, 即 $x_1=x_2=x_3$ 的一个基础解系

$$\boldsymbol{\alpha}_3=(1,1,1)^{\mathrm{T}}.$$

将它单位化得到

$$\boldsymbol{\gamma}_3=\frac{1}{|\boldsymbol{\alpha}_3|}\boldsymbol{\alpha}_3=\begin{pmatrix}1/\sqrt{3}\\1/\sqrt{3}\\1/\sqrt{3}\end{pmatrix}.$$

令

$$C=\begin{pmatrix}-1/\sqrt{2} & -1/\sqrt{6} & 1/\sqrt{3}\\ 1/\sqrt{2} & -1/\sqrt{6} & 1/\sqrt{3}\\ 0 & 2/\sqrt{6} & 1/\sqrt{3}\end{pmatrix},$$

则 $\boldsymbol{C}$ 为正交矩阵, 且 $\boldsymbol{C}^{-1}\boldsymbol{A}\boldsymbol{C}$ 为对角矩阵

$$\boldsymbol{C}^{-1}\boldsymbol{A}\boldsymbol{C}=\mathrm{diag}(2,2,8).$$

定理 8.16 设 σ 是 n 维欧氏空间 V 的对称变换, 则一定存在 V 的一个标准正交基, 使得 σ 在这个基下的矩阵是对角矩阵.

证明 设 $\boldsymbol{\varepsilon}_1,\boldsymbol{\varepsilon}_2,\cdots,\boldsymbol{\varepsilon}_n$ 是 n 维欧氏空间 V 的标准正交基, σ 在这个基下的矩阵为 $\boldsymbol{A}$, 则 $\boldsymbol{A}$ 是 n 阶实对称矩阵. 由定理 8.15 知, 存在 n 阶正交矩阵 $\boldsymbol{C}$, 使得 $\boldsymbol{C}^{-1}\boldsymbol{A}\boldsymbol{C}=\boldsymbol{\Lambda}$ 为对角矩阵. 令

$$(\boldsymbol{\eta}_1,\boldsymbol{\eta}_2,\cdots,\boldsymbol{\eta}_n)=(\boldsymbol{\varepsilon}_1,\boldsymbol{\varepsilon}_2,\cdots,\boldsymbol{\varepsilon}_n)\boldsymbol{C}.$$

由于 $\boldsymbol{C}$ 是正交矩阵, $\boldsymbol{\varepsilon}_1,\boldsymbol{\varepsilon}_2,\cdots,\boldsymbol{\varepsilon}_n$ 是标准正交基, 由定理 8.9 知, $\boldsymbol{\eta}_1,\boldsymbol{\eta}_2,\cdots,\boldsymbol{\eta}_n$ 也是 V 的标准正交基, 且 σ 在基 $\boldsymbol{\eta}_1,\boldsymbol{\eta}_2,\cdots,\boldsymbol{\eta}_n$ 下的矩阵是 $\boldsymbol{\Lambda}$ 为对角矩阵. □

习题 8.4

8.23 设 $\boldsymbol{\varepsilon}_1,\boldsymbol{\varepsilon}_2,\cdots,\boldsymbol{\varepsilon}_n$ 是 n 维欧氏空间 V 的基, $\sigma\in L(V)$, 证明: σ 是对称变换的充要条件是 $(\sigma(\boldsymbol{\varepsilon}_i),\boldsymbol{\varepsilon}_j)=(\boldsymbol{\varepsilon}_i,\sigma(\boldsymbol{\varepsilon}_j))$ 对一切 $i,j=1,2,\cdots,n$ 都成立.

8.24 设 $\boldsymbol{A}$ 是 n 阶实对称矩阵, 且 $\boldsymbol{A}^2=\boldsymbol{A}$. 证明: 存在 n 阶正交矩阵 $\boldsymbol{C}$, 使得

$$\boldsymbol{C}^{-1}\boldsymbol{A}\boldsymbol{C}=\begin{pmatrix}\boldsymbol{I}_r & \boldsymbol{O}\\ \boldsymbol{O} & \boldsymbol{O}\end{pmatrix}.$$

8.25 设 σ 是 n 维欧氏空间 V 的线性变换, 如果对任意向量 $\boldsymbol{\alpha},\boldsymbol{\beta}$, 都有

$$(\sigma(\boldsymbol{\alpha}),\boldsymbol{\beta})=-(\boldsymbol{\alpha},\sigma(\boldsymbol{\beta})),$$

则称 σ 是 V 的**反对称变换**. 证明: σ 是反对称变换的充要条件是 σ 在 V 的任一标准正交基下的矩阵是反对称矩阵.

8.26 在复数域 $\mathbb{C}$ 上, 证明:

(1) 反对称实矩阵的特征值是零或纯虚数;

(2) 正交矩阵的特征值只能是 ± 1, 或 $\cos\theta\pm \mathrm{i}\sin\theta$.

8.27 已知三阶实对称矩阵 $\boldsymbol{A}$ 的特征值 $\lambda_1=-2,\lambda_2=\lambda_3=1$, 对应于 $\lambda_1=-2$ 的特征向量为 $\boldsymbol{\alpha}_1=(1,1,-1)^{\mathrm{T}}$.

(1) 求矩阵 $\boldsymbol{A}$ 的对应于 $\lambda_2=\lambda_3=1$ 的特征向量;

(2) 求矩阵 $\boldsymbol{A}$.

8.28 设三阶实对称矩阵 $\boldsymbol{A}$ 的特征值是 $\lambda_1=-1$, $\lambda_2=\lambda_3=1$, 对应于 λ_1 的特征向量是 $\boldsymbol{\alpha}_1=(0,1,1)^{\mathrm{T}}$.

(1) 求对应于特征值 1 的特征向量;

(2) 求矩阵 $\boldsymbol{A}$.

8.29 对下列矩阵 $\boldsymbol{A}$, 求正交矩阵 $\boldsymbol{C}$, 使 $\boldsymbol{C}^{-1}\boldsymbol{A}\boldsymbol{C}=\boldsymbol{C}^{\mathrm{T}}\boldsymbol{A}\boldsymbol{C}=\boldsymbol{\Lambda}$ 为对角矩阵:

(1) $\boldsymbol{A}=\begin{pmatrix}2&-1&-1\\-1&2&1\\-1&1&2\end{pmatrix}$; (2) $\boldsymbol{A}=\begin{pmatrix}-1&4&2\\4&5&4\\2&4&-1\end{pmatrix}$;

(3) $\boldsymbol{A}=\begin{pmatrix}2&2&-2\\2&5&-4\\-2&-4&5\end{pmatrix}$; (4) $\boldsymbol{A}=\begin{pmatrix}2&-2&0\\-2&1&-2\\0&-2&0\end{pmatrix}$.

§8.5 子空间的正交性

8.5.1 子空间的正交性

设 V 是欧氏空间, V_1 是 V 的子空间, 将内积限制在 V_1 上, 它仍满足非负性、对称性和线性性, 因此, V_1 也是欧氏空间. 今后我们将欧氏空间 V 的子空间 V_1 自然地看成欧氏空间, 其内积是 V 的内积在 V_1 上的限制.

定义 8.12 设 V_1 是欧氏空间 V 的子空间, 向量 $\boldsymbol{\alpha}\in V$, 如果对任意 $\boldsymbol{\beta}\in V_1$, 都有 $\boldsymbol{\alpha}\perp\boldsymbol{\beta}$, 则称向量 $\boldsymbol{\alpha}$ 与 V_1 **正交**, 记作 $\boldsymbol{\alpha}\perp V_1$. 设 V_2 也是 V 的子空间, 如果对任意向量 $\boldsymbol{\alpha}\in V_1$, 都有 $\boldsymbol{\alpha}\perp V_2$, 则称 V_1 与 V_2 **正交**, 记作 $V_1\perp V_2$.

例 8.15 在欧氏空间 $\mathbb{R}^3$ 中, $V_1=\{(x,y,0)^{\mathrm{T}}|x,y\in\mathbb{R}\}$ 表示 xOy 平面上的全体向量构成的子空间, 向量 $\boldsymbol{e}_3=(0,0,1)^{\mathrm{T}}$ 是 Oz 轴上的单位向量, 则 $\boldsymbol{e}_3$ 与 V_1 中的每一个向量都正交, 即 $\boldsymbol{e}_3\perp V_1$. 记 $V_2=\{(0,0,z)^{\mathrm{T}}|z\in\mathbb{R}\}=L(\boldsymbol{e}_3)$ 代表 Oz 轴上的全体向量, 则 V_1 中的每一个向量都与 V_2 中的每一个向量正交, 即 $V_1\perp V_2$.

例 8.16 若向量 $\boldsymbol{\alpha}$ 与 $\boldsymbol{\alpha}_1,\boldsymbol{\alpha}_2,\cdots,\boldsymbol{\alpha}_s$ 中的每一个向量都正交, 则 $\boldsymbol{\alpha}$ 与 $\boldsymbol{\alpha}_1,\boldsymbol{\alpha}_2,\cdots,\boldsymbol{\alpha}_s$ 的一切线性组合都正交, 因此

$$\boldsymbol{\alpha}\perp L(\boldsymbol{\alpha}_1,\boldsymbol{\alpha}_2,\cdots,\boldsymbol{\alpha}_s).$$

若 $\boldsymbol{\alpha}_i\perp\boldsymbol{\beta}_j\ (i=1,2,\cdots,s;\ j=1,2,\cdots,t)$, 则

$$L(\boldsymbol{\alpha}_1,\boldsymbol{\alpha}_2,\cdots,\boldsymbol{\alpha}_s)\perp L(\boldsymbol{\beta}_1,\boldsymbol{\beta}_2,\cdots,\boldsymbol{\beta}_t).$$

正交子空间有以下简单性质:

性质 1 若 $V_1\perp V_2$, 则 $V_1\cap V_2=\{\boldsymbol{0}\}$.

事实上, 对任意 $\boldsymbol{\alpha}\in V_1\cap V_2$, 则 $\boldsymbol{\alpha}\perp\boldsymbol{\alpha}$, 即 $(\boldsymbol{\alpha},\boldsymbol{\alpha})=0$, 故 $\boldsymbol{\alpha}=\boldsymbol{0}$.

性质 2 若 $V_1\perp V_1$, 则 $V_1=\{\boldsymbol{0}\}$.

在性质 1 中取 $V_2=V_1$, 即知结论成立.

性质 3 若 $V_1\perp V_2, V_1\perp V_3$, 则 $V_1\perp(V_2+V_3)$.

事实上, 对任意 $\boldsymbol{\alpha}\in V_1$, 及任意 $\boldsymbol{\beta}\in V_2$, $\boldsymbol{\gamma}\in V_3$, 由 $(\boldsymbol{\alpha},\boldsymbol{\beta})=0$, $(\boldsymbol{\alpha},\boldsymbol{\gamma})=0$ 知, $(\boldsymbol{\alpha},\boldsymbol{\beta}+\boldsymbol{\gamma})=0$, 所以 $V_1\perp(V_2+V_3)$.

定理 8.17 如果子空间 $V_1,V_2,\cdots,V_s$ 两两正交, 那么和 $V_1+V_2+\cdots+V_s$ 是直和.

证明 设存在 $\boldsymbol{\alpha}_i \in V_i\,(i=1,2,\cdots,s)$ 使得

$$\boldsymbol{\alpha}_1+\boldsymbol{\alpha}_2+\cdots+\boldsymbol{\alpha}_s=\mathbf{0}.$$

由于 $(\boldsymbol{\alpha}_i,\boldsymbol{\alpha}_j)=0\,(i\neq j)$, 因此, 对任意 $i=1,2,\cdots,s$ 都有

$$(\boldsymbol{\alpha}_1+\boldsymbol{\alpha}_2+\cdots+\boldsymbol{\alpha}_s,\boldsymbol{\alpha}_i)=(\boldsymbol{\alpha}_i,\boldsymbol{\alpha}_i)=0.$$

由内积的定义知 $\boldsymbol{\alpha}_i=\mathbf{0}\,(i=1,2,\cdots,s)$, 故零向量的分解是唯一的, 由定理 5.8(2) 知

$$\sum_{i=1}^{s}V_i=V_1\oplus V_2\oplus\cdots\oplus V_s.\quad\square$$

定义 8.13 设 n 维欧氏空间 V 是两个子空间 V_1,V_2 的和, 且 $V_1\perp V_2$, 则称 V_1,V_2 **互为正交补**.

比如, 在例 8.15 中, $\mathbb{R}^3=V_1\oplus V_2$, 且 $V_1\perp V_2$, 则 V_1,V_2 互为正交补.

定理 8.18 n 维欧氏空间 V 的每一个子空间 V_1 都有唯一的正交补.

证明 若 $V_1=\{\mathbf{0}\}$, 则它的正交补就是 V. 若 $V_1\neq\{\mathbf{0}\}$, 在 V_1 中取一个正交基 $\boldsymbol{\varepsilon}_1,\boldsymbol{\varepsilon}_2,\cdots,\boldsymbol{\varepsilon}_s$. 由定理 8.6 可知, 它可以扩充成 V 的正交基 $\boldsymbol{\varepsilon}_1,\boldsymbol{\varepsilon}_2,\cdots,\boldsymbol{\varepsilon}_s,\boldsymbol{\varepsilon}_{s+1},\cdots,\boldsymbol{\varepsilon}_n$. 显然子空间 $L(\boldsymbol{\varepsilon}_{s+1},\cdots,\boldsymbol{\varepsilon}_n)$ 就是 V_1 的正交补.

下证唯一性. 设 V_2,V_3 都是 V_1 的正交补, 于是

$$V=V_1\oplus V_2=V_1\oplus V_3.$$

任取 $\boldsymbol{\alpha}_2\in V_2$, 则 $\boldsymbol{\alpha}_2\in V$. 因此, $\boldsymbol{\alpha}_2=\boldsymbol{\alpha}_1+\boldsymbol{\alpha}_3$, 其中 $\boldsymbol{\alpha}_1\in V_1$, $\boldsymbol{\alpha}_3\in V_3$. 因为 $\boldsymbol{\alpha}_2\perp\boldsymbol{\alpha}_1$, $\boldsymbol{\alpha}_3\perp\boldsymbol{\alpha}_1$, 所以,

$$(\boldsymbol{\alpha}_2,\boldsymbol{\alpha}_1)=(\boldsymbol{\alpha}_1+\boldsymbol{\alpha}_3,\boldsymbol{\alpha}_1)=(\boldsymbol{\alpha}_1,\boldsymbol{\alpha}_1)+(\boldsymbol{\alpha}_3,\boldsymbol{\alpha}_1)=(\boldsymbol{\alpha}_1,\boldsymbol{\alpha}_1)=0,$$

即 $\boldsymbol{\alpha}_1=\mathbf{0}$. 由此得知 $\boldsymbol{\alpha}_2\in V_3$, 所以, $V_2\subset V_3$. 同理可证 $V_3\subset V_2$, 故 $V_2=V_3$. $\square$

V_1 的正交补记为 $V_1^{\perp}$. 由定义可知

$$\dim V_1+\dim V_1^{\perp}=n.$$

推论 8.2 设 V 是 n 维欧氏空间, V_1 是 V 的子空间, 则 $V_1^{\perp}$ 恰由 V 中所有与 V_1 正交的向量组成的集合, 即有

$$V_1^{\perp}=\{\boldsymbol{\alpha}\in V|\boldsymbol{\alpha}\perp V_1\}.$$

推论 8.3 设 V 是 n 维欧氏空间, V_1 是 V 的子空间, 则 $V=V_1\oplus V_1^{\perp}$.

定理 8.19 设 σ 是 n 维欧氏空间 V 的对称变换, 若 V_1 是 V 的 σ 子空间, 则 $V_1^{\perp}$ 也是 V 的 σ 子空间.

证明 设 $\boldsymbol{\alpha}\in V_1^{\perp}$, 要证 $\sigma(\boldsymbol{\alpha})\in V_1^{\perp}$, 即证 $\sigma(\boldsymbol{\alpha})\perp V_1$. 任取 $\boldsymbol{\beta}\in V_1$, 由 V_1 是 σ 子空间知, $\sigma(\boldsymbol{\beta})\in V_1$. 因为 $\boldsymbol{\alpha}\in V_1^{\perp}$, 故 $(\boldsymbol{\alpha},\sigma(\boldsymbol{\beta}))=\mathbf{0}$. 因此, 由对称变换的定义可得

$$(\sigma(\boldsymbol{\alpha}),\boldsymbol{\beta})=(\boldsymbol{\alpha},\sigma(\boldsymbol{\beta}))=\mathbf{0},$$

即 $\sigma(\boldsymbol{\alpha})\in V_1^{\perp}$, $V_1^{\perp}$ 是 σ 子空间. □

下面用定理 8.19 给出 §8.4 定理 8.16 的另一种证法.

定理 8.16 的证法 2 由定理 8.13 知, σ 的特征值全是实数. 令 $\lambda_1,\lambda_2,\cdots,\lambda_s$ 是 σ 的全部互不相同的特征值, V_{λ_i} 是特征值 λ_i 的特征子空间. 由于 σ 的一切特征子空间的和都是直和, 因此, 令

$$W=V_{\lambda_1}\oplus V_{\lambda_2}\oplus\cdots\oplus V_{\lambda_s},$$

则 W 是 σ 不变子空间. 由定理 8.14 知 V_{λ_i} 中的每个向量都与 $V_{\lambda_j}\ (i\neq j)$ 中的每个向量正交, 因此, 从每个 V_{λ_i} 中选取一个标准正交基, 拼起来则得到 W 的一个标准正交基, 使得 σ 在 W 上的限制 $\sigma|_W$ 在这个基下的矩阵是对角矩阵.

下证 $W=V$. 事实上, 如果 $W\neq V$, 则 $W^{\perp}\neq\{\mathbf{0}\}$, 且

$$V=W\oplus W^{\perp}.$$

由定理 8.19 知 $W^{\perp}$ 也是 σ 不变子空间. 因而 σ 在 $W^{\perp}$ 上的限制 $\sigma|_{W^{\perp}}$ 也是 $W^{\perp}$ 的对称变换, 并且 $\sigma|_{W^{\perp}}$ 的特征值都是 σ 的特征值. 令 λ 是 $\sigma|_{W^{\perp}}$ 的一个特征值, 那么 λ 一定等于某个 λ_i, 并且存在 $\boldsymbol{\beta}\in W^{\perp}$, $\boldsymbol{\beta}\neq\mathbf{0}$, 使得

$$\sigma(\boldsymbol{\beta})=\lambda\boldsymbol{\beta}=\lambda_i\boldsymbol{\beta}.$$

从而 $\boldsymbol{\beta}\in V_{\lambda_i}\subset W$, 于是 $W\cap W^{\perp}\neq\{\mathbf{0}\}$, 这与直和的事实矛盾. □

定义 8.14 设 V 是 n 维欧氏空间, V_1 是 V 的子空间, 则 V 的任一向量 $\boldsymbol{\alpha}$ 都可以唯一分解成

$$\boldsymbol{\alpha}=\boldsymbol{\alpha}_1+\boldsymbol{\alpha}_2,$$

其中 $\boldsymbol{\alpha}_1\in V_1$, $\boldsymbol{\alpha}_2\in V_1^{\perp}$, 称 $\boldsymbol{\alpha}_1$ 为向量 $\boldsymbol{\alpha}$ 在子空间 V_1 上的**内射影**或**正投影**.

定理 8.20 设 V_1 是欧氏空间 V 的有限维子空间, $\boldsymbol{\alpha}$ 是 V 的任意向量, $\boldsymbol{\alpha}_1$ 是 $\boldsymbol{\alpha}$ 在 V_1 上的内射影, 则对于 V_1 中的任意向量 $\boldsymbol{\beta}\neq\boldsymbol{\alpha}_1$, 都有

$$|\boldsymbol{\alpha}-\boldsymbol{\alpha}_1|<|\boldsymbol{\alpha}-\boldsymbol{\beta}|.$$

证明 由于 $\boldsymbol{\alpha}_1,\boldsymbol{\beta}\in V_1$, 因此 $\boldsymbol{\alpha}_1-\boldsymbol{\beta}\in V_1$. 而 $\boldsymbol{\alpha}-\boldsymbol{\alpha}_1\in V_1^{\perp}$, 即 $\boldsymbol{\alpha}-\boldsymbol{\alpha}_1\perp V_1$, 故

$$(\boldsymbol{\alpha}-\boldsymbol{\alpha}_1,\boldsymbol{\alpha}_1-\boldsymbol{\beta})=0.$$

由勾股定理得

$$|\boldsymbol{\alpha}-\boldsymbol{\alpha}_1|^2+|\boldsymbol{\alpha}_1-\boldsymbol{\beta}|^2=|\boldsymbol{\alpha}-\boldsymbol{\alpha}_1+\boldsymbol{\alpha}_1-\boldsymbol{\beta}|^2=|\boldsymbol{\alpha}-\boldsymbol{\beta}|^2.$$

而 $\boldsymbol{\beta}\neq\boldsymbol{\alpha}_1$, 知 $|\boldsymbol{\alpha}_1-\boldsymbol{\beta}|>0$. 故

$$|\boldsymbol{\alpha}-\boldsymbol{\alpha}_1|<|\boldsymbol{\alpha}-\boldsymbol{\beta}|.\quad\square$$

用几何的观点看, 我们经常把 "子空间" 说成 "平面"(超平面). 在定义 8.14 中, $\boldsymbol{\alpha}_1$ 是向量 $\boldsymbol{\alpha}$ 在平面 V_1 上的正投影, 向量 $\boldsymbol{\alpha}_2=\boldsymbol{\alpha}-\boldsymbol{\alpha}_1$ 与平面 V_1 垂直, $V_1^{\perp}$ 是与平面 V_1 垂直的全体向量构成的集合. 所以, 定理 8.20 就是几何中熟知的结论: 平面外一点到平面的距离是这一点到平面上任一点的距离的最小值. 如图 8.5 所示, $\boldsymbol{\alpha}_2=\boldsymbol{\alpha}-\boldsymbol{\alpha}_1=\overrightarrow{HA}$, $\boldsymbol{\alpha}-\boldsymbol{\beta}=\overrightarrow{BA}$, $\overrightarrow{HA}\perp V_1$. 若 $\boldsymbol{\beta}\neq\boldsymbol{\alpha}_1$, 则有 $|\overrightarrow{HA}|<|\overrightarrow{BA}|$($\Delta AHB$ 是直角三角形).

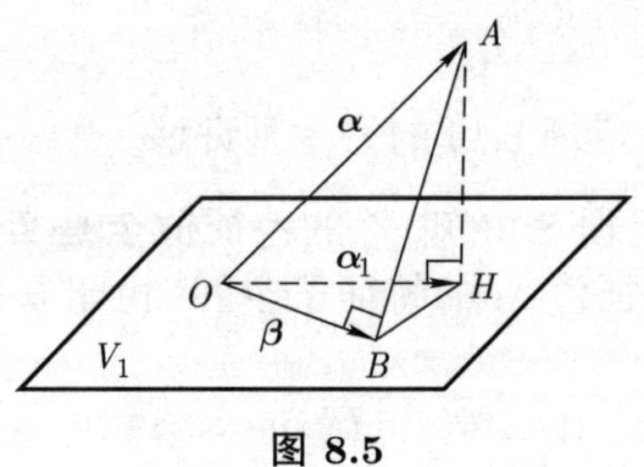

图 8.5

8.5.2 最小二乘法

设 $y,x_1,x_2,\cdots,x_k$ 是实数域 $\mathbb{R}$ 上的 $k+1$ 个变量, y 与 $x_1,x_2,\cdots,x_k$ 有近似的线性关系, 即 y 可以表示成

$$y=\beta_0+\beta_1x_1+\cdots+\beta_kx_k+\varepsilon \tag{8.2}$$

其中 $\beta_0,\beta_1,\cdots,\beta_k$ 是常数, ε 是 (随机) 误差. 如果模型 (8.2) 是已知的, 那么我们可以在任何时候根据 $x_1,x_2,\cdots,x_k$ 的观测值代入

$$\widehat{y}=\beta_0+\beta_1x_1+\cdots+\beta_kx_k$$

估计 y 的近似值. 显然应该要求误差不能过大, 否则这样的 "近似值" 没什么意义.

通常情况下, 常数 $\beta_0,\beta_1,\cdots,\beta_k$ 是未知的, 如何得到未知常数 $\beta_0,\beta_1,\cdots,\beta_k$ 且满足 "误差不太大" 的要求? 实际中, 我们进行若干次观测, 比如 n 次, 分别得到 $x_1,x_2,\cdots,x_k$ 和 y 的 n 个值

$$x_{i1},x_{i2},\cdots,x_{ik},y_i \quad (i=1,2,\cdots,n), \tag{8.3}$$

记相应的 n 个未知误差分别为 $\varepsilon_1,\varepsilon_2,\cdots,\varepsilon_n$. 于是, (8.2) 式写成

$$y_i=\beta_0+\beta_1x_{i1}+\cdots+\beta_kx_{ik}+\varepsilon_i \quad (i=1,2,\cdots,n). \tag{8.4}$$

进一步, 将 $\boldsymbol{x}_1,\boldsymbol{x}_2,\cdots,\boldsymbol{x}_k,\boldsymbol{y}$ 看成如下 $k+1$ 个 n 维向量:

$$\boldsymbol{x}_1=(x_{11},x_{21},\cdots,x_{n1})^{\mathrm{T}},\quad \cdots,\quad \boldsymbol{x}_k=(x_{1k},x_{2k},\cdots,x_{nk})^{\mathrm{T}},\quad \boldsymbol{y}=(y_1,y_2,\cdots,y_n)^{\mathrm{T}},$$

误差向量 $\boldsymbol{\varepsilon}=(\varepsilon_1,\varepsilon_2,\cdots,\varepsilon_n)^{\mathrm{T}}$, 并记 $\boldsymbol{\beta}=(\beta_0,\beta_1,\cdots,\beta_k)^{\mathrm{T}}$ 是 $k+1$ 维列向量,

$$\boldsymbol{X}=\begin{pmatrix}1 & x_{11} & \cdots & x_{1k}\\ 1 & x_{21} & \cdots & x_{2k}\\ \vdots & \vdots & & \vdots\\ 1 & x_{n1} & \cdots & x_{nk}\end{pmatrix}=(\boldsymbol{x}_0,\boldsymbol{x}_1,\cdots,\boldsymbol{x}_k)$$

是 $n\times(k+1)$ 矩阵, 其中 $\boldsymbol{x}_0=(1,1,\cdots,1)^{\mathrm{T}}$ 是 n 维列向量, 则方程组 (8.4) 写成如下简单形式:

$$\boldsymbol{y}=\boldsymbol{X}\boldsymbol{\beta}+\varepsilon. \tag{8.5}$$

根据已知的观测值 (8.3) 寻找未知常数 $\beta_0, \beta_1, \cdots, \beta_k$ 使误差的平方和 (总误差) 最小, 即使得

$$\sum_{i=1}^{n} \varepsilon_i^2 = \sum_{i=1}^{n} (y_i - \beta_0 - \beta_1 x_{i1} - \cdots - \beta_k x_{ik})^2 = \sum_{i=1}^{n} (y_i - \widehat{y}_i)^2 \tag{8.6}$$

达到最小 (取 "平方" 的目的是为了消除正负符号的影响), 这就是所谓的**最小二乘法**.

记 $\mu(\boldsymbol{X}) = L(\boldsymbol{x}_0, \boldsymbol{x}_1, \cdots, \boldsymbol{x}_k)$ 是矩阵 $\boldsymbol{X}$ 的列向量组生成的子空间, 以下直接称 $\mu(\boldsymbol{X})$ 为平面. 最小二乘法是要求得未知向量 $\boldsymbol{\beta}$ 满足 (8.6) 式达到最小, 或者说要在平面 $\mu(\boldsymbol{X})$ 上找到一个向量 $\widehat{\boldsymbol{y}} = \boldsymbol{X\beta}$, 使得 $|\boldsymbol{y} - \widehat{\boldsymbol{y}}|^2$ 达到最小. 由定理 8.20 知, 这个 $\widehat{\boldsymbol{y}}$ 不是别的, 正是向量 $\boldsymbol{y}$ 在平面 $\mu(\boldsymbol{X})$ 上的正投影, 即 $\boldsymbol{y} - \widehat{\boldsymbol{y}} \in \mu(\boldsymbol{X})^{\perp}$. 故向量 $\boldsymbol{y} - \widehat{\boldsymbol{y}}$ 与每一个向量 $\boldsymbol{x}_i$ 正交

$$(\boldsymbol{y} - \widehat{\boldsymbol{y}}, \boldsymbol{x}_i) = (\boldsymbol{y}, \boldsymbol{x}_i) - (\boldsymbol{X\beta}, \boldsymbol{x}_i) = 0 \quad (i = 0, 1, \cdots, k),$$

此即

$$\boldsymbol{x}_i^{\mathrm{T}} \boldsymbol{X\beta} = \boldsymbol{x}_i^{\mathrm{T}} \boldsymbol{y} \quad (i = 0, 1, \cdots, k),$$

得到

$$\boldsymbol{X}^{\mathrm{T}} \boldsymbol{X\beta} = \boldsymbol{X}^{\mathrm{T}} \boldsymbol{y}. \tag{8.7}$$

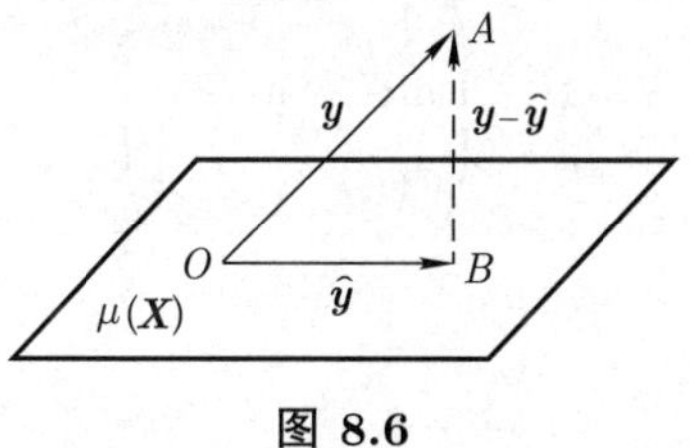

图 8.6

通常地, 称 (8.7) 式为**正规方程**. 如果 $\boldsymbol{X}$ 是列满秩矩阵, 即 $\dim \mu(\boldsymbol{X}) = k + 1$, 则

$$\mathrm{R}(\boldsymbol{X}^{\mathrm{T}} \boldsymbol{X}) = \mathrm{R}(\boldsymbol{X}) = k + 1,$$

即 $\boldsymbol{X}^{\mathrm{T}} \boldsymbol{X}$ 是 $k + 1$ 阶可逆矩阵, 因此,

$$\widehat{\boldsymbol{\beta}} = (\boldsymbol{X}^{\mathrm{T}} \boldsymbol{X})^{-1} \boldsymbol{X}^{\mathrm{T}} \boldsymbol{y},$$

这就是未知参数向量 $\boldsymbol{\beta} = (\boldsymbol{\beta}_0, \boldsymbol{\beta}_1, \cdots, \boldsymbol{\beta}_k)^{\mathrm{T}}$ 的**最小二乘估计**. 最小二乘估计是数理统计中重要的参数估计方法之一, 在工程技术、经济管理等诸多领域都有广泛的应用.

如果 $\boldsymbol{X}$ 是列满秩矩阵, 则向量 $\widehat{\boldsymbol{y}} = \boldsymbol{X}(\boldsymbol{X}^{\mathrm{T}} \boldsymbol{X})^{-1} \boldsymbol{X}^{\mathrm{T}} \boldsymbol{y}$ 是向量 $\boldsymbol{y}$ 在平面 $\mu(\boldsymbol{X})$ 上的正投影, 因此, 称 $\boldsymbol{P}_{\boldsymbol{X}} = \boldsymbol{X}(\boldsymbol{X}^{\mathrm{T}} \boldsymbol{X})^{-1} \boldsymbol{X}^{\mathrm{T}}$ 为向平面 $\mu(\boldsymbol{X})$ 的**投影矩阵**. 有关投影矩阵的性质见本章补充习题第 8.44 题.

习题 8.5

8.30 设 $\boldsymbol{\alpha}_1=(1,0,-1,2)^{\mathrm{T}},\boldsymbol{\alpha}_2=(-1,1,1,0)^{\mathrm{T}},V=L(\boldsymbol{\alpha}_1,\boldsymbol{\alpha}_2)$ 是 $\mathbb{R}^4$ 的子空间, 求 $V^{\perp}$ 的一个基及维数.

8.31 设 V_1,V_2 是欧氏空间 V 的两个子空间, 证明:

$$(V_1+V_2)^{\perp}=V_1^{\perp}\cap V_2^{\perp},\quad (V_1\cap V_2)^{\perp}=V_1^{\perp}+V_2^{\perp}.$$

8.32 设 $\boldsymbol{\alpha}$ 是 n 维欧氏空间 V 的非零向量, $V_1=\{\boldsymbol{x}|\boldsymbol{x}\perp\boldsymbol{\alpha},\boldsymbol{x}\in V\}$. 证明:

(1) V_1 是 V 的子空间;

(2) $\dim V_1=n-1$.

8.33 设 σ 是 n 维欧氏空间 V 的正交变换 (或反对称变换), 如果 V_1 是 V 的 σ 子空间, 证明: $V_1^{\perp}$ 也是 V 的 σ 子空间.

8.34 证明: 在 $\mathbb{R}^3$ 中, 点 (x_0,y_0,z_0) 到平面 $\pi:ax+by+cz=0$ 的距离等于

$$\frac{|ax_0+by_0+cz_0|}{\sqrt{a^2+b^2+c^2}}.$$

第八章补充例题

例 8.17 设 $\boldsymbol{\alpha}_1,\boldsymbol{\alpha}_2,\boldsymbol{\alpha}_3$ 是三维欧氏空间 V 的一个基, 其度量矩阵是

$$\boldsymbol{A}=\begin{pmatrix}1&-1&1\\-1&2&0\\1&0&4\end{pmatrix},$$

求 V 的一个标准正交基.

解 由题意知

$$\begin{aligned}&(\boldsymbol{\alpha}_1,\boldsymbol{\alpha}_1)=1,\quad(\boldsymbol{\alpha}_1,\boldsymbol{\alpha}_2)=-1,\quad(\boldsymbol{\alpha}_1,\boldsymbol{\alpha}_3)=1,\\&(\boldsymbol{\alpha}_2,\boldsymbol{\alpha}_2)=2,\quad(\boldsymbol{\alpha}_2,\boldsymbol{\alpha}_3)=0,\quad\ \ (\boldsymbol{\alpha}_3,\boldsymbol{\alpha}_3)=4.\end{aligned}$$

对基 $\boldsymbol{\alpha}_1,\boldsymbol{\alpha}_2,\boldsymbol{\alpha}_3$ 施行施密特正交化得

$$\begin{aligned}\boldsymbol{\beta}_1&=\boldsymbol{\alpha}_1,\\\boldsymbol{\beta}_2&=\boldsymbol{\alpha}_2-\frac{(\boldsymbol{\alpha}_2,\boldsymbol{\beta}_1)}{(\boldsymbol{\beta}_1,\boldsymbol{\beta}_1)}\boldsymbol{\beta}_1=\boldsymbol{\alpha}_1+\boldsymbol{\alpha}_2,\\\boldsymbol{\beta}_3&=\boldsymbol{\alpha}_3-\frac{(\boldsymbol{\alpha}_3,\boldsymbol{\beta}_1)}{(\boldsymbol{\beta}_1,\boldsymbol{\beta}_1)}\boldsymbol{\beta}_1-\frac{(\boldsymbol{\alpha}_3,\boldsymbol{\beta}_2)}{(\boldsymbol{\beta}_2,\boldsymbol{\beta}_2)}\boldsymbol{\beta}_2\\&=\boldsymbol{\alpha}_3-\frac{(\boldsymbol{\alpha}_3,\boldsymbol{\alpha}_1)}{(\boldsymbol{\alpha}_1,\boldsymbol{\alpha}_1)}\boldsymbol{\alpha}_1-\frac{(\boldsymbol{\alpha}_3,\boldsymbol{\alpha}_1+\boldsymbol{\alpha}_2)}{(\boldsymbol{\alpha}_1+\boldsymbol{\alpha}_2,\boldsymbol{\alpha}_1+\boldsymbol{\alpha}_2)}(\boldsymbol{\alpha}_1+\boldsymbol{\alpha}_2)\\&=-2\boldsymbol{\alpha}_1-\boldsymbol{\alpha}_2+\boldsymbol{\alpha}_3.\end{aligned}$$

再单位化得

$$\begin{aligned}\gamma_1 &= \frac{1}{|\beta_1|}\beta_1 = \alpha_1,\\ \gamma_2 &= \frac{1}{|\beta_2|}\beta_2 = \frac{1}{\sqrt{(\alpha_1+\alpha_2,\alpha_1+\alpha_2)}}(\alpha_1+\alpha_2) = \alpha_1+\alpha_2,\\ \gamma_3 &= \frac{1}{|\beta_3|}\beta_3 = \frac{1}{\sqrt{(-2\alpha_1-\alpha_2+\alpha_3,-2\alpha_1-\alpha_2+\alpha_3)}}(-2\alpha_1-\alpha_2+\alpha_3)\\ &= \frac{1}{\sqrt{2}}(-2\alpha_1-\alpha_2+\alpha_3).\end{aligned}$$

因此, 向量组 $\alpha_1, \alpha_1+\alpha_2, \frac{1}{\sqrt{2}}(-2\alpha_1-\alpha_2+\alpha_3)$ 是 V 的一个标准正交基.

例 8.18 设 $\alpha_1, \alpha_2, \cdots, \alpha_s$ 是 n 维欧氏空间 V 的一个向量组, 证明: $\alpha_1, \alpha_2, \cdots, \alpha_s$ 线性无关的充要条件是其格拉姆行列式 $|G(\alpha_1, \cdots, \alpha_s)| \neq 0$

证法 1 令 $a_{ij} = (\alpha_i, \alpha_j)\,(i, j = 1, 2, \cdots, s)$, 向量组 $\alpha_1, \alpha_2, \cdots, \alpha_s$ 的格拉姆矩阵 $G(\alpha_1, \cdots, \alpha_s) = (a_{ij})_{s\times s}$.

充分性. 若 $|G(\alpha_1, \cdots, \alpha_s)| \neq 0$, 设

$$x_1\alpha_1 + x_2\alpha_2 + \cdots + x_s\alpha_s = \mathbf{0},$$

则

$$0 = \left(\alpha_i, \sum_{j=1}^{s} x_j\alpha_j\right) = \sum_{j=1}^{s} x_j(\alpha_i, \alpha_j) = \sum_{j=1}^{s} a_{ij}x_j \quad (i = 1, 2, \cdots, s),$$

即 $x = (x_1, x_2, \cdots, x_s)^{\mathrm{T}}$ 是齐次方程组 $G(\alpha_1, \cdots, \alpha_s)x = \mathbf{0}$ 的解. 由于 $|G(\alpha_1, \cdots, \alpha_s)| \neq 0$, 这个齐次方程组只有零解, 即

$$x_1 = x_2 = \cdots = x_s = 0,$$

故向量组 $\alpha_1, \alpha_2, \cdots, \alpha_s$ 线性无关.

必要性. 若 $\alpha_1, \alpha_2, \cdots, \alpha_s$ 线性无关, 令 $x = (x_1, x_2, \cdots, x_s)^{\mathrm{T}}$ 是齐次方程组 $G(\alpha_1, \cdots, \alpha_s)x = \mathbf{0}$ 的解,

$$\alpha = x_1\alpha_1 + x_2\alpha_2 + \cdots + x_s\alpha_s.$$

则

$$\begin{aligned}(\alpha, \alpha) &= \left(\sum_{i=1}^{s} x_i\alpha_i, \sum_{j=1}^{s} x_j\alpha_j\right) = \sum_{i=1}^{s}\sum_{j=1}^{s} x_ix_j(\alpha_i, \alpha_j)\\ &= \sum_{i=1}^{s}\sum_{j=1}^{s} a_{ij}x_ix_j = x^{\mathrm{T}}G(\alpha_1, \cdots, \alpha_s)x = \mathbf{0}.\end{aligned}$$

因此, $\alpha = \sum_{i=1}^{s} x_i\alpha_i = \mathbf{0}$, 故

$$x_1 = x_2 = \cdots = x_s = 0,$$

即齐次方程组 $\boldsymbol{G}(\boldsymbol{\alpha}_1,\cdots,\boldsymbol{\alpha}_s)\boldsymbol{x}=\boldsymbol{0}$ 只有零解, 所以 $|\boldsymbol{G}(\boldsymbol{\alpha}_1,\cdots,\boldsymbol{\alpha}_s)|\neq 0$. □

证法 2 设 $\varepsilon_1,\varepsilon_2,\cdots,\varepsilon_n$ 是 V 的一个标准正交基, $(\boldsymbol{\alpha}_1,\boldsymbol{\alpha}_2,\cdots,\boldsymbol{\alpha}_s)=(\varepsilon_1,\varepsilon_2,\cdots,\varepsilon_n)\boldsymbol{B}$, 其中 $\boldsymbol{B}=(b_{ij})_{n\times s}$, 则 $\boldsymbol{G}(\boldsymbol{\alpha}_1,\cdots,\boldsymbol{\alpha}_s)=\boldsymbol{B}^{\mathrm{T}}\boldsymbol{B}$. 因而,

$$
\begin{aligned}
\boldsymbol{\alpha}_1,\boldsymbol{\alpha}_2,\cdots,\boldsymbol{\alpha}_s\text{线性无关} &\Leftrightarrow \boldsymbol{B}\text{是列满秩矩阵, 即 }\mathrm{R}(\boldsymbol{B})=\mathrm{R}(\boldsymbol{B}^{\mathrm{T}}\boldsymbol{B})=s\\
&\Leftrightarrow \boldsymbol{G}(\boldsymbol{\alpha}_1,\cdots,\boldsymbol{\alpha}_s)\text{是满秩矩阵}\\
&\Leftrightarrow |\boldsymbol{G}(\boldsymbol{\alpha}_1,\cdots,\boldsymbol{\alpha}_s)|\neq 0.\quad \square
\end{aligned}
$$

例 8.19 设 σ 是 n 维欧氏空间 V 的线性变换, τ 是 V 的一个变换, 且满足对任意 $\boldsymbol{\alpha},\boldsymbol{\beta}\in V$,

$$(\sigma(\boldsymbol{\alpha}),\boldsymbol{\beta})=(\boldsymbol{\alpha},\tau(\boldsymbol{\beta})).$$

证明:

(1) τ 是 V 的线性变换, 称为 σ 的**共轭变换**;

(2) 若 σ 在某个标准正交基下的矩阵是 $\boldsymbol{A}$, 则 τ 在这个基下的矩阵是 $\boldsymbol{A}^{\mathrm{T}}$;

(3) $\ker\sigma=(\mathrm{Im}\tau)^{\perp}$.

证明 (1) 对任意 $\boldsymbol{\alpha},\boldsymbol{\beta}\in V$, $k,l\in R$, 令

$$\boldsymbol{\gamma}=\tau(k\boldsymbol{\alpha}+l\boldsymbol{\beta})-k\tau(\boldsymbol{\alpha})-l\tau(\boldsymbol{\beta}).$$

下证 $(\boldsymbol{\gamma},\boldsymbol{\gamma})=0$. 事实上,

$$
\begin{aligned}
(\boldsymbol{\gamma},\boldsymbol{\gamma})&=(\boldsymbol{\gamma},\tau(k\boldsymbol{\alpha}+l\boldsymbol{\beta})-k\tau(\boldsymbol{\alpha})-l\tau(\boldsymbol{\beta}))\\
&=(\boldsymbol{\gamma},\tau(k\boldsymbol{\alpha}+l\boldsymbol{\beta}))-(\boldsymbol{\gamma},k\tau(\boldsymbol{\alpha}))-(\boldsymbol{\gamma},l\tau(\boldsymbol{\beta}))\\
&=(\sigma(\boldsymbol{\gamma}),k\boldsymbol{\alpha}+l\boldsymbol{\beta})-k(\boldsymbol{\gamma},\tau(\boldsymbol{\alpha}))-l(\boldsymbol{\gamma},\tau(\boldsymbol{\beta}))\\
&=k(\sigma(\boldsymbol{\gamma}),\boldsymbol{\alpha})+l(\sigma(\boldsymbol{\gamma}),\boldsymbol{\beta})-k(\sigma(\boldsymbol{\gamma}),\boldsymbol{\alpha})-l(\sigma(\boldsymbol{\gamma}),\boldsymbol{\beta})\\
&=0.
\end{aligned}
$$

故

$$\boldsymbol{\gamma}=\tau(k\boldsymbol{\alpha}+l\boldsymbol{\beta})-k\tau(\boldsymbol{\alpha})-l\tau(\boldsymbol{\beta})=\boldsymbol{0},$$

从而

$$\tau(k\boldsymbol{\alpha}+l\boldsymbol{\beta})=k\tau(\boldsymbol{\alpha})+l\tau(\boldsymbol{\beta}),$$

即 τ 是 V 的线性变换.

(2) 设 σ 在 V 的标准正交基 $\varepsilon_1,\varepsilon_2,\cdots,\varepsilon_n$ 下的矩阵是 $\boldsymbol{A}=(a_{ij})_{n\times n}$, τ 在这个基下的矩阵是 $\boldsymbol{B}=(b_{ij})_{n\times n}$. 下证 $a_{ij}=b_{ji}\,(i,j=1,2,\cdots,n)$.

事实上, 由于

$$
\begin{aligned}
\sigma(\varepsilon_1,\varepsilon_2,\cdots,\varepsilon_n)&=(\varepsilon_1,\varepsilon_2,\cdots,\varepsilon_n)\boldsymbol{A},\\
\tau(\varepsilon_1,\varepsilon_2,\cdots,\varepsilon_n)&=(\varepsilon_1,\varepsilon_2,\cdots,\varepsilon_n)\boldsymbol{B},
\end{aligned}
$$

则

$$a_{ij}=(a_{1j}\boldsymbol{\varepsilon}_1+a_{2j}\boldsymbol{\varepsilon}_2+\cdots+a_{nj}\boldsymbol{\varepsilon}_n,\boldsymbol{\varepsilon}_i)=(\sigma(\boldsymbol{\varepsilon}_j),\boldsymbol{\varepsilon}_i)=(\boldsymbol{\varepsilon}_j,\tau(\boldsymbol{\varepsilon}_i))$$
$$=(\boldsymbol{\varepsilon}_j,b_{1i}\boldsymbol{\varepsilon}_1+b_{2i}\boldsymbol{\varepsilon}_2+\cdots+a_{ni}\boldsymbol{\varepsilon}_n)=b_{ji},$$

故 $\boldsymbol{B}=\boldsymbol{A}^{\mathrm{T}}$.

(3) 对任意 $\boldsymbol{\alpha}\in\ker\sigma$, 都有 $\sigma(\boldsymbol{\alpha})=\boldsymbol{0}$. 对任意 $\boldsymbol{\beta}\in\mathrm{Im}\tau$, 存在 $\boldsymbol{\gamma}\in V$, 使得 $\boldsymbol{\beta}=\tau(\boldsymbol{\gamma})$. 因此,

$$(\boldsymbol{\alpha},\boldsymbol{\beta})=(\boldsymbol{\alpha},\tau(\boldsymbol{\gamma}))=(\sigma(\boldsymbol{\alpha}),\boldsymbol{\gamma})=(\boldsymbol{0},\boldsymbol{\gamma})=0,$$

即 $\boldsymbol{\alpha}\in(\mathrm{Im}\tau)^{\perp}$, 从而 $\ker\sigma\subset(\mathrm{Im}\tau)^{\perp}$.

反之, 对任意 $\boldsymbol{\alpha}\in(\mathrm{Im}\tau)^{\perp}$, 有

$$(\sigma(\boldsymbol{\alpha}),\sigma(\boldsymbol{\alpha}))=(\boldsymbol{\alpha},\tau(\sigma(\boldsymbol{\alpha})))=0.$$

故 $\sigma(\boldsymbol{\alpha})=\boldsymbol{0}$, 即 $\boldsymbol{\alpha}\in\ker\sigma$, 从而 $(\mathrm{Im}\tau)^{\perp}\subset\ker\sigma$, 于是 $\ker\sigma=(\mathrm{Im}\tau)^{\perp}$. □

注 由 (2) 可知, n 维欧氏空间的任一线性变换 σ, 存在唯一的共轭变换, 记为 σ^*. 由 (3) 可知, $\ker\sigma=(\mathrm{Im}\sigma^*)^{\perp}$. 由欧氏空间内积的对称性得 $(\sigma^*)^*=\sigma$, 因此, $\ker\sigma^*=(\mathrm{Im}\sigma)^{\perp}$. 有关共轭变换的进一步讨论, 请阅读文献 [1] 的专题讲座 "酉空间".

例 8.20 设 $\boldsymbol{\alpha}$ 是欧氏空间 V 中的非零向量. $\boldsymbol{\alpha}_1,\boldsymbol{\alpha}_2,\cdots,\boldsymbol{\alpha}_s$ 是 V 中的 s 个向量, 满足 $(\boldsymbol{\alpha}_i,\boldsymbol{\alpha}_j)\leqslant 0$, 且 $(\boldsymbol{\alpha}_i,\boldsymbol{\alpha})>0\,(i,j=1,2,\cdots,s;\ i\neq j)$. 证明:

(1) $\boldsymbol{\alpha}_1,\boldsymbol{\alpha}_2,\cdots,\boldsymbol{\alpha}_s$ 线性无关;

(2) n 维欧氏空间 V 中最多有 $n+1$ 个向量, 其两两夹角都大于 $\pi/2$.

证明 (1) 反证法. 假设 $\boldsymbol{\alpha}_1,\boldsymbol{\alpha}_2,\cdots,\boldsymbol{\alpha}_s$ 线性相关, 不妨假定 $\boldsymbol{\alpha}_s$ 是 $\boldsymbol{\alpha}_1,\boldsymbol{\alpha}_2,\cdots,\boldsymbol{\alpha}_{s-1}$ 的线性组合, 即存在实数 $\lambda_1,\lambda_2,\cdots,\lambda_{s-1}$ 使得 $\boldsymbol{\alpha}_s=\sum\limits_{i=1}^{s-1}\lambda_i\boldsymbol{\alpha}_i$. 将这个关系表示成 $\boldsymbol{\alpha}_s=\sum'\lambda_i\boldsymbol{\alpha}_i+\sum''\lambda_i\boldsymbol{\alpha}_i$, 其中 $\lambda_i>0$ 的项归入 $\sum'$ 中, 将 $\lambda_i\leqslant 0$ 的项归入 $\sum''$ 中, 且令

$$\boldsymbol{\beta}=\sum{}'\lambda_i\boldsymbol{\alpha}_i,\ \boldsymbol{\gamma}=\sum{}''\lambda_i\boldsymbol{\alpha}_i.$$

于是 $\boldsymbol{\alpha}_s=\boldsymbol{\beta}+\boldsymbol{\gamma}$. 因 $(\boldsymbol{\alpha}_s,\boldsymbol{\alpha})>0$ 及 $(\boldsymbol{\gamma},\boldsymbol{\alpha})=\sum''\lambda_i(\boldsymbol{\alpha}_i,\boldsymbol{\alpha})\leqslant 0$, 故 $\boldsymbol{\beta}\neq\boldsymbol{0}$. 但

$$(\boldsymbol{\beta},\boldsymbol{\gamma})=\left(\sum_i{}'\lambda_i\boldsymbol{\alpha}_i,\sum_j{}''\lambda_j\boldsymbol{\alpha}_j\right)=\sum_i{}'\sum_j{}''\lambda_i\lambda_j(\boldsymbol{\alpha}_i,\boldsymbol{\alpha}_j)\geqslant 0.$$

因此

$$(\boldsymbol{\alpha}_s,\boldsymbol{\beta})=(\boldsymbol{\beta},\boldsymbol{\beta})+(\boldsymbol{\beta},\boldsymbol{\gamma})>0.$$

另一方面,

$$(\boldsymbol{\alpha}_s,\boldsymbol{\beta})=\sum{}'\lambda_i(\boldsymbol{\alpha}_s,\boldsymbol{\alpha}_i)\leqslant 0.$$

这两个结论相互矛盾, 故 $\boldsymbol{\alpha}_1,\boldsymbol{\alpha}_2,\cdots,\boldsymbol{\alpha}_s$ 线性无关.

(2) 假设 $\boldsymbol{\alpha}_1,\boldsymbol{\alpha}_2,\cdots,\boldsymbol{\alpha}_s\in V$, 它们两两成钝角, 于是有

$$(\boldsymbol{\alpha}_i,\boldsymbol{\alpha}_j)<0\quad(i,j=1,2,\cdots,s;\ i\neq j).$$

取 $\boldsymbol{\alpha}=-\boldsymbol{\alpha}_s$, 则 $\boldsymbol{\alpha}_1,\boldsymbol{\alpha}_2,\cdots,\boldsymbol{\alpha}_{s-1}$ 符合 (1) 的条件, 故 $\boldsymbol{\alpha}_1,\boldsymbol{\alpha}_2,\cdots,\boldsymbol{\alpha}_{s-1}$ 线性无关, 又 V 是 n 维的, 有 $s-1\leqslant n$, 即 $s\leqslant n+1$. □

第八章补充习题

8.35 设三阶实对称矩阵 $\boldsymbol{A}$ 的各行元素之和都是 3, 向量 $\boldsymbol{\alpha}_1=(-1,2,-1)^{\mathrm{T}},\boldsymbol{\alpha}_2=(0,-1,1)^{\mathrm{T}}$ 是线性方程组 $\boldsymbol{Ax}=\boldsymbol{0}$ 的两个解向量.

(1) 求 $\boldsymbol{A}$ 的特征值与特征向量;

(2) 求正交矩阵 $\boldsymbol{Q}$ 和对角矩阵 $\boldsymbol{\Lambda}$, 使得 $\boldsymbol{Q}^{\mathrm{T}}\boldsymbol{AQ}=\boldsymbol{\Lambda}$;

(3) 求 $\boldsymbol{A}$ 及 $\left(\boldsymbol{A}-\dfrac{3}{2}\boldsymbol{I}\right)^6$.

8.36 设 $\varepsilon_1,\varepsilon_2,\varepsilon_3,\varepsilon_4$ 是欧氏空间 V 的标准正交基, $W=L(\boldsymbol{\alpha}_1,\boldsymbol{\alpha}_2,\boldsymbol{\alpha}_3)$, 其中

$$\begin{cases}\boldsymbol{\alpha}_1=\varepsilon_1+\varepsilon_2-\varepsilon_3+2\varepsilon_4,\\ \boldsymbol{\alpha}_2=\varepsilon_1-\varepsilon_2-\varepsilon_3-4\varepsilon_4,\\ \boldsymbol{\alpha}_3=\varepsilon_1+3\varepsilon_2-\varepsilon_3+8\varepsilon_4.\end{cases}$$

(1) 求 W 的一个标准正交基;

(2) 求 $W^{\perp}$ 的一个标准正交基;

(3) 求 $\boldsymbol{\alpha}=\varepsilon_1+4\varepsilon_2-4\varepsilon_3-\varepsilon_4$ 在 W 上的内射影.

8.37 证明: 在实数域上任何二阶正交矩阵都可以表示成如下形式之一:

$$\begin{pmatrix}\cos\theta & -\sin\theta\\ \sin\theta & \cos\theta\end{pmatrix} \quad 或 \quad \begin{pmatrix}\cos\theta & \sin\theta\\ \sin\theta & -\cos\theta\end{pmatrix}.$$

8.38 设 σ 是 n 维欧氏空间 V 的对称变换, 证明:

(1) V 可以分解成 n 个一维 σ 子空间的直和;

(2) $\mathrm{Im}\sigma$ 是 $\ker\sigma$ 的正交补.

8.39 设 σ 是 n 维欧氏空间 V 的正交变换, 令

$$V_1=\{\boldsymbol{\alpha}|\sigma(\boldsymbol{\alpha})=\boldsymbol{\alpha},\boldsymbol{\alpha}\in V\},\quad V_2=\{\boldsymbol{\alpha}-\sigma(\boldsymbol{\alpha})|\boldsymbol{\alpha}\in V\}.$$

证明: $V=V_1\oplus V_2$.

8.40 设 $\boldsymbol{A}$ 是 n 阶反对称实矩阵, 即 $\boldsymbol{A}^{\mathrm{T}}=-\boldsymbol{A}$. 证明:

(1) $\boldsymbol{I}+\boldsymbol{A},\boldsymbol{I}-\boldsymbol{A}$ 都是可逆矩阵;

(2) $\boldsymbol{U}=(\boldsymbol{I}-\boldsymbol{A})(\boldsymbol{I}+\boldsymbol{A})^{-1}$ 是正交矩阵.

8.41 设 $\boldsymbol{u}$ 是 n 维实单位列向量, 即 $\boldsymbol{u}^{\mathrm{T}}\boldsymbol{u}=1$, 称 $\boldsymbol{H}=\boldsymbol{I}-2\boldsymbol{u}\boldsymbol{u}^{\mathrm{T}}$ 为 n **阶镜像矩阵** (由例 2.11 可知, $\boldsymbol{H}$ 是对称、正交矩阵). 设 σ 是 n 维欧氏空间 V 的线性变换, 证明:

(1) σ 是镜像变换的充要条件是, σ 在 V 的任一标准正交基下的矩阵是镜像矩阵;

(2) 设 $\boldsymbol{\alpha},\boldsymbol{\beta}$ 是两个不同的 n 维实列向量, 且长度相等, 即 $|\boldsymbol{\alpha}|=|\boldsymbol{\beta}|$, 则必存在 n 阶镜像矩阵 $\boldsymbol{H}$, 使得 $\boldsymbol{H\alpha}=\boldsymbol{\beta}$.

8.42 (1) 如果 n 阶正交矩阵 $\boldsymbol{A}$ 的行列式 $|\boldsymbol{A}|=-1$, 证明: -1 是 $\boldsymbol{A}$ 的特征值;

(2) 设 $\boldsymbol{A},\boldsymbol{B}$ 都是 n 阶正交矩阵, 且 $|\boldsymbol{A}|=-|\boldsymbol{B}|$, 证明: $|\boldsymbol{A}+\boldsymbol{B}|=0$.

8.43 设 V_1 是数域 $\mathbb{P}$ 上的齐次方程组 $\boldsymbol{Ax}=\boldsymbol{0}$ 的解空间, $\boldsymbol{A}=(a_{ij})_{m\times n}$. 令 $\boldsymbol{A}^{\mathrm{T}}=(\boldsymbol{\alpha}_1,\boldsymbol{\alpha}_2,\cdots,\boldsymbol{\alpha}_m)$, $V_2=\mu\left(\boldsymbol{A}^{\mathrm{T}}\right)$ 是由 $\boldsymbol{A}^{\mathrm{T}}$ 的列向量 (即 $\boldsymbol{A}$ 的行向量) 生成的子空间. 证明:

$$\mathbb{P}^n=V_1\oplus V_2.$$

8.44 设 $\boldsymbol{X}$ 是 $n\times k$ 列满秩矩阵, $\boldsymbol{P_X}=\boldsymbol{X}\left(\boldsymbol{X}^{\mathrm{T}}\boldsymbol{X}\right)^{-1}\boldsymbol{X}^{\mathrm{T}}$ 是向平面 $\mu(\boldsymbol{X})$ 的投影矩阵 (见 §8.5.2). 证明:

(1) $\boldsymbol{P_X}$ 及 $\boldsymbol{I}-\boldsymbol{P_X}$ 都是幂等对称矩阵;

(2) $\mathrm{R}(\boldsymbol{P_X})=k$, 且 $\mathrm{R}(\boldsymbol{I}-\boldsymbol{P_X})=n-k$.

8.45 设 $\boldsymbol{A}$ 是 n 阶实矩阵, 证明: 存在 n 阶正交矩阵 $\boldsymbol{Q}$, 使得 $\boldsymbol{Q}^{-1}\boldsymbol{A}\boldsymbol{Q}$ 成为三角形矩阵的充要条件是 $\boldsymbol{A}$ 的特征值全为实数.

8.46 设 $\boldsymbol{A},\boldsymbol{B}$ 都是 n 阶实对称矩阵, 证明: 存在正交矩阵 $\boldsymbol{Q}$, 使得 $\boldsymbol{Q}^{-1}\boldsymbol{A}\boldsymbol{Q}$, $\boldsymbol{Q}^{-1}\boldsymbol{B}\boldsymbol{Q}$ 同时为对角矩阵的充要条件是 $\boldsymbol{A},\boldsymbol{B}$ 可交换, 即 $\boldsymbol{A}\boldsymbol{B}=\boldsymbol{B}\boldsymbol{A}$.

8.47 设 σ,τ 是 n 维欧氏空间 V 的两个线性变换, 且对任一 $\boldsymbol{\alpha}\in V$ 都有 $|\sigma(\boldsymbol{\alpha})|=|\tau(\boldsymbol{\alpha})|$. 证明:

(1) 对任意 $\boldsymbol{\alpha},\boldsymbol{\beta}\in V$ 都有 $(\sigma(\boldsymbol{\alpha}),\sigma(\boldsymbol{\beta}))=(\tau(\boldsymbol{\alpha}),\tau(\boldsymbol{\beta}))$;

(2) $\mathrm{Im}\sigma$ 与 $\mathrm{Im}\tau$ 同构.

第九章　二　次　型

在解析几何中, 为了判断一个中心在原点的二次曲线方程

$$ax^2 + bxy + cy^2 = d$$

表示何种曲线, 我们常做坐标旋转变换

$$\begin{cases} x = x' \cos\theta - y' \sin\theta, \\ y = x' \sin\theta + y' \cos\theta, \end{cases}$$

以消除左边二次齐次式中的交叉乘积项, 只保留平方项, 从而化成如下标准形:

$$a'x'^2 + c'y'^2 = d.$$

类似问题在应用数学建模中也有重要作用. 比如, 对含有多个变量的二次齐次式的数学模型, 由于交叉乘积项的存在, 难以解释各个变量对模型的影响, 因此, 我们常常做一个可逆线性变换以消除交叉乘积项, 化成只含平方项的式子, 从而研究模型的性质.

本章借助矩阵工具研究二次型的标准形和规范形、正定二次型及相关问题.

§9.1　二次型与矩阵的合同

9.1.1　二次型的概念

定义 9.1　含有 n 个变量 $x_1, x_2, \cdots, x_n$ 的二次齐次多项式

$$\begin{aligned} f(x_1, x_2, \cdots, x_n) &= a_{11}x_1^2 + 2a_{12}x_1x_2 + \cdots + 2a_{1n}x_1x_n \\ &\quad + a_{22}x_2^2 + 2a_{23}x_2x_3 + \cdots + 2a_{2n}x_2x_n \\ &\quad + \cdots + a_{n-1,n-1}x_{n-1}^2 + 2a_{n-1,n}x_{n-1}x_n + a_{nn}x_n^2 \\ &= \sum_{i=1}^{n} a_{ii}x_i^2 + 2\sum_{1 \leqslant i < j \leqslant n} a_{ij}x_ix_j \end{aligned}$$

称为一个 n **元二次型** (或**二次齐次式**). 当系数 a_{ij} 是实数时, 称它为**实二次型**, 当系数 a_{ij} 是复数时, 称它为**复二次型**. 本章只讨论实二次型.

令 $a_{ij} = a_{ji}\,(i, j = 1, 2, \cdots, n)$, 则 n 元二次型可以写成

$$\begin{aligned} f(x_1, x_2, \cdots, x_n) &= a_{11}x_1^2 + a_{12}x_1x_2 + \cdots + a_{1n}x_1x_n \\ &\quad + a_{21}x_2x_1 + a_{22}x_2^2 + \cdots + a_{2n}x_2x_n \\ &\quad + \cdots + a_{n1}x_nx_1 + a_{n2}x_nx_2 + \cdots + a_{nn}x_n^2 \\ &= \sum_{i=1}^{n}\sum_{j=1}^{n} a_{ij}x_ix_j. \end{aligned}$$

记

$$\boldsymbol{A}=\begin{pmatrix}a_{11} & a_{12} & \cdots & a_{1n}\\ a_{21} & a_{22} & \cdots & a_{2n}\\ \vdots & \vdots & & \vdots\\ a_{n1} & a_{n2} & \cdots & a_{nn}\end{pmatrix},\quad \boldsymbol{x}=\begin{pmatrix}x_1\\ x_2\\ \vdots\\ x_n\end{pmatrix},$$

则二次型 $f(x_1,x_2,\cdots,x_n)$ 又可以写成

$$f(\boldsymbol{x})=\boldsymbol{x}^{\mathrm{T}}\boldsymbol{A}\boldsymbol{x},$$

其中矩阵 $\boldsymbol{A}$ 为对称矩阵, 即 $a_{ij}=a_{ji}\,(i,j=1,2,\cdots,n)$. 当 $i=j$ 时, 主对角线上的元素 a_{ii} 是平方项 x_i^2 的系数; 当 $i\neq j$ 时, a_{ij} 是交叉乘积项 x_ix_j 的系数的一半. 有时将二次型简记为 $f=\boldsymbol{x}^{\mathrm{T}}\boldsymbol{A}\boldsymbol{x}$.

例如, 二次型

$$f(x_1,x_2,x_3)=x_1^2+2x_2^2-4x_3^2-2x_1x_2+4x_1x_3-6x_2x_3$$

用矩阵表示为

$$f(x_1,x_2,x_3)=(x_1,x_2,x_3)\begin{pmatrix}1 & -1 & 2\\ -1 & 2 & -3\\ 2 & -3 & -4\end{pmatrix}\begin{pmatrix}x_1\\ x_2\\ x_3\end{pmatrix}.$$

显然, 映射 $f\to\boldsymbol{A}$ 是二次型集合到对称矩阵集合的一一映射, 我们把对称矩阵 $\boldsymbol{A}$ 叫作二次型 f 的矩阵, 把 f 叫作对称矩阵 $\boldsymbol{A}$ 的二次型. 对称矩阵 $\boldsymbol{A}$ 的秩也叫作**二次型 f 的秩**. 二次型的问题就完全转化成了对称矩阵的问题.

9.1.2 线性变换与矩阵合同

为了化简二次型, 引入线性变换的概念.

定义 9.2 设 $x_1,x_2,\cdots,x_n$ 和 $y_1,y_2,\cdots,y_n$ 是两组文字, 关系式

$$\begin{cases}x_1=c_{11}y_1+c_{12}y_2+\cdots+c_{1n}y_n,\\ x_2=c_{21}y_1+c_{22}y_2+\cdots+c_{2n}y_n,\\ \cdots\cdots\cdots\cdots\cdots\cdots\cdots\cdots\cdots\cdots\\ x_n=c_{n1}y_1+c_{n2}y_2+\cdots+c_{nn}y_n\end{cases}$$

称为由 $x_1,x_2,\cdots,x_n$ 到 $y_1,y_2,\cdots,y_n$ 的一个**线性变换**. 如果系数行列式 $|(c_{ij})_{n\times n}|\neq 0$, 则称它为**可逆线性变换**(也叫作**非退化线性变换**, 或**满秩线性变换**).

例如, 坐标旋转变换

$$\begin{cases}x=x'\cos\theta-y'\sin\theta,\\ y=x'\sin\theta+y'\cos\theta\end{cases}$$

的矩阵是

$$\boldsymbol{C}=\begin{pmatrix}\cos\theta & -\sin\theta\\ \sin\theta & \cos\theta\end{pmatrix}.$$

容易知道, $|\boldsymbol{C}|=1$, 且 $\boldsymbol{C}^{\mathrm{T}}\boldsymbol{C}=\boldsymbol{I}$. 坐标旋转变换是可逆线性变换, 且是正交变换.

令

$$\boldsymbol{C}=\begin{pmatrix} c_{11} & c_{12} & \cdots & c_{1n} \\ c_{21} & c_{22} & \cdots & c_{2n} \\ \vdots & \vdots & & \vdots \\ c_{n1} & c_{n2} & \cdots & c_{nn} \end{pmatrix}, \quad \boldsymbol{y}=\begin{pmatrix} y_1 \\ y_2 \\ \vdots \\ y_n \end{pmatrix},$$

则定义 9.2 的线性变换可写成

$$\begin{pmatrix} x_1 \\ x_2 \\ \vdots \\ x_n \end{pmatrix}=\begin{pmatrix} c_{11} & c_{12} & \cdots & c_{1n} \\ c_{21} & c_{22} & \cdots & c_{2n} \\ \vdots & \vdots & & \vdots \\ c_{n1} & c_{n2} & \cdots & c_{nn} \end{pmatrix}\begin{pmatrix} y_1 \\ y_2 \\ \vdots \\ y_n \end{pmatrix},$$

简写为

$$\boldsymbol{x}=\boldsymbol{C}\boldsymbol{y}.$$

对二次型 $f=\boldsymbol{x}^{\mathrm{T}}\boldsymbol{A}\boldsymbol{x}$ 作可逆线性变换 $\boldsymbol{x}=\boldsymbol{C}\boldsymbol{y}$, 得到

$$f=(\boldsymbol{C}\boldsymbol{y})^{\mathrm{T}}\boldsymbol{A}(\boldsymbol{C}\boldsymbol{y})=\boldsymbol{y}^{\mathrm{T}}\boldsymbol{C}^{\mathrm{T}}\boldsymbol{A}\boldsymbol{C}\boldsymbol{y}=\boldsymbol{y}^{\mathrm{T}}\boldsymbol{B}\boldsymbol{y},$$

其中 $\boldsymbol{B}=\boldsymbol{C}^{\mathrm{T}}\boldsymbol{A}\boldsymbol{C}$ 也是对称矩阵. 由于 $\boldsymbol{C}$ 是可逆矩阵, 则 $\boldsymbol{B}$ 与 $\boldsymbol{A}$ 的秩相等, 于是得到如下定理:

定理 9.1 任意二次型经过可逆线性变换后仍为二次型, 其秩不变.

定义 9.3 设 $\boldsymbol{A}$ 与 $\boldsymbol{B}$ 是数域 $\mathbb{P}$ 上的两个 n 阶矩阵, 如果存在可逆矩阵 $\boldsymbol{C}$, 使得

$$\boldsymbol{B}=\boldsymbol{C}^{\mathrm{T}}\boldsymbol{A}\boldsymbol{C},$$

则称矩阵 $\boldsymbol{A}$ 与 $\boldsymbol{B}$ **合同**.

不难验证, 合同是矩阵的等价关系, 它具有反身性、对称性和传递性. 两个 n 阶矩阵等价、相似、合同的关系可以表示为

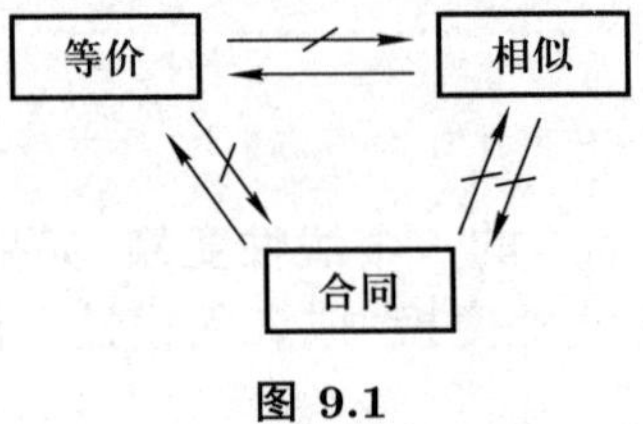

图 9.1

若 n 阶矩阵 $\boldsymbol{A}$ 与 $\boldsymbol{B}$ 合同, $\boldsymbol{B}=\boldsymbol{C}^{\mathrm{T}}\boldsymbol{A}\boldsymbol{C}$, 且 $\boldsymbol{C}$ 为正交矩阵 (即 $\boldsymbol{C}^{\mathrm{T}}=\boldsymbol{C}^{-1}$), 则 $\boldsymbol{A}$ 与 $\boldsymbol{B}$ 既合同也相似.

我们知道, 初等矩阵的转置是同类型的初等矩阵:

$$\boldsymbol{E}(i,j)^{\mathrm{T}}=\boldsymbol{E}(i,j), \quad \boldsymbol{E}(i(k))^{\mathrm{T}}=\boldsymbol{E}(i(k)), \quad \boldsymbol{E}(i,j(k))^{\mathrm{T}}=\boldsymbol{E}(j,i(k)).$$

定义 9.4 对 n 阶对称矩阵 $\boldsymbol{A}$ 施行一次初等列变换, 再施行一次同种初等行变换, 称为对 $\boldsymbol{A}$ 施行一次**初等合同变换**.

显然, 对 n 阶对称矩阵施行一次初等合同变换, 与施行初等列变换或施行同种初等行变换的先后顺序无关. n 阶对称矩阵的初等合同变换有如下三种情形:

(1) $\boldsymbol{E}(i,j)^{\mathrm{T}}\boldsymbol{A}\boldsymbol{E}(i,j)=\boldsymbol{E}(i,j)\boldsymbol{A}\boldsymbol{E}(i,j)$: 交换矩阵 $\boldsymbol{A}$ 的第 i,j 两行, 再交换第 i,j 两列;

(2) $\boldsymbol{E}(i(k))^{\mathrm{T}}\boldsymbol{A}\boldsymbol{E}(i(k))=\boldsymbol{E}(i(k))\boldsymbol{A}\boldsymbol{E}(i(k))\,(k\neq 0)$: 对矩阵 $\boldsymbol{A}$ 的第 i 行乘以非零数 k, 再对第 i 列乘以非零数 k;

(3) $\boldsymbol{E}(i,j(k))^{\mathrm{T}}\boldsymbol{A}\boldsymbol{E}(i,j(k))=\boldsymbol{E}(j,i(k))\boldsymbol{A}\boldsymbol{E}(i,j(k))$: 将矩阵 $\boldsymbol{A}$ 的第 i 行乘以数 k 加到第 j 行上, 再对第 i 列乘以数 k 加到第 j 列上.

我们知道, 任一可逆矩阵都可以表示成若干个初等矩阵的乘积. 设 $\boldsymbol{C}$ 是可逆矩阵, 则 $\boldsymbol{C}$ 可表示成 $\boldsymbol{C}=\boldsymbol{P}_1\boldsymbol{P}_2\cdots\boldsymbol{P}_s$, 其中 $\boldsymbol{P}_1,\boldsymbol{P}_2,\cdots,\boldsymbol{P}_s$ 是初等矩阵. 因而对称矩阵 $\boldsymbol{A}$ 与 $\boldsymbol{B}$ 合同可以表示为

$$\begin{aligned}\boldsymbol{B}=\boldsymbol{C}^{\mathrm{T}}\boldsymbol{A}\boldsymbol{C}&=(\boldsymbol{P}_1\boldsymbol{P}_2\cdots\boldsymbol{P}_s)^{\mathrm{T}}\boldsymbol{A}\boldsymbol{P}_1\boldsymbol{P}_2\cdots\boldsymbol{P}_s=\boldsymbol{P}_s^{\mathrm{T}}\cdots\boldsymbol{P}_2^{\mathrm{T}}\boldsymbol{P}_1^{\mathrm{T}}\boldsymbol{A}\boldsymbol{P}_1\boldsymbol{P}_2\cdots\boldsymbol{P}_s\\&=\{\boldsymbol{P}_s^{\mathrm{T}}\cdots[\boldsymbol{P}_2^{\mathrm{T}}(\boldsymbol{P}_1^{\mathrm{T}}\boldsymbol{A}\boldsymbol{P}_1)\boldsymbol{P}_2]\cdots\boldsymbol{P}_s\},\end{aligned}$$

就是说, 矩阵 $\boldsymbol{B}$ 可以由 $\boldsymbol{A}$ 施行若干次初等合同变换得到, 于是有如下定理:

定理 9.2 两个 n 阶对称矩阵合同的充要条件是其中一个对称矩阵可以经过若干次初等合同变换化成另一个对称矩阵.

我们知道, 秩为 r 的 n 阶对称矩阵 $\boldsymbol{A}$ 的特征值全为实数, 其中有 r 个不为零, $n-r$ 个等于零 (即零是 $\boldsymbol{A}$ 的 $n-r$ 重特征根. 注意, 取消 "对称" 二字, 这个结果可能不成立, 请阅读文献 [1]). 由于正交矩阵是可逆矩阵, 因此, 由定理 8.15 得到如下推论:

推论 9.1 设 $\boldsymbol{A}$ 是秩为 r 的 n 阶对称矩阵, 则必存在可逆矩阵 $\boldsymbol{C}$, 使得 $\boldsymbol{C}^{\mathrm{T}}\boldsymbol{A}\boldsymbol{C}$ 是对角矩阵, 即

$$\boldsymbol{C}^{\mathrm{T}}\boldsymbol{A}\boldsymbol{C}=\boldsymbol{\Lambda}=\mathrm{diag}(\lambda_1,\cdots,\lambda_r,0,\cdots,0),$$

其中 $\lambda_1,\cdots,\lambda_r$ 是矩阵 $\boldsymbol{A}$ 的非零特征值.

进一步施行第一种或第二种初等合同变换, 得到如下结论:

定理 9.3 设 $\boldsymbol{A}$ 是秩为 r 的 n 阶对称矩阵, 则必存在可逆矩阵 $\boldsymbol{C}$, 使得

$$\boldsymbol{C}^{\mathrm{T}}\boldsymbol{A}\boldsymbol{C}=\mathrm{diag}(\boldsymbol{I}_p,-\boldsymbol{I}_{r-p},\boldsymbol{O}).$$

证明 假设 $\lambda_1,\cdots,\lambda_r$ 是矩阵 $\boldsymbol{A}$ 的非零特征值, 则存在可逆矩阵 $\boldsymbol{C}_1$, 使得 $\boldsymbol{C}_1^{\mathrm{T}}\boldsymbol{A}\boldsymbol{C}_1$ 是对角矩阵, 即

$$\boldsymbol{C}_1^{\mathrm{T}}\boldsymbol{A}\boldsymbol{C}_1=\mathrm{diag}(\lambda_1,\cdots,\lambda_r,0,\cdots,0).$$

必要时交换两行两列, 使得 $\lambda_1,\cdots,\lambda_r$ 中, 正的在前负的在后, 所以不妨假定

$$\lambda_1,\cdots,\lambda_p>0,\quad \lambda_{p+1}\cdots,\lambda_r<0\quad(0\leqslant p\leqslant r).$$

取

$$\boldsymbol{C}_2=\mathrm{diag}\left(\frac{1}{\sqrt{|\lambda_1|}},\cdots,\frac{1}{\sqrt{|\lambda_r|}},1,\cdots,1\right),$$

则

$$C_2^{\mathrm{T}}C_1^{\mathrm{T}}\boldsymbol{A}\boldsymbol{C}_1\boldsymbol{C}_2 = \mathrm{diag}(\boldsymbol{I}_p, -\boldsymbol{I}_{r-p}, \boldsymbol{O}).$$

令 $\boldsymbol{C} = \boldsymbol{C}_1\boldsymbol{C}_2$, 即得所要的可逆矩阵. □

我们称对角矩阵

$$\mathrm{diag}(\boldsymbol{I}_p, -\boldsymbol{I}_{r-p}, \boldsymbol{O})$$

为对称矩阵 $\boldsymbol{A}$ 的**规范形** (或**合同标准形**), 其中 $p, r-p$ 和 r 分别是 $\boldsymbol{A}$ 的正特征值的个数、负特征值的个数和矩阵 $\boldsymbol{A}$ 的秩 (也等于非零特征值的个数). 因此, 对称矩阵的规范形由其特征值的符号完全决定. 由合同的传递性容易得到如下定理成立:

定理 9.4 两个 n 阶对称矩阵合同的充要条件是它们的规范形相同. 或者说, 它们的特征值中正、负和零的个数分别相等.

特征值还有一个重要作用: 两个 n 阶对称矩阵相似的充要条件是它们的特征值相同; 等价的充要条件是非零特征值的个数 (即秩) 相同. 如果将 "对称矩阵" 改为 "方阵", 则前一部分的 "必要性" 成立, 而 "充分性" 不成立, 后一部分始终成立. 其证明是容易的, 请读者自己完成.

例 9.1 判断以下两个对称矩阵是否合同? 是否相似?

$$\boldsymbol{A} = \begin{pmatrix} 2 & -1 & -1 \\ -1 & 2 & -1 \\ -1 & -1 & 2 \end{pmatrix}, \quad \boldsymbol{B} = \begin{pmatrix} 1 & & \\ & 1 & \\ & & 0 \end{pmatrix}.$$

解 容易求得矩阵 $\boldsymbol{A}$ 的特征值 $\lambda_1 = \lambda_2 = 3, \lambda_3 = 0$, 矩阵 $\boldsymbol{B}$ 的特征值是 $1, 1, 0$, 由定理 9.4 知 $\boldsymbol{A}, \boldsymbol{B}$ 合同. 然而它们的特征值不相同, 所以 $\boldsymbol{A}, \boldsymbol{B}$ 不相似. 另外, 由 $\mathrm{tr}(\boldsymbol{A}) = 6$, $\mathrm{tr}(\boldsymbol{B}) = 2$, 迹不相等, 也可以判断 $\boldsymbol{A}$ 与 $\boldsymbol{B}$ 不相似.

如果对称矩阵 $\boldsymbol{A}$ 与 $\boldsymbol{B}$ 合同, $\boldsymbol{B} = \boldsymbol{C}^{\mathrm{T}}\boldsymbol{A}\boldsymbol{C}$, 求合同变换矩阵 $\boldsymbol{C}$ 通常可以用如下方法进行: 把矩阵 $\boldsymbol{A}$ 和单位矩阵 $\boldsymbol{I}$ 上下拼成一个分块矩阵, 先对它们施行一次初等列变换, 再施行一次相同的初等行变换, 直到把 $\boldsymbol{A}$ 变成 $\boldsymbol{B}$, 则下面部分就是所要的合同变换矩阵 $\boldsymbol{C}$, 即

$$\begin{pmatrix} \boldsymbol{A} \\ \boldsymbol{I} \end{pmatrix} \to \begin{pmatrix} \boldsymbol{C}^{\mathrm{T}}\boldsymbol{A}\boldsymbol{C} \\ \boldsymbol{C} \end{pmatrix} = \begin{pmatrix} \boldsymbol{B} \\ \boldsymbol{C} \end{pmatrix}.$$

例 9.2 求可逆矩阵 $\boldsymbol{C}$, 使 $\boldsymbol{C}^{\mathrm{T}}\boldsymbol{A}\boldsymbol{C}$ 是矩阵 $\boldsymbol{A}$ 的合同标准形, 其中

$$\boldsymbol{A} = \begin{pmatrix} 0 & 1 & -1 \\ 1 & 0 & 1 \\ -1 & 1 & 0 \end{pmatrix}.$$

解

$$\begin{pmatrix}\boldsymbol{A}\\ \boldsymbol{I}\end{pmatrix}=\begin{pmatrix}0&1&-1\\1&0&1\\-1&1&0\\\hdashline 1&0&0\\0&1&0\\0&0&1\end{pmatrix}\xrightarrow[c_1+c_2]{r_1+r_2}\begin{pmatrix}2&1&0\\1&0&1\\0&1&0\\\hdashline 1&0&0\\1&1&0\\0&0&1\end{pmatrix}\xrightarrow[c_2-\frac{1}{2}c_1]{r_2-\frac{1}{2}r_1}\begin{pmatrix}2&0&0\\0&-1/2&1\\0&1&0\\\hdashline 1&-1/2&0\\1&1/2&0\\0&0&1\end{pmatrix}$$

$$\xrightarrow[c_3+2c_2]{r_3+2r_2}\begin{pmatrix}2&0&0\\0&-1/2&0\\0&0&2\\\hdashline 1&-1/2&-1\\1&1/2&1\\0&0&1\end{pmatrix}\xrightarrow[c_2\times\sqrt{2},r_3\times\frac{1}{\sqrt{2}},c_3\times\frac{1}{\sqrt{2}}]{r_1\times\frac{1}{\sqrt{2}},c_1\times\frac{1}{\sqrt{2}},r_2\times\sqrt{2}}\begin{pmatrix}1&0&0\\0&-1&0\\0&0&1\\\hdashline 1/\sqrt{2}&-1/\sqrt{2}&-1/\sqrt{2}\\1/\sqrt{2}&1/\sqrt{2}&1/\sqrt{2}\\0&0&1/\sqrt{2}\end{pmatrix}$$

$$\xrightarrow[c_2\leftrightarrow c_3]{r_2\leftrightarrow r_3}\begin{pmatrix}1&0&0\\0&1&0\\0&0&-1\\\hdashline 1/\sqrt{2}&-1/\sqrt{2}&-1/\sqrt{2}\\1/\sqrt{2}&1/\sqrt{2}&1/\sqrt{2}\\0&1/\sqrt{2}&0\end{pmatrix}.$$

令

$$\boldsymbol{C}=\begin{pmatrix}1/\sqrt{2}&-1/\sqrt{2}&-1/\sqrt{2}\\1/\sqrt{2}&1/\sqrt{2}&1/\sqrt{2}\\0&1/\sqrt{2}&0\end{pmatrix},$$

得到矩阵 $\boldsymbol{A}$ 的合同标准形

$$\boldsymbol{C}^{\mathrm{T}}\boldsymbol{A}\boldsymbol{C}=\mathrm{diag}(1,1,-1).$$

如果把对称矩阵 $\boldsymbol{A}$ 和单位矩阵 $\boldsymbol{I}$ 横向拼成一个分块矩阵, 先对它们施行一次初等行变换, 再进行一次相同的初等列变换, 直到把 $\boldsymbol{A}$ 变成 $\boldsymbol{B}$, 则右边部分就是 $\boldsymbol{C}^{\mathrm{T}}$, 即

$$(\boldsymbol{A},\boldsymbol{I})\to(\boldsymbol{C}^{\mathrm{T}}\boldsymbol{A}\boldsymbol{C},\boldsymbol{C}^{\mathrm{T}})=(\boldsymbol{B},\boldsymbol{C}^{\mathrm{T}}).$$

这两种方法的相同点都是对矩阵 $\boldsymbol{A}$ 施行了一个初等合同变换, 而对单位矩阵 $\boldsymbol{I}$ 只施行了一种初等 (列或行) 变换. 在第一种情形, 单位矩阵 $\boldsymbol{I}$ 变成了 $\boldsymbol{C}$; 在第二种情形, 单位矩阵 $\boldsymbol{I}$ 变成了 $\boldsymbol{C}^{\mathrm{T}}$.

习题 9.1

9.1 写出下列二次型的矩阵:

(1) $f(x_1,x_2,x_3)=x_1^2+2x_2^2+5x_3^2-4x_1x_2+2x_1x_3+6x_2x_3$;

(2) $f(x_1,x_2,x_3)=x_1^2-2x_2^2+3x_3^2+2x_1x_2-4x_1x_3+2x_2x_3$.

9.2 写出下列矩阵所对应的二次型:

(1) $\begin{pmatrix}3&-2\\-2&4\end{pmatrix}$; (2) $\begin{pmatrix}-1&1&2\\1&0&-1\\2&-1&2\end{pmatrix}$.

9.3 求可逆矩阵 $\boldsymbol{C}$, 使 $\boldsymbol{C}^{\mathrm{T}}\boldsymbol{AC}$ 是矩阵 $\boldsymbol{A}$ 的合同标准形:

(1) $\begin{pmatrix}0&1&1\\1&0&-3\\1&-3&0\end{pmatrix}$; (2) $\begin{pmatrix}2&1&-2\\1&0&3\\-2&3&1\end{pmatrix}$.

9.4 判断下列两个矩阵是否合同? 是否相似? 并说明理由:

(1) $\boldsymbol{A}=\begin{pmatrix}0&1&1\\1&2&1\\1&1&0\end{pmatrix}, \boldsymbol{B}=\begin{pmatrix}2&1&1\\1&0&1\\1&1&0\end{pmatrix}$;

(2) $\boldsymbol{A}=\begin{pmatrix}1&1&0\\1&0&1\\0&1&-1\end{pmatrix}, \boldsymbol{B}=\begin{pmatrix}0&-1&2\\-1&-1&1\\2&1&0\end{pmatrix}$.

9.5 证明: 两个对角矩阵

$$\boldsymbol{\Lambda}_1=\mathrm{diag}(\lambda_1,\lambda_2,\cdots,\lambda_n),\quad \boldsymbol{\Lambda}_2=\mathrm{diag}(\lambda_{i_1},\lambda_{i_2},\cdots,\lambda_{i_n})$$

合同, 其中 $i_1,i_2,\cdots,i_n$ 是 $1,2,\cdots,n$ 的一个排列.

9.6 设矩阵 $\boldsymbol{A}_1$ 与 $\boldsymbol{B}_1$ 合同, $\boldsymbol{A}_2$ 与 $\boldsymbol{B}_2$ 合同, 证明: 矩阵

$$\begin{pmatrix}\boldsymbol{A}_1&\boldsymbol{O}\\\boldsymbol{O}&\boldsymbol{A}_2\end{pmatrix} \quad 与 \quad \begin{pmatrix}\boldsymbol{B}_1&\boldsymbol{O}\\\boldsymbol{O}&\boldsymbol{B}_2\end{pmatrix}$$

合同.

9.7 设 $\boldsymbol{A}$ 是可逆对称矩阵, 证明:

(1) $\boldsymbol{A}^{-1}$ 与 $\boldsymbol{A}$ 合同;

(2) $\boldsymbol{A}^2$ 与 $\boldsymbol{I}$ 合同.

9.8 证明: n 阶矩阵 $\boldsymbol{A}$ 是反对称矩阵的充要条件是对任意 n 维向量 $\boldsymbol{x}$, 都有

$$\boldsymbol{x}^{\mathrm{T}}\boldsymbol{Ax}=0.$$

§9.2 二次型的标准形

由 §9.1 的讨论可知, 对任意二次型 $f=\boldsymbol{x}^{\mathrm{T}}\boldsymbol{Ax}$ 都可以做一个可逆线性变换 $\boldsymbol{x}=\boldsymbol{Cy}$, 得到只含平方项的形式:

$$f=k_1y_1^2+k_2y_2^2+\cdots+k_ny_n^2,$$

称为**二次型的标准形**(或**法式**). 但是, 当可逆矩阵 $\boldsymbol{C}$ 选取不同时, 得到二次型的标准形不是唯一的.

9.2.1 用初等合同变换法化二次型为标准形

化二次型为标准形可以先写出二次型的矩阵, 再用矩阵的初等合同变换法完成.

例 9.3 做可逆变换 $\boldsymbol{x}=\boldsymbol{C}\boldsymbol{y}$ 化二次型

$$f(x_1,x_2,x_3)=2x_1x_2-2x_1x_3+2x_2x_3$$

为标准形.

解 这个二次型的矩阵是

$$\boldsymbol{A}=\begin{pmatrix}0&1&-1\\1&0&1\\-1&1&0\end{pmatrix}.$$

由例 9.2 的初等合同变换过程可知, 若令

$$\boldsymbol{C}=\begin{pmatrix}1&-1/2&-1\\1&1/2&1\\0&0&1\end{pmatrix},$$

显然 $\boldsymbol{C}$ 是可逆矩阵, 做可逆线性变换 $\boldsymbol{x}=\boldsymbol{C}\boldsymbol{y}$, 得到

$$f=\boldsymbol{y}^{\mathrm{T}}\boldsymbol{C}^{\mathrm{T}}\boldsymbol{A}\boldsymbol{C}\boldsymbol{y}=2y_1^2-\frac{1}{2}y_2^2+2y_3^2,$$

只含平方项, 是二次型 f 的标准形. 若令

$$\boldsymbol{C}=\begin{pmatrix}1/\sqrt{2}&-1/\sqrt{2}&-1/\sqrt{2}\\1/\sqrt{2}&1/\sqrt{2}&1/\sqrt{2}\\0&1/\sqrt{2}&0\end{pmatrix},$$

它仍为可逆矩阵, 做可逆线性变换 $\boldsymbol{x}=\boldsymbol{C}\boldsymbol{y}$, 得到

$$f=\boldsymbol{y}^{\mathrm{T}}\boldsymbol{C}^{\mathrm{T}}\boldsymbol{A}\boldsymbol{C}\boldsymbol{y}=y_1^2+y_2^2-y_3^2,$$

这也是 f 的标准形.

9.2.2 用配方法化二次型为标准形

对二次型 $f=\boldsymbol{x}^{\mathrm{T}}\boldsymbol{A}\boldsymbol{x}$, 可以用完全平方公式的配方法化为标准形.

例 9.4 用配方法化二次型为标准形, 并求出相应的可逆线性变换:

$$f(x_1,x_2,x_3)=2x_1^2-x_2^2-x_3^2-4x_1x_2-4x_1x_3+8x_2x_3.$$

解 先将含有 x_1 的各项归并一起, 配成完全平方项 (余项不含有 x_1):

$$\begin{aligned}f&=2(x_1-x_2-x_3)^2-2x_2^2-2x_3^2-4x_2x_3-x_2^2-x_3^2+8x_2x_3\\&=2(x_1-x_2-x_3)^2-3x_2^2+4x_2x_3-3x_3^2,\end{aligned}$$

再对后三项中含 x_2 的项配方 (余项不含有 x_2), 得到

$$f=2(x_1-x_2-x_3)^2-3\left(x_2-\frac{2}{3}x_3\right)^2-\frac{5}{3}x_3^2.$$

令

$$\begin{cases}y_1=x_1-x_2-x_3,\\ y_2=x_2-\dfrac{2}{3}x_3,\\ y_3=x_3,\end{cases}\qquad \text{即}\qquad \begin{cases}x_1=y_1+y_2+\dfrac{5}{3}y_3,\\ x_2=y_2+\dfrac{2}{3}y_3,\\ x_3=y_3,\end{cases}$$

则二次型化为标准形

$$f=2y_1^2-3y_2^2-\frac{5}{3}y_3^2.$$

所做线性变换的矩阵为

$$\boldsymbol{C}=\begin{pmatrix}1&1&5/3\\0&1&2/3\\0&0&1\end{pmatrix},\quad |\boldsymbol{C}|=1\neq 0,$$

即线性变换 $\boldsymbol{x}=\boldsymbol{C}\boldsymbol{y}$ 是可逆线性变换.

例 9.5 用配方法化下列二次型为标准形, 并求出相应的可逆线性变换:

$$f(x_1,x_2,x_3)=2x_1x_2+2x_1x_3-6x_2x_3.$$

解 在 f 中不含平方项, 但含有乘积项 x_1x_2, 因此先做一个可逆线性变换, 使它出现平方项, 令

$$\begin{cases}x_1=y_1+y_2,\\ x_2=y_1-y_2,\\ x_3=y_3.\end{cases}\tag{9.1}$$

即

$$\begin{pmatrix}x_1\\x_2\\x_3\end{pmatrix}=\begin{pmatrix}1&1&0\\1&-1&0\\0&0&1\end{pmatrix}\begin{pmatrix}y_1\\y_2\\y_3\end{pmatrix}\quad \text{或}\quad \begin{pmatrix}x_1\\x_2\\x_3\end{pmatrix}=\boldsymbol{C}_1\begin{pmatrix}y_1\\y_2\\y_3\end{pmatrix},$$

其中

$$\boldsymbol{C}_1=\begin{pmatrix}1&1&0\\1&-1&0\\0&0&1\end{pmatrix},\quad |\boldsymbol{C}_1|=-2\neq 0.$$

代入得

$$\begin{aligned}f&=2(y_1+y_2)(y_1-y_2)+2(y_1+y_2)y_3-6(y_1-y_2)y_3\\&=2y_1^2-2y_2^2-4y_1y_3+8y_2y_3.\end{aligned}$$

这时, 在 f 中含有 y_1 的平方项, 可把含 y_1 的项归并一起配方 (余项不含有 y_1), 再将含 y_2 的项归并一起配方 (余项不含有 y_2), 得

$$\begin{aligned} f &= 2(y_1^2 - 2y_1y_3 + y_3^2) - 2y_2^2 + 8y_2y_3 - 2y_3^2 \\ &= 2(y_1 - y_3)^2 - 2(y_2^2 - 4y_2y_3 + 4y_3^2) + 6y_3^2 \\ &= 2(y_1 - y_3)^2 - 2(y_2 - 2y_3)^2 + 6y_3^2. \end{aligned}$$

令

$$\begin{cases} z_1 = y_1 - y_3, \\ z_2 = y_2 - 2y_3, \\ z_3 = y_3, \end{cases}$$

即

$$\begin{cases} y_1 = z_1 + z_3, \\ y_2 = z_2 + 2z_3, \\ y_3 = z_3. \end{cases} \tag{9.2}$$

写成矩阵形式得

$$\begin{pmatrix} y_1 \\ y_2 \\ y_3 \end{pmatrix} = \begin{pmatrix} 1 & 0 & 1 \\ 0 & 1 & 2 \\ 0 & 0 & 1 \end{pmatrix} \begin{pmatrix} z_1 \\ z_2 \\ z_3 \end{pmatrix} \quad \text{或} \quad \begin{pmatrix} y_1 \\ y_2 \\ y_3 \end{pmatrix} = \boldsymbol{C}_2 \begin{pmatrix} z_1 \\ z_2 \\ z_3 \end{pmatrix},$$

其中

$$\boldsymbol{C}_2 = \begin{pmatrix} 1 & 0 & 1 \\ 0 & 1 & 2 \\ 0 & 0 & 1 \end{pmatrix}, \quad |\boldsymbol{C}_2| = 1 \neq 0.$$

于是

$$f = 2z_1^2 - 2z_2^2 + 6z_3^2.$$

以上把二次型化为标准形经过了两次可逆线性变换

$$\begin{pmatrix} x_1 \\ x_2 \\ x_3 \end{pmatrix} = \boldsymbol{C}_1 \begin{pmatrix} y_1 \\ y_2 \\ y_3 \end{pmatrix}, \quad \begin{pmatrix} y_1 \\ y_2 \\ y_3 \end{pmatrix} = \boldsymbol{C}_2 \begin{pmatrix} z_1 \\ z_2 \\ z_3 \end{pmatrix},$$

于是 $\boldsymbol{x} = \boldsymbol{C}_1\boldsymbol{C}_2\boldsymbol{z}$ 就是二次型化为标准形所用的可逆线性变换, 其中, 变换矩阵为

$$\boldsymbol{C} = \boldsymbol{C}_1\boldsymbol{C}_2 = \begin{pmatrix} 1 & 1 & 0 \\ 1 & -1 & 0 \\ 0 & 0 & 1 \end{pmatrix} \begin{pmatrix} 1 & 0 & 1 \\ 0 & 1 & 2 \\ 0 & 0 & 1 \end{pmatrix} = \begin{pmatrix} 1 & 1 & 3 \\ 1 & -1 & -1 \\ 0 & 0 & 1 \end{pmatrix} \quad (|\boldsymbol{C}| = |\boldsymbol{C}_1\boldsymbol{C}_2| = -2 \neq 0).$$

求矩阵 $\boldsymbol{C}$ 有更简便的方法: 将 (9.2) 式代入 (9.1) 式, 得到

$$\begin{cases} x_1 = z_1 + z_2 + 3z_3, \\ x_2 = z_1 - z_2 - z_3, \\ x_3 = z_3, \end{cases}$$

因此,

$$\boldsymbol{C} = \begin{pmatrix} 1 & 1 & 3 \\ 1 & -1 & -1 \\ 0 & 0 & 1 \end{pmatrix}.$$

9.2.3 用正交变换法化二次型为标准形

由定理 8.15 可知, 对任意对称矩阵 $\boldsymbol{A}$, 总存在正交矩阵 $\boldsymbol{C}$, 使 $\boldsymbol{C}^{-1}\boldsymbol{AC}$ 成为对角矩阵, 即

$$\boldsymbol{C}^{-1}\boldsymbol{AC} = \boldsymbol{C}^{\mathrm{T}}\boldsymbol{AC} = \mathrm{diag}(\lambda_1, \lambda_2, \cdots, \lambda_n),$$

其中 $\lambda_1, \lambda_2, \cdots, \lambda_n$ 是 $\boldsymbol{A}$ 的特征值. 把这个结论用于二次型, 则有

定理 9.5 对任意二次型 $f = \boldsymbol{x}^{\mathrm{T}}\boldsymbol{Ax}$, 总可以经过正交变换 $\boldsymbol{x} = \boldsymbol{Cy}$, 把它化成标准形

$$f = \lambda_1 y_1^2 + \lambda_2 y_2^2 + \cdots + \lambda_n y_n^2,$$

其中 $\lambda_1, \lambda_2, \cdots, \lambda_n$ 是 $\boldsymbol{A}$ 的特征值.

例 9.6 求一个正交变换 $\boldsymbol{x} = \boldsymbol{Cy}$ 把二次型

$$f = x_1^2 + 4x_2^2 + x_3^2 - 4x_1x_2 - 8x_1x_3 - 4x_2x_3$$

化成标准形.

解 二次型的矩阵为

$$\boldsymbol{A} = \begin{pmatrix} 1 & -2 & -4 \\ -2 & 4 & -2 \\ -4 & -2 & 1 \end{pmatrix},$$

其特征多项式为

$$|\lambda\boldsymbol{I} - \boldsymbol{A}| = \begin{vmatrix} \lambda - 1 & 2 & 4 \\ 2 & \lambda - 4 & 2 \\ 4 & 2 & \lambda - 1 \end{vmatrix} = (\lambda + 4)(\lambda - 5)^2,$$

于是 $\boldsymbol{A}$ 的特征值为 $\lambda_1 = -4$, $\lambda_2 = \lambda_3 = 5$.

当 $\lambda_1 = -4$ 时, 解齐次方程组 $(-4\boldsymbol{I} - \boldsymbol{A})\boldsymbol{x} = \boldsymbol{0}$, 由

$$-4\boldsymbol{I} - \boldsymbol{A} = \begin{pmatrix} -5 & 2 & 4 \\ 2 & -8 & 2 \\ 4 & 2 & -5 \end{pmatrix} \xrightarrow{r} \begin{pmatrix} 1 & 0 & -1 \\ 0 & 1 & -1/2 \\ 0 & 0 & 0 \end{pmatrix}$$

得基础解系 $\boldsymbol{\alpha}=(2,1,2)^{\mathrm{T}}$, 单位化即得 $\boldsymbol{\gamma}=\dfrac{1}{3}(2,1,2)^{\mathrm{T}}$,

当 $\lambda_2=\lambda_3=5$ 时, 解齐次方程组 $(5\boldsymbol{I}-\boldsymbol{A})\boldsymbol{x}=\boldsymbol{0}$, 由

$$5\boldsymbol{I}-\boldsymbol{A}=\begin{pmatrix}4&2&4\\2&1&2\\4&2&4\end{pmatrix}\xrightarrow{r}\begin{pmatrix}1&1/2&1\\0&0&0\\0&0&0\end{pmatrix},$$

得到基础解系

$$\boldsymbol{\alpha}_1=\begin{pmatrix}-1\\2\\0\end{pmatrix},\quad \boldsymbol{\alpha}_2=\begin{pmatrix}-1\\0\\1\end{pmatrix}.$$

将其施行正交化得到

$$\begin{aligned}&\boldsymbol{\beta}_1=\boldsymbol{\alpha}_1,\\&\boldsymbol{\beta}_2=\boldsymbol{\alpha}_2-\frac{(\boldsymbol{\alpha}_2,\boldsymbol{\beta}_1)}{(\boldsymbol{\beta}_1,\boldsymbol{\beta}_1)}\boldsymbol{\beta}_1=\begin{pmatrix}-1\\0\\1\end{pmatrix}-\frac{1}{5}\begin{pmatrix}-1\\2\\0\end{pmatrix}=\frac{1}{5}\begin{pmatrix}-4\\-2\\5\end{pmatrix},\end{aligned}$$

单位化即得

$$\boldsymbol{\gamma}_1=\frac{1}{\sqrt{5}}\begin{pmatrix}-1\\2\\0\end{pmatrix},\quad \boldsymbol{\gamma}_2=\frac{1}{3\sqrt{5}}\begin{pmatrix}-4\\-2\\5\end{pmatrix}.$$

令

$$\boldsymbol{C}=\begin{pmatrix}2/3&-1/\sqrt{5}&-4/(3\sqrt{5})\\1/3&2/\sqrt{5}&-2/(3\sqrt{5})\\2/3&0&5/(3\sqrt{5})\end{pmatrix},$$

做正交变换 $\boldsymbol{x}=\boldsymbol{C}\boldsymbol{y}$, 则有 $f=-4y_1^2+5y_2^2+5y_3^2$.

9.2.4　二次曲面 (线) 方程的化简

一般二次曲面 (线) 方程的化简过程: 先用适当的坐标轴的旋转消去交叉乘积项, 再用坐标轴平移化为标准方程. 前一个变换是正交变换, 它将原坐标轴旋转到与二次曲面 (线) 的 "主轴" 平行的方向, 而平移使得新坐标轴与二次曲面 (线) 的 "主轴" 重合. 将正交变换与平移变换统称为**直角坐标变换**, 用直角坐标变换化一般二次曲面 (线) 方程为标准方程的问题称为**主轴问题**.

例 9.7　用直角坐标变换化简二次曲面的方程

$$x^2+y^2+z^2-2xz+4x+2y-4z-5=0,$$

并判断该方程表示何种类型的曲面.

解 先对二次型 $x^2+y^2+z^2-2xz$ 做正交变换化为标准形. 该二次型的矩阵为

$$\boldsymbol{A}=\begin{pmatrix}1&0&-1\\0&1&0\\-1&0&1\end{pmatrix},$$

特征方程

$$|\lambda\boldsymbol{I}-\boldsymbol{A}|=\begin{vmatrix}\lambda-1&0&1\\0&\lambda-1&0\\1&0&\lambda-1\end{vmatrix}=\lambda(\lambda-1)(\lambda-2)=0,$$

特征值 $\lambda_1=1,\lambda_2=2,\lambda_3=0$.

对 $\lambda_1=1$,

$$\boldsymbol{I}-\boldsymbol{A}=\begin{pmatrix}0&0&1\\0&0&0\\1&0&0\end{pmatrix}\to\begin{pmatrix}1&0&0\\0&0&1\\0&0&0\end{pmatrix}.$$

得齐次方程组 $x_1=x_3=0$ 的一个基础解系 $\boldsymbol{\alpha}_1=(0,1,0)^{\mathrm{T}}$.

对 $\lambda_2=2$,

$$2\boldsymbol{I}-\boldsymbol{A}=\begin{pmatrix}1&0&1\\0&1&0\\1&0&1\end{pmatrix}\to\begin{pmatrix}1&0&1\\0&1&0\\0&0&0\end{pmatrix}.$$

得齐次方程组 $x_1=-x_3,x_2=0$ 的一个基础解系 $\boldsymbol{\alpha}_2=(-1,0,1)^{\mathrm{T}}$, 单位化得

$$\boldsymbol{\gamma}_2=\frac{1}{\sqrt{2}}(-1,0,1)^{\mathrm{T}}.$$

对 $\lambda_3=0$,

$$-\boldsymbol{A}=\begin{pmatrix}-1&0&1\\0&-1&0\\1&0&-1\end{pmatrix}\to\begin{pmatrix}1&0&-1\\0&1&0\\0&0&0\end{pmatrix},$$

得齐次方程组 $x_1=x_3,x_2=0$ 的一个基础解系 $\boldsymbol{\alpha}_3=(1,0,1)^{\mathrm{T}}$, 单位化得

$$\boldsymbol{\gamma}_3=\frac{1}{\sqrt{2}}(1,0,1)^{\mathrm{T}}.$$

令

$$\boldsymbol{C}=\begin{pmatrix}0&-1/\sqrt{2}&1/\sqrt{2}\\1&0&0\\0&1/\sqrt{2}&1/\sqrt{2}\end{pmatrix},$$

做正交变换

$$\begin{pmatrix}x\\y\\z\end{pmatrix}=\begin{pmatrix}0&-1/\sqrt{2}&1/\sqrt{2}\\1&0&0\\0&1/\sqrt{2}&1/\sqrt{2}\end{pmatrix}\begin{pmatrix}x'\\y'\\z'\end{pmatrix},$$

二次型 $x^2+y^2+z^2-2xz$ 化为 $(x')^2+2(y')^2$, 原方程化为

$$(x')^2+2(y')^2-4\sqrt{2}y'+2x'-5=0.$$

对上面方程的左端配方可得

$$(x'+1)^2+2(y'-\sqrt{2})^2-10=0.$$

再做平移变换 $\begin{cases} x''=x'+1, \\ y''=y'-\sqrt{2}, \end{cases}$ 原方程化为

$$(x'')^2+2(y'')^2=10.$$

因此, 原方程表示的曲面为椭圆柱面.

注 如果对称矩阵 $\boldsymbol{A}$ 的特征值互不相同, 相应的基础解系并在一起是正交向量组, 不必施行正交化处理, 单位化后就是标准正交向量组.

习题 9.2

9.9 用正交变换法化下列二次型为标准形, 并求所做的正交变换:

(1) $f(x_1,x_2,x_3)=-2x_1x_2+2x_1x_3+2x_2x_3$;

(2) $f(x_1,x_2,x_3)=2x_1^2-x_2^2-x_3^2+4x_1x_2-4x_1x_3+8x_2x_3$.

9.10 用配方法化下列二次型为标准形, 并求所做的线性变换:

(1) $f(x_1,x_2,x_3)=x_1^2-3x_2^2+x_3^2+2x_1x_2-4x_1x_3-6x_2x_3$;

(2) $f(x_1,x_2,x_3)=3x_1x_2+3x_1x_3-9x_2x_3$.

9.11 化简下列二次曲面 (线) 方程, 并判断曲面的类型:

(1) $3x^2+2y^2+z^2-4xy-4yz=5$;

(2) $4x^2+y^2-8z^2+4xy-4xz+8yz-8x-4y+4z+4=0$;

(3) $5x^2-6xy+5y^2+4x+y-10=0$.

§9.3 正定二次型

从 §9.2 已经看到, 任意二次型都可以经过可逆线性变换化成标准形, 但标准形不是唯一的, 这不利于对二次型进行分类. 本节引入二次型的规范形的概念, 证明了二次型的规范形是唯一的, 然后介绍一类重要的二次型 —— 正定二次型, 并得到了判定二次型正定的条件.

9.3.1 二次型的规范形

定义 9.5 在二次型的标准形中, 如果系数 $k_1,k_2\cdots,k_n$ 只取 $1,-1,0$ 三个数, 得到

$$f=y_1^2+\cdots+y_p^2-y_{p+1}^2\cdots-y_r^2,$$

称为**二次型的规范形**.

比如, 在例 9.3 中得到的标准形 $f=y_1^2+y_2^2-y_3^2$ 就是规范形.

定理 9.6 (惯性定理) 任意二次型总可以经过可逆线性变换化成规范形, 且规范形是唯一的.

***证明** 由定理 9.3 可知, 任意秩为 r 的二次型 $f=\boldsymbol{x}^{\mathrm{T}}\boldsymbol{A}\boldsymbol{x}$ 总可以经过可逆线性变换 $\boldsymbol{x}=\boldsymbol{C}\boldsymbol{y}$ 化成如下规范形:

$$f=y_1^2+\cdots+y_p^2-y_{p+1}^2-\cdots-y_r^2.$$

下证唯一性. 设二次型经过可逆线性变换 $\boldsymbol{x}=\boldsymbol{D}\boldsymbol{z}$ 化成另一个规范形

$$f=z_1^2+\cdots+z_q^2-z_{q+1}^2\cdots-z_r^2.$$

现在证明 $p=q$.

用反证法, 假设 $p>q$. 因为

$$y_1^2+\cdots+y_p^2-y_{p+1}^2-\cdots-y_r^2=z_1^2+\cdots+z_q^2-z_{q+1}^2\cdots-z_r^2,$$

其中 $\boldsymbol{z}=\boldsymbol{D}^{-1}\boldsymbol{C}\boldsymbol{y}$. 令

$$\boldsymbol{D}^{-1}\boldsymbol{C}=\boldsymbol{G}=\begin{pmatrix} g_{11} & g_{12} & \cdots & g_{1n}\\ g_{21} & g_{22} & \cdots & g_{2n}\\ \vdots & \vdots & & \vdots\\ g_{n1} & g_{n2} & \cdots & g_{nn}\end{pmatrix},$$

于是

$$\begin{cases} z_1=g_{11}y_1+g_{12}y_2+\cdots+g_{1n}y_n,\\ z_2=g_{21}y_1+g_{22}y_2+\cdots+g_{2n}y_n,\\ \cdots\cdots\cdots\cdots\cdots\cdots\cdots\cdots\cdots\\ z_n=g_{n1}y_1+g_{n2}y_2+\cdots+g_{nn}y_n.\end{cases}$$

考虑齐次方程组

$$\begin{cases} g_{11}y_1+g_{12}y_2+\cdots+g_{1n}y_n=0,\\ g_{21}y_1+g_{22}y_2+\cdots+g_{2n}y_n=0,\\ \cdots\cdots\cdots\cdots\cdots\cdots\cdots\cdots\cdots\\ g_{q1}y_1+g_{q2}y_2+\cdots+g_{qn}y_n=0,\\ y_{p+1}=0,\\ \cdots\cdots\cdots\\ y_n=0,\end{cases}$$

其中有

$$q+(n-p)=n-(p-q)$$

个方程和 n 个未知量. 显然 $n-(p-q)<n$, 即方程个数少于未知量个数, 齐次线性方程组有非零解

$$(y_1,y_2,\cdots,y_p,y_{p+1},\cdots,y_n)^{\mathrm{T}}=(c_1,c_2,\cdots,c_p,0,\cdots,0)^{\mathrm{T}}.$$

此时, 二次型的值

$$f(c_1, c_2, \cdots, c_p, 0, \cdots, 0) = c_1^2 + c_2^2 + \cdots + c_p^2 > 0,$$

并且 $z_1 = \cdots = z_q = 0$. 于是, 又有

$$f(c_1, c_2, \cdots, c_p, 0, \cdots, 0) = -z_{q+1}^2 - \cdots - z_r^2 \leqslant 0,$$

矛盾, 故 $p \leqslant q$.

同理可以证明, $p \geqslant q$, 所以, $p = q$. 唯一性得证. □

定义 9.6 在二次型 $f = \boldsymbol{x}^{\mathrm{T}}\boldsymbol{A}\boldsymbol{x}$ 的规范形中, 正平方项的个数 p 称为 f 的**正惯性指数**; 负平方项的个数 $r-p$ 叫**负惯性指数**; 它们的差 $p-(r-p) = 2p-r$ 叫**符号差**.

比如, 在例 9.3 中, 正惯性指数为 2, 负惯性指数为 1, 符号差为 1. 在例 9.4 中, 正惯性指数为 1, 负惯性指数为 2, 符号差为 -1.

例 9.8 求二次型 $f(x_1, \cdots, x_n) = (n-1)\sum\limits_{i=1}^{n} x_i^2 - 2\sum\limits_{1 \leqslant i < j \leqslant n} x_i x_j$ 的符号差.

解 此二次型的矩阵为

$$\boldsymbol{A} = \begin{pmatrix} n-1 & -1 & \cdots & -1 \\ -1 & n-1 & \cdots & -1 \\ \vdots & \vdots & & \vdots \\ -1 & -1 & \cdots & n-1 \end{pmatrix},$$

特征方程

$$|\lambda \boldsymbol{I} - \boldsymbol{A}| = \begin{vmatrix} \lambda-(n-1) & 1 & \cdots & 1 \\ 1 & \lambda-(n-1) & \cdots & 1 \\ \vdots & \vdots & & \vdots \\ 1 & 1 & \cdots & \lambda-(n-1) \end{vmatrix} = \lambda(\lambda-n)^{n-1} = 0.$$

特征值为 $\lambda_1 = \cdots = \lambda_{n-1} = n$, $\lambda_n = 0$. 因此, 正惯性指数为 $n-1$, 负惯性指数为 0, 符号差为 $n-1$.

注 正、负惯性指数与正、负特征值的个数分别相等.

9.3.2 正定二次型

本节将研究一类特殊的二次型, 其正惯性指数等于 n, 即所谓正定二次型.

定义 9.7 设 $f(\boldsymbol{x}) = \boldsymbol{x}^{\mathrm{T}}\boldsymbol{A}\boldsymbol{x}$ 是二次型, 如果对任意非零向量 $\boldsymbol{x} \in \mathbb{R}^n$, 都有

$$f(\boldsymbol{x}) = \boldsymbol{x}^{\mathrm{T}}\boldsymbol{A}\boldsymbol{x} > 0,$$

则称 f 为**正定二次型**, 称对称矩阵 $\boldsymbol{A}$ 为**正定矩阵**; 如果对任意非零向量 $\boldsymbol{x} \in \mathbb{R}^n$, 都有

$$f(\boldsymbol{x}) = \boldsymbol{x}^{\mathrm{T}}\boldsymbol{A}\boldsymbol{x} < 0,$$

则称 f 为**负定二次型**, 称对称矩阵 $\boldsymbol{A}$ 为**负定矩阵**.

定理 9.7 二次型 $f=\boldsymbol{x}^{\mathrm{T}}\boldsymbol{A}\boldsymbol{x}$ 为正定二次型的必要条件是矩阵 $\boldsymbol{A}=(a_{ij})_{n\times n}$ 的主对角元素全为正, 即

$$a_{ii}>0 \quad (i=1,2,\cdots,n).$$

证明 令 $\boldsymbol{x}=\boldsymbol{e}_i$ 是第 i 个单位列向量, 即 n 阶单位矩阵的第 i 列. 因为 $f=\boldsymbol{x}^{\mathrm{T}}\boldsymbol{A}\boldsymbol{x}$ 是正定二次型, 所以

$$f(\boldsymbol{e}_i)=\boldsymbol{e}_i^{\mathrm{T}}\boldsymbol{A}\boldsymbol{e}_i=a_{ii}>0 \quad (i=1,2,\cdots,n). \quad \square$$

定理 9.8 二次型 $f=\boldsymbol{x}^{\mathrm{T}}\boldsymbol{A}\boldsymbol{x}$ 为正定的充要条件是它的正惯性指数等于 n.

证明 必要性. 设二次型 $f=\boldsymbol{x}^{\mathrm{T}}\boldsymbol{A}\boldsymbol{x}$ 经过可逆线性变换 $\boldsymbol{x}=\boldsymbol{C}\boldsymbol{y}$ 变成规范形

$$f=y_1^2+\cdots+y_p^2-y_{p+1}^2\cdots-y_r^2.$$

如果 $p<r\leqslant n$, 取 $y_1=\cdots=y_p=0, y_{p+1}=\cdots=y_r=1$, 得到的 $\boldsymbol{x}=\boldsymbol{C}\boldsymbol{y}\neq\boldsymbol{0}$, 且有

$$f(\boldsymbol{x})=-(r-p)<0,$$

这与 f 正定矛盾. 如果 $p\leqslant r<n$, 取 $y_1=\cdots=y_r=0, y_{r+1}=\cdots=y_n=1$, 代入得到 $\boldsymbol{x}=\boldsymbol{C}\boldsymbol{y}\neq\boldsymbol{0}$, 且有 $f(\boldsymbol{x})=0$, 这仍然与 f 正定矛盾, 故必有 $p=n$.

充分性. 如果二次型 f 的正惯性指数等于 n, 则经过可逆变换 $\boldsymbol{x}=\boldsymbol{C}\boldsymbol{y}$, 得到如下规范形:

$$f=y_1^2+y_2^2+\cdots+y_n^2.$$

对任何非零向量 $\boldsymbol{x}\in\mathbb{R}^n$, 显然 $\boldsymbol{y}=\boldsymbol{C}^{-1}\boldsymbol{x}\neq\boldsymbol{0}$, 故

$$f(\boldsymbol{x})=y_1^2+y_2^2+\cdots+y_n^2>0. \quad \square$$

推论 9.2 设 $\boldsymbol{A}$ 是 n 阶对称矩阵, 则下列说法等价:

(1) $\boldsymbol{A}$ 是正定矩阵;

(2) $\boldsymbol{A}$ 的特征值全大于零;

(3) $\boldsymbol{A}$ 合同于 n 阶单位矩阵 $\boldsymbol{I}$;

(4) 存在 n 阶可逆矩阵 $\boldsymbol{C}$, 使得 $\boldsymbol{A}=\boldsymbol{C}^{\mathrm{T}}\boldsymbol{C}$.

证明 $\boldsymbol{A}$ 是正定矩阵 $\Leftrightarrow$ $\boldsymbol{A}$ 的正惯性指数 $p=n$ $\Leftrightarrow$ $\boldsymbol{A}$ 的特征值全大于零 $\Leftrightarrow$ $\boldsymbol{A}$ 合同于 n 阶单位阵 $\boldsymbol{I}$ $\Leftrightarrow$ 存在 n 阶可逆矩阵 $\boldsymbol{C}$, 使得 $\boldsymbol{A}=\boldsymbol{C}^{\mathrm{T}}\boldsymbol{I}\boldsymbol{C}=\boldsymbol{C}^{\mathrm{T}}\boldsymbol{C}$. $\square$

设 $\boldsymbol{A}=(a_{ij})_{n\times n}$, $\boldsymbol{C}=(c_{ij})_{n\times n}$, 由 “$\boldsymbol{C}^{\mathrm{T}}$ 的第 i 行 $=\boldsymbol{C}$ 的第 i 列的转置” 可知,

$$\boldsymbol{A}=\boldsymbol{C}^{\mathrm{T}}\boldsymbol{C}\Leftrightarrow a_{ij}=\sum_{k=1}^{n}c_{ki}c_{kj} \quad (i,j=1,2,\cdots,n). \tag{9.3}$$

推论 9.3 正定矩阵的行列式大于零.

证明 由推论 9.2(2) 知结论成立. $\square$

例 9.9 证明: 如果 $\boldsymbol{A}$ 是正定矩阵, 那么 $\boldsymbol{A}^{-1}$ 也是正定矩阵.

证明 因为 $\boldsymbol{A}$ 正定, 所以 $\boldsymbol{A}$ 的特征值全大于零, 而 $\boldsymbol{A}^{-1}$ 的特征值是 $\boldsymbol{A}$ 的特征值的倒数, 因而 $\boldsymbol{A}^{-1}$ 的特征值也全大于零, 故 $\boldsymbol{A}^{-1}$ 是正定矩阵. □

例 9.10 证明: n 阶矩阵 $\boldsymbol{A}$ 是正定矩阵的充要条件是存在正定矩阵 $\boldsymbol{B}$ 使得 $\boldsymbol{A}=\boldsymbol{B}^2$.

证明 充分性的证明很容易, 留给读者自己完成. 下证必要性.

因为 $\boldsymbol{A}$ 是正定矩阵, 所以存在正交矩阵 $\boldsymbol{C}$ 使得 $\boldsymbol{A}=\boldsymbol{C}\boldsymbol{\Lambda}\boldsymbol{C}^{\mathrm{T}}$, 其中

$$\boldsymbol{\Lambda}=\operatorname{diag}(\lambda_1,\lambda_2,\cdots,\lambda_n)\quad(\lambda_i>0,\ i=1,2,\cdots,n).$$

令

$$\boldsymbol{B}=\boldsymbol{C}\operatorname{diag}(\sqrt{\lambda_1},\sqrt{\lambda_2},\cdots,\sqrt{\lambda_n})\boldsymbol{C}^{\mathrm{T}},$$

就有 $\boldsymbol{A}=\boldsymbol{B}^2$, 其中 $\boldsymbol{B}$ 正定. □

在有些教科书上, 将矩阵 $\boldsymbol{A}$ 是正定矩阵简记为 $\boldsymbol{A}>0$, 将负定矩阵 $\boldsymbol{A}$ 简记为 $\boldsymbol{A}<0$, 把例 9.10 中的矩阵 $\boldsymbol{B}$ 记为 $\boldsymbol{A}^{1/2}$, 因此得到 $\boldsymbol{A}=\boldsymbol{A}^{1/2}\cdot\boldsymbol{A}^{1/2}$. 类似地还有记号

$$\boldsymbol{A}^{-1/2}=\boldsymbol{C}\operatorname{diag}\left(\frac{1}{\sqrt{\lambda_1}},\frac{1}{\sqrt{\lambda_2}},\cdots,\frac{1}{\sqrt{\lambda_n}}\right)\boldsymbol{C}^{\mathrm{T}},$$

于是 $\boldsymbol{A}^{-1}=\boldsymbol{A}^{-1/2}\cdot\boldsymbol{A}^{-1/2}$.

定义 9.8 设 $\boldsymbol{A}=(a_{ij})_{n\times n}$ 为 n 阶矩阵, 位于 $\boldsymbol{A}$ 的左上角的子式

$$d_k=\begin{vmatrix}a_{11}&a_{12}&\cdots&a_{1k}\\a_{21}&a_{22}&\cdots&a_{2k}\\\vdots&\vdots&&\vdots\\a_{k1}&a_{k2}&\cdots&a_{kk}\end{vmatrix}$$

称为 $\boldsymbol{A}$ 的 k 阶**顺序主子式** $(k=1,2,\cdots,n)$.

定理 9.9 (赫尔维茨定理) 二次型 $f=\boldsymbol{x}^{\mathrm{T}}\boldsymbol{A}\boldsymbol{x}$ 为正定的充要条件是 $\boldsymbol{A}$ 的各阶顺序主子式全为正; f 为负定的充要条件是 $\boldsymbol{A}$ 的奇数阶顺序主子式全为负, 偶数阶顺序主子式全为正.

证明 必要性. 设二次型 $f=\boldsymbol{x}^{\mathrm{T}}\boldsymbol{A}\boldsymbol{x}=\sum\limits_{i=1}^{n}\sum\limits_{j=1}^{n}a_{ij}x_ix_j$ 是正定的, 对于每一个 k, 令

$$f_k(x_1,x_2,\cdots,x_k)=\sum_{i=1}^{k}\sum_{j=1}^{k}a_{ij}x_ix_j,$$

因此, 对任意一组不全为零的实数 $c_1,c_2,\cdots,c_k$ 有

$$f_k(c_1,c_2,\cdots,c_k)=\sum_{i=1}^{k}\sum_{j=1}^{k}a_{ij}c_ic_j=f(c_1,c_2,\cdots,c_k,0,\cdots,0)>0.$$

所以, 二次型 $f_k(x_1,x_2,\cdots,x_k)=\sum\limits_{i=1}^{k}\sum\limits_{j=1}^{k}a_{ij}x_ix_j$ 是正定的, 由推论 9.3 知正定矩阵的行列式为正, 即

$$\begin{vmatrix}a_{11}&\cdots&a_{1k}\\\vdots&&\vdots\\a_{k1}&\cdots&a_{kk}\end{vmatrix}>0.$$

故矩阵 $\boldsymbol{A}$ 的各阶顺序主子式全为正.

充分性. 对 n 用数学归纳法. 当 $n=1$ 时, $f(x_1)=a_{11}x_1^2$, 由条件 $a_{11}>0$, 显然 $f(x_1)=a_{11}x_1^2$ 正定. 假设结论对于 $n-1$ 元二次型已经成立, 现在来证明 n 元的情形. 令

$$\boldsymbol{A}_1=\begin{pmatrix} a_{11} & \cdots & a_{1,n-1} \\ \vdots & & \vdots \\ a_{n-1,1} & \cdots & a_{n-1,n-1} \end{pmatrix}, \quad \boldsymbol{\alpha}=\begin{pmatrix} a_{1n} \\ \vdots \\ a_{n-1,n} \end{pmatrix},$$

则

$$\boldsymbol{A}=\begin{pmatrix} \boldsymbol{A}_1 & \boldsymbol{\alpha} \\ \boldsymbol{\alpha}^{\mathrm{T}} & a_{nn} \end{pmatrix}.$$

由假设知 $\boldsymbol{A}_1$ 是正定矩阵, 由推论 9.2 知, 存在 $n-1$ 阶可逆矩阵 $\boldsymbol{G}$ 使

$$\boldsymbol{G}^{\mathrm{T}}\boldsymbol{A}_1\boldsymbol{G}=\boldsymbol{I}_{n-1}.$$

令 $\boldsymbol{C}_1=\begin{pmatrix} \boldsymbol{G} & \boldsymbol{0} \\ \boldsymbol{0} & 1 \end{pmatrix}$, 于是

$$\boldsymbol{C}_1^{\mathrm{T}}\boldsymbol{A}\boldsymbol{C}_1=\begin{pmatrix} \boldsymbol{G}^{\mathrm{T}} & \boldsymbol{0} \\ \boldsymbol{0} & 1 \end{pmatrix}\begin{pmatrix} \boldsymbol{A}_1 & \boldsymbol{\alpha} \\ \boldsymbol{\alpha}^{\mathrm{T}} & \boldsymbol{a}_{nn} \end{pmatrix}\begin{pmatrix} \boldsymbol{G} & \boldsymbol{0} \\ \boldsymbol{0} & 1 \end{pmatrix}=\begin{pmatrix} \boldsymbol{I}_{n-1} & \boldsymbol{G}^{\mathrm{T}}\boldsymbol{\alpha} \\ \boldsymbol{\alpha}^{\mathrm{T}}\boldsymbol{G} & \boldsymbol{a}_{nn} \end{pmatrix}.$$

再令 $\boldsymbol{C}_2=\begin{pmatrix} \boldsymbol{I}_{n-1} & -\boldsymbol{G}^{\mathrm{T}}\boldsymbol{\alpha} \\ \boldsymbol{0} & 1 \end{pmatrix}$, 有

$$\begin{aligned}\boldsymbol{C}_2^{\mathrm{T}}\boldsymbol{C}_1^{\mathrm{T}}\boldsymbol{A}\boldsymbol{C}_1\boldsymbol{C}_2&=\begin{pmatrix} \boldsymbol{I}_{n-1} & \boldsymbol{0} \\ -\boldsymbol{\alpha}^{\mathrm{T}}\boldsymbol{G} & 1 \end{pmatrix}\begin{pmatrix} \boldsymbol{I}_{n-1} & \boldsymbol{G}^{\mathrm{T}}\boldsymbol{\alpha} \\ \boldsymbol{\alpha}^{\mathrm{T}}\boldsymbol{G} & \boldsymbol{a}_{nn} \end{pmatrix}\begin{pmatrix} \boldsymbol{I}_{n-1} & -\boldsymbol{G}^{\mathrm{T}}\boldsymbol{\alpha} \\ \boldsymbol{0} & 1 \end{pmatrix}\\&=\begin{pmatrix} \boldsymbol{I}_{n-1} & \boldsymbol{0} \\ \boldsymbol{0} & a_{nn}-\boldsymbol{\alpha}^{\mathrm{T}}\boldsymbol{G}\boldsymbol{G}^{\mathrm{T}}\boldsymbol{\alpha} \end{pmatrix}.\end{aligned}$$

令 $\boldsymbol{C}=\boldsymbol{C}_1\boldsymbol{C}_2$, $a_{nn}-\boldsymbol{\alpha}^{\mathrm{T}}\boldsymbol{G}\boldsymbol{G}^{\mathrm{T}}\boldsymbol{\alpha}=a$, 就有

$$\boldsymbol{C}^{\mathrm{T}}\boldsymbol{A}\boldsymbol{C}=\mathrm{diag}(1,\cdots,1,a).$$

两边取行列式, 得

$$|\boldsymbol{C}|^2|\boldsymbol{A}|=a.$$

由条件知 $|\boldsymbol{A}|>0$, 因此 $a>0$, $\boldsymbol{C}$ 是可逆矩阵, 因此 $\boldsymbol{A}$ 是正定矩阵, 二次型

$$f=\boldsymbol{x}^{\mathrm{T}}\boldsymbol{A}\boldsymbol{x}=\sum_{i=1}^{n}\sum_{j=1}^{n}a_{ij}x_ix_j$$

是正定二次型.

对于二次型 $f=\boldsymbol{x}^{\mathrm{T}}\boldsymbol{A}\boldsymbol{x}=\sum\limits_{i=1}^{n}\sum\limits_{j=1}^{n}a_{ij}x_ix_j$ 是负定二次型的充要条件可由

$$-f=\boldsymbol{x}^{\mathrm{T}}(-\boldsymbol{A})\boldsymbol{x}=\sum_{i=1}^{n}\sum_{j=1}^{n}(-a_{ij})x_ix_j$$

是正定二次型得到. □

例 9.11 判断下列二次型是否为正定二次型:

(1) $f(x_1,x_2,x_3)=x_1^2-x_2^2+3x_3^2+2x_1x_2-x_1x_3+4x_2x_3$;

(2) $f(x_1,x_2,x_3)=2x_1^2+2x_2^2+3x_3^2+2x_1x_2-4x_1x_3-2x_2x_3$;

(3) $f(x_1,x_2,x_3)=x_1^2+x_2^2+2x_3^2+2x_1x_3-2x_2x_3$.

解 (1) 因为 $a_{22}=-1$, 根据定理 9.7 知 $f(x_1,x_2,x_3)$ 不是正定二次型.

(2) 二次型 f 的矩阵为

$$\boldsymbol{A}=\begin{pmatrix}2&1&-2\\1&2&-1\\-2&-1&3\end{pmatrix}.$$

其各阶顺序主子式为

$$d_1=2>0,\quad d_2=\begin{vmatrix}2&1\\1&2\end{vmatrix}=3>0,\quad d_3=|\boldsymbol{A}|=\begin{vmatrix}2&1&-2\\1&2&-1\\-2&-1&3\end{vmatrix}=3>0,$$

所以 f 为正定二次型.

(3) 二次型 f 的矩阵为

$$\boldsymbol{A}=\begin{pmatrix}1&0&1\\0&1&-1\\1&-1&2\end{pmatrix}.$$

其各阶顺序主子式为

$$d_1=1>0,\quad d_2=\begin{vmatrix}1&0\\0&1\end{vmatrix}=1>0,\quad d_3=|\boldsymbol{A}|=\begin{vmatrix}1&0&1\\0&1&-1\\1&-1&2\end{vmatrix}=0,$$

故 f 不是正定二次型.

例 9.12 当 t 取何值时, 二次型

$$f(x_1,x_2,x_3)=x_1^2+2x_2^2+3x_3^2+2tx_1x_2-2x_1x_3+4x_2x_3$$

是正定二次型.

解 二次型 f 的矩阵为

$$\boldsymbol{A}=\begin{pmatrix}1&t&-1\\t&2&2\\-1&2&3\end{pmatrix}.$$

由

$$d_1 = 1 > 0, \quad d_2 = \begin{vmatrix} 1 & t \\ t & 2 \end{vmatrix} = 2 - t^2 > 0, \quad d_3 = \begin{vmatrix} 1 & t & -1 \\ t & 2 & 2 \\ -1 & 2 & 3 \end{vmatrix} = -(3t^2 + 4t) > 0$$

解得 $-\dfrac{4}{3} < t < 0$. 故当 $-\dfrac{4}{3} < t < 0$ 时, f 为正定二次型.

例 9.13 设 $\boldsymbol{A}$ 是 $m \times n$ 实矩阵, 证明: $\mathrm{R}(\boldsymbol{A}^{\mathrm{T}}\boldsymbol{A}) = \mathrm{R}(\boldsymbol{A})$.

证明 设 $\mathrm{R}(\boldsymbol{A}) = r$, 则存在 m 阶可逆矩阵 $\boldsymbol{P}$ 和 n 阶可逆矩阵 $\boldsymbol{Q}$, 使得

$$\boldsymbol{A} = \boldsymbol{P}\begin{pmatrix} \boldsymbol{I}_r & \boldsymbol{O} \\ \boldsymbol{O} & \boldsymbol{O} \end{pmatrix}\boldsymbol{Q}.$$

因此,

$$\boldsymbol{A}^{\mathrm{T}}\boldsymbol{A} = \boldsymbol{Q}^{\mathrm{T}}\begin{pmatrix} \boldsymbol{I}_r & \boldsymbol{O} \\ \boldsymbol{O} & \boldsymbol{O} \end{pmatrix}\boldsymbol{P}^{\mathrm{T}}\boldsymbol{P}\begin{pmatrix} \boldsymbol{I}_r & \boldsymbol{O} \\ \boldsymbol{O} & \boldsymbol{O} \end{pmatrix}\boldsymbol{Q}.$$

令 $\boldsymbol{P}^{\mathrm{T}}\boldsymbol{P} = \begin{pmatrix} \boldsymbol{P}_1 & \boldsymbol{P}_2 \\ \boldsymbol{P}_3 & \boldsymbol{P}_4 \end{pmatrix}$, 其中 $\boldsymbol{P}_1$ 是 r 阶矩阵, 则

$$\boldsymbol{A}^{\mathrm{T}}\boldsymbol{A} = \boldsymbol{Q}^{\mathrm{T}}\begin{pmatrix} \boldsymbol{I}_r & \boldsymbol{O} \\ \boldsymbol{O} & \boldsymbol{O} \end{pmatrix}\begin{pmatrix} \boldsymbol{P}_1 & \boldsymbol{P}_2 \\ \boldsymbol{P}_3 & \boldsymbol{P}_4 \end{pmatrix}\begin{pmatrix} \boldsymbol{I}_r & \boldsymbol{O} \\ \boldsymbol{O} & \boldsymbol{O} \end{pmatrix}\boldsymbol{Q} = \boldsymbol{Q}^{\mathrm{T}}\begin{pmatrix} \boldsymbol{P}_1 & \boldsymbol{O} \\ \boldsymbol{O} & \boldsymbol{O} \end{pmatrix}\boldsymbol{Q}.$$

由于 $\boldsymbol{P}^{\mathrm{T}}\boldsymbol{P}$ 是正定矩阵, 由赫尔维茨定理可知, $|\boldsymbol{P}_1| > 0$, 即 $\boldsymbol{P}_1$ 是可逆矩阵 (事实上, $\boldsymbol{P}_1$ 还是正定矩阵), 故 $\mathrm{R}(\boldsymbol{A}^{\mathrm{T}}\boldsymbol{A}) = r$. □

定义 9.9 设 $f(\boldsymbol{x}) = \boldsymbol{x}^{\mathrm{T}}\boldsymbol{A}\boldsymbol{x}$ 是二次型, 如果对任意 $\boldsymbol{x} \in \mathbb{R}^n$, 都有 $f = \boldsymbol{x}^{\mathrm{T}}\boldsymbol{A}\boldsymbol{x} \geqslant 0$, 则称 f 为**半正定二次型**(或**非负定二次型**), 称矩阵 $\boldsymbol{A}$ 为**半正定矩阵**(或**非负定矩阵**); 如果对任意 $\boldsymbol{x} \in \mathbb{R}^n$, 都有 $f = \boldsymbol{x}^{\mathrm{T}}\boldsymbol{A}\boldsymbol{x} \leqslant 0$, 称 f 为**半负定二次型** (或**非正定二次型**), 称矩阵 $\boldsymbol{A}$ 为**半负定矩阵** (或**非正定矩阵**). $\boldsymbol{A}$ 是半正定矩阵简记为 $\boldsymbol{A} \geqslant 0$, $\boldsymbol{A}$ 是半负定矩阵简记为 $\boldsymbol{A} \leqslant 0$.

比如, 例 9.8 的二次型是半正定二次型, 例 9.1 的两个矩阵是半正定矩阵. 下面的定理是关于二次型半正定性的等价刻画.

定理 9.10 设二次型 $f = \boldsymbol{x}^{\mathrm{T}}\boldsymbol{A}\boldsymbol{x}$, 那么下列说法等价:

(1) f 是半正定二次型;

(2) f 的正惯性指数等于它的秩;

(3) 存在正交矩阵 $\boldsymbol{C}$ 使得

$$\boldsymbol{C}^{\mathrm{T}}\boldsymbol{A}\boldsymbol{C} = \mathrm{diag}(\lambda_1, \lambda_2, \cdots, \lambda_n),$$

其中 $\lambda_i \geqslant 0\,(i = 1, 2, \cdots, n)$ 是矩阵 $\boldsymbol{A}$ 的特征值, 即 $\boldsymbol{A}$ 的特征值全是非负实数;

(4) 存在矩阵 $\boldsymbol{C}$(未必是方阵) 使得 $\boldsymbol{A} = \boldsymbol{C}^{\mathrm{T}}\boldsymbol{C}$.

在定理 9.10(4) 中, 设 $\boldsymbol{A} = (a_{ij})_{n\times n}$, $\boldsymbol{C} = (c_{ij})_{m\times n}$, 类似 (9.3) 式有

$$\boldsymbol{A} = \boldsymbol{C}^{\mathrm{T}}\boldsymbol{C} \Leftrightarrow a_{ij} = \sum_{k=1}^{m} c_{ki}c_{kj} \quad (i, j = 1, 2, \cdots, n). \tag{9.4}$$

提醒读者注意, 赫尔维茨定理不能推广于判定半正定二次型 (矩阵). 即是说, 当矩阵 $\boldsymbol{A}$ 的所有顺序主子式都大于或等于零时, 二次型 $f=\boldsymbol{x}^{\mathrm{T}}\boldsymbol{A}\boldsymbol{x}$ 未必是半正定的. 例如, 二次型

$$f(x_1,x_2,x_3)=x_1^2+x_2^2+3x_3^2+2x_1x_2+4x_1x_3+4x_2x_3,$$

对应的矩阵

$$\boldsymbol{A}=\begin{pmatrix}1&1&2\\1&1&2\\2&2&3\end{pmatrix},$$

其各阶顺序主子式分别是 $d_1=1>0$, $d_2=d_3=0$. 但二次型

$$f(x_1,x_2,x_3)=(x_1+x_2+2x_3)^2-x_3^2$$

的秩为 2, 正惯性指数是 1, 负惯性指数也是 1, 它不是半正定的. 关于这个问题的深入讨论请阅读文献 [1].

例 9.14 设 $\boldsymbol{A}$ 是 n 阶正定矩阵, $\boldsymbol{B}$ 是 n 阶半正定矩阵, 证明: $\boldsymbol{A}+\boldsymbol{B}$ 是正定矩阵.

证明 任取 $\boldsymbol{x}\in\mathbb{R}^n$, 且 $\boldsymbol{x}\neq\boldsymbol{0}$, 由于 $\boldsymbol{A}$ 是正定矩阵, $\boldsymbol{B}$ 是半正定矩阵, 因此,

$$\boldsymbol{x}^{\mathrm{T}}\boldsymbol{A}\boldsymbol{x}>0,\quad \boldsymbol{x}^{\mathrm{T}}\boldsymbol{B}\boldsymbol{x}\geqslant 0.$$

所以

$$\boldsymbol{x}^{\mathrm{T}}(\boldsymbol{A}+\boldsymbol{B})\boldsymbol{x}=\boldsymbol{x}^{\mathrm{T}}\boldsymbol{A}\boldsymbol{x}+\boldsymbol{x}^{\mathrm{T}}\boldsymbol{B}\boldsymbol{x}>0,$$

故 $\boldsymbol{A}+\boldsymbol{B}$ 是正定矩阵. □

例 9.15 (1) 设 $a_i,b_j\,(i,j=1,2,\cdots,n)$ 是实数, 证明**柯西不等式**:

$$\left(\sum_{i=1}^n a_ib_i\right)^2\leqslant\sum_{i=1}^n a_i^2\sum_{j=1}^n b_j^2.$$

(2) 设 $f(\boldsymbol{x})=\boldsymbol{x}^{\mathrm{T}}\boldsymbol{A}\boldsymbol{x}$ 是半正定二次型, 证明:

$$(\boldsymbol{x}^{\mathrm{T}}\boldsymbol{A}\boldsymbol{y})^2\leqslant\boldsymbol{x}^{\mathrm{T}}\boldsymbol{A}\boldsymbol{x}\cdot\boldsymbol{y}^{\mathrm{T}}\boldsymbol{A}\boldsymbol{y}.$$

证明 (1) 令

$$\boldsymbol{B}=\begin{pmatrix}a_1&b_1\\a_2&b_2\\\vdots&\vdots\\a_n&b_n\end{pmatrix},$$

由定理 9.10 知,

$$\boldsymbol{B}^{\mathrm{T}}\boldsymbol{B}=\begin{pmatrix}a_1&a_2&\cdots&a_n\\b_1&b_2&\cdots&b_n\end{pmatrix}\begin{pmatrix}a_1&b_1\\a_2&b_2\\\vdots&\vdots\\a_n&b_n\end{pmatrix}=\begin{pmatrix}\sum\limits_{i=1}^n a_i^2&\sum\limits_{i=1}^n a_ib_i\\\sum\limits_{i=1}^n a_ib_i&\sum\limits_{j=1}^n b_j^2\end{pmatrix}$$

是半正定矩阵, 因此,

$$|\boldsymbol{B}^{\mathrm{T}}\boldsymbol{B}| = \begin{vmatrix} \sum_{i=1}^{n} a_i^2 & \sum_{i=1}^{n} a_i b_i \\ \sum_{i=1}^{n} a_i b_i & \sum_{j=1}^{n} b_j^2 \end{vmatrix} = \sum_{i=1}^{n} a_i^2 \sum_{j=1}^{n} b_j^2 - \left(\sum_{i=1}^{n} a_i b_i\right)^2 \geqslant 0,$$

此即柯西不等式成立. □

注 若令 $\boldsymbol{\alpha} = (a_1, a_2, \cdots, a_n)^{\mathrm{T}}$, $\boldsymbol{\beta} = (b_1, b_2, \cdots, b_n)^{\mathrm{T}}$, 则柯西不等式可写成:

$$(\boldsymbol{\alpha}^{\mathrm{T}}\boldsymbol{\beta})^2 \leqslant \boldsymbol{\alpha}^{\mathrm{T}}\boldsymbol{\alpha} \cdot \boldsymbol{\beta}^{\mathrm{T}}\boldsymbol{\beta}. \tag{9.5}$$

(2) 下面给出如下两种证法:

证法 1 由于 $\boldsymbol{A}$ 是 n 阶半正定矩阵, 因此存在矩阵 $\boldsymbol{C}$, 使得 $\boldsymbol{A} = \boldsymbol{C}^{\mathrm{T}}\boldsymbol{C}$. 令

$$\boldsymbol{D} = \boldsymbol{C}(\boldsymbol{x}, \boldsymbol{y}),$$

其中 $\boldsymbol{x}, \boldsymbol{y}$ 都是 n 维列向量, $\boldsymbol{D}$ 是 $n \times 2$ 矩阵, 所以

$$\begin{pmatrix} \boldsymbol{x}^{\mathrm{T}}\boldsymbol{A}\boldsymbol{x} & \boldsymbol{x}^{\mathrm{T}}\boldsymbol{A}\boldsymbol{y} \\ \boldsymbol{y}^{\mathrm{T}}\boldsymbol{A}\boldsymbol{x} & \boldsymbol{y}^{\mathrm{T}}\boldsymbol{A}\boldsymbol{y} \end{pmatrix} = \begin{pmatrix} \boldsymbol{x}^{\mathrm{T}} \\ \boldsymbol{y}^{\mathrm{T}} \end{pmatrix} \boldsymbol{A}(\boldsymbol{x}, \boldsymbol{y}) = \begin{pmatrix} \boldsymbol{x}^{\mathrm{T}} \\ \boldsymbol{y}^{\mathrm{T}} \end{pmatrix} \boldsymbol{C}^{\mathrm{T}}\boldsymbol{C}(\boldsymbol{x}, \boldsymbol{y}) = \boldsymbol{D}^{\mathrm{T}}\boldsymbol{D}$$

是半正定矩阵, 故

$$\begin{vmatrix} \boldsymbol{x}^{\mathrm{T}}\boldsymbol{A}\boldsymbol{x} & \boldsymbol{x}^{\mathrm{T}}\boldsymbol{A}\boldsymbol{y} \\ \boldsymbol{y}^{\mathrm{T}}\boldsymbol{A}\boldsymbol{x} & \boldsymbol{y}^{\mathrm{T}}\boldsymbol{A}\boldsymbol{y} \end{vmatrix} = \boldsymbol{x}^{\mathrm{T}}\boldsymbol{A}\boldsymbol{x} \cdot \boldsymbol{y}^{\mathrm{T}}\boldsymbol{A}\boldsymbol{y} - \boldsymbol{x}^{\mathrm{T}}\boldsymbol{A}\boldsymbol{y} \cdot \boldsymbol{y}^{\mathrm{T}}\boldsymbol{A}\boldsymbol{x} \geqslant 0.$$

又因为 $\boldsymbol{x}^{\mathrm{T}}\boldsymbol{A}\boldsymbol{y} = \boldsymbol{y}^{\mathrm{T}}\boldsymbol{A}\boldsymbol{x}$, 所以

$$(\boldsymbol{x}^{\mathrm{T}}\boldsymbol{A}\boldsymbol{y})^2 \leqslant \boldsymbol{x}^{\mathrm{T}}\boldsymbol{A}\boldsymbol{x} \cdot \boldsymbol{y}^{\mathrm{T}}\boldsymbol{A}\boldsymbol{y}. \quad \square$$

证法 2 由定理 9.10 可知, 存在矩阵 $\boldsymbol{C}$ 使得 $\boldsymbol{A} = \boldsymbol{C}^{\mathrm{T}}\boldsymbol{C}$, 由柯西不等式 (9.5) 得

$$(\boldsymbol{x}^{\mathrm{T}}\boldsymbol{A}\boldsymbol{y})^2 = \left[(\boldsymbol{C}\boldsymbol{x})^{\mathrm{T}} \cdot \boldsymbol{C}\boldsymbol{y}\right]^2 \leqslant (\boldsymbol{C}\boldsymbol{x})^{\mathrm{T}}\boldsymbol{C}\boldsymbol{x} \cdot (\boldsymbol{C}\boldsymbol{y})^{\mathrm{T}}\boldsymbol{C}\boldsymbol{y} = \boldsymbol{x}^{\mathrm{T}}\boldsymbol{A}\boldsymbol{x} \cdot \boldsymbol{y}^{\mathrm{T}}\boldsymbol{A}\boldsymbol{y}. \quad \square$$

例 9.16 设 $\boldsymbol{A}$ 是 n 阶对称矩阵, 且 $|\boldsymbol{A}| < 0$, 证明: 存在非零向量 $\boldsymbol{x} \in \mathbb{R}^n$, 使得

$$\boldsymbol{x}^{\mathrm{T}}\boldsymbol{A}\boldsymbol{x} < 0.$$

证明 由于 $\boldsymbol{A}$ 是 n 阶对称矩阵, 因此, 存在正交矩阵 $\boldsymbol{Q}$, 使得

$$\boldsymbol{Q}^{\mathrm{T}}\boldsymbol{A}\boldsymbol{Q} = \mathrm{diag}(\lambda_1, \lambda_2, \cdots, \lambda_n),$$

其中 $\lambda_1, \lambda_2, \cdots, \lambda_n$ 是 $\boldsymbol{A}$ 的特征值. 而

$$|\boldsymbol{A}| = \lambda_1\lambda_2\cdots\lambda_n < 0,$$

因此, 至少存在一个 $\lambda_i < 0$, 不妨假定 $\lambda_1 < 0$. 设 $\boldsymbol{e}_1$ 表示第 1 个 n 维单位列向量, 令 $\boldsymbol{x} = \boldsymbol{Q}\boldsymbol{e}_1$ 是 $\boldsymbol{Q}$ 的第 1 列, 因而 $\boldsymbol{x} \neq \boldsymbol{0}$, 且有

$$\boldsymbol{x}^{\mathrm{T}}\boldsymbol{A}\boldsymbol{x} = \boldsymbol{e}_1^{\mathrm{T}}\boldsymbol{Q}^{\mathrm{T}}\boldsymbol{A}\boldsymbol{Q}\boldsymbol{e}_1 = \boldsymbol{e}_1^{\mathrm{T}}\mathrm{diag}(\lambda_1, \lambda_2, \cdots, \lambda_n)\boldsymbol{e}_1 = \lambda_1 < 0. \quad \square$$

习题 9.3

9.12 判定下列二次型的正定性:

(1) $f(x_1,x_2,x_3)=5x_1^2+x_2^2+5x_3^2+4x_1x_2-8x_1x_3-4x_2x_3$;

(2) $f(x_1,x_2,x_3)=-5x_1^2-6x_2^2-4x_3^2+4x_1x_2+4x_1x_3$.

9.13 当 t 取何值时, 下列二次型为正定二次型:

(1) $f(x_1,x_2,x_3)=2x_1^2+x_2^2+x_3^2+2x_1x_2+tx_2x_3$;

(2) $f(x_1,x_2,x_3)=t(x_1^2+x_2^2+x_3^2)+2x_1x_2+2x_1x_3-2x_2x_3$.

9.14 若二次型 $f(x_1,x_2,x_3)=ax_1^2+ax_2^2+(a-1)x_3^2+2x_1x_3-2x_2x_3$ 的规范形是 $y_1^2+y_2^2$, 求 a 的值.

9.15 设有 n 元二次型

$$f=(x_1+a_1x_2)^2+(x_2+a_2x_3)^2+\cdots+(x_{n-1}+a_{n-1}x_n)^2+(x_n+a_nx_1)^2,$$

其中 $a_1,a_2,\cdots,a_n$ 为实数, 问: 当 $a_1,a_2,\cdots,a_n$ 满足什么条件时, f 为正定二次型?

9.16 已知矩阵

$$\boldsymbol{A}=\begin{pmatrix} & & 1\\ & 1 & \\ 1 & & \end{pmatrix},\quad \boldsymbol{B}=\begin{pmatrix} 2 & & \\ & 1 & \\ & & -2\end{pmatrix},$$

(1) 证明: $\boldsymbol{A}$ 与 $\boldsymbol{B}$ 合同, 并求可逆矩阵 $\boldsymbol{C}$, 使得 $\boldsymbol{C}^{\mathrm{T}}\boldsymbol{A}\boldsymbol{C}=\boldsymbol{B}$;

(2) 如果 $\boldsymbol{A}+k\boldsymbol{I}$ 与 $\boldsymbol{B}+k\boldsymbol{I}$ 合同, 求 k 的取值范围.

9.17 设 $\boldsymbol{A}$ 是 n 阶对称矩阵, 证明: 当实数 t 充分大时, $t\boldsymbol{I}+\boldsymbol{A}$ 是正定矩阵.

9.18 设三阶对称矩阵 $\boldsymbol{A}$ 的特征值是 $-1,2,3$, 证明: 矩阵 $2\boldsymbol{A}^2-\boldsymbol{A}-\boldsymbol{I}$ 是正定矩阵.

9.19 证明: 任一 n 阶正定矩阵都可以写成 n 个半正定矩阵之和.

9.20 设 $\boldsymbol{A}$ 是 n 阶反对称矩阵, 证明: $\boldsymbol{I}-\boldsymbol{A}^2$ 是正定矩阵.

9.21 (1) 设 $\boldsymbol{A}$ 是 $m\times n$ 列满秩矩阵, 证明: $\boldsymbol{A}^{\mathrm{T}}\boldsymbol{A}$ 是正定矩阵.

(2) 设 $\boldsymbol{A},\boldsymbol{B}$ 都是 $m\times n$ 矩阵, 且 $\mathrm{R}(\boldsymbol{A}+\boldsymbol{B})=n$. 证明: $\boldsymbol{A}^{\mathrm{T}}\boldsymbol{A}+\boldsymbol{B}^{\mathrm{T}}\boldsymbol{B}$ 是 n 阶正定矩阵.

9.22 设 $\lambda_1\leqslant\lambda_2\leqslant\cdots\leqslant\lambda_n$ 是 n 阶对称矩阵 $\boldsymbol{A}$ 的特征值, 证明: 对任意 n 维向量 $\boldsymbol{x}$, 都有

$$\lambda_1\boldsymbol{x}^{\mathrm{T}}\boldsymbol{x}\leqslant\boldsymbol{x}^{\mathrm{T}}\boldsymbol{A}\boldsymbol{x}\leqslant\lambda_n\boldsymbol{x}^{\mathrm{T}}\boldsymbol{x}.$$

9.23 设 $\boldsymbol{A}$ 是 n 阶实对称矩阵, 证明: $\boldsymbol{A}$ 是正定矩阵的充要条件是存在可逆上三角矩阵 $\boldsymbol{R}$, 使得 $\boldsymbol{A}=\boldsymbol{R}^{\mathrm{T}}\boldsymbol{R}$ (称为正定矩阵的**楚列斯基分解**).

第九章补充例题

例 9.17 证明: n 维欧氏空间中不同基的度量矩阵是合同的.

证法 1 设 n 维欧氏空间 V 的两个基分别是 (I): $\boldsymbol{\varepsilon}_1,\boldsymbol{\varepsilon}_2,\cdots,\boldsymbol{\varepsilon}_n$ 和 (II): $\boldsymbol{\eta}_1,\boldsymbol{\eta}_2,\cdots,\boldsymbol{\eta}_n$, 矩阵 $\boldsymbol{A}=(a_{ij})_{n\times n}$, $\boldsymbol{B}=(b_{ij})_{n\times n}$ 是这两个基的度量矩阵, 其中

$$a_{ij}=(\boldsymbol{\varepsilon}_i,\boldsymbol{\varepsilon}_j),\quad b_{ij}=(\boldsymbol{\eta}_i,\boldsymbol{\eta}_j)\quad(i,j=1,2,\cdots,n).$$

设从基 (I) 到 (II) 的过渡阵是 $\boldsymbol{C}=(c_{ij})_{n\times n}=(\boldsymbol{\beta}_1,\boldsymbol{\beta}_2,\cdots,\boldsymbol{\beta}_n)$ (按列分块), 即

$$(\boldsymbol{\eta}_1,\boldsymbol{\eta}_2,\cdots,\boldsymbol{\eta}_n)=(\boldsymbol{\varepsilon}_1,\boldsymbol{\varepsilon}_2,\cdots,\boldsymbol{\varepsilon}_n)\boldsymbol{C},$$

因此,

$$\boldsymbol{\eta}_i=c_{1i}\boldsymbol{\varepsilon}_1+c_{2i}\boldsymbol{\varepsilon}_2+\cdots+c_{ni}\boldsymbol{\varepsilon}_n=\sum_{k=1}^{n}c_{ki}\boldsymbol{\varepsilon}_k\quad(i=1,2,\cdots,n).$$

所以, 对一切 $i,j=1,2,\cdots,n$, 都有

$$\begin{aligned}b_{ij}=(\boldsymbol{\eta}_i,\boldsymbol{\eta}_j)&=\left(\sum_{k=1}^{n}c_{ki}\boldsymbol{\varepsilon}_k,\sum_{l=1}^{n}c_{lj}\boldsymbol{\varepsilon}_l\right)=\sum_{k=1}^{n}\sum_{l=1}^{n}c_{ki}c_{lj}(\boldsymbol{\varepsilon}_k,\boldsymbol{\varepsilon}_l)=\sum_{k=1}^{n}\sum_{l=1}^{n}a_{kl}c_{ki}c_{lj}\\&=(c_{1i},c_{2i},\cdots,c_{ni})\begin{pmatrix}a_{11}&a_{12}&\cdots&a_{1n}\\a_{21}&a_{22}&\cdots&a_{2n}\\\vdots&\vdots&&\vdots\\a_{n1}&a_{n2}&\cdots&a_{nn}\end{pmatrix}\begin{pmatrix}c_{1j}\\c_{2j}\\\vdots\\c_{nj}\end{pmatrix}=\boldsymbol{\beta}_i^{\mathrm{T}}\boldsymbol{A}\boldsymbol{\beta}_j,\end{aligned}$$

此即

$$\boldsymbol{B}=\boldsymbol{C}^{\mathrm{T}}\boldsymbol{A}\boldsymbol{C}.$$

而矩阵 $\boldsymbol{C}$ 是可逆矩阵, 故矩阵 $\boldsymbol{A},\boldsymbol{B}$ 合同. □

证法 2 设 n 维欧氏空间 V 的两个基分别是 (I): $\boldsymbol{\varepsilon}_1,\boldsymbol{\varepsilon}_2,\cdots,\boldsymbol{\varepsilon}_n$ 和 (II): $\boldsymbol{\eta}_1,\boldsymbol{\eta}_2,\cdots,\boldsymbol{\eta}_n$, 矩阵 $\boldsymbol{A}=(a_{ij})_{n\times n}$, $\boldsymbol{B}=(b_{ij})_{n\times n}$ 是这两个基的度量矩阵, 其中,

$$a_{ij}=(\boldsymbol{\varepsilon}_i,\boldsymbol{\varepsilon}_j),\quad b_{ij}=(\boldsymbol{\eta}_i,\boldsymbol{\eta}_j)\quad(i,j=1,2,\cdots,n).$$

设从基 (I) 到 (II) 的过渡阵是 $\boldsymbol{C}$, 即

$$(\boldsymbol{\eta}_1,\boldsymbol{\eta}_2,\cdots,\boldsymbol{\eta}_n)=(\boldsymbol{\varepsilon}_1,\boldsymbol{\varepsilon}_2,\cdots,\boldsymbol{\varepsilon}_n)\boldsymbol{C}.$$

对任意 $\boldsymbol{\alpha}\in V$, 设 $\boldsymbol{\alpha}$ 在基 (I) 和 (II) 下的坐标分别是 $\boldsymbol{x}=(x_1,x_2,\cdots,x_n)^{\mathrm{T}}$ 和 $\boldsymbol{y}=(y_1,y_2,\cdots,y_n)^{\mathrm{T}}$. 由坐标变换公式得 $\boldsymbol{x}=\boldsymbol{C}\boldsymbol{y}$. 因而

$$(\boldsymbol{\alpha},\boldsymbol{\alpha})=\sum_{i=1}^{n}\sum_{j=1}^{n}a_{ij}x_ix_j=\boldsymbol{x}^{\mathrm{T}}\boldsymbol{A}\boldsymbol{x}=(\boldsymbol{C}\boldsymbol{y})^{\mathrm{T}}\boldsymbol{A}(\boldsymbol{C}\boldsymbol{y})=\boldsymbol{y}^{\mathrm{T}}\boldsymbol{C}^{\mathrm{T}}\boldsymbol{A}\boldsymbol{C}\boldsymbol{y}=\boldsymbol{y}^{\mathrm{T}}\boldsymbol{B}\boldsymbol{y},$$

故 $\boldsymbol{B}=\boldsymbol{C}^{\mathrm{T}}\boldsymbol{A}\boldsymbol{C}$, 即 $\boldsymbol{A},\boldsymbol{B}$ 合同. □

注 作为例 9.17 的应用, 读者不妨用这个结论证明习题第 9.5 题.

例 9.18 设 $\boldsymbol{A}$ 是 n 阶非奇异矩阵, 则 $\boldsymbol{A}$ 可以分解成 $\boldsymbol{A}=\boldsymbol{S}\boldsymbol{Q}$, 其中 $\boldsymbol{S}$ 是正定对称矩阵, $\boldsymbol{Q}$ 是正交矩阵.

证明 由于 $\boldsymbol{A}$ 是 n 阶非奇异矩阵, 因而 $\boldsymbol{A}\boldsymbol{A}^{\mathrm{T}}$ 是正定矩阵, 由例 9.10 知, 存在正定矩阵 $\boldsymbol{S}$, 使得 $\boldsymbol{A}\boldsymbol{A}^{\mathrm{T}}=\boldsymbol{S}^2$. 令 $\boldsymbol{Q}=\boldsymbol{S}^{-1}\boldsymbol{A}$, 则

$$\begin{aligned}\boldsymbol{Q}^{\mathrm{T}}\boldsymbol{Q}&=(\boldsymbol{S}^{-1}\boldsymbol{A})^{\mathrm{T}}(\boldsymbol{S}^{-1}\boldsymbol{A})=\boldsymbol{A}^{\mathrm{T}}(\boldsymbol{S}^{\mathrm{T}})^{-1}\boldsymbol{S}^{-1}\boldsymbol{A}\\&=\boldsymbol{A}^{\mathrm{T}}(\boldsymbol{S}^{-1})^2\boldsymbol{A}=\boldsymbol{A}^{\mathrm{T}}(\boldsymbol{S}^2)^{-1}\boldsymbol{A}\\&=\boldsymbol{A}^{\mathrm{T}}(\boldsymbol{A}\boldsymbol{A}^{\mathrm{T}})^{-1}\boldsymbol{A}=\boldsymbol{A}^{\mathrm{T}}(\boldsymbol{A}^{\mathrm{T}})^{-1}\boldsymbol{A}^{-1}\boldsymbol{A}=\boldsymbol{I},\end{aligned}$$

这就说明了 $\boldsymbol{Q}$ 是正交矩阵. □

例 9.19 设 $\boldsymbol{A}$ 是 m 阶正定对称矩阵, $\boldsymbol{B}$ 是 $m\times n$ 矩阵. 证明: $\boldsymbol{B}^{\mathrm{T}}\boldsymbol{A}\boldsymbol{B}$ 是正定矩阵的充要条件是 $\boldsymbol{B}$ 是列满秩矩阵.

证明 充分性. 显然 $\boldsymbol{B}^{\mathrm{T}}\boldsymbol{A}\boldsymbol{B}$ 是对称矩阵, 由于 $\mathrm{R}(\boldsymbol{B})=n$, 因此, 齐次方程组 $\boldsymbol{B}\boldsymbol{x}=\boldsymbol{0}$ 只有零解. 对任意 n 维列向量 $\boldsymbol{x}\neq\boldsymbol{0}$, 有 $\boldsymbol{B}\boldsymbol{x}\neq\boldsymbol{0}$, 由于 $\boldsymbol{A}$ 是正定对称矩阵, 所以

$$\boldsymbol{x}^{\mathrm{T}}(\boldsymbol{B}^{\mathrm{T}}\boldsymbol{A}\boldsymbol{B})\boldsymbol{x}=(\boldsymbol{B}\boldsymbol{x})^{\mathrm{T}}\boldsymbol{A}(\boldsymbol{B}\boldsymbol{x})>0,$$

故 $\boldsymbol{B}^{\mathrm{T}}\boldsymbol{A}\boldsymbol{B}$ 是正定矩阵.

必要性. 如果 $\boldsymbol{B}^{\mathrm{T}}\boldsymbol{A}\boldsymbol{B}$ 是正定矩阵, 则对任意 n 维列向量 $\boldsymbol{x}\neq\boldsymbol{0}$, $\boldsymbol{x}^{\mathrm{T}}(\boldsymbol{B}^{\mathrm{T}}\boldsymbol{A}\boldsymbol{B})\boldsymbol{x}>0$ 成立, 由 $\boldsymbol{A}$ 是正定矩阵知, $\boldsymbol{B}\boldsymbol{x}\neq\boldsymbol{0}$, 故齐次方程组 $\boldsymbol{B}\boldsymbol{x}=\boldsymbol{0}$ 只有零解, $\mathrm{R}(\boldsymbol{B})=n$. □

例 9.20 设 $\boldsymbol{A},\boldsymbol{B}$ 是两个 n 阶对称矩阵, 且 $\boldsymbol{B}$ 是正定矩阵. 证明: 存在 n 阶可逆矩阵 $\boldsymbol{P}$, 使得

$$\boldsymbol{P}^{\mathrm{T}}\boldsymbol{A}\boldsymbol{P}\quad 与\quad \boldsymbol{P}^{\mathrm{T}}\boldsymbol{B}\boldsymbol{P}$$

同时为对角矩阵 (即同时合同对角化).

证明 由于 $\boldsymbol{B}$ 是正定矩阵, 所以存在可逆矩阵 $\boldsymbol{C}$, 使得 $\boldsymbol{C}^{\mathrm{T}}\boldsymbol{B}\boldsymbol{C}=\boldsymbol{I}$. 而 $\boldsymbol{C}^{\mathrm{T}}\boldsymbol{A}\boldsymbol{C}$ 仍为对称矩阵, 所以, 存在正交矩阵 $\boldsymbol{Q}$, 使得

$$\boldsymbol{Q}^{\mathrm{T}}\boldsymbol{C}^{\mathrm{T}}\boldsymbol{A}\boldsymbol{C}\boldsymbol{Q}=\boldsymbol{\Lambda}=\mathrm{diag}(\lambda_1,\lambda_2,\cdots,\lambda_n).$$

其中 $\lambda_1,\cdots,\lambda_n$ 是矩阵 $\boldsymbol{C}^{\mathrm{T}}\boldsymbol{A}\boldsymbol{C}$ 的特征值. 令 $\boldsymbol{P}=\boldsymbol{C}\boldsymbol{Q}$, 则 $\boldsymbol{P}$ 为可逆矩阵, 且

$$\begin{aligned}\boldsymbol{P}^{\mathrm{T}}\boldsymbol{A}\boldsymbol{P}&=\boldsymbol{Q}^{\mathrm{T}}\boldsymbol{C}^{\mathrm{T}}\boldsymbol{A}\boldsymbol{C}\boldsymbol{Q}=\boldsymbol{\Lambda},\\ \boldsymbol{P}^{\mathrm{T}}\boldsymbol{B}\boldsymbol{P}&=\boldsymbol{Q}^{\mathrm{T}}\boldsymbol{C}^{\mathrm{T}}\boldsymbol{B}\boldsymbol{C}\boldsymbol{Q}=\boldsymbol{Q}^{\mathrm{T}}\boldsymbol{I}\boldsymbol{Q}=\boldsymbol{I}.\end{aligned}$$ □

例 9.21 假定 $\boldsymbol{A}=(a_{ij})_{n\times n},\boldsymbol{B}=(b_{ij})_{n\times n}$ 是两个 n 阶矩阵, 称 $\boldsymbol{A}*\boldsymbol{B}=(a_{ij}b_{ij})_{n\times n}$ 为 $\boldsymbol{A}$ 与 $\boldsymbol{B}$ 的**阿达马乘积**. 设 $\boldsymbol{A},\boldsymbol{B}$ 都是正定矩阵, 证明: $\boldsymbol{A}*\boldsymbol{B}$ 也是正定矩阵.

证明 因为 $\boldsymbol{B}$ 是正定矩阵, 所以存在可逆矩阵 $\boldsymbol{P}=(p_{ij})_{n\times n}$, 使得 $\boldsymbol{B}=\boldsymbol{P}^{\mathrm{T}}\boldsymbol{P}$. 所以,

$$b_{ij}=\sum_{k=1}^{n}p_{ki}p_{kj}\quad(i,j=1,2,\cdots,n).$$

令 $\boldsymbol{x}=(x_1,x_2,\cdots,x_n)^{\mathrm{T}}\neq\boldsymbol{0}$, 则

$$\begin{aligned}\boldsymbol{x}^{\mathrm{T}}(\boldsymbol{A}*\boldsymbol{B})\boldsymbol{x}&=\sum_{i,j=1}^{n}a_{ij}b_{ij}x_ix_j=\sum_{i,j=1}^{n}a_{ij}\left(\sum_{k=1}^{n}p_{ki}p_{kj}\right)x_ix_j\\&=\sum_{k=1}^{n}\sum_{i,j=1}^{n}a_{ij}y_{ki}y_{kj}\quad(y_{ki}=p_{ki}x_i)\\&=\sum_{k=1}^{n}\boldsymbol{y}_k^{\mathrm{T}}\boldsymbol{A}\boldsymbol{y}_k\quad(\boldsymbol{y}_k=(y_{k1},y_{k2},\cdots,y_{kn})^{\mathrm{T}}).\end{aligned}$$

由于 $\boldsymbol{P}\boldsymbol{x} = \left(\sum_{i=1}^{n} y_{1i}, \sum_{i=1}^{n} y_{2i}, \cdots, \sum_{i=1}^{n} y_{ni}\right)^{\mathrm{T}} \neq \mathbf{0}$, 所以, $\sum_{i=1}^{n} y_{1i}, \sum_{i=1}^{n} y_{2i}, \cdots, \sum_{i=1}^{n} y_{ni}$ 不全为零, 即 $\boldsymbol{y}_1, \boldsymbol{y}_2, \cdots, \boldsymbol{y}_n$ 不全为零, 因此,

$$\boldsymbol{x}^{\mathrm{T}}(\boldsymbol{A} * \boldsymbol{B})\boldsymbol{x} = \sum_{k=1}^{n} \boldsymbol{y}_k^{\mathrm{T}} \boldsymbol{A} \boldsymbol{y}_k > 0,$$

故 $\boldsymbol{A} * \boldsymbol{B}$ 是正定矩阵. □

例 9.22 设 $\boldsymbol{B}$ 是 n 阶正定矩阵, $\boldsymbol{C}$ 是 $n \times m$ 列满秩矩阵 $m < n$. 令

$$\boldsymbol{A} = \begin{pmatrix} \boldsymbol{B} & \boldsymbol{C} \\ \boldsymbol{C}^{\mathrm{T}} & \boldsymbol{O} \end{pmatrix},$$

证明: 二次型 $f(x_1, x_2, \cdots, x_{n+m}) = \boldsymbol{x}^{\mathrm{T}}\boldsymbol{A}\boldsymbol{x}$ 的正、负惯性指数分别是 n 和 m.

证明 注意到, $\boldsymbol{C}$ 是 $n \times m$ 列满秩矩阵, $\boldsymbol{B}$ 是 n 阶正定矩阵, 因而 $\boldsymbol{C}^{\mathrm{T}}\boldsymbol{B}^{\mathrm{T}}\boldsymbol{C}$ 是 m 阶正定矩阵. 对分块矩阵 $\boldsymbol{A}$ 施行分块初等合同变换得

$$\boldsymbol{A} = \begin{pmatrix} \boldsymbol{B} & \boldsymbol{C} \\ \boldsymbol{C}^{\mathrm{T}} & \boldsymbol{O} \end{pmatrix} \xrightarrow[c_2 - c_1 \cdot \boldsymbol{B}^{-1}\boldsymbol{C}]{r_2 - \boldsymbol{C}^{\mathrm{T}}\boldsymbol{B}^{-1} \cdot r_1} \begin{pmatrix} \boldsymbol{B} & \boldsymbol{O} \\ \boldsymbol{O} & -\boldsymbol{C}^{\mathrm{T}}\boldsymbol{B}^{-1}\boldsymbol{C} \end{pmatrix}$$

$$\xrightarrow[c_1 \cdot \boldsymbol{B}^{-1/2}]{\boldsymbol{B}^{-1/2} \cdot r_1} \begin{pmatrix} \boldsymbol{I}_n & \boldsymbol{O} \\ \boldsymbol{O} & -\boldsymbol{C}^{\mathrm{T}}\boldsymbol{B}^{-1}\boldsymbol{C} \end{pmatrix}$$

$$\xrightarrow[c_2 \cdot (\boldsymbol{C}^{\mathrm{T}}\boldsymbol{B}^{-1}\boldsymbol{C})^{-1/2}]{(\boldsymbol{C}^{\mathrm{T}}\boldsymbol{B}^{-1}\boldsymbol{C})^{-1/2} \cdot r_2} \begin{pmatrix} \boldsymbol{I}_n & \boldsymbol{O} \\ \boldsymbol{O} & -\boldsymbol{I}_m \end{pmatrix}.$$

由于 (分块) 初等合同变换不改变 (分块) 矩阵的正、负惯性指数, 故 $\boldsymbol{A}$ 的正惯性指数等于 n, 负惯性指数等于 m, 即二次型 $f = \boldsymbol{x}^{\mathrm{T}}\boldsymbol{A}\boldsymbol{x}$ 的正、负惯性指数分别是 n 和 m. □

第九章补充习题

9.24 证明: 二次型 $f(x_1, x_2, \cdots, x_n) = \sum_{i=1}^{n} x_i^2 + \sum_{1 \leqslant i < j \leqslant n} x_i x_j$ 是正定二次型.

9.25 设 $\boldsymbol{A}$ 是 n 阶正定矩阵, $\boldsymbol{x} = (x_1, x_2, \cdots, x_n)^{\mathrm{T}} \in \mathbb{R}^n$, 证明:

$$p(\boldsymbol{x}) = \frac{1}{2}\boldsymbol{x}^{\mathrm{T}}\boldsymbol{A}\boldsymbol{x} - \boldsymbol{x}^{\mathrm{T}}\boldsymbol{b}$$

在 $\boldsymbol{x}_0 = \boldsymbol{A}^{-1}\boldsymbol{b}$ 处取得最小值, 且最小值 $p_{\min} = -\frac{1}{2}\boldsymbol{b}^{\mathrm{T}}\boldsymbol{A}^{-1}\boldsymbol{b}$, 其中 $\boldsymbol{b}$ 是一个固定的 n 维列向量.

9.26 设 $f(\boldsymbol{x}) = \boldsymbol{x}^{\mathrm{T}}\boldsymbol{A}\boldsymbol{x}$ 是正定二次型, 证明: $(\boldsymbol{x}^{\mathrm{T}}\boldsymbol{y})^2 \leqslant \boldsymbol{x}^{\mathrm{T}}\boldsymbol{A}\boldsymbol{x} \cdot \boldsymbol{y}^{\mathrm{T}}\boldsymbol{A}^{-1}\boldsymbol{y}$.

9.27 证明: 欧氏空间中任一基的度量矩阵是正定矩阵.

9.28 设 $\boldsymbol{\alpha}_1, \boldsymbol{\alpha}_2, \cdots, \boldsymbol{\alpha}_s$ 是 n 维欧氏空间 V 的一个向量组, $a_{ij} = (\boldsymbol{\alpha}_i, \boldsymbol{\alpha}_j)\,(i, j = 1, 2, \cdots, s)$. 证明: $\boldsymbol{\alpha}_1, \boldsymbol{\alpha}_2, \cdots, \boldsymbol{\alpha}_s$ 线性无关的充要条件是格拉姆矩阵 $\boldsymbol{G} = (a_{ij})_{s \times s}$ 是正定矩阵.

9.29 设 $\boldsymbol{A}$ 是 n 阶对称矩阵, 证明: $\mathrm{R}(\boldsymbol{A}) = n$ 的充要条件是存在 n 阶矩阵 $\boldsymbol{B}$ 使得 $\boldsymbol{AB} + \boldsymbol{B}^{\mathrm{T}}\boldsymbol{A}$ 是正定矩阵.

9.30 证明: n 阶对称矩阵 $\boldsymbol{A}=(a_{ij})_{n\times n}$ 是正定矩阵当且仅当对一切正整数 $k=1,2,\cdots,n$, 以及任意 $1\leqslant i_1\leqslant i_2\leqslant\cdots\leqslant i_k\leqslant n$, 其 k 阶主子式都是正数, 即

$$\left|\boldsymbol{M}\begin{pmatrix} i_1, i_2, \cdots, i_k \\ i_1, i_2, \cdots, i_k \end{pmatrix}\right| - \begin{vmatrix} a_{i_1i_1} & a_{i_1i_2} & \cdots & a_{i_1i_k} \\ a_{i_2i_1} & a_{i_2i_2} & \cdots & a_{i_2i_k} \\ \vdots & \vdots & & \vdots \\ a_{i_ki_1} & a_{i_ki_2} & \cdots & a_{i_ki_k} \end{vmatrix} > 0.$$

9.31 设 $\boldsymbol{A} = (a_{ij})_{n\times n}$ 是正定矩阵, $\boldsymbol{x} = (x_1, x_2, \cdots, x_n)^{\mathrm{T}}$, 证明: 二次型

$$f(\boldsymbol{x}) = \begin{vmatrix} \boldsymbol{A} & \boldsymbol{x} \\ \boldsymbol{x}^{\mathrm{T}} & 0 \end{vmatrix}$$

是负定二次型.

9.32 设 $\boldsymbol{A} = (a_{ij})_{n\times n}$, $\boldsymbol{B} = (b_{ij})_{n\times n}$ 都是正定矩阵, 证明: $\displaystyle\sum_{i=1}^{n}\sum_{j=1}^{n} a_{ij}b_{ij} > 0$.

9.33 设 $\boldsymbol{A}$ 是 m 阶矩阵,

$$\boldsymbol{M} = \begin{pmatrix} \boldsymbol{A} & \boldsymbol{B} \\ \boldsymbol{B}^{\mathrm{T}} & \boldsymbol{D} \end{pmatrix}$$

是 n 阶正定矩阵, $m < n$. 证明: $\boldsymbol{A}$, $\boldsymbol{D}$, $\boldsymbol{D} - \boldsymbol{B}^{\mathrm{T}}\boldsymbol{A}^{-1}\boldsymbol{B}$ 都是正定矩阵.

9.34 设

$$\boldsymbol{A} = \begin{pmatrix} a_{11} & \boldsymbol{\alpha} \\ \boldsymbol{\alpha}^{\mathrm{T}} & \boldsymbol{B} \end{pmatrix},$$

是对称矩阵, 其中 $a_{11} < 0$, $\boldsymbol{B}$ 是 $n-1$ 阶正定矩阵. 证明:

(1) $\boldsymbol{B} - a_{11}^{-1}\boldsymbol{\alpha}\boldsymbol{\alpha}^{\mathrm{T}}$ 是正定矩阵;

(2) 二次型 $f = \boldsymbol{x}^{\mathrm{T}}\boldsymbol{A}\boldsymbol{x}$ 的符号差是 $n-2$.

9.35 设 $\boldsymbol{A} = (a_{ij})_{n\times n}$ 是 n 阶半正定矩阵, 证明: $|\boldsymbol{A}| \leqslant a_{11}a_{22}\cdots a_{nn}$, 当且仅当 $\boldsymbol{A}$ 是对角矩阵时等号成立.

9.36 设 $\boldsymbol{A} = (a_{ij})_{n\times n}$ 是 n 阶矩阵, 证明**阿达马不等式**:

$$|\boldsymbol{A}|^2 \leqslant \prod_{i=1}^{n}\left(a_{1i}^2 + a_{2i}^2 + \cdots + a_{ni}^2\right).$$

9.37 设 $\boldsymbol{A}, \boldsymbol{B}$ 都是 n 阶正定矩阵, 证明: $|\boldsymbol{A} + \boldsymbol{B}| \geqslant |\boldsymbol{A}| + |\boldsymbol{B}|$.

9.38 设 $\boldsymbol{A}, \boldsymbol{B}$ 都是 n 阶正定矩阵, 证明:

(1) $\boldsymbol{AB}$ 的特征值全是正数;

(2) $\boldsymbol{AB}$ 是正定矩阵的充要条件是 $\boldsymbol{AB} = \boldsymbol{BA}$.

附录 A　数学归纳法

归纳法是从特殊到一般的推理方法. 例如, 已知某数列的前面 4 项分别是 $2,4,8,16,\cdots$, 得出结论: 这个数列的一般项 $a_n=2^n\ (n\geqslant 1)$. 从前 4 项归纳出一般项的数学表达式, 这是归纳法的思想. **演绎法**是从一般到特殊的推理方法. 比如, 已知圆的面积公式 $S=\pi r^2$ (r 是圆的半径), 圆 O 的半径是 3, 则圆 O 的面积是 9π. 把一般理论用于推断个别情况, 这是演绎法的思想. 归纳法和演绎法是两种常用的推理方法.

归纳推理

特殊　　一般

演绎推理

在进行归纳推理时, 从个别情况 (即特殊情况) 归纳出一般结论 (又叫**不完全归纳法**) 并不一定都成立. 例如, 设 $a_n=n^2+n+11$, 取 $n=1,2,\cdots,9$ 分别计算 a_n 的值得到:

$$13,\quad 17,\quad 23,\quad 31,\quad 41,\quad 53,\quad 67,\quad 83,\quad 101$$

这 9 个数都是质数 (即不能分解成比它更小的两个正整数之积), 于是归纳出结论: 对一切自然数 n, $a_n=n^2+n+11$ 都是质数. 然而这个命题不成立, 因为 $a_{10}=121=11^2$ 不是质数.

为了对归纳推理的结果进行论证, 常有两种方法: 一是**穷举法**(又叫**完全归纳法**), 即一一列举验证. 当考察对象的个数有限时, 这种做法是可行的; 当考察对象的个数无限时, 穷举法则无法实现. 这时我们往往采用**数学归纳法**进行证明. 数学归纳法是证明与自然数有关的命题的重要方法.

用 $\mathbb{N}$ 表示自然数 (全体正整数的集合), $\mathbb{N}^*$ 表示非负整数的集合. 先介绍一个重要原理.

最小数原理: 自然数集的任意非空子集都有最小数.

不难发现, 最小数原理并非对任意数集都成立, 读者自己举例验证.

定理 A1(**数学归纳法原理**)　设有一个与自然数 n 有关的命题, 如果:

(1) 当 n 取第一个自然数值 n_0(例如 $n=1$, 或 $n=2$, 等等) 时, 命题成立;

(2) 假设 $n=k(k\geqslant n_0)$ 时命题成立, 则当 $n=k+1$ 时命题也成立. 那么, 命题对一切自然数 $n\geqslant n_0$ 都成立.

证明　(反证法) 假设命题不是对一切大于或等于 n_0 的自然数成立. 令 S 是使命题不成立的自然数的集合, 则 $S\neq\phi$. 由最小数原理知, S 中必有最小数, 设为 h. 由 (1) 知, $h\neq n_0$. 而 h 是 S 中的最小数, 因此, $h-1\notin S$, 即当 $n=h-1$ 时命题成立. 由 (2) 可知, 当 $n=h$ 时, 命题成立, 这与 $h\in S$ 矛盾. □

例 A1　证明: 对一切自然数 n 都有

$$1-3+5-7+\cdots+(-1)^{n-1}(2n-1)=(-1)^{n-1}n. \tag{A1}$$

证明　(1) 当 $n=1$ 时, 左边 $=1$, 右边 $=(-1)^0\cdot 1=1$, 结论成立.

(2) 假设当 $n=k$ 时结论成立, 即

$$1-3+5-7+\cdots+(-1)^{k-1}(2k-1)=(-1)^{k-1}k. \tag{A2}$$

则当 $n=k+1$ 时, 由等式 (A2) 得

$$\begin{aligned}
\text{左边}&=1-3+5-7+\cdots+(-1)^{k-1}(2k-1)+(-1)^k(2k+1)\\
&=(-1)^{k-1}k+(-1)^k(2k+1)\\
&=(-1)^k(k+1),\\
\text{右边}&=(-1)^{(k+1)-1}(k+1)=(-1)^k(k+1),
\end{aligned}$$

因此, 等式 (A1) 仍成立. 由数学归纳法原理可知, 等式 (A1) 对一切自然数 n 都成立. □

例 A2　设 a,b 都是正数, 证明: 对一切自然数 n 都有

$$\frac{a^n+b^n}{2}\geqslant\left(\frac{a+b}{2}\right)^n. \tag{A3}$$

证明　(1) 当 $n=1$ 时, 左边 $=$ 右边 $=\dfrac{a+b}{2}$, 不等式 (A3) 的等号成立.

当 $n=2$ 时, 左边 $=\dfrac{a^2+b^2}{2}$, 右边 $=\left(\dfrac{a+b}{2}\right)^2$. 由于

$$\frac{a^2+b^2}{2}-\left(\frac{a+b}{2}\right)^2=\frac{(a-b)^2}{4}\geqslant 0,$$

因此, 左边 $\geqslant$ 右边, 结论成立.

(2) 假设当 $n=k\,(k\geqslant 2)$ 时结论成立, 即

$$\frac{a^k+b^k}{2}\geqslant\left(\frac{a+b}{2}\right)^k. \tag{A4}$$

当 $n=k+1$ 时, 注意到 $a,b>0$, 无论 $a\geqslant b$, 还是 $a\leqslant b$, 都有

$$a^{k+1}+b^{k+1}-(ab^k+a^kb)=(a-b)(a^k-b^k)\geqslant 0,$$

即

$$ab^k+a^kb\leqslant a^{k+1}+b^{k+1}. \tag{A5}$$

因此, 由 $a,b>0$ 及不等式 (A4), (A5) 得

$$\begin{aligned}
\left(\frac{a+b}{2}\right)^{k+1}&=\frac{a+b}{2}\cdot\left(\frac{a+b}{2}\right)^k\leqslant\frac{a+b}{2}\cdot\frac{a^k+b^k}{2}\\
&=\frac{a^{k+1}+b^{k+1}+ab^k+a^kb}{4}\\
&\leqslant\frac{a^{k+1}+b^{k+1}}{2}.
\end{aligned}$$

即不等式 (A3) 仍然成立. 由数学归纳法原理可知, 命题对一切自然数 n 都成立. □

注 在例 A2 中, 检验当 $n=1$ 时, 只能得到不等式 (A3) 的等号成立, 还必须验证当 $n=2$ 的情况.

有时候, 关于自然数 n 的命题, 仅有 $n=k$ 成立的结论不能推出 $n=k+1$ 结论也成立, 还需要 $n=k-1,\cdots,2,1$ 中的某些情况也成立, 这时, 我们有

定理 A2 (第二数学归纳法) 设有一个与自然数 n 有关的命题, 如果:

(1) 当 n 取第一个自然数值 n_0(例如 $n=1$, 或 $n=2$, 等等) 时, 命题成立;

(2) 假设对一切小于或等于 k 的自然数 $(k \geqslant n_0)$ 命题都成立, 则当 $n=k+1$ 时命题也成立. 那么, 命题对一切自然数 $n \geqslant n_0$ 都成立.

可以利用最小数原理, 参照定理 A1 的证法证明定理 A2(留作练习).

例 A3 (斐波那契数列) $1,1,2,3,5,8,\cdots$, 它们是依照

$$a_{n+2}=a_{n+1}+a_n \quad (a_1=a_2=1) \tag{A6}$$

生成的. 证明:

$$a_n=\frac{1}{\sqrt{5}}\left[\left(\frac{1+\sqrt{5}}{2}\right)^n-\left(\frac{1-\sqrt{5}}{2}\right)^n\right] \quad (n \in \mathbb{N}). \tag{A7}$$

证明 (1) 当 $n=1,2$ 时,

$$a_1=\frac{1}{\sqrt{5}}\left(\frac{1+\sqrt{5}}{2}-\frac{1-\sqrt{5}}{2}\right)=1,$$

$$a_2=\frac{1}{\sqrt{5}}\left[\left(\frac{1+\sqrt{5}}{2}\right)^2-\left(\frac{1-\sqrt{5}}{2}\right)^2\right]=\frac{1}{\sqrt{5}}\left(\frac{6+2\sqrt{5}}{4}-\frac{6-2\sqrt{5}}{4}\right)=1,$$

结论成立.

由于 $a_1=a_2=1$ 是题设的, 不妨看看当 $n=3$ 时依照 (A6) 式得到 $n=3$ 是否满足 (A7) 式. 由 (A6) 式得 $a_3=1+1=2$, 由 (A7) 式得

$$a_3=\frac{1}{\sqrt{5}}\left[\left(\frac{1+\sqrt{5}}{2}\right)^3-\left(\frac{1-\sqrt{5}}{2}\right)^3\right]=\frac{1}{\sqrt{5}}\left[\left(2+\sqrt{5}\right)-\left(2-\sqrt{5}\right)\right]=2,$$

可知结论成立.

(2) 假设对一切 $2 \leqslant n \leqslant k$, 等式 (A7) 都成立, 则当 $n=k+1$ 时,

$$\begin{aligned}
a_{k+1}&=a_k+a_{k-1}\\
&=\frac{1}{\sqrt{5}}\left[\left(\frac{1+\sqrt{5}}{2}\right)^k-\left(\frac{1-\sqrt{5}}{2}\right)^k\right]+\frac{1}{\sqrt{5}}\left[\left(\frac{1+\sqrt{5}}{2}\right)^{k-1}-\left(\frac{1-\sqrt{5}}{2}\right)^{k-1}\right]\\
&=\frac{1}{\sqrt{5}}\left[\left(\frac{1+\sqrt{5}}{2}\right)^{k-1}\left(\frac{1+\sqrt{5}}{2}+1\right)-\left(\frac{1-\sqrt{5}}{2}\right)^{k-1}\left(\frac{1-\sqrt{5}}{2}+1\right)\right]
\end{aligned}$$

$$= \frac{1}{\sqrt{5}}\left[\left(\frac{1+\sqrt{5}}{2}\right)^{k-1}\left(\frac{1+\sqrt{5}}{2}\right)^{2}-\left(\frac{1-\sqrt{5}}{2}\right)^{k-1}\left(\frac{1-\sqrt{5}}{2}\right)^{2}\right]$$
$$= \frac{1}{\sqrt{5}}\left[\left(\frac{1+\sqrt{5}}{2}\right)^{k+1}-\left(\frac{1-\sqrt{5}}{2}\right)^{k+1}\right],$$

等式 (A7) 也成立, 故对一切自然数 $n \in \mathbb{N}$, 等式 (A7) 都成立. □

习题 A

A1 证明: $1^3+2^3+3^3+\cdots+n^3=\left[\frac{n(n+1)}{2}\right]^2\ (n\in\mathbb{N})$.

A2 证明: $2^n > n^2\,(n\in\mathbb{N},\, n\geqslant 5)$.

A3 设 $h>0$, 证明: $(1+h)^n \geqslant 1+nh\,(n\in\mathbb{N})$.

A4 证明: 当 $n\geqslant 3$ 时, 凸 n 边形的内角和等于 $(n-2)\pi$.

A5 已知数列 $\{a_n\}$, $a_1=1, 4a_{n+1}-a_na_{n+1}+2a_n=9$.

(1) 分别求 a_2, a_3, a_4 的值;

(2) 证明:

$$a_n=\frac{6n-5}{2n-1}\quad (n\in\mathbb{N}).$$

A6 设 $a_1=0, a_2=1, 3a_{n+1}-4a_n+a_{n-1}=0$, 证明: 对一切自然数 n 都有

$$a_n=\frac{3}{2}\left(1-\frac{1}{3^{n-1}}\right).$$

A7 已知 $a_0>b_0>0$, 数列 $\{a_n\}$ 和 $\{b_n\}$ 如下确定:

$$a_1=\frac{a_0+b_0}{2},\ \ b_1=\sqrt{a_0b_0},\ \ a_n=\frac{a_{n-1}+b_{n-1}}{2},\ \ b_n=\sqrt{a_{n-1}b_{n-1}}\quad (n\in\mathbb{N}),$$

先考察 $n=1,2,3$ 的情形归纳出它们的单调性, 并用数学归纳法证明.

附录 B　复数及其运算

由于负数开平方的需要引进了新数 i, 称为**虚数单位**, 并规定:

(1) $\mathrm{i}^2=-1$;

(2) 实数与它进行四则运算时, 原有的加法和乘法的运算律仍然成立.

由此得到形如 $a+b\mathrm{i}$ (其中 a,b 是实数) 的数称为**复数**, 当 $b=0$ 时, 就是实数; 当 $b\neq 0$ 时, 叫作**虚数**, 当 $a=0, b\neq 0$ 时, 叫作**纯虚数**. a,b 分别叫复数 $a+b\mathrm{i}$ 的**实部**与**虚部**. 规定两个复数相等当且仅当它们的实部与实部相等, 虚部与虚部相等. 复数等于零当且仅当实部和虚部都等于零. 以后记复数为 $z=a+b\mathrm{i}$, 其中的 a,b 都是实数, 不再一一声明.

用直角坐标平面上的点 $Z(a,b)$ 来表示复数 $z=a+b\mathrm{i}$, 这时直角坐标平面叫**复平面**. 通过这种对应方式, 复平面上的任一点与复数一一对应. 也可以用复平面上的向量 $\overrightarrow{OZ}$ 表示, 向量的长度 $|\overrightarrow{OZ}|$ 叫作复数 z 的模, 记为 $|z|$. 因此,

$$|z|=\sqrt{a^2+b^2}.$$

把 $\overline{z}=a-b\mathrm{i}$ 叫作复数 $z=a+b\mathrm{i}$ 的**共轭复数**. 可以看到, 在复平面上, 一个复数与它的共轭复数关于 x 轴对称. 复数 $z=a+b\mathrm{i}$ 为实数的充要条件是 $\overline{z}=z$.

设 $z_1=a+b\mathrm{i}$, $z_2=c+d\mathrm{i}$ 是两个复数, 定义四则运算如下:

(1) $z_1\pm z_2=(a+b\mathrm{i})\pm(c+d\mathrm{i})=(a\pm c)+(b\pm d)\mathrm{i}$;

(2) $z_1\cdot z_2=(a+b\mathrm{i})\cdot(c+d\mathrm{i})=(ac-bd)+(bc+ad)\mathrm{i}$;

(3) $\dfrac{z_1}{z_2}=\dfrac{a+b\mathrm{i}}{c+d\mathrm{i}}=\dfrac{ac+bd}{c^2+d^2}+\dfrac{bc-ad}{c^2+d^2}\mathrm{i}\ (z_2\neq 0)$.

这就是说, 复数的加减法按多项式的加减法进行 (提取公因式、合并同类项); 两个复数相乘按多项式相乘规则进行; 两个复数相除 (分母不为零) 是将分子分母同时乘以分母的共轭复数, 把分母化为实数的规则进行.

例如,

$$(-3+2\mathrm{i})+(1-5\mathrm{i})=-2-3\mathrm{i},\quad (3-2\mathrm{i})(4+5\mathrm{i})=22+7\mathrm{i},$$

$$\frac{3-4\mathrm{i}}{3+4\mathrm{i}}=\frac{(3-4\mathrm{i})^2}{(3+4\mathrm{i})(3-4\mathrm{i})}=-\frac{7}{25}-\frac{24}{25}\mathrm{i}.$$

设 $z=a+b\mathrm{i}$, 则 $z\cdot\overline{z}=(a+b\mathrm{i})(a-b\mathrm{i})=a^2+b^2=|z|^2$. 共轭复数有如下运算性质:

(1) $\overline{z_1\pm z_2}=\overline{z_1}\pm\overline{z_2}$;

(2) $\overline{z_1\cdot z_2}=\overline{z_1}\cdot\overline{z_2}$;

(3) $\overline{(z^n)}=\overline{z}^n$;

(4) $\overline{\left(\dfrac{z_1}{z_2}\right)}=\dfrac{\overline{z_1}}{\overline{z_2}}\ (z_2\neq 0)$.

复数的模有如下性质:

(1) $||z_1|-|z_2||\leqslant|z_1\pm z_2|\leqslant|z_1|+|z_2|$;

(2) $|z_1 \cdot z_2| = |z_1||z_2|$;

(3) $|z^n| = |z|^n$;

(4) $\left|\dfrac{z_1}{z_2}\right| = \dfrac{|z_1|}{|z_2|}$ $(z_2 \neq 0)$;

(5) $|\overline{z}| = |z|$.

设复数 $z = a + b\mathrm{i}$ 对应复平面的向量 $\overrightarrow{OZ}$(如图 B1 所示), 其模用 r 表示, 即

$$r = \sqrt{a^2 + b^2}.$$

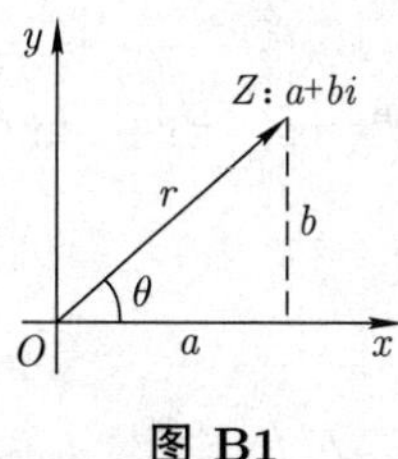

图 B1

以 x 轴的正向为始边, 向量 $\overrightarrow{OZ}$ 所在的射线 (起点是坐标原点 O) 为终边的角 θ, 叫作复数 $z = a + b\mathrm{i}$ 的**幅角**.

如果 θ 是复数 z 的幅角, 那么 $\theta + 2k\pi$ (k 为整数) 也是 z 的幅角. 因此, 任一不等于零的复数的幅角都有无限个, 它们相差 2π 的整数倍. 对于适合 $0 \leqslant \theta < 2\pi$ 的幅角 θ , 叫作**幅角的主值**, 通常记为 $\arg z$, 即 $0 \leqslant \arg z < 2\pi$.

显然, $a = r\cos\theta$, $b = r\sin\theta$. 因此, 任一复数 $z = a + b\mathrm{i}$ 都可以表示成

$$z = r(\cos\theta + \mathrm{i}\sin\theta),$$

称为复数的**三角形式**, 其中 r 是 z 的模, θ 是 z 的幅角. 为了区别, 称 $z = a + b\mathrm{i}$ 为复数的**代数形式**.

例如, 下列复数可以分别用三角形式表示成:

$$1 - \mathrm{i} = \sqrt{2}\left[\cos\left(-\frac{\pi}{4}\right) + \mathrm{i}\sin\left(-\frac{\pi}{4}\right)\right],$$

$$-\frac{1}{2} + \frac{\sqrt{3}}{2}\mathrm{i} = \cos\frac{2\pi}{3} + \mathrm{i}\sin\frac{2\pi}{3},$$

$$\mathrm{i} = \cos\frac{\pi}{2} + \mathrm{i}\sin\frac{\pi}{2},$$

$$-3 = 3(\cos\pi + \mathrm{i}\sin\pi).$$

复数的乘法、除法、乘方和开方都可以用复数的三角形式来表示. 下面仅列出相应的运算公式, 证明是简单的, 请读者自己完成, 或参考相关书籍 (参考 [26]).

设复数 $z_1 = r_1(\cos\theta_1 + \mathrm{i}\sin\theta_1)$, $z_2 = r_2(\cos\theta_2 + \mathrm{i}\sin\theta_2)$, $z = r(\cos\theta + \mathrm{i}\sin\theta)$, 则

(1) $z_1 \cdot z_2 = r_1 r_2\left[\cos(\theta_1 + \theta_2) + \mathrm{i}\sin(\theta_1 + \theta_2)\right]$;

(2) $\dfrac{z_1}{z_2} = \dfrac{r_1}{r_2}\left[\cos(\theta_1 - \theta_2) + \mathrm{i}\sin(\theta_1 - \theta_2)\right]$ $(z_2 \neq 0)$;

(3) $z^n = r^n(\cos n\theta + \mathrm{i}\sin n\theta)$.

复数 $z=r(\cos\theta+\mathrm{i}\sin\theta)$ 的 n 次方根有 n 个值:

$$z_k=\sqrt[n]{r}\left(\cos\frac{\theta+2k\pi}{n}+\mathrm{i}\sin\frac{\theta+2k\pi}{n}\right)\quad(k=0,1,\cdots,n-1).$$

例 B1 计算 $(\sqrt{3}-\mathrm{i})^6$.

解 把 $(\sqrt{3}-\mathrm{i})^6$ 化成三角形式得

$$\sqrt{3}-\mathrm{i}=2\left[\cos\left(-\frac{\pi}{6}\right)+\mathrm{i}\sin\left(-\frac{\pi}{6}\right)\right]$$

因此,

$$\left(\sqrt{3}-\mathrm{i}\right)^6=2^6\left[\cos(-\pi)+\mathrm{i}\sin(-\pi)\right]=-64.$$

例 B2 求 $z=1+\mathrm{i}$ 的 4 次方根.

解 把 $z=1+\mathrm{i}$ 化成三角形式得

$$1+\mathrm{i}=\sqrt{2}\left(\cos\frac{\pi}{4}+\mathrm{i}\sin\frac{\pi}{4}\right),$$

因此, $z=1+\mathrm{i}$ 的 4 次方根分别是

$$z_k=\sqrt[8]{2}\left[\cos\frac{\pi/4+2k\pi}{4}+\mathrm{i}\sin\frac{\pi/4+2k\pi}{4}\right]\quad(k=0,1,2,3),$$

即

$$\begin{aligned}
z_0&=\sqrt[8]{2}\left(\cos\frac{\pi}{16}+\mathrm{i}\sin\frac{\pi}{16}\right),\\
z_1&=\sqrt[8]{2}\left(\cos\frac{9\pi}{16}+\mathrm{i}\sin\frac{9\pi}{16}\right),\\
z_2&=\sqrt[8]{2}\left(\cos\frac{17\pi}{16}+\mathrm{i}\sin\frac{17\pi}{16}\right)=-\sqrt[8]{2}\left(\cos\frac{\pi}{16}+\mathrm{i}\sin\frac{\pi}{16}\right),\\
z_3&=\sqrt[8]{2}\left(\cos\frac{25\pi}{16}+\mathrm{i}\sin\frac{25\pi}{16}\right)=-\sqrt[8]{2}\left(\cos\frac{9\pi}{16}+\mathrm{i}\sin\frac{9\pi}{16}\right).
\end{aligned}$$

例 B3 分别求复数 i, 1 的立方根.

解 由于 $\mathrm{i}=\cos\frac{\pi}{2}+\mathrm{i}\sin\frac{\pi}{2}$, 所以, i 的立方根有三个:

$$z_k=\cos\frac{\pi/2+2k\pi}{3}+\mathrm{i}\sin\frac{\pi/2+2k\pi}{3}\quad(k=0,1,2),$$

即

$$\begin{aligned}
z_0&=\cos\frac{\pi}{6}+\mathrm{i}\sin\frac{\pi}{6}=\frac{\sqrt{3}}{2}+\frac{1}{2}\mathrm{i},\\
z_1&=\cos\frac{5\pi}{6}+\mathrm{i}\sin\frac{5\pi}{6}=-\frac{\sqrt{3}}{2}+\frac{1}{2}\mathrm{i},\\
z_2&=\cos\frac{3\pi}{2}+\mathrm{i}\sin\frac{3\pi}{2}=-\mathrm{i}.
\end{aligned}$$

由于 $1=\cos 0+\mathrm{i}\sin 0$, 所以, 1 的立方根有三个:

$$z_k=\cos\frac{2k\pi}{3}+\mathrm{i}\sin\frac{2k\pi}{3}\quad(k=0,1,2),$$

即

$$\begin{aligned}z_0&=\cos 0+\mathrm{i}\sin 0=1,\\z_1&=\cos\frac{2\pi}{3}+\mathrm{i}\sin\frac{2\pi}{3}=-\frac{1}{2}+\frac{\sqrt{3}}{2}\mathrm{i},\\z_2&=\cos\frac{4\pi}{3}+\mathrm{i}\sin\frac{4\pi}{3}=-\frac{1}{2}-\frac{\sqrt{3}}{2}\mathrm{i}.\end{aligned}$$

例 B4 在复数范围内分解因式: x^4+1.

解 由 $x^4+1=0$ 得 $x^4=-1=\cos\pi+\mathrm{i}\sin\pi$. 因此

$$x_k=\cos\frac{\pi+2k\pi}{4}+\mathrm{i}\sin\frac{\pi+2k\pi}{4}\quad(k=0,1,2,3).$$

分别得到

$$x_0=\frac{\sqrt{2}}{2}+\frac{\sqrt{2}}{2}\mathrm{i},\quad x_1=-\frac{\sqrt{2}}{2}+\frac{\sqrt{2}}{2}\mathrm{i},\quad x_2=-\frac{\sqrt{2}}{2}-\frac{\sqrt{2}}{2}\mathrm{i},\quad x_3=\frac{\sqrt{2}}{2}-\frac{\sqrt{2}}{2}\mathrm{i}.$$

因此,

$$\begin{aligned}x^4+1=&\left(x-\frac{\sqrt{2}}{2}-\frac{\sqrt{2}}{2}\mathrm{i}\right)\left(x+\frac{\sqrt{2}}{2}-\frac{\sqrt{2}}{2}\mathrm{i}\right)\\&\cdot\left(x+\frac{\sqrt{2}}{2}+\frac{\sqrt{2}}{2}\mathrm{i}\right)\left(x-\frac{\sqrt{2}}{2}+\frac{\sqrt{2}}{2}\mathrm{i}\right).\end{aligned}$$

在复数范围内, 1 的 n 次方根称为 **n 次单位根**, n 次单位根有 n 个:

$$\varepsilon_k=\cos\frac{2k\pi}{n}+\mathrm{i}\sin\frac{2k\pi}{n}\quad(k=0,1,\cdots,n-1).$$

例如, 一次单位根是 1; 二次单位根是 ±1; 三次单位根是 $1, -\frac{1}{2}\pm\frac{\sqrt{3}}{2}\mathrm{i}$; 4 次单位根是 $\pm1, \pm\mathrm{i}$; 6 次单位根是: $\pm1, -\frac{1}{2}\pm\frac{\sqrt{3}}{2}\mathrm{i}, \frac{1}{2}\pm\frac{\sqrt{3}}{2}\mathrm{i}$.

由于

$$x^n-1=(x-1)(x^{n-1}+x^{n-2}+\cdots+x+1),$$

所以, n 次单位根中一定包含 1, 其余 $n-1$ 个 n 次单位根都是方程

$$x^{n-1}+x^{n-2}+\cdots+x+1=0$$

的根 (注意, 一元实系数方程的虚根共轭成对出现). 在复平面上, n 次单位根均匀地分布在单位圆上. 例如, 在三次方程 $x^3-1=0$ 中, 1 是三次单位根, 其余两个三次单位根 (互为共轭复数)

$$\omega=-\frac{1}{2}+\frac{\sqrt{3}}{2}\mathrm{i},\quad\overline{\omega}=\omega^2=-\frac{1}{2}-\frac{\sqrt{3}}{2}\mathrm{i}$$

都是方程 $x^2+x+1=0$ 的根, 因此,

(1) $\omega^3=1$;

(2) $\omega^2+\omega+1=0$.

1 的 3 个三次单位根均匀分布在单位圆上 (如图 B2 所示).

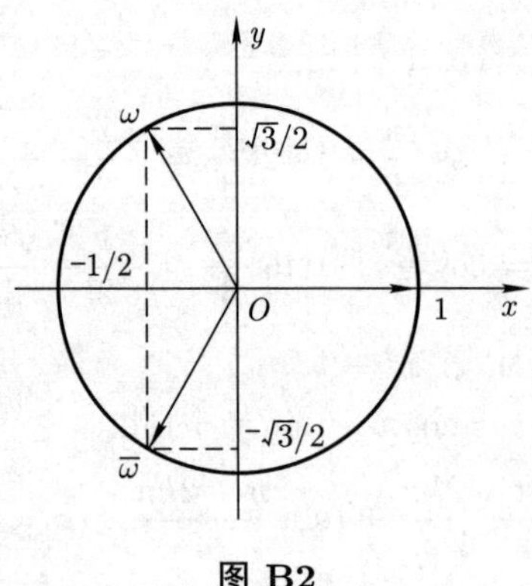

图 B2

称 $e^{i\theta}=\cos\theta+i\sin\theta$ 为**欧拉公式**. 因此, 复数 $z=r(\cos\theta+i\sin\theta)$ 可以表示成 $z=re^{i\theta}$, 称为复数的**指数形式**, 相应的乘法、除法、乘方和开方公式都有更简洁的表达形式:

$$
\begin{aligned}
z_1\cdot z_2&=r_1e^{i\theta_1}\cdot r_2e^{i\theta_2}=r_1r_2e^{i(\theta_1+\theta_2)},\\
\frac{z_1}{z_2}&=\frac{r_1e^{i\theta_1}}{r_2e^{i\theta_2}}=\frac{r_1}{r_2}e^{i(\theta_1-\theta_2)}\quad(z_2\neq 0),\\
z^n&=\left(re^{i\theta}\right)^n=r^ne^{in\theta},\\
\sqrt[n]{z}&=\sqrt[n]{r}e^{i\frac{\theta+2k\pi}{n}}\quad(k=0,1,\cdots,n-1).
\end{aligned}
$$

习题 B

B1 计算下列各式:

(1) $(-1-i)^6$; (2) $\dfrac{(\sqrt{3}+i)^5}{-1+\sqrt{3}i}$; (3) $\dfrac{(2+2i)^5}{1-\sqrt{3}i}$.

B2 分别求复数 $-\dfrac{1}{2}+\dfrac{\sqrt{3}}{2}i$, $1+i$, $-i$ 的三次方根.

B3 在复数范围内分解因式:

(1) x^5-1; (2) $x^2-2x\cos\theta+1$;

(3) x^4+x^2+1; (4) x^3+1-i.

附录 C　数学家人名对照

阿贝尔　N. H. Abel, 1802—1829, 挪威
阿达马　J. Hardmard, 1865—1963, 法国
艾森斯坦　F. Eisenstein, 1823—1852, 德国
贝塞尔　F . W. Bessel, 1784—1846, 德国
楚列斯基　A. L. Cholesky, 1875—1918, 法国
范德蒙德　A. T. Van der Monde, 1735—1796, 法国
斐波那契　L. Fibonacci, 1170—1250, 意大利
弗罗贝尼乌斯　F. G. Frobenius, 1849—1917, 德国
伽罗瓦　E. Galois, 1811—1832, 法国
高斯　C. F. Gauss, 1777—1855, 德国
格拉姆　J. P. Gram, 1850—1916, 丹麦
关孝和　Seki Takakazu, 1642—1708, 日本
哈密顿　W. R. Hamilton, 1805—1865, 英国
赫尔维茨　A. Hurwitz, 1859—1919, 德国
凯莱　A. Cayley, 1821—1895, 英国
柯西　A. L. Cauchy, 1789—1857, 法国
克拉默　G. Cramer, 1704—1752, 瑞士
拉格朗日　J. L. Lagrange, 1736—1813, 法国
拉普拉斯　P. S. Laplace, 1749—1827, 法国
莱布尼茨　G. W. Leibniz, 1646—1716, 德国
刘维尔　J. Liouville, 1809—1882, 法国
洛必达　L'Hospital, 1661—1704, 法国
欧几里得　Euclid, 前 330—前 275, 古希腊
欧拉　L. Euler, 1707—1783, 瑞士
若尔当　C. Jordan, 1838—1922, 法国
施密特　E. Schmidt, 1876—1959, 德国
施瓦茨　H. A. Schwarz, 1843—1921, 法国
希尔　L. S. Hill, 1891—1961, 美国
希尔伯特　D. Hilbert, 1862—1943, 德国
西尔维斯特　J. J. Sylvester, 1814—1897, 英国

附录 D 希腊字母读音表

大写	小写	英文注音	国际音标注音
Α	α	alpha	[ælfə]
Β	β	beta	['beitə]
Γ	γ	gamma	['gæmə]
Δ	δ	delta	['deltə]
Ε	ε	epsilon	[ep'sailən]
Ζ	ζ	zeta	['zi:tə]
Η	η	eta	['i:tə]
Θ	θ	theta	['θi:tə]
Ι	ι	iota	[ai'əutə]
Κ	κ	kappa	[kæpə]
Λ	λ	lambda	['læmdə]
Μ	μ	mu	[mju:]
Ν	ν	nu	[nju:]
Ξ	ξ	xi	[ksai]
Ο	ο	omicron	[oumaik'rən]
Π	π	pi	[pai]
Ρ	ρ	rho	[rou]
Σ	σ	sigma	['sigmə]
Τ	τ	tau	[tau]
Υ	υ	upsilon	[ju:p'silən]
Φ	φ	phi	[fai]
Χ	χ	chi	[kai]
Ψ	ψ	psi	[psai]
Ω	ω	omega	['oumigə]

习题答案或提示

第一章　行　列　式

1.1　(1) 22; (2) x^2-xy-y^2.

1.2　(1) -4; (2) $3abc-a^3-b^3-c^3$; (3) $(a-b)(b-c)(c-a)$; (4) $-2(x^3+y^3)$.

1.3　(1) $x=1, y=2$; (2) $x_1=-2, x_2=1$; (3) $x_1=1, x_2=-2, x_3=3$; (4) $x=2, y=-1, z=2$.

1.4　(1) 4, 偶; (2) 5, 奇; (3) $n(n-1)$, 偶; (4) $n(n-1)/2$, 当 $n=4k+4$ 或 $4k+1$ 时为偶; 当 $n=4k+2$ 或 $4k+3$ 时为奇, 其中 k 为非负整数.

1.5　$a_{11}a_{22}a_{33}a_{44}, -a_{11}a_{22}a_{34}a_{43}$.

1.6　(1) 24; (2) $(a_1b_2-a_2b_1)(c_1d_2-c_2d_1)$; (3) $(-1)^{n-1}n!$.　　**1.7**　略.

1.8　(1) 33/2; (2) -8; (3) 38; (4) 10; (5) 48; (6) $a^2+b^2+c^2+1$.　　**1.9**　略.

1.10　(1) -29400000; (2) -18; (3) 0; (4) -156; (5) a^4+3a^2+1; (6) $x^3\left(x+\sum\limits_{i=1}^{4}a_i\right)$.

1.11　(1) $2^{n+1}-2$; (2) $x^n+(-1)^{n+1}y^n$; (3) $n+1$; (4) $2!3!\cdots n!$.　　**1.12**　略.

1.13　(1) 0; (2) 16; (3) 0.

1.14　(1) -56; (2) -88.

1.15～1.17　略.

1.18　(1) $x_1=4/3, x_2=-11/3, x_3=-2$; (2)$x_1=9/10, x_2=4/5, x_3=1/2, x_4=3/10$.

1.19　当 $\lambda=0$, 或 $\lambda=2$, 或 $\lambda=3$ 时有非零解.

1.20　$\lambda\neq-2$ 且 $\lambda\neq1$.

1.21　(1)1875; (2) 0.

1.22　(1) $(n+1)a^n$; (2) $\prod\limits_{1\leqslant j<i\leqslant n}(x_i-x_j)\left[(a+1)\prod\limits_{i=1}^{n}x_i-a\prod\limits_{i=1}^{n}(x_i-1)\right]$, 提示: 利用加边法, 仿照例 1.12 的解法 1, 或用分离法.

1.23　提示: 加边法或分离法.

1.24　提示: 利用克拉默法则和范德蒙德行列式.

1.25　当 $b\neq c$ 时, $D_n=\left[b(a-c)^n-c(a-b)^n\right]/(b-c)$. 提示: 方法 1. 分离法; 方法 2. 仿例 1.25 解法 3. 当 $b=c$ 时, 由例 1.14 得 $D_n=[a+(n-1)b](a-b)^{n-1}$.

第二章　矩　　阵

2.1　$\begin{pmatrix}-3&6&1\\0&1&-3\\2&5&-6\end{pmatrix}$, $\begin{pmatrix}9&22&14\\-4&-5&-6\\12&14&1\end{pmatrix}$.

2.2 (1) $\begin{pmatrix} 35 & 3 \\ 6 & -2 \end{pmatrix}$; (2) 10; (3) $\begin{pmatrix} 2 & -2 \\ 1 & -1 \\ 3 & -3 \end{pmatrix}$; (4) $\begin{pmatrix} 6 & -7 \\ 20 & -5 \end{pmatrix}$;

(5) $2x_1^2 - x_2^2 + 3x_3^2 + 2x_1x_2 + 4x_1x_3 - 2x_2x_3$.

2.3 (1) $\begin{pmatrix} 0 & 0 & a_1a_4 & a_1a_5 + a_2a_6 \\ & 0 & 0 & a_4a_6 \\ & & 0 & 0 \\ & & & 0 \end{pmatrix}$, $\begin{pmatrix} 0 & 0 & 0 & a_1a_4a_6 \\ & 0 & 0 & 0 \\ & & 0 & 0 \\ & & & 0 \end{pmatrix}$, O;

(2) $\begin{pmatrix} 4 & 1 & 3 \\ 0 & 1 & -9 \\ 0 & 0 & 4 \end{pmatrix}$, $\begin{pmatrix} 8 & 3 & 5 \\ 0 & -1 & 21 \\ 0 & 0 & -8 \end{pmatrix}$, $\begin{pmatrix} 16 & 8 & 13 \\ 0 & -8 & 60 \\ 0 & 0 & -28 \end{pmatrix}$.

2.4 (1) $\begin{pmatrix} a & b \\ 0 & a \end{pmatrix}$, 其中 a, b 为任意数; (2) $\begin{pmatrix} a & 0 & 0 \\ b & a & 0 \\ c & b & a \end{pmatrix}$, 其中 a, b, c 为任意数.

2.5 略. **2.6** $3^{n-1}\begin{pmatrix} 1 & -1 & 1 \\ -1 & 1 & -1 \\ 1 & -1 & 1 \end{pmatrix}$. **2.7** $(-3)^{n-1}\boldsymbol{A}$. **2.8~2.12** 略.

2.13 (1) $\begin{pmatrix} 10 & 0 & 0 \\ 0 & 1 & 3 \\ 0 & 0 & 1 \end{pmatrix}$; (2) $\begin{pmatrix} 1 & 2 & 5 & 2 \\ 0 & 1 & 2 & -4 \\ 0 & 0 & -4 & 3 \\ 0 & 0 & 0 & -9 \end{pmatrix}$.

2.14 (1) $\begin{pmatrix} 1 & 0 \\ 2n & 1 \end{pmatrix}$; (2) $\begin{pmatrix} 1 & 3n & 0 \\ 0 & 1 & 0 \\ 0 & 0 & 2^n \end{pmatrix}$; (3) $\begin{pmatrix} 1 & n & n(n-1)/2 \\ 0 & 1 & n \\ 0 & 0 & 1 \end{pmatrix}$.

2.15~2.17 略. **2.18** 提示: (1) 用正交矩阵的定义验证; (2) 利用 $\boldsymbol{E}_{ij} = \boldsymbol{e}_i\boldsymbol{e}_j^{\mathrm{T}}$.

2.19 (1) $\dfrac{1}{4}\begin{pmatrix} 5 & 3 \\ 2 & 2 \end{pmatrix}$; (2) $\begin{pmatrix} 1 & 2 & -1 \\ -1 & -1 & 1 \\ -1 & -3 & 2 \end{pmatrix}$; (3) $\begin{pmatrix} 1 & 1/2 & 4 \\ 0 & 1/2 & 2 \\ 0 & 0 & -1 \end{pmatrix}$; (4) $\begin{pmatrix} 1 & 0 & 0 \\ -1 & 1/2 & 0 \\ 1/3 & 1/3 & -1/3 \end{pmatrix}$.

2.20 16, 1, 1/16. **2.21** 略. **2.22** $\dfrac{1}{2}\begin{pmatrix} 1 & 1 & 1 \\ 1 & 2 & 1 \\ 1 & 1 & 3 \end{pmatrix}$. **2.23** -6^{n-1}.

2.24 $(\boldsymbol{A} + 3\boldsymbol{I})/2$, $(\boldsymbol{A} + 2\boldsymbol{I})/4$. **2.25** 略.

2.26 (1) $\begin{pmatrix} 4 & -1 & 0 & 0 \\ -3 & 1 & 0 & 0 \\ 0 & 0 & 1 & -2 \\ 0 & 0 & -2 & 5 \end{pmatrix}$; (2) $\begin{pmatrix} 2 & -1 & 0 & 0 \\ -3 & 2 & 0 & 0 \\ -5 & 7 & -3 & -4 \\ 2 & -2 & 1/2 & 1/2 \end{pmatrix}$. **2.27** $\begin{pmatrix} 6 & 0 & 0 & 0 \\ 0 & 6 & 0 & 0 \\ 6 & 0 & 6 & 0 \\ 0 & 3 & 0 & -1 \end{pmatrix}$.

2.28 $\begin{pmatrix} \boldsymbol{O} & \boldsymbol{C}^{-1} \\ \boldsymbol{A}^{-1} & \boldsymbol{O} \end{pmatrix}$. **2.29** $\begin{pmatrix} \boldsymbol{B}^{-1}\boldsymbol{C}\boldsymbol{A}^{-1} & -\boldsymbol{B}^{-1} \\ -\boldsymbol{B}^{-1}(\boldsymbol{C}-\boldsymbol{B})\boldsymbol{A}^{-1} & \boldsymbol{B}^{-1} \end{pmatrix}$.

2.30 $\begin{pmatrix} \boldsymbol{0} & a_n^{-1} \\ \boldsymbol{A}^{-1} & \boldsymbol{0} \end{pmatrix}$, $\boldsymbol{A} = \mathrm{diag}(a_1, \cdots, a_{n-1})$, $\boldsymbol{X}^* = (-1)^{n+1}\prod_{i=1}^{n} a_i \boldsymbol{X}^{-1}$.

2.31~2.32 略. **2.33** $\begin{pmatrix} 2-2^n & 2^n-1 \\ 2-2^{n+1} & 2^{n+1}-1 \end{pmatrix}$. **2.34** (B). **2.35** (D).

2.36 (1) $\boldsymbol{A} = \begin{pmatrix} 1 & 0 \\ 2 & 1 \end{pmatrix}\begin{pmatrix} 1 & 2 \\ 0 & 1 \end{pmatrix}\begin{pmatrix} 1 & 0 & 0 \\ 0 & 1 & 0 \end{pmatrix}\begin{pmatrix} 1 & 0 & 0 \\ 0 & 1 & -1 \\ 0 & 0 & 1 \end{pmatrix}\begin{pmatrix} 1 & 0 & 4 \\ 0 & 1 & 0 \\ 0 & 0 & 1 \end{pmatrix}$;

(2) $\boldsymbol{A} = \begin{pmatrix} 0 & 1 \\ 1 & 0 \end{pmatrix}\begin{pmatrix} 1 & 0 \\ 2 & 1 \end{pmatrix}\begin{pmatrix} 1 & 0 \\ 0 & 1 \end{pmatrix}\begin{pmatrix} 1 & 1 \\ 0 & 1 \end{pmatrix}$.

2.37 (1) $\begin{pmatrix} 2 & 1 & -1 \\ 2 & 2 & -1 \\ -1 & 0 & 1 \end{pmatrix}$; (2) $\dfrac{1}{2}\begin{pmatrix} -1 & -3 & -5 \\ 1 & 1 & 1 \\ 0 & 2 & 2 \end{pmatrix}$; (3) $\begin{pmatrix} 1 & 2 & -3 & -6 \\ 0 & -1 & 2 & 3 \\ 0 & 0 & 1 & 2 \\ 0 & 0 & 0 & -1 \end{pmatrix}$.

2.38 (1) $\begin{pmatrix} 5 & -2 & 4 \\ -4 & 2 & -2 \\ -7 & 3 & -5 \end{pmatrix}$; (2) $\dfrac{1}{3}\begin{pmatrix} 8 & 0 \\ -1 & 3 \\ 14 & 6 \end{pmatrix}$.

2.39 (1) $\dfrac{1}{3}\begin{pmatrix} -1 & 1 & 4 \\ 2 & 1 & 1 \end{pmatrix}$; (2) $\begin{pmatrix} 2 & -1 & -1 \\ -4 & 7 & 4 \end{pmatrix}$. **2.40** $\begin{pmatrix} 0 & 1 & -1 \\ -1 & 0 & 1 \\ 1 & -1 & 0 \end{pmatrix}$.

2.41 (1) $x_1 = 3, x_2 = 1, x_3 = 1$; (2) $x_1 = 1, x_2 = 0, x_3 = 0, x_4 = -1$. **2.42** 略.

2.43 $\dfrac{1}{4}\left(\begin{array}{cc|cc} 1 & 1 & 1 & 1 \\ 1 & -1 & 1 & -1 \\ \hline 1 & 1 & -1 & -1 \\ 1 & -1 & -1 & 1 \end{array}\right)$. **2.44~2.46** 略.

2.47 (1) 秩: 2; (2) 秩: 3; (3) 秩: 3.

2.48 (1) $k = 1$; (2) $k = -2$; (3) $k \neq 1$ 且 $k \neq -2$. **2.49** $k = -3$.

2.50 提示: 利用等价标准形分解定理.

2.51 提示: 利用等价标准形分解定理及 $\boldsymbol{E}_{11} = \boldsymbol{e}_1\boldsymbol{e}_1^{\mathrm{T}}$.

2.52 提示: 利用等价标准形分解定理, 并注意 $\begin{pmatrix} \boldsymbol{I}_r & \boldsymbol{O} \\ \boldsymbol{O} & \boldsymbol{O} \end{pmatrix} = \begin{pmatrix} \boldsymbol{I}_r \\ \boldsymbol{O} \end{pmatrix}(\boldsymbol{I}_r, \boldsymbol{O})$.

2.53 提示: 设 $\boldsymbol{A}=\boldsymbol{H}_1\boldsymbol{L}_1, \boldsymbol{B}=\boldsymbol{H}_2\boldsymbol{L}_2$ 是满秩分解, 由 $(\boldsymbol{A},\boldsymbol{B})=(\boldsymbol{H}_1\boldsymbol{L}_1,\boldsymbol{H}_2\boldsymbol{L}_2)=(\boldsymbol{H}_1,\boldsymbol{H}_2)\begin{pmatrix}\boldsymbol{L}_1 & \boldsymbol{O}\\ \boldsymbol{O} & \boldsymbol{L}_2\end{pmatrix}$ 及秩的性质即可获证.

2.54 提示: 只考虑第 (1) 问. 存在 m 阶可逆矩阵 $\boldsymbol{P}_1$ 和 n 阶可逆矩阵 $\boldsymbol{Q}_1$, 使得

$$\boldsymbol{A}=\boldsymbol{P}_1\begin{pmatrix}\boldsymbol{I}_n\\ \boldsymbol{O}\end{pmatrix}\boldsymbol{Q}_1=\boldsymbol{P}_1\begin{pmatrix}\boldsymbol{Q}_1\\ \boldsymbol{O}\end{pmatrix}=\boldsymbol{P}_1\begin{pmatrix}\boldsymbol{Q}_1 & \boldsymbol{O}\\ \boldsymbol{O} & \boldsymbol{I}_{m-n}\end{pmatrix}\begin{pmatrix}\boldsymbol{I}_n\\ \boldsymbol{O}\end{pmatrix}=\boldsymbol{P}\begin{pmatrix}\boldsymbol{I}_n\\ \boldsymbol{O}\end{pmatrix}.$$

2.55～2.56 略. **2.57** O; $\begin{pmatrix}5^n & n5^{n-1} & n(n-1)5^{n-2}\\ 0 & 5^n & 2n5^{n-1}\\ 0 & 0 & 5^n\end{pmatrix}$.

2.58 $\begin{pmatrix}5 & -2 & -1\\ -2 & 2 & 0\\ -1 & 0 & 1\end{pmatrix}$; $\dfrac{1}{4}\begin{pmatrix}5 & -2 & -1\\ -2 & 2 & 0\\ -1 & 0 & 1\end{pmatrix}$.

2.59 (1) $a=0$; (2) $\boldsymbol{X}=\begin{pmatrix}3 & 1 & 2\\ 1 & 1 & -1\\ 2 & 1 & -1\end{pmatrix}$. **2.60** (C). **2.61** 略.

2.62 $\displaystyle\sum_{i=1}^{n}\sum_{j=1}^{n}A_{ij}=(-1)^{n+1}\frac{n(n+1)}{2n!}$. 提示: 参考第 2.28 题和第 2.30 题求出 $\boldsymbol{A}^*$ 即可.

2.63 提示: $\boldsymbol{A}$ 是可逆矩阵, 且 $\boldsymbol{A}=\boldsymbol{I}+\dfrac{1}{n}\boldsymbol{B}$, 其中 $\boldsymbol{B}$ 是各元素均为 1 的 n 阶矩阵, $\boldsymbol{B}^2=n\boldsymbol{B}$, 再由 $3\boldsymbol{A}-\boldsymbol{A}^2=2\boldsymbol{I}$ 即得 $\boldsymbol{A}^{-1}=\dfrac{1}{2}(3\boldsymbol{I}-\boldsymbol{A})$.

2.64 提示: 化成两个范德蒙德行列式之积.

2.65 提示: 对 $n\geqslant 3$ 的情形, 将 $\boldsymbol{C}$ 表示成两个矩阵之积, 可得 $\mathrm{R}(\boldsymbol{C})\leqslant 2$, 故 $\boldsymbol{C}$ 是奇异矩阵, 其行列式值为零. **2.66～2.67** 略.

2.68 提示: 方法 1. $\boldsymbol{A}$ 与 $\boldsymbol{A}^{\mathrm{T}}$ 有相同的等价标准形, 由等价的传递性即得. 方法 2. 设 $\boldsymbol{A}=\boldsymbol{P}\mathrm{diag}(\boldsymbol{I}_r,\boldsymbol{O})\boldsymbol{Q}$, 则

$$\boldsymbol{A}=\boldsymbol{P}(\boldsymbol{Q}^{\mathrm{T}})^{-1}\cdot\boldsymbol{Q}^{\mathrm{T}}\mathrm{diag}(\boldsymbol{I}_r,\boldsymbol{O})\boldsymbol{P}^{\mathrm{T}}\cdot(\boldsymbol{P}^{\mathrm{T}})^{-1}\boldsymbol{Q}=\boldsymbol{P}(\boldsymbol{Q}^{\mathrm{T}})^{-1}\cdot\boldsymbol{A}^{\mathrm{T}}\cdot(\boldsymbol{P}^{\mathrm{T}})^{-1}\boldsymbol{Q}.$$

2.69 提示: $\boldsymbol{A}=\boldsymbol{P}_1\mathrm{diag}(\boldsymbol{I}_r,\boldsymbol{O})\boldsymbol{Q}_1=\boldsymbol{P}_1\boldsymbol{Q}_1\cdot\boldsymbol{Q}_1^{-1}\mathrm{diag}(\boldsymbol{I}_r,\boldsymbol{O})\boldsymbol{Q}_1$.

2.70 提示: 设 $\mathrm{R}(\boldsymbol{A})=r$, $\boldsymbol{A}=\boldsymbol{H}_1\boldsymbol{L}_1$, $\boldsymbol{I}-\boldsymbol{A}=\boldsymbol{H}_2\boldsymbol{L}_2$ 是满秩分解, 则

$$\boldsymbol{H}_1\boldsymbol{L}_1+\boldsymbol{H}_2\boldsymbol{L}_2=(\boldsymbol{H}_1,\boldsymbol{H}_2)\begin{pmatrix}\boldsymbol{L}_1\\ \boldsymbol{L}_2\end{pmatrix}=\boldsymbol{I}.$$

再证: $\boldsymbol{L}_1\boldsymbol{H}_1=\boldsymbol{I}_r$, $\boldsymbol{L}_2\boldsymbol{H}_2=\boldsymbol{I}_{n-r}$, $\boldsymbol{L}_1\boldsymbol{H}_2=\boldsymbol{O}$, $\boldsymbol{L}_2\boldsymbol{H}_1=\boldsymbol{O}$. 令 $\boldsymbol{P}=(\boldsymbol{H}_1,\boldsymbol{H}_2)$ 即可获证.

2.71 提示: 对矩阵 $\boldsymbol{B}$ 做满秩分解, 利用西尔维斯特不等式.

2.72 提示: 方法 1. 利用上一题的结论. 方法 2. 对 $\begin{pmatrix} \boldsymbol{A}^3 & \boldsymbol{O} \\ \boldsymbol{O} & \boldsymbol{A} \end{pmatrix}$ 施行分块初等变换得 $\begin{pmatrix} \boldsymbol{A}^2 & -\boldsymbol{A} \\ \boldsymbol{O} & \boldsymbol{A}^2 \end{pmatrix}$, 利用矩阵秩的性质 3 即得.

2.73 提示: 设在矩阵 $\boldsymbol{A}$ 中划去 $m-s$ 行剩下的矩阵是 $\boldsymbol{B}_1$, 所划去的 $m-s$ 行按原来的顺序构成的矩阵是 $\boldsymbol{C}_1$, 则

$$\mathrm{R}(\boldsymbol{A}) \leqslant \mathrm{R}(\boldsymbol{B}_1) + \mathrm{R}(\boldsymbol{C}_1) \leqslant \mathrm{R}(\boldsymbol{B}_1) + m - s.$$

在矩阵 $\boldsymbol{B}_1$ 中划去的 $n-t$ 行剩下的矩阵是 $\boldsymbol{B}_2$, 所划去的 $n-t$ 行按原来的顺序构成的矩阵是 $\boldsymbol{C}_2$, 同理可得 $\mathrm{R}(\boldsymbol{A}) \leqslant \mathrm{R}(\boldsymbol{B}_1) \leqslant \mathrm{R}(\boldsymbol{B}_2) + n - t$. 注意到 $\mathrm{R}(\boldsymbol{A}) = r$, $\boldsymbol{B}_2 = \boldsymbol{B}$, 结合以上两式即得所证.

2.74 提示: 注意 $\mathrm{R}(\boldsymbol{A}^*) \leqslant 1$, 再由 $\boldsymbol{A}$ 的对称性可知, $\boldsymbol{A}^*$ 也是对称矩阵.

第三章　线性方程组

3.1 (1) 有唯一解 $(3,-2,2)^{\mathrm{T}}$; (2) 无解; (3) 有无穷多解 $k(13,1,5)^{\mathrm{T}} + (-1,0,-1)^{\mathrm{T}}$, k 为任意数; (4) 有无穷多解 $k_1(2,3,1,0)^{\mathrm{T}} + k_2(-2,-3,0,1)^{\mathrm{T}} - (0,1,0,0)^{\mathrm{T}}$, k_1, k_2 为任意数.

3.2 当 $\lambda = -3$ 时无解; 当 $\lambda = 2$ 时有无穷多解 $k(5,-4,1)^{\mathrm{T}} + (0,1,0)^{\mathrm{T}}$, k 为任意数; 当 $\lambda \neq -3$ 且 $\lambda \neq 2$ 时有唯一解: $\left(1, (\lambda+3)^{-1}, (\lambda+3)^{-1}\right)^{\mathrm{T}}$.

3.3 (1) $k_1(3,1,5,0)^{\mathrm{T}} + k_2(0,1,0,1)^{\mathrm{T}}$, k_1, k_2 为任意数; (2) $k_1(-2,1,0,0)^{\mathrm{T}} + k_2(1,0,0,1)^{\mathrm{T}}$, k_1, k_2 为任意数.

3.4 $\lambda = -3$, $\boldsymbol{x} = k(-1,1,1)^{\mathrm{T}}$, k 为任意数.　**3.5~3.6** 略.

3.7 (1) $(1,0,3)^{\mathrm{T}}$; (2) $(-2,1,-10)^{\mathrm{T}}$.　**3.8** (1) 是; (2) 不是.　**3.9** $\boldsymbol{\beta} = 2\boldsymbol{\alpha}_1 + \boldsymbol{\alpha}_2 + \boldsymbol{\alpha}_3$.

3.10 (1) 线性无关; (2) 线性无关; (3) 线性相关; (4) 线性相关.

3.11 (1) 当 $t = 5$ 线性相关; 当 $t \neq 5$ 时线性无关. (2) 无论 t 为何值都线性相关.

3.12 略.　**3.13** (1) 线性相关; 线性无关; (2) 能; $\boldsymbol{\alpha}_3 = 2\boldsymbol{\alpha}_1 + \boldsymbol{\alpha}_2$.

3.14~3.15 略.　**3.16** (1) 秩为 3; 极大无关组 $\boldsymbol{\alpha}_1, \boldsymbol{\alpha}_2, \boldsymbol{\alpha}_3$, $\boldsymbol{\alpha}_4 = \boldsymbol{\alpha}_1 + \boldsymbol{\alpha}_2 + \boldsymbol{\alpha}_3$. (2) 秩为 3; 极大无关组 $\boldsymbol{\alpha}_1, \boldsymbol{\alpha}_2, \boldsymbol{\alpha}_4$, $\boldsymbol{\alpha}_3 = \boldsymbol{\alpha}_1 + 2\boldsymbol{\alpha}_2$.　**3.17** 略.　**3.18** $(2,3,-1)^{\mathrm{T}}$, $(3,-3,-2)^{\mathrm{T}}$.

3.19 维数 $n-1$, 基 $\boldsymbol{e}_2, \boldsymbol{e}_3, \cdots, \boldsymbol{e}_n$.　**3.20~3.24** 略.

3.25 基础解系: (1) $(2,1,1)^{\mathrm{T}}$; (2) $(2,-2,0,1)^{\mathrm{T}}$; (3) $(-1,3,2,0)^{\mathrm{T}}, (0,-1,0,1)^{\mathrm{T}}$; (4) $(1,-2,1,0)^{\mathrm{T}}$, $(1,-2,0,1)^{\mathrm{T}}$.

3.26 (1) 基础解系: $\boldsymbol{\alpha}_1 = (1,1,0,0)^{\mathrm{T}}, \boldsymbol{\alpha}_2 = (-1,0,1,1)^{\mathrm{T}}$, 特解 $\boldsymbol{\beta}_0 = (2,0,1,0)^{\mathrm{T}}$; (2) 基础解系: $\boldsymbol{\alpha}_1 = (1,-2,-2,1)^{\mathrm{T}}$, 特解 $\boldsymbol{\beta}_0 = (-1,4,-1,0)^{\mathrm{T}}$.　**3.27** 略.

3.28 (1) $\lambda = 1$; (2) 提示: 设 $\boldsymbol{A}$ 是齐次方程组的系数矩阵, 则 $\boldsymbol{AB} = \boldsymbol{O}$, 若 $|\boldsymbol{B}| \neq 0$, 则 $\boldsymbol{A} = \boldsymbol{O}$.

3.29 $k_1(4,-2,1,0)^{\mathrm{T}} + k_2(2,-4,0,1)^{\mathrm{T}} + (-4,1,0,0)\,(k_1, k_2$为任意数). 提示: 注意

$$\boldsymbol{\alpha}_1 - 2\boldsymbol{\alpha}_2 + 4\boldsymbol{\alpha}_3 = \boldsymbol{0}, \quad \boldsymbol{\alpha}_1 + 2\boldsymbol{\alpha}_2 + 2\boldsymbol{\alpha}_3 + \boldsymbol{\alpha}_4 = \boldsymbol{\beta},$$

且 $\mathrm{R}(\boldsymbol{A}) = 3$. 因此, $\boldsymbol{\alpha}_2$, $\boldsymbol{\alpha}_3$, $\boldsymbol{\alpha}_4$ 线性无关, 线性方程组 $\boldsymbol{Bx} = \boldsymbol{\alpha}_1 - \boldsymbol{\alpha}_2$ 可化为

$$(x_3 + x_4 - 1)\boldsymbol{\alpha}_1 + (x_2 + 2x_4 + 1)\boldsymbol{\alpha}_2 + (x_1 + 2x_4)\boldsymbol{\alpha}_3 = \boldsymbol{0}.$$

3.30 略.

3.31 (1) 略; (2) $a \neq 0$, $x_1 = \dfrac{n}{(n+1)a}$; (3) $a = 0$, 通解为 $k\boldsymbol{e}_1^{\mathrm{T}} + \boldsymbol{e}_2^{\mathrm{T}}$, k 为任意数.

3.32 略.

3.33 提示: 由于 $\boldsymbol{B}$ 是可逆矩阵, 因此, $\boldsymbol{BA}$ 的行向量组与 $\boldsymbol{A}$ 的行向量组等价.

3.34 提示: 充分性显然, 只证必要性的前面一个等式. 设 $\mathrm{R}(\boldsymbol{A}) = r$, $\boldsymbol{\alpha}_1, \cdots, \boldsymbol{\alpha}_{n-r}$ 是齐次方程组 $\boldsymbol{Ax} = \boldsymbol{0}$ 的基础解系, 令 $\boldsymbol{D} = (\boldsymbol{\alpha}_1, \cdots, \boldsymbol{\alpha}_{n-r})$. 由 $\boldsymbol{AD} = \boldsymbol{BD} = \boldsymbol{O}$ 知, $\boldsymbol{D}^{\mathrm{T}}\boldsymbol{A}^{\mathrm{T}} = \boldsymbol{D}^{\mathrm{T}}\boldsymbol{B}^{\mathrm{T}} = \boldsymbol{O}$. 注意到 $\boldsymbol{D}^{\mathrm{T}}\boldsymbol{x} = \boldsymbol{0}$ 的基础解系只包含 r 个解向量, 且 $\mathrm{R}(\boldsymbol{A}^{\mathrm{T}}) = r$, 故 $\boldsymbol{A}^{\mathrm{T}}$ 的列向量组是 $\boldsymbol{D}^{\mathrm{T}}\boldsymbol{x} = \boldsymbol{0}$ 的一个基础解系. 由 $\boldsymbol{D}^{\mathrm{T}}\boldsymbol{B}^{\mathrm{T}} = \boldsymbol{O}$ 可知, $\boldsymbol{B}^{\mathrm{T}}$ 的列向量组可由 $\boldsymbol{A}^{\mathrm{T}}$ 的列向量组线性表示, 故存在矩阵 $\boldsymbol{F}$, 使得 $\boldsymbol{B}^{\mathrm{T}} = \boldsymbol{A}^{\mathrm{T}}\boldsymbol{F}$, 取 $\boldsymbol{C} = \boldsymbol{F}^{\mathrm{T}}$ 即可获证.

3.35 提示: 利用上一题的结论及矩阵秩的性质 2. **3.36** 方程组 (II) 的通解为

$$k_1(a_{11}, a_{12}, \cdots, a_{1,2n})^{\mathrm{T}} + k_2(a_{21}, a_{22}, \cdots, a_{2,2n})^{\mathrm{T}} + \cdots + k_n(a_{n1}, a_{n2}, \cdots, a_{n,2n})^{\mathrm{T}},$$

其中 $k_1, k_2, \cdots, k_n$ 为任意数. **3.37~3.38** 略. **3.39** 提示: 反证法.

3.40 提示: 假设它的秩小于 m, 即向量组 $\boldsymbol{\alpha}_1, \cdots, \boldsymbol{\alpha}_m$ 线性相关.

3.41 提示: 设 R(II)= k, 不妨假定 $\boldsymbol{\alpha}_{i_1}, \cdots, \boldsymbol{\alpha}_{i_k}$ 是向量组 (II) 的一个极大无关组, 将它扩充成向量组 (I) 的一个极大无关组: $\boldsymbol{\alpha}_{i_1}, \cdots, \boldsymbol{\alpha}_{i_k}, \boldsymbol{\alpha}_{j_1}, \cdots, \boldsymbol{\alpha}_{j_{r-k}}$, 则 $\{\boldsymbol{\alpha}_{j_1}, \cdots, \boldsymbol{\alpha}_{j_{r-k}}\} \subset \{\boldsymbol{\alpha}_1, \cdots, \boldsymbol{\alpha}_s\} \setminus \{\boldsymbol{\alpha}_{i_1}, \cdots, \boldsymbol{\alpha}_{i_m}\}$.

3.42 提示: 证明方程组 $\boldsymbol{A}^n\boldsymbol{x} = \boldsymbol{0}$ 与 $\boldsymbol{A}^{n+1}\boldsymbol{x} = \boldsymbol{0}$ 同解 (注意利用第 3.38 题结论).

3.43 提示: (1) 即证线性方程组 $\boldsymbol{Ax} = \boldsymbol{0}$ 只有零解. 假设 $\boldsymbol{Ax} = \boldsymbol{0}$ 有非零解 $\boldsymbol{x} = (x_1, x_2, \cdots, x_n)^{\mathrm{T}}$, 记 $|x_k| = \max\{|x_1|, |x_2|, \cdots, |x_n|\} > 0$, 从线性方程组 $\boldsymbol{Ax} = \boldsymbol{0}$ 的第 k 个方程推出矛盾. (2) 构造矩阵

$$\boldsymbol{A} = \begin{pmatrix} a_{11} & a_{12}t & \cdots & a_{1n}t \\ a_{21}t & a_{22} & \cdots & a_{2n}t \\ \vdots & \vdots & & \vdots \\ a_{n1}t & a_{n2}t & \cdots & a_{nn}t \end{pmatrix} \quad (0 \leqslant t \leqslant 1),$$

则矩阵 $\boldsymbol{A}(t)$ 满足条件 (1), 因此 $|\boldsymbol{A}(1)| = |\boldsymbol{A}| \neq 0$. 注意到 $|\boldsymbol{A}(0)| = a_{11}a_{22}\cdots a_{nn} > 0$, 由连续函数的零点定理可以导出矛盾.

第四章 多 项 式

4.1 $2x^5 - 2x^3$. **4.2** $k = -2, l = 1, m = 3$. **4.3** 提示研究等式两边的系数.

4.4 (1) $q(x) = 2x^2 + 3x + 11$, $r(x) = 25x - 5$; (2) $q(x) = x^2 + x - 1$, $r(x) = -5x + 7$.

4.5 (1) -29; (2) 3. **4.6** (1) $l = m = -2$; (2) $l = 4$, $m = 2$; (3) $m = 2$.

4.7 (1) $(x+1)^3 - (x+1) + 1$; (2) $5(x-2)^4 + 34(x-2)^3 + 83(x-2)^2 + 84(x-2) + 32$; (3) $(x-1)^4 + (x-1)^3 - (x-1)^2 - 4$. **4.8** $x + 2$. **4.9** $3x - 1$. **4.10~12** 略.

4.13 (1) $(f(x), g(x)) = x - 1$; (2) $(f(x), g(x)) = x^2 + x + 1$; (3) $(f(x), g(x)) = x^2 - 2x + 1$.

4.14 (1) $u(x) = -x - 1$, $v(x) = x + 2$, $(f(x), g(x)) = x^2 - 2$; (2) $u(x) = -x - 1$, $v(x) = x^3 + x^2 - 3x - 2$, $(f(x), g(x)) = 1$; (3) $(f(x), g(x)) = x^2 - 2$, $u(x) = 1$, $v(x) = -1$.

4.15~18 略. **4.19** (1) $(x+1)\left(x-\dfrac{3+\sqrt{5}}{2}\right)\left(x-\dfrac{3-\sqrt{5}}{2}\right)$; (2) 在实数域上: $(x-1)^2(x+2)(x^2+1)$, 在复数域上: $(x-1)^2(x+2)(x+\mathrm{i})(x-\mathrm{i})$; (3) 在实数域上: $(x-2)(x-3)(x^2+2)$, 在复数域上: $(x-2)(x-3)(x+\sqrt{2}\mathrm{i})(x-\sqrt{2}\mathrm{i})$.

4.20 $(f(x),g(x))=(x-1)^2(x+2)=x^3-3x+2$, $[f(x),g(x)]=(x-1)^2(x+2)(x-3)(x^2+1)$.

4.21~4.22 提示: 仿例 4.11 利用标准分解式. **4.23** 提示: 反证法.

4.24 (1) $x+1$, 4 重; (2) $x-2$, 三重.

4.25 (1) 当 $t=12$ 时, 有三重根 -2; 当 $t=-15$ 时, 有二重根 1; (2) 当 $t=1/3$ 时, 有三重根 $1/3$; 当 $t=-5/12$ 时, 有二重根 $-1/6$; (3) 当 $t=-3$ 时, 有二重根 1; 当 $t=-5$ 时, 有二重根 -1. **4.26** $A=1, B=-2$. **4.27** 不能, 例如 $f(x)=x^4+1$, $f'(x)=4x^3$.

4.28 略. **4.29** 提示: 方法 1. 由已知得 $f(1)=0$, 令 $f(x)=(x-1)h(x)$, 将 x 换成 x^n 即得; 方法 2. 在复数域上 x^n-1 只有单根, 证明每一个根都是 $f(x^n)$ 的根.

4.30 提示: x^2+x+1 在复数域上的根都是 $f_1(x^3)+xf_2(x^3)$ 的根. **4.31** 略.

4.32 $2\sqrt{3}-1, 2\sqrt{3}, 2\sqrt{3}+1$. **4.33~4.34** 略.

4.35 (1) 实数域: $(x-2)(x^2+1)^2$; 复数域: $(x-2)(x+\mathrm{i})^2(x-\mathrm{i})^2$; (2) 实数域:

$$(x-1)(x+1)(x^2-x+1)(x^2+x+1);$$

复数域:

$$(x-1)(x+1)\left(x-\frac{1}{2}+\frac{\sqrt{3}}{2}\mathrm{i}\right)\left(x-\frac{1}{2}-\frac{\sqrt{3}}{2}\mathrm{i}\right)\left(x+\frac{1}{2}+\frac{\sqrt{3}}{2}\mathrm{i}\right)\left(x+\frac{1}{2}-\frac{\sqrt{3}}{2}\mathrm{i}\right).$$

4.36 $3+2\mathrm{i}, 3-2\mathrm{i}, -1, -1$. **4.37** 略. **4.38** (1) 2; (2) $-3, \dfrac{1}{2}$; (3) $3, -2$; (4) -1.

4.39 (1) 不可约; (2) $f(2)=0$, 可约; (3) 不可约; (4) 不可约; (5) 不可约; (6) 不可约.

4.40~4.42 略.

4.43 提示: $[x-(1+\sqrt{2})][x-(1-\sqrt{2})]=x^2-2x-1$ 是整系数多项式, 设

$$f(x)=(x^2-2x-1)g(x)+ax+b,$$

其中 $g(x)\in\mathbb{Q}[x], a,b\in\mathbb{Q}$, 然后证明: $a=b=0$.

4.44 $1999x-1997$. **4.45** 提示: 证明 $x=\pm\mathrm{i}$ 都是 $f(x)$ 和 $g(x)$ 的根.

4.46 提示: 先由已知解出 $f(x)$ 和 $g(x)$, 再用 $(f(x),g(x))=1$ 的条件.

4.47 提示: 由例 4.23 知, 在数域 $\mathbb{P}$ 上 $(f,f')=1$, 在复数域 $\mathbb{C}$ 上仍成立.

4.48 提示: 应用推论 4.4.

4.49 提示: 设 $f(x)\neq 0$, $nf(x)=(x-x_0)f'(x)$, 两边求导再整理得

$$f(x)=\frac{x-x_0}{n}f'(x)=\frac{(x-x_0)^2}{n(n-1)}f''(x)=\cdots=\frac{(x-x_0)^n}{n!}f^{(n)}(x)=a_0(x-x_0)^n.$$

4.50 提示: 如果 c 是 $f(x)$ 的根, 则 $c^n, c^{n^2}, c^{n^3}, \cdots$ 都是 $f(x)$ 的根.

4.51 提示: (1) 和 (2) 都用反证法; (3) 令 $x=y+1$, 用艾森斯坦判别法; (4) 证明 $p!f(x)$ 在有理数域上不可约.

4.52 提示: 由例 4.23 知, 互素与数域无关.

4.53 提示: 考虑 $g(x)=x^n f\left(\dfrac{1}{x}\right)$, 则 $f(x)$ 与 $g(x)$ 在复数域 $\mathbb{C}$ 上有公共根, 由上一题的结论可知 $f(x)|g(x)$. **4.54** 提示: 参照习题第 4.43 题的提示.

4.55 提示: 反证法. 设 $f(x)=g(x)h(x)$, 其中 $g(x)$ 和 $h(x)$ 都是次数低于 n 的整系数多项式, 则 $g(a_i)h(a_i)=-1$, 得到 $g(a_i)+h(a_i)=0\,(i=1,2,\cdots,n)$. 注意到 $\partial(g+h)<n$, 不可能有 n 个根, 从而矛盾.

4.56 提示: 由艾森斯坦判别法知 x^n-2 在 $\mathbb{Q}$ 上不可约, 因此, 在有理数域上 $(x^n-2,f(x))=1$. 由例 4.23(2) 可知, 在实数域上也有 $(x^n-2,f(x))=1$. 然而 $\sqrt[n]{2}$ 是前者的实数根, 所以它不可能是后者的实数根.

4.57 提示: 设 $d_1=(f_1,f_2), d_2=(g_1,g_2), d=(f_1g_1,f_2g_2)$. 先证 $d_1d_2|d$, 再证 $d|d_1d_2$. 注意, 由 $d|f_1g_1$ 及 $(f_1,g_1)=1$ 可知, $d=h_1h_2$, 且 $h_1|f_1, h_2|g_1$. 又 $d|f_2g_2,(f_1,g_2)=(f_2,g_1)=1$. 所以, $h_1|f_2,h_2|g_2$. 从而 $h_1|d_1,h_2|d_2,d=h_1h_2|d_1d_2$, 得证. 本题亦可用例 4.7 的结论, 然后证明 $(f_1g_1,f_2g_2)=(f_1g_2,f_2g_1)$ 即可.

4.58 提示: 利用定理 4.8.

第五章 线性空间

5.1 (1)~(3) 是; (4) 不是. **5.2** 略. **5.3** 过渡矩阵 $\dfrac{1}{2}\begin{pmatrix}-1&2&1\\-4&2&0\\1&2&3\end{pmatrix}$.

5.4 $(d-c,c-a,a-b,b)^{\mathrm{T}}$. **5.5** $(0,-1,3)^{\mathrm{T}}$. **5.6** $(3,4,1)^{\mathrm{T}}$.

5.7 $\dim V=3$, $\begin{pmatrix}0&1&0\\-1&0&0\\0&0&0\end{pmatrix},\begin{pmatrix}0&0&1\\0&0&0\\-1&0&0\end{pmatrix},\begin{pmatrix}0&0&0\\0&0&1\\0&-1&0\end{pmatrix}$是它的一个基.

5.8 $\boldsymbol{\varepsilon}_1'=\boldsymbol{\varepsilon}_1+\boldsymbol{\varepsilon}_2+\cdots+\boldsymbol{\varepsilon}_n, \boldsymbol{\varepsilon}_2'=\boldsymbol{\varepsilon}_2+\boldsymbol{\varepsilon}_3+\cdots+\boldsymbol{\varepsilon}_n,\cdots,\boldsymbol{\varepsilon}_n'=\boldsymbol{\varepsilon}_n$.

5.9 过渡矩阵 $\begin{pmatrix}2&1&-1\\2&2&-1\\-1&0&1\end{pmatrix}$. **5.10** (1) 略; (2) $k=0, \boldsymbol{\xi}=\lambda\boldsymbol{\alpha}_1-\boldsymbol{\alpha}_3\,(\lambda\neq 0)$.

5.11 $\boldsymbol{\alpha}_1,\boldsymbol{\alpha}_2,\boldsymbol{\alpha}_3$ 是 V 的一个基, $\dim V=3$.

5.12 维数为 3, 一个基为 $\begin{pmatrix}1&&\\&1&\\&&1\end{pmatrix},\begin{pmatrix}0&1&0\\&0&1\\&&0\end{pmatrix},\begin{pmatrix}0&0&1\\&0&0\\&&0\end{pmatrix}$.

5.13 (1) 略; (2) V_1+V_2 是 3 维空间, 基: $\boldsymbol{E}_{11},\boldsymbol{E}_{12},\boldsymbol{E}_{21}$; $V_1\cap V_2$ 是 1 维空间, 基: $\boldsymbol{E}_{11}$.

5.14 V_1+V_2 是 3 维空间, 基: $\boldsymbol{\alpha}_1,\boldsymbol{\alpha}_2,\boldsymbol{\beta}_1$; $V_1\cap V_2$ 是 1 维空间, 基: $(5,-2,-3,-4)^{\mathrm{T}}$.

5.15 V_1+V_2 是 3 维空间, 基: $\boldsymbol{\alpha}_1,\boldsymbol{\alpha}_2,\boldsymbol{\beta}_1$; $V_1\cap V_2$ 是 1 维空间, 基: $(5,7,-2,30)^{\mathrm{T}}$.

5.18~24 略. **5.25** $\boldsymbol{A}_1,\boldsymbol{A}_2,\boldsymbol{A}_3$ 是 V 的一个基, $\dim V=3$. **5.26~5.27** 略.

5.28 向量组 $\boldsymbol{\alpha}_1+\boldsymbol{\alpha}_2,\boldsymbol{\alpha}_2+\boldsymbol{\alpha}_3,\boldsymbol{\alpha}_3+\boldsymbol{\alpha}_4,\boldsymbol{\alpha}_4+\boldsymbol{\alpha}_1$ 线性相关, $\boldsymbol{\alpha}_4+\boldsymbol{\alpha}_1=(\boldsymbol{\alpha}_1+\boldsymbol{\alpha}_2)-(\boldsymbol{\alpha}_2+\boldsymbol{\alpha}_3)+(\boldsymbol{\alpha}_3+\boldsymbol{\alpha}_4)$; $\boldsymbol{\alpha}_1+\boldsymbol{\alpha}_2,\boldsymbol{\alpha}_2+\boldsymbol{\alpha}_3,\boldsymbol{\alpha}_3+\boldsymbol{\alpha}_4$ 是 W 的一个基, $\dim W=3$.

5.29 $1, x, \sin^2 x$ 是 V_1 的一个基, 由于 $V_2 \subset V_1$, $V_2 + V_1 = V_1$, 因此, 它也是 $V_2 + V_1$ 的一个基, $\dim V_1 = \dim(V_1 + V_2) = 3$; 由于 $\cos 2x, \cos^2 x$ 线性无关, 故 $\dim V_2 = \dim(V_1 \cap V_2) = 2$, $\cos 2x, \cos^2 x$ 是 $V_2 \cap V_1 = V_2$ 的一个基.

5.30 矩阵 $\begin{pmatrix} 1 & -1 \\ 0 & 0 \end{pmatrix}, \begin{pmatrix} 0 & 0 \\ 1 & 0 \end{pmatrix}, \begin{pmatrix} 0 & 0 \\ 0 & 1 \end{pmatrix}, \begin{pmatrix} 1 & 0 \\ -1 & 0 \end{pmatrix}$ 是 $V_1 + V_2$ 的基, $\dim(V_1 + V_2) = 4$; $\begin{pmatrix} 1 & -1 \\ -1 & 0 \end{pmatrix}, \begin{pmatrix} 0 & 0 \\ 0 & 1 \end{pmatrix}$ 是 $V_1 \cap V_2$ 的基, $\dim(V_1 \cap V_2) = 2$.

5.31 提示: 只有两种情况: $\dim V_1 = \dim(V_1 \cap V_2)$, 或 $\dim V_1 = \dim(V_1 + V_2)$.

5.32 提示: 若 $\boldsymbol{\alpha}_1 \in V_1, \boldsymbol{\alpha}_1 \notin V_2, \boldsymbol{\alpha}_2 \in V_2, \boldsymbol{\alpha}_2 \notin V_1$, 则 $\boldsymbol{\alpha}_1 + \boldsymbol{\alpha}_2 \in V_1 + V_2, \boldsymbol{\alpha}_1 + \boldsymbol{\alpha}_2 \notin V_1, \boldsymbol{\alpha}_1 + \boldsymbol{\alpha}_2 \notin V_2$.

5.33 提示: 只需证 $\dim W_2 = \dim W_1$. **5.34** 提示: 利用扩基定理及例 5.32 的结论.

5.35 提示: 设 $\boldsymbol{\alpha}_1, \boldsymbol{\alpha}_2, \cdots, \boldsymbol{\alpha}_s$ 是 W 的一个基, 将它扩充成 V 的一个基 $\boldsymbol{\alpha}_1, \cdots, \boldsymbol{\alpha}_s, \boldsymbol{\alpha}_{s+1}, \cdots, \boldsymbol{\alpha}_n$. 令

$$W_1 = L(\boldsymbol{\alpha}_1, \cdots, \boldsymbol{\alpha}_s, \boldsymbol{\alpha}_{s+2}, \boldsymbol{\alpha}_{s+3}, \cdots, \boldsymbol{\alpha}_n),$$
$$W_2 = L(\boldsymbol{\alpha}_1, \cdots, \boldsymbol{\alpha}_s, \boldsymbol{\alpha}_{s+1}, \boldsymbol{\alpha}_{s+3}, \cdots, \boldsymbol{\alpha}_n),$$
$$\cdots\cdots\cdots\cdots\cdots\cdots\cdots\cdots\cdots\cdots\cdots\cdots$$
$$W_{n-s} = L(\boldsymbol{\alpha}_1, \cdots, \boldsymbol{\alpha}_s, \boldsymbol{\alpha}_{s+1}, \boldsymbol{\alpha}_{s+2}, \cdots, \boldsymbol{\alpha}_{n-1})$$

则 $W = \bigcap\limits_{i=1}^{n-s} V_i$.

5.36 提示: 设 $\boldsymbol{\alpha}_1, \boldsymbol{\alpha}_2, \cdots, \boldsymbol{\alpha}_{n-r}$ 是齐次方程组 $\boldsymbol{Ax} = \boldsymbol{0}$ 的一个基础解系, 则 $\boldsymbol{B}$ 的每一个列向量可由它线性表示, 且表示法是唯一的. 令 $\boldsymbol{C} = (\boldsymbol{\alpha}_1, \boldsymbol{\alpha}_2, \cdots, \boldsymbol{\alpha}_{n-r})$, 因而, 存在唯一的 $(n-r)\times n$ 矩阵 $\boldsymbol{Q}$, 使得 $\boldsymbol{B} = \boldsymbol{CQ}$. 可证 $S(\boldsymbol{A})$ 与 $\mathbb{P}^{(n-r)\times n}$ 同构, 因此, $\dim S(\boldsymbol{A}) = \dim \mathbb{P}^{(n-r)\times n} = n(n-r)$.

5.37 (1) 提示: 令 $\boldsymbol{M} = a_{n1}\boldsymbol{F}^{n-1} + a_{n-1,1}\boldsymbol{F}^{n-2} + \cdots + a_{21}\boldsymbol{F} + a_{11}\boldsymbol{I}$, 只需证对每个 n 维单位向量 $\boldsymbol{e}_i$ 都有 $\boldsymbol{Me}_i = \boldsymbol{Ae}_i$; (2) 基: $\boldsymbol{I}, \boldsymbol{F}, \cdots, \boldsymbol{F}^{n-1}, \dim C(\boldsymbol{F}) = n$.

5.38 (1) 略; (2) 提示: 利用 $u(x)f_1(x) + v(x)f_2(x) = 1$.

5.39 提示: 证明 $W = W_1 \oplus (W_2 \cap W)$.

5.40 提示: 设 $g(a) \in \mathbb{K}, g(a) \neq 0$, 注意 $p(x)$ 是不可约多项式, 且 $p(a) = 0$, 因此, $p(x)$ 与 $g(x)$ 互素, 利用定理 4.9 可证 $\mathbb{K}$ 对除法运算封闭. 设 $p(x) = b_s x^s + b_{s-1}x^{s-1} + \cdots + b_1 x + b_0, b_s \neq 0 (s > 0)$. 由 $p(a) = 0$ 知, a^s 可由 $a^{s-1}, \cdots, a, 1$ 线性表示, 从而任给 $f(x) \in \mathbb{P}[x]$, $f(a)$ 都是 $a^{s-1}, \cdots, a, 1$ 的线性组合. 若 $a^{s-1}, \cdots, a, 1$ 线性相关, 则存在 $h(x) \in \mathbb{P}[x]$, 且 $\partial(h(x)) \leqslant s-1$, 使得 $h(a) = 0$. $p(x)$ 是不可约多项式, $(p(x), h(x)) = 1$, 因此, $u(x)p(x) + v(x)h(x) = 1$, 从而得到 $0 = 1$, 矛盾.

第六章 线性变换

6.1 (1) 是; (2) 不是; (3) 是; (4) 是; (5) 不是; (6) 当且仅当 $\boldsymbol{\alpha}_0 = \boldsymbol{0}$ 时是线性变换.

6.2 略. **6.3** (1) 基: $1, \mathrm{i}$; $\dim \mathbb{C} = 2$; (2) 基: 1; $\dim \mathbb{C} = 1$. **6.4** 略;

6.5 是可逆线性变换. **6.6~6.10** 略.

6.11 $\begin{pmatrix} a & c & 0 & 0 \\ b & d & 0 & 0 \\ 0 & 0 & a & c \\ 0 & 0 & b & d \end{pmatrix}$; $\begin{pmatrix} a^2 & ac & ab & bc \\ ab & ad & b^2 & bd \\ ac & c^2 & ad & cd \\ bc & cd & bd & d^2 \end{pmatrix}$.

6.12 $\begin{pmatrix} 2 & -1 & 0 \\ 0 & 1 & 1 \\ 1 & 0 & 0 \end{pmatrix}$.

6.13 $\begin{pmatrix} 1 & -1 & 0 \\ 0 & -2 & 0 \\ 1 & 0 & 1 \end{pmatrix}$.

6.14 $\begin{pmatrix} 2 & 3 & 5 \\ -1 & 0 & -1 \\ -1 & 1 & 0 \end{pmatrix}$. **6.15** $\begin{pmatrix} -1 & 1 & -2 \\ 2 & 2 & 0 \\ 3 & 0 & 2 \end{pmatrix}$. **6.16** $(-8,14,2)^{\mathrm{T}}$.

6.17 $\boldsymbol{J}(0,n)=\begin{pmatrix} 0 & & & \\ 1 & 0 & & \\ & \ddots & \ddots & \\ & & 1 & 0 \end{pmatrix}$. **6.18~6.21** 略. **6.22** 提示: 参考例 6.10.

6.23 (1) $\lambda_1=2, k(1,1)^{\mathrm{T}}, k\neq 0$; $\lambda_2=4, k(-1,1)^{\mathrm{T}}, k\neq 0$; (2) $\lambda_1=\lambda_2=\lambda_3=-1, k(1,1,-1)^{\mathrm{T}}, k\neq 0$; (3) $\lambda_1=8, k(2,1,2)^{\mathrm{T}}, k\neq 0$; $\lambda_2=\lambda_3=-1, k_1(-1,2,0)^{\mathrm{T}}+k_2(-1,0,1)^{\mathrm{T}}, k_1,k_2$ 不全为零; (4) $\lambda_1=1, k(1,1,1)^{\mathrm{T}}, k\neq 0$; $\lambda_2=\lambda_3=2, k_1(1,1,0)^{\mathrm{T}}+k_2(-1,0,3)^{\mathrm{T}}, k_1,k_2$ 不全为零.

6.24 (1) $\lambda_1=-4, k(\boldsymbol{\varepsilon}_1-2\boldsymbol{\varepsilon}_2+3\boldsymbol{\varepsilon}_3), k\neq 0$; $\lambda_2=\lambda_3=2, k_1(-2\boldsymbol{\varepsilon}_1+\boldsymbol{\varepsilon}_2)+k_2(\boldsymbol{\varepsilon}_1+\boldsymbol{\varepsilon}_3), k_1,k_2$ 不全为零; (2) $\lambda_1=10, k(\boldsymbol{\varepsilon}_1+2\boldsymbol{\varepsilon}_2-2\boldsymbol{\varepsilon}_3), k\neq 0$; $\lambda_2=\lambda_3=1, k_1(2\boldsymbol{\varepsilon}_1-\boldsymbol{\varepsilon}_2)+k_2(2\boldsymbol{\varepsilon}_1+\boldsymbol{\varepsilon}_3), k_1,k_2$ 不全为零.

6.25 (1) $1,3,5/2$; $15/2$; (2) $2,-2,-1$; -1; (3) $3,-3,-3$; 27; -3.

6.26 (1) $4,9,16$; (2) $3,3/4,1/3$; (3) $2,3/2,4/3$; (4) $6,12,18$. **6.27~6.29** 略.

6.30 (1) 不能; (2) 不能; (3) 可以, $\boldsymbol{X}=\begin{pmatrix} 1 & -2 & 1 \\ -2 & 1 & -0 \\ 3 & 0 & 1 \end{pmatrix}$, $\boldsymbol{\Lambda}=\begin{pmatrix} -4 & & \\ & 2 & \\ & & 2 \end{pmatrix}$; (4) 可以,

$\boldsymbol{X}=\begin{pmatrix} 2 & 2 & 3 \\ 1 & 0 & -1 \\ 0 & 1 & 3 \end{pmatrix}$, $\boldsymbol{\Lambda}=\begin{pmatrix} 2 & & \\ & 2 & \\ & & 1 \end{pmatrix}$.

6.31 $\boldsymbol{A}=\dfrac{1}{3}\begin{pmatrix} 7 & 0 & -2 \\ 0 & 5 & -2 \\ -2 & -2 & 6 \end{pmatrix}$. **6.32** (1) 略; (2) $\begin{pmatrix} -1 & 0 & 0 \\ 0 & 1 & 1 \\ 0 & 0 & 1 \end{pmatrix}$.

6.33 (1) 略; (2) $\boldsymbol{X}=\begin{pmatrix}2&-1&0\\1&0&1\\0&1&1\end{pmatrix}$, $\boldsymbol{X}^{-1}\boldsymbol{A}\boldsymbol{X}=\boldsymbol{\Lambda}=\begin{pmatrix}1&&\\&1&\\&&3\end{pmatrix}$;

(3) $\boldsymbol{A}^n=\begin{pmatrix}1&0&0\\1-3^n&-1+2\times 3^n&1-3^n\\1-3^n&-2+2\times 3^n&2-3^n\end{pmatrix}$.

6.34 (1) 略; (2)$\boldsymbol{X}=\begin{pmatrix}3&0&-3\\-2&1&2\\1&0&3\end{pmatrix}$, $\boldsymbol{X}^{-1}\boldsymbol{A}\boldsymbol{X}=\boldsymbol{\Lambda}=\begin{pmatrix}0&&\\&1&\\&&4\end{pmatrix}$; (3) $\boldsymbol{\eta}_1=3\boldsymbol{\varepsilon}_1-2\boldsymbol{\varepsilon}_2+\boldsymbol{\varepsilon}_3$, $\boldsymbol{\eta}_2=\boldsymbol{\varepsilon}_2$, $\boldsymbol{\eta}_3=-3\boldsymbol{\varepsilon}_1+2\boldsymbol{\varepsilon}_2+3\boldsymbol{\varepsilon}_3$.

6.35 提示: 反证法, 应用定理 6.12. **6.36** 略.

6.37 (1) $=\begin{pmatrix}-c&a-d\\0&c\end{pmatrix}$; (2) $\mathrm{Im}\sigma=L\left\{\begin{pmatrix}-1&0\\0&1\end{pmatrix},\begin{pmatrix}0&1\\0&0\end{pmatrix}\right\}$, $\dim\mathrm{Im}\sigma=2$; $\ker\sigma=L\left\{\begin{pmatrix}1&0\\0&1\end{pmatrix},\begin{pmatrix}0&1\\0&0\end{pmatrix}\right\}$, $\dim\ker\sigma=2$.

6.38 $\boldsymbol{\beta}_1=(1,0,1)^{\mathrm{T}},\boldsymbol{\beta}_2=(2,1,1)^{\mathrm{T}}$ 是 $\mathrm{Im}\sigma$ 的基, $\dim\mathrm{Im}\sigma=2$; $\boldsymbol{\beta}=(3,-1,1)^{\mathrm{T}}$ 是 $\ker\sigma$ 的基, $\dim\ker\sigma=1$.

6.39 (1) $\boldsymbol{\eta}=\boldsymbol{\varepsilon}_1-2\boldsymbol{\varepsilon}_3+\boldsymbol{\varepsilon}_4$ 是 $\ker\sigma$ 的一个基, $\dim\ker\sigma=1$; $\sigma(\boldsymbol{\varepsilon}_1)=\boldsymbol{\varepsilon}_1+3\boldsymbol{\varepsilon}_2+\boldsymbol{\varepsilon}_3$, $\sigma(\boldsymbol{\varepsilon}_2)=\boldsymbol{\varepsilon}_1+\boldsymbol{\varepsilon}_2-2\boldsymbol{\varepsilon}_3+3\boldsymbol{\varepsilon}_4$, $\sigma(\boldsymbol{\varepsilon}_3)=2\boldsymbol{\varepsilon}_1+\boldsymbol{\varepsilon}_2+\boldsymbol{\varepsilon}_3+\boldsymbol{\varepsilon}_4$ 是 $\mathrm{Im}\sigma$ 的基, $\dim\mathrm{Im}\sigma=3$; (2) $\boldsymbol{\eta}=\boldsymbol{\varepsilon}_1+3\boldsymbol{\varepsilon}_2-\boldsymbol{\varepsilon}_3-\boldsymbol{\varepsilon}_4$ 是 $\ker\sigma$ 的一个基, $\dim\ker\sigma=1$; $\sigma(\boldsymbol{\varepsilon}_1)=\boldsymbol{\varepsilon}_1+2\boldsymbol{\varepsilon}_3+\boldsymbol{\varepsilon}_4$, $\sigma(\boldsymbol{\varepsilon}_2)=\boldsymbol{\varepsilon}_1+2\boldsymbol{\varepsilon}_2+\boldsymbol{\varepsilon}_4$, $\sigma(\boldsymbol{\varepsilon}_3)=2\boldsymbol{\varepsilon}_1+\boldsymbol{\varepsilon}_2+3\boldsymbol{\varepsilon}_3$ 是 $\mathrm{Im}\sigma$ 的一个基, $\dim\mathrm{Im}\sigma=3$.

6.40 提示: $\sigma^n=o$, $\sigma^{n-1}\neq o$, 由习题第 6.17 题可知, 矩阵 σ 在某个基下的矩阵是 $\boldsymbol{J}(0,n)$, 且矩阵 $\boldsymbol{A}$ 与 $\boldsymbol{J}(0,n)$ 相似, $\boldsymbol{J}(0,n)^{n-1}$ 的秩是 1, 然后证明 $\ker\sigma=\mathrm{Im}(\sigma^{n-1})$.

6.41~6.43 略. **6.44** (1) 不是; (2) 是.

6.45 (1) 略; (2) 提示: 将 V_1,V_2 取成 σ 的特征子空间, 注意矩阵 $\boldsymbol{A}$ 可以对角化.

6.46~6.50 略.

6.51 (1) 提示: 特征值 1, 2, 3 的特征向量线性无关; (2) $\begin{pmatrix}0&0&6\\1&0&-11\\0&1&6\end{pmatrix}$.

6.52 (1) $\boldsymbol{B}=\begin{pmatrix}1&0&0\\1&2&2\\1&1&3\end{pmatrix}$; (2) 特征值为 1, 1, 4; (3) $\boldsymbol{P}=(\boldsymbol{\alpha}_1,\boldsymbol{\alpha}_2,\boldsymbol{\alpha}_3)\begin{pmatrix}-1&-2&0\\1&0&1\\0&1&1\end{pmatrix}=(-\boldsymbol{\alpha}_1+\boldsymbol{\alpha}_2,-2\boldsymbol{\alpha}_1+\boldsymbol{\alpha}_3,\boldsymbol{\alpha}_2+\boldsymbol{\alpha}_3)$.

6.53 $k=1$ 或 -2. **6.54** (1) 提示: σ 是在基 $\boldsymbol{\varepsilon}_1,\boldsymbol{\varepsilon}_2,\boldsymbol{\varepsilon}_3$ 下的矩阵 $\boldsymbol{A}=\begin{pmatrix}1&1&1\\0&1&1\\0&0&1\end{pmatrix}$ 是可

逆矩阵; (2) 求得 $\boldsymbol{A}^{-1}=\begin{pmatrix}1&-1&0\\0&1&-1\\0&0&1\end{pmatrix}$, 线性变换 $2\sigma-\sigma^{-1}$ 在基 σ 是在基 $\varepsilon_1,\varepsilon_2,\varepsilon_3$ 下的矩阵是 $2\boldsymbol{A}-\boldsymbol{A}^{-1}=\begin{pmatrix}1&3&2\\0&1&3\\0&0&1\end{pmatrix}$.

6.55 提示: 将矩阵 $\boldsymbol{A}$ 写成两个二阶矩阵之积, 然后利用习题第 2.45 题的结论求出 $\boldsymbol{A}$ 的 n 个特征值为 $\lambda_1=\cdots=\lambda_{n-2}=0,\ \lambda_{n-1}=\sum\limits_{i=1}^{n}a_i^2,\ \lambda_n=n$.

6.56 提示: 考虑复数域上 $\boldsymbol{A}$ 的全部特征根 $\lambda_1,\cdots,\lambda_n$, 有 $f(\lambda_i)=0$, $g(\boldsymbol{A})$ 可逆 $\Leftrightarrow g(\lambda_i)\neq 0$.

6.57 提示: 先证 $\ker(\sigma)=\ker(\sigma|_U)+\ker(\sigma|_W)$, 再证 $\ker(\sigma|_U)\cap\ker(\sigma|_W)=\{\boldsymbol{0}\}$.

6.58 提示: $\boldsymbol{A},\boldsymbol{B}$ 都有零特征值, 设 V_1,V_2 分别是 $\boldsymbol{A},\boldsymbol{B}$ 的特征值零对应的特征子空间, 则 $\dim V_1=n-\mathrm{R}(\boldsymbol{A})$, $\dim V_2=n-\mathrm{R}(\boldsymbol{B})$, 注意到 $\dim V_1+\dim V_2=2n-\mathrm{R}(\boldsymbol{A})-\mathrm{R}(\boldsymbol{B})>n$, 因此, $V_1\cap V_2\neq\{\boldsymbol{0}\}$, 故 $\boldsymbol{A},\boldsymbol{B}$ 存在公共特征向量.

6.59 提示: 设 $\boldsymbol{x}=(x_1,x_2,\cdots,x_n)^{\mathrm{T}}$ 是特征值 λ 对应的特征向量, 令 $|x_k|=\max\{|x_1|,|x_2|,\cdots,|x_n|\}$, 则 $|x_k|\neq 0$, 由 $\boldsymbol{A}\boldsymbol{x}=\lambda\boldsymbol{x}$, 等式左右两边第 k 行的元素相等即可获证.

6.60 提示: 由例 6.31 可知, 矩阵 $\boldsymbol{A},\boldsymbol{B}$ 至少有一个公共特征向量, 将此特征向量添加 $n-1$ 个向量构成一个可逆矩阵 $\boldsymbol{P}$, 则 $\boldsymbol{P}^{-1}\boldsymbol{A}\boldsymbol{P}$ 与 $\boldsymbol{P}^{-1}\boldsymbol{B}\boldsymbol{P}$ 是分块上三角矩阵. 对矩阵 $\boldsymbol{A},\boldsymbol{B}$ 的阶数运用数学归纳法即可获证.

6.61 提示: 设可逆矩阵 $\boldsymbol{P}$ 使得 $\boldsymbol{P}^{-1}\boldsymbol{A}\boldsymbol{P}=\mathrm{diag}(\lambda_1,\cdots,\lambda_n)=\boldsymbol{\Lambda}_1$, 其中, $\lambda_1,\cdots,\lambda_n$ 互不相同. 再证 $\boldsymbol{P}^{-1}\boldsymbol{B}\boldsymbol{P}\boldsymbol{\Lambda}_1=\boldsymbol{\Lambda}_1\boldsymbol{P}^{-1}\boldsymbol{B}\boldsymbol{P}$. 由于 $\boldsymbol{\Lambda}_1$ 是对角矩阵, 主对角元互不相同, 因此 $\boldsymbol{P}^{-1}\boldsymbol{B}\boldsymbol{P}$ 也是对角矩阵 (习题第 2.5 题). 设 $\boldsymbol{P}^{-1}\boldsymbol{B}\boldsymbol{P}=\mathrm{diag}(k_1,\cdots,k_n)=\boldsymbol{\Lambda}_2$. 由例 4.17 可知, 存在唯一次数不超过 $n-1$ 的多项式 $f(x)$, 使得 $f(\lambda_1)=k_i(i=1,\cdots,n)$, 即 $f(\boldsymbol{\Lambda}_1)=\boldsymbol{\Lambda}_2$, 从而得到 $\boldsymbol{B}=f(\boldsymbol{A})$.

6.62 提示: 仔细阅读例 6.36 的证明过程, 并利用维数公式定理 6.20.

6.63 提示: 先证 (2), 然后利用 (2) 及定理 6.20 证明 (1).

6.64 提示: 利用互素的充要条件及哈密顿-凯莱定理.

6.65 提示: 注意对任意多项式 $f(\lambda),g(\lambda)$, 都有 $f(\sigma)g(\sigma)=g(\sigma)f(\sigma)$.

第七章　矩阵相似标准形

7.1 (1) $\mathrm{diag}(1,1,0)$, 一阶、二阶行列式因子都是 1, 秩为 2; (2) $\mathrm{diag}(1,1,\lambda(\lambda-1))$, 各阶行列式因子分别为 $1,1,\lambda(\lambda-1)$, 秩为 3; (3) $\mathrm{diag}(1,\lambda,\lambda(\lambda^2+1))$, 各阶行列式因子分别为 $1,\lambda,\lambda^2(\lambda^2+1)$, 秩为 3; (4) $\mathrm{diag}(1,1,1)$, 各阶行列式因子都是 1, 秩为 3.

7.2 第 7.1(2) 题: $\lambda,\lambda-1$; 第 7.1(3) 题: $\lambda,\lambda,\lambda+\mathrm{i},\lambda-\mathrm{i}$.

7.3 (1) 不变因子: $1,\lambda,\lambda(\lambda+1)$, 初等因子: $\lambda,\lambda,\lambda+1$; (2) 不变因子: $1,1,(\lambda+2)^3$, 初等因子: $(\lambda+2)^3$; (3) 不变因子: $\lambda-1,\lambda(\lambda-1),\lambda(\lambda-1)^2(\lambda+1)$, 初等因子: $\lambda,\lambda,\lambda+1,\lambda-1,\lambda-1,(\lambda-1)^2$; (4) 不变因子: $1,1,1,(\lambda+1)^4$, 初等因子: $(\lambda+1)^4$.

7.4 不变因子: $1, \lambda, \lambda^2(\lambda-1)(\lambda+1), \lambda^2(\lambda-1)(\lambda+1)^3$.

7.5 (1) $\lambda^2, \lambda-1$; (2) $\lambda-2, (\lambda-2)^2$; (3) $\lambda-1, (\lambda+1)^2$; (4) $\lambda-2, (\lambda-1)^2$.

7.6 (1) 相似; (2) 相似; (3) 不相似.

7.7 (1) $\left(\begin{array}{c|cc} 2 & & \\ \hline & 1 & \\ & 1 & 1 \end{array}\right)$; (2) $\left(\begin{array}{c|cc} 2 & & \\ \hline & 1 & \\ & 1 & 1 \end{array}\right)$; (3) $\left(\begin{array}{c|cc} -1 & & \\ \hline & 2 & \\ & 1 & 2 \end{array}\right)$;

(4) $\begin{pmatrix} 2 & & \\ 1 & 2 & \\ 0 & 1 & 2 \end{pmatrix}$; (5) $\left(\begin{array}{c|cc} 0 & & \\ \hline & 0 & \\ & 1 & 0 \end{array}\right)$; (6) $\left(\begin{array}{c|cc} 1 & & \\ \hline & -1 & \\ & 1 & -1 \end{array}\right)$.

7.8 (1) $\left(\begin{array}{c|cc} -2 & & \\ \hline & 0 & 2 \\ & 1 & -1 \end{array}\right)$, $\left(\begin{array}{c|c|c} -2 & & \\ \hline & -2 & \\ \hline & & 1 \end{array}\right)$; (2) $\left(\begin{array}{c|cc} -1 & & \\ \hline & 0 & -1 \\ & 1 & -2 \end{array}\right)$, $\left(\begin{array}{c|cc} -1 & & \\ \hline & -1 & \\ & 1 & -1 \end{array}\right)$;

(3) $\begin{pmatrix} 0 & 0 & 0 & -1 \\ 1 & 0 & 0 & 4 \\ 0 & 1 & 0 & -6 \\ 0 & 0 & 1 & 4 \end{pmatrix}$, $\begin{pmatrix} 1 & & & \\ 1 & 1 & & \\ & 1 & 1 & \\ & & 1 & 1 \end{pmatrix}$; (4) $\left(\begin{array}{cc|cc} 0 & -1 & & \\ 1 & 2 & & \\ \hline & & 0 & -1 \\ & & 1 & 2 \end{array}\right)$, $\left(\begin{array}{cc|cc} 1 & & & \\ 1 & 1 & & \\ \hline & & 1 & \\ & & 1 & 1 \end{array}\right)$.

7.9 (1) $(\lambda-2)^2$; (2) $(\lambda-5)(\lambda+4)$; (3) $(\lambda+1)^2$; (4) $\lambda^3-3\lambda^2+2\lambda+6$.

7.10 $\begin{pmatrix} 2 & -3 & 1 \\ 1 & -2 & 1 \\ 2 & -6 & 3 \end{pmatrix}$, $\begin{pmatrix} 2 & 3 & -1 \\ -1 & 6 & -1 \\ -2 & 6 & 1 \end{pmatrix}$.

7.11 提示: 证明特征方程 $\lambda^3 = 2\lambda^2+\lambda-2$ 无重根 (分解因式即可), 利用推论 7.5.

7.12 略. **7.13** 提示: 仿定理 7.19 的证明. **7.14** $\lambda^2 m(\lambda)$.

7.15 提示: $W = L(\boldsymbol{\alpha}, \sigma(\boldsymbol{\alpha}))$.

7.16 提示: 循环向量为 $\sum_{i=1}^{n}\boldsymbol{\alpha}_i$. **7.17** 提示: 参考例 7.22, $W = L(\boldsymbol{\varepsilon}, \sigma, \cdots, \sigma^{n-1})$.

7.18 提示: (1) 若包含 $\boldsymbol{\varepsilon}_1$, 将包含全部 $\boldsymbol{\varepsilon}_1, \boldsymbol{\varepsilon}_2, \cdots, \boldsymbol{\varepsilon}_n$; (2) 设 $\boldsymbol{\alpha}$ 是非零的 σ 子空间 V_0 的非零向量, 由 $\sigma(\boldsymbol{\alpha}) = \lambda\boldsymbol{\alpha}+\boldsymbol{\beta} \in V_0$ 可得 $\boldsymbol{\beta} \in V_0$, 再由 $\sigma(\boldsymbol{\beta}) = \lambda\boldsymbol{\beta}+\boldsymbol{\gamma} \in V_0$ 得 $\boldsymbol{\gamma} \in V_0$, 继续做下去即得; (3) 由前一结论可得.

7.19 (1) 提示: $\boldsymbol{A}$ 的不变因子: $1, 1, (\lambda-2)(\lambda-2)^2$ 有重根; (2) $\begin{pmatrix} -4 & 3 & 0 \\ -12 & 8 & 0 \\ 3 & 0 & 5 \end{pmatrix}$.

7.20 (1) 不变因子: $1, 1, (\lambda-1)^4$, 初等因子: $(\lambda-1)^4$, 若尔当标准形: $\boldsymbol{J}(1,4)$, 最小多项式: $(\lambda-1)^4$; (2) 不变因子: $1, 1, \lambda+1, (\lambda+1)^2(\lambda-2)$, 初等因子: $\lambda-2, \lambda+1, (\lambda+1)^2$, 若尔当标准形: $\operatorname{diag}(2, -1, \boldsymbol{J}(-1, 2))$, 最小多项式: $(\lambda+1)^2(\lambda-2)$.

7.21 (1)$f(\lambda) = \lambda^2-5\lambda+6$; (2) $m(\lambda) = \lambda^2-5\lambda+6$; (3) $\operatorname{diag}(3, 3, 2)$.

7.22 (1) $\boldsymbol{J}=\left(\begin{array}{c|cc}1 & & \\ \hline & 1 & \\ & 1 & 1\end{array}\right)$, $\boldsymbol{C}=\begin{pmatrix}0 & 0 & 1\\ -1 & -1 & 2\\ 1 & 0 & -1\end{pmatrix}$;

(2) $\boldsymbol{J}=\left(\begin{array}{c|cc}1 & & \\ \hline & 2 & \\ & 1 & 2\end{array}\right)$, $\boldsymbol{C}=\begin{pmatrix}1 & -1 & -1\\ 2 & -2 & -1\\ 1 & 0 & 1\end{pmatrix}$.

7.23 提示: $\boldsymbol{A}$ 的不变因子可能有 5 种情况:

(i) $1,1,1,1,(\lambda-1)(\lambda-2),(\lambda-1)^2(\lambda-2)^2$; (ii) $1,1,1,1,(\lambda-1)^2,(\lambda-1)^2(\lambda-2)^2$;

(iii) $1,1,1,1,(\lambda-2)^2,(\lambda-1)^2(\lambda-2)^2$; (iv) $1,1,1,\lambda-1,\lambda-1,(\lambda-1)^2(\lambda-2)^2$;

(v) $1,1,1,\lambda-2,\lambda-2,(\lambda-1)^2(\lambda-2)^2$.

7.24 不变因子: $1,1,1,1,(\lambda+1)(\lambda-2),(\lambda+1)^2(\lambda-2)(\lambda+3)$. 若尔当标准形:

$$\operatorname{diag}(\operatorname{diag}(-3,-1,2,2),\boldsymbol{J}(-1,2)).$$

7.25 $\dim W=2$, $\boldsymbol{A},\boldsymbol{I}$ 是 W 的一个基.

7.26 提示: 矩阵 $\boldsymbol{A}$ 可对角化, 特征子空间的维数之和等于 n.

7.27 提示: 仿例 7.24, $\boldsymbol{A}$ 的特征值只可能是 $1,-1,3$. 讨论三种情况: 三个都是特征值; 其中两个是特征值; 其中一个是特征值. 特征子空间的维数之和等于 n.

7.28 提示: $\boldsymbol{A}$ 与 $\boldsymbol{A}^{\mathrm{T}}$ 有相同的不变因子.

7.29 提示: 当 $a\neq 0$ 时, $\boldsymbol{J}(a,k)^s$ 的若尔当标准形是 $\boldsymbol{J}(a^s,k)$. 事实上, $\boldsymbol{J}(a,k)^s$ 的特征多项式是 $(\lambda-a^s)^k$, 其次 $\left(\boldsymbol{J}(a,k)^s-a^s\boldsymbol{I}\right)^{k-1}\neq\boldsymbol{O}$, 说明 $(\lambda-a^s)^k$ 是 $\boldsymbol{J}(a,k)^s$ 的最小多项式, 故 $\boldsymbol{J}(a,k)^s$ 的初等因子是 $(\lambda-a^s)^k$. 取 $a=1$ 可知, $\boldsymbol{J}(1,k)^s$ 的若尔当标准形是 $\boldsymbol{J}(1,k)$, 得到 $\boldsymbol{A}^s$ 与 $\boldsymbol{A}$ 有相同的若尔当标准形 (有相同的初等因子), 故 $\boldsymbol{A}^s$ 与 $\boldsymbol{A}$ 相似.

7.30 提示: 取 $m\geqslant$ 所有若尔当块的阶数.

7.31 矩阵 $\boldsymbol{A}$ 的初等因子有 r 个 λ^2 和 $n-2r$ 个 λ.

7.32 提示: $\boldsymbol{A}$ 为 n 阶 $n-1$ 次幂零矩阵, $\boldsymbol{A}^{n-1}=\boldsymbol{O}$, $\boldsymbol{A}^k\neq\boldsymbol{O}(k<n-1)$, $\boldsymbol{A}$ 的最小多项式 $d_n(\lambda)=\lambda^{n-1}$, 故 $\boldsymbol{A}$ 的不变因子 $1,\cdots,1,\lambda,\lambda^{n-1}$. 有相同的不变因子的矩阵彼此相似.

7.33 提示: $\boldsymbol{J}^m=\boldsymbol{C}\boldsymbol{A}^m\boldsymbol{C}^{-1}=\boldsymbol{I}$.

7.34 提示: 将每一个若尔当块分解成 $\boldsymbol{J}(\lambda_i,k_i)=\boldsymbol{J}(0,k_i)+\lambda_i\boldsymbol{I}_{k_i}$.

7.35 提示: (反证法) 设 0 是 $\boldsymbol{A}$ 的特征值, 其对应的初等因子的最高次数为 $s(s>k)$, 则存在可逆矩阵 $\boldsymbol{P}$, 使得 $\boldsymbol{P}^{-1}\boldsymbol{A}\boldsymbol{P}=\boldsymbol{J}$. 如果 $\boldsymbol{J}_1$ 是特征值 0 对应的 s 阶若尔当块, 则 $\mathrm{R}(\boldsymbol{J}_1^{k+1})<\mathrm{R}(\boldsymbol{J}_1^k)$, 从而 $\mathrm{R}(\boldsymbol{A}^{k+1})<\mathrm{R}(\boldsymbol{A}^k)$, 矛盾.

7.36 提示: 用矩阵的若尔当标准形.

7.37 提示: 在已知条件下, 矩阵 $\boldsymbol{A}$ 有 $n-r$ 个初等因子 λ, 不可能有 $\lambda^s(s\geqslant 2)$ 的初等因子, 利用矩阵 $\boldsymbol{A}$ 若尔当标准形及定理 7.13.

7.38 略.

第八章 欧氏空间

8.1 (1) 不是; (2) 不是; (3) 是. **8.2** (1) 略; (2) 略; (3) 长度分别是 $|\boldsymbol{A}|=2$, $|\boldsymbol{B}|=\sqrt{10}$; 夹角 $\theta=\arccos(-1/\sqrt{10})$; 向量 $\boldsymbol{A}$ 在 $\boldsymbol{B}$ 上的投影向量是 $-\dfrac{1}{5}\begin{pmatrix}1 & 2\\ 2 & 1\end{pmatrix}$.

8.3 $\dfrac{1}{\sqrt{26}}(-4,0,-1,3)^{\mathrm{T}}$. **8.4** $\begin{pmatrix}6 & -5 & 1\\ -5 & 10 & -7\\ 1 & -7 & 14\end{pmatrix}$.

8.5 (1) 略; (2) $\begin{pmatrix}2 & 0 & 2/3\\ 0 & 2/3 & 0\\ 2/3 & 0 & 2/5\end{pmatrix}$; (3) $\dfrac{5}{3}x^2$. **8.6~8.8** 略.

8.9 (1) $\dfrac{1}{\sqrt{5}}(0,2,-1)^{\mathrm{T}}, \dfrac{1}{\sqrt{5}}(0,1,2)^{\mathrm{T}}, (1,0,0)^{\mathrm{T}}$; (2) $\dfrac{1}{\sqrt{3}}(1,1,1)^{\mathrm{T}}, \dfrac{1}{\sqrt{2}}(-1,0,1)^{\mathrm{T}}, \dfrac{1}{\sqrt{6}}(1,-2,1)^{\mathrm{T}}$;

(3) $\dfrac{1}{\sqrt{2}}(1,1,0,0)^{\mathrm{T}}, \dfrac{1}{\sqrt{6}}(1,-1,2,0)^{\mathrm{T}}, \dfrac{1}{2\sqrt{3}}(-1,1,1,3)^{\mathrm{T}}, \dfrac{1}{2}(1,-1,-1,1)^{\mathrm{T}}$;

(4) $\dfrac{1}{2}(1,1,1,1)^{\mathrm{T}}, \dfrac{1}{2}(1,1,-1,-1)^{\mathrm{T}}, \dfrac{1}{2}(1,-1,1,-1)^{\mathrm{T}}, \dfrac{1}{2}(1,-1,-1,1)^{\mathrm{T}}$.

8.10~8.13 略.

8.14 提示: 设 $\boldsymbol{\varepsilon}_1,\boldsymbol{\varepsilon}_2,\cdots,\boldsymbol{\varepsilon}_n$ 是 V 的一个标准正交基, $\boldsymbol{\alpha}_i=\sum\limits_{k=1}^{n} b_{ki}\boldsymbol{\varepsilon}_k$, 即

$$(\boldsymbol{\alpha}_1,\boldsymbol{\alpha}_2,\cdots,\boldsymbol{\alpha}_s)=(\boldsymbol{\varepsilon}_1,\boldsymbol{\varepsilon}_2,\cdots,\boldsymbol{\varepsilon}_s)\boldsymbol{B},$$

其中 $\boldsymbol{B}=(b_{ij})_{n\times s}$. 则

$$a_{ij}=(\boldsymbol{\alpha}_i,\boldsymbol{\alpha}_j)=\sum_{k=1}^{n}\sum_{l=1}^{n} b_{ki}b_{lj}(\boldsymbol{\varepsilon}_k,\boldsymbol{\varepsilon}_l)=\sum_{k=1}^{n} b_{ki}b_{kj}\quad (i,j=1,2,\cdots,s).$$

故 $\boldsymbol{G}(\boldsymbol{\alpha}_1,\boldsymbol{\alpha}_2,\cdots,\boldsymbol{\alpha}_s)=\boldsymbol{B}^{\mathrm{T}}\boldsymbol{B}$. **8.15~8.17** 略.

8.18 σ 在基 $\boldsymbol{e}_1,\boldsymbol{e}_2,\boldsymbol{e}_3$ 下的矩阵是 $\begin{pmatrix}0 & 1/\sqrt{2} & 1/\sqrt{2}\\ 0 & -1/\sqrt{2} & 1/\sqrt{2}\\ 1 & 0 & 0\end{pmatrix}$.

8.19 $\sigma(\boldsymbol{\varepsilon}_3)=\dfrac{1}{3}\boldsymbol{\varepsilon}_1-\dfrac{2}{3}\boldsymbol{\varepsilon}_2-\dfrac{2}{3}\boldsymbol{\varepsilon}_3$.

8.20 (1) $\boldsymbol{Q}=\dfrac{1}{3}\begin{pmatrix}1 & 2 & -2\\ 2 & 1 & 2\\ -2 & 2 & 1\end{pmatrix}, \boldsymbol{R}=\begin{pmatrix}3 & 4 & -1\\ 0 & 1 & -2\\ 0 & 0 & 2\end{pmatrix}$;

(2) $\boldsymbol{Q}=\begin{pmatrix}1 & 0 & 0\\ 0 & 0 & -1\\ 0 & 1 & 0\end{pmatrix}, \boldsymbol{R}=\begin{pmatrix}2 & 3 & -1\\ 0 & 1 & 2\\ 0 & 0 & 1\end{pmatrix}$.

8.21 提示: 令 $\boldsymbol{U}=\boldsymbol{A}\boldsymbol{B}^{-1}$, 然后证明矩阵 $\boldsymbol{U}$ 是正交矩阵即可.

8.22 提示: 参照例 8.10, 构造一个镜像变换即可. **8.23~8.25** 略.

8.26 提示: (1) 利用 $\overline{\boldsymbol{A}}^{\mathrm{T}}=-\boldsymbol{A}, \overline{\boldsymbol{\alpha}}^{\mathrm{T}}\boldsymbol{\alpha}=|\boldsymbol{\alpha}|^2$, 证明 $\lambda+\overline{\lambda}=0$ 即可; (2) 即证 $\lambda\overline{\lambda}=1$.

8.27 (1) $k_1(1,-1,0)^{\mathrm{T}}+k_2(1,0,1)^{\mathrm{T}}$(其中 k_1,k_2 不全为零); (2) $\boldsymbol{A}=\begin{pmatrix}0&-1&1\\-1&0&1\\1&1&0\end{pmatrix}$.

8.28 (1) $k_1(1,0,0)^{\mathrm{T}}+k_2(0,-1,1)^{\mathrm{T}}$(其中 k_1,k_2 不全为零); (2) $\boldsymbol{A}=\begin{pmatrix}1&0&0\\0&0&-1\\0&-1&0\end{pmatrix}$.

8.29 (1) $\boldsymbol{C}=\begin{pmatrix}1/\sqrt{2}&1/\sqrt{6}&-1/\sqrt{3}\\1/\sqrt{2}&-1/\sqrt{6}&1/\sqrt{3}\\0&2/\sqrt{6}&1/\sqrt{3}\end{pmatrix}, \boldsymbol{C}^{-1}\boldsymbol{AC}=\begin{pmatrix}1&&\\&1&\\&&4\end{pmatrix}$;

(2) $\boldsymbol{C}=\begin{pmatrix}-2/\sqrt{5}&-1/\sqrt{30}&1/\sqrt{6}\\1/\sqrt{5}&-2/\sqrt{30}&2/\sqrt{6}\\0&5/\sqrt{30}&1/\sqrt{6}\end{pmatrix}, \boldsymbol{C}^{-1}\boldsymbol{AC}=\begin{pmatrix}-3&&\\&-3&\\&&9\end{pmatrix}$;

(3) $\boldsymbol{C}=\begin{pmatrix}-2/\sqrt{5}&2/(3\sqrt{5})&1/3\\1/\sqrt{5}&4/(3\sqrt{5})&2/3\\0&5/(3\sqrt{5})&-2/3\end{pmatrix}, \boldsymbol{C}^{-1}\boldsymbol{AC}=\begin{pmatrix}1&&\\&1&\\&&10\end{pmatrix}$;

(4) $\boldsymbol{C}=\dfrac{1}{3}\begin{pmatrix}1&-2&2\\2&-1&-2\\2&2&1\end{pmatrix}, \boldsymbol{C}^{-1}\boldsymbol{AC}=\begin{pmatrix}-2&&\\&1&\\&&4\end{pmatrix}$.

8.30 $V^{\perp}=L(\boldsymbol{\alpha}_3,\boldsymbol{\alpha}_4)$, 其中 $\boldsymbol{\alpha}_3=(1,0,1,0)^{\mathrm{T}}, \boldsymbol{\alpha}_4=(-2,-2,0,1)^{\mathrm{T}}$.

8.31~8.33 略.

8.34 提示: 求向量 $\boldsymbol{\alpha}=(x_0,y_0,z_0)^{\mathrm{T}}$ 在平面 π 的法向量上的投影向量的长.

8.35 (1) 特征值 $\lambda_1=\lambda_2=0$ 的全部特征向量为 $k_1\boldsymbol{\alpha}_1+k_2\boldsymbol{\alpha}_2$ (k_1,k_2 不全为 0); 特征值 $\lambda_3=3$ 的全部特征向量为 $k_3\boldsymbol{\alpha}_3(k_3\neq 0)$, 其中 $\boldsymbol{\alpha}_3=(1,1,1)^{\mathrm{T}}$;

(2) $\boldsymbol{Q}=\begin{pmatrix}-1/\sqrt{6}&-1/\sqrt{2}&1/\sqrt{3}\\2/\sqrt{6}&0&1/\sqrt{3}\\-1/\sqrt{6}&1/\sqrt{2}&1/\sqrt{3}\end{pmatrix}, \boldsymbol{\Lambda}=\begin{pmatrix}0&&\\&0&\\&&3\end{pmatrix}$;

(3) $\boldsymbol{A}=\begin{pmatrix}1&1&1\\1&1&1\\1&1&1\end{pmatrix}, \left(\boldsymbol{A}-\dfrac{3}{2}\boldsymbol{I}\right)^6=\dfrac{729}{64}\boldsymbol{I}$.

8.36 (1) $\dfrac{1}{\sqrt{7}}(\varepsilon_1+\varepsilon_2-\varepsilon_3+2\varepsilon_4), \dfrac{1}{\sqrt{3}}(\varepsilon_1-\varepsilon_3-\varepsilon_4)$;

(2) $\dfrac{1}{\sqrt{2}}(\varepsilon_1+\varepsilon_3), \dfrac{1}{\sqrt{42}}(\varepsilon_1-6\varepsilon_2-\varepsilon_3+2\varepsilon_4)$; (3) $3\varepsilon_1+\varepsilon_2-3\varepsilon_3$. **8.37~8.38** 略.

8.39 提示: 证明 $V_2=V^{\perp}$, 只需证明 $V_2\subset V^{\perp}, V^{\perp}\subset V_2$ 即可.

8.40 提示: (1) 用反证法证明 ± 1 都不是 $\boldsymbol{A}$ 的特征值; (2) 注意两点: (i) 对任一 n 阶可逆矩阵 $\boldsymbol{A}$, $\boldsymbol{A}^{-1}$ 可以表示成 $\boldsymbol{A}$ 的多项式; (ii) 对任意多项式 $f(x), g(x) \in \mathbb{P}[x]$, 都有 $f(\boldsymbol{A})g(\boldsymbol{A}) = g(\boldsymbol{A})f(\boldsymbol{A})$. 所以, $(\boldsymbol{I}-\boldsymbol{A})^{-1}$ 与 $\boldsymbol{I}+\boldsymbol{A}$ 可交换.

8.41 (1) 略; (2) 提示: 令 $\boldsymbol{u} = (\boldsymbol{\alpha}-\boldsymbol{\beta})/|\boldsymbol{\alpha}-\boldsymbol{\beta}|$.

8.42 提示: (1) $|\boldsymbol{A}+\boldsymbol{I}| = |\boldsymbol{A}+\boldsymbol{A}\boldsymbol{A}^{\mathrm{T}}| = |\boldsymbol{A}(\boldsymbol{I}+\boldsymbol{A}^{\mathrm{T}})|$; (2) 首先 $\boldsymbol{A}\boldsymbol{B}^{-1}$ 也是正交矩阵, 且 $|\boldsymbol{A}\boldsymbol{B}^{-1}| = -1$, 因而, -1 是 $\boldsymbol{A}\boldsymbol{B}^{-1}$ 的特征值; 其次, $|\boldsymbol{A}+\boldsymbol{B}| = |(\boldsymbol{A}\boldsymbol{B}^{-1}+\boldsymbol{I})\boldsymbol{B}| = |\boldsymbol{A}\boldsymbol{B}^{-1}+\boldsymbol{I}||\boldsymbol{B}|$.

8.43 提示: 对任意 $\boldsymbol{x} \in V_1^{\perp}$, 有 $\boldsymbol{x} \perp V_2$, 因此, $V_1 \subset V_2^{\perp}$. 用 $\boldsymbol{A}$ 表示齐次方程组的系数矩阵, 则 $\dim V_1 = n - \mathrm{R}(\boldsymbol{A})$, 而 $\dim V_2^{\perp} = n - \dim V_2 = n - \mathrm{R}(\boldsymbol{A})$, 所以, $V_1 = V_2^{\perp}$, 由推论 8.3 即获欲证.

8.44 (2) 提示: 利用幂等矩阵的性质 (习题第 6.27 题) 可得 $\mathrm{R}(\boldsymbol{P_X}) = \mathrm{tr}(\boldsymbol{P_X})$, 再利用迹的性质 (习题第 6.29 题) 即可.

8.45 提示: 用矩阵 $\boldsymbol{A}$ 的若尔当标准形 (定理 7.13) 及可逆矩阵的 QR 分解 (定理 8.10).

8.46 提示: 充分性. 设 $\lambda_1, \cdots, \lambda_s$ 是矩阵 $\boldsymbol{A}$ 的互不相同的特征值, 其中有 n_1 个 $\lambda_1, \cdots, n_s$ 个 λ_s $\left(\sum_{i=1}^{s} n_i = n\right)$, 则存在正交矩阵 $\boldsymbol{P}$, 使 $\boldsymbol{P}^{\mathrm{T}}\boldsymbol{A}\boldsymbol{P} = \mathrm{diag}(\lambda_1 \boldsymbol{I}_{n_1}, \cdots, \lambda_s \boldsymbol{I}_{n_s})$. 由 $\boldsymbol{A}\boldsymbol{B} = \boldsymbol{B}\boldsymbol{A}$ 得到 $\boldsymbol{P}^{\mathrm{T}}\boldsymbol{A}\boldsymbol{P}$ 与 $\boldsymbol{P}^{\mathrm{T}}\boldsymbol{B}\boldsymbol{P}$ 可交换. 因此, $\boldsymbol{P}^{\mathrm{T}}\boldsymbol{B}\boldsymbol{P}$ 只能是分块对角矩阵. 设 $\boldsymbol{P}^{\mathrm{T}}\boldsymbol{B}\boldsymbol{P} = \mathrm{diag}(\boldsymbol{B}_1, \cdots, \boldsymbol{B}_s)$, 由于 $\boldsymbol{B}$ 是对称矩阵, 所以, $\boldsymbol{P}^{\mathrm{T}}\boldsymbol{B}\boldsymbol{P}$ 也是对称矩阵, 故 $\boldsymbol{B}_i$ 也是对称矩阵, 因而存在正交矩阵 $\boldsymbol{P}_i (i = 1, \cdots, s)$. 令 $\boldsymbol{S} = \mathrm{diag}(\boldsymbol{P}_1, \cdots, \boldsymbol{P}_s)$, 则 $\boldsymbol{S}^{\mathrm{T}}\boldsymbol{P}^{\mathrm{T}}\boldsymbol{B}\boldsymbol{P}\boldsymbol{S}$ 是对角矩阵 $\mathrm{diag}(\mu_1, \cdots, \mu_s)$, 其中 $\mu_1, \cdots, \mu_s$ 分别是 $\boldsymbol{B}_1, \cdots, \boldsymbol{B}_s$ 的特征值, 因而是 $\boldsymbol{B}$ 的特征值. 令 $\boldsymbol{Q} = \boldsymbol{P}\boldsymbol{S}$, 则 $\boldsymbol{Q}$ 是所求的同时正交化矩阵.

必要性. 设存在正交矩阵 $\boldsymbol{Q}$, 使得 $\boldsymbol{A} = \boldsymbol{Q}\boldsymbol{\Lambda}_1\boldsymbol{Q}^{-1}$, $\boldsymbol{B} = \boldsymbol{Q}\boldsymbol{\Lambda}_2\boldsymbol{Q}^{-1}$, 即得 $\boldsymbol{A}\boldsymbol{B} = \boldsymbol{B}\boldsymbol{A}$.

8.47 提示: (1) 展开等式 $|\sigma(\boldsymbol{\alpha}+\boldsymbol{\beta})|^2 = |\tau(\boldsymbol{\alpha}+\boldsymbol{\beta})|^2$ 两端即得; (2) 设 $\varepsilon_1, \varepsilon_2, \cdots, \varepsilon_n$ 是 V 的一个标准正交基, σ, τ 在这个基下的矩阵分别是 $\boldsymbol{A}, \boldsymbol{B}$, 则 $\dim \mathrm{Im}\sigma = \mathrm{R}(\boldsymbol{A}), \dim \mathrm{Im}\tau = \mathrm{R}(\boldsymbol{B})$. 由 (1) 的结论可知, 格拉姆矩阵 (习题第 8.14 题)$\boldsymbol{G}(\sigma(\boldsymbol{\varepsilon}_1), \cdots, \sigma(\boldsymbol{\varepsilon}_n)) = \boldsymbol{G}(\tau(\boldsymbol{\varepsilon}_1), \cdots, \tau(\boldsymbol{\varepsilon}_n))$, 即 $\boldsymbol{A}^{\mathrm{T}}\boldsymbol{A} = \boldsymbol{B}^{\mathrm{T}}\boldsymbol{B}$. 因而 $\mathrm{R}(\boldsymbol{A}) = \mathrm{R}(\boldsymbol{A}^{\mathrm{T}}\boldsymbol{A}) = \mathrm{R}(\boldsymbol{B}^{\mathrm{T}}\boldsymbol{B}) = \mathrm{R}(\boldsymbol{B})$, 即得所证.

第九章 二 次 型

9.1 (1) $\begin{pmatrix} 1 & -2 & 1 \\ -2 & 2 & 3 \\ 1 & 3 & 5 \end{pmatrix}$; (2) $\begin{pmatrix} 1 & 1 & -2 \\ 1 & -2 & 1 \\ -2 & 1 & 3 \end{pmatrix}$.

9.2 (1) $f = 3x_1^2 + 4x_2^2 - 4x_1x_2$; (2)$f = -x_1^2 + 2x_3^2 + 2x_1x_2 + 4x_1x_3 - 2x_2x_3$.

9.3 (1) $\boldsymbol{C}^{\mathrm{T}}\boldsymbol{A}\boldsymbol{C} = \begin{pmatrix} 1 & & \\ & 1 & \\ & & -1 \end{pmatrix}$, 其中 $\boldsymbol{C} = \begin{pmatrix} 1/\sqrt{2} & 3/\sqrt{6} & -1/\sqrt{2} \\ 1/\sqrt{2} & -1/\sqrt{6} & 1/\sqrt{2} \\ 0 & 1/\sqrt{6} & 0 \end{pmatrix}$;

(2) $\boldsymbol{C}^{\mathrm{T}}\boldsymbol{A}\boldsymbol{C} = \begin{pmatrix} 1 & & \\ & 1 & \\ & & -1 \end{pmatrix}$, 其中 $\boldsymbol{C} = \begin{pmatrix} 1/\sqrt{2} & -3/\sqrt{31} & -1/\sqrt{2} \\ 0 & 8/\sqrt{31} & 2/\sqrt{2} \\ 0 & 1/\sqrt{31} & 0 \end{pmatrix}$.

9.4 (1) 合同且相似; (2) 合同但不相似. **9.5~9.8** 略.

9.9 (1) $\boldsymbol{C}=\begin{pmatrix}-1/\sqrt{3} & -1/\sqrt{2} & 1/\sqrt{6}\\ -1/\sqrt{3} & 1/\sqrt{2} & 1/\sqrt{6}\\ 1/\sqrt{3} & 0 & 2/\sqrt{6}\end{pmatrix}$, $\boldsymbol{\Lambda}=\begin{pmatrix}-2 & & \\ & 1 & \\ & & 1\end{pmatrix}$, $f=-2y_1^2+y_2^2+y_3^2$;

(2) $\boldsymbol{C}=\begin{pmatrix}2/\sqrt{5} & 2/3\sqrt{5} & 1/3\\ 1/\sqrt{5} & -4/3\sqrt{5} & -2/3\\ 0 & -5/3\sqrt{5} & 2/3\end{pmatrix}$, $\boldsymbol{\Lambda}=\begin{pmatrix}3 & & \\ & 3 & \\ & & -6\end{pmatrix}$, $f=3y_1^2+3y_2^2-6y_3^2$.

9.10 (1) $\boldsymbol{C}=\begin{pmatrix}1 & -1 & 9/4\\ 0 & 1 & -1/4\\ 0 & 0 & 1\end{pmatrix}$, $f=y_1^2-4y_2^2-\dfrac{11}{4}y_3^2$;

(2) $\boldsymbol{C}=\begin{pmatrix}1 & 1 & 3\\ 1 & -1 & -1\\ 0 & 0 & 1\end{pmatrix}$, $f=3z_1^2-3z_2^2+9z_3^2$.

9.11 (1) $2x'^2-y'^2+5z'^2=5$, 单叶双曲面; (2) $5x''^2+2y''^2-10z''^2=0$, 二次锥面; (3) 椭圆. **9.12** (1) 正定; (2) 负定.

9.13 (1) $-\sqrt{2}<t<\sqrt{2}$; (2) $t>2$.

9.14 $a=2$. 提示: 特征值 $a-2,a,a+1$ 是两个正和一个零.

9.15 $a_1a_2\cdots a_n\neq(-1)^n$.

9.16 (1) $\begin{pmatrix}1 & 0 & -1\\ 0 & 1 & 0\\ 1 & 0 & 1\end{pmatrix}$; (2) $(-\infty,-2)\cup(-1,1)\cup(2,\infty)$. **9.17~9.22** 略.

9.23 提示: 利用推论 9.2(4) 和定理 8.10. **9.24** 略.

9.25 提示: $p(\boldsymbol{x})-p(\boldsymbol{x}_0)=\dfrac{1}{2}(\boldsymbol{x}-\boldsymbol{x}_0)^{\mathrm{T}}\boldsymbol{A}(\boldsymbol{x}-\boldsymbol{x}_0)\geqslant 0$.

9.26 提示: 参考例 9.15. **9.27~9.28** 略.

9.29 提示: 必要性. 取 $\boldsymbol{B}=\boldsymbol{A}$; 充分性. (反证法) 假设 $\mathrm{R}(\boldsymbol{A})<n$, 则存在非零向量 $\boldsymbol{x}\in\mathbb{R}^n$, 使得 $\boldsymbol{A}\boldsymbol{x}=\boldsymbol{0}$, 于是, $\boldsymbol{x}^{\mathrm{T}}(\boldsymbol{A}\boldsymbol{B}+\boldsymbol{B}^{\mathrm{T}}\boldsymbol{A})\boldsymbol{x}=\boldsymbol{0}$, 这与 $\boldsymbol{A}\boldsymbol{B}+\boldsymbol{B}^{\mathrm{T}}\boldsymbol{A}$ 是正定矩阵矛盾.

9.30 提示: 充分性由赫尔维茨定理得; 必要性. 考虑二次型

$$f(x_1,x_2,\cdots,x_n)=\sum_{i=1}^{n}\sum_{j=1}^{n}a_{ij}x_ix_j,$$

令 $x_s=0\,(s\neq i_1,i_2,\cdots,i_k)$, 代入得 $f(x_1,x_2,\cdots,x_n)>0$, 从而 $\left|\boldsymbol{M}\begin{pmatrix}i_1,i_2,\cdots,i_k\\ i_1,i_2,\cdots,i_k\end{pmatrix}\right|>0$.

9.31 提示: 利用行列式的降阶定理 (见例 2.34).

9.32 提示: 注意 $\displaystyle\sum_{i=1}^{n}\sum_{j=1}^{n}a_{ij}=\boldsymbol{1}^{\mathrm{T}}(\boldsymbol{A}*\boldsymbol{B})\boldsymbol{1}$, 其中 $\boldsymbol{1}=(1,1,\cdots,1)^{\mathrm{T}}$, 利用例 9.21 即可.

9.33 提示: 初等合同变换不改变对称矩阵的正定性.

9.34 提示: (1) 利用正定矩阵的定义; (2) $|\boldsymbol{A}| = a_{11}|\boldsymbol{B} - a_{11}^{-1}\boldsymbol{\alpha}\boldsymbol{\alpha}^{\mathrm{T}}| < 0$. 设 $\lambda_1, \cdots, \lambda_n$ 是矩阵 $\boldsymbol{A}$ 的特征值, 所以, 存在正交矩阵 $\boldsymbol{C}$ 使得 $\boldsymbol{C}^{\mathrm{T}}\boldsymbol{A}\boldsymbol{C} = \mathrm{diag}(\lambda_1, \cdots, \lambda_n)$. 设

$$\boldsymbol{C} = \begin{pmatrix} c_{11} & \boldsymbol{\beta}_1^{\mathrm{T}} \\ \boldsymbol{\beta}_1 & \boldsymbol{C}_1 \end{pmatrix}, \quad \boldsymbol{C}_1^{\mathrm{T}}\boldsymbol{B}\boldsymbol{C}_1 = \mathrm{diag}(\lambda_2, \cdots, \lambda_n),$$

由 $\boldsymbol{B}$ 的正定性可知, $\lambda_2, \cdots, \lambda_n$ 全为正, 由 $|\boldsymbol{A}| < 0$ 知, $c_{11}^2 a_{11}$ 只能是负, 不能是零, 更不可能为正. 故矩阵 $\boldsymbol{A}$ 有 $n-1$ 个正特征值和 1 个负特征值, 因而, 二次型 $f = \boldsymbol{x}^{\mathrm{T}}\boldsymbol{A}\boldsymbol{x}$ 的符号差是 $n-2$.

9.35 提示: 如果 $|\boldsymbol{A}| = 0$, 结论是显然的; 如果 $|\boldsymbol{A}| \neq 0$, 用数学归纳法.

9.36 提示: 利用第 9.35 题的结论, 注意 $\boldsymbol{A}^{\mathrm{T}}\boldsymbol{A}$ 是半正定矩阵.

9.37 提示: 利用例 9.20 的结论,

$$\left|\boldsymbol{P}^{\mathrm{T}}(\boldsymbol{A}+\boldsymbol{B})\boldsymbol{P}\right| = \prod_{i=1}^{n}(1+\lambda_i) \geqslant 1 + \prod_{i=1}^{n}\lambda_i, \quad |\boldsymbol{P}^2| = |\boldsymbol{C}^2|.$$

9.38 提示: (1) 设 $\boldsymbol{A} = \boldsymbol{P}^{\mathrm{T}}\boldsymbol{P}$, $\boldsymbol{A} = \boldsymbol{Q}^{\mathrm{T}}\boldsymbol{Q}$, 然后证明 $\boldsymbol{Q}\boldsymbol{A}\boldsymbol{B}\boldsymbol{Q}^{-1}$ 是正定矩阵; (2) 必要性. $\boldsymbol{A}\boldsymbol{B}$ 是正定矩阵, 因而是对称矩阵. 充分性. 利用习题第 8.46 题结论及 $\boldsymbol{A}, \boldsymbol{B}$ 都是正定矩阵的条件可得.

附录 A 数学归纳法

A1~A4 略. **A5** $a_2 = 7/3$, $a_3 = 15/5 = 3$, $a_3 = 19/7$; (2) 略. **A6** 略.

A7 提示: 数列 $\{a_n\}$ 单调递减, 数列 $\{b_n\}$ 单调递增, 运用数学归纳法及均值不等式.

附录 B 复数及其运算

B1 (1) $-8\mathrm{i}$; (2) $8(\sqrt{3}+\mathrm{i})$; (3) $-32\left[(1-\sqrt{3})+(1+\sqrt{3})\mathrm{i}\right]$.

B2 (1) $\cos\dfrac{2\pi}{9} + \mathrm{i}\sin\dfrac{2\pi}{9}$, $\cos\dfrac{8\pi}{9} + \mathrm{i}\sin\dfrac{8\pi}{9}$, $\cos\dfrac{14\pi}{9} + \mathrm{i}\sin\dfrac{14\pi}{9}$;

(2) $\sqrt[6]{2}\left(\cos\dfrac{\pi}{12} + \mathrm{i}\sin\dfrac{\pi}{12}\right)$, $\sqrt[6]{2}\left(\cos\dfrac{3\pi}{4} + \mathrm{i}\sin\dfrac{3\pi}{4}\right)$, $\sqrt[6]{2}\left(\cos\dfrac{17\pi}{12} + \mathrm{i}\sin\dfrac{17\pi}{12}\right)$;

(3) i, $-\dfrac{\sqrt{3}}{2} - \dfrac{1}{2}\mathrm{i}$, $\dfrac{\sqrt{3}}{2} - \dfrac{1}{2}\mathrm{i}$.

B3 (1) $\prod\limits_{k=0}^{4}(x - x_k)$, 其中 $x_k = \cos\dfrac{2k\pi}{5} + \mathrm{i}\sin\dfrac{2k\pi}{5}$ $(k = 0, 1, 2, 3, 4)$;

(2) $[x - (\cos\theta + \mathrm{i}|\sin\theta|)]\,[x - (\cos\theta - \mathrm{i}|\sin\theta|)]$;

(3) $\left(x - \dfrac{1+\sqrt{3}\mathrm{i}}{2}\right)\left(x - \dfrac{-1-\sqrt{3}\mathrm{i}}{2}\right)\left(x - \dfrac{1-\sqrt{3}\mathrm{i}}{2}\right)\left(x - \dfrac{-1+\sqrt{3}\mathrm{i}}{2}\right)$;

(4) $\left[x - \sqrt[6]{2}\left(\cos\dfrac{\pi}{4} + \mathrm{i}\sin\dfrac{\pi}{4}\right)\right]\left[x - \sqrt[6]{2}\left(\cos\dfrac{11\pi}{12} + \mathrm{i}\sin\dfrac{11\pi}{12}\right)\right]$

$\cdot\left[x - \sqrt[6]{2}\left(\cos\dfrac{19\pi}{12} + \mathrm{i}\sin\dfrac{19\pi}{12}\right)\right]$.

参考文献

[1] 安军. 高等代数学习指导及专题讲座. 北京: 北京大学出版社, 2022.

[2] 北京大学数学系前代数小组. 高等代数. 5 版. 北京: 高等教育出版社, 2019.

[3] 张禾瑞, 郝钢新. 高等代数. 5 版. 北京: 高等教育出版社, 2007.

[4] 屠伯埙, 徐诚浩, 王芬. 高等代数. 上海: 上海科学技术出版社, 1987.

[5] 张志让, 刘启宽. 高等代数. 北京: 高等教育出版社, 2008.

[6] 西北工业大学高等代数编写组. 高等代数. 2 版. 西安: 西北工业大学出版社, 2016.

[7] 熊全淹, 叶明训. 线性代数. 3 版. 北京: 高等教育出版社, 1987.

[8] 杨子胥. 高等代数. 2 版. 北京: 高等教育出版社, 2007.

[9] 蓝以中. 高等代数简明教程: 上册; 高等代数简明教程: 下册. 2 版. 北京: 北京大学出版社, 2007.

[10] 蓝以中. 高等代数学习指南. 北京: 北京大学出版社, 2008.

[11] 丘维声. 高等代数: 上册; 高等代数: 下册. 3 版. 北京: 高等教育出版社, 2015.

[12] 林亚南. 高等代数. 北京: 高等教育出版社, 2013.

[13] 杨子胥. 高等代数习题解: 上册; 高等代数习题解: 下册. 2 版. 济南: 山东科学技术出版社, 2003.

[14] 姚慕生, 吴泉水. 高等代数学. 2 版. 上海: 复旦大学出版社, 2008.

[15] 施武杰, 戴桂生. 高等代数. 北京: 高等教育出版社, 2005.

[16] 牛凤文, 杜现昆, 原永久. 高等代数. 北京: 高等教育出版社, 2006.

[17] 黄廷祝. 高等代数. 2 版. 北京: 高等教育出版社, 2016.

[18] 刘昌堃, 叶世源, 叶家琛, 陈承东. 高等代数. 上海: 同济大学出版社, 1995.

[19] 王萼芳. 高等代数. 北京: 高等教育出版社, 2009.

[20] 徐仲, 等. 高等代数 (北大 · 第三版) 导教 · 导学 · 导考. 西安: 西北工业大学出版社, 2004.

[21] 李志慧, 李永明. 高等代数中的典型问题与方法. 2 版. 北京: 科学出版社, 2016.

[22] 钱吉林. 高等代数题解精粹. 北京: 中央民族大学出版社, 2002.

[23] 钱芳华. 高等代数方法选讲. 桂林: 广西师范大学出版社, 1990.

[24] 魏献祝. 高等代数一题多解 200 例. 福州: 福建人民出版社, 1982.

[25] 江泽坚, 孙善利. 泛函分析. 北京: 高等教育出版社, 1994.

[26] Katz V J. 数学史通论. 2 版. 李文林, 等译. 北京: 高等教育出版社, 2004.

[27] 钟玉泉. 复变函数论. 2 版. 北京: 高等教育出版社, 1988.

[28] 张禾瑞. 近世代数基础: 1978 年修订本. 北京: 高等教育出版社, 1978.

[29] 姚慕生. 抽象代数学. 2 版. 上海: 复旦大学出版社, 2005.

[30] 黄益生. 高等代数. 北京: 清华大学出版社, 2014.

[31] 许以超. 线性代数与矩阵论. 2 版. 北京: 高等教育出版社, 2008.